Ergebnisse der Mathematik und ihrer Grenzgebiete

Band 15

Herausgegeben von
P. R. Halmos · P. J. Hilton · R. Remmert · B. Szőkefalvi-Nagy

Unter Mitwirkung von
L. V. Ahlfors · R. Baer · F. L. Bauer · R. Courant
A. Dold · J. L. Doob · S. Eilenberg · M. Kneser · G. H. Müller
M. M. Postnikov · B. Segre · E. Sperner

Geschäftsführender Herausgeber: P. J. Hilton

K. Zeller · W. Beekmann

Theorie der
Limitierungsverfahren

Zweite, erweiterte und verbesserte Auflage

Springer-Verlag Berlin Heidelberg GmbH

Prof. Dr. K. ZELLER
Mathematisches Institut der Universität Tübingen

Dr. W. BEEKMANN
Mathematisches Institut der Universität Tübingen

ISBN 978-3-642-88471-9   ISBN 978-3-642-88470-2 (eBook)
DOI 10.1007/978-3-642-88470-2

Das Werk ist urheberrechtlich geschützt. Die dadurch begründeten Rechte, insbesondere die der Übersetzung, des Nachdruckes, der Entnahme von Abbildungen, der Funksendung, der Wiedergabe auf photomechanischem oder ähnlichem Wege und der Speicherung in Datenverarbeitungsanlagen bleiben, auch bei nur auszugsweiser Verwertung, vorbehalten. Bei Vervielfältigungen für gewerbliche Zwecke ist gemäß § 54 UrhG eine Vergütung an den Verlag zu zahlen, deren Höhe mit dem Verlag zu vereinbaren ist.

© by Springer-Verlag Berlin Heidelberg 1970. Library of Congress Catalog Card Number 77-124610.
Softcover reprint of the hardcover 2nd edition 1970

Titel-Nr. 4559
Gesamtherstellung: Brühlsche Universitätsdruckerei, Gießen

K. KNOPP UND G. LORENTZ
GEWIDMET

Vorwort zur zweiten Auflage

Die freundliche Aufnahme, die das Buch gefunden hat, ermöglichte eine zweite Auflage. Dabei stellte sich natürlich der Wunsch ein, das Literaturverzeichnis fortzuführen und den Text zu ergänzen. Diese Aufgabe hat W. Beekmann übernommen.

Es erschien zweckmäßig, die Ergänzungen in einem Anhang zu bringen. Der Anhang gliedert sich nach den Abschnitten des ursprünglichen Textes und skizziert die neueren Entwicklungen. Der Leser erhält so einen raschen Überblick über die von 1956 bis 1968 in den verschiedenen Teilgebieten erzielten Fortschritte.

Im alten Text wurden einzelne Verbesserungen vorgenommen. Für größere oder wesentliche Änderungen hatte sich keine Notwendigkeit ergeben. Allen Lesern, die sachliche Verbesserungsvorschläge machten, sei an dieser Stelle herzlich gedankt.

Die Zielsetzung des Berichts blieb unverändert. Behandelt wird die Theorie der Limitierungsverfahren im Rahmen der (auch bei den Referatenorganen) üblichen Stoffabgrenzung. Zentrale Resultate werden hervorgehoben, daran schließen Bemerkungen über weiterführende Untersuchungen an. Der Leser soll so einen ersten Einblick in die Literatur erhalten. An Hand der im Verzeichnis genannten Referate kann er sich über die zitierten Arbeiten genauer informieren.

In der Limitierung gibt es noch viel Neuland zu erforschen; wichtig ist aber auch das „Kultivieren des Altlandes" (übersichtliche, methodische, abschließende Behandlung von Problemkreisen). Wir hoffen, daß der Bericht Arbeiten in beiden Richtungen anregen und erleichtern wird.

Tübingen, im Frühjahr 1970

Wolfgang Beekmann
Karl Zeller

Vorwort zur ersten Auflage

Herrn Professor F. K. SCHMIDT und dem Verlag danke ich, daß sie dieses Buch anregten und in die Sammlung „Ergebnisse der Mathematik" aufnahmen, obwohl es sich von anderen Bänden der Sammlung stark unterscheidet. Die Limitierungstheorie ist nämlich so weit verzweigt, die Literatur so umfangreich, daß es mir nicht möglich war, eine abgeschlossene Darstellung zu geben. Der Bericht verfolgt den bescheideneren Zweck, den Leser an die Literatur heranzuführen und ihm eigene Arbeiten zu erleichtern.

In erster Linie betrachte ich Matrixtransformationen gewöhnlicher Zahlenfolgen und die zugehörigen Limitierungsverfahren. Allgemeine Aussagen werden betont, spezielle Verfahren verhältnismäßig kurz behandelt; der Aufbau des Buches ist wesentlich bestimmt durch die grundlegenden funktionalanalytischen Untersuchungen von S. MAZUR und W. ORLICZ. Auf die Anwendungen der Limitierung konnte ich nur am Rande eingehen.

Es bedeutete einen unschätzbaren Vorteil, daß ich den hiesigen Bibliotheken fast alle benötigten Zeitschriften zur Verfügung hatte. Herr Professor J. E. HOFMANN half bei der Abfassung des Abschnittes über Geschichte der Limitierung. Herr Professor W. MEYER-KÖNIG und Herr Dozent D. GAIER gaben mir zahlreiche wertvolle Ratschläge. Vor allem aber gilt mein Dank meinen verehrten Lehrern, deren Einfluß überall in diesem Buche hervortritt: K. KNOPP † und G. LORENTZ.

Tübingen, im Herbst 1956

Karl Zeller

Inhaltsverzeichnis

Einleitung 1

Erstes Kapitel
Grundbegriffe der Limitierung

1. Zusammenfassung. 2
2. Geschichte der Limitierungstheorie 2
3. Allgemeine Limitierungstheorie. 4
4. Matrixverfahren 6
5. Hauptprobleme. 9
6. Nichtmatrixverfahren 11
7. Absolute Limitierbarkeit 13
8. Limitierung von Mehrfachfolgen 14
9. Integraltransformationen 16
10. Sonstiges 18

Zweites Kapitel
Hilfsmittel aus der Funktionalanalysis

11. Zusammenfassung. 19
12. Lineare Räume. 20
13. Einfache Sätze über lineare Räume 22
14. Das Fortsetzungsprinzip. 24
15. Stetigkeitssätze. 25
16. Grundmenge und Basis 28
17. FK-Räume 29
18. Matrizenrechnung. 31
19. BANACH-Algebren und FOURIER-Transformation 34
20. Sonstiges 37

Drittes Kapitel
Struktur von Wirkfeldern

21. Zusammenfassung. 37
22. Wirkfelder als FK-Räume. 38
23. Perfekte Verfahren 40
24. Abschnittskonvergenz. 42
25. Allgemeine Limitierbarkeitskriterien 45
26. Einfolgenverfahren 48
27. Vorgeschriebenes Wirkfeld 49
28. Inäquivalenzsätze. 51
29. Beschränkte Folgen. 53
30. Sonstiges 55

Viertes Kapitel
Direkte Sätze

31. Zusammenfassung	55
32. Einschließungssätze	56
33. Kernsätze	59
34. Konvergenzfaktoren	61
35. Vergleichssätze	63
36. Verträglichkeit	66
37. Varianten der Vergleichssätze	68
38. Translation und Umordnung	69
39. Multiplikationssätze	71
40. Sonstiges	72

Fünftes Kapitel
Umkehrsätze

41. Zusammenfassung	73
42. Wachstumsbedingungen	74
43. Konvergenzgleiche Verfahren	76
44. Lückenumkehrsätze	78
45. Elementare Umkehrsätze	81
46. Optimale Umkehrbedingungen	84
47. Tieferliegende Umkehrsätze	85
48. Die Methoden von LITTLEWOOD, WIENER, KARAMATA und SCHMIDT	88
49. Funktionentheoretische Umkehrsätze und Beweise	91
50. Sonstige Umkehrsätze	96

Sechstes Kapitel
Verfahren vom Cesàro-Abel-Typ

51. Zusammenfassung	99
52. Arithmetische und bewichtete Mittel	100
53. CESÀRO-Verfahren	104
54. HÖLDER- und CESÀRO-Verfahren	107
55. Das ABEL-Verfahren	110
56. Mehrfachfolgen	113
57. Integraltransformationen	115
58. Die LAPLACE-Transformation	118
59. RIESZ- und DIRICHLET-Verfahren	120
60. Sonstiges	124

Siebentes Kapitel
Verfahren funktionentheoretischen Typs

61. Zusammenfassung	125
62. Zweierverfahren	125
63. Das NÖRLUND-Verfahren	127
64. Die Verfahren von EULER-KNOPP	130
65. Allgemeine EULER-Verfahren	132
66. BOREL-Verfahren	134
67. Varianten des BOREL-Verfahrens	138
68. Kreisverfahren	140
69. Analytische Fortsetzung	145
70. Sonstiges	146

Achtes Kapitel
Weitere Verfahren und Klassen

71. Zusammenfassung 147
72. Hausdorff-Verfahren 147
73. Das Verfahren von de la Vallée-Poussin 153
74. Gronwall-Verfahren 155
75. Rogosinski-Bernstein-Verfahren 156
76. Riemann-Verfahren 158
77. Zahlentheoretische Verfahren 160
78. Wiener-Verfahren 161
79. Klassen von Verfahren 164
80. Sonstiges 165

Ergänzungen

6. Nichtmatrixverfahren 167
7. Absolute Limitierung 168
8.—9. Mehrfachfolgen, Integralverfahren 168
10. Sonstiges 168
18. Matrizenrechnung 168
22. Wirkfelder als FK-Räume 169
23. Perfekte Verfahren 170
24. Abschnittskonvergenz 170
25. Allgemeine Limitierbarkeitskriterien 171
26. Einfolgenverfahren 171
27. Vorgeschriebenes Wirkfeld 171
28. Inäquivalenzsätze 172
29. Beschränkte Folgen 172
32. Einschließungssätze 173
33. Kernsätze 173
34. Konvergenzfaktoren 173
35. Vergleichssätze 174
36. Verträglichkeit 174
37. Varianten der Vergleichssätze 174
38. Translation und Umordnung 175
39. Multiplikation 175
42. Wachstumsbedingungen 175
43. Konvergenzgleiche Verfahren 175
44. Lückenumkehrsätze 176
45.—47. Umkehrsätze 176
48. Die Methoden von Littlewood, Wiener, Karamata und Schmidt 177
49. Funktionentheoretische Umkehrsätze und Beweise 177
50. Sonstige Umkehrsätze 177
52. Arithmetische und bewichtete Mittel 178
53. Cesàro-Verfahren 178
54. Hölder- und Cesàro-Verfahren 179
55. Abel-Verfahren 179
56. Mehrfachfolgen 180

Ergänzungen

57. Integralverfahren 181
58. Die LAPLACE-Transformation 181
59. RIESZ- und DIRICHLET-Verfahren 182
62. Zweier-Verfahren 183
63. NÖRLUND-Verfahren 183
64. Verfahren von EULER-KNOPP 184
65. Allgemeine EULER-Verfahren 185
66. BOREL-Verfahren 185
67. Varianten des BOREL-Verfahrens 186
68. Kreisverfahren 187
69. Analytische Fortsetzung 188
70. Sonstiges. JAKIMOVSKI-Verfahren 188
72. HAUSDORFF-Verfahren 190
73. Das Verfahren von DE LA VALLÉE-POUSSIN 191
74. Gronwall-Verfahren 191
75. ROGOSINSKI-BERNSTEIN-Verfahren 191
76. RIEMANN-Verfahren 192
77. Zahlentheoretische Verfahren 193

Literaturverzeichnis 194

Sachverzeichnis 302

Verzeichnis der Verfahren 307

Verzeichnis der Sätze 309

Bezeichnungen 313

Einleitung

Das Buch ist in acht Kapitel (**I—VIII**) eingeteilt, von denen jedes zehn Nummern umfaßt (**1—80**). Die erste Nummer eines Kapitels gibt jeweils eine Übersicht. Sätze (I, II, ...) und Formeln ((1), (2), ...) sind nur innerhalb einer Nummer durchgezählt. Verschiedene Register (Literatur, Begriffe, Verfahren, Sätze, Bezeichnungen) sollen die Benützung des Berichtes erleichtern.

In Kapitel **I** grenzen wir unseren Stoff ab, definieren die Grundbegriffe und formulieren die Hauptprobleme. Wir befassen uns hauptsächlich mit der Limitierung von (allgemeinen) Zahlenfolgen, wozu wir vornehmlich Matrixtransformationen benützen. Nur am Rande betrachten wir Nichtmatrixverfahren, absolute Limitierung, Mehrfachfolgen, Integraltransformationen und Anwendungen.

Wir betonen die allgemeine Theorie, die von TOEPLITZ, HAHN, ORLICZ, MAZUR, BANACH, WIENER, HILL, LORENTZ, BRUDNO, AGNEW, DAREVSKY, COOKE und anderen gefördert wurde. Daher behandeln wir in Kapitel **II** recht ausführlich die funktional-analytischen Grundlagen (B- und F-Räume, BANACH-Algebren), um dann in Kapitel **III** Schlüsse auf die Struktur von Wirkfeldern zu ziehen (Approximation von Folgen, Limitierbarkeitskriterien, mögliche Wirkfelder).

Entscheidend für das nächste Kapitel (**IV**) sind der Satz von TOEPLITZ (über Permanenz von Verfahren) und seine Varianten, die zu Vergleichssätzen — im weitesten Sinn — und damit zu weiteren Strukturaussagen (Konvergenzfaktoren, Translation, Reihenmultiplikation) führen. Schärfere Hilfsmittel benötigen wir in Kapitel **V** (Umkehrsätze), wo es darum geht, aus Eigenschaften der transformierten Folge meist mit Hilfe von Nebenbedingungen auf solche der Urfolge zurückzuschließen. Die hierfür entwickelten Methoden betrachten wir unter möglichst einheitlichem Gesichtspunkt.

Die folgenden Kapitel wenden die allgemeine Theorie auf spezielle Verfahren an (CESÀRO-, ABEL-Verfahren u. ä. in **VI**; EULER-, BOREL-Verfahren u. ä. in **VII**; sonstige Verfahren und Klassen in **VIII**). Dabei wiederholen wir jedoch gut anwendbare allgemeine Ergebnisse nicht mehr bei den einzelnen Verfahren — ausführlicher ist diese Einteilung in **51** erläutert. Auch unterdrücken wir die meisten Rechnungen.

Das Buch will einen Überblick über die Limitierungstheorie und ihre Methoden verschaffen und an die Literatur heranführen. Formuliert sind daher typische, leicht verständliche Sätze — der Vollständigkeit halber auch einige recht einfache Aussagen —, und von den Beweisen wurden nur die Grundzüge wiedergegeben. Verschärfungen, Verallgemeinerungen, vollständige Beweise findet der Leser in der zitierten Literatur, über die er sich mit Hilfe der im Verzeichnis genannten Referate vorher noch genauer informieren kann. Vom Leser wird eine gewisse Vorbildung erwartet, da auch manche Definitionen, Erläuterungen usw. knapp gefaßt sind und Vorverweise auftreten.

Das Literaturverzeichnis sollte im Rahmen unserer Stoffabgrenzung einigermaßen vollständig sein. Jedoch konnte nicht an jeder Stelle im Text die gesamte in Frage kommende Literatur angeführt werden. Auch ist bei einem Bericht der vorliegenden Art die Möglichkeit von Fehlern und Lücken besonders groß. Für alle Hinweise auf Verbesserungsmöglichkeiten bin ich sehr dankbar. Bei Gelegenheit werde ich das Verzeichnis in der Mathematischen Zeitschrift fortführen.

Erstes Kapitel

Grundbegriffe der Limitierung

1. Zusammenfassung

Nach einem kurzen geschichtlichen Überblick (2) erläutern wir in 3 die Grundbegriffe der Limitierung und grenzen das in diesem Buch behandelte Gebiet ab: Wir untersuchen hauptsächlich die in 4 besprochenen Matrixverfahren bei allgemeinen Folgen und die in 5 genannten Hauptprobleme (Einschließungs-, Vergleichs-, Umkehrsätze). Die folgenden fünf Nummern bringen Dinge, die wir im Rest des Buches nur mehr streifen werden: Nichtmatrixverfahren (6), absolute Limitierbarkeit (7), Mehrfachfolgen (8), Integraltransformationen (9), Anwendungen, Funktionenfolgen, abstrakte Transformationen, Ungleichungen, bestimmte asymptotische Sätze, Produkte (10).

2. Geschichte der Limitierungstheorie

Das Gebiet der *unendlichen Reihen* geht auf Wurzeln in der antiken Mathematik zurück (siehe BECKER-HOFMANN [51*] und HOFMANN (1957*)): Auswertung von Summenausdrücken, Zerlegung von Funktionen, Irrationalitätsüberlegungen, Inhaltsberechnungen (z. B. ARCHIMEDES). Um 1200, vor allem aber nach 1600, wurden diese Überlegungen wieder aufgenommen (siehe auch REIFF [89*]). Wir nennen FERMAT, MENGOLI, GREGORY (der schon von Konvergenz spricht), NEWTON, LEIBNIZ. Solange man Reihen in einfachen anschaulichen Problemen verwandte, ergaben sich von selbst nur *konvergente Reihen*. Die

2. Geschichte der Limitierungstheorie

Funktionenreihen führten dann zwangsläufig zu *divergenten Reihen*, zu deren Benützung die Erfolge des Kalküls verleiteten. Die sich nun anbahnende Entwicklung ist geschildert bei PRINGSHEIM [98*], BOREL [01*, 28*], BURKHARDT [11], SMAIL [25*], MOORE [38*], HARDY [49*].

JACOB BERNOULLI, GRANDI und LEIBNIZ behandeln um 1700 die aus der Reihe für $1/(1 + x)$ zu erhaltende Gleichung $1/2 = 1 - 1 + 1 - 1 + \cdots$. Die Leibnizschen Betrachtungen (lex continuitatis, Wahrscheinlichkeitsüberlegungen) erinnern an die Limitierungsverfahren A_1 und C_1 (**55**, **52**). GOLDBACH verwendet 1727 Reihenmultiplikation zur Transformation divergenter Reihen (vgl. $Z_\mathfrak{v}$ in **62**). Vor allem bedient sich EULER weitgehend divergenter Reihen, wobei er die ,,*Summationsmethoden*'' der stetigen bzw. analytischen Fortsetzung ausbaut; vgl. **55** und **64** sowie die Abhandlungen von J. E. HOFMANN (1956, 1957, 1958). D'ALEMBERT, DANIEL BERNOULLI, LAGRANGE und RAABE gebrauchen um 1800 die arithmetischen Mittel (C_1), teilweise im Vergleich zum ,,ABEL-Verfahren'' (woran FROBENIUS [80] mit der ersten modernen Limitierungsarbeit anschließt). HUTTON schlägt 1812 die Transformation $Z_\mathfrak{t}$ (siehe **62**) vor. Auch POISSON benützt 1823 das ,,ABEL-Verfahren'' bei FOURIER-Reihen. Alle diese Arbeiten entbehren jedoch der heutigen Strenge; die Transformationen werden mehr als Rechenhilfsmittel denn zur Untersuchung von Konvergenzfragen eingesetzt. Überhaupt war der *Konvergenzbegriff* noch nicht geklärt.

So fehlt es auch nicht an warnenden Stimmen. LEIBNIZ lehnt es ab, daß WOLFF sogar Reihen wie $1 - 2 + 4 - \cdots$ behandelt. Selbst EULER möchte einer divergenten Reihe keine eigentliche Summe zuordnen. Sehr kritisch sind VARIGNON und D'ALEMBERT. N. BERNOULLI, CALLET und LAGRANGE weisen auf mögliche Vieldeutigkeiten bei der Eulerschen ,,Summendefinition'' hin. LAPLACE spricht bezüglich divergenter Reihen von Illusionen.

Schon GRANDI leitete aus $1/2 = 1 - 1 + 1 - \cdots$ die Gleichung $0 = 1/2$ ab, was die Möglichkeit der Erschaffung der Welt aus dem Nichts beweisen soll. Später bemerkte man weitere Widersprüche, die durch das Rechnen mit divergenten Entwicklungen entstehen, wobei allerdings oft Operationen verwendet wurden, die selbst im Falle der Konvergenz unzulässig sind. Mit FOURIER, GAUSS, BOLZANO beginnt dann um 1810 die Periode der exakten Behandlung der Reihen. CAUCHY, POINSOT und ABEL (um 1825) verwarfen die divergenten Reihen; einerseits mit sehr scharfen Worten (Erfindung des Teufels), andererseits mit gewissem Widerstreben, weil sie doch wertvolle Resultate geliefert hatten. Durch ihre Grenzwertsätze legten ja auch CAUCHY und ABEL den Grund für die neuzeitliche Limitierung. In Deutschland und England ging dann noch einige Zeit eine Diskussion über divergente Reihen weiter. Von 1850—1880 wurde es still um sie, bis zur Arbeit von FROBENIUS [80].

Weitere historische Bemerkungen findet man bei FROBENIUS [80], BOREL [96a], HARDY [06], BROMWICH [08a*], CARMICHAEL [18], KOGBETLIANTZ [25]. Über die neuere Entwicklung geben Auskunft BOREL [01*, 28*], BROMWICH [08a*], BIEBERBACH [21*], GONZÁLEZ [45], HARDY [49*]; siehe auch die Literatur in 4.

3. Allgemeine Limitierungstheorie

Limitierung, im weitesten Sinne als Grenzwertzuordnung verstanden, umfaßt den größten Teil der Analysis. Wir befassen uns jedoch hier fast ausschließlich mit der Definition von Limites bei allgemeinen (divergenten) Zahlenfolgen, wozu wir noch einige verwandte Untersuchungen bei Funktionen nehmen. Wir betrachten nicht oder nur am Rande: Gewöhnliche Konvergenz; Grenzwerte von Funktionenfolgen, wie sie in der Lebesgueschen Theorie oder bei den Schwartzschen Distributionen auftreten; Anwendungen, etwa auf FOURIER-, DIRICHLET- und Potenzreihen; Transformationen, die nur beiläufig oder in Spezialfällen zur Limitierung eingesetzt wurden; asymptotische Reihen.

Um verschiedene Arten von Grenzübergängen gemeinsam zu erfassen, bedient man sich der *Filter* oder der *Moore-Smith-Folgen* (d. h. Folgen mit allgemeinerem Indexbereich); letztere sind für unsere Zwecke geeigneter (siehe dazu auch MOORE [22, 23, 24]). Wir sprechen von einer *Limitierungsvorschrift A*, wenn A gewissen MOORE-SMITH-Folgen einen „Grenzwert" zuordnet. Diese Vorschrift wird meist durch eine konkrete Operation, etwa eine Matrixtransformation, definiert. Vorschrift und Operation zusammen nennen wir ein *Limitierungsverfahren A*. In gewissen Fällen, wo ein und dieselbe Vorschrift durch eng verwandte Operationen gegeben wird, sprechen wir von verschiedenen *Formen* eines Verfahrens (4 (3)).

Die Menge der von der Vorschrift erfaßten MOORE-SMITH-Folgen nennen wir das *Wirkfeld* $\mathfrak{A}$ (des Verfahrens oder der Vorschrift). Verfahren A und B mit demselben Wirkfeld heißen *gleichstark* oder *äquivalent* (Bezeichnung $A \sim B$). Ordnen A und B niemals ein und derselben Folge verschiedene Grenzwerte zu, so heißen sie *verträglich*. (Manche Verfasser schließen die Verträglichkeit in die Äquivalenz ein.) Limitiert A jede B-limitierbare Folge, so nennen wir A *stärker* als B; wir sprechen von *echt stärker*, wenn es überdies mindestens eine Folge gibt, die in $\mathfrak{A}$, aber nicht in $\mathfrak{B}$ liegt (Bezeichnung $A \supseteq B$ bzw. $A \supset B$). Wir gebrauchen also *Komparative* im Sinne von $\geq$ und fügen andernfalls „*echt*" oder „*streng*" hinzu. Gilt weder $A \subseteq B$ noch $A \supseteq B$, überschneiden sich also die Wirkfelder, so schreiben wir $A \asymp B$ (*unvergleichbare Verfahren*). Alle diese Aussagen (und gewisse Modifikationen) zählen wir zu den *Vergleichssätzen* (Kapitel IV).

3. Allgemeine Limitierungstheorie

Wir betrachten hauptsächlich *Folgen* $\mathfrak{z} = \{s_k\}_{k=0,1\ldots}$ komplexer Zahlen, wobei die zuzuordnenden Grenzwerte komplex und endlich sein sollen. In manchen Fällen, etwa bei Ungleichungen, sind Beschränkungen aufs Reelle oder Zerlegungen in Real- und Imaginärteil nötig, worauf wir nicht immer besonders hinweisen. Ein in Formeln auftretendes Glied s_{-1} ist meist gleich Null zu setzen. Weisen wir von einem Verfahren nach, daß das Wirkfeld eine gewisse Mindestmenge von Folgen umfaßt, so sprechen wir von einem *Einschließungssatz*. Z. B. heißt A *konvergenztreu (permanent)*, wenn es jede konvergente Folge limitiert (zu ihrem gewöhnlichen Grenzwert limitiert). Statt permanent sagt man auch *regulär*. Weitere wünschenswerte Eigenschaften (Totalpermanenz, Translativität, Produktsätze) führen wir in **IV** an. Umgekehrt möchte man oft eine Abgrenzung des Wirkfelds in anderer Richtung erhalten, z. B. Bedingungen, die aus A-Limitierbarkeit auf Konvergenz zurückzuschließen gestatten (*Umkehrsätze*, **V**). Insbesondere heißt ein Verfahren *konvergenzgleich*, wenn es genau die konvergenten Folgen limitiert (siehe *Mercersätze* **43**). Bei permanentem A dürfen wir meist statt $\mathfrak{A}$ o. B. d. A. das *Nullwirkfeld* $\mathfrak{A}_0$, d. h. die Menge der zu Null limitierten Folgen, betrachten.

Jeder Folge $\mathfrak{z}$ ist eineindeutig eine *Reihe* $\sum_{m=0}^{\infty} u_m$ zugeordnet, die s_k als Teilsummen hat. Wir verwenden $\mathfrak{u}$ als Symbol für die Reihe $\sum u_m$ und auch für die Folge der Reihenglieder $\{u_m\}$. Zwischen $\mathfrak{z}$ und $\mathfrak{u}$ soll stets dieser Zusammenhang bestehen, entsprechend zwischen $\mathfrak{t}$ und $\mathfrak{v}$. Neben dem gewöhnlichen „*Folgenwirkfeld*" $\mathfrak{A}$ eines Verfahrens A betrachten wir auch das zugehörige „*Reihenwirkfeld*" $\grave{\mathfrak{A}}$. Entsprechend der Definition von $\mathfrak{u}$ können wir letzteres auf zwei Arten auffassen. Für den zugeordneten Grenzwert schreiben wir

(1) $\qquad A\text{-lim } s_k \text{ und } A\text{-}\sum u_m,$

auch verwenden wir Symbole wie

(2) $\qquad s_k \to \sigma \ (A), \ u_0 + u_1 + \cdots = \sigma \ (A).$

(AGNEW [45d] schlägt andere Bezeichnungen vor.) Wir sagen, daß A eine Folge (aus dem Wirkfeld) *limitiert* und die zugehörige Reihe *summiert*; Folge bzw. Reihe heißen *limitierbar* bzw. *summierbar*. Abstrakt gesehen, ist es eigentlich gleichgültig, ob wir $\mathfrak{A}$ oder $\grave{\mathfrak{A}}$ betrachten. Bei konkreten Verfahren bedeutet jedoch der Übergang von $\mathfrak{z}$ zu $\mathfrak{u}$ eine Abänderung der definierenden Transformation (siehe **4**). Begriffe wie Permanenz, Reihenwirkfeld usw. können wir auch auf andere Fälle, wie Limitierung von Funktionen (**9**) übertragen. Die meisten Verfahren beruhen auf linearen Transformationen (vgl. **13**), wie z. B. die Matrixverfahren (**4**), oder sind doch *linear* in dem Sinn, daß sie eine „lineare" Grenzwertzuordnung liefern.

4. Matrixverfahren

Soweit nichts anderes gesagt ist, verwenden wir folgende Definitionen. Eine *Matrix* A ist von der Gestalt $\{a_{lk}\}_{l,k=0,1,\ldots}$ mit komplexen Elementen (mögliche Einschränkung aufs Reelle wie in **3**). Eine *Matrixtransformation* hat die Form

(1) $\quad \mathfrak{t} = A\mathfrak{s} = \{t_l\}$ mit $t_l = \sum_{k=0}^{\infty} a_{lk} s_k \quad (l = 0, 1, \ldots).$

Von den Reihen für t_l verlangen wir dabei gewöhnliche Konvergenz. Das *gewöhnliche Matrixverfahren* (kurz: Matrixverfahren) A limitiert die Folge $\mathfrak{s}$ zum Grenzwert σ, wenn in (1) alle t_l existieren und

(2) $\quad \lim_{l \to \infty} t_l = \sigma \quad$ (wo σ endlich)

ist. Ein solches Verfahren kann divergente Folgen limitieren, indem es deren Schwankungen ausmittelt; wir sprechen daher auch von den *A-Mitteln*. Wir verwenden dieselbe Bezeichnung A für die Matrix, die Transformation, das Verfahren und die Limitierungsvorschrift. Ferner ordnen wir Eigenschaften, die die Matrix hat, auch dem Verfahren zu, usw. Analog zur eben definierten *A-Limitierbarkeit* sprechen wir von *A-Beschränktheit* einer Folge, u. ä. Wir nennen A *anwendbar* auf die Folge $\mathfrak{s}$, wenn die Transformation (1) erklärt ist.

Entsprechend dem Gebrauch in **3**, Abs. 3, heißt eine Matrix A *positiv*, wenn $a_{lk} \geq 0$ $(k, l = 0, 1, \ldots)$ gilt. *Zeilenfinit* bedeutet, daß in jeder Zeile nur endlich viele Nichtnullen stehen; analog ist *spaltenfinit* erklärt. Statt nichtzeilenfinit sagen wir auch *zeileninfinit*; ähnlich *spalteninfinit*. A heißt untere *Dreiecksmatrix* oder einfach Dreiecksmatrix, wenn $a_{lk} = 0$ für $k > l$ ist; wir fügen „echt" hinzu, wenn überdies $a_{ll} \neq 0$ $(l = 0, 1, \ldots)$ gilt. Bei einer oberen Dreiecksmatrix ist analog $a_{lk} = 0$ für $k < l$. Eine *Diagonalmatrix* $A = \text{diag}\{p_l\}$ enthält in der Hauptdiagonale die Elemente $a_{ll} = p_l$ und sonst nur Nullen. Die *Einheitsmatrix* I ist die Diagonalmatrix mit $p_l = 1$ $(l = 0, 1, \ldots)$. Die *transponierte (gekippte)* Matrix bezeichnen wir mit A^T; für $A^T\mathfrak{x}$ schreiben wir auch $\mathfrak{x}A$.

Gelegentlich ist es günstiger, bei der Transformation von den Reihengliedern auszugehen:

(3) $\quad \mathfrak{t} = {}^{\backprime}A\mathfrak{u} = \{t_l\}$ mit $t_l = \sum_{k=0}^{\infty} {}^{\backprime}a_{lk} u_k \quad (l = 0, 1, \ldots).$

Wir sprechen dann von einem Matrixverfahren A in *Reihe-Folge-Form* (*RF-Form*) ${}^{\backprime}A$, während unter einem Matrixverfahren schlechthin im Zweifel ein solches der Gestalt (1) zu verstehen ist. Auch kommen entsprechende *FR*- und *RR-Formen* vor:

(4) $\quad\quad\quad\quad \mathfrak{v} = {}^{\prime}A\mathfrak{s}, \quad \mathfrak{v} = {}^{\wedge}A\mathfrak{u}.$

4. Matrixverfahren

Die Striche deuten abwärts auf die Seite(n), auf der Reihenglieder stehen, also bei $\mathfrak{t} = {}^{\backprime}A\mathfrak{u}$ rechts von A. Zur *Definition eines Verfahrens* geben wir im folgenden einfach die zugehörige Transformation an (sowie im Zweifelsfall den benützten Grenzübergang, vgl. (11) und (12)), wobei aus der Bezeichnung ($\mathfrak{z}, \mathfrak{t}, \mathfrak{u}, \mathfrak{v}$) hervorgeht, ob es sich um eine *FF-Form* usw. handelt.

Σ^α sei die Matrix mit den Elementen

(5) $\quad \begin{cases} \binom{l-k+\alpha-1}{l-k} = \dfrac{\alpha(\alpha+1)\cdots(\alpha+l-k-1)}{1\cdot 2\cdots(l-k)} & (0 \leq k \leq l) \\ 0 & (k > l), \end{cases}$

so daß insbesondere (vgl. **62, 63**)

(6) $\quad \mathfrak{z} = \Sigma^1 \mathfrak{u} = \Sigma \mathfrak{u}; \quad \mathfrak{u} = \Sigma^{-1} \mathfrak{z}; \quad \Sigma^\alpha \Sigma^\beta = \Sigma^{\alpha+\beta}; \quad \Sigma^0 = I$

gilt. Die transponierte (um die Hauptdiagonale gekippte) Matrix $\Sigma^{-\alpha}$ bezeichnen wir mit $\varDelta^\alpha$, das l-te Glied der Folge $\mathfrak{y} = \varDelta^\alpha \mathfrak{x}$ (falls existent) wie üblich mit $\varDelta^\alpha x_l$. Es ist also

(7) $\quad y_l = \varDelta^\alpha x_l = \sum_{k=l}^{\infty} \binom{k-l-\alpha-1}{k-l} x_k.$

Diese Ausdrücke treten vor allem bei CESÀRO-Verfahren (**53, 54**) auf.

Ist ein Matrixverfahren (1) zeilenfinit, so können wir es auch in den drei anderen Formen darstellen. Es gelten dann Beziehungen wie

(8) $\qquad\qquad {}^{\backprime}A = A\Sigma, \quad {}^{\wedge}A = \Sigma^{-1} A \Sigma.$

Bei nichtzeilenfinitem A brauchen die Produkte (8) nicht alle zu existieren; und selbst im Falle der Existenz können etwa (1) und (3) (mit ${}^{\backprime}A = A\Sigma$) verschiedene Verfahren definieren (vgl. etwa **18, 68** und LORENTZ [47b]). In solchen Fällen ist darauf zu achten, welche Form zur Definition des Verfahrens dient, und welche Formen nur formal daraus abgeleitet sind. Eine *formale FF-Form* bezeichnen wir mit ${}^{\vee}A$. Dagegen können wir immer etwa ein Verfahren (1) durch eine zusammengesetzte *RF*-Form, nämlich

(9) $\qquad\qquad \mathfrak{t} = A(\Sigma \mathfrak{u})$

darstellen.

Solange wir ein festes Matrixverfahren A betrachten, soll zwischen $\mathfrak{z}$ und $\mathfrak{u}$ einerseits und $\mathfrak{t}$ und $\mathfrak{v}$ andererseits stets (wenn nichts Besonderes gesagt ist) der durch die A definierende Transformation gegebene Zusammenhang bestehen. Ist also A durch eine *RR*-Transformation ${}^{\wedge}A$ erklärt, so gelte

(10) $\quad \mathfrak{v} = {}^{\wedge}A\mathfrak{u} = {}^{\wedge}A(\Sigma^{-1}\mathfrak{z}); \quad \mathfrak{t} = \Sigma({}^{\wedge}A\mathfrak{u}) = \Sigma({}^{\wedge}A(\Sigma^{-1}\mathfrak{z})).$

Ein Matrixverfahren A mit stetigem (erstem) Parameter (kurz: *stetiges* Verfahren) ist von der Gestalt

(11) $$t(\lambda) = t_\lambda = \sum_{k=0}^{\infty} a_{\lambda k} s_k \quad (\lambda \in \Lambda, \lambda \to \lambda^*).$$

(Wir bezeichnen *diskrete*, meist ganzzahlige *Parameter* mit lateinischen, *stetige* mit griechischen Buchstaben.) Dabei ist Λ irgendeine Menge eines topologischen Raumes mit·Häufungspunkt λ^*; und A-Limitierbarkeit soll besagen, daß $t(\lambda)$ für $\lambda \in \Lambda$ existiert und $\lim_{\lambda \to \lambda^*} t(\lambda)$ vorhanden ist (als endlicher Wert). Gelegentlich verlangen wir nur, daß $t(\lambda)$ für gewisse („hinreichend große") λ-Werte erklärt ist; bei einer solchen *Definition eines Verfahrens* verwenden wir Zusätze wie

(12) $$\bigl(\lambda(\mathring{s}) < \lambda \to +\infty\bigr).$$

Entsprechende oder ähnliche Bildungen kommen auch in den anderen Formen vor (vgl. **9** (1)). Weitere Definitionsvarianten ergeben sich, wenn man die Forderung der gewöhnlichen Konvergenz der Reihen $t(\lambda)$ einschränkt (**33** (2), **55**, **76**); oder λ durch mehrere Parameter (mit iteriertem Grenzübergang) ersetzt (z. B. SMAIL [18], JAMES [19], VIGNAUX [33g], MASCHLER [52]).

Für die Limitierung brauchbare Transformationen wählen wir nach folgenden Gesichtspunkten aus: Einfachheit (**52**), funktionentheoretische Herleitung (**55**, **65**, **69**), Untersuchungen über FOURIER-Reihen (**73**, **75**, **76**), Brauchbarkeit für spezielle Reihen und Probleme (**59**, **77**); Überlegungen betreffend Grenzwertvertauschung (z. B. HARDY [03, 49*, S. 89]). Durch verschiedene Arten der Iteration nebst Ergänzung zu einem „stetigen" System (**53**, **54**), Einfügen eines Parameters (**59**), Spaltenauswahl (**67**), Zeilenverschieben (**68**) u. ä. erhalten wir dann neue Verfahren. Man sucht dann die Verfahren zu Klassen zusammenzufassen, innerhalb derer die Transformationen leicht verknüpfbar und meist durch eine Einfachfolge oder eine Funktion charakterisiert sind (**63**, **65**, **72**, **74**, **78**, **79**). Weiteres in **79**.

Der Buchstabe eines *speziellen Verfahrens* trägt zur Unterscheidung von *allgemeinen Verfahren* bei uns meist einen unteren Index, der *Ordnung* oder *Typ* innerhalb einer Klasse kennzeichnet. So schreiben wir A_1 für das ABEL-Verfahren (**55**), während A eine allgemeine Matrix bedeutet. Öfters verwenden wir zusätzlich einen oberen Index oder ersetzen Indizes durch Parameter in Klammern, siehe etwa R_q^α und $R(q, \alpha)$ in **59**. Bei Abkürzungen fallen diese Kennzeichen gelegentlich ganz weg („die Matrizen R"). Indizes bei allgemeinen Verfahren hängen wir in Klammern oben an: $A^{(i)}$.

Den Übergang von speziellen zu immer allgemeineren Verfahren können wir aus folgenden Arbeiten entnehmen: CESÀRO [88, 93], BOREL

[95, 96], HARDY [03, 04a], PARFENTJEV [04], FORD [09, 10], CHAPMAN [11c], HARDY-CHAPMAN [11], SILVERMAN [13], TOEPLITZ [13], SMAIL [13, 18], JAMES [19], PERRON [20b], SCHUR [20], MOORE [22, 23, 24], TAKENAKA [22], BROOGI [24], NICOLETTI [24], PICONE [25], KNOPP [29a], REY PASTOR [29a, 30b, 31a, 33d]. Weiteres in 9 (Integraltransformationen), 10 (abstrakte Verfahren) und 22 (funktionalanalytische Methoden).

Über den jeweiligen Stand der Limitierung geben daneben die folgenden *Berichte* und *Bücher* Auskunft: BOREL [01*, 28*], BROMWICH [08*, 26*, 31*], FORD [16*, 18], LANDAU [16*, 29*], CARMICHAEL [18], MOORE [19, 31, 32], HURWITZ [22], KNOPP [22a*, 23a, 24*, 28*, 31*, 47*, 48*], HOBSON [26*], FORT [30*], REY PASTOR [31a, 32b], OBRECHKOFF [35], KARAMATA [51b]; als *Lehrbücher* kommen vor allem in Frage: SZÁSZ [44*, 48*, 52a*], HARDY [49*], COOKE [50*]. Weitere Bücher und Berichte befassen sich mit Spezialgebieten, siehe **31, 33, 53, 57, 59, 69, 78**.

5. Hauptprobleme

Haben wir mit einem Verfahren A — wir denken hauptsächlich an Matrixverfahren — einen Grenzwert definiert, so wollen wir Näheres darüber wissen, für welche Folgen dieser Limes erklärt ist, wie er sich zu anderen Grenzwertbegriffen verhält und welche Rechenregeln für ihn gelten.

Über die Größe des Wirkfeldes $\mathfrak{A}$ erhalten wir Bescheid, indem wir es zu geläufigen Folgenmengen $\mathfrak{E}$ in Beziehung setzen, insbesondere nach Relationen der Form $\mathfrak{A} \supseteq \mathfrak{E}$ fragen (*Einschließungssätze*). Die konvergenztreuen und die permanenten Matrixverfahren (**3, 4**), also die Verfahren mit $\mathfrak{A} \supseteq \mathfrak{S}_C$ (Menge der konvergenten Folgen), lassen sich z. B. leicht charakterisieren (**32**). Viele Verfahren führen sogar jede divergente Folge in eine „weniger" divergente über (**33**). Jedoch können wir bei einem permanenten Matrixverfahren A kein zu großes Wirkfeld fordern (**6 (3), 27**). Es gibt kein stärkstes oder optimales Verfahren, wir müssen je nach Bedarf verschiedene Verfahren verwenden.

Die Vergleichssätze (**3**, Kapitel IV) bilden einen Spezialfall des allgemeinen Einschließungsproblems, handelt es sich doch um Aussagen der Form $\mathfrak{A} \asymp \mathfrak{B}$, $\mathfrak{A} \supseteq \mathfrak{B}$, $\mathfrak{A} \subseteq \mathfrak{B}$, $\mathfrak{A} = \mathfrak{B}$. Durch Betrachtung von *Vermittlungstransformationen*, etwa AB^{-1}, führen wir Vergleichssätze meist auf Konvergenztreue-Untersuchungen zurück (**35**). Jedoch sind die technischen Schwierigkeiten oft beträchtlich. Mit Vergleichssätzen verbinden wir die Frage nach der Verträglichkeit (**3**). Roh können wir sagen, daß eine Relation $\mathfrak{A} \supseteq \mathfrak{B}$ bei permanenten Verfahren häufig Verträglichkeit zur Folge hat, während im Falle $\mathfrak{A} \asymp \mathfrak{B}$ die Verfahren fast beliebig unverträglich sein können. Die Limitierung mit Matrixverfahren liefert also keine einheitliche Erweiterung des gewöhnlichen Konvergenzbegriffs. Eng mit Vergleichssätzen verknüpft sind die Probleme in **34** (Konvergenzfaktoren), **38** (Translation), **39** (Multiplikation), **37** (Varianten der Vergleichssätze). In **38** und **39** stoßen wir auf manche Abweichung von dem bei konvergenten Folgen gewohnten Verhalten.

Auch Abgrenzungen des Wirkfeldes nach oben, also Aussagen $\mathfrak{A} \subseteq \mathfrak{E}$ (Umkehrsätze, **3**, Kapitel V) sind wichtig. Einfachere Aussagen betreffen notwendige Bedingungen für limitierte Folgen (**42**) oder die Konvergenzgleichheit (**3**) bestimmter Verfahren (**43**). Für Theorie und Anwendungen besonders wichtig sind die eigentlichen Umkehrsätze (*Tauber-Sätze*), bei denen unter einer Zusatzbedingung (*Konvergenzbedingung*, KB) von Limitierbarkeit auf Konvergenz zurückgeschlossen wird. Die KB drückt meist „langsames Schwanken" der Folge aus; die Sätze beruhen darauf, daß eine Mittelbildung am besten bei rasch oszillierenden Folgen wirkt. Neben den eigentlichen Schwankungs-KB (**45—48**) verwenden wir Lückenbedingungen (**44**) und funktionentheoretische Bedingungen (**49**). Bei den Beweisen werden recht tiefliegende Hilfsmittel benützt (**48**); im Prinzip geht es darum, zunächst von komplizierteren Verfahren zu einfacheren und dann erst zur Konvergenz überzugehen (**47**). Die Umkehrsätze ermöglichen das Umsetzen limitierungstheoretischer Aussagen in solche über gewöhnliche Konvergenz, was besonders für die Anwendungen (Reihenentwicklungen) wichtig ist.

Neben der Konvergenz von $\mathfrak{t} = A\mathfrak{z}$ interessiert auch ein bestimmtes asymptotisches Verhalten von $\mathfrak{t}$ (verglichen mit $\mathfrak{z}$), d. h. die limitierungstheoretischen Eigenschaften von Matrizen diag $\{p_l\} \cdot A \cdot$ diag $\{q_k\}$ (*asymptotische Sätze*, z. B. **10, 57, 58**); oder die Art der Divergenz von $\mathfrak{t}$ (*Oszillations-* oder *Kernsätze*, z. B. **33** und **50**).

Die meisten allgemeinen Probleme in der Limitierung können wir zwanglos auf die Form bringen: Gilt für gewisse Folgenräume $\mathfrak{E} \subseteq \mathfrak{F}$, $\mathfrak{E} \supseteq \mathfrak{F}$ oder $\mathfrak{E} \mathop{\asymp} \mathfrak{F}$? Die Beantwortung wird erleichtert, indem wir die in Frage kommenden $\mathfrak{E}, \mathfrak{F}, \ldots$ als *lineare topologische Räume*, meist F-Räume auffassen. Die Theorie dieser Räume entwickelt Kapitel II, in Kapitel III spezialisieren wir die Aussagen auf Wirkfelder. Dabei erhalten wir wertvolle Aussagen über die *Struktur* der Wirkfelder (Beziehungen zwischen den Folgen, welche Wirkfelder sind möglich, wünschenswerte topologische Eigenschaften) und die wichtigsten Operationen in Wirkfeldern, was die Lösung der Probleme in den Kapiteln IV und V erleichtert. Daneben müssen wir uns immer wieder elementarer Umformungen und Abschätzungen bedienen; und die Untersuchung vieler spezieller Folgen und Verfahren kommt ohne umfangreichen Formelapparat nicht aus. Wir werden jedoch die allgemeinen Gedankengänge betonen und die meisten Rechnungen unterdrücken.

Die wichtigsten *Anwendungen* der Limitierung — wir streifen sie nur, siehe auch **10** — betreffen Multiplikationssätze (**39**), DIRICHLET-

Reihen (59), analytische Fortsetzung, auch in Zusammenhang mit der Lösung von Differentialgleichungen (69), FOURIER-Entwicklungen (73), Zahlentheorie (77).

In den nächsten Nummern behandeln wir Nichtmatrixverfahren (6), absolute Limitierbarkeit (7), Mehrfachfolgen (8), Integraltransformationen (9), Sonstiges (10); alles Fragen, auf die wir später nicht mehr oder nur kurz eingehen werden.

6. Nichtmatrixverfahren

Wir betrachten zunächst Verfahren, die mit Matrizen zusammenhängen, aber anders als in 4 definiert sind. Die Folge $\mathfrak{s}$ heißt *stark A-limitierbar* zum Werte σ, wenn

(1) $$\sum_{k=0}^{\infty} a_{lk} |s_k - \sigma| \to 0 \qquad (l \to \infty)$$

gilt (alle Summen $l = 0, 1, \ldots$ sollen existieren). Einen verallgemeinernden Parameter führt man ein, indem man $|\ |$ in (1) durch $|\ |^\alpha$ ersetzt: Verfahren $A^{[\alpha]}$. Bei „nichtentartetem" A wirkt das Verfahren nur durch Glätten der Spitzen von $\mathfrak{s}$; es muß dann σ ein Häufungspunkt von $\mathfrak{s}$ sein. Auch ist σ nicht immer eindeutig bestimmt (HAMILTON-HILL [38], auch CESCO [48]).

Im Falle $A = C_1$ (52) wurde die starke Limitierbarkeit in Zusammenhang mit FOURIER-Reihen eingeführt von HARDY-LITTLEWOOD [13b] und FEKETE [16]. Eine von (1) abweichende Festlegung für $A = C_\alpha$ gibt WINN [33] (man wendet das starke C_1-Verfahren auf die $C_{\alpha-1}$-Transformation an). Bei Verfahren mit stetigem Parameter (ABEL, RIESZ) benützt man eine andere Definition, die mit der absoluten Summierbarkeit zusammenhängt: BOYD-HYSLOP [52], HARINGTON-HYSLOP [53], vgl. KARAMATA [39a]. Die Arbeiten BOSANQUET [32a], WIENER [32], MARSHAK [33], PRASAD [33], TAKAHASHI [35a], DENJOY [38], KARAMATA [39a], OBRECHKOFF [42], BORGERS [46], KUTTNER [46], BENDUKIDZE [52] (Doppelfolgen), HYSLOP [52], ZELLER [53e] beweisen meist Vergleichsätze für die starken C_α- und H_α-Verfahren (53, 54), teilweise auch Konvergenzfaktoren-, Produkt-, Umkehr- und Inäquivalenzsätze, oder machen Anwendungen bei FOURIER-Reihen.

Die $A^{(j)}$ ($j = 0, 1, \ldots$) seien (verträgliche) Verfahren. Die Folgen $\mathfrak{s}$, die von jedem bzw. mindestens einem der $A^{(j)}$ limitiert werden, bilden das Wirkfeld des *Durchschnittsverfahrens* $\bigcap A^{(j)}$ bzw. des *Vereinigungsverfahrens* $\bigcup A^{(j)}$. Ferner betrachten wir (im Reellen) diejenigen Folgen, zu denen es ein σ gibt, so daß

(2) $$\lim_{j \to \infty} \overline{\lim_{l \to \infty}} t_l^{(j)} = \lim_{j \to \infty} \underline{\lim_{l \to \infty}} t_l^{(j)} = \sigma$$

gilt. Diese bilden das Wirkfeld des *Einschachtelungsverfahrens* $A^{(\infty)}$. Man kann auch von überabzählbar vielen Verfahren ausgehen.

Diese Bildungen wurden hauptsächlich in Zusammenhang mit C_α und H_α benützt: HARDY-LITTLEWOOD [23], RAMASWAMI [35], LITTLEWOOD [35], GARTEN-KNOPP [37], MEYER-KÖNIG [39a], GARTEN [39, 40a b] ($\bigcup C_\alpha$ und C_∞ sind äquivalent, C_∞ und H_∞ nicht; Umkehrsätze); ferner bei EULER- und HAUSDORFF-Verfahren: EBERLEIN [50], FUCHS [50], MEYER-KÖNIG—ZELLER [53]; bei RIESZ-Mitteln: PENNINGTON [52a], RAJAGOPAL [54a]. Weitere Literatur bei Inäquivalenzsätzen (28); vgl. KOGBETLIANTZ [31*, S. 47], AGNEW [44a], ROGOSINSKI [51].

Verschiedene *nichtlineare Verfahren* (bei einigen wird eine Transformationsmatrix mittels der zu limitierenden Folge gebildet) beschreiben GIBSON [01], GALVANI [27], ANDREOLI [30], KALUZA [38], PIRANIAN [46], WING [49], LENG [50], YOUNG [50].

Wir können auch einfach nach der Existenz eines abstrakten Limes fragen, der gewisse Axiome erfüllt (STEINHAUS [11]). BANACH (1923), [32*, S. 30] und MAZUR (1929) zeigten die Existenz von Linearformen $f(\mathfrak{s})$ (*Banach-Limites* genannt) im Raum $\mathfrak{S}_B$ der beschränkten Folgen (17) mit den Eigenschaften

(3) $$f(\{1, 1, \ldots\}) = 1, \quad f(\{s_k\}) = f(\{s_{k+1}\}),$$
$$f(\mathfrak{s}) \geq 0 \text{ falls } s_k \geq 0 \text{ für alle } k.$$

Zum Beweis verwenden wir das Fortsetzungsprinzip 14 I und 14 (5) mit

(4) $$p(\mathfrak{s}) = \inf_{n_0, \ldots, n_j} \overline{\lim_{k \to \infty}} \frac{1}{j+1} \sum_{i=0}^{j} s_{k+n_i}$$

(zugelassen sind alle Kombinationen $j, n_0, \ldots, n_j$ natürlicher Zahlen). Mit dieser Wahl erreichen wir die gewünschte Positivität und Translativität. Ein anderer Beweis (MAZUR [52]) stützt sich auf den TYCHONOFF-Würfel. Man sieht leicht, daß es (3) befriedigende Linearformen im Bereich aller Folgen nicht gibt.

Da das Fortsetzungsverfahren nicht eindeutig ist, gibt es viele BANACH-Limites. Genau dann fallen für ein $\mathfrak{s}$ alle BANACH-Limites zusammen, wenn $-p(-\mathfrak{s}) = p(\mathfrak{s})$ ist. Und dies tritt genau dann ein, wenn $\mathfrak{s}$ von dem Verfahren F_* (*Fastkonvergenz*) limitiert wird (LORENTZ [41, 48c]), d. h.

(5) $$\lim_{l \to \infty} \frac{s_j + \cdots + s_{j+l}}{l+1}$$

gleichmäßig in j existiert, woraus von selbst Beschränktheit von $\mathfrak{s}$ folgt. Statt hier C_1 zugrunde zu legen (vgl. auch die andern Varianten von C_1 in 60), können wir auch — ohne das Wirkfeld zu ändern — von einem fast beliebigen permanenten A ausgehen.

I (Matrixverfahren und Fastkonvergenz). *Ein permanentes Matrixverfahren A ist genau dann stärker als F_*, wenn*

(6) $$\lim_{l \to \infty} \sum_{k=0}^{\infty} |a_{lk} - a_{l,k+1}| = 0$$

gilt. Unter diesen Voraussetzungen sind A und F_* verträglich.

Bedingung (6) hängt mit der Translativität zusammen. Beim Beweis verwenden wir ähnliche Methoden wie in **32 I**. LORENTZ behandelt F_* ausführlicher. Indem er in (4) ein anderes p verwendet, gelangt EBERLEIN [50] zu *Banach-Hausdorff-Limites*, die noch $f(H\hat{\mathfrak{z}}) = f(\hat{\mathfrak{z}})$ für jedes permanente HAUSDORFF-Verfahren H erfüllen. COOKE [53] verallgemeinert das.

Querverweise: **10** (abstrakte Verfahren), **18 IV** (HILL [50]), **79, 80**.

7. Absolute Limitierbarkeit

Bei Matrixverfahren erklären wir ganz entsprechend der gewöhnlichen die *absolute Limitierbarkeit*: Hier soll die Bildfolge $\{t_\iota\}$ absolut konvergieren, d. h. die zugehörige Reihe $\Sigma\,|v_n| < \infty$ erfüllen. Eine analoge Definition ist vielfach auch bei stetigem Parameter λ möglich. Schon BOREL [99] (in Zusammenhang mit der Indexverschiebung, vgl. **66**) und FEKETE [14] benützen absolute Summierbarkeit. Von Bedeutung ist sie vor allem bei Multiplikationssätzen (**39, 53 IV, 63 VII**). Vom allgemeinen Standpunkt aus gesehen, ist absolute Limitierbarkeit unhandlicher als die gewöhnliche, weil der Dual des Raumes $\mathfrak{U}_A$ der absolut konvergenten Reihen (**17**) nichtseparabel ist. Andererseits sind viele Abschätzungen bei absoluter Konvergenz einfacher, und bei speziellen Verfahren ergibt sich eine weitgehende Parallelität zwischen den Sätzen über gewöhnliche und denen für absolute Summierbarkeit. Es wäre wünschenswert, diese Parallelität stärker durch allgemeine Sätze zu untermauern (vgl. etwa KNOPP-LORENTZ [49]). Wir zählen hier nur Arbeiten auf (die teilweise auch Doppelfolgen und Integraltransformationen behandeln).

Einschließungssätze (vgl. **32**) geben COHEN-DUNFORD [37], MEARS [37, 48], BOSANQUET-KESTELMAN [39], KNOPP-LORENTZ [49], SUNOUCHI [49], MORLEY [50], LORENTZ [51a], KNOPP [52b], SUNOUCHI-TSUCHIKURA [52], TATCHELL [53], KRZYŻ [54] (Monotoniefragen), ZELLER [54].

Andere allgemeine Sätze (Struktur von Wirkfeldern, Umkehrsätze u. a.) behandeln CESCO [41], SUNOUCHI [49], ZELLER [50, 51a], LORENTZ (-MACPHAIL) [51a, 53, 54], MACPHAIL [51], PEYERIMHOFF [53].

Mercersätze (vgl. **43**) bringen BOSANQUET [38], HAYASHI [39], BOSANQUET-CHOW [41], WALSH [42], SUNOUCHI [46, 49], LOVE [52].

Zahlreiche Sätze über Vergleich (**35**), Konvergenzfaktoren (**34**), Multiplikation (**39**), Umkehrung (Kapitel **V**) wurden bei speziellen Verfahren (auch den entsprechenden Integral- oder Mehrfachfolgentransformationen) auf absolute Limitierbarkeit übertragen. Wir geben eine Liste solcher Untersuchungen.

CESÀRO- und ABEL-Verfahren (**52—58**): FEKETE [14, 17, 32], KOGBETLIANTZ [24, 25b, 31* S. 25], WHITTAKER [30], VIGNAUX [32a], WINN [33b], ANDERSEN [35, 54], BOSANQUET [36, 45, 48a, 50, 53], HYSLOP [36c,

37, 39], Chow [38, 39, 51, 53, 54], Karamata [39a], Obrechkoff [39a, 40c, 41, 42], Bosanquet-Chow [41], Mears [43], Lyra [44], Borgers [46*], Borwein [50a, 51, 54], Žak(-Timan) [50, 51, 54], Knopp [52b], Peyerimhoff [52b, 53, 54], Jurkat-Peyerimhoff [53b, 54], Pati [54a], Tatchell [54a], Zygmund (1944).

Riesz-Mittel (59): Obrechkoff [28a, 29], Vignaux [32b], Hyslop [36c], Cesco [41], Chandrasekharan [42a], Bosanquet [47, 48a], Sunouchi [49], Austin [52], Chandrasekharan-Minakshisundaram [52*], Pati [54cd], Tatchell [54b].

Nörlund- und Zweierverfahren (62, 63): Mears [35, 37, 43, 45], Cesco [41], McFadden [42], Silverman-Szász [44].

Euler- und Borel-Verfahren (64—67): Borel [99a], Fort [39], Obrechkoff [39b, 40c, 41], Kangro [42], Knopp-Lorentz [49], Teghem [49c], Macphail [51], Knopp [52b], Lorentz [54].

Hausdorff-Mittel (72): Knopp-Lorentz [49], Morley [50].

Lambert-Verfahren (77): Wintner [49].

Wiener-Verfahren (78): Sunouchi [50a].

Bessel-Verfahren (80): Chandrasekharan [42b, 43ab].

Außerdem finden wir die absolute Limitierbarkeit bei Multiplikationssätzen vieler spezieller Verfahren (z. B. **53** IV, **63** VII, **65** VII, **66** IX) verwendet.

8. Limitierung von Mehrfachfolgen

Wir streifen einige Probleme, die sich bei *Mehrfachfolgen* ergeben; der Kürze halber formulieren wir alles nur für *Doppelfolgen*. In 56 behandeln wir Cesàro- und Abel-Verfahren etwas ausführlicher.

Ein Matrixverfahren für Doppelfolgen ist von der Gestalt

$$(1) \qquad t_{ln} = \sum_{k,m=0}^{\infty} a_{lnkm} s_{km} \qquad (l, n = 0, 1, \ldots; \; l, n \to \infty),$$

wobei wir — abgesehen von den unten beschriebenen Modifikationen — überall den *Pringsheimschen Konvergenzbegriff* verwenden wollen (x_{kl} wird für „k, l unabhängig gegen ∞" betrachtet). Häufig ist A von der Form

$$(2) \qquad a_{lnkm} = b_{lk} c_{nm}$$

(*faktorisierbare Transformation*). Mittels (2) erklärt man auch Doppelfolgen-Varianten von gewöhnlichen Matrixverfahren (vgl. 56).

Der Pringsheimsche Konvergenzbegriff besitzt den Nachteil, daß eine konvergente Folge $\mathfrak{s} = \{s_{km}\}$ unbeschränkt sein kann, da die Konvergenz nichts über die ersten Zeilen und Spalten von $\mathfrak{s}$ aussagt. Das Auftreten dieser „*Anfangssingularitäten*" ist besonders ungünstig bei der Transformation (1) und bewirkt, daß die meisten bekannten Permanenz- und Vergleichsrelationen sich nicht ohne weiteres auf Doppelfolgen

8. Limitierung von Mehrfachfolgen

übertragen lassen. Man behilft sich damit, daß man von der Ausgangsfolge bzw. Transformationen derselben neben Konvergenz noch Beschränktheit fordert (HARDY-BROMWICH [04]) oder sogar Konvergenz der Spalten und Zeilen u. ä. (reguläre Konvergenz), oder daß man bei der Bildfolge t nur auf *restringierte Konvergenz* schließt. Letzteres bedeutet: Für jedes $\theta > 1$ existiert $\lim t_{ln}$, wenn $l, n \to \infty$ gehen unter der Einschränkung

(3) $$\frac{1}{\theta} \leq \frac{l}{n} \leq \theta$$

(MOORE [12, 13]).

Die Verwendung verschiedener *Konvergenzbegriffe* (dazu siehe auch CESARI [32], DURAÑONA [37], AMERIO [41b, 43], SHEFFER [43,45], WILANSKY [47]), das Auftreten von „Nebenlimites" (Spalten, Zeilen), die Untersuchung von Spezialfällen wie (2) führt zu zahlreichen Einschließungssätzen (vgl. **32, 33**):

HARDY [20], KOJIMA [20, 22], SMAIL [20], HURWITZ [22], ROBISON [26], KNOPP [29a], LEJA [30a], ADAMS [31, 32, 33a], LÖSCH [31b, 33a, 34], AGNEW [32c, 34], BOCHNER [32], HALLENBACH [33], HAMILTON [36, 38, 39] (Übersicht), MOORE [38*] (Konvergenzfaktoren eingehend behandelt), NIGAM [40b], CELIDZE [48b, 49], MEARS [48] (absolute Limitierbarkeit), WATANABE [55].

Funktionalanalytische Methoden (HILL-HAMILTON [41]) könnten noch weiter ausgebaut werden (Verwendung lokalkonvexer Räume, vgl. ZELLER [52a, 53g]). Perfektheit und Verträglichkeit behandeln HILL [40] und ALEXIEWICZ-ORLICZ (1955).

Wir nennen nun Arbeiten über spezielle Verfahren bei Mehrfachfolgen.

CESÀRO- und ABEL-Verfahren: Siehe **56**.

RIESZ-Mittel (**59**): MERRIMAN [27], MEARS [28], GERGEN-LITTAUER [35], DURAÑONA [37], GERGEN [37], OBRECHKOFF [40c], DELANGE [48a, 53].

NÖRLUND-Mittel (**63**): MOORE [36, 38*, 54], CHADAIA [50, 51].

EULER- und BOREL-Verfahren (**64—67**): TIRUVENKATACHARYA [24, 26], KNOPP [29a], LEJA [29], LÖSCH [31b, 34, 42], VIGNAUX [31d, 33ch, 35b, 37a], MARTIN (1936, 1937), OBRECHKOFF [40c], CELIDZE [48b], BEREKAŠVILI [53], WOLLAN [53].

HAUSDORFF-Verfahren (**72**): ADAMS [32, 33b], HALLENBACH [33], RAMANUJAN [55].

GRONWALL-Verfahren (**74**): BIRINDELLI [41b, 47], BORTONE [53].

RIEMANN-Verfahren (**76**): GEIRINGER [18], ŽAK [52], TEVZADZE [53].

Starke Limitierbarkeit (**6**): BENDUKIDZE [52].

Auch einige Sätze über absolute Summierbarkeit (**7**) oder Konvergenzgleichheit (**43**) wurden auf Doppelfolgen übertragen. *Mehrfachintegrale* behandeln:

FUJIWARA [19a], MOORE [24], IZUMI [30], VIGNAUX [31e, 33fh, 38b], WATANABE [33, 35a], DAY [39], CELIDZE [48d, 53, 54], MAGNARADZE [48], MARMARAŠVILI [48], DELANGE [53].

9. Integraltransformationen

Statt Folgen $\mathfrak{s} = \{s_k\}$ betrachten wir nun allgemeiner meßbare Funktionen $\mathfrak{s} = \{s_\varkappa\} = \{s(\varkappa)\}$ für $0 \leq \varkappa < \infty$. Wir verwenden das Lebesguesche Integral und identifizieren oft äquivalente Funktionen, d. h. solche, die nur in einer Nullmenge nicht übereinstimmen. Bei geeignetem $\mathfrak{s}$ soll wieder zwischen $\mathfrak{s}$ und $\mathfrak{u}$ der Zusammenhang

$$(1) \qquad s(\varkappa) = \int_0^\varkappa u(\mu)\, d\mu$$

bestehen, analog bei $\mathfrak{t}$ und $\mathfrak{v}$. Einer Matrixtransformation entspricht die *Integraltransformation*

$$(2) \qquad t(\lambda) = \int_0^\infty a(\lambda, \varkappa)\, s(\varkappa)\, d\varkappa \qquad (0 \leq \lambda \to +\infty),$$

wobei

$$(3) \qquad \int_0^\infty = \lim_{\nu \to \infty} \int_0^\nu$$

gesetzt ist. Natürlich können wir für $\varkappa$ und λ auch andere Wertbereiche zulassen; durch Variablensubstitution kommen wir jedoch oft auf den beschriebenen Fall zurück. Ebenso gibt es *RF*-Formen usw. Wie in **4** definieren wir ein *Integralverfahren* einfach durch Angabe der Transformation. Die Matrix $A = \{a(\lambda, \varkappa)\}$ wird meist *Kern* genannt.

Schon frühzeitig wurden spezielle Matrixverfahren auf Funktionen übertragen und die Anfänge zu einer allgemeinen Behandlung gemacht; siehe etwa DU BOIS-REYMOND [87], CESÀRO [89], HARDY [03, 08b, 11a], MOORE [07], BROMWICH [08b], CHAPMAN [11ab], SILVERMAN [16]. In **57, 58, 78** (und **19**) gehen wir ausführlicher auf die wichtigsten Spezialfälle ein: C_α-Integral, LAPLACE-Transformation, WIENER-Mittel.

Gelegentlich werden andere *Integralbegriffe* verwendet (z. B. DENJOY-PERRON oder STIELTJES); siehe etwa VERBLUNSKY [31a], RAFF [36b, 37], AGNEW [39c], LORENTZ [47b], SARGENT [49, 51, 53], TATCHELL [53], HENSTOCK [55]. Transformationen mit *Stieltjes-Integral* sind direkte Verallgemeinerungen der gewöhnlichen Matrixverfahren und haben in manchen Fällen mit diesen mehr Eigenschaften als (2) gemein. Einen gemeinsamen Kalkül für Matrix- und Integraltransformationen entwickeln MOORE [22, 23, 24], KNOPP [41]. Siehe auch **7** (absolute Limitierung) und **8** (Mehrfachintegrale).

Genaue Quellenangaben bei Integralverfahren sind schwierig, da viele limitierungstheoretische Ergebnisse entweder implizit in älteren

9. Integraltransformationen

Untersuchungen der betreffenden Transformation enthalten sind oder beiläufig bei den zugehörigen Folgen-Verfahren erwähnt werden. Aus diesen Gründen ist auch die hier genannte Literatur keinesfalls vollständig.

Wie in **8** besteht eine Schwierigkeit darin, daß eine Funktion $\mathfrak{s}$ mit existierendem $\lim\limits_{\varkappa \to \infty} s(\varkappa)$ starke „*Anfangssingularitäten*" haben kann, was vor allem bei (2) hinderlich ist. Man fordert daher je nach Lage der Dinge „genügende" *Regularität* von $\mathfrak{s}$ im Endlichen; meist genügt Beschränktheit in jedem endlichen Intervall, manchmal wird man auch $s(0) = 0$ verlangen. Entsprechend verschiedenen Regularitätsvoraussetzungen und Integralbegriffen gibt es mehrere Permanenz- und Kernsätze (vgl. **32, 33**) für (2): LEBESGUE [09], SILVERMAN [16], KOJIMA [18], HILDEBRANDT [18], HAHN [22], TAKENAKA [22], KNOPP [29a], REY PASTOR [29, 31a, 32b, 33d, 37], LEV [33], CALLEJA [36], HILL [36], RAFF [36, 37], AGNEW [39c], DAY [39], NEDER [44], LORENTZ [47b], BASU [48a], HARDY [49*, S. 61], SARGENT [53], TATCHELL [53], HENSTOCK [55]. Für funktionalanalytische Hilfsmittel (nicht immer genügen F-Räume) siehe HAHN [22], BANACH [32*, S. 86], ZELLER [52a].

Erschwerend wirkt ferner, daß bei (2) meist keine Umkehrabbildung vorhanden und die Bildmenge schwer zu bestimmen ist. Andererseits hat man bei speziellen Transformationen (2) (z. B. der LAPLACE-Transformation **58**) mehr Formeln und Rechenhilfsmittel zur Verfügung, so daß man sogar gewöhnliche Matrixverfahren in Verfahren vom Typ (2) einbettet, indem man Folgen zu *Treppenfunktionen* u. ä. umformt (**59, 78**). Selbst wenn keine Umkehrabbildung vorhanden ist, können wir oft zwischen zwei Abbildungen (2) eine Vermittlungstransformation angeben, etwa von der Gestalt

$$(3) \qquad t(\lambda) = c(\lambda)\,\tilde{t}(\lambda) + \int\limits_0^\infty c(\lambda, \varkappa)\,\tilde{t}(\varkappa)\,d\varkappa$$

(siehe bei **57** (3): Äquivalenz $C_\alpha \sim H_\alpha$). Größenordnungsbedingungen für Verfahren (2) gibt es i. a. nicht, da sich kurze Zacken von $\mathfrak{s}$ nicht stark auf die Transformation auswirken. Umkehrsätze sind dagegen sehr wohl möglich (**57**). Als Hilfsmittel spielen wieder Mittelwertsätze eine Rolle (vgl. **24, 57**).

Verschiedene *Mercersätze* (**43**) wurden auf Integrale übertragen, siehe z. B. MERCER [07], HARDY [12a], LANDAU [13a], COPSON-FERRAR [29, 30], IZUMI [31], MATUMOTO [33], RADO [39], KNOPP [41], FUCHS-ROGOSINSKI [42], HARTMANN [47b], BASU [48a], LOVE [52]; und **66** I, **78**.

Wir kommen zu den Übertragungen spezieller Matrixverfahren auf Funktionen.

CESÀRO- und ABEL-Verfahren (**53—55**): Siehe **57, 58**.

RIESZ-Mittel (59): HARDY [03], BORTOLOTTI [13, 27], HARDY-RIESZ [15*, S. 23], NICOLETTI [24], SAGASTUMA [31], VIGNAUX [32c], KARAMATA [38b], LORENTZ [47b].
Zweier- und NÖRLUND-Mittel (62, 63): WORONOJ [01], DOETSCH [31], OBRECHKOFF [32b, 34], KARAMATA [33d], REY PASTOR [33ac], GERGEN-LITTAUER [35], KUTTNER [41], KNOPP(-VANDERBURG) [55] (vgl. 59 V, 67 II, 78 I).
TAYLOR-Verfahren (68): MEYER-KÖNIG [52].
RIEMANN-Verfahren (76): VIGNAUX [32e], SZÁSZ [45a].
LAMBERT-Verfahren (77): HAVILAND [44].
WIENER-Verfahren, stetige HAUSDORFF-Mittel (72): 78.
Sonstiges: VIGNAUX [33dh], FORT [42], GARABEDIAN [42d], SAFRONOVA [51], SONNENSCHEIN [53].

10. Sonstiges

Anwendungen der Limitierungstheorie würden uns weit in andere Gebiete der Mathematik hineinführen; aus Platzmangel müssen wir darauf verzichten. Wir geben lediglich einige Hinweise. Die wichtigsten Anwendungen betreffen Reihenmultiplikation (**39**), DIRICHLET-Reihen (**59**), analytische Fortsetzung und Differentialgleichungen (**69**), FOURIER-Reihen (**73**), Zahlentheorie (**77**). Ferner sei auf Wahrscheinlichkeitsrechnung und Ergodensätze hingewiesen.

Einige weniger geläufige Anwendungen geben BERWALD [13], BROGGI [24], FERRAR [25], TITCHMARSH [26], WATANABE [32c, 35a], REY PASTOR [33df], CARLEMAN [34], SAMATAN [35], ROBERTSON [37], FORT [38, 39], BOAS [39, 46], KARAMATA [39b], OBRECHKOFF [39b, 40c], PLEIJEL [39, 40, 52], LUDWIG [40], SCHMIDLI [42], ALESSI [45], FORSYTHE [47], GHOSH [47, 48, 49], PRACHAR [49], KOZLOV [50].

Die Limitierung von *Funktionenreihen* interessiert vor allem in Hinblick auf spezielle Reihenentwicklungen wie Potenzreihen. Dabei erheben sich Fragen über gleichmäßige Limitierbarkeit, Differentiation, Integration, usw. Wir nennen einige Arbeiten, die sich vom allgemeinen Standpunkt aus damit befassen:

HARDY [04a], CHAPMAN [11c], HARDY-CHAPMAN [11], SANNIA [20b], MOORE [22, 23, 24], TAKENAKA [22], VIGNAUX [27], AGNEW [30, 31ac], GILLESPIE-HURWITZ [30], OBRECHKOFF [40ab], BIRINDELLI [41a, 46], KOWALEWSKI [42], GHOSH [49]. In jüngerer Zeit haben sich auf diesem Gebiet die Schwartzschen *Distributionen* durchgesetzt. *Duale* statt komplexe *Veränderliche* benützen VIGNAUX [36, 38b], ALESSI [45].

Noch allgemeiner betrachtet man Limitierungsverfahren für Folgen, deren Elemente einem abstrakten Raum (z. B. B-Raum) entnommen sind. Für solche *abstrakte Verfahren* hat man Permanenzsätze (vgl. **32**) bewiesen:

SPENCER [34], INGRAHAM-WOLF [38], VULICH [38], KOZLOV [50], ROBINSON [50], MELVIN-MELVIN [51], LORENTZ-MACPHAIL [52]; ZELLER [52b], ferner Verträglichkeitsaussagen (SIKORSKI [55]) und Umkehrsätze: NORTHCOTT [47], HILLE [48*], BURGESS [52, 53]. Vgl. MOORE [22, 23, 24] und 19.

In der Limitierung interessieren bei einer Matrixtransformation $t = A\mathfrak{s}$ hauptsächlich die Konvergenzeigenschaften von $\mathfrak{s}$ und t, ferner gewisse Ungleichungen über die Oszillation dieser Folgen (37 I, 50). Es wurden jedoch auch kompliziertere *Ungleichungen* aufgestellt, etwa für Potenzsummen, hauptsächlich bei bewichteten Mitteln und HAUSDORFF-Verfahren:

COPSON [27, 28], GALVANI [27], BROADBENT [28], GRANDJOT [28], KNOPP [29b, 30a], HARDY-LITTLEWOOD(-PÓLYA) [32, 34*], HARDY [25, 43], HIGAKI [35b], TAKAHASHI [35b], ROBERTSON [37], ÅKERBERG [47] und andere.

Eine besondere Art *asymptotischer Sätze* sind solche, bei denen *Quotienten* von Folgen und Transformierten verglichen werden. Häufig kann man diese Sätze durch Umformungen in Aussagen über gewöhnliche Transformationen überführen. Wir erwähnen einige Arbeiten, die sich mit diesen Problemen befassen (bei CESÀRO-Verfahren und bewichteten Mitteln, ferner bei WIENER-Verfahren):

CESÀRO [88, 93], KNOPP [07a], MIGNOSI [20, 21], BIGGERI [32], AZUMI-SUNOUCHI [34], KELDYŠ [51], KORENBLYUM [53, 55].

Mit Limitierung von *Produkten* und *Determinanten* befassen sich: HARDY [09], HART [22], ROBISON [29], ROSOLINI [43], SCHWEITZER [47], PINI [48], KALAŠNIKOV [50, 51], SLIPENČUK [52].

Intuitionistische Beweise einiger Sätze gibt BELINFANTE [29, 30, 31]. In 69 findet der Leser etwas Literatur über asymptotische Reihen.

Zweites Kapitel

Hilfsmittel aus der Funktionalanalysis

11. Zusammenfassung

Die allgemeine Limitierungstheorie stützt sich hauptsächlich auf die Einführung linearer topologischer Strukturen in Wirkfelder. Zahlreiche limitierungstheoretische Sätze werden dadurch in einen allgemeineren Zusammenhang eingefügt. Umgekehrt führten die Anforderungen der Limitierung zu einem Ausbau der Lehre von den linearen topologischen Räumen (Sätze über Operationenfolgen, F-Räume, BANACH-Algebren). Als Pioniere nennen wir HAHN [22], MAZUR und ORLICZ [28, 33, 55], BANACH [32*], WIENER [32, 33*]. Die folgenden Nummern sollen die wichtigsten Sätze aus diesem Gebiet bereitstellen, wobei wir jedoch Definitionen und Beweise nur gekürzt wiedergeben können und die Ergebnisse mit Rücksicht auf spätere Anwendungen auswählen. Für ausführlichere Darstellungen verweisen wir auf die bekannten Bücher BANACH [32*], HILLE [48*], RIESZ-NAGY (1952*), ZAANEN (1953*), BOURBAKI (1953*, 1955*).

In **12** führen wir in lineare Räume mittels Halbnormen lokalkonvexe Topologien ein; uns interessieren dabei vor allem die *B*- und *F*-Räume sowie lineare stetige Operationen in diesen Räumen. Nach einigen einfachen Sätzen (**13**) zeigen wir in **14**, wie man mit Hilfe des Fortsetzungsprinzips solche Operationen herstellen kann. Die Aussagen in **15** hingegen dienen dem Nachweis, daß die meisten praktisch vorkommenden linearen Abbildungen auch stetig sind. Grundmengen und Basen (**16**) gestatten übersichtliche Zerlegungen von Elementen und Operationen in einfache Bestandteile. Ein in „natürlicher Weise" als *F*-Raum aufgefaßter Folgen-Raum ist ein *FK*-Raum (**17**). Die allgemeinen Sätze über diese Räume (Feinheit der Topologie gekoppelt mit der Größe der Trägermenge, Stetigkeit von Matrixtransformationen) sind das Bindeglied zwischen Limitierung und abstrakter Funktionalanalysis.

In **18** stehen einige Ergebnisse über unendliche Matrizen (Bildmenge, Inverse, Assoziativität). BANACH-Algebren (**19**) interessieren uns im Hinblick auf die WIENER-Theorie der Umkehrsätze. Schließlich bringt **20** ein Resultat über Momentfolgen.

12. Lineare Räume

In einem *linearen Raum* $\mathfrak{E}$ ist eine Addition $\mathfrak{x} + \mathfrak{y} = \mathfrak{z}$ der *Elemente* (*Punkte*, *Vektoren*) und eine Multiplikation $\lambda \mathfrak{x} = \mathfrak{w}$ von Skalaren mit Elementen erklärt, wobei gewisse Gesetze erfüllt sind. Als *Skalare* verwenden wir die reellen bzw. komplexen Zahlen (reeller bzw. komplexer Raum; meist können wir offen lassen, welche Art gemeint ist). In $\mathfrak{E}$ sind Begriffe wie *lineare Abhängigkeit*, (endliche) *Linearkombination*, *lineare Hülle* leicht zu erklären. Das *Nullelement* bezeichnen wir mit o oder O. Besteht $\mathfrak{E}$ aus Zahlenfolgen, Funktionen usw., so werden die Verknüpfungen $\mathfrak{x} + \mathfrak{y}$ und $\lambda \mathfrak{x}$ fast immer auf „natürliche Weise" erklärt.

Eine *Halbnorm* p in einem linearen Raum hat die Eigenschaften:

(1) $\qquad p(\mathfrak{x}) \geq 0$ (positiv),

(2) $\quad p(\mathfrak{x} + \mathfrak{y}) \leq p(\mathfrak{x}) + p(\mathfrak{y})$ (subadditiv, Dreiecksungleichung),

(3) $\qquad p(\lambda \mathfrak{x}) = |\lambda| \, p(\mathfrak{x})$ (betragshomogen).

Ist überdies

(4) $\qquad\qquad p(\mathfrak{x}) \neq 0$ für $\mathfrak{x} \neq \mathfrak{o}$,

so sprechen wir von einer *Norm*.

Eine Halbnorm definiert einen *Abstand* $p(\mathfrak{x} - \mathfrak{y})$ zweier Punkte $\mathfrak{x}, \mathfrak{y}$. Eine *Kugel* um den Mittelpunkt $\mathfrak{x}$ mit Radius ϱ (> 0) besteht aus den $\mathfrak{y}$ mit $p(\mathfrak{y} - \mathfrak{x}) < \varrho$ bzw. $\leq \varrho$ (offene bzw. abgeschlossene Kugel). Damit erklären wir eine *Topologie*: Eine Menge $\mathfrak{O}$ heißt *offen*, wenn mit jedem $\mathfrak{x} \in \mathfrak{O}$ eine volle Kugel um $\mathfrak{x}$ zu $\mathfrak{O}$ gehört. *Abgeschlossene* Mengen sind die Komplemente offener. Eine *Umgebung* $\mathfrak{U}$ von $\mathfrak{x}$ enthält eine offene Menge $\mathfrak{O}$, in der $\mathfrak{x}$ liegt. Eine Abbildung zwischen zwei solchen topologischen Räumen heißt *stetig* im Punkte $\mathfrak{z}$, wenn das Urbild jeder Umgebung von $T(\mathfrak{z})$ eine Umgebung von $\mathfrak{z}$ ist. Eine überall stetige Abbildung nennen wir kurz „stetig". Wir nennen den topologischen Raum *separabel*, wenn es eine abzählbare dichte Menge $\mathfrak{D}$ in $\mathfrak{E}$ gibt (*dicht* bedeutet, daß in jedem offenen nichtleeren Teil des Raumes ein Element von $\mathfrak{D}$ liegt).

Im Sinne dieser Topologie heißt die Elementfolge $\{\mathfrak{x}_k\}$ eine CAUCHY-*Folge* oder *konzentriert*, wenn

(5) $$p(\mathfrak{x}_k - \mathfrak{x}_m) \to 0 \quad (k, m \to \infty)$$

gilt; sie heißt *konvergent* gegen das *Grenzelement* $\mathfrak{x}$, wenn

(6) $$p(\mathfrak{x}_k - \mathfrak{x}) \to 0 \quad (k \to \infty)$$

gilt. Der Raum heißt *vollständig*, wenn jede CAUCHY-Folge gegen ein Grenzelement konvergiert. Ist p eine Norm, so ist die Topologie *separiert*, d. h. verschiedene Punkte besitzen fremde Umgebungen. Eine Folge hat dann höchstens ein Grenzelement.

Alle diese Begriffe hängen natürlich von der zugrunde gelegten Halbnorm ab. Im folgenden wird jeweils aus dem Zusammenhang hervorgehen, welches p bzw. welche Topologie gemeint ist. Meist kommt für einen gegebenen Raum im wesentlichen nur ein p in Frage; für $p(\mathfrak{x})$ schreiben wir dann auch $\|\mathfrak{x}\|$. Verschiedene p können dieselbe Topologie definieren. Sie heißen dann *äquivalent*.

Ein linearer Raum $\mathfrak{E}$ zusammen mit der durch eine Norm gegebenen Abstands- und topologischen Struktur heißt ein *normierter* Raum, im Falle der Vollständigkeit ein *Banach-Raum* oder *B-Raum*. Die Vollständigkeit spielt eine entscheidende Rolle in unseren Untersuchungen. $\mathfrak{E}$ zusammen mit der topologischen Struktur heißt *normierbarer* Raum. Meist muß man „normiert" und „normierbar" nicht auseinanderhalten.

Etwas komplizierter ist die Struktur eines *F-Raumes* (auch lokalkonvexer *F*-Raum oder B_0-Raum genannt). Hier sind in einem linearen Raum $\mathfrak{E}$ abzählbar viele Halbnormen $p_0, p_1, \ldots$ gegeben. Man setzt

(7) $$p(\mathfrak{x}) = \sum_{j=0}^{\infty} 2^{-j} \frac{p_j(\mathfrak{x})}{1 + p_j(\mathfrak{x})}$$

und erklärt mit Hilfe der (nichthomogenen) „*F*-Norm" p die obengenannten Begriffe (Abstand, Topologie usw.). Von einem *F*-Raum sprechen wir, wenn die Topologie separiert ist ($p(\mathfrak{x}) \neq 0$ für $\mathfrak{x} \neq \mathfrak{o}$) und der Raum die Vollständigkeitseigenschaft besitzt. Die Topologie läßt sich auch ohne p definieren: Eine Menge $\mathfrak{O}$ heißt offen, wenn es zu jedem $\mathfrak{x} \in \mathfrak{O}$ ein $\varrho > 0$ und eine natürliche Zahl j gibt, so daß $\mathfrak{O}$ alle Punkte $\mathfrak{y}$ mit

(8) $$p_0(\mathfrak{y} - \mathfrak{x}) + \cdots + p_j(\mathfrak{y} - \mathfrak{x}) < \varrho$$

enthält. Konvergenz im Sinne von p ist gleichbedeutend mit

(9) $$p_j(\mathfrak{x}_k - \mathfrak{x}) \to 0 \quad (k \to \infty; j = 0, 1, \ldots).$$

Jeden B-Raum können wir als F-Raum auffassen.

In der nächsten Verallgemeinerungsstufe definieren wir die Topologie durch überabzählbar viele Halbnormen (*lokalkonvexe Räume*, speziell KÖTHE- und *LF*-Räume). Diese Räume besitzen den Nachteil, daß die Topologie im allgemeinen nicht durch eine Metrik wiedergegeben werden kann, so daß man schärfere Hilfsmittel (z. B. Filter) benötigt und auch im Falle der Vollständigkeit sich nicht direkt auf das Kategorieprinzip (13) stützen kann. Sie treten auf als Duale (13) von F-Räumen, bei Mengen von Doppelfolgen und gewissen Funktionen (8, 9). Wir werden sie hier kaum benützen, ebensowenig lineare Räume, deren Topologie nicht auf Halbnormen aufgebaut ist und die meist nur wenig stetige Linearformen besitzen (wie der übliche Raum der meßbaren Funktionen).

Die allgemeine Theorie der B-Räume ist hauptsächlich BANACH und Mitarbeitern zu verdanken (spezielle Räume wurden schon vor BANACH untersucht); der Ausbau der Theorie auf allgemeinere Räume erfolgte in der polnischen Schule (MAZUR, ORLICZ, EIDELHEIT), durch KÖTHE, v. NEUMANN, MACKEY, den BOURBAKI-Kreis und andere.

13. Einfache Sätze über lineare Räume

Wir betrachten *Abbildungen* (*Operationen*) T, die jedem Element $\mathfrak{x}$ eines Raumes $\mathfrak{E}$ ein Element $\mathfrak{y}$ aus einem Raum $\mathfrak{F}$ zuordnen. Sind $\mathfrak{E}$ und $\mathfrak{F}$ lineare Räume, so heißt T *linear*, wenn

(1) $$T(\mathfrak{x} + \mathfrak{x}') = T\mathfrak{x} + T\mathfrak{x}', \quad T(\lambda \mathfrak{x}) = \lambda(T\mathfrak{x})$$

gilt.

I (Lineare stetige Operation). *Eine lineare Abbildung T eines normierten Raumes $\mathfrak{E}$ in einen normierten Raum $\mathfrak{F}$ ist genau dann stetig, wenn es ein $\Omega < \infty$ gibt, so daß*

(2) $$\|T\mathfrak{x}\| \leq \Omega \|\mathfrak{x}\| \quad (\mathfrak{x} \in \mathfrak{E})$$

gilt.

Mit $\|\ \|$ bezeichnen wir also sowohl die Norm in $\mathfrak{E}$ als auch die in $\mathfrak{F}$. Das kleinstmögliche Ω in (2) nennen wir die *Norm* von T (Bezeichnung $\|T\|$). Manche Verfasser gebrauchen das Wort linear nur bei stetigen Operationen.

II (Lineare stetige Operationen in F-Räumen). *Eine lineare Abbildung T eines F-Raumes $\mathfrak{E}$ (mit Halbnormen p_i) in einen F-Raum $\mathfrak{F}$ (mit Halbnormen q_j) ist genau dann stetig, wenn es zu jedem j eine natürliche Zahl $i(j)$ und ein $\Omega(j) < \infty$ gibt, so daß*

(3) $$q_j(T\mathfrak{x}) \leq \Omega(j)\{p_0(\mathfrak{x}) + \cdots + p_{i(j)}(\mathfrak{x})\} \qquad (\mathfrak{x} \in \mathfrak{E})$$

gilt.

Am einfachsten folgt das aus der Definition der Topologie mittels **12** (8). Auch hier ist die Vollständigkeit (und sogar Separiertheit) der Räume nicht wesentlich.

Ist bei einer linearen Abbildung T die Bildmenge $\mathfrak{F}$ die Menge der komplexen oder reellen Zahlen (je nach der Art des linearen Raumes $\mathfrak{E}$), so sprechen wir von einer *Linearform* oder einem linearen Funktional f.

III (Dual). *Ist $\mathfrak{E}$ ein normierter Raum, so bilden die stetigen Linearformen f in $\mathfrak{E}$ bei natürlicher Erklärung der linearen Verknüpfungen einen B-Raum $\mathfrak{E}^*$ mit der bei I genannten Norm.*

Wir nennen $\mathfrak{E}^*$ den dualen Raum oder kurz *Dual* von $\mathfrak{E}$. Für die Vollständigkeit ist wesentlich, daß die Bildmenge $\mathfrak{F}$ (Zahlen) vollständig ist. Der Dual eines F-Raumes ist ähnlich als lokalkonvexer Raum, jedoch nicht immer in vernünftiger Weise als F-Raum aufzufassen. Ein B-Raum $\mathfrak{E}$ heißt *reflexiv*, wenn der Dual $\mathfrak{E}^{**}$ des Duals $\mathfrak{E}^*$ in „natürlicher Weise" isomorph $\mathfrak{E}$ ist. Die limitierungstheoretisch interessanten Räume besitzen diese Eigenschaft nicht. Dagegen können wir bei Folgenräumen allgemeine lineare Operationen aus Linearformen aufbauen, so daß die Existenzsätze in **14** besonders nützlich sind.

Einer linearen stetigen Operation T des B-Raumes $\mathfrak{E}$ in den B-Raum $\mathfrak{F}$ entspricht eine *duale* (lineare stetige) *Operation* T^* von $\mathfrak{F}^*$ in $\mathfrak{E}^*$, die durch

(4) $$f = T^* g = g\,T \;:\; f(\mathfrak{x}) = g(T\mathfrak{x})$$

definiert ist. T^* gibt weiteren Aufschluß über die Struktur von T und ist insbesondere wichtig für die Auflösung von Gleichungen $\mathfrak{c} = T\mathfrak{y}$ (vgl. **14**). Bei uns tritt der Dual hauptsächlich im Zusammenhang mit Konvergenzfaktoren (**34**) auf. Mit Hilfe des Duals $\mathfrak{E}^*$ erklärt man auch eine *schwache Topologie* in $\mathfrak{E}$ (vgl. **24** IV).

In einem topologischen Raum $\mathfrak{E}$ heißt eine Teilmenge $\mathfrak{N}$ *nirgendsdicht*, wenn jede offene nichtleere Teilmenge von $\mathfrak{E}$ einen offenen nichtleeren Teil enthält, der zu $\mathfrak{N}$ fremd ist. Eine Menge $\mathfrak{M}$, die Vereinigung abzählbar vieler nirgendsdichter Mengen ist, heißt *mager* oder von *I. Kategorie* (BAIRE 1899). Die Vereinigung abzählbar vieler magerer Mengen ist ebenfalls mager. *Nichtmagere* Mengen heißen auch Mengen *II. Kategorie*; Komplemente magerer Mengen *fett* oder *Residualmengen*.

IV (Kategorieprinzip). *Eine magere Teilmenge $\mathfrak{M}$ eines F-Raumes $\mathfrak{E}$ umfaßt nicht den ganzen Raum.*

Wir stellen $\mathfrak{M}$ als Vereinigung nirgendsdichter $\mathfrak{N}_1, \mathfrak{N}_2, \ldots$ dar. Wir wählen in $\mathfrak{E}$ eine zu $\mathfrak{N}_1$ fremde Kugel $\mathfrak{K}_1$ mit Radius $< 1/1$, dann in $\mathfrak{K}_1$ eine zu $\mathfrak{N}_2$ fremde Kugel $\mathfrak{K}_2$ mit Radius $< 1/2$, usw. Die Kugeln ziehen sich auf einen Punkt $\mathfrak{z} \in \mathfrak{E}$ zusammen (hier wird die Vollständigkeit benützt), dabei gehört $\mathfrak{z}$ keinem $\mathfrak{N}_i$, also auch nicht $\mathfrak{M}$ an. — IV ist wichtig für Existenzbeweise, vor allem bei Stetigkeitssätzen (**15**).

14. Das Fortsetzungsprinzip

Für die Verwendung des Duals ist entscheidend, daß es genügend viele stetige Linearformen gibt, wie aus den nächsten Sätzen folgt (HELLY 1912, HAHN 1927, BANACH 1929).

I (Fortsetzungsprinzip). *Sei p eine Halbnorm in dem linearen Raum $\mathfrak{L}$. Eine Linearform f', die in einer linearen Teilmenge $\mathfrak{L}'$ von $\mathfrak{L}$ erklärt ist und dort*

(1) $$|f'(\mathfrak{x}')| \leq p(\mathfrak{x}') \quad (\mathfrak{x}' \in \mathfrak{L}')$$

genügt, läßt sich so zu einer in ganz $\mathfrak{L}$ erklärten Linearform f fortsetzen, daß

(2) $$|f(\mathfrak{x})| \leq p(\mathfrak{x}) \quad (\mathfrak{x} \in \mathfrak{L})$$

gilt.

Zum Beweis des *Fortsetzungsprinzips* betrachten wir zunächst reelle Räume. Sei $\mathfrak{x}_0$ irgendein Punkt aus $\mathfrak{L}$. Die möglichen Werte ξ_0 von f in $\mathfrak{x}_0$ sind wegen (2) eingeschränkt durch die Ungleichungen

(3) $$-p(\mathfrak{x}_0 + \mathfrak{x}') - f'(\mathfrak{x}') \leq \xi_0 \leq p(\mathfrak{x}_0 + \mathfrak{x}') - f'(\mathfrak{x}') \quad (\mathfrak{x}' \in \mathfrak{L}').$$

Eine kurze Rechnung zeigt, daß je zwei solcher Intervalle, die sich für verschiedene $\mathfrak{x}'$ ergeben, einen Punkt gemeinsam haben. Daher gibt es ein ξ_0, das allen diesen Intervallen angehört. Man erkennt, daß man so eine zulässige Fortsetzung auf die Punkte der Gestalt $\lambda \mathfrak{x}_0 + \mathfrak{x}'$ erhält. *Transfinite Induktion* vollendet den Beweis (bei separablen Räumen kann man mit gewöhnlicher Induktion auskommen).

Im Komplexen zerlegt man am einfachsten in Real- und Imaginärteil und berücksichtigt

(4) $$f(\mathfrak{x}) = \operatorname{Re} f(\mathfrak{x}) - i \operatorname{Re} f(i \mathfrak{x}) \quad (\text{wo } i^2 = -1).$$

Wir können im Reellen mit schwächeren Forderungen an p auskommen, nämlich 12 (3) für positive λ und 12 (2), wobei (1) und (2) ersetzt werden durch Ungleichungen der Art

(5) $$-p(-\mathfrak{x}) \leq f(\mathfrak{x}) \leq p(\mathfrak{x}).$$

Das ist wichtig, um z. B. bei BANACH-Limites (**6**) Positivität der Linearform in gewissen Punkten zu erzwingen. Verzichten wir auf die Forderung (2), so können wir f' einfach mittels einer algebraischen Basis (HAMEL-Basis, **16**) fortsetzen, was aber meist zu (bezüglich p) unstetigen Linearformen führt.

II (Existenz von Linearformen). *Sei p eine Halbnorm in einem linearen Raum $\mathfrak{L}$ und $\mathfrak{z}$ ein beliebiger Punkt aus $\mathfrak{L}$. Dann gibt es eine Linearform f in $\mathfrak{L}$, die (2) und*

(6) $$f(\mathfrak{z}) = p(\mathfrak{z})$$

erfüllt.

Zum Beweis erklären wir f zunächst in dem von $\mathfrak{z}$ aufgespannten eindimensionalen Raum und setzen nach I fort.

III (Linearformen mit vorgeschriebenen Nullstellen). *Sei p eine Halbnorm in dem linearen Raum $\mathfrak{L}$. Das Element $\mathfrak{z}$ habe von der linearen Teilmenge $\mathfrak{N}$ den Abstand ζ (im Sinne von p). Dann gibt es eine Linearform f in $\mathfrak{L}$, die (2) erfüllt, in $\mathfrak{N}$ verschwindet und in $\mathfrak{z}$ den Wert ζ annimmt.*

Hier erklären wir f zunächst in der linearen Hülle von $\mathfrak{N}$ und $\mathfrak{z}$ und setzen dann fort.

IV (Abgeschlossener Unterraum). *Ist $\mathfrak{N}$ ein abgeschlossener linearer Unterraum im F-Raum $\mathfrak{E}$ (mit Halbnormen p_i) und $\mathfrak{z} \notin \mathfrak{N}$, so gibt es eine stetige Linearform f in $\mathfrak{E}$, die in $\mathfrak{N}$ verschwindet und in $\mathfrak{z}$ den Wert 1 annimmt.*

Aus 12 (8) folgern wir die Existenz eines j, so daß $\mathfrak{z}$ im Sinne der Halbnorm $p_0 + \cdots + p_j$ von $\mathfrak{N}$ einen positiven Abstand besitzt, und wenden III an.

Die durch IV ermöglichte Charakterisierung linearer abgeschlossener Teilmengen mittels Linearformen ist von großer Wichtigkeit bei der Auflösung linearer Gleichungen, Fragen über Bildmengen, usw., siehe etwa **18** und **23**.

Für die Darstellung stetiger Linearformen ist der nächste Satz nützlich.

V (Zerlegung einer Linearform). *Sind p und q Halbnormen, sowie f eine Linearform in einem linearen Raum $\mathfrak{L}$, und gilt*

(7) $$|f(\mathfrak{x})| \leq p(\mathfrak{x}) + q(\mathfrak{x}) \quad (\mathfrak{x} \in \mathfrak{L}),$$

so können wir f folgendermaßen in zwei Linearformen g und h zerlegen:

(8) $$f = g + h; \quad |g(\mathfrak{x})| \leq p(\mathfrak{x}), \quad |h(\mathfrak{x})| \leq q(\mathfrak{x}) \quad (\mathfrak{x} \in \mathfrak{L}).$$

g bzw. h sind also stetig bezüglich p bzw. q. Zum Beweis betrachten wir den linearen Raum $\mathfrak{L} \times \mathfrak{L}$ der Elementpaare $(\mathfrak{x}, \mathfrak{y})$ ($\mathfrak{x} \in \mathfrak{L}$, $\mathfrak{y} \in \mathfrak{L}$) mit der Halbnorm $p(\mathfrak{x}) + q(\mathfrak{y})$. Wir definieren $\tilde{f}(\mathfrak{x}, \mathfrak{x}) = f(\mathfrak{x})$ und setzen nach I diese Linearform auf ganz $\mathfrak{L} \times \mathfrak{L}$ fort, so daß $|\tilde{f}(\mathfrak{x}, \mathfrak{y})| \leq p(\mathfrak{x}) + q(\mathfrak{y})$ gilt. Mit $g(\mathfrak{x}) = \tilde{f}(\mathfrak{x}, \mathfrak{o})$ und $h(\mathfrak{y}) = \tilde{f}(\mathfrak{o}, \mathfrak{y})$ erhalten wir die gewünschte Zerlegung.

15. Stetigkeitssätze

Vor allem für Einschließungs- und Vergleichssätze sind Aussagen wichtig, die die Stetigkeit von Operationen und damit zusammenhängende Dinge betreffen.

I (Beschränktheitsprinzip). *Sind $T_0, T_1, \ldots$ lineare stetige Abbildungen eines B-Raumes $\mathfrak{E}$ in einen B-Raum $\mathfrak{F}$ und gilt*

(1) $$\sup_{l=0,1,\ldots} \|T_l \mathfrak{x}\| < \infty \qquad (\mathfrak{x} \in \mathfrak{E}),$$

so sogar

(2) $$\sup_{l=0,1,\ldots} \|T_l\| < \infty.$$

Es gibt drei Beweiswege für das *Beschränktheitsprinzip* (vgl. ZELLER [53f]).

a) *Der gleitende Buckel.* Wir setzen sup $\|T_l\| = \infty$ voraus und konstruieren ein $\mathfrak{z} \in \mathfrak{E}$ mit sup $\|T_l \mathfrak{z}\| = \infty$ aus Elementen $\mathfrak{z}_m$ mit $\|\mathfrak{z}_m\| = 1$ und $\|T_m \mathfrak{z}_m\| = \|T_m\|/2$. Wir dürfen (Auswahl einer Teilfolge!) $\|T_m\| > m \cdot 6^m$ annehmen und setzen $\mathfrak{z} = \Sigma \, \varepsilon_m \, 6^{-m} \, \mathfrak{z}_m$ mit geeigneten $\varepsilon_m = 0$ oder 1 (hier wird die Vollständigkeit von $\mathfrak{E}$ benützt). Die ε_m können wir induktiv so bestimmen, daß

(3) $$\|T_m(\varepsilon_0 \, 6^{-0} \, \mathfrak{z}_0 + \cdots + \varepsilon_m \, 6^{-m} \, \mathfrak{z}_m)\| \geq \frac{1}{2} 6^{-m} \|T_m \mathfrak{z}_m\| = \|T_m\| \frac{1}{4} 6^{-m}$$

ist. Den Einfluß der $\mathfrak{z}_{m+1}, \ldots$ auf $T_m \mathfrak{z}$ schätzen wir ab durch

(4) $$\|T_m(\varepsilon_{m+1} \, 6^{-m-1} \mathfrak{z}_{m+1} + \cdots)\| \leq \|T_m\| (6^{-m-1} + \cdots)$$
$$= \|T_m\| \frac{1}{5} 6^{-m},$$

was $\|T_m \mathfrak{z}\| \geq m/20$ liefert; w. z. b. w. Die Methode geht in ihren Ursprüngen auf RIEMANN und HANKEL zurück und wurde bei Sätzen vom Typ I von LEBESGUE [09], TOEPLITZ [13], HAHN [22] verwandt.

b) *Das Kategorieprinzip.* Sei $\mathfrak{E}_i$ für $i = 0, 1, \ldots$ die Menge der $\mathfrak{x} \in \mathfrak{E}$ mit $\|T_l \mathfrak{x}\| \leq i$ für alle $l = 0, 1, \ldots$. Nach Voraussetzung ist $\mathfrak{E} = \bigcup \mathfrak{E}_i$; mindestens eines der $\mathfrak{E}_i$, etwa $\mathfrak{E}_j$, ist wegen **13** IV nicht nirgendsdicht und erfüllt daher als abgeschlossene Menge (beachte die Stetigkeit der T_l) eine volle Kugel. Aus $\|T_l \mathfrak{x}\| \leq j$ $(l = 0, 1, \ldots)$ für die $\mathfrak{x}$ dieser Kugel schließen wir mittels der Dreiecksungleichung auf $\|T_l \mathfrak{y}\| \leq 2j$ $(l = 0, 1, \ldots)$ für alle $\mathfrak{y}$ einer Kugel um $\mathfrak{o}$, was die Behauptung ergibt. — Diese Methode geht auf OSGOOD (1897), BAIRE (1899) und SAKS (siehe BANACH-STEINHAUS 1927) zurück. Für Erweiterungen siehe z. B. SARGENT [53].

c) Auch das in IV behandelte *Fehlkonvergenzprinzip* können wir verwenden.

Der Kategoriebeweis zeigt, daß im Falle sup $\|T_l\| = \infty$ die Menge der $\mathfrak{x}$ mit $\sup_l \|T_l \mathfrak{x}\| < \infty$ mager ist. Daraus folgt mit **13** IV:

II (Kondensation von Singularitäten). *Sind die T_{lj} $(l, j = 0, 1, \ldots)$ lineare stetige Operationen eines B-Raumes $\mathfrak{E}$ in einen B-Raum $\mathfrak{F}$ und* *gibt es zu jedem j ein $\mathfrak{z}_j$ mit $\sup_i \|T_{ij}\mathfrak{z}_j\| = \infty$, so sogar ein $\mathfrak{z}$ mit $\sup_i \|T_{ij}\mathfrak{z}\| = \infty$ für alle j.*

Auch der gleitende Buckel kann hier herangezogen werden, ebenso 15 V. *Kondensationssätze* gehen bis auf RIEMANN und HANKEL zurück, eine allgemeine Behandlung erfolgte durch BANACH-STEINHAUS (1927).

III (Konvergenzprinzip). *Sind T_0, T_1, ... lineare stetige Abbildungen eines B-Raumes $\mathfrak{E}$ in einen B-Raum $\mathfrak{F}$ und existiert $T\mathfrak{x} = \lim\limits_{l\to\infty} T_l\mathfrak{x}$ ($\mathfrak{x} \in \mathfrak{E}$), so stellt $T\mathfrak{x}$ eine lineare stetige Operation dar.*

Das folgt aus I und 13 I. Für ein anderes *Konvergenzprinzip* vergleiche man 16 I. Wir können I—III auf F-Räume übertragen. Für uns genügen jedoch die folgenden Sätze, die noch allgemeinere Fälle umfassen.

IV (Fehlkonvergenzprinzip). *Ist T eine lineare Abbildung eines F-Raumes $\mathfrak{E}$ in einen F-Raum $\mathfrak{F}$ mit der Eigenschaft*

(5) *Aus $\mathfrak{x}_k \to \mathfrak{x}$ und $T\mathfrak{x}_k \to \mathfrak{y}$ folgt $T\mathfrak{x} = \mathfrak{y}$,*

so ist T stetig.

Ein T mit der Eigenschaft (5) nennen wir *fehlkonvergenzfrei* oder *abgeschlossen*, auch Operation mit *abgeschlossenem Graph* (weil die Punkte $(\mathfrak{x}, T\mathfrak{x})$ im Produktraum $(\mathfrak{E}, \mathfrak{F})$ — vgl. bei VI — eine abgeschlossene Menge bilden). Aus IV können wir in vielen Fällen die Stetigkeit inverser Operationen folgern. Der Beweis beruht auf dem Kategorieprinzip, wir skizzieren ihn für *B*-Räume. Für jedes $\alpha > 0$ bezeichnen wir mit $\mathfrak{E}_\alpha$ die Menge der $\mathfrak{x}$ mit $\|T\mathfrak{x}\| \leq \alpha$. Ähnlich wie beim Beweis b) von I folgern wir die Existenz eines $\varrho > 0$, so daß jedes $\mathfrak{E}_\alpha$ dicht in der Kugel $\|\mathfrak{x}\| \leq \varrho\,\alpha$ liegt. Ein $\mathfrak{z}$ mit $\|\mathfrak{z}\| \leq \varrho$ können wir nun durch sukzessive Approximation in der Form $\mathfrak{z} = \mathfrak{u}_0 + \mathfrak{u}_1 + \cdots$ mit $\mathfrak{u}_m \in \mathfrak{E}_{2^{-m}}$ darstellen. Aus (5) folgern wir $T(\mathfrak{u}_0 + \cdots + \mathfrak{u}_m) \to T\mathfrak{z}$ und damit $\|T\mathfrak{z}\| \leq 2$, was die Stetigkeit sichert. — Fast ebenso geht man bei *F*-Räumen vor und ähnlich zeigt man

V (Magere Bildmenge). *Ist T eine lineare stetige Abbildung eines F-Raumes $\mathfrak{E}$ in einen F-Raum $\mathfrak{F}$, so ist die Menge $T(\mathfrak{E})$ (d. h. die Menge der Punkte der Gestalt $T\mathfrak{x}$ mit $\mathfrak{x} \in \mathfrak{E}$) entweder gleich $\mathfrak{F}$ oder mager in $\mathfrak{F}$.*

Ein entsprechender Satz gilt für den Definitionsbereich von Operationen mit abgeschlossenem Graph, die — anders als die bei uns sonst gebrauchten Abbildungen — nicht in ganz $\mathfrak{E}$ erklärt sind.

Im *Produktraum* $(\mathfrak{E}, \mathfrak{F})$ zweier *F*-Räume, d. h. in der Menge aller Elementpaare $(\mathfrak{x}, \mathfrak{y})$ mit $\mathfrak{x} \in \mathfrak{E}$ und $\mathfrak{y} \in \mathfrak{F}$, ist in natürlicher Weise eine *F*-Raum-Struktur erklärt.

VI (Bilineare Abbildung). *Ist T eine bilineare Abbildung des Produktraumes $(\mathfrak{E}, \mathfrak{F})$ zweier F-Räume in einen F-Raum $\mathfrak{G}$, die in jeder einzelnen Veränderlichen stetig ist, so ist T selbst stetig.*

Zum Beweis (im Falle von B-Räumen) betrachten wir für jedes $i = 0, 1, \ldots$ die Menge $\mathfrak{E}_i$ der $\mathfrak{x}$ mit $\|T(\mathfrak{x}, \mathfrak{y})\| \leq i \|\mathfrak{y}\| (\mathfrak{y} \in \mathfrak{F})$. Wegen der Stetigkeit von T in der Veränderlichen $\mathfrak{x}$ ist $\mathfrak{E}_i$ abgeschlossen. Kategorieüberlegungen wie bei I oder IV zeigen, daß $\mathfrak{E}_1$ eine volle Kugel enthält, usw. — Satz VI ist von Bedeutung beim CAUCHY-Produkt und ähnlichen *bilinearen* Verknüpfungen.

16. Grundmenge und Basis

Eine *Grundmenge* $\mathfrak{G}$ in einem F-Raum $\mathfrak{E}$ ist charakterisiert durch die Eigenschaft, daß in $\mathfrak{E}$ die Linearkombinationen aus $\mathfrak{G}$ dicht liegen. Eine lineare stetige Operation ist durch ihre Werte in einer Grundmenge festgelegt. Auch bei Konvergenzfragen spielen Grundmengen eine Rolle:

I (Grundmengenprinzip). *Sind $T_0, T_1, \ldots$ lineare stetige Abbildungen eines B-Raumes $\mathfrak{E}$ in einen B-Raum $\mathfrak{F}$, gilt $\sup_i \|T_i\| < \infty$ und konvergiert $\{T_i \mathfrak{x}\}$ für jedes $\mathfrak{x}$ einer Grundmenge in $\mathfrak{E}$, so findet die Konvergenz sogar für alle $\mathfrak{x} \in \mathfrak{E}$ statt.*

Man vergleiche 15 III. Der Beweis erfolgt durch Approximation aus der Grundmenge. Satz I verwenden wir später bei Einschließungs- und Vergleichssätzen (**23**, **32** I, auch **42**). Besonders für Verträglichkeitsfragen sind Grundmengen wichtig (**23**, **36**). Eine allgemeinere Form des *Grundmengenprinzips* ist

II (Allgemeines Grundmengenprinzip). *Sei T eine lineare stetige Abbildung eines F-Raumes $\mathfrak{E}$ in einen F-Raum $\mathfrak{F}$; ferner $\mathfrak{G}$ eine Grundmenge in $\mathfrak{E}$ und $\mathfrak{A}$ eine lineare abgeschlossene Menge in $\mathfrak{F}$. Liegt dann $T\mathfrak{x}$ in $\mathfrak{A}$ für jedes $\mathfrak{x} \in \mathfrak{G}$, so gilt $T\mathfrak{x} \in \mathfrak{A}$ sogar für jedes $\mathfrak{x} \in \mathfrak{E}$.*

Noch leichter zu handhaben als eine Grundmenge ist eine *Basis*. Diese besteht aus abzählbar vielen Elementen $\mathfrak{b}_0, \mathfrak{b}_1, \ldots$ und ist charakterisiert durch die Eigenschaft, daß jedes $\mathfrak{x} \in \mathfrak{E}$ genau eine Entwicklung $\Sigma x_m \mathfrak{b}_m$ (mit Konvergenz im Sinne der F-Topologie) gestattet. Mit Hilfe des Fehlkonvergenzprinzips (Abbildung von $\mathfrak{E}$ auf den F-Raum der Koeffizientenfolgen $\{x_m\}$ mit konvergenter Reihe $\Sigma x_m \mathfrak{b}_m$; vergleiche $\mathfrak{U}_C$ in **17**) zeigt man, daß bei einer Basis die Abbildungen $\mathfrak{x} \to x_m$ stetige Linearformen sind. Eine Basis gestattet die Zerlegung linearer stetiger Operationen in einfachere Teile:

III (Basis und lineare Operation). *Hat der F-Raum $\mathfrak{E}$ die Basis $\mathfrak{b}_0, \mathfrak{b}_1, \ldots$, so gestattet jede lineare stetige Operation T von $\mathfrak{E}$ in einen F-Raum $\mathfrak{F}$ eine Darstellung*

$$(1) \qquad T(\mathfrak{x}) = \sum_{m=0}^{\infty} x_m T(\mathfrak{b}_m) \quad \left(\text{wo } \mathfrak{x} = \sum_{m=0}^{\infty} x_m \mathfrak{b}_m\right).$$

Satz III verwenden wir in **17** bei einfachen speziellen FK-Räumen, vor allem aber ist der Begriff der Basis wichtig für die Wirkfelder gewisser handlicher Limitierungsverfahren (**24**).

Verlangt man oben von den $\mathfrak{b}_m$ Eindeutigkeit und Summierbarkeit der Entwicklung $\Sigma\, x_m\, \mathfrak{b}_m$ im Sinne eines bestimmten Matrixverfahrens A (natürlich wieder unter Verwendung der F-Topologie), so spricht man von einer *Toeplitz-Basis* (KOZLOV [50], vgl. **24**). Ist jedes $\mathfrak{x}$ eines linearen Raumes auf genau eine Weise als (endliche) Linearkombination aus einem Elementsystem $\{\mathfrak{b}_\alpha\}$ darzustellen, so nennen wir das System eine algebraische oder *Hamel-Basis* (vgl. **14** und **18** I).

17. FK-Räume

Ein FK-*Raum* ist ein F-Raum, der aus Stellen (Zahlenfolgen) $\mathfrak{x} = \{x_k\}$ besteht und in dem die Abbildungen $\mathfrak{x} \to x_k$ linear und stetig sind. Aus Konvergenz im Sinne der Topologie folgt also die *koordinatenweise* (gliedweise) *Konvergenz*. Analog definieren wir BK-*Raum*. Die zugrunde gelegte Folgenmenge bildet den *Träger* des Raumes. Für Raum und Träger verwenden wir meist dieselbe Bezeichnung, was noch besonders durch Satz I gerechtfertigt wird. Die Einführung des Begriffes FK-Raum ist naheliegend, besagt er doch nichts anderes, als daß der Träger in natürlicher Weise zum F-Raum gemacht wird. Jedoch folgen aus der Definition auch wichtige Sätze.

I (Monotonie der Topologien). $\mathfrak{E}$ *und* $\mathfrak{F}$ *seien* FK-*Räume, deren Träger in der Beziehung* $\mathfrak{E} \subseteq \mathfrak{F}$ *stehen. Dann ist die von* $\mathfrak{F}$ *in* $\mathfrak{E}$ *induzierte Topologie gröber als die Topologie von* $\mathfrak{E}$. *Oder: Ist* $\mathfrak{x} \in \mathfrak{E}$, $\mathfrak{x}_k \in \mathfrak{E}$ *und gilt* $\mathfrak{x}_k \to \mathfrak{x}$ *im Sinne der Topologie von* $\mathfrak{E}$, *so auch im Sinne der Topologie von* $\mathfrak{F}$. *Insbesondere sind im Falle* $\mathfrak{E} = \mathfrak{F}$ *die Topologien identisch*.

Dabei wird die von $\mathfrak{F}$ in $\mathfrak{E}$ induzierte Topologie gegeben durch die Schnitte der offenen Mengen des Raumes $\mathfrak{F}$ mit der Menge $\mathfrak{E}$. Eine Topologie T' heißt gröber als die Topologie T (auf demselben Träger), wenn jede bezüglich T' offene Menge auch bezüglich T offen ist, T also mehr offene Mengen besitzt. Zum Beweis betrachten wir die *kanonische Abbildung* $\mathfrak{x} \to \mathfrak{x}$ von $\mathfrak{E}$ in $\mathfrak{F}$ und stellen fest, daß diese wegen der koordinatenweisen Konvergenz fehlkonvergenzfrei, also nach **15** IV stetig ist. Ebenso folgt mit **15** V:

II (Vergleichbare FK-Räume). *Sind* $\mathfrak{E}$ *und* $\mathfrak{F}$ FK-*Räume, deren Träger* $\mathfrak{E} \subset \mathfrak{F}$ *erfüllen, so bildet* $\mathfrak{E}$ *eine magere Menge im* FK-*Raum* $\mathfrak{F}$.

Besonders wichtig für Einschließungs- und Vergleichssätze ist

III (Stetigkeit von Matrixtransformationen). $\mathfrak{E}$ *und* $\mathfrak{F}$ *seien* FK-*Räume sowie die Matrix* A *so beschaffen, daß* $A\mathfrak{x}$ *für jedes* $\mathfrak{x} \in \mathfrak{E}$ *existiert und in* $\mathfrak{F}$ *liegt. Dann definiert* A *eine lineare stetige Abbildung von* $\mathfrak{E}$ *in* $\mathfrak{F}$.

(Für die Definition von $A\mathfrak{x}$ siehe **4** (1).) Wir stellen zunächst fest — etwa mit dem Konvergenzprinzip **15** III —, daß die Abbildungen $y_l = \Sigma_k\, a_{lk}\, x_k$ ($l = 0, 1, \ldots$) stetige Linearformen sind. Die Stetigkeit der Abbildung folgt nun aus dem Fehlkonvergenzprinzip **15** IV.

IV (Vereinigung von *FK*-Räumen). *Die $\mathfrak{E}_i$ ($i = 0, 1, \ldots$) seien FK-Räume, für die Menge $\mathfrak{G} = \bigcup \mathfrak{E}_i$ gelte $\mathfrak{G} \neq \mathfrak{E}_j$ ($j = 0, 1, \ldots$). Dann ist $\mathfrak{G}$ nicht Träger eines FK-Raumes.*

Andernfalls wäre der Träger $\mathfrak{G}$ nach II Vereinigung abzählbar vieler magerer Teilmengen des *FK*-Raumes $\mathfrak{G}$, was nach **13** IV unmöglich ist. — Wir benützen IV bei Inäquivalenzsätzen (**28**).

V (Durchschnitt von *FK*-Räumen). *Jedes $\mathfrak{E}_i$ ($i = 0, 1, \ldots$) sei ein FK-Raum mit den Halbnormen p_{ij} ($j = 0, 1, \ldots$). Dann ist die Menge $\mathfrak{F} = \bigcap \mathfrak{E}_i$ Träger eines FK-Raumes mit den Halbnormen p_{ij} ($i, j = 0, 1, \ldots$).*

Der Beweis bereitet keine Schwierigkeiten. V ist wichtig für die Auffassung von Wirkfeldern als *FK*-Räume.

VI (*BK*- und *FK*-Raum). *Ein FK-Raum $\mathfrak{E}$ mit Halbnormen $p_0, p_1, \ldots$ kann genau dann als BK-Raum aufgefaßt werden, wenn es eine natürliche Zahl j und Konstanten $\Omega_0 < \infty, \Omega_1 < \infty, \ldots$ gibt, so daß*

(1) $\quad p_i(\mathfrak{x}) \leq \Omega_i [p_0(\mathfrak{x}) + \cdots + p_j(\mathfrak{x})] \quad (\mathfrak{x} \in \mathfrak{E}; \, i = 0, 1, \ldots)$

gilt. $\mathfrak{E}$ ist dann ein BK-Raum mit der Norm $p_0 + \cdots + p_j$.

Ist der Träger $\mathfrak{E}$ ein *BK*-Raum mit einer Norm p, so definiert p wegen I dieselbe Topologie wie die $p_0, p_1, \ldots$, daher gilt (vgl. **13** II) eine Beziehung

(2) $\quad p_i(\mathfrak{x}) \leq \Omega_i^* p(\mathfrak{x}) \leq \Omega_i^* \Omega [p_0(\mathfrak{x}) + \cdots + p_j(\mathfrak{x})] \quad (\mathfrak{x} \in \mathfrak{E}; \, i = 0, 1, \ldots).$

Die andere Richtung ist trivial. — Wir verwenden VI bei Inäquivalenzsätzen (**28**). Überlegungen wie in VI lassen oft auch erkennen, daß gewisse Halbnormen zur Definition der Topologie überflüssig sind (vgl. bei **22** II).

Bilden die Stellen

(3) $\quad\quad\quad e_0 = \{1, 0, 0, \ldots\}, \quad e_1 = \{0, 1, 0, \ldots\}, \ldots$

eine Basis in einem *FK*-Raum $\mathfrak{E}$, so sagen wir, daß $\mathfrak{E}$ *Abschnittskonvergenz* besitzt, weil $\{x_0, \ldots, x_k, 0, 0, \ldots\} \to \mathfrak{x}$ ($k \to \infty$) für jedes $\mathfrak{x} \in \mathfrak{E}$ gilt.

VII (Abschnittskonvergenz). *Besitzt der FK-Raum $\mathfrak{E}$ Abschnittskonvergenz, so ist jede stetige Linearform in $\mathfrak{E}$ von der Gestalt*

(4) $\quad\quad\quad\quad\quad f(\mathfrak{x}) = \sum_{k=0}^{\infty} f_k x_k$

mit geeigneten f_k. Sind außerdem C und B Matrizen, so daß $C(B\mathfrak{x})$ für jedes $\mathfrak{x} \in \mathfrak{E}$ existiert, so gilt $C(B\mathfrak{x}) = (CB)\mathfrak{x}$ für $\mathfrak{x} \in \mathfrak{E}$.

Der erste Teil ist klar (vgl. **16** III). Im zweiten Teil überlegen wir uns, daß $\sum_{l=0}^{\infty} c_{ml} \sum_{k=0}^{\infty} b_{lk} x_k$ für jedes $m = 0, 1, \ldots$ eine stetige Linearform in $\mathfrak{E}$ ist (vgl. III), die wir also in der Form (4) darstellen können, was die Behauptung ergibt. Siehe z. B. WILANSKY [50, 52b], ZELLER [50, 51b] und **24, 35, 37**. Weitere Aussagen über Summationsvertauschung ergeben sich aus Einschließungssätzen, etwa **32** I und II, und natürlich auch durch direkte Abschätzung (z. B. bei absoluter Konvergenz).

Die einfachsten Beispiele von *FK*- bzw. *BK*-Räumen sind:

$\mathfrak{S}$, die Menge aller Zahlenfolgen; Halbnormen $|s_0|, |s_1|, \ldots$.

$\mathfrak{S}_B, \mathfrak{S}_C, \mathfrak{S}_N$, die Mengen der beschränkten, konvergenten, gegen Null konvergenten Folgen; Norm $\sup_k |s_k|$.

$\mathfrak{S}_A$, die Menge der absolut konvergenten Folgen, d. h. der Folgen mit $\sum_{k=0}^{\infty} |s_k - s_{k-1}| < \infty$ (setze $s_{-1} = 0$), wobei dieser Ausdruck als Norm dient.

$\mathfrak{U}_B, \mathfrak{U}_C, \mathfrak{U}_N, \mathfrak{U}_A$ entsprechen den genannten Räumen als „Reihenräume". So enthält $\mathfrak{U}_C$ alle Stellen $\mathfrak{u}$ mit konvergenter Reihe Σu_m $\left(\text{Norm: } \sup_k \left|\sum_{m=0}^{k} u_m\right|\right)$, und $\mathfrak{U}_A$ alle Stellen $\mathfrak{u}$ mit $\Sigma_m |u_m| < \infty$ (was auch als Norm dient).

Die Räume $\mathfrak{S}, \mathfrak{S}_N, \mathfrak{U}_C, \mathfrak{U}_A$ besitzen Abschnittskonvergenz. Jede stetige Linearform f in $\mathfrak{S}$ ist von der Gestalt

$$(5) \qquad f(\mathfrak{s}) = \sum_{k=0}^{m} f_k s_k.$$

In $\mathfrak{S}_C$ und $\mathfrak{S}_A$ bilden die e_i zusammen mit

$$(6) \qquad e = \{1, 1, \ldots\}$$

eine Basis. Daraus erhalten wir leicht, daß die Gesamtheit der stetigen Linearformen in $\mathfrak{S}_C$ gegeben ist durch

$$(7) \quad f(\mathfrak{s}) = f \cdot \lim_{k \to \infty} s_k + \sum_{k=0}^{\infty} f_k s_k \quad \text{mit} \quad \|f\| = |f| + \sum_{k=0}^{\infty} |f_k| < \infty.$$

(7) mit $f = 0$ liefert die stetigen Linearformen in $\mathfrak{S}_N$, so daß $\mathfrak{S}_N^* \cong \mathfrak{U}_A$ ist (Isomorphie). Ferner gilt $\mathfrak{U}_A^* \cong \mathfrak{S}_B$, usw. Mit Hilfe der Linearformen können wir auch die Gestalt bestimmter linearer stetiger Operationen bestimmen, z. B. derjenigen von $\mathfrak{S}_N$ in $\mathfrak{S}_B$ oder von $\mathfrak{U}_A$ in $\mathfrak{S}_N$ (vgl. **32**).

HILL [39] behandelt $\mathfrak{U}_C$ ausführlicher. ZELLER [53f] gibt weitere *FK*-Räume und allgemeine Vollständigkeitskriterien. Dem *FK*-Raum entsprechende Begriffe gibt es auch bei Funktionenräumen, was für Matrixverfahren mit stetigem Parameter und Integraltransformationen wichtig ist, siehe etwa ZELLER [52a], WLODARSKI [54, 55].

18. Matrizenrechnung

Eine echte (untere) Dreiecksmatrix A vermittelt eine eindeutige Abbildung **4** (1) von $\mathfrak{S}$ auf $\mathfrak{S}$ (Raum aller Zahlenfolgen). Die Umkehrtransformation wird gegeben von der (einzigen) beidseitigen *Inversen* A^{-1} (wo also $A^{-1} A = A A^{-1} = I = Einheitsmatrix$), die ebenfalls echte

Dreiecksmatrix ist. A kann weitere zeileninfinite Linksinverse B haben (die $BA = I$ erfüllen). A^{-1} gibt theoretisch alle Auskunft über das Wirkfeld, ist jedoch oft schwer zu berechnen (manchmal hilft die geometrische Reihe, vgl. **43** (9) und IYENGAR [38]). Ein besonderer Vorteil der echten Dreiecksmatrizen besteht darin, daß bei der Auflösung von $\mathfrak{t} = A\mathfrak{s}$ die s_k verhältnismäßig leicht nacheinander bestimmt werden können und nur von $t_0, \ldots, t_k$ abhängen, was z. B. für gewisse asymptotische Sätze wichtig ist. — Etwas ungünstigere Verhältnisse liegen bei allgemeinen zeilenfiniten Matrizen vor:

I (Bildmenge zeilenfiniter Matrizen). *Ist A zeilenfinit, so bilden die Punkte der Gestalt $A\mathfrak{x}$ ($\mathfrak{x} \in \mathfrak{S}$ = Raum aller Zahlenfolgen) eine lineare abgeschlossene Menge in $\mathfrak{S}$. Oder: Ein $y \in \mathfrak{S}$ ist genau dann von dieser Gestalt, wenn für jedes endliche Zahlensystem $\{h_0, \ldots, h_n\}$ gilt:*

(1) $\quad$ *Aus* $\sum_{l=0}^{n} h_l \, a_{lk} = 0 \quad (k = 0, 1, \ldots) \quad$ *folgt* $\sum_{l=0}^{n} h_l \, y_l = 0.$

Der Satz stammt von TOEPLITZ (1909), siehe auch WILANSKY-ZELLER [55b]. Gilt (1), so gibt es in dem von den Zeilen $\mathfrak{a}_l$ der Matrix A aufgespannten Raum eine Linearform f mit $f(\mathfrak{a}_l) = y_l$. Diese setzen wir mittels einer HAMEL-Basis (**16**) auf die Menge aller *abbrechenden Stellen* $\mathfrak{z}$ (d. h. der $\mathfrak{z}$ mit $z_k = 0$ für fast alle k) fort. Für $x_k = f(\mathfrak{e}_k)$ gilt dann $\mathfrak{y} = A\mathfrak{x}$. Die übrigen Behauptungen folgen leicht. Vgl. **14** IV.

Bei zeileninfiniten Matrizen können wesentlich kompliziertere Bildmengen auftreten (man füge etwa zu einer Dreiecksmatrix eine nichtabbrechende Zeile hinzu). Ferner gilt (BANACH [32*, S. 51], MEYER-KÖNIG—ZELLER [54]):

II (Nichtumkehrbarkeit zeileninfiniter Transformationen). *Ist die zeileninfinite Matrix A so beschaffen, daß es zu jedem $\mathfrak{y} \in \mathfrak{S}$ (= Raum aller Zahlenfolgen) ein $\mathfrak{x}$ mit $\mathfrak{y} = A\mathfrak{x}$ gibt, so ist die Menge der $\mathfrak{z}$ mit $A\mathfrak{z} = \mathfrak{o}$ ein unendlichdimensionaler linearer Raum.*

Wäre der genannte Raum *endlichdimensional*, d. h. lineare Hülle endlich vieler Elemente, so könnten wir durch Hinzufügen endlich vieler Zeilen zu A erreichen, daß A eine eineindeutige Abbildung von $\mathfrak{S}$ auf $\mathfrak{S}$ vermittelt. Die Umkehrabbildung wäre dann stetig (benütze **15** IV) und würde wegen **17** (5) durch eine zeilenfinite Matrix B gegeben, deren Bildmenge nach I alle Folgen aus $\mathfrak{S}$ enthielte, was die Zeilenfinitheit von A erzwänge.

Für das Erfülltsein der Voraussetzung von II haben EIDELHEIT (1938; mittels der dualen Transformation, **13**) und PÓLYA (1939; durch direktes Auflösen) Bedingungen (teilweise sogar notwendige und hinreichende) gegeben. Wir begnügen uns mit dem folgenden Satz aus COOKE [50*, S. 32]:

18. Matrizenrechnung

III (Volle Bildmenge). *Sind bei einer Matrix A unendlich viele $a_{0k} \neq 0$ und gilt*

(2) $$\lim_{k \to \infty} \frac{|a_{0k}| + \cdots + |a_{lk}|}{|a_{l+1,k}|} = 0 \quad (l = 0, 1, \ldots),$$

so gibt es zu jedem $\mathfrak{y} \in \mathfrak{S}$ (= *Raum aller Zahlenfolgen*) *ein* $\mathfrak{x}$ *mit* $\mathfrak{y} = A\mathfrak{x}$.

Eine typische Anwendung geben MEYER-KÖNIG–ZELLER [54]. Bildmengenprobleme sind auch von großer Bedeutung bei der FOURIER-Transformation (19) und damit bei den WIENER-Verfahren (78 I).

Gibt es zu jedem $\mathfrak{y} \in \mathfrak{S}_C$ (konvergente Folgen) genau ein $\mathfrak{x}$ mit $\mathfrak{y} = A\mathfrak{x}$, so heißt die Matrix A *reversibel* (SCHUR [20] gebrauchet aber dieses Wort an Stelle von konvergenzgleich). Reversible Matrizen sind in der Limitierung fast so günstig wie Dreiecksmatrizen.

IV (Umkehrtransformation bei reversibler Matrix). *Ist A reversibel, so ist die Umkehrabbildung in* $\mathfrak{S}_C$ *von der Gestalt*

(3) $$x_k = b_k \cdot \lim_{l \to \infty} y_l + \sum_{l=0}^{\infty} b_{kl} y_l \quad \left(\text{mit } \sum_k |b_{kl}| < \infty \text{ für } l = 0, 1, \ldots\right).$$

Die Umkehrabbildung ist nämlich nach **15** IV stetig und wegen **17** (7) von der angegebenen Gestalt (BANACH [32*], S. 50], HILL [42]). Bei nichtpermanentem A können $b_k \neq 0$ (sogar mit $b_k \to \infty$) auftreten: MACPHAIL [54a], WILANSKY-ZELLER [55b]. Einfachstes Beispiel:

(4) $$A = \begin{pmatrix} 1 & 1 & 1 & 1 & \cdots \\ 1 & 0 & 1 & 1 & \cdots \\ 1 & 0 & 0 & 1 & \cdots \\ \cdot & \cdot & \cdot & \cdot & \cdot \end{pmatrix}, \quad B = \begin{pmatrix} 0 & 0 & 0 & 0 & \cdots \\ 1 & -1 & 0 & 0 & \cdots \\ 0 & 1 & -1 & 0 & \cdots \\ 0 & 0 & 1 & -1 & \cdots \end{pmatrix},$$

$$b_0 = 1, \quad b_1 = b_2 = \cdots = 0.$$

HILL [50] benützt (3) als Summierungsverfahren. Siehe auch **23**.

Bei Matrizen ist in natürlicher Weise eine Addition, eine Skalarmultiplikation sowie (wenn die benötigten Reihen konvergieren) eine Multiplikation erklärt. Gewisse Matrizenmengen bilden sogar BANACH-Algebren (**19**), etwa

V (Matrizenalgebra). *Die Matrizen A, die*

(5) $$\sup_{l=0,1,\ldots} \sum_{k=0}^{\infty} |a_{lk}| < \infty$$

erfüllen, bilden eine Banach-Algebra mit der Norm (5).

Die in (5) unter dem sup-Zeichen stehenden Ausdrücke nennen wir die *Zeilennormen* von A. Vgl. **32** I.

Satz V darf nicht darüber hinwegtäuschen, daß auch bei Anwendung der Matrizen aus V auf unbeschränkte Folgen das *Assoziativgesetz*

(6) $$A(B\mathfrak{x}) = (AB)\mathfrak{x}$$

nicht immer gewahrt ist. Selbst wenn beide Seiten existieren, müssen sie nicht übereinstimmen. Das führt zur Unterscheidung der Transformationen

(7) $\qquad A \cdot B$ (Hintereinanderausführung)

und

(8) $\qquad AB$ (Transformation mit der Matrix AB)

und den entsprechenden Limitierungsverfahren (AGNEW [36, 38]), was auch für Vergleichssätze (**35, 37**) wichtig ist. Ebenso muß man unterscheiden zwischen inverser Matrix und inverser Transformation, z. B. gilt

(9) $\qquad I = \varDelta^{-1} \varDelta,$

während $\varDelta$ [vgl. **4** (6), (7)] keine umkehrbare Transformation definiert. Das ist z. B. bei MERCER-Sätzen (**43**) wesentlich. Unter anderem gibt es permanente selbstinverse Matrizen, die divergente Folgen limitieren. Literatur: SCHUR [20], COOKE-DIENES [38], AGNEW [52], WILANSKY [52], WILANSKY-ZELLER [55b]; siehe auch **52** IV und **54** (Differenzenrechnung).

Für Fälle, in denen das Assoziativitätsgesetz gilt, vgl. **17** VII. Der Übergang von der FF-Form zu den anderen Formen (4) ist formal oft einfach, jedoch sind bei zeileninfiniten Matrizen Assoziativitätsuntersuchungen nötig: **68**; CESCO [35b], REY PASTOR [36], OGUIEVETZKY [38a], VERMES [46, 49, 50, 51], LORENTZ [47b], RECHARD [51]. Erwünscht ist auch die Vertauschbarkeit zweier Matrizen ($AB = BA$), vgl. **35** VI, **36** II. In **79** nennen wir Literatur über weitere Verknüpfungen von Matrizen.

19. Banachalgebren und Fouriertransformation

Eine *Banach-Algebra* $\mathfrak{B}$ (auch *normierter Ring* genannt) ist ein B-Raum, in dem zusätzlich ein Produkt $\mathfrak{x} \cdot \mathfrak{y} = \mathfrak{z}$ erklärt ist, das neben Distributiv- und Assoziativgesetzen der Bedingung

(1) $\qquad \|\mathfrak{x} \cdot \mathfrak{y}\| \leq \|\mathfrak{x}\| \, \|\mathfrak{y}\|$

genügt. BANACH-Algebren lassen sich bei Fragen über Reihenmultiplikation, Faktorfolgen und dergleichen verwenden, siehe auch **18** V. Uns interessiert im Hinblick auf die WIENER-Verfahren (**78**) und die damit verknüpften Umkehrsätze (**48**) vor allem die BANACH-Algebra $\mathfrak{L}$ der Funktionen (genauer: Funktionsklassen)

$$\mathfrak{p} = \{p(\varkappa)\} \quad (-\infty < \varkappa < +\infty)$$

mit

(2) $\qquad \int\limits_{-\infty}^{+\infty} |p(\varkappa)| \, d\varkappa < \infty,$

19. Banach-Algebren und Fourier-Transformation

(Lebesgue-Integral, vgl. 9), wobei dieser Ausdruck als Norm dient und die (kommutative) Multiplikation durch die *Faltung* $\mathfrak{p} * \mathfrak{q}$ erklärt ist:

(3) $\quad \mathfrak{p} \cdot \mathfrak{q} = \mathfrak{p} * \mathfrak{q} = \mathfrak{r} = \{r(\lambda)\} \text{ mit } r(\lambda) = \int_{-\infty}^{+\infty} p(\lambda - \varkappa)\, q(\varkappa)\, d\varkappa \text{ (f. ü.)}.$

Die *Fourier-Transformation*

(4) $\quad \mathfrak{p}^* = F\mathfrak{p} = \{p^*(\lambda)\} \text{ mit } p^*(\lambda) = \int_{-\infty}^{+\infty} e^{-i\lambda\varkappa}\, p(\varkappa)\, d\varkappa$

(oft auch mit dem Faktor $1/\sqrt{2\pi}$ versehen) bildet $\mathfrak{L}$ umkehrbar eindeutig und linear auf eine Menge $\mathfrak{L}^*$ von stetigen Funktionen ab, bei denen $\lim_{\lambda \to \pm\infty} p^*(\lambda) = 0$ gilt ($\mathfrak{L}^*$ bedeutet hier nicht den Dual von $\mathfrak{L}$). Der Faltung $\mathfrak{p} * \mathfrak{q}$ in $\mathfrak{L}$ entspricht das gewöhnliche Produkt $p^*(\lambda)\, q^*(\lambda)$ der Bildfunktionen, so daß $\mathfrak{L}^*$ eine Banach-Algebra mit dieser Produktdefinition ist, wenn wir die Norm aus $\mathfrak{L}$ herübernehmen. Wichtig sind folgende Paare zugeordneter Funktionen:

(5) $\quad \varphi(\varkappa) = \dfrac{1 - \cos \varkappa}{\pi \varkappa^2}, \qquad \varphi^*(\lambda) = \begin{cases} 1 - |\lambda| & (|\lambda| \leq 1) \\ 0 & (|\lambda| \geq 1), \end{cases}$

(6) $\quad \psi(\varkappa) = \dfrac{\cos \varkappa - \cos 2\varkappa}{\pi \varkappa^2}, \qquad \psi^*(\lambda) = \begin{cases} 1 & (|\lambda| \leq 1) \\ 2 - |\lambda| & (1 \leq |\lambda| \leq 2) \\ 0 & (2 \leq |\lambda|). \end{cases}$

φ^* und ψ^* haben kompakten *Träger* (das ist hier die abgeschlossene Hülle der Punkte, auf denen die Funktion nicht verschwindet) und „Dreiecksgestalt" bzw. „Trapezgestalt".

Entscheidend für uns ist der folgende Satz (Wiener [28, 32, 33a*], siehe auch Pitt [38, 40], Widder [41*], Ahiezer [47*], Hardy [49*], und unten):

I (Approximationssatz von Wiener). *Ist* $\mathfrak{p} \in \mathfrak{L}$ *so beschaffen, daß* $p^*(\lambda) \neq 0$ *für reelle* λ *gilt, so ist* $\mathfrak{L}$ *gleich der linearen abgeschlossenen Hülle* $\mathfrak{J}$ *der Translationen* $\mathfrak{p}_\theta = \{p(\theta + \lambda)\}$ (θ *reell*) *der Ausgangsfunktion.*

Aus dem Nichtverschwinden der Fourier-Transformation folgt also, daß wir jedes $\mathfrak{r} \in \mathfrak{L}$ im Sinne der Norm durch Linearkombinationen der Translationen approximieren können. Natürlich ist die Voraussetzung $p^*(\lambda) \neq 0$ notwendig. In einer Variante von I arbeitet man statt mit einem $\mathfrak{p}$ mit einer Menge solcher Funktionen, deren Fourier-Transformierte in keinem Punkt gleichzeitig verschwinden dürfen. Der Versuch, wie bei **78** I vorzugehen, bewährt sich nur in Sonderfällen (Bochner [33]), weil in $\mathfrak{L}^*$ die gewöhnliche Division nicht immer ausführbar ist. Wir müssen daher einen Umweg einschlagen.

Neben der (linearen abgeschlossenen) Menge $\mathfrak{J}$ betrachten wir die entsprechende Menge $\mathfrak{J}^*$ in $\mathfrak{L}^*$. Jedenfalls ist $\mathfrak{J}$ (und damit $\mathfrak{J}^*$) ein *Ideal*, d. h.

(7) mit $\mathfrak{x} \in \mathfrak{L}$; $\mathfrak{y}, \mathfrak{z} \in \mathfrak{J}$ ist $\mathfrak{x} \cdot \mathfrak{y} = \mathfrak{y} \cdot \mathfrak{x} \in \mathfrak{J}$ und $\mu \mathfrak{y} + \nu \mathfrak{z} \in \mathfrak{J}$.

Das bestätigen wir, indem wir in der Faltung zu endlichen Approximationssummen übergehen. Würde nun $\mathfrak{J}^*$ die Funktion $\varrho^*(\varkappa) \equiv 1$ enthalten, so wären wir schon fertig. Da das nicht der Fall ist, behelfen wir uns mit Trapezfunktionen wie ψ^*.

Zunächst zeigen wir, daß $\psi^*(2\alpha\lambda)$ (genauer: die durch $\lambda \to \psi^*(2\alpha\lambda)$ definierte Funktion) für ein genügend großes α in $\mathfrak{J}^*$ liegt: Durch einfache Rechnung mit der Faltung erkennen wir, daß $\psi^*(\alpha\lambda)(p^*(\lambda) - p^*(0))$ in $\mathfrak{L}^*$ liegt und bei geeignetem (großem) α eine Norm $< |p^*(0)|$ besitzt (was auch anschaulich einleuchtet). Daher gehört

(8) $$q^*(\lambda) = \frac{\psi^*(\alpha\lambda)(p^*(\lambda) - p^*(0))}{\psi^*(\alpha\lambda)(p^*(\lambda) - p^*(0)) + p^*(0)}$$

zu $\mathfrak{L}^*$. (Entwickle den Bruch wie $\zeta/(\zeta + p^*(0))$ in eine geometrische Reihe. Dabei ist wichtig, daß das konstante Glied der Reihe verschwindet — $\mathfrak{L}^*$ enthält ja keine „Einsfunktion". Weiter benützen wir hier $p^*(0) \neq 0$, also die wesentliche Voraussetzung.) Nun multiplizieren wir (8) mit $\psi^*(2\alpha\lambda)$ und beachten, daß auf dem Träger der letzteren Funktion stets $\psi^*(\alpha\lambda) = 1$ gilt, womit auch $\psi^*(2\alpha\lambda)(p^*(\lambda) - p^*(0))/p^*(\lambda)$ in $\mathfrak{J}^*$ liegt. Weil $\mathfrak{p}^*$ zum Ideal $\mathfrak{J}^*$ gehört, ist $\psi^*(2\alpha\lambda)(p^*(\lambda) - p^*(0))$ in $\mathfrak{J}^*$ und — als Differenz zweier Funktionen aus $\mathfrak{J}^*$ — auch $\psi^*(2\alpha\lambda) p^*(0)$ in $\mathfrak{J}^*$, was wegen $p^*(0) \neq 0$ die Zwischenbehauptung ergibt.

Weiter zeigen wir, daß $\psi^*(\beta\lambda)$ sogar für jedes $\beta > 0$ in $\mathfrak{J}^*$ liegt. Sei Γ_0 das (den Nullpunkt enthaltende) offene Intervall $-1/2\alpha, 1/2\alpha$ (α wie oben). Dann gilt $\psi^*(2\alpha\lambda) = 1$ in Γ_0, und Multiplikation von $\psi^*(2\alpha\lambda)$ mit zwei Funktionen der Gestalt $\psi^*(\beta(\lambda - \theta))$ (die offenbar zu $\mathfrak{L}^*$ gehören) zeigt, daß jede „Trapezfunktion" mit Träger in Γ_0 zur Menge $\mathfrak{J}^*$ gehört. Entsprechendes bekommen wir für geeignete Intervalle um andere Punkte τ (statt 0), wenn wir oben mit $p^*(\tau)$ und $\psi^*(\alpha(\lambda - \tau))$ beginnen. Endlich viele der so erhaltenen Γ_τ überdecken den Träger eines beliebigen $\psi^*(\beta\lambda)$, somit können wir $\psi^*(\beta\lambda)$ als Summe von Trapezfunktionen aus $\mathfrak{J}^*$ darstellen, was die Behauptung dieses Abschnittes erweist.

Hat nun $\mathfrak{x}^* \in \mathfrak{L}^*$ kompakten Träger, so ist $x^*(\lambda) = x^*(\lambda)\psi^*(\beta\lambda)$, wenn wir nur β genügend klein wählen. Mit $\psi^*(\beta\lambda)$ gehört aber wegen (7) auch $x^*(\lambda)\psi^*(\beta\lambda)$ der Menge $\mathfrak{J}^*$ an, was den Satz unter der genannten Zusatzannahme beweist. Ein beliebiges $\mathfrak{x}^* \in \mathfrak{L}^*$ approximieren wir durch Funktionen mit kompaktem Träger, und zwar durch $x^*(\lambda)\psi^*(\beta\lambda)$ für kleine β (einfache Rechnung mit der Faltung). Das vollendet den Beweis.

Weiteres zu I (Beweise, Abstraktionen, Verallgemeinerungen) in **48** III, **78** und bei Pitt [38c], Ditkin [39], Carleman [44*], Beurling [45, 51], Gel'fand-Raĭkov-Šilov [46], Godement [46, 47], Povzner [47], Segal [47], Agranovič [49], Fukamija [49], Korenblyum [49], Mandelbrojt(-Agmon) [49, 50, 51, 53], Loomis [53*].

20. Sonstiges

Der folgende Satz über *Momentfolgen* (vgl. **72** (6)) geht auf Picone (1939), Mikusiński [51] zurück und wurde von Wlodarski [55] bei Nachweis der Perfektheit des Abel-Verfahrens benützt. Ein ähnliches Resultat verwendet Agnew [42b] bei der Hausdorff-Summation der geometrischen Reihe. (Vgl. auch Hille [48*].)

I (Momentfolgen). *Ist $\varphi(\lambda)$ von beschränkter Schwankung und normiert in $0 \leq \lambda \leq 1$, gilt $\varphi(1) = 0$ und*

(1) $$\int_0^1 \lambda^k \, d\varphi(\lambda) = O(\alpha^k) \quad (\text{wo } 0 < \alpha < 1),$$

so ist

(2) $$\varphi(\lambda) = 0 \quad (\alpha < \lambda < 1).$$

Normiert soll dabei bedeuten, daß φ in jedem inneren Punkte des Intervalls den Mittelwert der beiden einseitigen Grenzwerte annimmt.

Drittes Kapitel

Struktur von Wirkfeldern

21. Zusammenfassung

Die eigentliche Strukturtheorie der Wirkfelder beginnt mit den Arbeiten der polnischen Schule (Banach, Mazur, Orlicz) um 1930. Zunächst betrachtete man nur Wirkfelder, die sich als *B*-Räume auffassen lassen, also hauptsächlich Dreiecksmatrizen. Der Wunsch, von dieser Einschränkung freizukommen, führte dann zum Ausbau der Theorie der *F*-Räume. Mazur-Orlicz [33] kündigten eine Reihe wichtiger, so gewonnener Resultate über allgemeine Limitierung an. Die ausführliche Darstellung erfolgte jedoch erst 1955, so daß in der Zwischenzeit verschiedene Verfasser teils ähnliche, teils abweichende Methoden für diese Probleme entwickelten. Wesentlich bei den topologischen Eigenschaften ist, daß sie nur vom Wirkfeld, nicht aber von der speziellen Definition des Wirkfeldes durch ein Verfahren abhängen.

In **22** zeigen wir, daß die meisten Wirkfelder *FK*-Räume sind, und bestimmen die stetigen Linearformen in ihnen. Damit haben wir die

Sätze über Beziehungen zwischen FK-Räumen, Stetigkeit von Matrixtransformationen usw. in der Limitierung zur Verfügung, was zunächst für Einschließungs- und Vergleichssätze (**32, 35**) nützlich ist. Viele Wirkfelder besitzen handliche Grundmengen (perfekte Verfahren, **23**); für sie gelten Verträglichkeitssätze (**36**). In manchen Fällen finden wir sogar einfache Basen (Abschnittskonvergenz, **24**); dies ist von unmittelbarer Bedeutung für Konvergenzfaktoren (**34**) und Umkehrbedingungen (**47**). Einfache Limitierbarkeitskriterien (**25**) geben Aufschluß über Größe des Wirkfeldes und Beziehungen zwischen limitierbaren Folgen.

Dann fragen wir uns, welche Wirkfelder überhaupt möglich sind. Vor allem aus theoretischen Gründen interessieren auch kleine Wirkfelder (Einfolgenverfahren, **26**). Zu jeder permanenten Matrix A gibt es viele nichtlimitierbare Folgen; manche konvergenztreue Verfahren können durch gleichstarke permanente ersetzt werden (**27**). Die Vereinigung von Matrixverfahren ist meist keinem Matrixverfahren äquivalent; Sätze dieser Art behandelt **28**. Die beschränkten Folgen spielen bei konvergenztreuen Matrixverfahren eine ausgezeichnete Rolle und werden oft getrennt betrachtet (**29**). Die Aussagen über Limitierbarkeit beschränkter bzw. unbeschränkter Folgen (**26, 29**) sind für Umkehrsätze (z. B. **43**) wichtig. In **30** geben wir einige weitere Hinweise.

22. Wirkfelder als FK-Räume

Die folgenden Sätze ermöglichen die Anwendung der Sätze über B- und F-Räume (Kapitel II) auf Wirkfelder.

I (Wirkfelder als BK-Räume). *Das Wirkfeld $\mathfrak{A}$ einer echten Dreiecksmatrix A oder einer reversiblen Matrix A ist ein BK-Raum mit der Norm*

(1) $$\|\mathfrak{z}\| = \sup_{l=0,1,\ldots} |t_l| \quad \text{(wo } \mathfrak{t} = A\mathfrak{z}\text{)}.$$

MAZUR [30], BANACH [32*, S. 90]; HILL [37, 42], WILANSKY [49]. Satz I folgt aus der von A vermittelten 1—1-Beziehung zwischen $\mathfrak{A}$ und $\mathfrak{S}_c$; nur die koordinatenweise Konvergenz in $\mathfrak{A}$ bedarf einer leichten Zusatzüberlegung.

II (Wirkfelder als FK-Räume). *Das Wirkfeld $\mathfrak{A}$ eines beliebigen Matrixverfahrens A ist ein separabler FK-Raum mit den Halbnormen*

(2) $$p(\mathfrak{z}) = \sup_{l=0,1,\ldots} |t_l| \quad \text{(wo } \mathfrak{t} = A\mathfrak{z}\text{)},$$

(3) $$p_i(\mathfrak{z}) = \sup_{m=0,1,\ldots} \left| \sum_{k=0}^{m} a_{ik} s_k \right| \quad (i = 0, 1, \ldots),$$

(4) $$q_j(\mathfrak{z}) = |s_j| \quad (j = 0, 1, \ldots).$$

MAZUR-ORLICZ [33, 55], ZELLER [51a]. Unter verschiedenen Zusatzbedingungen können wir auf einige der Halbnormen verzichten (vgl. I

22. Wirkfelder als FK-Räume

und **17** VI). Die Menge der $\mathfrak{z}$, für die $\Sigma_k\, a_{0k}\, s_k$ konvergiert, ist (man vgl. $\mathfrak{U}_C$ in **17**) ein FK-Raum mit den Halbnormen p_0 und (4). Entsprechendes gilt für die anderen Zeilen. Daher ist der *Anwendungsbereich* von A (die Menge der $\mathfrak{z}$, für die $A\mathfrak{z}$ existiert), ein FK-Raum mit den Halbnormen (3) und (4) (nach **17** V). Man überlegt sich nun mittels der koordinatenweisen Konvergenz, daß bei Hinzunahme der Norm p das Wirkfeld $\mathfrak{A}$ ein vollständiger Raum wird. Die Separabilität folgt daraus, daß der Produktraum $\mathfrak{A} \times \mathfrak{A} \times \mathfrak{A} \times \cdots$, wobei aber jeder Faktor nur mit einer Halbnorm (2), (3) oder (4) versehen wird, separabel ist (vgl. **14** V).

Wir können auch Reihenwirkfelder betrachten oder statt $\mathfrak{S}_C$ andere Bildräume verwenden oder bei den Reihen absolute Konvergenz fordern, usw. Für Verfahren mit stetigem Parameter λ gilt II nicht immer (vgl. **76**). Am günstigsten sind Verfahren, bei denen die Anwendbarkeit eine gewisse gleichmäßige Konvergenz der Reihen $\Sigma_k\, a_{\lambda k}\, s_k$ und damit die Stetigkeit der Bildfunktion nach sich zieht (vgl. das ABEL-Verfahren, **55**): AL'TMAN [53], WŁODARSKI [54, 55]. Ähnliches gilt für Integraltransformationen: ZELLER [52a]. Eine andere Topologie benützt GANAPATHY IYER [37].

Vor allem für Verträglichkeitssätze (**36**) benötigen wir Information über Linearformen im Wirkfeld $\mathfrak{A}$ (MAZUR-ORLICZ [33, 55], ZELLER [51a]).

III (Linearformen im Wirkfeld). $\mathfrak{A}$ *sei der in II genannte FK-Raum und $\mathfrak{t} = A\mathfrak{z}$ gesetzt. Dann läßt sich jede stetige Linearform f in $\mathfrak{A}$ darstellen in der Gestalt*

$$(5) \qquad f(\mathfrak{z}) = \sum_{k=0}^{\infty} f_k\, s_k + \sum_{l=0}^{\infty} g_l\, t_l + g \cdot \lim_{l \to \infty} t_l,$$

wo $\Sigma\, |g_l| < \infty$ ist und $\Sigma f_k\, s_k$ für $\mathfrak{z} \in \mathfrak{A}$ konvergiert. Umgekehrt definiert jeder solche Ausdruck (5) *eine stetige Linearform in $\mathfrak{A}$.*

Näheres über die f_k entnimmt man dem Beweis. Bei reversiblem A darf man alle $f_k = 0$ setzen; die g, g_l sind dann eindeutig bestimmt. Die stetigen Linearformen im Nullwirkfeld $\mathfrak{A}_0$ sind von der Gestalt (5) mit $g = 0$. — Zum Beweis. Eine stetige Linearform f in $\mathfrak{A}$ genügt einer Ungleichung vom Typ **13** (3) und läßt sich daher nach **14** V in endlich viele Linearformen zerlegen, von denen jede durch eine einzige Halbnorm (2), (3) oder (4) abgeschätzt wird. Für letztere Linearformen finden wir leicht Darstellungen (vgl. **17** (5), (7)); durch Zusammensetzen ergibt sich (5). Daß (5) unter den genannten Bedingungen eine stetige Linearform definiert, folgt wie bei **17** III.

Eine andere Darstellung ist für die Limitierung noch nützlicher:

IV (Darstellung von Linearformen mit Matrizen). *Sei f eine stetige Linearform in dem Raum $\mathfrak{A}$ aus II. Dann gibt es ein Matrixverfahren B, dessen Wirkfeld $\mathfrak{B}$ das Feld $\mathfrak{A}$ umfaßt und das*

(6) $\qquad B\text{-lim } s_k = f(\mathfrak{z}) \quad (\mathfrak{z} \in \mathfrak{A})$

genügt. Gestattet f in III eine Darstellung mit $\mathfrak{g} \neq 0$, so dürfen wir sogar $\mathfrak{B} = \mathfrak{A}$ fordern.

Wir nehmen zunächst an, daß f eine Darstellung (5) mit $f_k = 0$ ($k = 0, 1, \ldots$) hat, und bestimmen die Matrix $D = \{d_{lk}\}$ durch

(7) $\qquad d_{lk} = \begin{cases} g_k & (k < l) \\ g & (k = l) \\ 0 & (k > l). \end{cases}$

Für die Matrix $C = DA$ gilt dann $C\mathfrak{z} = D(A\mathfrak{z})$, wenn $A\mathfrak{z}$ existiert, und

(8) $\qquad C\text{-lim } s_k = \sum_{l=0}^{\infty} g_l t_l + g \cdot \lim_{l \to \infty} t_l \quad (\mathfrak{z} \in \mathfrak{A}; \text{ wobei } \mathfrak{t} = A\mathfrak{z}).$

Im Falle $g \neq 0$ ist D eine konvergenzgleiche echte Dreiecksmatrix (nach **43** III), woraus $\mathfrak{L} = \mathfrak{A}$ folgt. Das liefert, mit $B = C$, die Behauptung unter der Zusatzvoraussetzung. Im allgemeinen Fall wird zu C noch eine einfache Matrix addiert.

23. Perfekte Verfahren

Wir machen nun den Begriff der Grundmenge (**16**) nutzbar. Dabei beschränken wir uns der Einfachheit halber auf permanente echte Dreiecksmatrizen A und nennen mit MAZUR [30] ein solches A *perfekt*, wenn die in **17** (3) (6) genannten Stellen $e, e_0, e_1, \ldots$ eine Grundmenge im Wirkfeld $\mathfrak{A}$ bilden. Wegen der Permanenz ist das gleichbedeutend damit, daß die $e_0, e_1, \ldots$ im Nullwirkfeld $\mathfrak{A}_0$ eine Grundmenge zusammensetzen. Natürlich kann man entsprechende Definitionen auch in allgemeineren Fällen einführen. BANACH [32*, S. 90], HILL [37, 42], WILANSKY [49b], MACPHAIL [54b] behandeln auch reversible oder konvergenztreue Verfahren; MAZUR-ORLICZ [33, 55] und ZELLER [51, 52] lassen F-Räume zu; AL'TMAN [53] und WLODARSKI [54, 55] arbeiten mit stetigem Parameter λ. Siehe auch MAZUR [28], (1929).

Die Perfektheit können wir entweder durch direkte Approximation nachweisen oder unter Verwendung des Linearformensatzes **14** IV, am besten angewandt auf $\mathfrak{A}_0$. Letzteres führt zum Mazurschen Kriterium:

I (Perfektheit und Linearformen). *Eine permanente echte Dreiecksmatrix A ist genau dann perfekt, wenn außer $\mathfrak{g} = \mathfrak{o}$ keine Folge mit $\Sigma |g_l| < \infty$ der Bedingung*

(1) $\qquad \sum_{l=0}^{\infty} g_l a_{lk} = 0 \quad (k = 0, 1, \ldots)$

genügt.

23. Perfekte Verfahren

Wir können diese Orthogonalitätsbedingung auch so fassen: Kein nichttriviales $\mathfrak{g} \in \mathfrak{U}_A$ erfüllt $\mathfrak{g} A = \mathfrak{o}$. MAZUR [30], HILL [37, 42], RAMANUJAN [54] bringen zahlreiche Anwendungen; siehe auch HANAI [50], WLODARSKI [55] (stetige Verfahren). Bei C_1 und $(M, \mathfrak{p})$ (**52**) sehen wir sofort, daß es überhaupt kein orthogonales $\mathfrak{g} \neq \mathfrak{o}$ gibt. Bei C_α (**53**) benützen wir den nächsten Satz, der aus I mittels einfacher Summationsvertauschung folgt und im wesentlichen von MAZUR [30] stammt.

II (Inverse mit beschränkten Spalten). *Eine permanente echte Dreiecksmatrix A ist perfekt, wenn die Spalten der Inversen A^{-1} beschränkte Folgen darstellen.*

Bei E_α (**64**) stützt man sich auf einen funktionentheoretischen Eindeutigkeitssatz. Umformung von I und II liefert handlichere spezielle Kriterien für NÖRLUND-Mittel (**63**) und HAUSDORFF-Verfahren (**72**).

Alle diese Ergebnisse können wir auch durch direkte Approximation erhalten. Dazu dienen einmal die Resultate der nächsten Nummer (Abschnittskonvergenz und -limitierbarkeit), entweder auf ganze Wirkfelder oder Teile derselben angewandt. Bei Verfahren wie A_1 (**55**), $(E, \mathfrak{p})$ (**64, 65**), B_1 (**66**), T_α (**68**) sind auch funktionentheoretische Polynomapproximationssätze nützlich zusammen mit Aussagen über die Summierbarkeit der Reihe $\Sigma u_m \varrho^m$ für verschiedene ϱ. Siehe ZELLER [53 a d], MEYER-KÖNIG—ZELLER [54]. Ferner genügt es bei einer echten Dreiecksmatrix A zur Perfektheit, wenn die Spalten der Inversen durch Linearkombinationen der e_i angenähert werden können.

Die einfachsten Anwendungen der Perfektheit basieren auf dem Grundmengenprinzip **16** I. So schließt schon HAHN [22] in geeigneten Fällen mit diesem Prinzip von der Beschränktheit einer Matrixtransformation auf ihre Konvergenz. Später wurde diese Methode mehrfach in allgemeinen Untersuchungen benützt; bei speziellen Verfahren hat man es meist vorgezogen, die entsprechenden Abschätzungen direkt durchzuführen, weil damit kein großer Mehraufwand verbunden war. Ebenso können wir bei Größenordnungsbedingungen (**42**) für das Nullwirkfeld $\mathfrak{A}_0$ perfekter Verfahren von O auf o schließen (ZELLER [52]). Nicht so selbstverständlich sind die von MAZUR bemerkten Anwendungen auf Verträglichkeit (**36**). Ferner spielt die Perfektheit eine Rolle bei Inäquivalenzsätzen und damit zusammenhängenden Fragen über lineare Operationen: ZELLER [51 b], MAZUR-ORLICZ [55].

Nichtperfekt sind z. B. die Einfolgenverfahren (**26**). Bei nichtperfekten Verfahren interessiert die lineare abgeschlossene Hülle der $e, e_0, e_1, \ldots$ im *FK*-Raum $\mathfrak{A}$, der *perfekte Teil* $\mathfrak{A}_P$ des Wirkfeldes. Bei permanentem A gehört jede beschränkte limitierbare Folge $\mathfrak{A}_P$ an (**24** IV). Kann man Perfektheit nicht nachweisen, so wird man Aussagen über die Größe des perfekten Teiles anstreben. Solche sind bekannt bei Varianten von $(R, \mathfrak{p}, \alpha)$ (**59**), bei $(Z, \mathfrak{p})$ (**62**), B_1 (**66**), T_α (**68**), siehe

ZELLER [53d], (1956), MEYER-KÖNIG—ZELLER [54], (1956); außerdem gilt

III (Perfekter Teil). *Ist $\mathfrak{A}_P$ der perfekte Teil des Wirkfeldes $\mathfrak{A}$ einer permanenten echten Dreiecksmatrix A, so gibt es ein permanentes Matrixverfahren B, dessen Wirkfeld $\mathfrak{B} = \mathfrak{A}_P$ erfüllt.*

Allgemeiner können wir lineare abgeschlossene Teile aus $\mathfrak{A}$ herausschneiden, wie das HILL [50] mit Unterräumen von $\mathfrak{S}_O$ macht. Zum Beweis betrachten wir die stetigen Linearformen f im Nullwirkfeld $\mathfrak{A}_0$ mit $\|f\| = 1$, die in $\mathfrak{A}_P \cap \mathfrak{A}_0$ verschwinden. Weil $\mathfrak{A}_0$ separabel ist, gibt es eine Folge solcher f_l, so daß $\lim_l f_l(\mathfrak{z})$ für kein $\mathfrak{z} \notin \mathfrak{A}_P \cap \mathfrak{A}_0$ existiert. Wir können die f_l angenähert darstellen durch Ausdrücke $\Sigma_k c_{lk} s_k$. Durch geeignete Verknüpfung dieser Matrix C mit A erhalten wir ein permanentes B mit den gewünschten Eigenschaften.

Weiteres in 24 und 36.

24. Abschnittskonvergenz

Neben perfekten Verfahren gibt es sogar Verfahren A mit *Abschnittskonvergenz*, was genauer besagen soll: mit Abschnittskonvergenz im Nullwirkfeld $\mathfrak{A}_0$ (vgl. 17 VII). Dies hängt zusammen mit den Ungleichungen

(1) $$\sup_{l,m=0,1,\ldots} \left| \sum_{k=0}^{m} a_{lk} s_k \right| < \infty \quad (\mathfrak{z} \in \mathfrak{A}),$$

(2) $$\left| \sum_{k=0}^{m} a_{lk} s_k \right| \leq \Omega \sup_{0 \leq l \leq m} |t_l| \quad (\mathfrak{z} \in \mathfrak{S};\ \Omega < \infty \text{ fest};\ l, m = 0, 1, \ldots).$$

Bei der Transformation 57 (3) läßt sich eine Ungleichung vom Typ (2) als Verallgemeinerung der Mittelwertsätze der Integralrechnung deuten; man nennt daher (2) auch *Mittelwertsatz*. Der Kürze halber betrachten wir wieder nur permanente echte Dreiecksmatrizen A. Bei diesen sieht man mittels 15 I leicht ein, daß (1) und (2) äquivalent sind. — Da wiederholt ungenaue Quellenangaben gemacht wurden, müssen wir an einigen Stellen auf die tatsächlichen Zusammenhänge hinweisen.

Bei Vergleichs- und Umkehrsätzen für C_1 wurde (2) öfters implizit benützt (z. B. CESÀRO [88, 89], LANDAU [10]). RIESZ [11a, 23b] und HARDY-RIESZ [15*, S. 28] bewiesen dann die (2) entsprechende Ungleichung für RIESZ-Mittel (59) und C_α-Integraltransformationen (57) mit $0 \leq \alpha \leq 1$ und bauten darauf tiefliegende Vergleichssätze auf. BOSANQUET [41, 42, 49] und LORENTZ [48b] verwenden (2) u. ä. bei Konvergenzfaktoren (34). In Zusammenhang mit Perfektheit finden wir (1) u. ä. bei MAZUR [30], BANACH [32*, S. 93], DAREVSKY [47].

Diese Arbeiten stützen sich auf direkte Abschätzungen und Gleichungen wie

(3) $\quad \mathfrak{g}(A\mathfrak{z}) = (\mathfrak{g}\, A)\, \mathfrak{z}, \quad \text{d. h.} \sum_{l=0}^{\infty} g_l \sum_{k=0}^{\infty} a_{lk}\, s_k = \sum_{k=0}^{\infty} s_k \sum_{l=0}^{\infty} g_l\, a_{lk}$

(für $\mathfrak{z} \in \mathfrak{A}$ und $\mathfrak{g} \in \mathfrak{U}_A$, d. h. $\sum |g_l| < \infty$).

WILANSKY [50, 52b] und ZELLER [50, 51b] gaben dann genaue funktionalanalytische Deutungen von (1) und wendeten diese auf die genannten Probleme an (vgl. auch WŁODARSKI [55], MAZUR (1929)). Entscheidend ist der Satz

I (Abschnittskonvergenz in Wirkfeldern). *Eine permanente echte Dreiecksmatrix A besitzt genau dann Abschnittskonvergenz, wenn (1) erfüllt ist.*

Die Notwendigkeit von (1) ist leicht einzusehen. Gilt (1), so ist A perfekt, wie wir mittels 23 I und (3) feststellen. Die Abbildungen $T_m(\mathfrak{z}) = \{s_0, \ldots, s_m, 0, 0, \ldots\}$ (von $\mathfrak{A}_0$ in $\mathfrak{A}_0$) haben wegen (1) und 15 I gleichmäßig beschränkte Normen. Es gilt $T_m \mathfrak{z} \to \mathfrak{z}$ für $\mathfrak{z} = \mathfrak{e}_0, \mathfrak{e}_1, \ldots$ (für $\mathfrak{e}_i$ siehe 17 (3)), daher nach 16 I sogar für alle $\mathfrak{z} \in \mathfrak{A}_0$, w. z. b. w. Das Wesentliche an der Abschnittskonvergenz ist, daß wir nun jedes $\mathfrak{z} \in \mathfrak{A}_0$ sehr einfach durch abbrechende Folgen approximieren können, während im Falle der Perfektheit diese Approximationen i. a. komplizierter aussehen.

Wir geben nun Kriterien für den Nachweis von (1) bzw. (2). Das erste stammt von RIESZ [11a, 23b], HARDY-RIESZ [15*, S. 28], BOSANQUET [41] (vgl. JACOB [27a]).

II (Inversenkriterium). *Erfüllt die Inverse B der positiven echten Dreiecksmatrix A die Beziehungen*

(4) $\quad b_{kn} \leq 0 \quad (n < k); \quad \sum_{n=0}^{k} b_{kn} \geq 0 \quad (k = 0, 1, \ldots),$

so genügt A der Ungleichung (2) mit $\Omega = 1$.

Der Beweis beruht auf den Umformungen (wo $\mathfrak{t} = A\mathfrak{z}$ und $m < l$ sei):

(5) $\quad \sum_{k=0}^{m} a_{lk}\, s_k = \sum_{n=0}^{m} t_n \sum_{k=n}^{m} a_{lk}\, b_{kn} = \sum_{n=0}^{m} t_n \left(- \sum_{k=m+1}^{l} a_{lk}\, b_{kn}\right) = \sum_{n=0}^{m} t_n\, c_n.$

Dabei sind die $c_n = c_n(l, m)$ wegen der ersten Voraussetzung positiv und besitzen wegen der zweiten eine Summe ≤ 1.

Das zweite Kriterium ist BOSANQUET [49] zu verdanken.

III (Zeilenverhältniskriterium). *Besteht zwischen den Zeilen der echten Dreiecksmatrix A eine Beziehung*

(6) $\quad a_{l+1,k} = d_{lk}\, a_{lk}$ *mit* $1 \geq d_{l0} \geq \cdots \geq d_{ll} \geq 0 \quad (0 \leq k \leq l;\, l = 0, 1, .\,),$

so ist (2) mit $\Omega = 1$ erfüllt.

Man beweist das induktiv mit dem ABELschen Lemma. — Für positive Matrizen ist Kriterium II umfassender; gelegentlich wird bei den Anwendungen mit (5) statt (2) gearbeitet. Die beiden Kriterien gestatten den Nachweis von (2) und damit der Abschnittskonvergenz bei RIESZ- und CESÀRO-Mitteln (**53**, **57**, **59**) mit Ordnung $0 \leq \alpha \leq 1$ und gewissen NÖRLUND-Verfahren (**63**), siehe auch JACOB [27], VERBLUNSKY [31a], BOSANQUET [41, 42], HARDY [49*, S. 68]. Ferner kann man Verschärfungen von (2) erhalten, die auf die Bestimmung der Normen der dort auftretenden Linearformen hinauslaufen, was zuerst von SARGENT [46] durchgeführt wurde.

Bei der funktionalanalytischen Deutung sind die Anwendungen auf Konvergenzfaktoren (**34**) fast selbstverständlich; denn nun definieren nicht nur beliebige Konvergenzfaktoren in $\mathfrak{A}_0$ eine stetige Linearform (**17** III), sondern es kann auch nach **17** VII jede stetige Linearform in $\mathfrak{A}_0$ durch Konvergenzfaktoren dargestellt werden (vgl. ZELLER [50]). Darüber informiert und beraten, hat PEYERIMHOFF [51] Anwendungen durchgeführt, während ZELLER [51b] eine allgemeine Formulierung des Prinzips gab. Unabhängig davon untersuchte WILANSKY [52b] diese Dinge, vor allem mit Bezug auf die Konvergenz der Reihe $\Sigma_k s_k \lim_l a_{lk}$ (PMI-Eigenschaft, vgl. auch MACPHAIL [54b]). Weiteres in **34**.

Anwendungen bei Umkehrsätzen (**42**, **43**, **47**) beruhen auf

$$(7) \quad \sup_{l=0,1,\ldots} \left| \sum_{k=m}^{n} a_{lk} s_k \right| \to 0 \quad (m, n \to \infty;\ \mathfrak{s} \in \mathfrak{A}_0),$$

solche bei Vergleichssätzen (**35** V), Faktorfolgen (**25** II) u. ä. auf

$$(8) \quad \left| \sum_{k=0}^{\infty} a_{lk} d_k s_k \right| \leq 2\Omega \cdot \sup_{l=0,1,\ldots} |t_l| \cdot \sum_{k=0}^{\infty} |d_k - d_{k-1}|.$$

Mit (7) erhalten wir notwendige Bedingungen für (2). JURKAT und PEYERIMHOFF [51 bis 53], denen die Untersuchungen von ZELLER über die eben genannten Fragen vor Abschluß und Veröffentlichung bekannt waren, haben hauptsächlich die Anwendungen auf spezielle Verfahren wie CESÀRO-, RIESZ- und NÖRLUND-Mittel ausgebaut.

Ein Nachteil der Abschnittskonvergenz ist, daß man mit ihr nicht ohne weiteres A-beschränkte Folgen behandeln kann, was bei den elementaren Methoden möglich ist (vgl. BOSANQUET [49]). Überhaupt ist die Abschnittskonvergenz weniger für spezielle Verfahren und Probleme von Bedeutung. Es muß betont werden, daß die wesentlichen Ideen bei der Anwendung z. B. auf Konvergenzfaktoren- und Vergleichssätze alle schon in älteren speziellen Untersuchungen enthalten sind, und daß sich diese Anwendungen auch ohne Abschnittskonvergenz allgemein formulieren lassen. Hingegen stellt die Funktionalanalysis diese Untersuchungen in einen weiteren Rahmen, ermöglicht Übertragungen auf andere Arten von Limitierbarkeit (stark (**6**), absolut (**7**)) und Gültigkeitsabgrenzungen (die Konvergenzfaktorensätze z. B. gelten ungeändert nur im Falle der Abschnittskonvergenz).

Leider besitzen nur verhältnismäßig schwache Verfahren Abschnittskonvergenz. Für Verfahren wie C_α ($\alpha > 1$), die (2) nicht erfüllen, gibt es mehrere Wege zur Nutzbarmachung der vorliegenden Theorie. Einmal können gewisse schwächere Ungleichungen gelten (SARGENT [46]). Sodann kann man Produktzerlegungen verwenden, etwa $C_2 = (C_2 \Sigma^{-1}) \Sigma$, wobei der erste Faktor (2) erfüllt (hier müssen wir nichtpermanente Verfahren zulassen) und der zweite sehr einfach ist (partielle Summation! vgl. **4, 34**). So werden meist die C_α und $R(\mathfrak{p}, \alpha)$ ($\alpha > 1$) behandelt; für die allgemeine Theorie ist diese Methode bis jetzt nicht befriedigend. Ferner besitzen gewisse Wirkfelder (z. B. bei C_α) statt Abschnittskonvergenz eine „Abschnittslimitierbarkeit" (vgl. TOEPLITZ-Basis, **16** und **55 I**), was auch in Zusammenhang mit Konvergenzfaktorensätzen steht (ZELLER [53d]). Schließlich können wir Untermengen im Wirkfeld betrachten, die (1) genügen (ZELLER [51b, 52c]). Z. B. gilt

IV (Beschränkte Folgen und Abschnittskonvergenz). *Wird die beschränkte Folge $\mathfrak{z}$ von dem permanenten Matrixverfahren A zu Null limitiert, so gilt*

(9) $\quad f(\{s_0, \ldots, s_m, 0, 0, \ldots\}) \to f(\mathfrak{z}) \quad (m \to \infty;\ \mathfrak{z} \in \mathfrak{A}_0,\ f \in \mathfrak{A}_0^*\ \text{(Dual)})$

und $\mathfrak{z}$ liegt im perfekten Teil von $\mathfrak{A}$.

(9) — was auch als schwache Abschnittskonvergenz bezeichnet wird —, folgt leicht aus **22 III**; ebenso die zweite Behauptung. Vgl. **36 V**.

Weitere Anwendungen der Abschnittskonvergenz betreffen Summationsvertauschung (**17 VII**) und Inäquivalenzsätze (**28**). Zusammenfassende Darstellungen geben KNOPP [53] und WILANSKY-ZELLER (1956).

25. Allgemeine Limitierbarkeitskriterien

Das Wirkfeld eines Matrixverfahrens ist prinzipiell mittels einer inversen Transformation völlig zu übersehen (vgl. **18**). Wir werden uns dieses Hilfsmittels auch wiederholt bedienen (etwa **26, 35, 43**); und vor allem COOKE [50*, S. 163ff.] stellt Sätze nach diesem Gesichtspunkt zusammen. Da jedoch die Inverse mancher Transformationen schwer zu bestimmen ist, oft auch keine Inverse existiert, sind die folgenden einfachen *Limitierbarkeitskriterien* von Interesse, die zeigen, daß die meisten Verfahren zahlreiche divergente Folgen limitieren, und weiteren Aufschluß über die Struktur der Wirkfelder geben. Die Ergebnisse dieser Nummer könnten wir auch zu Kapitel **III** (Direkte Sätze) rechnen, andererseits sind sie auch wichtig bei der Aufstellung und Abgrenzung von Umkehrsätzen (**42—47**).

III. Struktur von Wirkfeldern

Fast trivial ist

I (Spaltenmaximumkriterium). *Eine konvergenztreue Matrix A limitiert alle Folgen $\mathfrak{s}$, die*

$$(1) \qquad \sum_{k=0}^{\infty} \left(|s_k| \cdot \sup_{l=0,1,\ldots} |a_{lk}| \right) < \infty$$

erfüllen, zum Werte

$$(2) \qquad \sum_{k=0}^{\infty} s_k \left(\lim_{l \to \infty} a_{lk} \right).$$

Siehe AGNEW [46a], ZELLER [52c]; vgl. MENSOV [40]. Satz I wird oft benützt, um die Konvergenzgleichheit einer Matrix oder die Äquivalenz zweier Matrizen auszuschließen. Auch gibt er einen Anhaltspunkt, wie rasch wachsende Folgen limitiert werden können (**42**).

Kennen wir schon limitierte Folgen, so erhalten wir durch Multiplikation mit *Faktorfolgen* weitere:

II (Faktorfolgen). *Das permanente Matrixverfahren A limitiere die Folge $\mathfrak{s}$ zum Werte Null und es gelte*

$$(3) \qquad \sup_{l,m=0,1,\ldots} \left| \sum_{k=0}^{m} a_{lk} s_k \right| < \infty.$$

Dann gibt es natürliche Zahlen $q_0 < q_1 < q_2 < \cdots$, so daß jede Folge $\{s_k f_k\}$ auch von A zu Null limitiert wird, wenn nur

$$(4) \qquad \sum_{k=q_i+1}^{q_{i+1}} |f_k - f_{k-1}| \to 0 \quad (i \to \infty)$$

gilt.

Die f_k müssen also nur genügend langsam schwanken. Das folgt aus elementaren, aber längeren Rechnungen (Zerlegung der Summen entsprechend den q_i), siehe AGNEW [45b], ZELLER [52c]. Vgl. **24** (1); Anwendungen bei **27** (1), **29** I, **45** II. Auch gibt II Aufschluß über die Bildmenge permanenter Matrizen B (setze $A = I - B$ und $s_k = 1$; vgl. ERDÖS-PIRANIAN [47]). Hat eine Folge $\mathfrak{s}$ umgekehrt „viele" zulässige Faktoren f_k, so gelten Ungleichungen wie (3), vgl. SZIDON [21], KACZMARZ [31], NACHBIN [44].

Die Funktion φ mit $0 < \varphi(m) \nearrow \infty$ heißt nach LORENTZ [48c, 49] eine *Summierbarkeitsfunktion* erster bzw. zweiter Art für das Verfahren A, wenn A jede beschränkte Folge $\mathfrak{s}$ limitiert, bei der die Anzahl der $s_k \neq 0$ mit $k \leq m$ immer $\leq \varphi(m)$ ist, bzw. jede Folge mit $s_0 + \cdots + s_m = O(\varphi(m))$ limitiert. Mit Hilfe von **32** II erhalten wir notwendige und hinreichende Kriterien für Summierbarkeitsfunktionen. Insbesondere gilt

III (Summierbarkeitsfunktionen). *Ein permanentes Matrixverfahren A besitzt genau dann eine Summierbarkeitsfunktion erster bzw. zweiter Art, wenn*

(5) $$\lim_{k \to \infty} \sup_{l=0,1,\ldots} |a_{lk}| = 0$$

bzw.

(6) $$\lim_{l \to \infty} \sum_{k=0}^{\infty} |a_{lk} - a_{l,k-1}| = 0$$

gilt.

Vgl. I und 6 I. LORENTZ(-MACPHAIL) [48c, 49, 51a, 53, 53*] bestimmen Summierbarkeitsfunktionen für zahlreiche geläufige Verfahren. Anwendungen betreffen u. a. Umkehrsätze (**46**).

Wir betrachten nun Folgen $\mathfrak{s}$ mit $s_k = 0$ oder 1, die nicht gegen Null konvergieren, und bilden diese mittels Dualbrüchen eineindeutig auf das Intervall $(0,1\rangle$ ab, so daß wir Begriffe wie Maß und Kategorie zur Verfügung haben. Wir sagen, daß das Verfahren A die *Borel-Eigenschaft* besitzt, wenn es fast alle obengenannten Folgen zum Wert 1/2 limitiert. BOREL [09] wies diese Eigenschaft bei C_1 (**52**) nach; HILL [45b, 51b, 54] für zahlreiche geläufige Verfahren, wobei er u. a. folgenden Satz benützt:

IV (BOREL-Eigenschaft). *Bei einem permanenten reellen Matrixverfahren sind für die Borel-Eigenschaft notwendig bzw. hinreichend:*

(7) $$\sum_{k=0}^{\infty} a_{lk}^2 \to 0 \quad (l \to \infty)$$

bzw.

(8) $$\log(l+1) \cdot \sum_{k=0}^{\infty} a_{lk}^2 \to 0 \quad (l \to \infty).$$

(Die Summen sollen für alle $l = 0, 1, \ldots$ konvergieren.) Beim Beweis benützt man das Rademachersche Orthogonalsystem. Die Lücke zwischen (7) und (8) kann nur mittels Bedingungen feineren Typs geschlossen werden. Wir können z. B. (8) ersetzen durch die sehr anwendungsfähige Bedingung

(9) $$\sum_{l=0}^{\infty} e^{-\delta/\alpha_l} < \infty \left(\text{für jedes } \delta > 0; \text{ mit } \alpha_l = \sum_{k=0}^{\infty} a_{lk}^2\right).$$

Ein Zusammenhang besteht mit den Untersuchungen von BUCK-POLLARD [43] und TSUCHIKURA [50b] über Teilfolgen von C_1- bzw. $(M, \mathfrak{p})$-limitierbaren (**52**) Folgen.

Weitere Literatur: DERNOSCHECK [39], AGNEW-HILL [44], ROBBINS [46], AGNEW [48], TSUCHIKURA [50a], GARREAU [51b], LORENTZ [55].

III. Struktur von Wirkfeldern

26. Einfolgenverfahren

Für die Theorie ist es wichtig, auch Verfahren mit möglichst kleinem Wirkfeld zu kennen. Man kann leicht Matrizen angeben, die nur die Folge $\{0, 0, 0, \ldots\}$ limitieren, u. ä. Mehr ist man jedoch daran interessiert, nur den Anteil der divergenten Folgen am Wirkfeld einzuschränken. Neben den konvergenzgleichen Verfahren (43) sind hier die *Einfolgenverfahren* zu einer (divergenten) Folge $\mathfrak{d}$ bemerkenswert, die $\mathfrak{d}$ limitieren, aber sonst nur Folgen der Gestalt

(1) $\qquad \lambda \cdot \{d_k\} +$ konvergente Folge.

(Konvergenztreue verlangen wir nicht.) Derartige Verfahren bemerkte zuerst HARDY [12] (vgl. bei 43 I und 62 I). Entscheidend dabei ist der Satz

I (Spezielle Einfolgenverfahren). *Gilt*

(2) $\quad \beta_j, \gamma_j \neq 0 \ (j = 0, 1, \ldots); \ (\beta_k - \beta_{k-1})/\gamma_k \to \alpha \neq 0 \ (k \to \infty);$
$\quad \sum\limits_{l=0}^{\infty} |\gamma_l| < \infty; \ \dfrac{1}{|\beta_k|} \sum\limits_{l=k+1}^{\infty} |\gamma_l| < \Omega \ (k = 0, 1, \ldots),$

so limitiert die Matrix

(3) $\quad A = \operatorname{diag}\left\{\dfrac{1}{\gamma_l}\right\} \Sigma^{-1} \operatorname{diag}\{\beta_k\} = \begin{pmatrix} \beta_0/\gamma_0 & & & \\ -\beta_0/\gamma_1 & \beta_1/\gamma_1 & & \mathbf{0} \\ & -\beta_1/\gamma_2 & \beta_2/\gamma_2 & \\ \mathbf{0} & & \ddots & \ddots \end{pmatrix}$

nur Folgen der Gestalt (1) *mit* $d_k = 1/\beta_k$.

Für Σ siehe 4 (5). Den Beweis lesen wir ab aus

(4)
$$A^{-1} = \operatorname{diag}\left\{\dfrac{1}{\beta_k}\right\} \Sigma \operatorname{diag}\{\gamma_l\} = \begin{pmatrix} \gamma_0/\beta_0 & & & \\ \gamma_0/\beta_1 & \gamma_1/\beta_1 & & \mathbf{0} \\ \gamma_0/\beta_2 & \gamma_1/\beta_2 & \gamma_2/\beta_2 & \\ \vdots & & \ddots & \end{pmatrix}$$

$$= \operatorname{diag}\left\{\dfrac{1}{\beta_k}\right\} \begin{pmatrix} \gamma_0 & \gamma_1 & \gamma_2 & \cdots \\ \gamma_0 & \gamma_1 & \gamma_2 & \cdots \\ \vdots & & & \end{pmatrix} - \begin{pmatrix} 0 & \gamma_1/\beta_0 & \gamma_2/\beta_0 & \gamma_3/\beta_0 \cdots \\ 0 & 0 & \gamma_2/\beta_1 & \gamma_3/\beta_1 \cdots \\ 0 & 0 & 0 & \gamma_3/\beta_2 \cdots \\ \vdots & & & \end{pmatrix}.$$

In Zusammenhang mit Verträglichkeitsfragen (36) stellten dann MAZUR [29], DAREVSKY [46] (und ZELLER [53c]) den Satz auf:

II (Allgemeine Einfolgenverfahren). *Ist $\mathfrak{d}$ eine beliebige unbeschränkte Folge und δ eine willkürlich gewählte Zahl, so gibt es eine permanente echte Dreiecksmatrix A, die nur Folgen der Gestalt* (1) *limitiert und A-$\lim d_k = \delta$ erfüllt.*

Wegen **29** I oder II müssen wir die Unbeschränktheit von $\mathfrak{d}$ voraussetzen. Wächst $\mathfrak{d}$ so rasch, daß inf $(d_{k+1}/d_k) > 1$ ist, so leistet eine Matrix (3) das Gewünschte. Andernfalls greifen wir zunächst eine so rasch wachsende Teilfolge d_{k_m} heraus, bestimmen dazu ein Einfolgenverfahren, füllen mit den Koeffizienten die Plätze (k_n, k_m) der Matrix A und ergänzen den Rest in naheliegender Weise: Ein d_k mit $k \neq k_m$ wird an die beiden folgenden d_{k_m} „angeschlossen".

Allgemeiner können wir ein beliebiges Wirkfeld um „eine Folge" vergrößern, außerdem „*Mehrfolgenverfahren*" konstruieren, deren Wirkfeld sich aus endlich vielen (teilweise sogar abzählbar vielen) Folgen $\mathfrak{d}^{(j)}$ aufbaut (ZELLER [53c], WILANSKY-ZELLER [55]). Diese Verfahren liefern Gegenbeispiele für manche naheliegenden allgemeinen Vermutungen über Konvergenzbedingungen, Indexverschiebung, Umordnung usw. bei Matrixverfahren.

Ein- und Mehrfolgenverfahren sind nicht perfekt. Noch schärfer gilt (MAZUR-ORLICZ [55], WILANSKY-ZELLER [55a], siehe auch TROPPER [53], MARTIN [54], COPPING [55]):

III (Abgeschlossene Teilmenge). *Ein permanentes Matrixverfahren A limitiert genau dann keine beschränkt-divergente Folge, wenn die Menge $\mathfrak{S}_C$ der konvergenten Folgen in dem als FK-Raum aufgefaßten Wirkfeld $\mathfrak{A}$ abgeschlossen ist.*

Ist $\mathfrak{S}_C$ nicht abgeschlossen, so gibt es Stellen $\mathfrak{c}^{(j)} \in \mathfrak{S}_C$, die in $\mathfrak{A}$ gegen eine divergente Folge streben. Die Stellen $\mathfrak{c}^{(i)} - \mathfrak{c}^{(j)}$ (wo i, j genügend groß) sind dann klein im Sinne der Metrik von $\mathfrak{A}$ und besitzen einen „*Buckel*" (Anfangs- und Endglieder der Folge klein, dazwischen kommen große Glieder). In der Form $\sum_m \alpha_m (\mathfrak{c}^{(i_m)} - \mathfrak{c}^{(j_m)})$ erhalten wir wegen der Vollständigkeit von $\mathfrak{A}$ eine beschränkt-divergente A-limitierbare Folge. Die andere Hälfte ergibt sich aus **24** IV.

Weitere Literatur zu Einfolgenverfahren: COOKE-DIENES [38], BOSANQUET-CHOW [41], PITT [42], VERMES [47, 48, 53], COOKE [50*, S. 169], TOLBA [52b], ZAMANSKY [52], PETERSEN [54]; vgl. **43**.

27. Vorgeschriebenes Wirkfeld

Ist $\mathfrak{E}$ irgendeine Menge von Zahlenfolgen, so fragt es sich, ob es ein Matrixverfahren A gibt, dessen Wirkfeld $\mathfrak{A}$ entweder gleich $\mathfrak{E}$ ist oder doch $\mathfrak{E}$ umfaßt. Solche Probleme behandelten wir schon in **23** III und **26**, hier und in **28, 29, 32** erhalten wir weitere Aufschlüsse.

Zunächst hätten wir gerne Verfahren mit möglichst großem Wirkfeld. Die Nullmatrix und verwandte Matrizen limitieren alle Folgen. Damit ist uns jedoch nicht gedient, weil im allgemeinen nur permanente (oder mindestens mit der Konvergenz verträgliche) Matrixverfahren in Frage kommen; diese können nicht einmal alle beschränkten Folgen limitieren (siehe bei **32** II, vgl. aber **25** IV). Außerdem dürfen A-limitierbare Folgen meist nicht beliebig rasch wachsen (**42**). Zu jeder permanenten Matrix können wir also „viele" nichtlimitierbare Folgen finden; MAZURKIEWICZ [17] gibt noch mehr aussagende Potenzreihenbeispiele. Gewisse einfache Folgenmengen $\mathfrak{E}$ können wir für das Wirkfeld $\mathfrak{A}$ vorschreiben ($\mathfrak{E} = \mathfrak{A}$ bzw. $\mathfrak{E} \subseteq \mathfrak{A}$): **26** II, **29, 32, 36** I; GANAPATHY IYER [37]. Jede nichtspaltenfinite Matrix verschlechtert die Konvergenz gewisser Folgen; umgekehrt benützt man daher die Inversen permanenter Matrizen zur Auswertung langsam konvergierender Folgen (SZÁSZ [50a]).

HARDY-LITTLEWOOD [11a] (vgl. HARDY [34, 49* S. 80]) wiesen auf den Unterschied zwischen „*feinen*" *Verfahren* (wirksam bei langsamer Divergenz, FOURIER-Reihen, z. B. C_1: **52, 73**) und „*groben*" (für rasche Divergenz, analytische Fortsetzung, z. B. B_1: **66, 69**) hin. Dieses schwer zu präzisierende Prinzip wird illustriert durch die Überlegungen hinter **35** V (Buckel der Matrix) und einen neueren Inäquivalenzsatz für das ABEL-Verfahren (ZELLER 1956). Durch Iteration oder andersartige Kombination von feinen und groben Verfahren können wir in gewissem Umfang die Vorzüge beider Typen vereinigen (vgl. **67, 73**, und das verstärkte ABEL-Verfahren in **55**). Die so erhaltenen Verfahren gestatten jedoch oft keine Darstellung durch Matrixtransformationen (man benötigt iterierte Transformationen oder muß l bzw. λ durch mehrere Parameter ersetzen) und sind daher schwer zu handhaben. Da es bei der Anwendung eines Verfahrens A nicht nur auf seine Stärke ankommt, sondern auch darauf, wie leicht der A-Grenzwert zu berechnen ist (ein Umstand, der vor allem bei abstrakten Limesdefinitionen, vgl. **6**, zu beachten ist), können wir sagen, daß es kein für alle Zwecke befriedigendes universelles Verfahren gibt. Wir müssen also eine Reihe spezieller Verfahren für verschiedene Aufgaben bereithalten.

Wir fragen nun, wann wir ein konvergenztreues Verfahren A durch ein permanentes B ersetzen können.

I (Gleichstarkes permanentes Verfahren). *Zu einer konvergenztreuen Matrix A gibt es genau dann eine permanente Matrix B mit* $\mathfrak{B} = \mathfrak{A}$, *wenn die Stelle* e *im FK-Raum* $\mathfrak{A}$ *nicht in der linearen abgeschlossenen Hülle der* $e_0, e_1, \ldots$ *liegt.*

Für e, e_i siehe **17** (3) (6). Die Bedingung ist notwendig, da im Falle $\mathfrak{A} = \mathfrak{B}$ beide Räume dieselbe FK-Topologie besitzen und e in $\mathfrak{B}$ wegen der Permanenz sicher nicht durch Linearkombinationen der e_i approximiert werden kann. Ist umgekehrt die Bedingung erfüllt, so gibt es nach **14** IV in $\mathfrak{A}$ eine stetige Linearform f mit $f(e) = 1$, $f(e_i) = 0$ ($i = 0, 1, \ldots$). In der Darstellung **22**(5) von f gilt $g \neq 0$ (da sonst $f(e) = \lim_j f(e_0 + \cdots + e_j)$), so daß f nach **22** IV durch eine Matrix B mit $\mathfrak{B} = \mathfrak{A}$ dargestellt werden kann, was die Behauptung ergibt (ZELLER [51a]).

Ein zweites Einteilungsprinzip für konvergenztreue Matrizen A verwendet den Ausdruck

(1) $$\chi(A) = \lim_{l \to \infty} \sum_{k=0}^{\infty} a_{lk} - \sum_{k=0}^{\infty} \lim_{l \to \infty} a_{lk}.$$

(MAZUR-ORLICZ [33, 55], WILANSKY [49b, 52b], ZELLER [51a, 52c].) $\chi(A) \neq 0$ ist notwendig, aber nicht hinreichend für die Bedingung in Satz I. Matrizen mit $\chi(A) = 0$ limitieren alle genügend langsam schwankenden Folgen, während im Falle $\chi(A) \neq 0$ Schwankungsumkehrbedingungen bestehen (**45 II, 25 II**). Aus diesen Bemerkungen und der Methode von Satz I folgt

II (Gleichstarkes Verfahren). *A sei eine konvergenztreue Matrix, das Matrixverfahren C stärker als A.*

a) *Ist $\chi(A) = 0$, so auch $\chi(C) = 0$.*

b) *Im Falle $\chi(A) \neq 0$ gibt es genau dann eine mit C verträgliche Matrix B, die $\mathfrak{B} = \mathfrak{A}$ erfüllt, wenn $\chi(C) \neq 0$ ist.*

28. Inäquivalenzsätze

Wir behandeln Probleme wie in **27**, nur daß der Nachdruck auf negativen Aussagen liegt. Ein *Inäquivalenzsatz* besagt, daß es zu einem gegebenen A in einer bestimmten Klasse kein äquivalentes Verfahren B gibt. Schon MAZUR-ORLICZ [33] erwähnen **27 II** sowie einen Inäquivalenzsatz betreffend zeilenfinite und zeileninfinite Matrizen. LORENTZ [41, 48c] zeigte, daß die Fastkonvergenz (6) keinem gewöhnlichen Matrizenverfahren B (das wir nur für beschränkte Folgen betrachten) äquivalent ist. Der Beweis beruht darauf, daß ein $B \supseteq F_*$ wegen **6 I** und **25 III** eine Summierbarkeitsfunktion zweiter und damit erster Art besitzt. So kann man statt B allgemeiner auch Verfahren $\bigcap B^{(i)}$ behandeln. Bei der Erweiterung auf $\bigcup B^{(i)}$ zieht man das Kategorieprinzip heran. Letzteres zeigt allgemeiner:

I (Vereinigung von Matrixverfahren). *Sind die $A^{(i)}$ ($i = 0, 1, \ldots$) Matrixverfahren, so daß $\mathfrak{A}^{(j)} \neq \bigcup_i \mathfrak{A}^{(i)}$ ($j = 0, 1, \ldots$) gilt, so gibt es kein Matrixverfahren B, dessen Wirkfeld $\mathfrak{B} = \bigcup_i \mathfrak{A}^{(i)}$ erfüllt.*

Ist nämlich $\mathfrak{B} \supseteq \bigcup \mathfrak{A}^{(i)}$, so ist nach **17 II** jedes $\mathfrak{A}^{(j)}$ im FK-Raum $\mathfrak{B}$ mager, so daß $\mathfrak{B} \neq \bigcup \mathfrak{A}^{(i)}$ gilt. Ähnlich behandelt man Verfahren $A^{(\infty)}$ (6). Siehe ZELLER [51a], MAZUR-ORLICZ [55]; konstruktiver Buckelbeweis bei MEYER-KÖNIG—ZELLER [53]; vgl. **29**.

Beim Durchschnitt von Verfahren gelten keine so glatten Ergebnisse. In Form von verallgemeinerten Einfolgeverfahren (**26**) finden wir permanente nicht konvergenzgleiche Matrizen $A^{(i)}$ mit $\bigcap \mathfrak{A}^{(i)} = \mathfrak{S}_c$ (ZELLER [53c]). Dagegen gilt

II (Durchschnitt von Matrixverfahren). *Die $A^{(i)}$ ($i = 0, 1, \ldots$) seien permanente Matrixverfahren mit Abschnittskonvergenz, es gelte $\mathfrak{A}^{(i)} \supset \mathfrak{A}^{(i+1)}$ ($i = 0, 1, \ldots$). Dann gibt es kein permanentes Matrixverfahren B mit $\mathfrak{B} = \bigcap_i \mathfrak{A}^{(i)}$.*

Sei $\mathfrak{B} \supseteq \bigcap \mathfrak{A}_0^{(i)}$ (Nullwirkfelder) und $\mathfrak{t} = B\hat{\mathfrak{s}}$. Die Halbnorm $q(\hat{\mathfrak{s}}) = \sup_l |t_l|$ ist dann nach **17 I** stetig im FK-Raum $\bigcap \mathfrak{A}_0^{(i)}$ (**17 V**) und erfüllt eine Ungleichung vom Typ **13** (3) (mit $T = I$ und ohne den Parameter j). Oder: $q(\hat{\mathfrak{s}})$ wird abgeschätzt durch Halbnormen, die nur endlich vielen der $\mathfrak{A}_0^{(i)}$ entstammen, etwa für $i = 0, \ldots, r$. Jede Linearform $t_l = t_l(\hat{\mathfrak{s}})$ in $\bigcap \mathfrak{A}_0^{(i)}$ kann daher stetig auf $\mathfrak{A}_0^{(0)} \cap \ldots \cap \mathfrak{A}_0^{(r)} = \mathfrak{A}_0^{(r)}$ fortgesetzt werden und wird dort wegen der Abschnittskonvergenz ebenfalls durch die l-te Zeile von B dargestellt. Genauer schließen wir, daß B jede Folge aus $\mathfrak{A}_0^{(r)}$ in eine beschränkte Folge, und nach **16 I** sogar in eine konvergente abbildet. Daher gilt $\mathfrak{B} \supset \bigcap \mathfrak{A}_0^{(i)}$, w. z. b. w.

— Setzen wir statt Abschnittskonvergenz nur Perfektheit voraus, so gilt die Aussage nur für zeilenfinite B. Weiteres bei Zeller [51b, 53e], Mazur-Orlicz [55] und **29 III**.

Wesentlich für **28 II** ist der Unterschied zwischen FK- und BK-Räumen (**17 VI**). Dieses Prinzip oder Betrachtung der Größenordnungsbedingungen liefert auch (Zeller [53a]; Verschärfung 1956):

III (Abel-Verfahren). *Das Abel-Verfahren ist keinem zeilenfiniten Matrixverfahren äquivalent.*

IV (Zeilenfinite und nichtzeilenfinite Verfahren). *Es gibt permanente Matrixverfahren A, zu denen es kein stärkeres zeilenfinites bzw. nichtzeilenfinites Matrixverfahren gibt.*

Im ersten Fall nehmen wir für A eine nichtzeilenfinite Matrix, die in jeder Spalte genau eine Nichtnull hat (auch hier spielt **17 VI** herein), im zweiten Fall die Transformation $2 t_l = s_{2l} + s_{2l+1}$, die sehr rasch wachsende Folgen $\hat{\mathfrak{s}}$ erfaßt. Siehe Erdös-Piranian [50]. Weiteres bei Wilansky [52a].

Das starke Verfahren $C_1^{[\alpha]}$ (vgl. **6**) limitiert im Falle $0 < \alpha < 1$ alle Folgen $s_k = \beta_k^{1/\alpha} (k+1)^{1/\alpha}$ mit $\Sigma |\beta_k| < \infty$, was bei keiner permanenten Matrix möglich ist. Für $\alpha \geq 1$ gibt es jedoch äquivalente zeilenfinite Matrizen B (man ersetzt etwa bei $C_1^{[1]}$ die in der l-ten Zeile vorkommende Betragssummenbildung durch gewisse Teilsummenbildungen, die mehrere Zeilen von B besetzen). Siehe Kuttner [46], Zeller [53e]. Für B kann man übrigens keine echte Dreiecksmatrix nehmen; im Falle $\alpha = 1$ z. B. müßten dann die b_{ll} die Größenordnung $1/(l+1)$ besitzen, so daß B Folgen limitieren würde, bei denen $|s_l|$ fast die Größenordnung $(l+1)$ hat, was bei $C_1^{[1]}$ nicht vorkommt.

Sind A, B, C permanente Matrizen und limitieren A und B eine beschränkte Folge zu verschiedenen Werten, so kann $\mathfrak{C} \supseteq \mathfrak{A} \cup \mathfrak{B}$ wegen **36 V** nicht gelten; auch bei verträglichen permanenten Matrizen kann manchmal die Möglichkeit $\mathfrak{C} \supseteq \bigcup \mathfrak{A}^{(i)}$ mit der Methode der Minimalnormen (29) ausgeschlossen werden (BRUDNO [45, 53]). — Ein weiterer derartiger Inäquivalenzsatz betrifft die Vereinigung der HAUSDORFF-Verfahren (FUCHS [50]).

29. Beschränkte Folgen

Bei konvergenztreuen Matrixverfahren A spielen die beschränkten A-limitierbaren Folgen eine ausgezeichnete Rolle. Wir können sie entweder im Zusammenhang mit den andern Folgen des Wirkfeldes betrachten oder den aus den beschränkten Folgen bestehenden Teil $\mathfrak{A} \cap \mathfrak{S}_B$ des Wirkfeldes herausschneiden (für $\mathfrak{S}_B$, $\mathfrak{S}_C$ siehe 17).

Ergebnisse in der ersten Richtung lernten wir schon in 24 IV und 26 III kennen. Zu 26 III bemerken wir ergänzend: Ein permanentes Matrixverfahren A limitiert eine beschränkt-divergente Folge, wenn es beliebig langsam wachsende Folgen limitiert; denn einfache Linearformen-Überlegungen zeigen, daß jede genügend langsam wachsende Folge dem perfekten Teil von $\mathfrak{A}$ angehört — weiter mit 26 III. — Das Gegenstück zu diesen Resultaten ist

I (Unbeschränkte Folgen im Wirkfeld). *Limitiert ein konvergenztreues Matrixverfahren A eine beschränkt-divergente Folge, so auch eine unbeschränkte Folge.*

Wir skizzieren zwei der möglichen Beweiswege für permanentes A. a) Sei $\mathfrak{A} \subseteq \mathfrak{S}_B$. Nun ist $\mathfrak{S}_C$ in $\mathfrak{S}_B$, also wegen 17 I auch in $\mathfrak{A}$ eine abgeschlossene Menge. Dies bedingt nach 24 IV und 26 III, daß $\mathfrak{A}$ keine beschränkt-divergente Folge enthält. b) Limitiert A eine beschränkt-divergente Folge $\mathfrak{b}$, o. B. d. A. zum Wert 0, so erhalten wir durch Anwendung von 25 II auf die Matrix $\{a_{lk} d_k\}$ zahlreiche unbeschränkte A-limitierbare Folgen.

29 I und 26 III spielen eine Rolle bei MERCER- und Umkehrsätzen. Literatur: MAZUR-ORLICZ [33, 55], HILL [44], WILANSKY [49a], ZELLER [51a, 52c].

Wir wenden uns der zweiten Betrachtungsweise zu.

II (Nichtseparabilität). *Bei einem konvergenztreuen Matrixverfahren A ist die Menge $\mathfrak{A} \cap \mathfrak{S}_B$ der A-limitierbaren beschränkten Folgen ein linearer abgeschlossener Unterraum in $\mathfrak{S}_B$. Überdies ist entweder $\mathfrak{A} \cap \mathfrak{S}_B$ nichtseparabel in der $\mathfrak{S}_B$-Topologie oder $\mathfrak{A} \cap \mathfrak{S}_B = \mathfrak{S}_C$.*

Der erste Teil beruht darauf, daß der BK-Raum $\mathfrak{S}_B$ durch A stetig in $\mathfrak{S}_B$ abgebildet wird. Beim zweiten stützen wir uns am besten auf 25 II wie bei I. Literatur: MAZUR-ORLICZ [33, 55], AGNEW-HILL [44], AGNEW [45b], HANAI [50], ZELLER [51a, 52c]. Vgl. 25 IV und GANAPATHY IYER [37].

Wegen der Nichtseparabilität ist die Verwendung der $\mathfrak{S}_B$-Topologie in $\mathfrak{A} \cap \mathfrak{S}_B$ nicht immer handlich. Eine andere FK-Topologie steht aber nach **17** I nicht zur Verfügung. Man hilft sich, indem man die Konvergenz $\mathfrak{z}^{(j)} \to \mathfrak{z}$ im Sinne der FK-Topologie von $\mathfrak{A}$ noch der Zusatzbedingung

(1) $$\sup_{j,k} |s_k^{(j)}| < \infty$$

unterwirft. Abstrakt spricht man hier von einer Zweinormkonvergenz (FICHTENHOLZ, Näheres bei ALEXIEWICZ-ORLICZ 1955).

BRUDNO [44, 45, 53] stellt zahlreiche Sätze über Wirkfelder $\mathfrak{A} \cap \mathfrak{S}_B$ auf, teils mit elementaren Methoden wie **25** II, teils indem er die Matrizen mit der Norm **18** (5) versieht und einem Wirkfeld das Infimum der Normen zugehöriger permanenter Matrizen zuordnet, was eine wichtige Invariante darstellt (vgl. das Ende von **28**). Es bedeutet eine Erleichterung, daß man jede permanente Matrix A durch einfache Manipulationen mit den Zeilen in eine echte Dreiecksmatrix B umformen kann, die $\mathfrak{A} \cap \mathfrak{S}_B = \mathfrak{B} \cap \mathfrak{S}_B$ (mit Verträglichkeit) erfüllt (siehe auch TROPPER [53]). Im Gegensatz zu **28** II gilt

III (Durchschnitt von Verfahren). *Sind die $A^{(i)}$ permanente Matrixverfahren mit $\mathfrak{A}^{(i)} \cap \mathfrak{S}_B \supset \mathfrak{A}^{(i+1)} \cap \mathfrak{S}_B$ $(i = 0, 1, \ldots)$, so gilt zwar $\bigcap_i (\mathfrak{A}^{(i)} \cap \mathfrak{S}_B) \neq \mathfrak{S}_C$, jedoch gibt es eine permanente Matrix A mit $\mathfrak{A} \cap \mathfrak{S}_B = \bigcap_i (\mathfrak{A}^{(i)} \cap \mathfrak{S}_B)$.*

Zum Beweis des ersten Teiles konstruiert man entweder eine geeignete beschränkte Folge durch modifiziertes Zusammenstückeln aus Folgen $\mathfrak{z}^{(i)} \in \mathfrak{A}^{(i)} \cap \mathfrak{S}_B$ (vgl. **26** III) oder wendet funktionalanalytische Methoden wie bei **28** II an. Im zweiten Teil benützen wir die nach **36** V bestehende Verträglichkeit der $A^{(i)}$ bezüglich beschränkter Folgen. Wir betrachten die Matrizen

$$\{a_{lk}^{(0)}\}, \{(1-\alpha_1)a_{l+1,k}^{(0)} + \alpha_1 a_{lk}^{(1)}\}, \{(1-\alpha_2)a_{l+2,k}^{(0)} + \alpha_2 a_{lk}^{(2)}\}, \ldots,$$

wo $\alpha_i \neq 0$ so gewählt ist, daß $\alpha_i \|A^{(i)}\| \to 0$ geht. Die Matrix B setzen wir nun einfach aus allen Zeilen der genannten Matrizen zusammen.

Für Vereinigung von Verfahren gilt wegen des Kategorieprinzips auch hier ein Inäquivalenzsatz (vgl. ferner das Ende von **28**). Zwischen zwei Verfahren mit $\mathfrak{A} \cap \mathfrak{S}_B \subset \mathfrak{B} \cap \mathfrak{S}_B$ können wir kontinuierlich viele Verfahren „monoton einschachteln". Weitere Sätze von BRUDNO betreffen den „verträglichen Durchschnitt" von Verfahren, und Verfahren, die gewisse vorgeschriebene Folgen limitieren bzw. nicht limitieren. Siehe auch **36** V und HILL [44], AGNEW [45c], ERDÖS-ROSENBLOOM [46], DAREVSKY [47].

Die Zerlegung beschränkter Folgen in Linearkombination von Folgen aus Nullen und Einsen ist auch für die Limitierung wichtig: AGNEW [48], COOKE(-BARNETT) [48, 50], HENSTOCK [50], HILL [51a]. Vgl. ferner LÉVY [26] sowie **32** II, **40**.

IV. Direkte Sätze 55

30. Sonstiges

Die bei **27** (1) genannten Arbeiten befassen sich noch eingehender mit den Unterschieden und Analogien zwischen konvergenztreuen und permanenten Matrizen. Häufig verwandelt man eine konvergenztreue Matrix A durch Addition einer geeigneten Matrix mit konstanten Spalten in eine Sp_0-Matrix, die natürlich auch der Bedingung (Zs) genügt (für Sp_0 und Zs siehe **32** I). Eine solche Matrix heißt multiplikativ; dabei kommt es sehr darauf an, ob die Zeilensummen gegen Null oder eine Zahl $\neq 0$ streben (vgl. $\chi(A)$ in **27** (1)).

Bei einer permanenten Matrix A gibt es stets eine Folge $\mathfrak{z}$, deren A-Transformation $\mathfrak{t}$ existiert und gegen ∞ strebt (vgl. **25** II). Sätze dieser Art beweisen ERDÖS-PIRANIAN [47]. Weitere Struktursätze über Wirkfelder ergeben sich aus dem nächsten Kapitel, insbesondere aus **36** (Verträglichkeit), **38** (Umordnung), **39** (Multiplikation).

Viertes Kapitel

Direkte Sätze

31. Zusammenfassung

Bei einer Transformation $\mathfrak{t} = A\mathfrak{z}$ unterscheiden wir *direkte* Sätze, die aus Eigenschaften von $\mathfrak{z}$ solche von $\mathfrak{t}$ ableiten, und *Umkehrsätze*, die von $\mathfrak{t}$ auf $\mathfrak{z}$ schließen. Das ist jedoch keine feststehende oder genaue Einteilung. Denn ein direkter Satz für A ist ein Umkehrsatz für die inverse Abbildung A^{-1}; und ein Vergleichssatz $A \supseteq B$ ist sowohl ein direkter Satz (für A) als auch ein Umkehrsatz (für B). Zur Klassifizierung der Sätze sind also noch weitere Erläuterungen nötig, die wir im folgenden und in **41** geben.

Im IV. Kapitel (**31—40**) behandeln wir diejenigen Aussagen über (allgemeine) Limitierungsverfahren, die wir zu den direkten Sätzen rechnen. Es beginnt mit den Einschließungssätzen (**32**), in denen wir Transformationen charakterisieren, die eine bestimmte Menge $\mathfrak{E}$ in eine andere $\mathfrak{F}$ abbilden. Am wichtigsten sind die Bedingungen für konvergenztreue (und permanente) Matrixverfahren, also für die Matrizen, die jede konvergente Folge in eine ebensolche transformieren (**32** I). Dieser Satz und die damit verbundenen Beweismethoden sind grundlegend für eine Reihe weiterer limitierungstheoretischer Aussagen, vor allem die Vergleichssätze.

Eine schärfere Forderung als Konvergenztreue ist die, daß eine Matrix jede Folge in eine weniger weit oszillierende überführt. Die Oszillation wird dabei am besten durch den Kern der Folge gekennzeichnet, so daß wir die diesbezüglichen Aussagen unter dem Wort *Kernsätze* (**33**) zusammenfassen.

Konvergenzfaktoren (**34**) sind Zahlen f_k mit der Eigenschaft, daß $\Sigma f_k x_k$ für jedes $\mathfrak{x} = \{x_k\}$ einer Menge $\mathfrak{X}$ konvergiert. Die Behandlung dieser Faktoren und allgemeiner von Abbildungen mit Diagonalmatrizen diag $\{f_k\}$ ist ein Spezialfall der Untersuchungen in **32**, jedoch von besonderem limitierungstheoretischen Interesse.

Vergleichssätze (**35**), etwa $A \supseteq B$, können wir meist auf Aussagen über die Vermittlungstransformation AB^{-1} zurückführen. Schwierigkeiten — abgesehen von technischen Details in Spezialfällen — ergeben sich vor allem bei zeileninfiniten Matrizen. Bei Verfahren B mit Abschnittskonvergenz o. ä. können wir häufig auf die Berechnung von B^{-1} verzichten (**35 V**). In diesen Zusammenhang gehören auch Fragen über die Transformation des Wirkfeldes eines Verfahrens A mit einer Matrix B (**35 VI**). Der Kürze halber beschränken wir uns verschiedentlich auf echte Dreiecksmatrizen. Zahlreiche Vergleichssätze faßt ZAMANSKY [54*] zusammen.

Verknüpft mit dem Vergleich ist das Problem der Verträglichkeit (**36**) zweier Verfahren. Die besten Sätze beziehen sich auf die Verträglichkeit einer Matrix B mit allen stärkeren Matrixverfahren A. In **37** behandeln wir Varianten der Relation $A \supseteq B$ (Abschwächung durch Nebenbedingungen, Verschärfung etwa durch Oszillationsvergleich), die teilweise auch zu den Umkehrsätzen (**41**) gehören.

Die Nummern **38** und **39** fragen, wieweit die Struktur eines Wirkfeldes der Struktur der Menge der konvergenten Folgen bzw. Reihen gleicht, wenn wir Translation, Umordnung und Multiplikation in Betracht ziehen. Schließlich bringt **40** noch einige zusätzliche Bemerkungen.

Zu den direkten Sätzen sind auch einige Struktursätze in Kapitel **III**, insbesondere in **25** und **29**, zu zählen. Direkte Sätze über spezielle Verfahren stehen in den Kapiteln **VI—VIII**; die Aufteilung allgemein/ speziell ist in **51** näher erklärt.

32. Einschließungssätze

Von jedem Limitierungsverfahren A werden wir erwarten, daß es mindestens gewisse einfache Folgen limitiert, daß also sein Wirkfeld $\mathfrak{A}$ eine bestimmte Folgenmenge $\mathfrak{E}$ einschließt. Wir versuchen daher, für geläufige Mengen $\mathfrak{E}$ die Matrizen A mit $\mathfrak{A} \supseteq \mathfrak{E}$ zu charakterisieren (*Einschließungssätze* im engeren Sinn). Meist ist $\mathfrak{E}$ ein *FK*-Raum, und wir können uns der funktionalanalytischen Hilfsmittel aus Kapitel II bedienen. Notwendige Bedingungen für $\mathfrak{A} \supseteq \mathfrak{E}$ ergeben sich aus den Stetigkeitssätzen in **15** und **17**; ältere Arbeiten vermeiden die allgemeine Theorie und arbeiten direkt mit dem gleitenden Buckel (siehe bei **15 I**). Bei hinreichenden Bedingungen und eventuellen Aussagen über die

32. Einschließungssätze

A-Grenzwerte (Permanenz!) bedienen wir uns der Sätze über Grundmengen und Basen in **16**; dieser Teil ist meist einfach. Oft führen diese Überlegungen sofort zu genauen Bedingungen (wie in I), jedoch können auch speziellere Hilfsmittel nötig sein (wie bei II). Zunächst interessiert uns der Fall $\mathfrak{E} = \mathfrak{S}_C$ (Konvergenztreue, **3**; $\mathfrak{S}_C =$ Menge der konvergenten Folgen, **17**).

I (Konvergenztreue und Permanenz). *Ein Matrixverfahren A ist genau dann permanent, wenn*

(Zn) $$\sup_{l=0,1,\ldots} \sum_{k=0}^{\infty} |a_{lk}| < \infty,$$

(Zs$_1$) $$\lim_{l \to \infty} \sum_{k=0}^{\infty} a_{lk} = 1,$$

(Sp$_0$) $$\lim_{l \to \infty} a_{lk} = 0 \qquad (k = 0, 1, \ldots)$$

gilt. Es ist genau dann konvergenztreu, wenn neben Zn noch gilt:

(Zs) $$\lim_{l \to \infty} \sum_{k=0}^{\infty} a_{lk} = a \quad \text{existiert,}$$

(Sp) $$\lim_{l \to \infty} a_{lk} = a_k \quad \text{existiert} \quad (k = 0, 1, \ldots).$$

Bei konvergenztreuem A ist $\sum |a_k| < \infty$ und für $\mathfrak{t} = A\mathfrak{z}$ mit $\mathfrak{z} \in \mathfrak{S}_C$ gilt

(1) $$\lim_{l \to \infty} t_l = \sum_{k=0}^{\infty} a_k s_k + \left(\lim_{k \to \infty} s_k\right)\left(a - \sum_{k=0}^{\infty} a_k\right).$$

Wir sprechen von der Zeilennormen-, der Zeilensummen- und der Spaltenbedingung. Varianten von I betreffen Matrizen mit stetigem oder mehrdimensionalem Parameter l bzw. λ oder Abbildung von Nullfolgen. Hinreichende Permanenzbedingungen wurden in immer günstigerer Form in zahlreichen Arbeiten über spezielle und allgemeine Verfahren entwickelt (siehe die Literatur in **4**, insbesondere SILVERMAN [13]; vgl. KNOPP [47* S. 75]). TOEPLITZ [11] zeigte dann (für zeilenfinites A) die Notwendigkeit der Permanenzbedingungen in I; ähnliche Ergebnisse für singuläre Integrale (FOURIER-Entwicklung) erhielt schon LEBESGUE [10] (vgl. NEDER [44]). Diese beiden Autoren arbeiten mit dem gleitenden Buckel; BANACH [32* S. 90] verwendet das Kategorieprinzip (siehe bei **15** I); ZELLER [51a, 54] das Fehlkonvergenzprinzip **15** IV. An TOEPLITZ schließen STEINHAUS [13], HURWITZ [17], HILDEBRANDT [18], CARMICHAEL [18] an. Die Bedingungen für Konvergenztreue geben KOJIMA [17b] und SCHUR [20].

Entsprechende Untersuchungen wurden auch für Matrixverfahren in RF-Form usw. durchgeführt, u. a. von CARMICHAEL [18], HILDEBRANDT [18], JAMES [19], PERRON [20], TAKENAKA [22], CHEN [28],

DIENES [31*], DAREWSKY [34], POGREBISKI [35], MOORE [38*], HILL [39], NIGAM [40a], VERMES [51], MASCHLER [52], ZELLER [54]; Übersicht bei COOKE [50* S. 58]. Bei RF-Transformationen ist z. B. Zn zu ersetzen durch

(2) $$\sup_{l=0,1,\ldots} \sum_{m=0}^{\infty} |{}^{\backprime}a_{lm} - {}^{\backprime}a_{l,m-1}| < \infty;$$

außerdem fließen Zs und Sp in eine Spaltenbedingung zusammen.

Fordern wir für Konvergenztreue nur, daß bei jedem $\hat{s} \in \mathfrak{S}_C$ die Bildfolge $\{t_l\}$ für $l > l(\hat{s})$ existiert und für $l \to \infty$ konvergiert, so ergibt sich, am einfachsten mittels des Kategorieprinzips, daß alle (optimal gewählten) $l(\hat{s})$ unter einer Schranke l_0 liegen, so daß man nicht viel gewinnt: TAMARKIN [35], auch AGNEW [39c], FORSYTHE-SCHAEFFER [42], ROGERS [46]. — Weitere Sätze betreffen die Transformation von Funktionenfolgen (Gleichmäßigkeitsaussagen, siehe 10), Transformation von Folgen mit Elementen aus einem B-Raum (10), Doppelfolgen (8), Integraltransformationen (9), nichtlineare Transformationen (LENG [50]), Permanenz eines Verfahrens im Zusammenhang mit Limitierbarkeit von Folgen aus Nullen und Einsen (AGNEW [48]).

Limitiert A jede beschränkte Folge, gilt also $\mathfrak{A} \supseteq \mathfrak{S}_B$ (für $\mathfrak{S}_B$ siehe 17), so nennen wir A *konvergenzerzeugend*.

II (Konvergenzerzeugende Verfahren). *Ein Matrixverfahren A ist genau dann konvergenzerzeugend, wenn es konvergenztreu ist und*

(3) $$\lim_{l \to \infty} \sum_{k=0}^{\infty} |a_{lk} - a_k| = 0$$

erfüllt.

Das Resultat besagt auch, daß in $\mathfrak{U}_A$ (17) starke und schwache Konvergenz zusammenfallen. — Die Bedingungen sind natürlich hinreichend und die Konvergenztreue notwendig. Die Notwendigkeit von (3) machen wir klar in dem Fall, daß A neben Konvergenztreue sogar Sp$_0$ erfüllt. Durch „Stutzen" von A erhalten wir eine zeilen- und spaltenfinite Matrix B, die genau dieselben beschränkten Folgen wie A limitiert und (3) gleichzeitig mit A verletzt. Wir setzen

(4) $$\mathfrak{d}^{(l)} = \{d_k^{(l)}\} \text{ mit } d_k^{(l)} = \operatorname{sgn} b_{lk},$$

wo sgn $(\varrho \, e^{i\varphi}) = e^{i\varphi}$ (für $\varrho > 0$) bzw. $= 0$ (für $\varrho = 0$) ist. Hat nun B in jeder Spalte höchstens eine Nichtnull, so wird die (gliedweise definierte) Stelle $\mathfrak{d} = \mathfrak{d}^{(0)} - \mathfrak{d}^{(1)} + \mathfrak{d}^{(2)} - + \cdots$ von B in eine Folge transformiert, die zwischen $\pm \overline{\lim}_l \Sigma_k |b_{lk}|$ oszilliert. Bei anderem B arbeiten wir entsprechend mit einer Teilfolge der $\mathfrak{d}^{(i)}$. Siehe SCHUR [20], auch KOJIMA [22], HAHN [22], NIGAM [40a]. Insbesondere limitiert keine permanente Matrix alle beschränkten Folgen (oder auch nur alle Folgen aus Nullen und Einsen): STEINHAUS [13], DAREVSKY [40], BUCK [43], AGNEW [44c], COOPER [49].

Vom Typ $\mathfrak{E} \subseteq \mathfrak{A}$ (Wirkfeld) gibt es noch weitere Einschließungssätze: $\mathfrak{E} = \mathfrak{S}_A$ (absolut konvergente Folgen, **17**): HAHN [22], IZUMI [26b, 27], LORENTZ [32], WINN [32b], SCHURR [47, 48].

$\mathfrak{E}$ funktionentheoretisch definiert: OKADA [25], SHEFFER [44], AGNEW [46b], HELLER [50, 52], ZELLER [50], VERMES [52].

$\mathfrak{E} =$ Wirkfeld eines anderen Verfahrens: Siehe **34** (Konvergenzfaktoren), **35** (Vergleichssätze), ferner **38, 39**.

Sonstige $\mathfrak{E}$: HAHN [23b], IZUMI [26b, 27]; ferner **40** (hinreichende Bedingungen) und **73** (Wirksamkeit bei FOURIER-Reihen).

Allgemeiner versucht man, Matrizen zu charakterisieren, die einen Raum $\mathfrak{E}$ in einen Raum $\mathfrak{F}$ abbilden. Hierher gehören zunächst asymptotische Sätze (**5**), die zu I analog sind und unmittelbar aus I hervorgehen. Andere Probleme dieser Art behandeln CORPUT [25], SCHMIDT [25a], SHEFFER [44], ZELLER [53g], KRZYŻ [54]. Siehe ferner **7** (absolute Summierbarkeit). Natürlich bestehen auch für Mehrfachfolgen (**8**) und Integrale (**9**) Einschließungssätze. HAHN [22], COHEN-DUNFORD [37], CESCO [46], ROGERS [51], ZELLER [54] fassen zahlreiche Einschließungssätze zusammen.

33. Kernsätze

Während es bei den Einschließungssätzen in **32** nur auf Raumzugehörigkeiten der Folgen $\mathfrak{s}$ und $\mathfrak{t}$ ankam, betrachten wir nun die Häufungspunkte von $\mathfrak{s}$ und $\mathfrak{t}$ näher. Die *Oszillation* einer Folge definieren wir als

(1) $$\operatorname{osc} \mathfrak{s} = 2 \cdot \inf_{\sigma} \overline{\lim_{k \to \infty}} |s_k - \sigma|.$$

Die Verwendung dieses Ausdrucks an Stelle des naheliegenden $\operatorname{osc}^* \mathfrak{s} = \overline{\lim_{k,l \to \infty}} |s_k - s_l|$ wird gerechtfertigt durch Satz II.

Der *Kern* einer Folge (Kern $\mathfrak{s}$) ist nach KNOPP [29a] der Durchschnitt aller abgeschlossenen Halbebenen, die höchstens endlich viele Glieder der Folge nicht enthalten; bei unbeschränkter Folge $\{s_k\}$ nimmt man noch einen Punkt „∞" hinzu (worauf manche Autoren aber verzichten). Bei beschränktem $\mathfrak{s}$ ist der Kern die konvexe Hülle der Häufungspunkte und hat den Durchmesser $\operatorname{osc}^* \mathfrak{s}$. Bei einer reellen Folge $s_k \to +\infty$ oder $s_k \to -\infty$ besteht der Kern nur aus dem Punkt ∞; mit letzterer Eigenschaft definieren wir nun bestimmte Divergenz bei komplexen Folgen. (Bei der anderen Auffassung würde bestimmte Divergenz einen leeren Kern bedeuten, was im Hinblick auf den Vergleich von Kernen bei Matrixverfahren ungünstiger wäre.) Den Kern von $\mathfrak{t} = A\mathfrak{s}$ nennen wir den *A-Kern* von $\mathfrak{s}$.

Wir nennen eine zeilenfinite Matrixtransformation $\mathfrak{t} = A\mathfrak{s}$ *totalpermanent*, wenn sie permanent ist und aus $s_k \to +\infty$ stets folgt $t_l \to +\infty$; wir nennen sie *kerntreu*, wenn stets Kern $\mathfrak{t} \subseteq$ Kern $\mathfrak{s}$ gilt (was Totalpermanenz einschließt). Bei Zeileninfinitheit müssen wir wegen Anwendbarkeitsproblemen sorgfältiger definieren. Wir verlangen dabei die genannten Eigenschaften im Anwendbarkeitsbereich, der jedoch mindestens alle konvergenten Folgen umfassen soll. Es sind auch andere Festlegungen im Gebrauch, z. B. sprechen manche Verfasser von Totalpermanenz, wenn (im Reellen) für jedes $s_k \to +\infty$ gilt

$$(2) \qquad \lim_{l \to \infty} \lim_{m \to \infty} \sum_{k=0}^{m} a_{lk} s_k = +\infty.$$

Eine ähnliche Definition wird gelegentlich für endliche Limites benützt.

I (Kerntreue). *Eine Matrix A ist kerntreu, wenn sie permanent ist und*

$$(3) \qquad a_{lk} \geq 0 \quad (k \geq k_0(A); \; l = 0, 1, \ldots)$$

erfüllt. Eine zeilenfinite komplexe Matrix A ist nur kerntreu, wenn sie permanent ist und (3) *genügt.*

Der Beweis für den hinreichenden Teil beruht auf der Bemerkung: Liegen die s_k in einer Halbebene Γ und gilt $a_k \geq 0$, $\Sigma a_k = 1$, so liegt auch $\Sigma a_k s_k$ (falls existent) in Γ. Ist (3) verletzt, so konstruieren wir leicht ein Gegenbeispiel. — Für Totalpermanenz statt Kerntreue stammt I von HURWITZ [22a, 27] (Vorläufer: siehe 54 II und PRINGSHEIM [00]). Die Kerntreue bewies dann KNOPP [29a]. Statt des Kernes verwenden PICONE, BIRINDELLI [48, 55] ein Rechteck, LEV [33] einen Kreis. Notwendige Bedingungen bei nichtzeilenfiniten Matrizen sind — vor allem bei Verwendung der Definition (2) — wesentlich komplizierter: HURWITZ [40]. Weiteres bei 37 I und unten.

II (Oszillation). *Sei A eine permanente Matrix. Dann gilt für jede beschränkte Folge*

$$(4) \qquad \operatorname{osc} \mathfrak{t} \leq \left\{ \overline{\lim_{l \to \infty}} \sum_{k=0}^{\infty} |a_{lk}| \right\} \cdot \operatorname{osc} \mathfrak{s}.$$

In (4) *tritt für gewisse beschränkte Folgen Gleichheit ein.*

(4) ist trivial. Daß Gleichheit eintreten kann, ergibt sich mit dem Beweis von 32 II. Es interessiert besonders der Fall, daß {} das für permanente A mögliche Minimum 1 annimmt. Dann ist A für beschränkte Folgen kerntreu und *oszillationsvermindernd*. Literatur: HURWITZ [27, 30], AGNEW [30, 31abc, 39, 45c] (auch Funktionenfolgen, 10), RAFF [32], LEV [33], ferner PICONE [43], SCHUR [49, 50], COOKE [50* S. 137], ROGERS [51]; vgl. 52 III (TAUBER-Konstante) und 29 (BRUDNOS Norm).

Das Verhältnis zwischen Kern $\mathfrak{s}$ und Kern $\mathfrak{t}$ im Falle {} > 1 in (4) behandeln RAFF [32, 38], LEV [33], RADO [36].

Nur „triviale" Matrixtransformationen $\mathfrak{t} = A\mathfrak{s}$ haben die Eigenschaft, daß $\mathfrak{s}$ und $\mathfrak{t}$ bei beliebigem beschränktem $\mathfrak{s}$ dieselben Häufungspunkte besitzen: WINN [32c, 33a], RAFF [33], ALLEN [44], vgl. auch MAMMANA [32] und AGNEW [39a].

Bei zahlreichen A gilt jedoch $v_n = t_n - t_{n-1} \to 0$ bei beliebigem beschränktem $\mathfrak{s}$, so daß die Häufungspunkte von t zusammenhängen: BARONE [39], vgl. 37 IV. Variationsvermindernde Transformationen behandelt z. B. SCHOENBERG [53]. Allgemeinere Untersuchungen führt ROGERS [51] durch.

34. Konvergenzfaktoren

Die Zahlen f_k heißen *Konvergenzfaktoren* für die Folgenmenge $\mathfrak{E}$, wenn $\sum f_k x_k$ für $\mathfrak{x} \in \mathfrak{E}$ im gewöhnlichen Sinne konvergiert. Verlangen wir von der Reihe nur Summierbarkeit nach einem bestimmten Verfahren B, so sprechen wir von *B-Summierbarkeitsfaktoren*. Wir wollen solche Faktoren charakterisieren. Das ist einerseits ein Spezialfall des allgemeinen Einschließungsproblems aus **32** (die Matrix diag $\{f_k\}$ soll $\mathfrak{E}$ in das Reihenwirkfeld $\mathfrak{\hat B}$ abbilden). Andererseits brauchen wir Konvergenzfaktoren als Vorstufe zu den Sätzen aus **32**, da ja dort die Matrix A auf den Raum $\mathfrak{E}$ anwendbar sein muß. Kennen wir schließlich die Konvergenzfaktoren für $\mathfrak{E}$, so ist es oft leicht, mit Hilfe der funktionalanalytischen Konvergenzsätze (**15** I, **15** III, **16** I) Bedingungen dafür anzugeben, daß $\lim_\lambda \sum_k f_k(\lambda) x_k$ für $\mathfrak{x} \in \mathfrak{E}$ existiert, also Sätze vom Typ **32** I oder Vergleichssätze **35** I usw. aufzustellen. Diese Betrachtungsweise führte vor allem MOORE [07, 14, 38*] durch. Wir formulieren unsere Sätze jedoch ohne Parameter λ.

Konvergenzfaktoren für $\mathfrak{U}_C$ (konvergente Reihen, **17**) wurden schon in alter Zeit behandelt (Abelsche partielle Summation, siehe etwa KNOPP [47* S. 324]), wobei bereits HADAMARD [03] notwendige und hinreichende Bedingungen aufstellte. Daran anschließend hat man vor allem Faktoren bei C_α (**53** III) untersucht (außerdem ähnliche Fragen bei FOURIER-Reihen: ZYGMUND [35*]). Wir schildern die Grundmethoden.

Genau wie bei den Vergleichssätzen in **35** spielt die Konvergenztreue gewisser Vermittlungstransformationen eine Rolle. So überlegen wir uns z. B. leicht:

I (Konvergenzfaktoren und Inverse). *A und B seien echte Dreiecksmatrizen, es werde*

(1) $$F = \begin{pmatrix} f_0 & & & 0 \\ f_0 & f_1 & & \\ f_0 & f_1 & f_2 & \\ \cdot & \cdot & \cdot & \cdot & \cdot \\ \cdot & \cdot & \cdot & \cdot & \cdot \end{pmatrix}$$

gesetzt. Die Zahlen f_k sind genau dann B-Summierbarkeitsfaktoren für das Reihenwirkfeld $\mathfrak{\hat A}$ von A, wenn die Matrix $B F \Sigma^{-1} A^{-1}$ konvergenztreu ist.

Hier ist Σ wieder wie in **4** (5) definiert. Für schwächere Voraussetzungen über A und B vergleiche **35** III. Natürlich können wir auch das Folgenwirkfeld $\mathfrak{A}$ behandeln. Satz I liefert die Bedingungen meist in zu unhandlicher Form. Man wird dann nachträglich umformen oder, soweit möglich, gleich die Sätze II bis IV benützen (vgl. **53** III).

Nützlich für das Aufstellen notwendiger Bedingungen in speziellen Fällen und vor allem von allgemeinem Interesse ist

II (Faktoren und Linearformen). *Sind die f_k Konvergenzfaktoren für einen FK-Raum $\mathfrak{E}$, so definiert $\Sigma f_k x_k$ eine stetige Linearform in $\mathfrak{E}$.*

Das ist ein Spezialfall von **17** III. Natürlich können wir allgemeiner B-Summierbarkeitsfaktoren behandeln (ZELLER [51b]). — Für Konvergenzfaktoren mit Parameter und die damit zusammenhängenden Vergleichssätze ist (bei einem BK-Raum $\mathfrak{E}$) die Bestimmung der Norm der Linearform aus II wichtig.

Hat der FK-Raum $\mathfrak{E}$ Abschnittskonvergenz (**17** VII), so wird auch umgekehrt jede stetige Linearform durch Konvergenzfaktoren dargestellt, so daß wir hinreichende und wegen II sogar genaue Bedingungen für Faktoren besitzen (siehe auch **24** und die dort angegebene Literatur). Wir formulieren zwei damit zusammenhängende Kriterien, die im wesentlichen auf LORENTZ [48b] und BOSANQUET [42, 49] zurückgehen. Diese Autoren arbeiten aber noch ohne Funktionalanalysis mit der Summationsvertauschung **24** (3), die andererseits den Vorteil bietet, auch Folgen mit beschränkter A-Transformierter zu erfassen. Wir beginnen mit Folgenwirkfeldern, weil wir hier die Abschnittskonvergenz direkt zur Verfügung haben.

III (Abschnittskonvergenz und Faktoren). *Die echte Dreiecksmatrix A definiere ein permanentes Verfahren mit Abschnittskonvergenz. Sind die Zahlen f_k Konvergenzfaktoren für $\mathfrak{A}$, so gilt*

(2) $\quad \mathfrak{f} A^{-1} = \mathfrak{g} \in \mathfrak{U}_A$, d.h. $\sum\limits_{l=0}^{\infty} \left| \sum\limits_{k=0}^{\infty} f_k a_{kl}^{(-1)} \right| = \sum\limits_{l=0}^{\infty} |g_l| < \infty$.

Ist umgekehrt (2) erfüllt, so gibt es ein $\mathfrak{h}$ mit $\mathfrak{h} A^{-1} = 0$, so daß die Zahlen $\tilde{f}_k = f_k - h_k$ Konvergenzfaktoren für $\mathfrak{A}$ sind.

Im Falle $A = C_1$ (**52**) wissen wir, daß kein $\mathfrak{h} \neq 0$ mit $\mathfrak{h} A^{-1} = 0$ eine Nullfolge ist; daher sind hier die f_k Konvergenzfaktoren, wenn (2) und $f_k \to 0$ erfüllt ist; Ähnliches gilt in allgemeineren Fällen. Zum Beweis von II überlegen wir uns, daß Konvergenzfaktoren f_k eine stetige Linearform im Nullwirkfeld $\mathfrak{A}_0$ definieren, so daß wegen **22** III (und Zusatz, man beachte die veränderte Bezeichnungsweise) eine Beziehung

(3) $\quad \sum\limits_{k=0}^{\infty} f_k s_k = \sum\limits_{l=0}^{\infty} g_l t_l \quad$ (wo $\Sigma |g_l| < \infty$; $\mathfrak{s} \in \mathfrak{A}_0$, $\mathfrak{t} = A\mathfrak{s}$)

gilt, was (2) durch Einsetzen der Spalten von A^{-1} für $\mathfrak{s}$ liefert. Ist umgekehrt (2) erfüllt, so definieren wir $\tilde{\mathfrak{f}}$ durch $\mathfrak{g} A = \tilde{\mathfrak{f}}$. Die stetige Linearform $\Sigma g_l t_l$ in $\mathfrak{A}_0$ wird wegen der Abschnittskonvergenz durch Konvergenzfaktoren, und zwar durch $\Sigma \tilde{f}_k s_k$ dargestellt, was die Behauptung ergibt.

Durch *partielle Summation* gewinnt man Faktoren für das Reihenwirkfeld aus denen für das Folgenwirkfeld. Dasselbe Vorgehen gestattet auch die Behandlung mancher Verfahren ohne Abschnittskonvergenz wie C_α ($\alpha > 1$); die Abschätzung der Restglieder bei der partiellen Summation kann allerdings sehr mühselig sein. Vgl. **24, 53 III, 59 II**. Ein allgemeiner Satz lautet:

IV (Konvergenzfaktoren für Reihenglieder). *Sei $\mathfrak{E}$ ein Folgenraum und $`\mathfrak{E}$ der zugehörige Reihenraum, d. h. die Menge der Stellen $\mathfrak{u} = \{u_m\} = \{s_m - s_{m-1}\}$ mit $\mathfrak{z} \in \mathfrak{E}$, und B ein lineares Verfahren. Sind die f_k B-Summierbarkeitsfaktoren für $\mathfrak{E}$ und existiert*

(4) $\quad \tilde{f}_m = f_m + f_{m+1} + \cdots (m=0,1,\ldots)$ sowie $B\text{-}\lim\limits_{k \to \infty} \tilde{f}_{k+1} s_k$ ($\mathfrak{z} \in \mathfrak{E}$),

so sind die $\tilde{f}_m$ B-Summierbarkeitsfaktoren für $`\mathfrak{E}$.

Das ist leicht nachzurechnen. — Sind etwa die f_k Konvergenzfaktoren für ein A wie in III, so ist die Folge $\tilde{f}_m$ von beschränkter Schwankung, daher existiert $A\text{-}\lim \tilde{f}_{k+1} s_k$ ($\mathfrak{z} \in \mathfrak{A}$) (vgl. **25 II**) und wir haben hinreichende Bedingungen für A-Summierbarkeitsfaktoren in $`\mathfrak{A}$, die wegen II sogar notwendig sind. Bei Konvergenzfaktoren für $`\mathfrak{A}$ tritt noch die Bedingung „$\lim \tilde{f}_{k+1} s_k$ existiert für $\mathfrak{z} \in \mathfrak{A}$" hinzu.

Ist B konvergenztreu, so sind bei einem A wie in III (mit Abschnittskonvergenz) alle B-Summierbarkeitsfaktoren für $\mathfrak{A}$ auch schon Konvergenzfaktoren, da sie stetige Linearformen darstellen. Im Reihenwirkfeld $`\mathfrak{A}$ eines permanenten A läßt sich die Gesamtheit der stetigen Linearformen im günstigsten Fall mittels A-Summierbarkeitsfaktoren erhalten (vgl. Abschnittslimitierbarkeit, vor **24 IV**).

Bei vielen Verfahren sind notwendige und hinreichende Bedingungen für Konvergenzfaktoren zu kompliziert. Man zieht es dann vor, brauchbare spezielle Faktoren zu untersuchen (siehe etwa **64 IV** und bei **74 I**). Allgemeiner betrachtet man Faktorfolgen, die einen Raum $\mathfrak{E}$ in einen Raum $\mathfrak{F}$ abbilden, z. B. ein Folgenwirkfeld in sich (vgl. **25 II** und bei **53 III**; siehe auch **35 VI**).

35. Vergleichssätze

Was unter einem *Vergleichssatz* zu verstehen ist, haben wir schon in **3** erläutert. Verträglichkeitsfragen behandeln wir getrennt (**36**). Setzen wir $\mathfrak{t} = A\mathfrak{z}$, $\mathfrak{w} = B\mathfrak{z}$, so besteht ein naheliegender Weg zum Beweis von $A \supseteq B$ darin, daß wir $\mathfrak{t}$ durch $\mathfrak{w}$ ausdrücken und feststellen, ob diese *Vermittlungstransformation* konvergenztreu ist. So ging man bereits bei den ältesten Vergleichssätzen (**55 II, 54 I**) vor, und bereits Toeplitz [11] formulierte im wesentlichen den Satz

I (Vergleich von Dreiecksmatrizen). *Sind A und B echte Dreiecksmatrizen, so gilt $A \supseteq B$ genau dann, wenn die Matrix $A\,B^{-1}$ konvergenztreu ist.*

Bei nichtzeilenfinitem A ergeben sich Schwierigkeiten, da das Assoziativgesetz nicht immer erfüllt ist (**18**). Spezialfälle wie **55** II sind jedoch leicht zu behandeln und allgemein gilt nach MAZUR [28] (auch ZELLER [51b]):

II (Vergleich mit einer Dreiecksmatrix). *Bei beliebiger Matrix A und echter Dreiecksmatrix B gilt genau dann $A \supseteq B$, wenn A auf jede B-limitierbare Folge anwendbar ist, die Matrix $A\,B^{-1}$ jede Nullfolge in eine konvergente überführt und $A\,(B^{-1}\{1,1,1,\ldots\})$ eine konvergente Folge darstellt.*

Bei erfüllter Anwendbarkeitsbedingung ist nämlich die Transformation $A\,(B^{-1}\mathfrak{w})$ im Raume $\mathfrak{S}_N$ (Nullfolgen, **17**) erklärt und wegen **17** VII dort gleich $(A\,B^{-1})\,\mathfrak{w}$, was die Behauptung leicht ergibt.

Der nächste Satz soll nur zeigen, auf welche Punkte zu achten ist, wenn auch B keinen Einschränkungen mehr unterworfen wird.

III (Vergleich beliebiger Matrixverfahren). *Die beliebigen Matrizen A und B seien verknüpft durch eine Beziehung $A = C\,B$ mit konvergenztreuem C. Für jedes $\mathfrak{z}$ aus dem Wirkfeld $\mathfrak{B}$ sei $C\,(B\mathfrak{z}) = (C\,B)\,\mathfrak{z}$. Dann gilt $A \supseteq B$.*

Ist nicht jede konvergente Folge in der Gestalt $B\mathfrak{x}$ darstellbar (vgl. **18** III), so kann $A \supseteq B$ jedoch auch bei nicht konvergenztreuem C gelten. Die Frage, wann ein solches C existieren muß, behandeln LORENTZ-ROBINSON [54]. Die in III geforderte Assoziativität können wir mittels **17** VII besonders leicht nachweisen, wenn $C\,(B\mathfrak{x})$ sogar für jedes $\mathfrak{x}$ aus dem Anwendungsbereich von B existiert. **67** I gibt ein Beispiel für einen Satz vom Typ III. Häufig müssen wir jedoch bei Vergleichssätzen für zeileninfinite Matrizen noch Nebenbedingungen verwenden (**37** III).

Die Äquivalenz zweier Verfahren A und B ergibt sich durch zweimalige Anwendung eines der obengenannten Sätze oder einfacher durch Konvergenzgleichheitsaussagen (**43**) über die Vermittlungstransformation C. Andererseits widerlegt man eine Vermutung $A \sim B$ oder $A \subseteq B$, indem man — etwa mittels **25** I — zeigt, daß C divergente Folgen limitiert (man beachte aber die bei **35** III genannte Einschränkung). Zu solchen negativen Aussagen führen oft noch schneller die Betrachtung der Größenordnungsbedingungen (**42**), funktionentheoretische Untersuchungen und Umkehrsätze (vgl. **64** V) oder spezielle Gegenbeispiele sowie Inäquivalenzsätze (**28**).

Ein spezielles Kriterium lautet

IV (Verwandte Inverse). *Sind die echten Dreiecksmatrizen A und B sowie die Matrix $(A^{-1} - B^{-1})$ konvergenztreu, so sind A und B gleichstark.*

Ist $\mathfrak{z}$ im Wirkfeld von B, gilt also $\mathfrak{z} = B^{-1}\mathfrak{t}$ mit konvergenter Folge $\mathfrak{t}$, so liegt $\mathfrak{z}$ wegen der Darstellung $\mathfrak{z} = (A^{-1}\mathfrak{t} + $ konvergente Folge) auch im Wirkfeld von A. — Bei nichtzeilenfiniten A und B sind Zusatzüberlegungen (Anwendbarkeit) nötig, vgl. **52** IV.

In den Sätzen I—IV macht die Bestimmung der Inversen oder der Vermittlungstransformation oft Schwierigkeiten. Handlicher, aber auf bestimmte Verfahrensklassen beschränkt, ist

V (Vergleich bei Abschnittskonvergenz). *Sei A eine permanente Matrix, B eine permanente echte Dreiecksmatrix, die ein Verfahren mit Abschnittskonvergenz definiert. Gilt dann eine Beziehung*

$$(1) \qquad a_{lk} = d_{lk}\, b_{n_l k} \;\; mit \;\; \sup_{l=0,1,\ldots} \sum_{k=0}^{\infty} |d_{lk} - d_{l,k-1}| < \infty,$$

so ist $A \supseteq B$.

Der Beweis folgt leicht aus der Abschätzung **24** (8) und dem Grundmengenprinzip **16** I. Letzteres ist auch sonst bei Vergleichssätzen nützlich (vgl. **23**). Bei Anwendungen ist A oft nur ein Teil einer Matrix $\tilde{A}$, von der $\tilde{A} \supseteq B$ gezeigt werden soll, während der Rest $\tilde{A} - A$ grob abgeschätzt wird. Gewisse Verfahren ohne Abschnittskonvergenz (wie C_α für $\alpha > 1$) kann man mittels partieller Summation (vgl. bei **34** IV) dem Schema V anpassen. Bei speziellen Verfahren wie C_1 (**52**) wurde V schon von CESÀRO [88, 89] und HARDY [07b] benützt. Die volle Kraft von V (einschließlich der Zusatzüberlegungen) erkannten jedoch erst RIESZ [11a, 23b] und HARDY-RIESZ [15*] bei Untersuchungen über RIESZ-Mittel (**59**). Die vorliegende Form von V steht bei ZELLER [52c]. Weitere Literatur: JACOB [27], BOSANQUET [41], KNOPP [43], RAJAGOPAL [48a], und in **24** sowie bei **37** II.

Oft erhält man durch Betrachtung der „Wertverteilung" einer Matrix grobe Anhaltspunkte für ihre Wirksamkeit. Feine Verfahren (**27**) haben in jeder Zeile auf lange Strecken ungefähr gleichgroße Elemente; je rascher wachsende Folgen limitiert werden, desto schneller müssen die Elemente nach rechts hin abfallen, desto ausgeprägter wird der *Buckel* (Elemente mit großen Beträgen) in einer Zeile. Für gewisse Matrizen kann man das präzisieren, z. B. mittels V (vgl. **37** II, III, V). Manche permanente Verfahren A und B limitieren gemeinsam nur konvergente Folgen. Das kommt z. B. bei gewissen Z_α (**62**), $E_{\dot\alpha}$ (**64** II) und Q_α (**75**) vor.

Ist B konvergenztreu, so gilt $B \cdot A \supseteq A$ und man möchte $A \cdot B \supseteq A$ erwarten (für $A \cdot B$ siehe **18** (7)). Letzteres gilt jedoch nicht immer; wegen späterer Bezugnahme formulieren wir

VI (Transformation des Wirkfeldes). *Sind A und B echte Dreiecksmatrizen, so gilt $AB \supseteq A$ genau dann, wenn $AB A^{-1}$ konvergenztreu ist.*

(Für Nichtdreiecksmatrizen vgl. II und III.) B muß also gewisse Transformationseigenschaften besitzen (vgl. Faktorfolgen **25** II, auch **34**), die wir am leichtesten nachweisen können, wenn B mit A vertauschbar oder „fast vertauschbar" ist. Andernfalls bemüht man sich, die Transformation $A \cdot B$ (**18** (7)) in der Form $C \cdot A$ mit konvergenztreuem C darzustellen (vgl. **55** III). Aussagen wie VI sind wichtig für manche Vergleichssätze (**64** VI und **72** (27)), Umkehrsätze (**55** III), zusammengesetzte Verfahren (**67**), spezielle Faktorfolgen wie ϱ^m (**66** IV). SZÁSZ [52b, 53], PATI [54b], RAJAGOPAL [54e] haben Aussagen $A \cdot B \supseteq A$ für geläufige Verfahren (HAUSDORFF, ABEL, LAPLACE, BOREL) zusammengestellt.

Bei speziellen Verfahrensklassen haben wir besondere Hilfsmittel (zugeordnete Funktionen) zur Bestimmung der Vermittlungstransformation und zum Nachweis ihrer Permanenz (vgl. **54** I, **55** II, **63** IV, **65** II, **67** III, **72** V, **74** III, **75** II, **76** IV, **78** I, **79**). Vergleichsfragen ergeben sich auch bei der Betrachtung eines Verfahrens für sich allein (RF- und FF-Form: **4**; Translation: **38**).

36. Verträglichkeit

Da es nach **27** kein universelles Verfahren gibt, müssen wir oft verschiedene Verfahren gleichzeitig benützen; wir werden dann *Verträglichkeit* (**3**) dieser Verfahren fordern. Leider können aber sogar permanente Matrixverfahren sehr unverträglich sein. Z. B. gilt (vgl. **26** II)

I (Unverträglichkeit). *Ist $\mathfrak{z}$ eine beliebige divergente Folge und σ eine willkürlich vorgegebene Zahl, so gibt es ein permanentes Matrixverfahren A, das $\mathfrak{z}$ zum Werte σ limitiert.*

Bei positivem A können wir σ immerhin noch im Kern von $\mathfrak{z}$ frei wählen. Beim Beweis arbeitet man mit günstigen Teilfolgen von $\mathfrak{z}$: AGNEW [31d], auch COOKE [50* S. 77], DAREVSKIJ [40], NIGAM [40a], TOLBA [52a], MARTIN [53].

Wir suchen daher nach Verträglichkeitskriterien. Für Klassen vertauschbarer Matrizen (**62, 68, 72, 78**) ist das Mittel der Wahl:

II (Vertauschbarkeit und Verträglichkeit). *Sind A und B permanente zeilenfinite Matrizen mit $AB = BA$, so sind A und B verträglich.*

Zum Beweis betrachten wir einfach das stärkere Verfahren AB. Bei nichtzeilenfiniten Matrizen ist wieder der Unterschied zwischen AB und $A \cdot B$ (**18**) zu berücksichtigen. Bei nichtkommutativen Matrizen kann die Untersuchung des Kommutators C (wo $AB = CBA$) zu Verträglichkeitssätzen führen. In andern Fällen (etwa **63** V, VI) suchen wir ein Verfahren C mit $C \supseteq A$ und $C \supseteq B$, das mit A und B verträglich ist (oft ist C das verstärkte ABEL-Verfahren: **55**). Die besten bekannten Aussagen beziehen sich nämlich auf die Verträglichkeit mit stärkeren Verfahren:

III (Verträglichkeit mit stärkeren Dreiecksmatrizen). *Sind A und B permanente echte Dreiecksmatrizen mit $A \supseteq B$, so sind beide verträglich,*

36. Verträglichkeit

wenn B der folgenden Bedingung genügt:

(1) $\quad Aus \sum_{l=0}^{\infty} |g_l| < \infty \quad und \quad \sum_{l=0}^{\infty} g_l\, b_{lk} = 0 \quad (k = 0, 1, \ldots)$

$\quad folgt \quad g_l = 0 \quad (l = 0, 1, \ldots).$

Denn $C = A\, B^{-1}$ ist konvergenztreu. Unverträglichkeit würde erfordern, daß die Spaltenlimites c_k von C nicht alle verschwinden. Wegen der Permanenz von $A = C\, B$ müßte dann (1) verletzt sein.

Im Falle $B = C_1$ (**52**) bzw. $B = C_\alpha$ (**53**) wurde III von ORLICZ [26] bzw. MAZUR [28] bemerkt. MAZUR [30, vgl. 28] gab mit funktionalanalytischen Mitteln eine Verschärfung, die in dem folgenden Satz enthalten ist, der seinerseits noch verallgemeinert wurde: BANACH [32* S. 95], MAZUR-ORLICZ [33, 55], HILL [37, 42], WILANSKY [49b], ZELLER [51a], ALTMANN [53], MACPHAIL [54b], WLODARSKI [54, 55], SIKORSKI [55].

IV (Verträglichkeit mit stärkeren Verfahren). *Ein permanentes Matrixverfahren B ist genau dann mit jedem stärkeren permanenten Matrixverfahren A verträglich, wenn es perfekt ist.*

Ein permanentes $A \supseteq B$ definiert nach **17** III eine stetige Linearform A-lim $\mathfrak{z}$ in $\mathfrak{B}$. Diese stimmt auf den Stellen $\mathfrak{e}, \mathfrak{e}_0, \mathfrak{e}_1, \ldots$ (**17**), also wegen der Perfektheit (**23**) in ganz $\mathfrak{B}$ mit B-lim $\mathfrak{z}$ überein. Ist andererseits B nicht perfekt, so gibt es nach **14** IV eine stetige Linearform $f(\mathfrak{z}) \not\equiv 0$ in $\mathfrak{B}$ mit $f(\mathfrak{e}) = 0$, $f(\mathfrak{e}_0) = 0$, $f(\mathfrak{e}_1) = 0, \ldots$ Wir stellen nun $f(\mathfrak{z}) + B$-lim $\mathfrak{z}$ nach **22** IV durch eine Matrix A dar und haben das gesuchte Verfahren gefunden. Übrigens können wir dabei sogar $\mathfrak{A} = \mathfrak{B}$ erreichen.

V (Verträglichkeit für beschränkte Folgen). *A und B seien permanente Matrixverfahren. A limitiere jede beschränkte B-limitierbare Folge. Dann sind A und B für beschränkte Folgen verträglich.*

Sei $\mathfrak{z}$ beschränkt und B-limitierbar, o. B. d. A. B-lim $\mathfrak{z} = 0$, aber A-lim $\mathfrak{z} \neq 0$. Mit **25** II finden wir dann leicht eine beschränkte Folge, die in $\mathfrak{B}$, aber nicht in $\mathfrak{A}$ liegt. Damit ist der gewünschte Widerspruch erreicht. — Satz V wurde in verschiedenen Varianten, teilweise auch mit funktionalanalytischen Hilfsmitteln (vgl. **29**) bewiesen von MAZUR [28], BANACH [32* S. 95], MAZUR-ORLICZ [33, 55], BROUDNO [44, 45], ZELLER [52c], WLODARSKI [54, 55], SIKORSKI [55].

Ist A permanent und nicht konvergenzgleich, so gibt es wegen **26** II und **29** I stets ein permanentes $B \subseteq A$, das nicht mit A verträglich ist (DAREVSKY [46]). Einige Aussagen über die Verträglichkeit unvergleichbarer Verfahren macht DAREVSKY [40, 47, 48]. COOKE-BARNETT [48] bezeichnen den ABEL-Limes (**55**) einer Folge als ihren „richtigen" Grenzwert; vgl. auch LÉVY [26]. AGRANOVIČ [54] und WLODARSKI [54, 55] untersuchen den Zusammenhang zwischen Verträglichkeit und Translativität (auch für den Grenzwert ∞).

37. Varianten der Vergleichssätze

Wir betrachten Sätze, die Aussagen wie $A \supseteq B$ in verschiedenen Richtungen ergänzen (Verschärfungen, Abschwächung durch *Nebenbedingungen* u. a.) und oft eine Mittelstellung zwischen direkten und Umkehrsätzen einnehmen. Der Kürze halber beschränken wir uns teilweise auf Dreiecksmatrizen; für Erweiterungen vergleiche **35** I bis III. Eine erste Möglichkeit bietet die Einführung einer Asymptotik (5), siehe etwa bei **54** II, **57** II, **64** V. — Zwei (Dreiecks-)Matrizen A und B sind „beinahe äquivalent", wenn ihre Vermittlungstransformation $C = A\,B^{-1}$ ein Einfolgeverfahren (26) darstellt (vgl. **62**). — Die Kernsätze (**33** I, II) liefern Hilfsmittel für *totalen Vergleich, Kernvergleich, Oszillationsvergleich*.

I (Kernvergleich). *Sind A und B echte Dreiecksmatrizen und ist $C = A\,B^{-1}$ permanent und positiv, so gilt mit $\mathfrak{t} = A\mathfrak{s}$ und $\mathfrak{w} = B\mathfrak{s}$ stets Kern $\mathfrak{t} \subseteq$ Kern $\mathfrak{w}$.*

Natürlich können wir auch notwendige und hinreichende Bedingungen aufstellen. Aus **33** I sehen wir ferner, daß Kern $\mathfrak{t}$ = Kern $\mathfrak{w}$ für alle $\mathfrak{s}$ nur bei trivialen Paaren A, B gelten kann. — Beispiele: **54** II, bei **55** II, **59** V und **67** I, sowie bei KNOPP [29a]. Den Zusammenhang zwischen Positivität der Vermittlungstransformation und Kernvergleich behandelt KUTTNER [51a] näher. Weiteres bei SCHUR [50], LORENTZ-ROBINSON [54].

Bei der Transformation positiver Folgen können wir eine Variante von **35** V verwenden, auch wenn keine Abschnittskonvergenz vorliegt:

II (Transformation positiver Folgen). *Für die positiven echten Dreiecksmatrizen A und B gelte mit irgendwelchen $n_l \to \infty$ eine Beziehung $a_{lk} = d_{lk}\, b_{n_l k}$. Setzen wir $\mathfrak{t} = A\mathfrak{s}$, $\mathfrak{w} = B\mathfrak{s}$, so haben wir für jedes $\mathfrak{s}$ mit $s_k \geq 0$ die Ungleichung*

$$(1) \qquad \varlimsup_{l \to \infty} t_l \leq \left(\varlimsup_{l \to \infty} w_l \right) \left(\varlimsup_{l \to \infty} \sup_{k=0,1,\ldots} d_{lk} \right).$$

Durch optimale Wahl von n_l erhalten wir oft beste Abschätzungen vom Typ (1). GARTEN-KNOPP [37] führen Beispiele bei vielen Verfahren durch (C_α, A_1, $(R, \mathfrak{p}, \alpha)$, E_α, B_0). Siehe auch RAJAGOPAL [48a].

Feine Verfahren (27) sind wegen der in **35** beschriebenen Buckelstruktur oft nur auf verhältnismäßig wenig Folgen anwendbar (wie A_1, **55**). Für solche Verfahren sind Vergleichssätze mit Nebenbedingungen wichtig. Wir formulieren das Prinzip einer solchen Aussage (vgl. **35** III):

III (Vergleich im Anwendungsbereich). *Für drei Matrizen A, B, C gelte $A = C\,B$. Ist C konvergenztreu und existiert $C(B\mathfrak{x})$ für jedes $\mathfrak{x}$ aus dem Anwendungsbereich von A, so limitiert A jede B-limitierbare Folge, auf die A anwendbar ist.*

Der Anwendungsbereich von A besitzt als FK-Raum (siehe bei **22** I) offenbar Abschnittskonvergenz, so daß nach **17** VII dort $C(B\mathfrak{x}) = (CB)\mathfrak{x}$ gilt, was die Behauptung liefert. Auch andere Methoden zur Summationsvertauschung werden verwendet (siehe bei **17** VII). Beispiele: **59** III, **66** VII, **67** III, **68** VI und **63** V.

Als weitere Nebenbedingungen verwenden wir Größenordnungsbeschränkungen u. ä. Die Matrixverfahren A und B heißen *volläquivalent* bezüglich der Folgenmenge $\mathfrak{E}$, wenn $(A - B)\,\mathfrak{z}$ für jedes $\mathfrak{z} \in \mathfrak{E}$ existiert und eine konvergente Folge bildet. COOKE [36, 37a] verwendet eine leicht abgeänderte Definition, spricht von „absoluter Äquivalenz" und gibt Beispiele mit den Verfahren in **53**, **59**, **66**. Vgl. auch **68** IX. Die Verifikation der Volläquivalenz läuft auf Sätze hinaus wie

IV (Volläquivalenz). *Die Matrixverfahren A und B sind genau dann volläquivalent bezüglich beschränkter Folgen, wenn die Matrix $(A - B)$ konvergenzerzeugend ist.*

Bedingungen für „konvergenzerzeugend" gaben wir in **32** II. Allgemeiner betrachtet man Folgen eines bestimmten Maximalwachstums. RIESZ [11a] verwendet einen ähnlichen Satz als Vorstufe zu **59** V. Ferner sind Aussagen vom Typ IV wichtig beim Übergang von stetigem Parameter λ zu unstetigem l (siehe HYSLOP [35, 36a], GAIER [55], **68** (13), vgl. STEINHAUS [26]) oder von zeileninfiniten zu zeilenfiniten Matrizen (vgl. BRUDNO [44, 45], GARREAU [51a]). Andere Vergleichssätze mit Nebenbedingungen gehören methodisch zu den Umkehrsätzen (**47**), siehe etwa **55** IV, **66** III, **68** X.

Schließlich können wir das Verhalten von $\mathfrak{z}$ bezüglich einer dritten Matrix C heranziehen. Grundsätzlich kann ein solcher Satz so aussehen:

V (Zusätzliche Beschränktheitsbedingung). *Die Matrizen $A = A^{(1)} + A^{(2)}$, B und C seien so beschaffen, daß $A^{(2)}$ jede Folge limitiert, die von C in eine beschränkte übergeführt wird, und daß $A^{(1)} \supseteq B$ ist. Dann limitiert A jede Folge, die dem Wirkfeld $\mathfrak{B}$ angehört und deren C-Transformierte beschränkt ist.*

Oft wird $A^{(2)}$ ein Stück von A am rechten oder linken Rand sein, das sich anderen Abschätzungen oder Monotonieverläufen nicht einfügt. Meist muß man jedoch schärfere Hilfsmittel, z. B. von den limitierten Folgen abhängige Zerlegungen von A, verwenden; vgl. **53** V, **68** X.

38. Translation und Umordnung

Wir fragen, inwieweit die Struktur eines Wirkfeldes der Struktur von $\mathfrak{S}_C$ (konvergente Folgen, **17**) bezüglich Operationen an Folgen gleicht.

Bei der *Translation* (*Indexverschiebung*) vergleichen wir die Folgen $\mathfrak{z} = \{s_0, s_1, \ldots\}$ und $\mathfrak{z}^* = \{0, s_0, s_1, \ldots\}$. Ist bei einem Verfahren A

mit jedem $\mathfrak{z} \in \mathfrak{A}$ auch $\mathfrak{z}^* \in \mathfrak{A}$, so nennen wir A *rechtstranslativ*; ist mit jedem $\mathfrak{z}^* \in \mathfrak{A}$ auch $\mathfrak{z} \in \mathfrak{A}$, so sprechen wir von *Linkstranslativität*. Gilt beides, so heißt A *translativ*. Bleibt bei diesen Operationen der A-Limes unverändert, so reden wir von Translativität usw. mit Verträglichkeit.

Manche Verfasser vertauschen dabei die Bedeutung von rechts und links oder fordern bei der Translativität zugleich Verträglichkeit. Mit Einfolgenverfahren (MAZUR-ORLICZ [55]) zeigt man, daß die Translativität nicht immer mit der Verträglichkeit gekoppelt ist. In vielen Fällen folgt jedoch die Verträglichkeit aus den Kriterien in **36**. Allgemeine Untersuchungen führten CARMICHAEL [18], PERRON [20b], HURWITZ [22a], CESCO [35a, 36, 40, 41], HILL [42], VERMES [47, 48] durch; vgl. auch **79**. *Totale Translativität* (Grenzwert ∞) behandeln AGRANOVIČ [54], KUTTNER [54].

Translativitätsbetrachtungen bei Matrizen, deren Spaltenlimites nicht alle existieren, erfordern besondere Vorsicht, da hier nicht einmal alle endlichen Änderungen an Folgen im Wirkfeld gestattet sind. Bei manchen Matrizen wie $(N, \mathfrak{p})$ (**63**) erkennen wir die Translativität am symmetrischen Aufbau. In schwierigeren Fällen greifen wir auf Vergleichssätze zurück, etwa

I (Translativität und Vergleich). *Das Matrixverfahren A ist genau dann translativ, wenn es mit dem Verfahren $A^* = \{a_{l,k+1}\}_{l,k=0,1,\ldots}$ äquivalent ist.*

Das Kriterium ist ganz brauchbar bei Dreiecksmatrizen, insbesondere HAUSDORFF-Verfahren (SILVERMAN [26]). Überraschenderweise kann man auch für nichtumkehrbare Transformationen wie T_α (**68** V) diesen Weg beschreiten. Manchmal nützt auch

II (Translation und Reihenwirkfeld). *Ein Matrixverfahren A ist genau dann rechtstranslativ, wenn jedes $\mathfrak{u} \in {}^{\backprime}\mathfrak{A}$ (Reihenwirkfeld) von A in eine konvergente Folge transformiert wird.*

Entsprechendes gilt natürlich für „linkstranslativ". Beim BOREL-Verfahren (**66** II) zieht man tieferliegende Hilfsmittel heran. Die Translativitätsforderung verschärft CESCO [40] mit der „Totalanalytizität" (vgl. auch die translativ-absolute B_0-Summierbarkeit in **66**); COOKE [36] ändert sie ab mit der „absoluten Regularität" (vgl. **37** IV).

Bei speziellen Verfahren läßt sich die Translation manchmal funktionentheoretisch deuten: **64** III, **65** III, **66** II und III. Den Zusammenhang zwischen Translativität (auch für Grenzwert ∞) und Verträglichkeit mit anderen Verfahren untersucht AGRANOVIČ [54].

Ähnlich wie im Falle der Konvergenz können wir durch Umordnung A-summierbarer Reihen die Summierbarkeit zerstören oder den A-Grenzwert ändern. Jedoch bilden die durch Umordnung erhältlichen A-Summen nicht immer ein Kontinuum, wie MAZUR (1929) und BAGE-

MIHL-ERDÖS [54] bei C_α (53) und A_1 (55) zeigen. Noch krassere Beispiele erhalten wir mit Einfolgenverfahren u. ä.

Über die A-Limitierbarkeit von *Teilfolgen* eines $\mathfrak{s} \in \mathfrak{A}$ ist im allgemeinen wenig zu sagen. Das Weglassen von Gliedern kann eben die Glättung durch Mittelung sehr stören (vgl. DAREVSKIJ [40], AGNEW [44c]). Auch Teilfolgen der Transformierten $\mathfrak{t}$ sind wenig repräsentativ. Nähere Untersuchungen betreffen vor allem die durch ihren regelmäßigen Aufbau ausgezeichneten C_α-Verfahren: CHAPMAN [11a], HARDY-CHAPMAN [11], STEINHAUS [26], WATANABE [28], CURTISS [37], BUCK [43]; vgl. **25 IV**, siehe auch **50** (Umkehrsätze).

39. Multiplikationssätze

Wir untersuchen nun Wirkfelder $\mathfrak{A}$ auf Multiplikationseigenschaften: Im allgemeinen dürfen wir zwei limitierbare Folgen nicht multiplizieren.

I (Gliedweises Produkt). *Ist A eine konvergenztreue Matrix ohne leere Spalten, so limitiert A genau dann mit zwei Folgen $\mathfrak{s}$ und $\tilde{\mathfrak{s}}$ stets auch die Folge $\{s_k \cdot \tilde{s}_k\}$, wenn A konvergenzgleich ist.*

Ist A echte Dreiecksmatrix, so folgt die Behauptung aus Größenordnungsüberlegungen. Im allgemeinen Fall stützen wir uns darauf, daß unter der geforderten Multiplikationseigenschaft $\{a_{lk} s_k\}$ für jedes $\mathfrak{s} \in \mathfrak{A}$ konvergenztreu ist. Mit **25 I** schließen wir zunächst $\underline{\lim}_k \sup_l |a_{lk}| = 0$ aus. Im Falle $\underline{\lim} > 0$ kann keine unbeschränkte Folge limitiert werden, was wegen **29 I** die Behauptung liefert. Siehe MAZUR-ORLICZ [33, 55], ZELLER [52c].

Bei Verfahren A wie der starken Limitierbarkeit $C_1^{[1]}$ (6) und äquivalenten Matrixverfahren darf man jedes $\mathfrak{s}$ mit einer beliebigen beschränkten A-limitierbaren Folge multiplizieren. Vergleiche auch **25 II**.

Das CAUCHY-Produkt $\sum u_m$ zweier Reihen $\sum \bar{u}_m$ und $\sum \tilde{u}_m$ ist definiert durch

(1) $$u_m = \bar{u}_0 \tilde{u}_m + \cdots + \bar{u}_m \tilde{u}_0.$$

Bei konvergenten Ausgangsreihen ist $\sum u_m$ entweder divergent oder zum richtigen Wert konvergent (ABEL). Ist überdies eine der Ausgangsreihen absolut konvergent, so konvergiert $\sum u_m$ (MERTENS). Aus $\sum |\bar{u}_m| < \infty$ und $\sum |\tilde{u}_m| < \infty$ folgt $\sum |u_m| < \infty$ (CAUCHY). Diese Ergebnisse ordnen sich den Einschließungssätzen aus **32** unter (siehe z. B. SCHUR [20], MEARS [35], HILL [39], HAMILTON [47], GOODSTEIN [50]). Es fragt sich, ob ähnliche Sätze in Wirkfeldern gelten.

Zwischen Möglichkeit der CAUCHY-Produktbildung und Translativität bestehen ersichtlich Beziehungen, siehe etwa CESCO [40]. Beim ABEL-Verfahren (55) ist natürlich CAUCHY-Multiplikation gestattet (z. B. SANNIA [17d]). Bei andern funktionentheoretisch definierten Verfahren wie $(E, \mathfrak{p})$ (65) ist die Bildung des CAUCHY-Produkts mit der Transformation vertauschbar, so daß wir die obengenannten Sätze (Konvergenz) übertragen können. Da die Multiplikation oft aus dem Wirkfeld herausführt, betrachten wir allgemeiner drei Verfahren A, B, C und fragen, wann das CAUCHY-Produkt $\sum u_m$ einer A-summierbaren Reihe mit einer B-summierbaren stets C-summierbar ist. Wir beachten, daß sich (1) in den zugehörigen Folgen ausdrückt durch

(2) $\qquad s_0 + \cdots + s_m = \bar{s}_0\,\tilde{s}_m + \cdots + \bar{s}_m\,\tilde{s}_0,$

so daß wir mit FF-Formen arbeiten können. Wir setzen $\bar{\mathfrak{t}} = A\bar{\mathfrak{s}}$, $\tilde{\mathfrak{t}} = B\tilde{\mathfrak{s}}$, $\mathfrak{t} = C\mathfrak{s}$ und nehmen zur Vereinfachung an, daß A, B, C echte Dreiecksmatrizen sind. Mit Hilfe der Inversen finden wir dann leicht eine dreidimensionale Matrix D, so daß

(3) $\qquad t_l = \sum\limits_{k+m \leq l} d_{lkm}\, \bar{t}_k\, \tilde{t}_m$

ist. Für die bilineare Transformation (3) können wir, z. B. mit Hilfe von **15** VI, leicht Einschließungssätze wie **32** I aufstellen (vgl. FRALEIGH [31], HAMILTON [38b], CESCO [40, 41], RADO (1940), ALEXIEWICZ (1948)).

Wir wollen uns jedoch mit dem Spezialfall (4) von (3) begnügen, der sich ergibt, wenn A, B, C NÖRLUND-Verfahren (**63**) sind: die auf Faltungen beruhenden $(N, \mathfrak{p})$ sind ja dem CAUCHY-Produkt besonders angepaßt.

II (Faltung). *Genau dann hat die Dreiecksmatrix D die Eigenschaft, daß bei beliebigen konvergenten Folgen $\bar{\mathfrak{t}}$ und $\tilde{\mathfrak{t}}$ auch*

(4) $\qquad t_l = \sum\limits_{k=0}^{l} d_{lk}\, \bar{t}_k\, \tilde{t}_{l-k}$

eine konvergente Folge darstellt, wenn D konvergenztreu ist und

(5) $\qquad \lim\limits_{l \to \infty} d_{l,l-k} \;\; existiert \quad (k = 0, 1, \ldots).$

Natürlich kann man auch Permanenzbedingungen angeben. Siehe CESÀRO [90], KOJIMA [17b], DALE [25], IZUMI [26b, 27], LENSE [32], HUZURBAZAR [48], vgl. CORPUT [25], MAMBRIANI [32]. Beispiele und Varianten (mit absoluter Summierbarkeit oder Zusatzbedingungen): **53** IV, **63** VII.

Auch andere Produktfestlegungen werden gebraucht (DIRICHLET-Multiplikation bei RIESZ-Mitteln, siehe z. B. HARDY-RIESZ [15*Th. 56], HARDY [23], KIENAST [34], RICCI [34], CHANDRASEKHARAN-MINAKSHISUNDARAM [52*]); trigonometrische Definitionen, vgl. **76** ; BESSEL-Produkt, CHANDRASEKHARAN [43b]). Wir behandeln diese Fragen nicht vollständig und verweisen auf ANDREOLI [36], HARDY [49* S. 227ff.].

40. Sonstiges

Hinreichende oder genaue Bedingungen für Limitierbarkeit nach einem Verfahren A fließen aus verschiedenen Quellen, etwa aus allgemeinen Kriterien (**25**), Konvergenzfaktorensätzen (**34**, **53** III), Vergleichssätzen (**35**, **52** IV), Produktsätzen (**39**, **53** IV), Reduktionsmethoden (**54** IV), Umkehrsätzen (**55** IV), auch funktionentheoretischer Art (**49** IV), FOURIER-Entwicklungen (**73**). Gesondert behandelt man außerdem Folgen besonders einfachen Typs, z. B. periodische u. ä. Folgen (meist bei CESÀRO-Verfahren: GARABEDIAN [39a], MACPHAIL [41], RAJAGOPAL [47c], NEWTON [54], PADMAVALLY [54], VERMES [55]); oder die Musterfolge $\{\zeta^k\}$ (**64** IV, **66** VI, **68** IV, **69**).

Fünftes Kapitel

Umkehrsätze

41. Zusammenfassung

Wie wir schon in **31** sagten, geht es bei den *Umkehrsätzen* zunächst darum, aus Eigenschaften der Transformierten $\mathfrak{t} = A\mathfrak{s}$ solche von $\mathfrak{s}$ zu ermitteln. Vielfach benützt man dabei gewisse *Nebenbedingungen* (*Umkehrbedingungen*) über $\mathfrak{s}$; und allgemeiner schließt man mit diesen von A auf schwächere Verfahren B zurück.

Um festzustellen, wie schnell wachsende Folgen ein Matrixverfahren A limitieren kann, ziehen wir meistens die Inverse A^{-1} heran (**42**). Manchmal ergibt sich dabei, daß A nur konvergente Folgen limitiert (MERCER-Sätze, **43**). Aber auch bei einem A mit großem Wirkfeld ist es meist möglich, durch Spaltenauswahl in der Reihe-Folge-Form ein A^* zu erhalten, für das ein MERCER-Satz gilt. Das bedeutet, daß A keine divergente Reihe summiert, die „große" Lücken aufweist (Lückenumkehrsätze, **44**).

Die Lückenbedingung für eine Reihe besagt, daß die zugehörige Folge in langen Intervallen konstant ist, also *langsam schwankt*. Daß ein Matrixverfahren A langsam oszillierende divergente Folgen nicht limitiert, nimmt nicht wunder, da ja die A-Limitierbarkeit auf dem Ausmitteln der Schwankungen beruht. Wie langsam schwankende Folgen noch von A erfaßt werden, hängt von den „Buckeln" in den Zeilen von A ab, d. h. von der Ballung oder Verteilung der großen Glieder in einer Zeile.

Die Lückenbedingung ist recht speziell. Besser charakterisieren wir das langsame Oszillieren einer Folge durch Größenbedingungen für die Reihenglieder u. ä. Als erster leitete TAUBER [97] mit einer solchen *Konvergenzbedingung* (KB) aus der Limitierbarkeit die Konvergenz einer Folge ab; man spricht daher auch von *Tauber-Sätzen*. In **45** geben wir einige allgemeine und elementare Sätze dieser Art, die aber doch recht nützlich sind. Teilweise schließen wir vorerst nur auf Beschränktheit zurück, um später mit schärferen Methoden (**47**, **48**) fortzufahren.

Bei einer KB wie $u_m = o(\delta_m)$ fragen wir natürlich, ob sie in bestimmtem Sinn optimal ist. Mit Limitierbarkeitskriterien der in **25** beschriebenen Art können wir oft feststellen, daß wir δ_m durch keine Folge δ_m^* mit $\delta_m^*/\delta_m \to \infty$ ersetzen dürfen (**46**). Feinere Modifikationen, Übergang zu komplizierten Bedingungen sind jedoch möglich; oft können wir z. B. die KB zu $u_m = O(\delta_m)$ oder sogar $u_m = O_L(\delta_m)$ (einseitige Bedingung) abschwächen. Das Hauptproblem bei diesen KB besteht darin, die elementar zu erhaltende Abschätzung $s_k = O(1)$ in $s_k = o(1)$ (oder Konvergenz) umzuwandeln.

Verhältnismäßig glatt läuft das bei Verfahren mit Abschnittskonvergenz; und für iterativ aufgebaute Verfahren stehen Reduktionsmethoden zur Verfügung (**47**). Auch bei allgemeineren Matrizen A versuchen wir, zunächst auf einfachere Verfahren B überzugehen, wofür eine Reihe tiefliegender interessanter Methoden entwickelt wurde, die sich auf Konvergenz- und Approximationssätze der reellen, komplexen und Funktionalanalysis stützen (**48, 49**). Beim Übergang $A \to B$ verwenden wir oft statt der KB allgemeiner *Bedingungen über Beschränktheit, einseitige Beschränktheit, Positivität* der Folge — auch in abgeschwächter Form. Diese allgemeinen Umkehrsätze, bei denen von A nur auf ein anderes (meist schwächeres) Verfahren B geschlossen wird, bilden heute den Hauptgegenstand der Umkehruntersuchungen. Es bestehen Beziehungen zu den Vergleichssätzen mit Nebenbedingungen (**37**). In leicht verständlicher Weise bezeichnen wir Umkehrsätze durch $o\text{-}A \to K$, $O\text{-}A \to B$ usw., wobei der erste Buchstabe die Art der Umkehrbedingung andeutet und K für Konvergenz steht.

In **49** behandeln wir funktionentheoretische Methoden und Sätze, bei denen die Transformierte $t(\lambda)$ (bei einer Matrix mit stetigem Parameter) als Funktion einer komplexen Veränderlichen aufgefaßt wird. Schließlich erwähnen wir in **50** Verallgemeinerungen der Umkehrsätze, die sich durch Einführung einer Asymptotik oder genauere Untersuchungen des Zusammenhangs der Oszillationen von Ur- und Bildfolge ergeben. Allgemeine Untersuchungen über Umkehrsätze (mit zahlreichen Beispielen und Literaturangaben) führen WIENER [32], KARAMATA [37cd*], DELANGE [50] durch. Umkehrsätze für spezielle Verfahren stehen in den Kapiteln **VI—VIII**; die Aufteilung allgemein/speziell ist in **50** näher erläutert.

42. Wachstumsbedingungen

Um die Größe eines Wirkfeldes abzuschätzen, fragen wir, wie schnell die darin enthaltenen Folgen höchstens wachsen können (*Wachstumsbedingung, Größenordnungsbedingung*). Auch hier sind funktionalanalytische Gedankengänge nützlich. Bei einem *BK*-Raum $\mathfrak{E}$ bestimmen wir die Normen $\|s_k\|$ (**13** I) der stetigen Linearformen $\mathfrak{z} \to s_k$ (die wir

42. Wachstumsbedingungen

mit s_k oder $s_k(\mathfrak{z})$ bezeichnen) und erkennen die Abschätzung

(1) $\qquad s_k(\mathfrak{z}) = O(||s_k||) \quad (\mathfrak{z} \in \mathfrak{E};\ k \to \infty)$,

die in dem Sinne eine *beste* ist, daß für kein $\{\varepsilon_k\}$ mit $\varepsilon_k \geq 0$ und $\varliminf_k \varepsilon_k = 0$ gilt (falls $||s_k|| \neq 0$ von einer Stelle an)

(2) $\qquad s_k(\mathfrak{z}) = O(\varepsilon_k\,||s_k||) \quad (\mathfrak{z} \in \mathfrak{E};\ k \to \infty)$,

wie aus **15** I folgt. Jedoch können wir in (1) oft O durch o ersetzen, z. B. wenn die e_i (**17** (3)) in $\mathfrak{E}$ eine Grundmenge bilden (vgl. **16** I und **23**). Ähnliche Überlegungen gehen bei FK-Räumen.

Ist $\mathfrak{E}$ das Wirkfeld $\mathfrak{A}$ einer echten Dreiecksmatrix A mit der Inversen B, so haben wir bei der üblichen Normierung **22** I

(3) $\qquad ||s_k|| = \sum_{l=0}^{k} |b_{kl}| \quad (k = 0, 1, \ldots)$.

Kennen wir also B (wie z. B. in **53**), so prinzipiell auch die beste Bedingung (1). Produktzerlegung von B (vgl. **54**) oder funktionentheoretische Betrachtungen (**65**) erleichtern manchmal die im allgemeinen schwierige Berechnung der Zahlen (3). Im Nullwirkfeld $\mathfrak{A}_0$ eines perfekten A (**23**) gilt (1) sogar mit o statt O. Besitzt A Abschnittskonvergenz, so ist

(4) $\qquad s_k \cdot \sup_{l=0,1,\ldots} |a_{lk}| \to 0 \quad (\mathfrak{z} \in \mathfrak{A}_0;\ k \to \infty)$

wegen **24** (7) und **25** I offenbar eine beste Größenordnungsbedingung.

Bei zeilenfinitem A gilt genau dann im Wirkfeld $\mathfrak{A}$ keine Wachstumsbedingung des Typs $s_k = O(\varrho_k)$ $(0 \leq \varrho_k < \infty)$, wenn die Menge der $\mathfrak{w}$ mit $A\mathfrak{w} = \mathfrak{o}$ unendlichdimensional ist (MAZUR-ORLICZ [33, 55], ZELLER [50]). Bei zeileninfinitem A müssen wir auf Anwendbarkeitsfragen achten. Häufig ergibt sich als genaue Anwendbarkeitsbedingung und zugleich „beste" Größenordnungsbedingung eine solche der Gestalt

(5) $\qquad s_k = O(\varrho_k^{(j)}) \quad (j = 0, 1, \ldots)$,

zum Beispiel bei A_1 in **55**. Die Bestimmung optimaler Wachstumsbedingungen führt auch zu Inäquivalenzsätzen (**28** III).

Bei Integraltransformationen haben wir im allgemeinen keine Wachstumsbeschränkungen, da das Integral kurze Spitzen der Funktion verschluckt. Verallgemeinerte Größenordnungsbedingungen ergeben sich durch Vergleich verschiedener Verfahren oder Einführung einer Asymptotik. Auch funktionentheoretische Betrachtungen (TAYLOR-Reihe, geometrische Reihe) liefern Abgrenzungen des Wirkfeldes (vgl. COOKE-DIENES [38], COOKE [50* S. 163]). Sonderfälle sind die MERCER-Sätze (**43**, auch **26**). Für spezielle Fragen bei Einzelverfahren siehe z. B. **59** (7).

43. Konvergenzgleiche Verfahren

Für die Behandlung von Vergleichs- und vor allem Äquivalenzsätzen unter Zuhilfenahme von Vermittlungstransformationen (**35**) sind Matrizen C wichtig, die keine divergenten Folgen limitieren. Ein solches C, das überdies konvergenztreu ist (manche Autoren verlangen „permanent"), heißen wir *konvergenzgleich*. Ein erstes nichttriviales Beispiel gab MERCER [07]. Aussagen über Konvergenzgleichheit und Verwandtes (vgl. **26**) nennen wir daher auch *Mercer-Sätze*.

Allgemeine Konvergenzgleichheitskriterien und darüber hinaus Oszillationsaussagen nach **33** I, II erhalten wir mittels der Inversen C^{-1} (Konvergenztreue von C^{-1}). Bei nichtzeilenfinitem C sind die in **18** geschilderten Schwierigkeiten (Assoziativgesetz) zu berücksichtigen. Weitere Literatur: COOKE [50* S. 163], TROPPER [53], MARTIN [54], COPPING [55].

Wir betrachten hier nur einige einfache Fälle, in denen die explizite Berechnung der Inversen leicht oder überflüssig ist. Der folgende Satz betrifft das Verfahren $I + \alpha C_1$, stammt von MERCER [07] (α reell) und HARDY [12a] und ist wichtig für **54** I.

I (MERCER). *Ist* $\operatorname{Re} \alpha > -1$ *und konvergiert*

$$(1) \qquad t_l = s_l + \alpha \frac{s_0 + \cdots + s_l}{l+1} \quad (l \to \infty),$$

so konvergiert auch $\{s_k\}$.

Der Beweis beruht letztlich auf der Umkehrtransformation. Zur Vereinfachung führen wir jedoch die Hilfsfolge $\mathfrak{w}$ ein:

$$(2) \qquad t_l = -l\, w_{l-1} + (l+1+\alpha)\, w_l \quad \text{mit} \quad w_l = \frac{s_0 + \cdots + s_l}{l+1}.$$

Es genügt nun, aus der Konvergenz von $\mathfrak{t}$ auf die von $\mathfrak{w}$ zu schließen (der Fall $\alpha = 0$ ist trivial). Dazu benützen wir einen Satz über den Zweierverfahren (**62**) verwandte Transformationen:

II (Bandmatrizen mit kleinem Wirkfeld). *Das Verfahren*

$$(3) \qquad B = \operatorname{diag}\left\{\frac{1}{\gamma_l}\right\} \Sigma^{-1} \operatorname{diag}\{\beta_k\} = \begin{pmatrix} \beta_0/\gamma_0 & & & \\ -\beta_0/\gamma_1 & \beta_1/\gamma_1 & & \text{\huge 0} \\ 0 & -\beta_1/\gamma_2 & \beta_2/\gamma_2 & \\ \cdot & \cdot & \cdot & \cdot \end{pmatrix},$$

(wo $\beta_k, \gamma_l \neq 0$) limitiert genau dann keine divergenten Folgen, wenn

$$(4) \qquad \lim_{k \to \infty} \frac{1}{\beta_k} \quad \text{und} \quad \lim_{n \to \infty} \frac{\gamma_0 + \cdots + \gamma_n}{\beta_n} \quad \text{existieren}$$

sowie

(5) $$\sup_{n=0,1,\ldots} \frac{1}{|\beta_n|} \sum_{l=0}^{n} |\gamma_l| < \infty$$

gilt.

Für Σ siehe **4** (5). Den Beweis lesen wir mittels **32 I** aus der Inversen

(6) $$B^{-1} = \text{diag}\left\{\frac{1}{\beta_k}\right\} \Sigma \, \text{diag}\{\gamma_l\}$$

ab. Bei (2) ist

(7) $$\beta_k = \frac{\Gamma(k+2+\alpha)}{\Gamma(k+1)} \sim k^{\alpha+1} \quad \gamma_l = \frac{\Gamma(l+1+\alpha)}{\Gamma(l+1)} \sim l^{\alpha},$$

woraus (4) und (5) folgen (man benütze, daß alle Zeilensummen von B gleich $1+\alpha$, also die von B^{-1} gleich $1/(1+\alpha)$ sind). Bei reellem α kommen wir ohne (7) aus, wir beachten nur $\beta_k, \gamma_l > 0$ und $\beta_k \nearrow$.

Der Grundgedanke dieses Beweises ist schon bei MERCER und HARDY zu finden und später besser herausgearbeitet worden: SCHUR [13, 20], NARUMI [17], SIERPINSKI [17], COPSON-FERRAR [29, 30], KARAMATA [32c]; siehe auch die unten genannten Verallgemeinerungen und **26**.

Der Beweis von KNOPP [13a, 23b] (auch bei VIJAYARAGHAVAN [28a]) stützt sich auf die Vorzeichenverteilung in C_1^{-1} (vgl. **24**). Ist nämlich $w_{l-1} < w_l$, so $t_l = s_l + \alpha w_l > w_l + \alpha w_l$. Dies schließt, falls $\alpha > -1$, schon $\lim w_l = \infty$ aus, usw. BELINFANTE [29a] gibt einen intuitionistischen Beweis. Weitere Methoden werden unten genannt.

Für $\alpha = -1$ limitiert $I + \alpha C_1$ zahlreiche Folgen (nach **25 II**); bei $\alpha \neq -1$, $\text{Re}\,\alpha \leq -1$ bekommen wir ein Einfolgenverfahren (**26**, HARDY [12a]). Andere Varianten von Satz I betreffen Grenzwert ∞, Doppelfolgen, Integrale, Produkttransformationen, Oszillation: MERCER [07], HARDY [12a], NARUMI [17, 19], COPSON-FERRAR [29, 30], BASU [48a, 54b], TANZI [53, 54]. $(M, \mathfrak{p})$ statt C_1 behandeln: KOJIMA [17a b], OKADA [19], WATANABE [20], KNOPP [23b], ČAKALOV [54]. Variables α, teilweise $(M, \mathfrak{p})$ statt C_1, lassen zu: VIJAYARAGHAVAN [28a], BELINFANTE [29a], TANZI [53, 54], COPSON-FERRAR [29, 30], IZUMI [31], KARAMATA [32c]. Kompliziertere Verfahren wie $I + \alpha_1 C_1 + \cdots + \alpha_j C_j$ betrachten HURWITZ-SILVERMAN [17], NARUMI [19], SILVERMAN [19], HAUSDORFF [23], IZUMI [31], WINN [31], WALSH [33, 35, 38], SUNOUCHI [34], FUCHS-ROGOSINSKI [42] (siehe auch **72, 78**).

Es ist sofort zu sehen, daß $I + \alpha C_1$ keine divergente C_1-limitierbare Folge limitiert; und das läßt sich leicht ausbauen: ROGOSINSKI [26]. Weiteres über MERCER-Sätze bei VERBECK [17], OSTROWSKI [25], ANDERSEN [27a], COPSON [30], WINN [32c], MATUMOTO [33], MEYER-KÖNIG [39b], LYRA [40], BOSANQUET-CHOW [41], BORGERS [46*], BASU [54b], RAMANUJAN [55].

Der folgende elementare MERCER-Satz enthält I für kleines α und beruht auf dem Überwiegen der Hauptdiagonalelemente (eine Eigenschaft, die ja auch bei endlichen Matrizen wichtig ist).

III (Überwiegende Hauptdiagonalelemente). *Ist B konvergenztreu und*

(8) $$\|B\| = \sup_{l=0,1,\ldots} \sum_{k=0}^{\infty} |b_{lk}| < 1,$$

so limitiert $A = I - B$ keine beschränkt-divergente Folge. Ist überdies B eine Dreiecksmatrix, so limitiert A überhaupt keine divergente Folge.

In verschiedenen Formen behandelten dies ROGOSINSKI [25], AGNEW [32a, 52c, 54b], MAZUR-ORLICZ [33, 55], RADO [38, 39], KARAMATA [52], (LESLIE)-LOVE [52], PARAMESWARAN [52], WILANSKY-ZELLER [55]. Eine Anwendung ist **75** II.

Es gibt zwei Beweiswege. Entweder benützen wir die Formel

(9) $$A^{-1} = I + B + B^2 + \cdots,$$

die $\|A^{-1}\| < \infty$ zeigt. Oder aber wir greifen bei beschränktem (reellem) $\mathfrak{s}$ zwei Teilfolgen heraus, die gegen $\overline{\lim}\, s_k$ streben, woraus wir die Divergenz von $\mathfrak{t} = A\mathfrak{s}$ erkennen; bei unbeschränktem $\mathfrak{s}$ wählen wir entsprechend eine Teilfolge mit

(10) $$|s_{k_m}| > |s_k| \quad (0 \leq k < k_m).$$

Ein MERCER-Satz für Konvergenzfaktoren stammt von NACHBIN [44]. Andere Beispiele und Methoden für MERCER-Sätze findet man bei speziellen Klassen von Verfahren (wie **62, 63, 72, 78**; siehe auch **66** I bis III). Die Abschnittskonvergenz (**24** (7)) läßt sich ebenfalls verwenden. Nützlich sind ferner Struktursätze wie **26** III und **29** I. Sonderfälle der MERCER-Sätze sind die Lückensätze (**44**). Für absolute Summierbarkeit usw. siehe **7, 8, 9**. Wir verwenden MERCER-Sätze bei Äquivalenzaussagen (**35, 54** I) und genauen Limitierbarkeitsbedingungen (**54** IV).

44. Lückenumkehrsätze

Wie wir schon in **41** sagten, ist bei permanentem A eine limitierbare Folge konvergent, wenn sie „genügend langsam schwankt". Diese Zusatzforderung (Konvergenzbedingung, KB) versuchen wir zunächst in Form einer *Lückenbedingung* auszudrücken:

(1) $\quad u_m = 0 \ (m \neq q_0, q_1, \ldots;$ wo q_j ganz, $0 \leq q_0 < q_1 < \cdots)$.

Schon BOREL [96d] beweist mit Hilfe einer Lückenaussage über B_0 einen funktionentheoretischen Nichtfortsetzbarkeitssatz (siehe **66** XI und **69**). Der erste richtige *Lückenumkehrsatz* betrifft A_1 (**55**) und stammt von HARDY-LITTLEWOOD [26]; die KB ist (1) mit Zahlen q_j, die

(2) $$\varliminf_{j \to \infty} \frac{q_{j+1}}{q_j} > 1$$

erfüllen.

Gilt (1), so ist die zugehörige Folge in den Intervallen $q_j \leq k < q_{j+1}$ konstant. Zu einer Matrix A und der KB (1) bilden wir das zugehörige *Lückenverfahren* A^*:

(3) $\qquad a_{lj}^* = a_{l,q_j} + \cdots + a_{l,q_{j+1}-1}$.

Unter der Voraussetzung (1) gilt

(4) $\qquad \sum\limits_{k=0}^{\infty} a_{lk} s_k = \sum\limits_{j=0}^{\infty} a_{lj}^* s_{q_j}$,

wobei die Existenz der linken Seite die der rechten nach sich zieht (i. a. aber nicht umgekehrt). Noch durchsichtiger wird die Beziehung bei Verwendung der Reihe-Folge-Form. Limitiert A^* keine divergenten Folgen, so ist (1) KB für A. Wir haben damit die Lückensätze auf MERCER-Sätze zurückgeführt. Zum Beispiel bedeutet die obengenannte KB für A_1 die Konvergenzgleichheit eines $(D, \mathfrak{p})$ (59). Erschwerend ist, daß die Lückenmatrizen eigentlich nie dreieckig sind.

I (Allgemeiner Lückensatz). *Ist* (1) *Konvergenzbedingung für ein permanentes A, so gilt*

(5) $\qquad \lim\limits_{j \to \infty} \sup\limits_{l=0,1,\ldots} |a_{lj}^*| > 0$.

Ist A ein permanentes Verfahren mit Abschnittskonvergenz und gilt (5), *so ist* (1) *Konvergenzbedingung für A.*

Der erste Teil folgt aus **25** I (siehe LORENTZ [48c, 51a], wo auch Beispiele stehen, vgl. **46** und die Literatur zu **59** IV); der zweite aus **24** (7) (er gestattet z. B. die Bestimmung aller Lückenbedingungen für C_1). Die Gegenüberstellung von **44** I mit **45** II weist auf den Zusammenhang zwischen Lücken- und Schwankungsbedingungen hin, der von LORENTZ [47a, 48a] näher untersucht wurde. Nicht jedes permanente A besitzt eine KB (1), z. B. nicht T_α (**68**), wie man mit **18** II und III nachweist.

Auch bei vielen Verfahren ohne Abschnittskonvergenz ist (1) eine KB, wenn nur (5) gilt, jedoch ist der Beweis bei besten Lückenbedingungen wesentlich komplizierter. Man versucht, mit Methoden wie in **47**, **48** zu einfacheren Verfahren überzugehen (vgl. II). Eine große Erleichterung bedeutet es, wenn man (zunächst) nur Folgen eines bestimmten Maximalwachstums zuläßt, also einen Lückenumkehrsatz mit *Nebenbedingungen* beweist. Dabei kommt man häufig mit elementaren Abschätzungen aus (vgl. bei **66** XI). Die Einschränkung kann man oft nachträglich wieder beseitigen. Zum Beispiel müssen wir bei **66** XI nur Reihen Σu_m mit in $|\zeta| < 1$ konvergenter Potenzreihe $\Sigma u_m \zeta^m$ berücksichtigen, weil aus regulärer B_0-Summierbarkeit und der Lückenbedingung nach **66** V und einem Nichtfortsetzbarkeitssatz die Zusatzvoraussetzung folgt (MEYER-KÖNIG [53]). Ist das Lückenverfahren A^* perfekt (wir lassen hier auch Nichtdreiecksmatrizen zu), so genügt für den Lückensatz wegen **26** III der Nachweis, daß A^* keine beschränkt-divergenten Folgen limitiert (MEYER-KÖNIG—ZELLER 1956).

Da wir bei Lückenumkehrbedingungen keine günstigsten a-priori-Schranken für $\mathfrak{s}$ haben, ist die Anwendung der Differentiationsmethode **48** I mühsam und erfordert Zusatzüberlegungen (HARDY-LITTLEWOOD [26]). Günstiger stützen wir uns auf folgende Variante von INGHAM [37]:

II (Differenzmethode). *Ist*

$$(6) \qquad t(\lambda) = \sum_{m=0}^{\infty} u_m e^{-\lambda q_m} \quad (\infty > \lambda > 0)$$

und (mit $j > 0$ ganz, $\alpha > 0$, $\beta > 0$)

$$(7) \qquad \varphi_j(\lambda) = \sum_{m=0}^{\infty} u_m (e^{-q_m \alpha \lambda} - e^{-q_m \beta \lambda})^j \quad (\infty > \lambda > 0),$$

so gilt

$$(8) \qquad \sup_{0 < \lambda < \infty} |\varphi_j(\lambda)| \leq 2^j \sup_{0 < \lambda < \infty} |t(\lambda)|.$$

Denn (7) ist eine bestimmte Differenz der Funktion (6). — Nehmen wir etwa $\alpha = \log 2$, $\beta = 2 \log 2$, so hat der Klammerausdruck in (7) (bei festem m) ein Maximum für $\lambda q_m = 1$, das mit wachsendem j immer ausgeprägter wird. Oder: Der Wert von u_m übt den größten Einfluß auf $\varphi_j(1/q_m)$ aus. Gilt überdies (2), so daß die q_m weit auseinanderliegen, so erschließen wir auf diesem Wege aus der Konvergenz von $t(\lambda)$ ($\lambda \to +0$) die Beschränktheit der Folge u_m, woraus leicht (z. B. mit **16** I) sogar $u_m \to 0$ und dann mit einem elementaren Umkehrsatz (**59** (9) mit o) die Konvergenz von s_k folgt. Das bedeutet einen MERCER-Satz für (D, q) (**59** IV) und einen Lückensatz für A_1 (**55**). Weiteres zu dieser Methode: MEYER-KÖNIG [39a], PENNINGTON [52a].

Eine gewisse Ähnlichkeit mit II besitzt das Vorgehen von WIENER [36], der Integraltransformationen B_m angibt, die $t(\lambda)$ in eine gegen u_m konvergierende Funktion umwandeln. LEVINSON [38, 40a* S. 186] führt entsprechende allgemeine Betrachtungen bei WIENER-Verfahren (**78**) durch, stellt die Lückensätze in größeren Zusammenhang und behandelt die Notwendigkeit zusätzlicher Größenordnungsbedingungen. GANDINI [52] benützt eine weitere Methode. PITT [38b] und AGNEW [41a] geben sehr allgemeine KB für WIENER-Verfahren bzw. C_1 (**52**), die auch Lückensätze umfassen.

Neben der Bedingung (1) mit *benachbarten* Lücken kommen auch solche mit nichtbenachbarten vor, oft in Zusammenhang mit funktionentheoretischen Betrachtungen, wobei im allgemeinen nur auf eine Konvergenz einer Teilfolge der s_k o. ä. geschlossen werden darf (siehe Literatur bei **59** IV und **66** X sowie in **49** und **64**). Dabei kann man Lückenbedingungen mit Schwankungsbedingungen koppeln: MEYER-

KÖNIG [39a], KLOOSTERMAN [40a], BOSANQUET [44]. Einige der Arbeiten machen auch asymptotische oder Oszillationsaussagen (vgl. 50).
Zusätzliche Literatur: OBRECHKOFF [30c], ALEXITS [49], DAVYDOV [49], IZUMI [51], ŠČEGLOV [55].

45. Elementare Umkehrsätze

Die in 44 besprochenen *Konvergenzbedingungen* (KB) sind ziemlich spezieller Art. Wir wollen nun das Umkehrproblem allgemeiner anfassen und zunächst einen Satz aussprechen, der trotz seiner Einfachheit recht nützlich und vielfach Ausgangspunkt komplizierterer Untersuchungen ist.

I (Allgemeiner Umkehrsatz). *Eine von der Matrix A limitierte Folge $\mathfrak{s}$ ist genau dann konvergent, wenn sie auch von der Matrix $I - A$ limitiert wird.*

Statt der Einheitsmatrix I (4) nehmen wir allgemeiner ein beliebiges konvergenzgleiches Matrixverfahren K; möglichst eines, dessen Elementverteilung einigermaßen mit der von A übereinstimmt, so daß $K - A$ viele Folgen limitiert. Je schärfer ausgeprägt die Zeilen-*Buckel* (35) in A sind, desto leichter erhalten wir mit I scharfe Umkehrsätze. Vgl. auch den Begriff „*Konvergenzintervall*" (z. B. KARAMATA [35a]).

Beim C_1-Verfahren (52) ergibt I die Konvergenzbedingung

(1) $$\frac{0 \cdot u_0 + 1 \cdot u_1 + \cdots + k \cdot u_k}{k + 1} \to 0 \quad (k \to \infty)$$

(siehe TAUBER [97], HARDY [10a]). Ähnliche Bedingungen treten bei den $(M, \mathfrak{p})$ (52) auf. Wir nennen (1) eine *Kronecker-Bedingung* (nach KRONECKER [86]; siehe auch KNOPP [25b], CHEN [28]). Beim EULER-Verfahren (64) nehmen wir für K etwa die Matrix, die aus I durch einmalige Wiederholung jeder Zeile entsteht, so daß $(K - A)$-Limitierbarkeit die Konvergenz von $s_k - t_{2k}$ und $s_k - t_{2k+1}$ (wo $\mathfrak{t} = A\mathfrak{s}$) bedeutet.

Für Anwendungen von I werden wir nach handlichen hinreichenden Bedingungen für $(I - A)$-Limitierbarkeit suchen, etwa in einer der folgenden Formen, die auf TAUBER [97], LANDAU [13b] und SCHMIDT [25] zurückgehen und *langsames Schwanken* von $\mathfrak{s}$ ausdrücken:

(2) $\quad u_m = o(\delta_m) \quad (m \to \infty,$ wo $0 < \delta_m < \infty$ und $\sum \delta_m = \infty)$,

(3) $\quad \lim_{j \to \infty} \underset{q_j \leq k, m \leq q_{j+1}}{\text{Max}} |s_m - s_k| = 0 \quad$ (wo $q_j \nearrow \infty$),

(4) $\quad \lim_{l \to \infty} \underset{p_l \leq k, m \leq r_l}{\text{Max}} |s_m - s_k| = 0 \quad$ (wo $p_l \nearrow \infty$, $r_l \nearrow \infty$, $p_{l+1} \leq r_l$).

Die letzte Ungleichung in (4) bewirkt, daß es zu jeder Bedingung (4) eine äquivalente der Form (3) gibt, und umgekehrt. Ist $\delta_{q_j+1} + \cdots + \delta_{q_{j+1}} = O(1)$, so verlangt (2) mehr als (3), das sich als Mittelung von (2) auffassen läßt. [Ebenso ist (1) eine Mittelung der Bedingung $m u_m \to 0$.]

Jedoch können wir nur im Falle $\delta_m \to 0$ die Bedingung (2) befriedigen durch eine solche (3) bzw. (4) wiedergeben (vgl. bei **52** (18)). Weitere Typen von KB stehen in **47** und bei speziellen Verfahren (**52, 55, 58**).

(3) und vor allem (4) sind Problemen bei Matrizen mit Zn (**31** I) besser angepaßt als (2). Auch erfüllt jede konvergente Folge (3), so daß wir notwendige und hinreichende Konvergenzbedingungen bekommen. Weiter verwenden wir bei reellem $\mathfrak{s}$ bzw. für Real- und Imaginärteil komplexer $\mathfrak{s}$ entsprechende *einseitige Bedingungen*, etwa

(5) $$\lim_{l \to \infty} \operatorname*{Min}_{p_l \leq k \leq m \leq r_l} (s_m - s_k) \geq 0 \quad \bigl(\text{wo } \mathfrak{p}, \mathfrak{r} \text{ wie in (4)}\bigr),$$

was bedeutet, daß $\mathfrak{s}$ *langsam abfällt*, aber beliebig rasch wachsen darf. Beim Verfahren C_1 (**52**) ist (5) mit $p_l = l/2$, $r_l = l$ eine KB, die schwächer als $u_m = o_L(1/m)$ ist.

II (Allgemeine Schwankungsbedingung). *Zu jedem permanenten Matrixverfahren A gibt es eine Bedingung der Form* (2), *so daß jede A-limitierbare,* (2) *erfüllende Folge konvergiert. Dasselbe gilt für Bedingungen der Gestalt* (3) *und* (4).

Die Überlegungen von **25** II zeigen nämlich, daß $I - A$ jede „genügend langsam schwankende" Folge $\{f_k\}$ limitiert. Wesentlich ist dabei, daß $\chi(I - A) = 0$ ist (für χ siehe **27** (1)). Für konvergenztreues A gilt Satz II genau dann, wenn $\chi(A) \neq 0$ ist (vgl. ZELLER [52c]). Bei sorgfältiger Durchführung liefert die Methode die KB $m\, u_m \to 0$ bzw. $\sqrt{m}\, u_m \to 0$ für die Verfahren in **52, 55** bzw. **64, 66**. Ein Kunstgriff besteht darin, zunächst nur beschränkte Folgen zu betrachten und dann Unbeschränktheit etwa mittels Satz IV auszuschließen.

Gewisse permanente Verfahren limitieren Folgen $s_k \nearrow \infty$ (siehe etwa **26**). Es gibt dann keine einseitige KB (5). Bei positiven A liegen jedoch günstigere Verhältnisse vor, wie die folgenden Sätze zeigen, die auch Hinweise für die Aufstellung von KB in konkreten Fällen geben.

III (Einseitige Konvergenzbedingung). *Die Matrix A sei permanent und positiv, es gelte*

(6) $$\sum_{k=0}^{p_l-1} a_{lk} \to 0, \quad \sum_{k=r_l+1}^{\infty} a_{lk} \to 0 \quad (l \to \infty).$$

Dann ist jede reelle, beschränkte, A-limitierbare, (5) *befriedigende Folge* $\mathfrak{s}$ *konvergent.*

Denn für $p = p_l$, $r = r_l$ ist

(7) $$s_p - t_l = -\sum_{k=0}^{p-1} a_{lk} s_k - \sum_{k=r+1}^{\infty} a_{lk} s_k + s_p \left(1 - \sum_{k=p}^{r} a_{lk}\right) + \sum_{k=p}^{r} a_{lk}(s_p - s_k).$$

Die ersten drei Teile der rechten Seite bilden wegen (6), der Permanenz von A und der Beschränktheit von $\mathfrak{s}$ Nullfolgen für $l \to \infty$. Beim vierten Bestandteil ist wegen (5) und der Positivität von A die obere Häufungsgrenze ≤ 0 (für $l \to \infty$). Zusammen mit einer analogen Untersuchung für s_r an Stelle von s_p erhalten wir also

(8) $\qquad \overline{\lim}\,(s_{p_l} - t_l) \leq 0, \quad \underline{\lim}\,(s_{r_l} - t_l) \geq 0.$

Entsprechende Aussagen gelten wegen (5) sogar allgemeiner für $(s_k - t_l)$, wenn nur die Einschränkung $p_{l-1} \leq k \leq p_l \leq r_{l-1}$ bzw. $p_{l+1} \leq r_l \leq k \leq r_{l+1}$ besteht, w. z. b. w.

Der nächste Satz zeigt, daß wir in III oft auf die Voraussetzung „beschränkt" verzichten können, und ist als Vorstufe vieler anderer Umkehrsätze wichtig. Der Grundgedanke des Beweises, die Einführung der *monotonen Minorante* $\underline{s}$ (wo $\underline{s}$ reell):

(9) $\qquad \underline{s}_k = \mathrm{Min}\,(s_0, \ldots, s_k),$

stammt von VIJAYARAGHAVAN [26, 28b], der spezielle Verfahren (55, 66) untersucht. Weitere Sätze dieser Art (für LAPLACE-Transformation, WIENER-Verfahren, allgemeine Verfahren) und Abwandlungen der Methode geben KARAMATA [32a, 33a, 34b, 35f, 36b], AVAKUMOVIĆ [36a, 37], RAMASWAMI [36], DELANGE [49, 50], HARDY [49* S. 306]; siehe auch 50 und 78. Wir verwenden die Umkehrbedingung

(10) $\qquad \underset{p_l \leq k \leq m \leq r_l}{\mathrm{Min}}\,(s_m - s_k) > -1 \ \big(\text{mit } \mathfrak{p}, \mathfrak{r} \text{ wie in (4)}\big),$

wobei natürlich die Konstante -1 nicht wesentlich ist. Ebenso sind auch andere Voraussetzungen in IV mit Rücksicht auf bequeme Beweisführung gefaßt.

IV (Beschränktheitskriterium). *Alle Zeilensummen der permanenten positiven Matrix A seien gleich Eins. Es gelte*

(11) $\qquad \displaystyle\sum_{k=0}^{p_l-1} a_{lk} = \alpha_l < \frac{1}{5}, \quad \sum_{k=r_l+1}^{\infty} a_{lk} = \beta_l < \frac{1}{5}.$

Aus (10) *und der Existenz von* $\mathfrak{t} = A\mathfrak{s}$ *folge die Existenz von* $A\underline{\mathfrak{s}}$ *und eine Beziehung*

(12) $\qquad \displaystyle\sum_{k=r_l+1}^{\infty} a_{lk}\,(s_k - s_{r_l}) > -\Omega \quad (l = 0, 1, \ldots).$

Jedes reelle $\mathfrak{s}$, *das* (10) *und* $t_l = O(1)$ *erfüllt, ist dann beschränkt.*

Die Verifikation der Voraussetzung (12) wird durch folgende Betrachtung erleichtert. Haben wir eine zu (10) äquivalente „q-Bedingung" (entsprechend (3)), so gilt $s_m - s_k > -j - 1$, wenn j die Anzahl der zwischen k und m gelegenen q ist. Beim ABEL-Verfahren zum Beispiel (in der Form $t_l = (1 - e^{-1/l})\sum e^{-k/l}\,s_k$) setzen wir $p_l \sim l/5$, $r_l \sim 4\,l/5$. Dann ist $s_m - s_k = O_L(\log(m/k))$, usw.

Beim Beweis von IV kürzen wir ab: $p = p_l$, $r = r_l$, $\alpha = \alpha_l$, $\beta = \beta_l$ und zerlegen $t_l = \Sigma_k\,a_{lk}\,s_k$ ähnlich wie bei III in die Teile $k < p$,

$p \leq k \leq r$, $r < k$. Wir benützen im ersten Teil $s_k \geq \underline{s}_p$, im zweiten $s_k = s_k - s_p + \underline{s}_p$, im dritten $s_k \geq \underline{s}_k - s_r + \underline{s}_r$ zur Abschätzung und erhalten, weil $\underline{\hat{s}}$ ebenfalls (10) erfüllt,

(13) $\quad t_l \geq \alpha \, \underline{s}_p + (1 - \alpha - \beta)(-1 + \underline{s}_p) + (-\Omega + \beta \, \underline{s}_r).$

Unter Verwendung von (10) und (11) liefert das

(14) $\quad s_k \leq -\dfrac{2}{3} \underline{s}_k + O_R(1),$

und zwar zunächst für die k der Gestalt p_l, dann ähnlich wie bei III sogar für alle k. Bei der Abschätzung in der anderen Richtung benützen wir im ersten Teil (14), im zweiten setzen wir $s_k = s_k - s_r + \underline{s}_r$, im dritten stützen wir uns auf $s_k \leq O_R(1) - \underline{s}_k + s_r - \underline{s}_r$ und bekommen so

(15) $\quad t_l \leq \left(-\dfrac{2}{3}\alpha \, \underline{s}_p + O_R(1)\right) + (1 - \alpha - \beta)(1 + s_r)$
$\qquad\quad + (O_R(1) + \Omega - \beta \, \underline{s}_r)$

und damit

(16) $\quad s_k \geq \dfrac{2}{3} \underline{s}_k + O_L(1).$

Aus (14) und (16) sowie der Definition von $\underline{\hat{s}}$ folgt aber die Beschränktheit von $\hat{s}$.

Eine allgemeine Untersuchung der hier behandelten KB, vor allem in Zusammenhang mit Lückensätzen (**44**), führt LORENTZ [48a] durch. Dabei sind Struktursätze wie **26** III, **29** I wichtig (siehe auch ZELLER [51a]). Weiteres in den folgenden Nummern.

46. Optimale Umkehrbedingungen

Haben wir mit **45** II festgestellt, daß $u_m = o(1/m)$ eine Konvergenzbedingung (KB) für C_1 ist, so fragen wir, ob sich diese *KB* abschwächen, d. h. $\{1/m\}$ durch eine größere Folge $\{\varrho_m/m\}$ ersetzen läßt. Tatsächlich können wir KB der Gestalt $u_m = o(\varrho_m/m)$ mit $\overline{\lim}\,\varrho_m = \infty$ finden (vgl. **52** II), jedoch ist dies nicht möglich mit $\lim \varrho_m = \infty$. In gewissem Sinn ist also $m\,u_m \to 0$ eine *optimale Konvergenzbedingung*. Ähnlich liegen die Dinge bei KB des Typs **45** (3) und (4); auch hier sind meist leichte Abschwächungen der KB möglich, wie schon durch **45** III plausibel gemacht wird.

LITTLEWOOD [11] zeigte mit Hilfe der inversen Transformation, daß die üblichen KB für $(M, \mathfrak{p})$ (**52**) nicht wesentlich abgeschwächt werden können (vgl. auch INGHAM [25]). LORENTZ [48a, 49, 51a, 54] griff dann das Problem mittels der allgemeinen Limitierbarkeitskriterien aus **25** an, deren Wirksamkeit er an zahlreichen Beispielen darlegt. Einmal stützt er sich auf Summierbarkeitsfunktionen (**25** III):

I (Summierbarkeitsfunktion und Umkehrsatz). *Ist $\varphi(m)$ eine Summierbarkeitsfunktion erster Art für die permanente Matrix A, so ist*

(1) $$u_m = o\left(\frac{1}{\varphi(m)}\right)$$

keine Konvergenzbedingung für A.

Zum Beweis konstruiert LORENTZ [49] eine beschränkt-divergente Folge $\mathfrak{s}$, die (1) genügt und bei der die Zahl der $s_k \neq 0$ mit $k \leq m$ stets $\leq \varphi(m)$ ist. Dies geht unter der Voraussetzung $\Sigma\, 1/\varphi(m) = \infty$, die wegen der Permanenz von A erfüllt ist.

Ein anderer allgemeinerer Satz (vgl. LORENTZ [51a]) hat Ähnlichkeit mit **44** I:

II (Optimum bei Umkehrsätzen). *Die Bedingung* **45** (3) *ist keine Konvergenzbedingung für das permanente Matrixverfahren A, wenn*

(2) $$\lim_{j \to \infty} \sup_{l=0,1,\ldots} \{a_{l,q_j+1} + \cdots + a_{l,q_{j+1}}\} = 0$$

gilt.

Der Beweis ist ähnlich wie bei **25** I; als Gegenbeispiel erhalten wir sogar eine beschränkte Folge. Varianten von II betreffen Bedingungen des Typs **45** (2) und (4).

Die obengenannten Arbeiten behandeln teilweise auch Optimums-Fragen bei Lückensätzen und den wieder recht nützlichen Zusammenhang zwischen Schwankungs- und Lückenbedingungen, vgl. bei **44** I. Unser nächster Schritt ist, feinere Abschwächungen der KB vorzunehmen, nämlich von o- zu O-Bedingungen überzugehen, siehe **47**, **48**.

47. Tieferliegende Umkehrsätze

Haben wir eine optimale Konvergenzbedingung (KB) $u_m = o(\delta_m)$ (im Sinne von **46**) für ein Verfahren A, so fragen wir, ob auch $u_m = O(\delta_m)$ eine KB ist. Dies trifft nicht immer zu; Beispiel: $Z_{\frac{1}{2}}$ mit $\delta_m = 1$ (**62**) oder Einfolgeverfahren (**26**). Können wir jedoch die o-*Bedingung* zur O-*Bedingung* abschwächen, so ist der Beweis meist schwierig. Scharfsinnige Methoden sind hierfür entwickelt worden. Grundprinzip ist, daß man nicht direkt auf Konvergenz zurückschließt, sondern zunächst zu handlicheren, meist schwächeren Verfahren B übergeht. Der Übergang von A zu B entspricht oft einer „Streckung" der Folge $\mathfrak{s}$ (man ersetzt etwa $\{s_k\}$ durch $\{s_0, s_0, s_1, s_1, \ldots\}$; vgl. KNOPP [23c] in **64**.

Als Standardbedingungen verwenden wir im Anschluß an LANDAU [13b] und SCHMIDT [25] (sowie FEJÉR, siehe FEKETE-WINN [33]):

(1) $$\overline{\lim_{l \to \infty}} \operatorname*{Max}_{p_l(\varrho) \leq k \leq m \leq r_l(\varrho)} |s_m - s_k| = \delta(\varrho) \to 0 \quad (\varrho \to 1+),$$

(2) $$\lim_{l \to \infty} \operatorname*{Min}_{p_l(\varrho) \leq k \leq m \leq r_l(\varrho)} (s_m - s_k) \geq \delta(\varrho) \to 0 \quad (\varrho \to 1+).$$

Dabei gelte $p_l(\varrho) \nearrow \infty$, $r_l(\varrho) \nearrow \infty$, $p_{l+1}(\varrho) \leq r_l(\varrho)$ bei festem $\varrho > 1$, ferner $p_l(\varrho) \nearrow$, $r_l(\varrho) \searrow$ für $\varrho \to 1+$ bei festem l; in (2) ist $\delta(\varrho)$ einfach eine geeignete Funktion. Beim Verfahren C_1 ist z. B. (1) mit $p_l(\varrho) = l/\varrho$, $r_l(\varrho) = l$ eine Konvergenzbedingung, die weniger verlangt als $u_m = O(1/m)$ (vgl. 52 II und 55 III, wo Varianten der Bedingung stehen).

Als besonders handlich erweisen sich wieder die Verfahren mit Abschnittskonvergenz (24). Die obengenannten Hilfsverfahren B erhalten wir hier einfach durch „Stutzen" von A. Das ist seit LANDAU [10] bei C_1 und $(M, \mathfrak{p})$ (52) immer wieder ausgenützt worden und führt zu den geläufigen O-Umkehrsätzen dieser Verfahren. Wir formulieren allgemein (vgl. ZELLER [52c]):

I (Abschnittskonvergenz und Umkehrsätze). *Das permanente positive Matrixverfahren A besitze Abschnittskonvergenz. Ferner gelte für jedes feste $\varrho > 1$*

(3) $$\lim_{l \to \infty} \sum_{k=p_l(\varrho)}^{r_l(\varrho)} a_{lk} > 0.$$

Dann ist eine A-limitierbare Folge konvergent, wenn sie (1) oder (2) erfüllt.

Zum Beweis kürzen wir wieder ab: $p = p_l(\varrho)$, $r = r_l(\varrho)$, und betrachten bei festem $\varrho > 1$

(4) $$\frac{1}{\sum\limits_{k=p}^{r} a_{lk}} \cdot \sum_{k=p}^{r} a_{lk}(s_m - s_k) \quad (p \leq m \leq r).$$

Gilt (1), so ist für $l \to \infty$ die obere Häufungsgrenze des Betrages dieses Ausdrucks $\leq 1 \cdot \delta(\varrho)$ wegen der Positivität von A. Weiter dürfen wir $A\text{-lim } s_k = 0$ annehmen. Wegen der Abschnittskonvergenz und (3) geht dann der aus (4) durch Streichen von s_m entstehende Ausdruck gegen Null für $l \to \infty$. Also ist $\overline{\lim} |s_m| \leq \delta(\varrho)$, was die Behauptung ergibt. Nach dem Muster von 45 III behandeln wir entsprechend die Bedingung (2).

Wir erwähnen noch eine Methode von HARDY [10a], der die RR-Form von C_1 (ähnlich auch bei $(M, \mathfrak{p})$) betrachtet:

(5) $$n \cdot v_n = \frac{0 \cdot u_0 + \cdots + n \cdot u_n}{n+1} \quad (n > 0).$$

Geht der rechts stehende KRONECKER-Ausdruck nicht gegen Null und gilt $u_m = O(1/m)$, so divergiert Σv_n, weil immer wieder lange Gruppen von Gliedern die Größenordnung $1/n$ besitzen. Zusammen mit 45 (1) ergibt das den $O\text{-}C_1 \to K$-Satz.

Bei iterativ definierten Verfahren (vgl. 18) werden wir versuchen, auf die einzelnen Komponenten zurückzugehen.

47. Tieferliegende Umkehrsätze

II (Reduktionsprinzip). *A und B seien Matrixverfahren, $\mathfrak{A}$ bzw. $\mathfrak{B}$ Konvergenzbedingungen für A bzw. B. Ferner transformiere B jede $\mathfrak{B}$ erfüllende Folge in eine solche, die $\mathfrak{A}$ genügt. Dann ist $\mathfrak{B}$ auch eine Konvergenzbedingung für das Verfahren $A \cdot B$.*

Wir geben Beispiele. Gilt $u_m = O(1/m)$, so erfüllt auch die C_1-Transformierte diese Bedingung (verwende die RR-Form (5), vgl. **72 II**). Daher ist $u_m = O(1/m)$ auch KB für $C_1 \cdot C_1 = H_2$ (**54**); allgemeiner sogar für H_a ($a = 1, 2, \ldots$), und wegen der Monotonie bzw. Äquivalenz sogar für H_α und C_α ($\alpha > -1$). Siehe LANDAU [10] (nach einer Idee von BOHR), einfacher bei GAIER-ZELLER [54] und KNOPP [54].

HARDY [10a, 49* S. 121] gibt eine andere Reduktionsmethode für $C_a \to C_{a-1}$, die an seinen obengenannten Beweis anknüpft. MORDELL [28b] beweist den $O\text{-}C_\alpha \to K$-Satz, indem er Linearkombinationen von C_α-Mitteln verschiedener Ordnung bildet und einen MERCER-Satz anwendet. Für kompliziertere Umkehrsätze bei C_α sind statt der Reduktionsmethode gewisse *Differenzenformeln* günstiger, die aus dem Aufbau von C_α aus Potenzen von Σ herrühren und bei der C_α-Integraltransformation mit der TAYLOR-Entwicklung zusammenhängen: KLOOSTERMAN [40b, 50], WARD [41], GAIER-ZELLER [54], s. a. **57** I, II. — Auch bei RIESZ-Mitteln (**59**) und EULER-Verfahren (**64**) geht man ähnlich vor.

Die KRONECKER-Bedingung

$$(6) \qquad w_k = \frac{0 \cdot u_0 + \cdots + k \cdot u_k}{k+1} \to 0 \quad (k \to \infty)$$

geht bei C_1-Transformation über in $n v_n \to 0$ (benütze (5)). Die zu C_1 inverse Transformation lautet $s_k = t_k + k v_k$. Daher ist (6) eine KB für C_1; aber auch für A_1, wie aus $A_1 \cdot C_1 \supseteq A_1$ (**55** V) und dem gewöhnlichen $o\text{-}A_1 \to K$-Satz folgt (TAUBER [97]).

Gilt $m u_m = O_L(1)$, so erfüllen die w_k für geeignetes Ω die Bedingung $k(w_k + \Omega) \nearrow$, was LANDAU [10] zum Beweis des $O_L\text{-}C_1 \to K$-Satzes benützt. In ähnlicher Weise geht man beim A_1-Verfahren und der LAPLACE-Transformation (**58**) vor, vgl. HARDY [49* S. 160].

Wir nehmen nun an, daß wir zu A schon geeignete Hilfsverfahren B gefunden haben (vgl. **48**). Das folgende Prinzip wurde zuerst von LITTLEWOOD [11] beim Verfahren A_1 (**55**), später vor allem bei B_0 (**66**) benützt.

III (Allgemeiner O-Umkehrsatz). *Die permanenten Verfahren $B^{(\varrho)}$ ($\varrho > 1$) mögen folgende Bedingungen erfüllen:*

$$(7) \qquad \overline{\lim_{l \to \infty}} \sum_{k=0}^{\infty} |b_{lk}^{(\varrho)}| < \Omega < \infty \quad (\varrho > 1),$$

$$(8) \quad \overline{\lim_{l \to \infty}} \sum_{k=0}^{p_l(\varrho)-1} |b_{lk}^{(\varrho)}| = \alpha(\varrho) \to 0, \quad \overline{\lim_{l \to \infty}} \sum_{k=r_l(\varrho)+1}^{\infty} |b_{lk}^{(\varrho)}| = \beta(\varrho) \to 0$$

$$(\varrho \to 1+).$$

Dann ist jede beschränkte, (1) befriedigende Folge $\mathfrak{z}$, die von allen $B^{(\varrho)}$ limitiert wird, konvergent. Bei positiven $B^{(\varrho)}$ gilt das sogar noch mit (2) an Stelle von (1).

Zum Beweis bestimmen wir bei festem ϱ zu jedem m ein l, so daß $p \leq m \leq r$ mit $p = p_l(\varrho)$, $r = r_l(\varrho)$ gilt. Dann ist

$$(9) \quad s_m - t_l = -\sum_{k=0}^{p-1} b_{lk}^{(\varrho)} s_k - \sum_{k=r+1}^{\infty} b_{lk}^{(\varrho)} s_k + s_m \left(1 - \sum_{k=p}^{r} b_{lk}^{(\varrho)}\right) + \sum_{k=p}^{r} b_{lk}^{(\varrho)} (s_m - s_k).$$

Wir bilden nun die obere Häufungsgrenze für $m \to \infty$. Bei den drei ersten Gliedern rechts erhalten wir wegen (8), der Beschränktheit von $\mathfrak{z}$ und der Permanenz von $B^{(\varrho)}$ Schranken, die mit $\varrho \to 1+$ gegen Null gehen. Beim vierten Glied besteht wegen (1) und (7) eine Schranke $\Omega \cdot \delta(\varrho)$. Daraus folgt die Behauptung bezüglich (1); und (2) behandeln wir wie bei **45** III.

Die nächste Methode finden wir zuerst bei HARDY-LITTLEWOOD [14a] (Verfahren A_1). Sie wurde später vor allem von WIENER und KARAMATA (siehe **48**) ausgebaut.

IV (Approximation). *Stehen die Verfahren $B^{(j)}$ $(j = 0, 1, \ldots)$ und C in der Beziehung*

$$(10) \quad \sup_{l = 0, 1, \ldots} \sum_{k=0}^{\infty} |b_{lk}^{(j)} - c_{lk}| \to 0 \quad (j \to \infty),$$

so wird jede beschränkte Folge $\mathfrak{z}$, die von allen $B^{(j)}$ limitiert wird, auch von C limitiert.

Approximieren geeignete $B^{(j)}$ die Matrix C „von oben", andere „von unten", so können wir in IV sogar einseitig beschränkte Folgen zulassen. Mit IV führt man z. B. Umkehrsätze für A_1 auf solche für C_1 zurück, wobei letztere nach I leicht zu erhalten sind, vgl. **48**.

Der Beweis eines Umkehrsatzes für ein Verfahren A verläuft häufig so: Wir folgern Beschränktheit von $\mathfrak{z}$ (**45** IV), dann finden wir weitere Verfahren B, die $\mathfrak{z}$ limitieren (**48**), und schließen mit Hilfe von **47** III und IV auf Konvergenz. In dieser Kette müssen wir noch das Mittelstück ausbauen, was in der nächsten Nummer geschieht.

48. Die Methoden von Littlewood, Wiener, Karamata und Schmidt

Wir beschreiben, wie man zu den in **47** genannten *Hilfsmatrizen* B gelangt.

I (Differentiationsmethode, LITTLEWOOD). *Gilt*

$$(1) \quad t(\lambda) = \sum_{m=0}^{\infty} u_m e^{-\lambda m} \to \sigma \quad (\infty > \lambda \to 0+)$$

und

(2) $$u_m = O\left(\frac{1}{m}\right),$$

so

(3) $$(-1)^j \lambda^j \frac{d^j}{d\lambda^j} t(\lambda) = \lambda^j \sum_{m=0}^{\infty} u_m m^j e^{-\lambda m} \to 0 \quad (\lambda \to 0 +;$$
$$j = 1, 2, 3, \ldots)$$

Denn aus (2) erhalten wir durch gängige Abschätzungen die Beschränktheit von (3) für jedes j, worauf ein Umkehrsatz vom Typ **57** I zum Ziel führt. — Je größer j, desto ausgeprägter sind die Zeilen-*Buckel* (**35**) in der Transformation (3). Daraus leitet LITTLEWOOD [11] gemäß **47** III die Konvergenzbedingung (KB) (2) für das ABEL-Verfahren (1) ab (vgl. auch IZUMI [54]). Er behandelt allgemeiner sogar $D_\mathfrak{v}$ (**59**). Einen ersten Ansatz zu I finden wir übrigens schon bei TAUBER [97].

Auf ähnlichem Wege erhalten HARDY-LITTLEWOOD [14a, 29] (vgl. dazu BOAS-WIDDER [40]) gemäß **47** IV die Äquivalenz von A_1 und C_1 für einseitig beschränkte Folgen (**55** IV) und allgemeinere asymptotische Aussagen (**58** I). Bis 1930 wurde dann die Methode wiederholt angewandt (auch bei B_0, **66** X, **68** X), um später durch II und III abgelöst zu werden. Die Variante **44** II des Satzes I ist auch bei gewöhnlichen Umkehrsätzen nützlich: PENNINGTON [52a].

II (Polynommethode, KARAMATA). *Gilt für einseitig beschränktes* $\mathfrak{s}$

(4) $$(1-\lambda) \sum_{k=0}^{\infty} s_k \lambda^k \to \sigma \quad (0 \leq \lambda \to 1-)$$

und ist $\varphi(\lambda)$ *in* $0 \leq \lambda \leq 1$ *eigentlich Riemann-integrierbar, so gilt*

(5) $$(1-\lambda) \sum_{k=0}^{\infty} s_k \lambda^k \varphi(\lambda^k) \to \sigma \int_0^1 \varphi(v)\, dv \quad (0 \leq \lambda \to 1-).$$

Denn die Behauptung ist richtig für $\varphi(\lambda) = \lambda^j$ ($j = 0, 1, \ldots$) (Parametertransformation!), also auch für jedes Polynom φ. Eine leichte Verschärfung des Weierstraßschen Approximationssatzes liefert gemäß **47** IV die Behauptung (KARAMATA [30b]).

Wir haben nun viel mehr Hilfsverfahren als bei I zur Verfügung. Nehmen wir

(6) $$\varphi(\lambda) = \begin{cases} 0 & (0 \leq \lambda < e^{-1}) \\ \dfrac{1}{\lambda} & (e^{-1} \leq \lambda \leq 1), \end{cases}$$

so erhalten wir in (5) im wesentlichen die C_1-Mittel und damit einen Beweis von **55** IV und des $O\text{-}A_1 \to K$-Satzes. Ähnlich gehen wir bei asymptotischen Sätzen und der LAPLACE-Transformation (**58** I) vor (siehe vor allem KARAMATA [30a d, 31a b]). Es bestehen Beziehungen zu funktionalanalytischen Konvergenzsätzen: KARAMATA [31d]. Eine Variante der Methode, mit der man direkt den $O\text{-}A_1 \to K$-Satz bekommt, beschreibt WIELANDT [52], siehe auch REID [54], KOREVAAR [55].

Sätze über beste Polynomapproximation liefern bei *asymptotischen Tauber-Sätzen* Aussagen über die Annäherungsgeschwindigkeit: FREUD [51, 53], KOREVAAR [51, 54bc, 55], POSTNIKOV [51], GANELIUS [55].

BELINFANTE [31] bearbeitet die Methode intuitionistisch. IZUMI [54] kombiniert I und II zum Beweis von **55** III. KOREVAAR [47] benützt die Methode II beim LAMBERT-Verfahren (**77**).

Noch vor KARAMATA fand WIENER [32], auch [27, 28, 33a*], eine mit II verwandte allgemeinere Methode, die sich auf die WIENER-Verfahren (**78**) bezieht und die meisten geläufigen Umkehrsätze erfaßt. Entscheidend ist, daß die meisten $(W, \mathfrak{p})$ für beschränkte Funktionen gleichstark sind. Dadurch können wir (unter Verwendung von Beschränktheitskriterien wie **45** IV) Umkehrsätze für $(W, \mathfrak{p})$ auf solche für C_1 zurückführen oder auch gemäß **47** III direkt beweisen.

III (WIENERs Hauptsatz). *Limitiert das Verfahren* $(W, \mathfrak{p})$ *(wo* $\mathfrak{p} \in \mathfrak{L}$*) die beschränkte Funktion* $s(x)$ *zum Werte* σ *und hat die Fourier-Transformierte von* $\mathfrak{p}$ *keine reellen Nullstellen:*

$$(7) \qquad \int_{-\infty}^{+\infty} e^{-iv\mu}\, p(\mu)\, d\mu \neq 0 \quad (-\infty < v < +\infty),$$

so limitiert auch jedes andere $(W, \mathfrak{q})$ *(wo* $\mathfrak{q} \in \mathfrak{L}$*) die Funktion, und zwar gilt genauer*

$$(8) \qquad \int_{-\infty}^{+\infty} q(\lambda - x)\, s(x)\, dx \to \sigma \cdot \int_{-\infty}^{+\infty} q(v)\, dv \Big/ \int_{-\infty}^{+\infty} p(\mu)\, d\mu \quad (\lambda \to +\infty).$$

Der Beweis folgt nach dem Prinzip **47** IV aus dem Approximationssatz **19** I. Die Funktionen $s(x) = e^{i\alpha x}$ mit

$$(9) \qquad t(\lambda) = e^{i\alpha\lambda} \cdot \int_{-\infty}^{+\infty} p(\mu)\, e^{-i\alpha\mu}\, d\mu$$

lehren, daß (7) nicht weggelassen werden darf. In einer Variante von III verwendet man als Voraussetzung von III Limitierbarkeit nach einer ganzen Klasse von Verfahren $(W, \mathfrak{p})$. Für weitere Modifikationen, Anwendungen usw. siehe **78** und **49**.

Eine von I—III verschiedene Methode wurde durch SCHMIDT [25] eingeführt und von KARAMATA [37cd*, 52], BEURLING [45], DELANGE [49] ausgebaut.

IV (Einzigkeitsprinzip). *Sei* $s(\varkappa)$ *beschränkt und* $(W, \mathfrak{p})$-*limitierbar* (*wo* $\mathfrak{p} \in \mathfrak{L}$) *zum Werte* σ; *es erfülle*

(10) $$\overline{\lim_{\varkappa \to \infty}} \sup_{\varkappa \leq \mu \leq \varkappa + \varrho} |s(\varkappa) - s(\mu)| = \psi(\varrho) \to 0 \quad (\varrho \to 0+).$$

Aus

(11) $$\int_{-\infty}^{+\infty} p(\zeta - \varkappa)\, \varphi(\varkappa)\, d\varkappa \equiv 0$$

folge $\varphi(\varkappa) \equiv 0$, *wenn* φ *in* $-\infty < \varkappa < +\infty$ *stetig und beschränkt ist. Dann besitzt* $s(\varkappa)$ *den Grenzwert* σ *für* $\varkappa \to \infty$.

Ein Zusammenhang von III und IV wird gegeben durch allgemeine funktionalanalytische Prinzipien, die Einzigkeits-, Konvergenz- und Approximationssätze verbinden (Grundmenge und totale Menge, Kompaktheit; vgl. BANACH [32*] und ZELLER [53f]); siehe auch WIENER [32], KARAMATA [31 d, 37 c d*], BEURLING [45]; beachte (9).

Zum Beweis des Satzes (es sei o. B. d. A. $\int_{-\infty}^{+\infty} p(\varkappa)\, d\varkappa = 1$) gehen wir aus von

(12) $$\begin{aligned} &t(\lambda) - s(\mu) \\ &= \int_{-\infty}^{+\infty} p(\lambda - \mu - \varkappa)\, [s(\mu + \varkappa) - s(\mu)]\, d\varkappa \ (-\infty < \lambda, \mu < +\infty). \end{aligned}$$

Gestützt auf (10) greifen wir nach üblichen Auswahlprinzipien (vgl. gleichgradige Stetigkeit) aus einer beliebigen μ-Menge mit Häufungspunkt $+\infty$ eine Teilfolge $\mu_j \to \infty$ heraus, so daß

(13) $$\lim_{j \to \infty} [s(\mu_j + \varkappa) - s(\mu_j)] = \varphi(\varkappa)$$

für alle $\varkappa$ existiert (man betrachtet zunächst rationale $\varkappa$). Dabei ist φ stetig und beschränkt. Setzen wir $\mu = \mu_j$ und $\lambda = \mu_j + \zeta$ (bei beliebigem festem ζ) in (12), so erhalten wir als Grenzwert für $j \to \infty$

(14) $$\lim_{\lambda \to \infty} t(\lambda) - \lim_{j \to \infty} s(\mu_j) = \int_{-\infty}^{+\infty} p(\zeta - \varkappa)\, \varphi(\varkappa)\, d\varkappa.$$

Die $(W, \mathfrak{p})$-Transformierte von φ ist also eine Konstante. Nach (11) ist auch φ konstant, also wegen $\varphi(0) = 0$ sogar immer Null. Damit haben wir gezeigt, daß in jeder μ-Menge mit Häufungspunkt $+\infty$ eine Folge $\mu_j \to \infty$ enthalten ist, so daß $\lim_j s(\mu_j) = \sigma$ gilt. Daraus folgt die Behauptung.

49. Funktionentheoretische Umkehrsätze und Beweise

Von Verfahren wie A_1 (55) und B_0 (66) erhält man Varianten, wenn man den Parameter λ einen komplexen Weg durchlaufen läßt. Darüber hinaus betrachtet man oft auch die Transformierte $t(\lambda)$ als *analytische*

Funktion in gewissen λ-Gebieten. Dies führt zu Umkehrsätzen neuen Typs und weiteren Beweisen der gewöhnlichen Umkehrsätze. Wichtige Hilfsmittel sind dabei komplexe Integration sowie Stetigkeits- und Konvergenzsätze, die mit den Montelschen normalen (kompakten) Familien zusammenhängen, so daß auch eine Verbindung zu den Methoden aus **48** besteht — siehe die Bemerkungen und den Beweis zu **48** IV.

Der folgende (mit Rücksicht auf (1) formulierte) Satz stammt von MONTEL (1912), verwandte Ergebnisse sind PHRAGMÉN-LINDELÖF (1908) zu verdanken; siehe TITCHMARSH [32*, S. 170—179].

I (Randwerte im Winkelraum). *Sei $t(\lambda)$ regulär in* $\operatorname{Re} \lambda > 0$ *und beschränkt in jedem Winkelraum* $-\theta < \arg \lambda < \theta$ *(wo $0 < \theta < \pi/2$). Ferner existiere* $\lim\limits_{\lambda \to 0+} t(\lambda) = \sigma$. *Dann gilt* $\lim t(\lambda) = \sigma$ *sogar, wenn λ in einem beliebigen der genannten Winkelräume gegen 0 strebt.*

Der Satz ist wichtig für die Erweiterungen von IV und Umkehrsätze bei Varianten von A_1 oder B_0 mit komplexem oder unstetigem Parameter λ (siehe z. B. HARDY-LITTLEWOOD [20, 23b]; für diese Sätze vgl. ferner LANDAU [07], SCHNEE [09], NEDER [23], WIENER [33b], MEYER-KÖNIG [40b], DELANGE [49], ŠČEGLOV [51], EVANS [53]). Als typische Anwendung nennen wir den Beweis von DELANGE [52] für den O-Umkehrsatz der LAPLACE-Transformation (**58** (3)). Aus den Voraussetzungen dieses Satzes folgert er Beschränktheit von $s(\varkappa)$ und sodann mit I und Integration, daß

$$(1) \quad \lim_{\lambda \to 0+} \int_0^\infty e^{-\frac{\varkappa^2}{\alpha^2}} \left[s\left(\frac{1+\varkappa}{\lambda}\right) - \lim_{\nu \to \infty} t(\nu) \right] d\varkappa = 0 \quad \text{(für jedes } \alpha > 0\text{)}$$

gilt, woraus nach dem Prinzip **47** III die Behauptung folgt. BOSANQUET-CARTWRIGHT [33a] behandeln einseitige Umkehrsätze mit einer Variante von I. GAIER [53b] benützt die Methode beim Translationsproblem des BOREL-Verfahrens (**66** III). Weitere Literatur: EGGLESTON [51], PLEIJEL [52], EVANS [53], OFFORD [32].

II (Funktionenfolgen; VITALI 1903). *Sind die $t_l^{(\alpha)}$ ($l = 0, 1, \ldots$) regulär und gleichmäßig beschränkt in einem Gebiet Γ der α-Ebene und existiert* $\lim\limits_{l \to \infty} t_l^{(\alpha)}$ *für eine Menge von α-Werten, die einen Häufungspunkt im Innern von Γ besitzt, so existiert* $\lim\limits_{l \to \infty} t_l^{(\alpha)}$ *gleichmäßig in jedem kompakten Teil von Γ.*

Damit können wir in geeigneten Fällen von $A^{(\alpha)}$-Beschränktheit auf $A^{(\alpha)}$-Limitierbarkeit schließen, wenn die Limitierbarkeit schon für gewisse α-Werte bekannt ist, wie HARDY-LITTLEWOOD [43] am Beispiel **68** X darlegen.

III (Regularität als Umkehrbedingung). *Die Reihe Σu_m konvergiert, wenn* (2) *und* (3) *oder* (2) *und* (4) *gelten:*

(2) $$u_m \to 0 \quad (m \to \infty),$$

(3) $$t(\lambda) = \sum_{m=0}^{\infty} u_m \lambda^m \text{ ist regulär in } \lambda = 1,$$

$t(\lambda)$ *ist regulär und gleichmäßig stetig in einem Gebiet*

(4) $$\begin{cases} 0 < |\lambda - 1| < \varrho & (\varrho > 0) \\ |\arg(\lambda - 1)| > \theta & (\theta < \pi/2). \end{cases}$$

Wir können III als Umkehrsatz für das ABEL-Verfahren auffassen. III mit der Bedingung (3) stammt von FATOU [06 S. 389], der die Riemannsche Theorie trigonometrischer Reihen heranzieht. RIESZ [11b] gab eine Erweiterung (gleichmäßige Konvergenz ...) und einen Beweis, der sich auf folgende Formel stützt:

(5) $$2\pi i \left(s_k - t(1) \right) = \int_\Lambda \frac{t(\lambda)}{\lambda^{k+1}} \frac{1}{1-\lambda} d\lambda$$

$$= \int_\Lambda \frac{t(\lambda)}{\lambda^{k+1}} \left(\frac{1}{1-\lambda} + \gamma_0 + \gamma_1 \lambda \right) d\lambda + o(1).$$

Dabei sei Λ ein JORDAN-Weg im Regularitätsgebiet von $t(\lambda)$, der 0 und 1 umschließt, den Einheitskreis in zwei Punkten λ_1, λ_2 trifft und durch diese in die Teile Λ_1 (außerhalb) und Λ_2 (innerhalb) zerlegt wird. Das Teilintegral mit Λ_1 ist wegen λ^{k+1} im Nenner leicht als Nullfolge abzuschätzen. Bei Λ_2 arbeiten wir mit partiellen Integrationen (die γ_i werden dazu günstig gewählt) und formen um:

(6) $$\int_{\Lambda_2} \frac{t(\lambda)}{\lambda^{k+1}} \left(\frac{1}{1-\lambda} + \gamma_0 + \gamma_1 \lambda \right) d\lambda$$

$$= \sum_{m=0}^{\infty} u_m \int_{\Lambda_2} \lambda^{m-k-1} \left(\frac{1}{1-\lambda} + \gamma_0 + \gamma_1 \lambda \right) d\lambda.$$

Rechts verlegen wir den Integrationsweg auf den Rand des Einheitskreises, womit wir nach kurzer Rechnung unter Verwendung von (2) die gewünschte Abschätzung $o(1)$ erhalten.

RIESZ [16a] benützt eine andere Beweismethode (vgl. dazu die formale Multiplikation bei **76** IV): Er zeigt von den Hilfsfunktionen

(7) $$\psi_k(\lambda) = \frac{t(\lambda) - (u_0 + \cdots + u_k \lambda^k)}{\lambda^{k+1}} (\lambda - \lambda_1)(\lambda - \lambda_2),$$

daß sie auf dem Rand eines Sektors mit den Ecken in $0, \varrho \lambda_1, \varrho \lambda_2$ (wo $\varrho > 1$, λ_i wie oben) gleichmäßig gegen Null gehen. Dies wird bewirkt im Innern des Einheitskreises durch die Konvergenz der Reihe, im Äußern durch die Faktoren λ^{-k-1}, und bei den kritischen Verbindungspunkten λ_i durch die Faktoren $(\lambda - \lambda_i)$. Dabei verwenden wir (2) zum Vergleich von Teilstücken von $\Sigma u_m \lambda^m$ mit entsprechenden Stücken der geometrischen Reihe. Da nach dem Maximumprinzip $\psi_k(1) \to 0$ geht, folgt die Behauptung. Siehe auch LANDAU [16*, 29*].

Nach schwächeren Resultaten von RIESZ [10] sowie PRINGSHEIM und SZÁSZ (siehe BIEBERBACH [21* S. 485]) bewies GAIER [53a] Satz III mit (4). Er stützt sich dabei auf IV und schätzt die Differenz von s_k und den C_1-Mitteln dieser Folge mit Hilfe eines komplexen Integrals ab, dessen Weg nahe am Rand des Regularitätsgebiets liegt. — Limitierungstheoretische Anwendungen von III geben MEYER-KÖNIG [49a], GAIER-PEYERIMHOFF [53]. GAIER [53a] beweist auch komplexe Umkehrsätze für andere Verfahren (**64—68**).

IV (Stetigkeit als Umkehrbedingung). *Die Reihe Σu_m ist C_α-summierbar ($\alpha > 0$), wenn (8) und (9) gelten:*

(8) $$u_m = o(m^\alpha) \quad (m \to \infty),$$

(9) $$t(\lambda) = \sum_{m=0}^{\infty} u_m \lambda^m$$

ist stetig in einem abgeschlossenen Sektor des Einheitskreises, der 1 im Innern des Randbogens enthält.

Nach einem viel schwächeren Resultat von HADAMARD [92] (vgl. KNOPP [07a]) beweist RIESZ [08a b, 11b, 16b] das mit Hilfe des Integrals

(10) $$t_l^{(\alpha)} = \frac{1}{2\pi i \binom{l+\alpha}{l}} \int_{|\lambda|=\varrho<1} \frac{t(\lambda)}{(1-\lambda)^{\alpha+1} \lambda^{l+1}} d\lambda \quad (\text{wo } t^{(\alpha)} = C_\alpha \,\tilde{s})$$

durch Ausbau der bei III beschriebenen Methode. Satz IV gilt nicht mehr für $\alpha = 0$, da es in $|\lambda| < 1$ reguläre, in $|\lambda| \leq 1$ stetige $t(\lambda)$ gibt, bei denen Σu_m divergiert (FEJÉR 1910). In (8) haben wir die genaue Größenordnungsbedingung für C_α (**53**).

DIENES [11, 13*, 31*], FERENCZI [31], OFFORD [32], LORD [34] bauten IV aus (u. a. genaue Bedingungen für C_α-Summierbarkeit). Verwandt sind ferner funktionentheoretische Limitierbarkeitskriterien, wie wir sie bei **65** IV, **66** V, **68** (11) und vor **55** I anführen. In anderer Richtung gehen HARDY-LITTLEWOOD [20, 23a] vor: Fragen betreffend C_α-Summierbarkeit reduzieren sie mittels **54** IV auf solche über C_{-1}. Den dabei vorgenommenen Transformationen der Urfolge entsprechen HÖLDER-Transformationen des Typs **57** (7) (abgewandelt für $\lambda \to 1 -$) bei $t(\lambda) = \Sigma u_m \lambda^m$. Es ergibt sich, daß das Stetigkeitsverhalten dieser Transformierten im Punkte 1 bei beliebiger Annäherung aus dem Einheitskreis charakteristisch für die C-Summierbarkeit ist. Statt mit Potenzreihen kann man auch mit FOURIER-Reihen arbeiten. Ferner sind die Betrachtungen wichtig für Umkehrsätze bei komplexen Varianten von A_1. Weiteres bei CARTWRIGHT [30], BOSANQUET(-CARTWRIGHT) [32c, 33],

49. Funktionentheoretische Umkehrsätze und Beweise

WIENER [32, 33b], OFFORD [34], GERGEN-LITTAUER [35], PITT [38b], SUNOUCHI [50ab], CHOW [51], EVGRAFOV [52ab].

Andere Verallgemeinerungen von III und IV betreffen DIRICHLET-Reihen (59) und LAPLACE-Transformation (58), Oszillationssätze (vgl. 50) und Verwendung komplizierterer Regularitäts- oder Stetigkeitsbedingungen. Wichtig sind dabei Umkehrformeln für die LAPLACE-Transformation. Literatur: RIESZ [09c, 16b, 24b], HARDY-RIESZ [15* S. 47], KARAMATA [33b, 34a], INGHAM [35, 41], AVAKUMOVIĆ [37b, 38ab, 40ab, 54], KIENAST [37b], WIENER-PITT [39], AMERIO [40, 41a], LUZIN [47], DELANGE [51b], BOSANQUET [53], KOREVAAR [54e].

Diese Arbeiten leiten einerseits über zu den in 58 genannten Umkehrsätzen bei der LAPLACE-Transformation (bei denen teilweise auch komplexe λ verwendet werden), andererseits zu dem folgenden Seitenstück zu III und IV, das besonders wichtig für die Zahlentheorie (Primzahlsatz) ist:

V (Umkehrsatz von LANDAU, IKEHARA und WIENER). *Gilt*

(11) $$0 \leq e^{\varkappa} s(\varkappa) \nearrow \quad (0 \leq \varkappa \nearrow \infty),$$

existiert

(12) $$t(\lambda) = \lambda \int_0^\infty e^{-\lambda \varkappa} s(\varkappa) \, d\varkappa \quad (\operatorname{Re} \lambda > 0)$$

und ist bei geeignetem α

(13) $$w(\lambda) = \frac{t(\lambda)}{\lambda} - \frac{\alpha}{\lambda}$$

nach passender Fortsetzung stetig in $\operatorname{Re} \lambda \geq 0$, *so gilt*

(14) $$s(\varkappa) \to \alpha \quad (\varkappa \to \infty).$$

Bei der Formulierung von V wird meist λ durch $\lambda - 1$ ersetzt und ein Faktor $e^{\varkappa}$ zu $s(\varkappa)$ gezogen.

Die Grundidee zu Satz V und wichtige Teile des Beweises stammen von LANDAU [07, 09* S. 874], der gewöhnliche DIRICHLET-Reihen betrachtet und $t(\lambda)$ schärferen Regularitäts- und Größenordnungsbedingungen unterwirft. Nach verschiedenen Verallgemeinerungen (u. a. HARDY-LITTLEWOOD [17]) stellten IKEHARA [31a] und WIENER [32, 33*] Satz V auf. Daran knüpften zahlreiche Arbeiten an (Beweisvereinfachungen, Oszillationssätze, Zusammenhang und Verknüpfung mit anderen Umkehrsätzen, Verallgemeinerungen): LANDAU [32], BOCHNER [33a], HEILBRONN-LANDAU [33], INGHAM [35, 41], DOETSCH [37*, 50*], KARAMATA [37d], KIENAST [37a], RAIKOV [38], WIENER-PITT [39], WIDDER [41*], AHIEZER [47*], WINTNER [47ae], DELANGE [51abc], AGMON [53] (Methode der Hauptindizes), CHEN [53], POSTNIKOV [53]. Siehe auch die Zusätze zu **49** IV und **58** I sowie **58** (8).

Der Beweis verläuft so. Auf Grund von **19** (5) sowie der bei der FOURIER-Transformation (19) bestehenden Beziehung zwischen Faltung und Multiplikation erhalten wir aus (11) und (12):

$$(15) \quad \frac{1}{2\pi} \int_{-b}^{b} \left(1 - \frac{|\lambda|}{b}\right) e^{i\lambda\varrho} w(i\lambda) \, d\lambda$$

$$= \frac{2}{\pi b} \int_{0}^{\infty} \frac{\sin^2 \frac{b}{2}(\varrho - \varkappa)}{(\varrho - \varkappa)^2} s(\varkappa) \, d\varkappa - \frac{2\alpha}{\pi b} \int_{0}^{\infty} \frac{\sin^2 \frac{b}{2}(\varrho - \varkappa)}{(\varrho - \varkappa)^2} \, d\varkappa$$

(zunächst formal, aber durch Integration über Gerade Re $\lambda = \varepsilon$ leicht zu verifizieren). Da die linke Seite in (15) nach RIEMANN-LEBESGUE für $\varrho \to \infty$ gegen Null geht, haben wir

$$(16) \quad \lim_{\varrho \to \infty} \frac{2}{\pi b} \int_{0}^{\infty} \frac{\sin^2 \frac{b}{2}(\varrho - \varkappa)}{(\varrho - \varkappa)^2} s(\varkappa) \, d\varkappa = \alpha \quad (b = 1, 2, \ldots).$$

Aus (11) und (16) folgern wir, daß $s(\varkappa)$ beschränkt ist und langsam abnimmt im Sinne von **58** (3). Eine Variante von **48** III (bei der von mehreren Verfahren $(W, \mathfrak{p})$ ausgegangen wird) zeigt, daß $s(\varkappa)$ auch C_1-limitierbar ist, woraus die Behauptung folgt.

Auch bei Lückenumkehrsätzen wie **59** IV spielen funktionentheoretische Gesichtspunkte eine Rolle, siehe z. B. INGHAM [36], BOAS [38b].
— IKEHARA [31b], DELANGE [47c] (1952), BOWEN(-MACINTYRE) [48, 50], HEINS [48], BOAS [53], LAKSHMINARASIMHAN [53] und andere behandeln Umkehrsätze, die mit Nullstellen ganzer Funktionen zusammenhängen.

Natürlich sind bei Verfahren wie den in **55, 59, 65, 66, 74** beschriebenen funktionentheoretische Betrachtungen auch für andere Aussagen als Umkehrsätze wichtig.

50. Sonstige Umkehrsätze

Wir weisen kurz auf einige *Varianten* der Umkehrsätze hin, die hauptsächlich bei Verfahren vom CESÀRO-ABEL-Typ (**51**—**60**), teilweise auch bei WIENER-Verfahren u. a. untersucht wurden. Zum Beispiel kann man die Transformierte $t(\lambda)$ (bzw. t_l) für andere (kleinere oder größere) λ-Mengen als gewöhnlich betrachten oder die Konvergenzbedingung (KB) nur für Teilfolgen verlangen, womit man je nachdem stärkere oder schwächere Aussagen als sonst bekommt. Hierfür siehe **44, 49, 58** I sowie HARDY-LITTLEWOOD [20], RICCI [35], RAMASWAMI [36], ŠČEGLOV [44, 45b, 51, 52a], DELANGE [47abc, 49], RAJAGOPAL [51, 53d], EVANS [53].

Hier wollen wir auch die sehr allgemeinen Umkehrbedingungen nennen, die PITT [38b, 40] und AGNEW [41a] benützen, ferner auf die

50. Sonstige Umkehrsätze

Abschwächungen der Positivitätsvoraussetzung in Sätzen wie **55 IV, 58 I** hinweisen. Andere Verallgemeinerungen der Umkehrsätze betreffen die Einführung einer *Asymptotik*, siehe z. B. **57 I** und **II, 58 I, 78**, bei **48 II**. Andererseits können Scharen asymptotischer Sätze zum Beweis gewöhnlicher Sätze dienen.

Weiter kann man Beschränktheitskriterien wie **45 IV** zu Resultaten ausbauen, in denen die *Oszillation* von $t = A\mathfrak{s}$ mit der von $\mathfrak{s}$ (oder einem $t^* = A^*\mathfrak{s}$) in möglichst genaue Beziehung gesetzt wird. Als Nebenbedingungen dienen sowohl Schwankungs- als auch Beschränktheitsvoraussetzungen, als Hilfsmittel Sätze wie **33 II, 37 II** und Modifikationen der Resultate aus **45** (teilweise auch aus **47—49**). Eine Abschätzung für C_1 (**52**) lautet z. B.

$$(1) \qquad \varlimsup_{k \to \infty} |s_k| - \varliminf_{l \to \infty} |t_l| \leq \varlimsup_{k \to \infty} (s_k - t_k) \leq 1 \cdot \varlimsup_{m \to \infty} |m\, u_m|$$

(man betrachte $I - C_1$). Die meisten Untersuchungen beziehen sich auf Verfahren vom CESÀRO-ABEL-Typ (**51—60**), ferner auf WIENER-Verfahren (**78**). Wir nennen BELINFANTE [23b], YAMASHITA [30], KARAMATA [32d, 37b], WINN [32ad, 33c], FEKETE-WINN [33], IZUMI-SUNOUCHI [34], LITTLEWOOD [35], RAMASWAMI [35, 36, 37b], RICCI [35], AVAKUMOVIĆ [37a], GARTEN(-KNOPP) [37, 39, 40, 51a], INGHAM [37], MINAKSHISUNDARAM [38, 39], PITT [38b, 40, 48], ŠČEGLOV [45, 46, 51, 52ab, 53ab, 55], BORGERS [46], RAJAGOPAL [46a, 47abd, 49, 54ae], DELANGE [47ab], PENNINGTON [52a]. — VIJAYARAGHAVAN [27] und LEE [48] untersuchen Umkehrsätze betreffend den Grenzwert ∞. Andere Verfahren behandeln GARTEN-KNOPP [37] (EULER, BOREL), PITT [48] (Integraltransformationen), BOWEN-MACINTYRE [50] (funktionentheoretische Transformationen); siehe auch die Literatur bei **49 IV, V**. Die Oszillationssätze enthalten meist die elementaren Umkehrsätze als Spezialfall. Vgl. ferner die Zusätze zu **54 II** sowie **57 I, II**.

Eine gewisse Verschärfung des Problems bedeutet es, wenn wir nicht nur die Oszillation von $\mathfrak{s}$ und t vergleichen, sondern auch die Beziehungen zwischen den *Häufungspunkten* von $\mathfrak{s}$ und t untersuchen, wie das seit HADWIGER [44] in zahlreichen Arbeiten getan wurde und schon in (1) angedeutet ist. Bei Matrixverfahren A mit der KB $u_m = O(1/m)$ können wir z. B. nach der besten (falls vorhanden) *Tauber-Konstante* Ω fragen, für die

$$(2) \qquad \varlimsup_{n \to \infty} |s_{k(n)} - t_{l(n)}| \leq \Omega \cdot \varlimsup_{m \to \infty} |m\, u_m|$$

gilt. Dabei sind mehrere Fälle zu unterscheiden, etwa: 1. $k(n)$ und $l(n)$ sind feste (meist dem betreffenden Verfahren angepaßte) Folgen; 2. $k(n)$ (z. B. $= n$) ist fest, $l(n)$ wird unabhängig von $\mathfrak{s}$ optimal gewählt; 3. desgleichen mit von $\mathfrak{s}$ abhängigen $l(n)$. Natürlich können wir auch

$k(n)$ zu gegebenem $l(n)$ bestimmen; oder $\mathfrak{s}$ Zusatzbedingungen (Beschränktheit) unterwerfen.

Definieren wir die Matrix B durch die Relation

(3) $\qquad s_{k(n)} - t_{l(n)} = \sum\limits_{m=0}^{\infty} b_{nm} (m\, u_m) \qquad (n = 0, 1, \ldots),$

so läuft das erste Problem auf die Bestimmung des $\overline{\lim}$ der Zeilennormen von B hinaus (**33** II). Erhalten wir für diesen $\overline{\lim}$ einen handlichen Ausdruck, so erledigt sich auch das zweite Problem. Beim dritten Problem (und der verwandten Frage nach den Abständen der Häufungspunkte von $\mathfrak{s}$ und $\mathfrak{t}$) müssen wir mit Fingerspitzengefühl extremale Folgen $\mathfrak{s}$ finden, die ein bestimmtes Ω als optimal erweisen; an dieser Schwierigkeit ist die Bestimmung mancher TAUBER-Konstanten bis jetzt gescheitert. In **52** III bringen wir ein Beispiel eines Satzes über TAUBER-Konstanten; hier nennen wir nur noch einige Literatur.

Am häufigsten wurde bis jetzt das erste Problem behandelt, teilweise mit Folgerungen über den Abstand der Häufungspunkte: Allgemein von DELANGE [47c, 48b, 50], RAJAGOPAL [53a]; für Klassen von Verfahren $((W, \mathfrak{p})$ und Untermengen, **78**) von RAJAGOPAL [50d, 52bc, 53ae, 54bc, 55b], AGNEW [52b]; beim ABEL-Verfahren (**55**) von HADWIGER [44, 47ab], AGNEW [45d, 49, 52ag, 53, 54ac, 55a], HARTMAN [47a], WINTNER [47b], KARAMATA [50c, 51a], PENNINGTON [52b]; bei RIESZ- und DIRICHLET-Verfahren (**59**) von RAJAGOPAL [48d, 50a, 53e], AGNEW [54ac, 55a]; beim CESÀRO-Verfahren (**52, 53**) von GARTEN [51b], AGNEW [52df].

Das zweite und dritte Problem untersuchte vor allem AGNEW [52bdf, 54c; 45d, 52ag]. — Einseitige Bedingungen geben viel schwächere Resultate: KARAMATA [50c, 51a], PENNINGTON [52b], RAJAGOPAL [52bc]. — Zusammenfassungen gibt AGNEW [54c, 49].

Schließlich wollen wir nochmals hinweisen auf die zahlreichen Aussagen, die zwischen Umkehr- und Vergleichssätzen stehen und teilweise als *Quasi-Tauber-Sätze* bezeichnet werden: Vergleichssätze mit Nebenbedingungen (**37**), einige funktionentheoretische Sätze (**49**), Verallgemeinerungen des Abelschen Grenzwertsatzes (bei **55** (1), auch **59**), Konvexitätssätze (**53** V, **57** I und II), Kernsätze wie bei **54** II, Reduktionssätze wie **54** IV, verschiedene Aussagen über RIEMANN-Verfahren (**76** II und III) sowie WIENER-Verfahren (**78** I).

Wir nennen noch einige Arbeiten über Umkehrsätze bei weniger geläufigen Transformationen:

KIENAST [26], LITTAUER [29], KARAMATA [30ad, 32b, 33d, 35e] (vgl. DOETSCH [37* S. 414]), KUTTNER [36c], KALES [37], MARTIN und WIENER [37, 38], PITT [38b], GARTEN [39], MEYER-KÖNIG [39b], LYRA [40], AGNEW [42a], MINAKSHISUNDARAM [43], WINTNER [47e], CHENG [49], SUNOUCHI [50], EGGLESTON [51], GÁL [51], KARADŽIČ

[51], BOCHNER [52], BRUIJN-ERDÖS [53], DELANGE [53], LEVITAN [53], ALLEN-KERR [54], AVAKUMOVIĆ [54].
Siehe auch 7 (absolute Summierbarkeit), 10 (abstrakte Transformationen), 77 (Zahlentheorie), 58 (8) (STIELTJES-Transformation u. ä.).

Sechstes Kapitel

Verfahren vom Cesàro-Abel-Typ

51. Zusammenfassung

Wir illustrieren jetzt die allgemeine Theorie an speziellen Verfahren. Dabei nennen wir jeweils die wichtigsten Vergleichs- und Umkehrsätze, auch Aussagen über Perfektheit, Konvergenzfaktoren, Translation, CAUCHY-Produkt, und gelegentlich funktionentheoretische Sätze. Vergleichssätze $A \subseteq B$ sind meist nur bei dem weniger gebräuchlichen der beiden Verfahren genannt; Umkehrsätze $A \to B$ nur bei dem stärkeren Verfahren. Probleme, die in den vorigen Nummern eine befriedigende allgemeine und leicht anwendbare Lösung gefunden haben, oder aus anderen Gründen besser im allgemeinen Zusammenhang betrachtet werden, erwähnen wir bei den speziellen Verfahren nicht mehr oder nur kurz.

Insbesondere gilt das für die Struktursätze in 21—30, vor allem die Limitierbarkeitskriterien in 25 und ihre Anwendung auf optimale Umkehrbedingungen in 46, für Kernsätze 33, funktionentheoretische und sonstige Umkehrsätze (z. B. Oszillation, TAUBER-Konstante; 49, 50); teilweise auch für Permanenz und entsprechende asymptotische Sätze (32), Transformationssätze wie 35 VI, Umordnung (38), Produkt (39), MERCER-Sätze (43). Die Einschränkungen treffen ferner — wie schon in der Einleitung gesagt — zu für die in 6—10 angeführten Gebiete (Nichtmatrixverfahren, absolute Limitierung, Doppelfolgen, Integrale, Anwendungen und Sonstiges) — abgesehen von den Nummern 56—58 und 78, wo wir uns etwas genauer mit CESÀRO- und ABEL-Verfahren bei Doppelreihen und Funktionen bzw. WIENER-Mitteln befassen.

Die Nummern 52—60 behandeln die Verfahren vom *Cesàro-Abel-Typ*. Die arithmetischen Mittel und ihre Verallgemeinerung, die bewichteten Mittel, bilden wohl die naheliegendsten limitierenden Transformationen (52). Durch verschiedenartige Iteration gelangen wir zu den CESÀRO- und HÖLDER-Verfahren (53, 54), die seit 60 Jahren eingehend untersucht wurden. In mancher Hinsicht noch günstiger und natürlicher ist das an Potenzreihen anknüpfende ABEL-Verfahren (55). In 56 geben wir einige Literatur über diese Verfahren bei Doppelfolgen, um in 57, 58 zu den Integralanaloga überzugehen, die oft eine befriedigendere Formulierung der Sätze und glattere Beweise gestatten, und die ferner wichtig sind als Grundtransformationen der RIESZ- und DIRICHLET-Mittel (die sich besonders für DIRICHLET-Reihen eignen; 59). Alle genannten Verfahren mit Ausnahme von A_1^* (55) sind für feine Divergenz bestimmt.

In 60 schließlich nennen wir Arbeiten über Varianten der besprochenen Verfahren. Unter Varianten verstehen wir dabei verwandte (auch entfernter verwandte) Verfahren: Verallgemeinerungen, Umformungen, Kombinationen, soweit sie nicht schon oben oder als selbständige Verfahren oder in allgemeinerem Zusammenhang in 79 behandelt werden. Wir weisen nochmals auf die Nummern 6—10, 43, 49, 50 hin, die einige Sonderfragen behandeln, und zwar hauptsächlich bei Verfahren vom CESÀRO-ABEL-Typ.

52. Arithmetische und bewichtete Mittel

Das Verfahren C_1 (*arithmetische Mittel*, auch M_1 oder H_1 genannt, siehe unten und 54) ist erklärt durch

(1) $$t_l = \frac{s_0 + \cdots + s_l}{l+1} = \sum_{m=0}^{l} \left(1 - \frac{m}{l+1}\right) u_m \quad (l = 0, 1, \ldots)$$

oder

(2) $$v_0 = u_0, \quad v_n = \frac{0 \cdot u_0 + \cdots + n \cdot u_n}{n(n+1)}$$
$$= -\frac{s_0 + \cdots + s_{n-1}}{n(n+1)} + \frac{s_n}{n+1} \quad (n = 1, 2, \ldots).$$

Das Verfahren ist so einfach und naheliegend, daß es schon früh in der Entwicklung der Limitierungstheorie (2) auftritt und oft als Musterverfahren dient; andererseits ist es vor allem bei feiner Divergenz (vgl. 27) so wirkungsvoll, daß es seit CESÀRO [90] (Reihenmultiplikation) und FEJÉR [00, 03] (FOURIER-Reihen) immer wieder angewandt wurde.

C_1 ist leicht zu behandeln, weil es Abschnittskonvergenz (24) und eine leicht zu berechnende Inverse besitzt:

(3) $$s_k = -k\, t_{k-1} + (k+1)\, t_k = k\, v_k + t_k \quad (k = 0, 1, \ldots).$$

Mit 35 II erhalten wir

I (C_1 und stärkere Verfahren). *Ein Matrixverfahren A ist genau dann stärker als C_1, wenn es konvergenztreu ist und*

(4) $$\sup_{l=0,1,\ldots} \sum_{k=0}^{\infty} (k+1)\, |a_{lk} - a_{l,k+1}| < \infty$$

erfüllt.

Bei permanentem A besteht dann sogar Verträglichkeit mit C_1 (ORLICZ [26]). Verwandte Resultate (Konvergenzfaktoren für Reihenglieder) geben FEJÉR [03], HARDY [06, 07a]; vgl. 53 III.

Eine notwendige und hinreichende Konvergenzbedingung (KB) ist $w_l \to 0$, wenn wir

(5) $\qquad \mathfrak{w} = (I - C_1)\,\mathfrak{s}; \qquad w_l = \dfrac{0 \cdot u_0 + \cdots + l \cdot u_l}{l+1}$

setzen (TAUBER [97], HARDY [10a]; vgl. **45** I). Insbesondere ist $u_m = o(1/m)$ eine KB (siehe auch bei **47** (6)). HARDY [10a] bewies, daß sogar $u_m = O(1/m)$ eine KB ist (siehe bei **47** (5)). Seit LANDAU [10] (der seinerseits an zahlentheoretische Untersuchungen von DE LA VALLÉE-POUSSIN anknüpft) benützt man bei KB für C_1 meist die Abschnittskonvergenz, also **47** I, und ähnliches; damit erhält man

II (Konvergenzbedingung für C_1). *Eine C_1-limitierbare Folge ist konvergent, wenn sie entweder*

(6) $\qquad\qquad u_m = O_L(1/m)$

oder

(7) $\underline{\lim}\,(s_m - s_k) \geq 0 \quad$ (*falls $k, m \to \infty$ mit $m > k$ und $m/k \to 1$*)

erfüllt.

(6) stammt von LANDAU [10], der auch die KB $k\,s_k \nearrow$ bringt (vgl. TAKAHASHI [33]); (7) von LANDAU [13b] und SCHMIDT [25a]. Im Komplexen fordert LUKÁCS [15] statt (6), daß die u_m in einem Winkelraum liegen. Durch Beweglichmachen dieses Winkelraumes erhält AGNEW [41a] sehr allgemeine KB (siehe auch PITT [38b, 40]). Die Fejérsche ([13]) KB $\sum m\,|u_m|^2 < \infty$ ist vor allem von SZÁSZ (**55** (6)) ausgebaut worden. Weitere KB (zum Beispiel Bedingungen für $u_m - u_{m-1}$, Abwandlungen von (6), Lückensätze) und Untersuchungen stammen von HARDY-LITTLEWOOD [12b], FUJIWARA [19a], CIPOLLA [20, 21], ANANDA-RAU [24], CALDARERA [24], VIJAYARAGHAVAN [27], VEEN [38], MEYER-KÖNIG [39], LORENTZ [48a], ZYGMUND [48b], BUCK [55], PITT [55], oder sind in allgemeinerem Zusammenhang (unten bei $(M, \mathfrak{p})$, bei **53** V, **55** IV, **57** I und II, **58** I, **59** IV) genannt. Keine Bedingung $u_m = O(\varrho_m/m)$ mit $\varrho_m \to \infty$ ist KB für C_1 (LITTLEWOOD [11]; **46**). Jedoch treten solche Bedingungen bei asymptotischen Sätzen auf (**57**).

Bei C_1 sind auch TAUBER-Konstante (**50**) verhältnismäßig leicht zu bestimmen (AGNEW [52df, 54c]):

III (TAUBER-Konstante für C_1). *Sei $\mathfrak{t} = C_1 \mathfrak{s}$ und $\mathfrak{s}$ eine Folge mit*

(8) $\qquad\qquad \overline{\lim_{m \to \infty}}\,|m\,u_m| \leq 1.$

Zu jedem Häufungspunkt σ von $\mathfrak{s}$ gibt es dann einen Häufungspunkt τ von $\mathfrak{t}$ mit

(9) $\qquad\qquad |\sigma - \tau| \leq \log 2 = 0{,}6931\cdots.$

Überdies ist $\log 2$ die kleinste Konstante mit dieser Eigenschaft.

Zum Beweis wählen wir zwei beliebige Folgen $k = k(n)$ und $l = l(n)$ und definieren B durch

(10) $$s_k - t_l = \sum_{m=0}^{\infty} b_{nm} (m+1) u_m.$$

Die Zeilennormen von B sind

(11) $$o(1) + 1 + \log \frac{k}{l} \ (k > l), \quad o(1) - 1 + 2\frac{k}{l} + \log \frac{l}{k} \ (k \leq l).$$

Die obere Häufungsgrenze dieser Normen ist am kleinsten, wenn $l/k \to 2$ gilt, und hat dann den Wert $\log 2$. Dies erweist (vgl. 33 II) die Möglichkeit der Approximation (9). Folgen $\tilde{s}$, die im Rahmen der Bedingung (8) möglichst rasch zwischen 0 und einem $\alpha > 0$ pendeln, zeigen, daß die Konstante $\log 2$ optimal ist (wir können uns hier nicht auf 33 II stützen, da die Folgen $k(n)$ und $l(n)$ nicht festgelegt sind).

Wählen wir in (9) jedoch umgekehrt σ zu gegebenem τ, so dürfen wir rechts die Konstante $0{,}4745\ldots$ einsetzen. Diese schärfere Abschätzung hängt damit zusammen, daß bei C_1-Transformation die Häufungspunkte komprimiert werden (33 I). Weitere Literatur in **50**.

Verschiedene zu C_1 äquivalente Verfahren geben besseren Aufschluß über das Wirkfeld von C_1.

IV (C_1 äquivalent C_1^*). *Das Verfahren C_1^**:

(12) $$\begin{aligned} t_l^* &= (l+1) \sum_{k=l}^{\infty} \frac{s_k}{(k+1)(k+2)} \\ &= s_{l-1} + (l+1) \left(\frac{u_l}{l+1} + \frac{u_{l+1}}{l+2} + \cdots \right) \end{aligned}$$

oder

(13) $$v_n^* = \frac{u_n}{n+1} + \frac{u_{n+1}}{n+2} + \cdots$$

ist äquivalent und verträglich mit C_1.

Man prüft nach, daß die verschiedenen Formen von C_1^* äquivalent sind, was wegen **18** (6) usw. nicht selbstverständlich ist. Schreiben wir mittels der Matrix $\varDelta^{-1} = \Sigma^T$ aus **4** (7)

(14) $$C_1^* = \operatorname{diag}\{l+1\} \, \varDelta^{-1} \operatorname{diag}\left\{\frac{1}{(k+1)(k+2)}\right\},$$

so erkennen wir als linksinverse Transformation

(15) $\quad s_k = (k+2) t_k^* - (k+1) t_{k+1}^* \quad$ oder $\quad u_m = (m+1)(v_m^* - v_{m+1}^*).$

Auf der Ähnlichkeit von (15) mit C_1^{-1} beruht die behauptete Äquivalenz (**35** IV). Zusatzüberlegungen sind dabei nötig, um die Anwendbarkeit von C_1^* auf die betrachteten Folgen zu sichern, oder — anders ausgedrückt — weil (15) nur mit Einschränkungen rechtsinverse Transformation ist.

52. Arithmetische und bewichtete Mittel

Zahlreiche zu C_1^* ähnliche Verfahren sind ebenfalls äquivalent mit C_1. Man erhält so eine ganze Reihe notwendiger und hinreichender Bedingungen für C_1-Limitierbarkeit: KNOPP [17, 23b, 47* S. 504], HARDY [21], BORGERS [46], siehe auch SANNIA [11] und 54 IV.

Eine naheliegende Verallgemeinerung der C_1-Transformation bilden die *bewichteten Mittel* $M_\mathfrak{p} = (M, \mathfrak{p})$:

(16) $\quad M_\mathfrak{p} = \mathrm{diag}\left\{\dfrac{1}{\bar{p}_i}\right\} \Sigma \,\mathrm{diag}\,\{p_k\} \quad$ (wo $\bar{p}_l = p_0 + \cdots + p_l \neq 0$),

(für Σ siehe 4 (5)). Sie wurden vor allem durch RIESZ (59) bekannt, treten jedoch schon vorher auf: KRONECKER [86] (KRONECKER-Ausdruck (17)), CESÀRO [88, 89, 97] und HARDY [07b] (Vergleichssätze vom Typ 35 V). Permanenzbedingungen für $(M, \mathfrak{p})$ sind leicht anzugeben. Permanente $(M, \mathfrak{p})$ (wir denken hauptsächlich an solche) haben in vielem ähnliche Eigenschaften wie C_1, sind perfekt (HILL [37]) und besitzen sogar Abschnittskonvergenz (24). Bei Untersuchungen über $(M, \mathfrak{p})$ wurden u. a. folgende Fragen behandelt: Größe des Wirkfeldes, Summierung der geometrischen Reihe, Größenordnungsbedingungen, Limitierbarkeitskriterien, Translation, Vergleichssätze, Konvergenzfaktoren: HÖLDER [82], BORTOLOTTI [13a b, 16, 21, 27], KOJIMA [17b], OKADA [24], HADAMARD [26], LÉVY [26, 28], BOULIGAND [27], POMPEIU [28], LEJA [30b], OBRECHKOFF [33], GARABEDIAN-RANDELS [38], HAYASHI-IZUMI [40], CESCO [41], HILL [42], RAJAGOPAL [48a], HARDY [49* S. 56—59], SZÁSZ [50a], JURKAT [51a], KANGRO [54], KNOPP [08], LORENTZ [51b].

Betrachten wir $s_l - t_l$ oder $s_{l+1} - t_l$ (wo $t = M_\mathfrak{p}\,\mathfrak{s}$), so erhalten wir analog zu (5)

(17) $\quad \bar{p}_{-1} u_0 + \cdots + \bar{p}_{l-1} u_l = o(\bar{p}_l)$
$\qquad$ oder $\bar{p}_{-1} u_0 + \cdots + \bar{p}_l u_{l+1} = o(\bar{p}_l)$

als notwendige und hinreichende Konvergenzbedingung: HARDY [10a]. (17) ist auch als Schwankungsbedingung (ähnlich (7)) zu schreiben und spielt ebenfalls bei allgemeineren Untersuchungen eine Rolle: KNOPP [08, 25b], KARAMATA [35b, 36a]. Ferner ist (jedenfalls bei $p_k \geq 0$)

(18) $\quad u_{m+1} = O\left(\dfrac{p_m}{\bar{p}_m}\right)$

eine KB (HARDY [10a, 13, 49* S. 124, S. 177], ANANDA-RAU [18]; vgl. CIPOLLA [20, 21]), darf jedoch nicht ohne weiteres durch die entsprechende O_L-Bedingung ersetzt werden (ANANDA-RAU [30a]): Als Gegenbeispiel dient die Reihe $-1 + 1 - 1 + \cdots$ bei einem $(M, \mathfrak{p})$, wo p_{2l} rasch $\to \infty$ und $p_{2l+1} \to 0$ geht. Bei O_L benötigen wir also Zusatzbedingungen, etwa $\bar{p}_{l+1}/\bar{p}_l \to 1$ oder $\varliminf u_m \geq 0$ (vgl. SZÁSZ [29], HARDY [49* S. 145], DELANGE [49]). Weiteres bei KARAMATA [38b], RAJAGOPAL [46b, 50a].

Für Fragen über Teilfolgen oder *Zufallsfolgen* siehe **25** IV und **38**, über Ungleichungen **10**, Oszillation **50**, Verwendung der Inversen von $(M, \mathfrak{p})$ SZÁSZ [50a]. Die Verfahren C_1 und $(M, \mathfrak{p})$ wurden oft in allgemeinerem Rahmen behandelt, vgl. die Literatur in **24, 53, 59**.

53. Cesàro-Verfahren

Das *Cesàro-Verfahren* C_α ($\alpha > -1$, für andere Parameterwerte siehe **54**) beruht auf der Transformation

$$(1) \quad t_l = t_l^{(\alpha)} = \frac{1}{\binom{l+\alpha}{l}} \sum_{k=0}^{l} \binom{l-k+\alpha-1}{l-k} s_k = \frac{1}{\binom{l+\alpha}{l}} \sum_{m=0}^{l} \binom{l-m+\alpha}{l-m} u_m,$$

so daß mit Σ wie in 4(5)

$$(2) \quad C_\alpha = \mathrm{diag}\left\{\frac{1}{\binom{l+\alpha}{l}}\right\} \Sigma^\alpha, \quad {}^`C_\alpha = \mathrm{diag}\left\{\frac{1}{\binom{l+\alpha}{l}}\right\} \Sigma^{\alpha+1}$$

gilt. In älteren Arbeiten wird $\binom{l+\alpha}{l}$ manchmal durch l^α ersetzt. Für ganzzahliges $\alpha = a$ ist C_a eine modifizierte Iteration von C_1 (CESÀRO [90]), die meist der direkten Iteration H_a (**54**) vorzuziehen ist. Nichtganze Parameterwerte α betrachteten zuerst HADAMARD [92] und RIESZ [09a] sowie ausführlicher KNOPP [07b] und CHAPMAN [11a], ferner OTTOLENGHI [11a] und SANNIA [15]. Zusammenfassende Darstellungen geben KOGBETLIANTZ [31*] und BORGERS [46].

Die C_α sind gleichzeitig NÖRLUND- und HAUSDORFF-Verfahren (**63, 72**), so daß wir uns auch auf die Theorie dieser Verfahren stützen können. Wegen (2) lautet die Inverse

$$(3) \quad C_\alpha^{-1} = \Sigma^{-\alpha}\, \mathrm{diag}\left\{\binom{l+\alpha}{l}\right\}.$$

MEARS [43] behandelt C_α^{-1} ausführlicher. Mit (3) erhalten wir leicht nach **35** I (CESÀRO, KNOPP, CHAPMAN l. c., auch BOREL [28* S. 98], BELINFANTE [30]):

I (Monotonie der C_α). *Für* $-1 < \alpha < \beta$ *gilt* $C_\alpha \subset C_\beta$ *mit Verträglichkeit*.

Daher kann man einen C_α-Limitierbarkeitsindex für Folgen $\mathfrak{s}$ einführen: KNOPP, CHAPMAN. Die Vermittlungsmatrix $C_\beta C_\alpha^{-1}$ ist überdies positiv, so daß sich die üblichen Folgerungen für den Kern ergeben (**37** I; KNOPP [29a]). Wegen $C_0 = I$ ist insbesondere C_α permanent für $\alpha \geq 0$. Weiter liefert (3) als optimale Größenordnungsbedingung (**42**)

$$(4) \quad s_l = o(l^\alpha) \text{ (für } \alpha > 0\text{)}, \quad u_m = o(m^\alpha).$$

II (Perfektheit und Abschnittskonvergenz). C_α *ist perfekt für* $0 \leq \alpha$ *und besitzt Abschnittskonvergenz für* $0 \leq \alpha \leq 1$.

Der erste Teil stammt von MAZUR [30], auch [28] (**23** II), der zweite im wesentlichen von JACOB [27] und BOSANQUET [41, 49], (**24** II, III). Für $1 < \alpha$ besteht nur eine gewisse Abschnittslimitierbarkeit, was mit III zusammenhängt (vgl. **24**; ZELLER [53d]). Man betrachtet daher statt C_α oft zunächst die Matrix

(5) $\qquad \operatorname{diag}\left\{\dfrac{1}{\binom{l+\alpha}{l}}\right\} \Sigma^{\alpha-a}$ (wo a ganz, $a \leq \alpha < a+1$),

die Abschnittskonvergenz besitzt (wenn wir von der Permanenz absehen). Durch partielle Summationen (vgl. **24** und **34** IV) — was allerdings oft auf schwierige Rechnungen führt — fügt man dann die fehlenden Faktoren Σ hinzu. Das ist vor allem beim folgenden Satz benützt worden.

III ($C_\alpha \to C_\beta$-Faktoren für Reihen). *Die Faktoren f_m führen genau dann jede C_α-summierbare Reihe Σu_m in eine C_β-summierbare Reihe $\Sigma f_m u_m$ über (wo $0 \leq \beta \leq \alpha$), wenn*

(6) $\qquad f_m = O(m^{\beta-\alpha})$

und

(7) $\qquad \sum\limits_{m=0}^{\infty} \binom{m+\alpha}{m} |\varDelta^{\alpha+1} f_m| < \infty$, *d. h.* $\mathfrak{f}\,{}^{\backprime}C_\alpha^{-1} \in \mathfrak{U}_A$

gilt. Im Falle $0 \leq \alpha \leq \beta$ sind die Bedingungen wie oben für $\alpha = \beta$. Sind die Bedingungen erfüllt und gilt $f_m \to 0$, so ist

(8) $\qquad C_\beta\text{-}\sum\limits_{m=0}^{\infty} f_m u_m = \sum\limits_{l=0}^{\infty} g_l t_l,$ *wo* $\mathfrak{g} = \mathfrak{f}\,{}^{\backprime}C_\alpha^{-1}$ *und* $\mathfrak{t} = {}^{\backprime}C_\alpha \mathfrak{u}$.

(Es bedeutet $\mathfrak{f}\,{}^{\backprime}C_\alpha^{-1}$ die Transformation mit der transponierten Matrix, anders geschrieben also $({}^{\backprime}C_\alpha^{-1})^T\,\mathfrak{f}$. Für $\mathfrak{U}_A$ siehe **17**.)

Die Verwendung der Inversen (3) nach **34** I liefert die Bedingungen zunächst in komplizierterer Form (vgl. KOJIMA [17b]), daher stützt man sich bei nicht ganzem α auf die Abschnittskonvergenz II (einschließlich der dort genannten Zusatzbetrachtungen), also **34** III, IV; siehe vor allem die Arbeiten von BOSANQUET — weitere Literatur in **24**. Formel (7) gestattet die Bestimmung der Norm der Linearform $C_\beta\text{-}\Sigma f_m u_m$ und daher (Spezialfall $\beta = 0$) die Charakterisierung der Verfahren $A \supseteq C_\alpha$ (in *RF*-Form). Auch legt (7) eine Deutung des Satzes III als verallgemeinerte partielle Summation nahe (ANDERSEN [21, 27b], LORENTZ [48b], BOSANQUET [49]).

Wir nennen zunächst Arbeiten, die hinreichende Bedingungen für die Faktoren (teilweise andere als in III, auch mit Zusätzen oder Einschränkungen) geben.

$\alpha = 1, \beta = 0$: FEJÉR [03], HARDY [06, 07a], MOORE [07], BROMWICH [08a*b], KNOPP [17]; $\alpha = a$ (ganz), $\beta = 0$: HARDY [07a, 08a], BROMWICH [08b], CARMICHAEL [17], KOJIMA [17b], HURWITZ [22b], MORSE [23], GARABEDIAN [32]; $\alpha \geq 0, \beta = 0$: CHAPMAN [11a]; $\alpha = \beta =$

$= a$ (ganz): HARDY [08a, 10c], BOHR [09ab], CARLSON [17], FERRAR [28], OBRECHKOFF [44]; $\alpha = \beta \geq 0$: ANDERSEN [21, 27b, 35], BOSANQUET [42]; $\alpha = a, \beta = b$ (ganz): KOJIMA [17b], SCHUR [20] (vgl. BOSANQUET [49]), BOSANQUET [45, 48b], auch FEKETE [17]; $\alpha, \beta \geq 0$: BOSANQUET [49], KNOPP [49].

Die Notwendigkeit der Bedingungen in III (unter verschiedenen Einschränkungen für α, β) erkannten HADAMARD [03], KOJIMA [17b], FEKETE [17], SCHUR [20], HURWITZ [22], BOSANQUET [42, 49], KNOPP [49].

Verschiedene der Arbeiten behandeln variable Faktoren $f_m(\lambda)$ und damit Vergleichssätze oder benützen C-Beschränktheit statt C-Summierbarkeit. Da beim Beweis hauptsächlich Eigenschaften von Σ verwendet werden, kann man auch entsprechende asymptotische Sätze aufstellen und Faktoren für C-limitierbare Folgen finden, siehe z. B. ANDERSEN [27b] und BOSANQUET [42, 48b, 49, 50, 54], HYSLOP [49]. Bedingungen für Verfahren $A \supseteq C_\alpha$ (in FF-Form, ähnlich 52 I) geben MAZUR [28], SZÁSZ [45b], LORENTZ [48b], COOKE(-BARNETT) [48, 52]).

Spezielle Faktoren wie m^ν, die bei DIRICHLET-Reihen (59) wichtig sind, untersuchen neben HARDY [08a, 10c] und BOHR [09ab] folgende Autoren: RIESZ [09a], CHAPMAN [11a], HARDY-LITTLEWOOD [12b], FEKETE [14], HARDY-RIESZ [15* Th. 48], ZYGMUND [27], ANANDA-RAU [32], MINAKSHISUNDARAM [36], HYSLOP [38, 40, 49], BOSANQUET (-CHOW) [41, 50, 51], JESMANOWICZ [51], SUNOUCHI [51]. Vgl. 54 IV. Teilweise wird auch die Parameterbedingung $\alpha, \beta \geq 0$ abgeschwächt, vgl. etwa MOORE [38*], LYRA [44], BOSANQUET [48, 50, 51], JESMANOWICZ [51].

Literaturangaben mit mehr Einzelheiten machen MOORE [38*], HARDY [49* S. 146], BOSANQUET [42, 49].

Weiteres bei 25 II (Faktorfolgen), nach 54 IV (Differenzenrechnung) in 59 (RIESZ-Mittel und DIRICHLET-Reihen, beachte 59 V), und bei FERRAR [25], OBRECHKOFF [28b], DURFEE [31], YURTSEVER [53, 54].

IV (CAUCHY-Produkt). *Das Cauchy-Produkt zweier Reihen, die C_α- bzw. C_β-summierbar sind $(\alpha, \beta > -1)$, ist $C_{\alpha+\beta+1}$-summierbar.*

(CESÀRO, KNOPP, CHAPMAN, l. c. bei (2).) Zum Beweis beachten wir, daß zwischen den Transformierten der drei Reihen die Beziehung

$$(9) \quad \binom{l+\alpha+\beta+1}{l} t_l^{(\alpha+\beta+1)} = \sum_{k=0}^{l} \binom{l-k+\alpha}{l-k} t_{l-k}^{'(\alpha)} \binom{k+\beta}{k} t_k^{(\beta)}$$

besteht; vgl. 39 II, 63 VII und die hypergeometrischen Verfahren bei 72 (28). — Reihen der Form $\Sigma (-1)^m m^\nu$ zeigen, daß der Index $\alpha + \beta + 1$ in IV nicht verkleinert werden darf (HARDY [49* S. 229]). Günstigere Resultate erhalten wir, wenn wir bei mindestens einer der Reihen absolute Summierbarkeit voraussetzen: FEKETE [14], HARDY-LITTLEWOOD [12b, Satz 35], HARDY-RIESZ [15* S. 65], ANDERSEN [18],

BELINFANTE [23ac, 24], KOGBETLIANTZ [24], MAMMANA [31], WINN [33], MEARS [43], HARDY [49* S. 230].

Andere Verschärfungen oder Varianten von IV geben: KNOPP [11], HARDY [12b], CHAPMAN [13], ROSENBLATT [13], KOJIMA [17b], DOETSCH [21a], BELINFANTE [23ac, 24], DALE [25], ZYGMUND [26], FRALEIGH [31], LEV [33], KIENAST [34], SUNOUCHI [38], MEARS [43], SCHMETTERER [50b], BOHR [51].

Die Umkehrsätze für C_1 (siehe bei 52 II) wurden mit den in 47 geschilderten Methoden auf C_α übertragen, wobei zudem Sätze wie 53 V, 54 IV nützlich sind. Außerdem gelten wegen 55 II die KB für A_1 auch bei C_α. Zum Beispiel ist $u_m = O(1/m)$ auch eine Konvergenzbedingung für C_α ($\alpha > 0$): HARDY [10a], LANDAU [10], HARDY-LITTLEWOOD [14b], ANANDA-RAU [20b], MAKSYMOWICZ [20], PRINGSHEIM [20], MIGNOSI [21], CHEN [28], MORDELL [28a], IZUMI [30], OBRECHKOFF [30c], YAMASHITA [30], OKADA [33], TAKAHASHI [33], MEYER-KÖNIG [39a], KLOOSTERMAN [39, 40ab, 48], WARD [41], LORENTZ [48a], GAIER-ZELLER [54], KNOPP [54], KOREVAAR [54a].

Ein Hilfsmittel für Umkehrsätze bei C_β ist das folgende Resultat, das unter anderem besagt, daß die Verfahren C_β ($\beta > 0$) für beschränkte Folgen äquivalent sind.

V (Konvexität). *Sei* $-1 < \alpha < \beta < \gamma$. *Eine C_α-beschränkte und C_γ-limitierbare Folge ist dann sogar C_β-limitierbar.*

Das Ergebnis besagt ungefähr: $\log \max_{0 \leq l \leq n} |t_l^{(\beta)}|$ ist eine konvexe Funktion von β. Satz V gilt auch, wenn wir C_α-Beschränktheit durch die Bedingung $u_m = O(1/m)$ ersetzen, was eine Verschärfung des O-Umkehrsatzes bedeutet und im wesentlichen dem Fall $\alpha = -1$ von V entspricht. Der Satz stammt von HARDY-LITTLEWOOD [12b Th. 19] (ganzzahlige Parameter) und ANDERSEN [21], RIESZ [23a]; weitere Literatur: DOETSCH [21a], ZYGMUND [26a, 27], OBRECHKOFF [30c], TAKAHASHI [33], IZUMI [34], BOSANQUET [43], HARDY [49* S. 146]. Für den Typ dieses Satzes, Verallgemeinerungen und Verschärfungen sowie Beweismethoden siehe 37 V, 55 IV, 57 I, II, 68 X.

GARTEN-KNOPP [37] verbinden verschiedene C_α-Mittel durch Ungleichungen der Art 37 II (siehe auch 50, Oszillationssätze). Weitere Beziehungen der C_α-Mittel untereinander und Ergebnisse über C_α sind in 54 (z. B. 54 III und IV) sowie in 57 (Integraltransformationen) beschrieben. C_α wurde mit den meisten anderen Verfahren verglichen; einige Resultate nennen wir bei den betreffenden Verfahren.

54. Hölder- und Cesàro-Verfahren

HÖLDER [82] definierte die *Hölder-Verfahren* H_α für ganzzahlige $\alpha = a$ durch Iteration der arithmetischen Mittel C_1 (52):

(1) $$H_a = (C_1)^a \quad (a = 0, 1, 2, \ldots).$$

In Erweiterung dieser Definition erklärte HAUSDORFF [21] H_α für beliebige komplexe α als HAUSDORFF-Verfahren (72) mit der Hauptdiagonale

(1a) $$p_l(\alpha) = \left(\frac{1}{(l+1)^\alpha}\right).$$

Wegen des folgenden Äquivalenzsatzes verwendet man statt H_α meist das handlichere Verfahren C_α:

I (KNOPP-SCHNEE). *Für $\alpha > -1$ ist das Hölder-Verfahren H_α äquivalent und verträglich mit dem Cesàro-Verfahren C_α.*

Wir betrachten zunächst den Fall, daß $\alpha = a$ ganzzahlig ist. KNOPP [07a] bewies $H_a \subseteq C_a$, SCHNEE [09a] (und unabhängig FORD [10]) $C_a \subseteq H_a$ und erneut $H_a \subseteq C_a$ (Vorläufer: BROMWICH [08b], HARDY [08a]). Die Schwierigkeit besteht darin, die Vermittlungstransformation zwischen C_a und H_a so übersichtlich darzustellen, daß die Permanenz nachgeprüft werden kann (vgl. 35 I). Diese Aufgabe behandeln zahlreiche weitere Arbeiten, unter anderem OTTOLENGHI [11b], FABER [13], WATANABE [14], KIENAST [20, 23, 32], HAHN [23a], DOBROWOLSKI [26], FORT [27], GARTEN [40a b], IYENGAR [42]. Man stützte sich meist auf additive Zerlegungen der Vermittlungsmatrix, etwa in a Teile, die sich aus dem iterativen Aufbau der Verfahren ergeben.

SCHUR [13, auch 29, 30] führte eine multiplikative Zerlegung ein:

(2) $$C_{a-1} C_1 = C_1 C_{a-1} = \left(\frac{1}{a} I + \frac{a-1}{a} C_1\right) C_a = C_a \left(\frac{1}{a} I + \frac{a-1}{a} C_1\right)$$

(die Vertauschbarkeit der Matrizen folgt aus der Theorie der HAUSDORFF-Verfahren oder durch spezielle Rechnungen, siehe auch HARDY [49*, S. 118]), also

(3) $$H_a = \left(\frac{1}{1} I + \frac{0}{1} C_1\right) \cdots \left(\frac{1}{a} I + \frac{a-1}{a} C_1\right) C_a.$$

Da jede der eingeklammerten Matrizen nach 43 I konvergenzgleich und permanent ist, ergibt sich die behauptete Äquivalenz. Weitere Literatur hierzu: KNOPP [13, 23b], LANDAU [16*, 29*], PRINGSHEIM [16, 18](1921*), BELINFANTE [29b] (intuitionistische Fassung). ANDERSEN [28] liest ohne den MERCER-Satz, allein mit $C_{a-1} \subseteq C_a$, aus (2) ab

(4) $$C_a \sim C_{a-1} C_1, \text{ also } C_a \sim C_1 \cdots C_1$$

(vgl. III). Die Beziehung (4) erscheint bei KNOPP [23b] als Spezialfall eines asymptotischen Satzes über C_a-Verfahren.

SCHUR [30] und KNOPP [41] (Literaturangaben) invertieren die in (3) auftretenden Matrizen einzeln und erhalten so eine explizite Darstellung der zweiten Vermittlungstransformation:

(5) $$C_a = \left(a I - (a-1) C_a C_{a-1}^{-1}\right) \cdots \left(1 \cdot I - 0 \cdot C_1 C_0^{-1}\right) H_a.$$

54. Hölder- und Cesàro-Verfahren

Für Satz I bei nichtganzem α zieht man die Theorie der HAUSDORFF-Verfahren heran (HAUSDORFF [21], weitere Literatur in **72**) oder die WIENER-Verfahren (siehe Literatur bei **78** I). Nützlich sind auch Mittelwertsätze (**24**, **35** IV), siehe JACOB [27a], KNOPP [43] und die Literatur in **24**. In engem Zusammenhang mit I stehen die Sätze III und IV.

II (Totaler Vergleich von H_α mit C_α). Bei $-1<\alpha<0$ oder $1<\alpha$ folgt H_α-lim $\mathfrak{s} = +\infty$ aus C_α-lim $\mathfrak{s} = +\infty$, aber nicht umgekehrt. Bei $0<\alpha<1$ folgt C_α-lim $\mathfrak{s} = +\infty$ aus H_α-lim $\mathfrak{s} = +\infty$, aber nicht umgekehrt.

Die ausgeschlossenen Fälle $\alpha = 0$, $\alpha = 1$ sind trivial. Entscheidend ist die Positivität der Vermittlungsmatrix (**37** I). Für ganzzahliges $\alpha = a$ fließt der Satz aus (3). Literatur: SCHUR [13], KNOPP [29a], BOSANQUET [46], BASU [48c, 49a, 52]. Vgl. KUTTNER [54] (totale Translativität).

Abschätzung der Zeilennormen der Vermittlungsmatrix (**33** II) führt zum Vergleich der Kerne und der Oszillation bei H_α- und C_α-Transformation (KNOPP [29a], WINN [32d]). Aus (3) in der Gestalt

$$(6) \qquad H_a = \frac{1}{a!} C_a + B\, C_{a+1} \qquad (B \text{ konvergenztreu})$$

liest man ein besonders glattes Resultat bei zusätzlicher Annahme der C_{a+1}-Limitierbarkeit ab: DOBROWOLSKI [26], KNOPP [29a]. Noch weitergehende, präzise Aussagen erhält GARTEN [40b] durch geschickte rekursive Darstellung der Vermittlungstransformation.

Mit (3) und (5) behandelt man auch asymptotische Vergleichssätze für H_α und C_α, das heißt den Vergleich von Verfahren $\operatorname{diag}\left\{\frac{1}{p_i}\right\} H_\alpha$ und $\operatorname{diag}\left\{\frac{1}{p_i}\right\} C_\alpha$, wobei für $\{p_i\}$ genau die regulär wachsenden Folgen (siehe **57**) zugelassen werden, was mit dem Auftreten von C_1 in (3) zusammenhängt: SCHUR [29, 30], OBRECHKOFF [30e, 46], KNOPP [41, 43].

Eine Verallgemeinerung der Relation (4) ist

III ($C_{\alpha+\beta}$ und $C_\alpha C_\beta$). Für $\alpha, \beta, \alpha+\beta > -1$ sind die Verfahren $C_{\alpha+\beta}$ und $C_\alpha C_\beta$ gleichstark und verträglich.

Dies können wir als eine asymptotische Aussage über Transformationen mit Matrizen der Gestalt Σ^γ (**4** (5)) auffassen und entsprechend beweisen: FABER [13], PRINGSHEIM [18], ANDERSEN [21, 23, 25], KOGBETLIANTZ [23a, 25a]. Einfacher ist jedoch die Verwendung der HAUSDORFF-Theorie (**72**), siehe zum Beispiel HAUSDORFF [21].

Wegen **52** IV ist zu vermuten, daß wir in (4) und ähnlichen Relationen C_1 durch C_1^* ersetzen dürfen. Tatsächlich gilt auch der folgende Satz, der für ganzzahliges $\alpha = a$ durch ziemlich leichte Rechnung zu beweisen ist:

IV ($C_{\alpha+1}$ und C_α). *Eine Reihe $\Sigma\, u_m$ ist genau dann $C_{\alpha+1}$-summierbar (wo $\alpha > -1$), wenn unter den Reihen $\Sigma\, u_m^*$ mit*

(7) $\qquad u_m = (m+1)\,(u_m^* - u_{m+1}^*)$

eine C_α-summierbare ist.

Wir können auch $\alpha = -1$ zulassen (vgl. unten) und daher bei ganzzahligem $\alpha = a$ Fragen über C_a-Summierbarkeit auf C_{-1}-Summierbarkeit zurückführen durch wiederholte Anwendung von IV (Beispiel: Zusätze zu 49 IV). In Varianten von IV wird (7) durch kompliziertere Transformationen ersetzt und andere Parameterpaare als $(\alpha+1, \alpha)$ betrachtet („verallgemeinerte partielle Summation"). Es bestehen Beziehungen zu MERCER-Sätzen. Literatur: HARDY-LITTLEWOOD [23a, 28a], KNOPP [23b], FERRAR [26], ANDERSEN [27b], WINN [32c], LYRA [39, 40], BOSANQUET(-CHOW) [41, 50], CHOW [52], auch FEKETE [14], MAKSYMOWICZ [20], NEWTON [53].

In Zusammenhang mit 53 III und 54 III, IV interessieren allgemeiner Regeln für das Rechnen mit Differenzen (4 (7)), zum Beispiel Gültigkeit des Assoziativgesetzes (18 (6) (9)), Verknüpfung von Δ^α und Σ^β (4 (5) (7)), mit Δ^α definierte verallgemeinerte Monotonie usw.: CHAPMAN [11a], ANDERSEN [21, 25, 26, 35, 37, 50], KNOPP [25a], IZUMI [26, 27], BOHR [28], ITO-IZUMI [34], ORLICZ [36], IYENGAR [38].

Einfache hinreichende Bedingungen für C- oder H-Summierbarkeit geben CHAPMAN [11a], OTTOLENGHI [11a], ITIHARA [27], OBRECHKOFF [28b], GARABEDIAN [39a], MACPHAIL [41], NICHOLS [42], NEWTON [54] (vgl. 40). Für Fragen über Teilfolgen siehe 38, für funktionentheoretische Sätze 49, Oszillationssätze 50. Weitere Literatur zu C und H: DURAÑONA [31b], WATANABE [35], COOKE [36, 37a], ROCCO BOSELLI [36], RAUCH [54]; sowie natürlich in 53.

Für $\alpha = -1, -2, \ldots$ ist die C_α-Matrix 53 (1) nicht erklärt, für die übrigen $\alpha \leq -1$ limitiert sie unerwünschterweise Folgen $s_k \to +\infty$. Man trifft daher zusätzliche Festsetzungen, die darauf hinauslaufen, daß C_α ($\alpha \leq -1$) dem Verfahren $(C_{-\alpha})^{-1}$ äquivalent ist, worauf sich viele der obengenannten Aussagen erweitern lassen: CHAPMAN [11a], HAUSDORFF [29], WATANABE [32a], LYRA [44], PALMER [50]. Die C_{-1}-Limitierbarkeit einer Reihe soll insbesondere ihre Konvergenz und $u_m = o(1/m)$ bedeuten (YOUNG 1918). Komplexe α betrachtet vor allem BORGERS [46].

55. Das Abel-Verfahren

Der *Abelsche Grenzwertsatz* (siehe etwa KNOPP [47* S. 179]) bedeutet die Permanenz des *Verfahrens A_1* von ABEL (auch nach EULER oder POISSON benannt, vgl. 2):

(1) $\qquad t_\lambda = t(\lambda) = (1-\lambda) \sum\limits_{k=0}^{\infty} s_k \lambda^k = \sum\limits_{m=0}^{\infty} u_m \lambda^m \quad (0 \leq \lambda \to 1-).$

Die Anwendbarkeitsbedingung (und gleichzeitig genaue Größenordnungsbedingung, WILSON [22])

(2) $\quad s_k = O(\varrho^k)$ bzw. $u_m = O(\varrho^m)$ für jedes $\varrho > 1$

zeigt, daß FF- und RF-Form gleichberechtigt sind. Neben der Permanenz gelten bei A_1 auch zahlreiche asymptotische Einschließungssätze (Literatur bei **58** I); ferner ist A_1 totalpermanent (**33**; PRINGSHEIM [00]). Der ABEL-Limes ist vielleicht die natürlichste Erweiterung des gewöhnlichen Grenzwerts (vgl. COOKE-BARNETT [48]). Oft schreibt man λ in der Form $\exp(-\lambda^*)$ oder $\exp(-1/\lambda^*)$, vgl. **58**.

Varianten von A_1 erhalten wir, wenn λ auf anderen Teilmengen von $|\lambda| < 1$ gegen 1 geht. Liegen alle λ in einem *Stolz-Raum* (der von zwei durch 1 gehenden Sehnen des Einheitskreises gebildet wird), so ist die Variante permanent (STOLZ 1875, siehe etwa KNOPP [47* S. 421], auch ARAUJO [49]). Weiteres bei HARDY [06, 07a], HARDY-LITTLEWOOD [12b, 20, 23]; vgl. **49**. Bei anderen λ-Mengen haben wir keine Permanenz, jedoch werden genügend rasch konvergierende Folgen limitiert: LÖSCH [31a, 33b], MEYER-KÖNIG [40b], GAIER [50]. Für Umkehrsätze ist auch das Verhalten der durch (1) definierten analytischen Funktion wichtig (**49**). Verlangen wir in (1) nur, daß $t(\lambda)$ für hinlänglich kleine λ durch die Reihe, sonst durch analytische Fortsetzung erklärt ist, so bekommen wir das *verstärkte Abel-Verfahren* A_1^*. Manche Autoren lassen dabei auch Singularitäten auf $0 \leq \lambda < 1$ zu. Siehe SILVERMAN-TAMARKIN [28], WORONOI-TAMARKIN [32].

I (Topologie im ABEL-Wirkfeld). *Das Reihenwirkfeld $\mathfrak{A}$ des Abel-Verfahrens A_1 ist ein FK-Raum mit den Halbnormen*

(3) $\quad \sup\limits_{0 \leq \lambda < 1} |t(\lambda)|, \quad \sup\limits_{m=0,1,\ldots} |u_m| \left(\dfrac{j}{j+1}\right)^m \quad (j = 1, 2, \ldots).$

Im Sinne dieser Topologie gilt für jedes $\mathfrak{u} \in \mathfrak{A}$

(4) $\quad \lim\limits_{\varrho \to 1-} \left[\lim\limits_{k \to \infty} \{u_0 \varrho^0, \ldots, u_k \varrho^k, 0, 0, \ldots\} \right] = \mathfrak{u}.$

Siehe ZELLER [53a]. Insbesondere ist A_1 perfekt, was WŁODARSKI [55] nach der Methode **23** I und mit **20** I nachweist. Ferner folgt aus I mittels **17** VI, daß A_1 keinem zeilenfiniten Verfahren äquivalent ist, was sich auch aus der Größenordnungsbedingung (2) ergibt (vgl. **42**). Schließlich liefert I Aufschluß über Faktorfolgen, die $\mathfrak{A}$ in sich abbilden (siehe auch SIDON [40], TURÁN [47]).

II ($C_\alpha \subset A_1$). *Eine C_α-limitierbare Folge ($\alpha > -1$) ist zum selben Wert A_1-limitierbar.*

Diese Erweiterung des Abelschen Grenzwertsatzes ist schon in Potenzreihenuntersuchungen von APPELL, HADAMARD, LASKER und PRINGSHEIM enthalten (siehe BIEBERBACH [21* S. 478]). FROBENIUS [80] formuliert explizit den Fall $\alpha = 1$, HÖLDER [82] das Parallelergebnis

$H_a \subset A_1$ ($a = 1, 2, \ldots$). Zum Beweis benützt man gemäß **35 II** die Inverse von C_α (**53** (3)), Konvergenzfaktorensätze (**53 III**), oder stützt sich stärker auf die funktionentheoretische Deutung von C_α (vgl. **63**). Siehe u. a. CESÀRO [93], KNOPP [07], BELINFANTE [30], HARDY [49* S. 108 und 119]. Beispiele A_1-limitierbarer Folgen, die für kein $\alpha > -1$ von C_α limitiert werden, geben LITTLEWOOD [10], LANDAU [16*, 29*], RANDELS [37a], HARDY [49* S. 109].

Die Vermittlungsmatrix $A_1 C_\alpha^{-1}$ ist positiv, so daß der A_1-Kern einer (2) erfüllenden Folge stets im C_α-Kern enthalten ist (**37 I**; KNOPP [29a], Vorläufer: HÖLDER [82] und GROSS [15]). Dagegen haben wir für $\alpha > 1$ keine solche Kernbeziehung zwischen A_1 und H_α: GARTEN-KNOPP [37], GARTEN [40a], BOSANQUET [46], KUTTNER [48]. Zur Berechnung von $A_1 H_\alpha^{-1}$ bedienen wir uns entweder gewisser entsprechend dem Aufbau von H_α rekursiv definierter Polynome (wenn α ganz) oder der HAUSDORFF-Theorie.

Natürlich interessieren nun auch Umkehrsätze vom Typ $A_1 \to C_\alpha$ und insbesondere gewöhnliche Konvergenzbedingungen (KB) für A_1. Die Beweismethoden haben wir schon in **41—50** geschildert. TAUBER [97] gab die KB $u_m = o(1/m)$ und $0 \cdot u_0 + \cdots + m \cdot u_m = o(m)$ (Verallgemeinerung bei ROSENBLATT [45]). LITTLEWOOD [10] gelang dann der schwierige Beweis für die KB $u_m = O(1/m)$. Nach einem Zwischenresultat von LANDAU [13b] zeigten HARDY-LITTLEWOOD [14a] und SCHMIDT [25a]:

III (O_L-$A_1 \to K$-Satz). *Eine A_1-limitierbare Folge ist konvergent, wenn sie entweder $u_m = O_L(1/m)$ oder*

$$(5) \qquad \lim_{\theta \to 1+} \overline{\lim_{k \to \infty}} \operatorname*{Min}_{k \leq m \leq \theta k} (s_m - s_k) = 0$$

genügt.

Wir können (5) auch in der äquivalenten Form **52** (7) schreiben. VIJAYARAGHAVAN [26] vereinfachte den Beweis durch einen Satz vom Typ **45 IV**. Weiteres siehe unten.

Umkehrbedingungen wie

$$(6) \qquad (0 \cdot |u_0|)^\alpha + \cdots + (k \cdot |u_k|)^\alpha = O(k) \quad (\alpha > 1 \text{ fest}),$$

die eine Mittelstellung zwischen o- und O-KB einnehmen und meist mittels Ungleichungen auf III zurückzuführen sind, behandeln neben FEJÉR [13] (bei C_1) HARDY-LITTLEWOOD [14b, 27], LANDAU [16* S. 11 und 59, 29*], KARAMATA [29] vor allem SZÁSZ [28, 35a, 51a], ferner DUFRESNOY [46], RÉNYI [46], LUZIN [47], RAJAGOPAL [52d], JAKIMOVSKI [54]. Teilweise wird nur auf C_α-Limitierbarkeit zurückgeschlossen. Für weitere KB siehe die Bemerkungen zu **52 II**, insbesondere HARDY-LITTLEWOOD [12b], KARAMATA [31e], LORENTZ [47a, 48a], ferner PRINGSHEIM [00, 01], GOLDONI [49], REID [54]. Nicht alle KB für C_1 sind solche für A_1: PITT [55].

Die KB für A_1 können wir meist auf solche für C_1 zurückführen mittels

IV (A_1 und C_1). *Eine beschränkte (oder auch nur einseitig beschränkte) A_1-limitierbare Folge wird auch vom Verfahren C_1 limitiert.*

Das sprach schon LITTLEWOOD [11] aus; HARDY-LITTLEWOOD [14a] bewies es mit **48 I**. Daran anknüpfend entwickelten SCHMIDT [25a], WIENER [28, 32, 33*] und KARAMATA [30b] ihre Methoden (**48**). Allgemeiner können wir wegen V und 53 V von A_1-Limitierbarkeit und C_α-Beschränktheit auf C_β-Limitierbarkeit ($-1 < \alpha < \beta$) schließen (LITTLEWOOD [11], ANDERSEN [21], BELINFANTE [23d]). Bei beschränkten Folgen dürfen wir in IV daher C_1 durch C_β (wo $\beta > 0$ beliebig) ersetzen. Bei einseitiger Beschränktheit ist $\beta = 1$ jedoch der kleinste zulässige Index; wesentlich sind dabei die Eigenschaften der C_α bezüglich Abschnittskonvergenz (**53 II**). Weitere Literatur über $A_1 \to C_\beta$-Sätze: BELINFANTE [23b], GRISAR [24], HOLTMANN [24], HARDY-LITTLEWOOD [31], KARAMATA [31e], LORD [34], TAKAHASHI [34], SATÔ [39], CHEN [45], AMIR [54]; und bei **55** (6).

Asymptotische Umkehrsätze des Typs IV besprechen wir in **58**; Oszillationssätze und TAUBER-Konstante in **50** (siehe vor allem RAMASWAMI [35], LITTLEWOOD [35], GARTEN-KNOPP [37]); funktionentheoretische Sätze in **49** (z. B. **49 IV**); Lückensätze in **44** und **59 IV**.

Eine weitere Hilfe für Umkehrsätze (Transformation von KB gemäß **47 II**) bietet

V (A_1 und $A_1 \cdot C_\alpha$). *Limitiert A_1 die Folge $\mathfrak{s}$, so limitiert A_1 auch die C_α-Transformierte (wo $\alpha \geq 0$) von $\mathfrak{s}$.*

Diese Aussage ist insbesondere im Fall $\alpha = 1$ in verschiedenen Beweisen von Umkehrsätzen für A_1 enthalten. Ausführlicher befassen sich mit V und $A_1 \cdot C_\alpha$: ZYGMUND [26a], SZÁSZ [28, 52b, 53], KOGBETLIANTZ [31* S. 37], SELZER [31], AMIR [52]. Der Beweis beruht darauf, daß man $A_1 \cdot C_\alpha$ ausdrücken kann durch Anwendung einer modifizierten C_α-Integraltransformation auf $t(\lambda)$. Für ähnliche Sätze vgl. **35 VI**.

KOGBETLIANTZ [31*] behandelt die arithmetischen Beziehungen zwischen C_α und A_1 eingehender. Verschiedene Vergleichssätze zwischen A_1 und anderen Verfahren (oft mit Nebenbedingungen) sind in den späteren Nummern genannt. Weitere Ergebnisse über A_1 behandeln wir in allgemeinerem Zusammenhang bei der LAPLACE-Transformation (**58**). Alle funktionentheoretischen Aussagen über Limitierungsverfahren (wie in **49, 69**) haben mehr oder weniger mit A_1 und A_1^* zu tun. Sonstige Literatur: SANNIA [17d] (CAUCHY-Produkt, **39**), MAZUR (1929) (Umordnung, **38**; vgl. BAGEMIHL-ERDÖS [54]).

56. Mehrfachfolgen

Wir nennen einige Arbeiten, die sich mit der *Cesàro-* und *Abel-Limitierung* von *Mehrfachfolgen* befassen (weitere Literatur und Hinweise in 8). Der Kürze halber formulieren wir alles nur für Doppelfolgen. BROMWICH-HARDY [04] verallgemeinern C_1 auf Doppelfolgen:

(1) $$t_{ln} = \frac{1}{(l+1)(n+1)} \sum_{k,m=0}^{l,n} s_{km} \quad (l, n = 0, 1, \ldots).$$

Durch Iteration erhalten sie HÖLDER-Verfahren. Ferner definieren sie ein ABEL-Verfahren:

(2) $$t(\lambda, \nu) = \sum_{k,m=0}^{\infty} u_{km} \lambda^k \nu^m \quad (0 \leq \lambda, \nu \to 1-),$$

wo

(3) $$s_{kl} = \sum_{m,n=0}^{k,l} u_{mn}.$$

MOORE [12, 13] erklärt ein CESÀRO-Verfahren $C_{\alpha\beta}$ durch Produktbildung aus C_α und C_β wie bei 8 (2). HALLENBACH [33] benützt noch eine andere Definition.

Ein Problem besteht darin, die Beziehungen zwischen C_α, H_β, A_1 (z. B. $C_\alpha \subset A_1$) auf Mehrfachfolgen zu übertragen, und zwar unter möglichst schwachen der in 8 genannten Zusatzbedingungen. Damit beschäftigen sich BROMWICH-HARDY [04], MOORE [12, 13, 27], HOLZBERGER [14], GRISAR [24], ADAMS [31, 32], VIGNAUX [31d, 38ab], HALLENBACH [33], WATANABE [35a, 55], CESARI [42], LÖSCH [42], CELIDZE [43, 46, 47, 48ab], OGIEVECKIJ [47, 53, 54], MARMARAŠVILI [48], TIMAN und ŽAK [48, 50, 51, 54]. Einschließungssätze (Permanenz, Kern) behandeln EVERSULL [23], KNOPP [29a], LEJA [30c], LÖSCH [31b, 33a, 34], BOCHNER [32], VIGNAUX [35b], CESARI [32, 43]. Die Summierbarkeit von Zeilen und Spalten einer Doppelfolge betrachten HOLZBERGER [14], GURNEY [32], FRANCHIS [35].

Konvergenzfaktoren untersucht MOORE [38*] ausführlich. Einzelliteratur: MOORE [12, 13, 27, 36], HARDY [20], KOJIMA [20], EVERSULL [23], MERRIMAN [27], DURFEE [33]. Multiplikationssätze stellen HARDY-LITTLEWOOD [12b], VIGNAUX [33c], CESARI [46, 47], CELIDZE [53] auf; siehe auch SHEFFER [46], HAMILTON [47]. Limitierbarkeitskriterien geben MERRIMAN [28], LEJA [29]. Früh wurden auch schon Anwendungen auf FOURIER-Reihen durchgeführt: YOUNG [12], MOORE [13], FRANCHIS [35], GERGEN(-LITTAUER) [35, 37]. HERRIOT [41] verwendet $C_{\alpha\beta}$ bei DIRICHLET-Reihen.

Eine typische Konvergenzbedingung für (1) ist

(4) $$(m^2 + n^2) u_{mn} < \Omega < \infty \quad (m, n = 0, 1, \ldots),$$

die man jedoch nicht zu $m n |u_{mn}| < \Omega$ abschwächen darf: FUJIWARA [19ab], KNOPP [39], AGNEW [40a], MEYER-KÖNIG [40a]. Weitere Literatur zu Umkehrsätzen: HARDY-LITTLEWOOD [12b], YOUNG [12], HOLZBERGER [14], GRISAR [24], IZUMI [30], FRANCHIS [35], DURAÑONA [40], KLOOSTERMAN [40c], OBRECHKOFF [40c], DELANGE [47d, 48a, 53]. LAWRENCE [35] überträgt funktionentheoretische $A_1 \to C_\alpha$-Sätze (vgl. 49).

57. Integraltransformationen

Wir nennen einige Arbeiten über das *Cesàro-Verfahren bei Funktionen*. Die Liste ist unvollständig, weil manche Untersuchungen über diese Transformation mehr zum Gebiet der reellen Funktionen gehören und andere — die sich hauptsächlich mit RIESZ-Mitteln befassen — in **59** aufgeführt sind; siehe auch **9**. Von den auftretenden Funktionen verlangen wir gemäß **9** „genügende Regularität" — oft genügt Meßbarkeit und Beschränktheit in jedem endlichen Intervall.

Mit der Übertragung von C_α und H_α auf Integrale wurde schon früh begonnen: DU BOIS-REYMOND [86], HARDY [03, 08b]. Das C_1-Verfahren erhält die Gestalt

$$(1) \qquad t(\lambda) = \frac{1}{\lambda} \int_0^\lambda s(\varkappa)\, d\varkappa \qquad (0 < \lambda \to +\infty).$$

Iteration führt zu den HÖLDER-Mitteln, die wir unter geringen Zusatzvoraussetzungen umformen können zu

$$(2) \qquad t(\lambda) = \frac{1}{\lambda \cdot \Gamma(\alpha)} \int_0^\lambda \left(\log \frac{\lambda}{\varkappa}\right)^{\alpha-1} s(\varkappa)\, d\varkappa \qquad (0 < \lambda \to +\infty),$$

wobei wir dann auch nichtganze α zulassen. Meist setzt man $\alpha > 0$ voraus. Ähnliche Überlegungen liefern die C_α-Mittel in der Gestalt

$$(3) \qquad t(\lambda) = \frac{\Gamma(\alpha+1)}{\lambda^\alpha} s^{(\alpha)}(\lambda) = \frac{\alpha}{\lambda^\alpha} \int_0^\lambda (\lambda - \varkappa)^{\alpha-1} s(\varkappa)\, d\varkappa$$

(die hierdurch definierten $s^{(\alpha)}$ sind wichtige Hilfsgrößen, vgl. (4) und II sowie **53** (2)).

Beim Beweis der Äquivalenz $C_\alpha \sim H_\alpha$ (und der Zusätze) verwendet man den Schurschen Beweisgedanken (LANDAU [13a], KNOPP [41]), Mittelwertsätze (**24**, **35** V; JACOB [27a], KNOPP [43]), rekursive Definition der Vermittlungstransformation (GARTEN [40b]) und die Theorie der WIENER-Verfahren (**78** I). Weitere Literatur: WATANABE [14, 32a, 33, 35a], MOORE [23], OBRECHKOFF [30e, 46], VERBLUNSKY [31a], BASU [52] (Kern). — KUTTNER [39 a b] schlägt als Analogon zu C_α eine andere Transformation vor und vergleicht sie mit (3).

Die in (3) auftretenden Integralausdrücke (vgl. dazu Σ in **4**) kommen schon bei der Abelschen Integralgleichung und in der Liouville-Riemannschen Theorie der *Integration nichtganzer Ordnung* vor, siehe HARDY-RIESZ [15* S. 29], ZYGMUND [35* S. 222], KNOPP [41]. RIESZ [09 bc, 11a, auch 23b, 24] und HARDY-RIESZ [15* S. 26—38] verwenden dann (3) als Grundtransformation für RIESZ-Mittel (**59**), indem sie $s(\varkappa)$ als Treppenfunktion spezialisieren. Dabei geben sie Formeln, die C_α-Transformationen verschiedener Ordnung verknüpfen bzw. die entsprechenden $s^{(\alpha)}$, z. B.

(4)
$$\frac{1}{\Gamma(\alpha+\beta)} \int_0^\lambda (\lambda - \varkappa)^{\alpha+\beta-1} s(\varkappa) \, d\varkappa$$
$$= \frac{1}{\Gamma(\alpha)} \int_0^\lambda (\lambda-\varkappa)^{\alpha-1} \frac{1}{\Gamma(\beta)} \int_0^\varkappa (\varkappa-\mu)^{\beta-1} s(\mu) \, d\mu \, d\varkappa,$$

(5)
$$\frac{d}{d\lambda} \int_0^\lambda (\lambda-\varkappa)^\alpha s(\varkappa) \, d\varkappa = \alpha \int_0^\lambda (\lambda-\varkappa)^{\alpha-1} s(\varkappa) \, d\varkappa;$$

ferner Produktformeln u. a. Aus (4) folgt die Monotonie (**53 I**) der durch (3) erklärten C_α-Mittel.

Weitere Literatur hierüber: BOHR [08], HARDY [08b, 10b], CHAPMAN [11ab], DOETSCH [21a], DURANONA [32], MACPHAIL [38], OBRECHKOFF [39a]. Mittelwertsätze (siehe auch **24**) untersuchen besonders: RIESZ [11a, 23b], HARDY-RIESZ [15* S. 28], JACOB [27], VERBLUNSKY [31a], KNOPP [43], SARGENT [46, 49]. Konvergenzfaktoren und Verwandtes behandeln MOORE [07], BROMWICH [08b], HARDY [10d], HARDY-LITTLEWOOD [28a], GRIMSHAW [34], COSSAR [41, 50], GARABEDIAN [44], BOSANQUET [48a], BORWEIN [50, 51, 54], SARGENT [51, 52]. Sonstiges: POMPEIU [28], VERBLUNSKY [31b], BIGGERI [32], VIGNAUX [32a], GARABEDIAN [42d], RAJAGOPAL [47c], PARKER [49], SARGENT [49, 51], PADMAVALLY [54].

Wollen wir das Verhalten von Funktionen $s(\varkappa)$ bei Annäherung von $\varkappa$ an einen endlichen Wert untersuchen, so können wir entweder eine Variablensubstitution vornehmen oder Modifikationen der Verfahren verwenden. Bei $\varkappa \to 0$ und C_1 erhalten wir so

(6)
$$t(\lambda) = \frac{1}{\lambda} \int_{1/\lambda}^1 \frac{s(\varkappa)}{\varkappa^2} \, d\varkappa \quad (1 \leq \lambda \to +\infty)$$

oder

(7)
$$t(\lambda) = \frac{1}{\lambda} \int_0^\lambda s(\varkappa) \, d\varkappa \quad (\lambda \to +0).$$

(6) und (7) sind im Anwendungsbereich von (7) gleichstark (KNOPP [29a], vgl. **52 IV**). Die Transformationen (7) (und Verallgemeinerungen) werden oft hinter die ABEL-Transformation geschaltet, siehe bei **49 IV**. Ebenso spielen (3) und (7), auch in Varianten entsprechend **6** (1) (starke Summierbarkeit), eine Rolle in der Lebesgueschen Theorie und bei FOURIER-Reihen (siehe z. B. HARDY-LITTLEWOOD [28b], PRASAD [33]). VERBLUNSKY [31], BOSANQUET [32b] und BOSANQUET-CARTWRIGHT [33b] behandeln Transformationen des Typs (7) näher.

Verschiedene Umkehrsätze für unsere Verfahren gaben FUJIWARA [19a], KUBOTA [19], AMATO [22], IZUMI [30], GRIMSHAW [34], BOAS [39], KARAMATA [39b, 50a], KENDALL [48], KLOOSTERMAN [48]; weitere Literatur in **58**.

57. Integraltransformationen

Wir interessieren uns vor allem für bestimmte asymptotische Sätze.

I (Asymptotischer Umkehrsatz). *Die Funktion $w(x)$ sei in $0 < x < \infty$ zweimal differenzierbar. Die Hilfsfunktionen φ und ψ mögen $0 < \varphi(x) \nearrow$ bzw. $0 < \psi(x) \nearrow$ für $0 < x \nearrow \infty$ erfüllen. Aus*

(8) $\qquad w(x) = o(\varphi(x))$ und $w''(x) = O(\psi(x))$

folgt dann

(9) $\qquad w'(x) = o\left(\sqrt{\varphi(x)\,\psi(x)}\right).$

Der Beweis folgt am einfachsten aus Flächenbetrachtungen an $\int w'$ oder mit der Taylorschen Formel für w. Durch Modifikation der Voraussetzungen erhält man zahlreiche weitere Sätze dieser Art. Bei verschiedenen Monotonierichtungen von φ und ψ (etwa $\varphi \nearrow$, $\psi \searrow$) dürfen die Funktionen sich nicht zu rasch ändern. Durch Iteration oder Differenzenformeln erhält man Sätze, in denen höhere Ableitungen auftreten. Daraus folgen asymptotische Umkehrsätze für C_α, die teilweise auch direkt bewiesen wurden. Im einfachsten Fall nimmt man dabei $w'(x) = s(x)$, jedoch werden auch komplizierte Einsetzungen gebraucht.

LITTLEWOOD [11] (auch LANDAU [13b]) benützte den Spezialfall $\varphi = \psi \equiv 1$ von I beim Beweis von **48** I. HARDY-LITTLEWOOD [12b, 14a] verallgemeinerten das weitgehend. Daran schlossen an: DOETSCH [21a], MORDELL [28b], IZUMI [30], BOAS [38a], HYSLOP [38], KARAMATA [35c, 48, 50a], KLOOSTERMAN [39, 40b], WARD [41], WANG [44], OBREŠKOV [49, 52, 53b], POPOVIĆ [51], VUČKOVIĆ [53]. Als typische Anwendung nennen wir, daß die Konvergenz von $\{s_k\}$ folgt aus

(10) $\quad s_0 + \cdots + s_l = o(l^{-\gamma+1})$ und $u_m = O_L(m^{\gamma-1})$ (wo $0 \leq \gamma < 1$),

also aus rascher Konvergenz der C_1-Transformierten und einer schwachen KB (siehe BOAS). — Vgl. **58** I.

RIESZ [23b] ließ dann in I auch nichtganze Ableitungen zu. Er bewies folgenden Konvexitätssatz (vgl. **53** V), in dem $s^{(\alpha)}(\lambda)$ die Transformierte (3) bzw. im Falle $\alpha = 0$ die Funktion $s(\lambda)$ bedeutet:

II (Konvexitätssatz). *Erfüllen φ und ψ die in I genannten Bedingungen und gilt $0 \leq \alpha < \beta < \gamma$, so folgt aus*

(11) $\qquad s^{(\alpha)}(\lambda) = O(\varphi(\lambda))$ und $s^{(\gamma)}(\lambda) = O(\psi(\lambda))$ $\quad (\lambda \to \infty)$

die Beziehung

(12) $\qquad s^{(\beta)}(\lambda) = O\left\{[\varphi(\lambda)]^{(\gamma-\beta)/(\gamma-\alpha)}\,[\psi(\lambda)]^{(\beta-\alpha)/(\gamma-\alpha)}\right\} \quad (\lambda \to \infty).$

Beim Beweis spielen wieder die Mittelwertsätze (24) oder Differenzenformeln (vgl. bei **47** II) eine wesentliche Rolle. Mit Sätzen vom Typ II befassen sich noch folgende Arbeiten: ANANDA-RAU [32], DIXON-FERRAR [32], BOSANQUET [43], MINAKSHISUNDARAM-RAJAGOPAL [48], KLOOSTERMAN [50], KELDYŠ [51], CHANDRASEKHARAN-MINAKSHISUNDARAM [52* S. 13—27], KOREVAAR [54a], RAJAGOPAL [54d].

Anwendungen unserer Integraltransformationen auf die LAPLACE-Transformation behandeln z. B. RIESZ [24b], HILLE [35], DOETSCH [50* S. 311], ISAACS [51], BOSANQUET [53].

58. Die Laplace-Transformation

Wir nennen einige Untersuchungen über die *Laplace-Transformation*, die von besonderem Interesse für die Limitierung sind. Ausführlicher behandeln die Bücher von DOETSCH [37*, 50*] und WIDDER [41*] diese Transformation. Wir setzen wieder genügende Regularität der vorkommenden Funktionen voraus (9), verwenden die Integraldefinition aus 9 und schreiben das Verfahren in der Form

(1) $$t(\lambda) = \lambda \int_0^\infty e^{-\lambda x} s(x)\, dx \quad (\infty > \lambda \to +0).$$

Häufig benützt man auch eine STIELTJES-Integral-Variante:

(2) $$t(\lambda) = \int_0^\infty e^{-\lambda x}\, ds(x) \quad (\infty > \lambda \to +0),$$

die (falls $s(0) = 0$) die zugehörige *RF*-Form darstellt, aber einen etwas kleineren Anwendungsbereich hat (WIDDER [41* S. 41]). Bei absolut stetigem $\mathfrak{s}$ können wir $ds(x)$ durch $u(x)\, dx$ ersetzen. Oft wird der Parameter λ als $1/\lambda^*$ (wo $\lambda^* \to +\infty$) geschrieben. Ältere Arbeiten schreiben auch das LAPLACE-Integral in Mellinscher Form (vgl. DOETSCH [37*]). Gelegentlich wird der Anwendungsbereich von (1) durch Einschaltung des *C*-Verfahrens erweitert (siehe 57), oder (1) auf mehrere Veränderliche (8) bzw. *B*-Räume (10) übertragen.

Schon DU BOIS-REYMOND [86] verwendet (1) als Analogon zum ABEL-Verfahren. Dann finden wir (1) bei PINCHERLE [99, 01] und HARDY [03, 08b], als Hilfsmittel beim BOREL-Verfahren (66, vgl. auch DIEULEFAIT [38]), und vor allem bei DIRICHLET-Reihen (Zahlentheorie): LANDAU [09*], HARDY-RIESZ [15*]. Insbesondere erhalten wir aus (2) durch Spezialisierung von $\mathfrak{s}$ das Verfahren $(D, \mathfrak{p})$ (59). Umgekehrt gestatten Aussagen über $(D, \mathfrak{p})$ vielfach Rückschlüsse auf (1). Es ist schwer, genaue Literatur- und Prioritätsangaben über limitierungstheoretische Sätze bei der LAPLACE-Transformation zu machen, da es sich oft um Umformungen anderweitig bekannter Ergebnisse handelt.

Den Satz $C_\alpha \subset A_1$ können wir nur mit Einschränkungen übertragen: Im Falle $\alpha > 1$ müssen wir die Anwendbarkeit von (1) ausdrücklich voraussetzen: KNOPP [44, 41, 43], vgl. auch DU BOIS-REYMOND [86], HARDY-RIESZ [15* S. 39ff.], GARTEN [40a].

Verschiedene gewöhnliche Umkehrsätze für (1) geben LANDAU [07, 13c], DOETSCH [20b], TAKENAKA [25], SZÁSZ [29, 36], WATANABE [32b], KARAMATA [37ad*], LAUWERIER [46], DELANGE [47ab, 49, 53], EVANS

58. Die LAPLACE-Transformation

[53], GHIZZETTI [53]. Typisch ist die Konvergenzbedingung

(3) $$\lim_{\theta \to 1+} \lim_{\varkappa \to \infty} \underset{\varkappa \leq \mu \leq \theta\varkappa}{\text{Min}} (s(\mu) - s(\varkappa)) = 0$$

(„langsam abnehmende Funktion $s(\varkappa)$"). Mit Modifikationen der Bedingung (3) (teilweise im Hinblick auf andere Umkehrsätze und Verfahren) befassen sich KARAMATA [33d, 35d, 36b, 37d*, 48], AVAKUMOVIĆ [35, 36a, 41], RICCI [35], POPOVITCH [41, 49], DELANGE [49], VUČKOVIĆ [53]. Die in (3) unter dem (ersten) Limeszeichen stehende Funktion untersuchen RAMASWAMI [36], AVAKUMOVIĆ [37a] näher. Andere Sätze schließen von (1) nur auf **57** (3) zurück (entsprechend $A_1 \to C_\alpha$): I und SZÁSZ [36], RAJAGOPAL [47a, 54ae]. Für Oszillationssätze siehe **50**.

Wir kommen zu asymptotischen Umkehrsätzen für (1) und A_1. Eine stetige Funktion $\varphi(\varkappa) \neq 0$ $(0 < \varkappa < \infty)$ nennen wir *regulär wachsend*, wenn

(4) $$\frac{1}{\varkappa \varphi(\varkappa)} \int_0^\varkappa \varphi(\mu)\, d\mu \to \beta \quad (\varkappa \to \infty;\ \text{mit Re } \beta > 0)$$

gilt. Das ist gleichbedeutend mit der Existenz einer Darstellung der folgenden Art (mit $\alpha + 1 = 1/\beta$):

(5) $\varphi(\varkappa) = \varkappa^\alpha \psi(\varkappa)$, wo $\dfrac{\psi(\theta\varkappa)}{\psi(\varkappa)} \to 1$ $(\varkappa \to \infty;$ für jedes $\theta > 0)$.

Die hier auftretenden ψ heißen *langsam wachsend*. Diese Begriffe prägte KARAMATA [30c] im Anschluß an HARDY-LITTLEWOOD [14a] und SCHMIDT [25]; sie treten auch bei den asymptotischen Zusätzen zu **54** II auf; KNOPP [43] gibt eine Darstellung der Theorie der regulär wachsenden Funktionen, wobei er teilweise auch $\beta = 0$ zuläßt.

I (Reguläre Asymptotik). *Erfüllt die Funktion $s(\varkappa) \geq 0$ die Beziehung*

(6) $$\frac{1}{\varphi\left(\frac{1}{\lambda}\right)} \int_0^\infty e^{-\lambda\varkappa} s(\varkappa)\, d\varkappa \to \sigma \quad (\lambda \to 0+)$$

bei regulär wachsendem $\varphi(\mu) \to \infty$, so gilt mit dem α aus (5) auch

(7) $$\frac{1}{\varphi(\lambda)} \int_0^\lambda s(\varkappa)\, d\varkappa \to \frac{\sigma}{\Gamma(\alpha + 1)} \quad (\lambda \to \infty).$$

Es gibt auch entsprechende direkte Sätze (vgl. HARDY-LITTLEWOOD [14a], DOETSCH [37* S. 186], KNOPP [52a]) sowie Aussagen für STIELTJES-Integral und für $\lambda \to +\infty$ in (6). Zum Beweis benützt man dieselben Methoden wie im Spezialfall **55** IV (wo $\varphi(\lambda) = \lambda$ und $s(\varkappa)$ eine Treppenfunktion ist). HARDY-LITTLEWOOD [13a, 14ab] bewiesen eine abgeschwächte Form von I bei A_1 und $(D, \mathfrak{p})$ (**59**). Daran knüpften an: DOETSCH [20b, 30], HARDY-LITTLEWOOD [29], SZÁSZ [29, 30], KARAMATA [30d, 31ab, 33c, 37a], DURAÑONA [31a], IKEHARA [31b], LORD [34], KALES

[37], MARTIN und WIENER [38], BOAS-WIDDER [40], AVAKUMOVIĆ [41], POPOVIĆ [41], DELANGE [47b, 49], FREUD [51, 53], KOREVAAR [51, 54bcd, 55], POSTNIKOV [51], KORENBLYUM [55]. Siehe auch 59.

Bei andersartiger Asymptotik, etwa $\varphi(\lambda) = \exp(\lambda)$ u. ä., erhält man weniger glatte Resultate, wenn man nicht wie manche neueren Arbeiten auch komplexe λ (vgl. 49 IV und V) in Betracht zieht. Die Ergebnisse sind wichtig für die Zahlentheorie (Partitionen): HARDY-RAMANUJAN (1916, 1917), FABER (1922), KNOPP(-SCHUR) (1925), AVAKUMOVIĆ [36, 38b, 40ab, 48, 50ab], AVAKUMOVIĆ-KARAMATA [36], PITT [37], KARAMATA [38c], MARTIN-WIENER [38], INGHAM [41], BRIGHAM [50], AULUCK-HASELGROVE [52], GANELIUS [55].

Die *Stieltjes-Transformation*

$$(8) \qquad t(\lambda) = \int_0^\infty \frac{s(\varkappa)}{\lambda + \varkappa} d\varkappa$$

und Varianten wurden meist im Zusammenhang mit der LAPLACE Transformation untersucht (hauptsächlich auf Umkehrsätze hin): HARDY LITTLEWOOD [29], SZÁSZ [30a], CARLEMAN [34], WIENER [36a], DOETSCH [37* S. 264], SER [38], PLEIJEL [39, 40, 52], WIDDER [41*], EDREI [49], AVAKUMOVIĆ [50a]. Auch benützte man sie zur analytischen Fortsetzung und verglich sie mit dem BOREL-Verfahren (**66**), siehe z. B. BOREL [28* S. 54, 67, 145].

59. Riesz- und Dirichlet-Verfahren

RIESZ [09bc] führte das Verfahren $R_q^\alpha = (R, q, \alpha) = R(q, \alpha)$ ein:

$$(1) \qquad t_\lambda = t(\lambda) = t^{(\alpha)}(\lambda) = \lambda^{-\alpha} \sum_{q_m < \lambda} (\lambda - q_m)^\alpha u_m \quad (0 < \lambda \to +\infty).$$

Dabei sei stets

$$(2) \qquad \alpha \geq 0, \ 0 < q_0 < q_1 < \cdots < q_m < \cdots \to +\infty,$$

was die Permanenz sichert. $(R, q, 1)$ ist eine Modifikation des Verfahrens $(M, \mathfrak{p})$ (**52**) mit $p_0 + \cdots + p_l = q_{l+1}$. Die Einführung des stetigen Parameters λ rechtfertigt sich durch die Überlegungen bei (4) und Satz V.

Das *Riesz-Verfahren* eignet sich besonders zur Anwendung auf DIRICHLET-Reihen $\sum a_m e^{-r_m \zeta}$, und zwar benützt man (R, q, α) mit $q_m = r_m$ oder $q_m = e^{r_m}$ („*typische Mittel*" erster bzw. zweiter Art). Das führt uns zum *Dirichlet-Verfahren* $D_q = (D, q)$:

$$(3) \qquad t(\lambda) = \sum_{m=0}^\infty u_m e^{-q_m \lambda} \quad (\infty > \lambda \to 0+),$$

dessen Permanenz aus dem bekannten Stetigkeitssatz für DIRICHLET-Reihen hervorgeht. Spezialfälle benützen schon HÖLDER [82], LE ROY [00], LINDELÖF [01, 03] (z. B. $q_m = m \log m$, vgl. **69**), HARDY [03] (auch VIGNAUX [32c]). Die $(D, \mathfrak{q})$ mit $q_m = m^\alpha$ heißen *Abel-Cartwrightsche Verfahren* A_α und werden oft mit komplexem λ betrachtet (HARDY [16b, 49* S. 381], CARTWRIGHT [30], HYSLOP [35], KUTTNER [38] und **73** II). Der Parameter $\mathfrak{q}$ ist auch wichtig zur Anpassung an Eigenwertprobleme, siehe z. B. AVAKUMOVIĆ (1956).

Setzen wir

(4)
$$s(\varkappa) = \sum_{q_m < \varkappa} u_m$$

und wenden darauf die Integraltransformationen **57** (3) bzw. **58** (1) an, so erhalten wir dasselbe $t(\lambda)$ wie in (1) bzw. (3). Die Eigenschaften dieser Transformationen spiegeln sich deshalb bei $(R, \mathfrak{q}, \alpha)$ und $(D, \mathfrak{q})$ wider. Zusammen mit rein arithmetischen Betrachtungen führt das zu einer weitgehenden Parallelität zwischen C_α und A_1 einerseits und $(R, \mathfrak{q}, \alpha)$ und $(D, \mathfrak{q})$ andererseits. Besonders wichtig für Beweise sind wieder Mittelwertsätze, siehe **24** und dort angegebene Literatur. Da HARDY-RIESZ [15*], KOGBETLIANTZ [31*], RIESZ [49] und CHANDRASEKHARAN-MINAKSHISUNDARAM [52*] Gesamtdarstellungen geben — vor allem das letztere Buch bringt verfeinerte Resultate —, können wir uns kurz fassen.

Zunächst interessiert der Vergleich von RIESZ-Mitteln verschiedener *Ordnung* (α) oder verschiedenen *Typs* ($\mathfrak{q}$).

I (First theorem of consistency). *Sei* $0 \leq \alpha \leq \beta$. *Dann ist eine* $(R, \mathfrak{q}, \alpha)$-*summierbare Reihe zum selben Wert* $(R, \mathfrak{q}, \beta)$-*summierbar.*

Das folgt aus dem Monotoniesatz der C_α-Integraltransformation (**57**), siehe RIESZ [11, 09bc], HARDY-CHAPMAN [11], HARDY-RIESZ [15* S. 29]; ferner KOGBETLIANTZ [19, 25a]. „Consistency" betont die Verträglichkeit der beiden Verfahren.

II (Second theorem of consistency). *Eine* $(R, \mathfrak{q}, \alpha)$-*summierbare Reihe ist auch* $(R, \mathfrak{p}, \alpha)$-*summierbar zum selben Wert, wenn* $p_m = \varphi(q_m)$ *gilt mit einem* $\varphi(\xi) \nearrow \infty$, *das neben* $0 \neq \varphi'(\xi) \nearrow$ *und* $\varphi(0) = 0$ *folgende Bedingung erfüllt:*

(5)
$$\int_0^\eta \xi^b |\varphi^{(b+1)}(\xi)| \, d\xi = O(\varphi(\eta)) \quad (b = 1, 2, \ldots, a+1;$$

dabei a ganz, $a < \alpha \leq a + 1$).

Die $(R, \mathfrak{p}, \alpha)$-Transformation ist mit $s(\varkappa)$ wie in (4) gegeben durch

(6)
$$\frac{\alpha}{\lambda^\alpha} \int_0^\lambda (\lambda - \varkappa)^{\alpha-1} s(\varphi^{-1}(\varkappa)) \, d\varkappa$$
$$= \frac{\alpha}{[\varphi(\nu)]^\alpha} \int_0^\nu (\varphi(\nu) - \varphi(\mu))^{\alpha-1} \varphi'(\mu) s(\mu) \, d\mu \quad (\text{wo } \lambda = \varphi(\nu)).$$

Mittels partieller Integrationen reduziert man auf den Fall $0 < \alpha \leq 1$, wo der Mittelwertsatz und damit Vergleichssätze vom Typ **35 V** zur Verfügung stehen. Das macht (5) plausibel. Die Voraussetzungen kann man teilweise modifizieren und auch Funktionen mit $\varphi'(\xi) \searrow$ untersuchen.

Nach Voruntersuchungen bei $(M, \mathfrak{p})$ (**52**) und von RIESZ [09b], HARDY-CHAPMAN [11], BERWALD [13] behandeln HARDY-RIESZ [15* S. 30] den Fall $\varphi(\xi) = \log \xi$. Dann folgen Verallgemeinerungen durch HARDY [15], ZYGMUND [25] (auch Konvexitätssätze ähnlich **53 V**, **57 II**), HIRST [32], KUTTNER [47, 51b, 52] (sogar notwendige und hinreichende Bedingungen für φ), CHANDRASEKHARAN-MINAKSHISUNDARAM [52* S. 34 und 49] (Übersicht). Ein andersartiger Satz stammt von KUTTNER [53]. CARTWRIGHT [30], KUTTNER [47, 49] vergleichen verschiedene $(D, \mathfrak{q})$.

$(D, \mathfrak{q})$ ist im wesentlichen stärker als $(R, \mathfrak{q}, \alpha)$:

III $((D, \mathfrak{q})$ und $(R, \mathfrak{q}, \alpha))$. *Existiert die $(D, \mathfrak{q})$-Transformation einer $(R, \mathfrak{q}, \alpha)$-summierbaren Reihe (für $\lambda > 0$), so ist die Reihe zum selben Wert $(D, \mathfrak{q})$-summierbar.*

Dies hängt mit der gleichmäßigen R-Summierbarkeit von DIRICHLET-Reihen in bestimmten Gebieten zusammen. Zum Beweis drückt man $\Sigma u_m e^{-q_m \lambda}$ unter Verwendung einer modifizierten LAPLACE-Transformation durch die RIESZ-Mittel $t_\alpha(\lambda)$ aus. Siehe HARDY-RIESZ [15* S. 39]. Vorläufer: HÖLDER [82], HARDY [10ac, 13a], HARDY-CHAPMAN [11]. Varianten (Vergleich von Verfahren verschiedenen Typs, z. B. $(D, \mathfrak{q})$ mit C_α; beachte II und V): MORSE [23], DURFEE [31], GARABEDIAN [31, 39b].

Aus $(R, \mathfrak{q}, \alpha)$-$\lim s_k = 0$ folgt

$$(7) \qquad s_k = o\left(\frac{q_{k+1}}{q_{k+1} - q_k}\right)^\alpha,$$

was in Spezialfällen Konvergenzgleichheit von R liefert. Beim Beweis benützen wir im Falle $0 < \alpha \leq 1$ wieder Mittelwertsätze. Die Reduktion von $\alpha > 1$ auf $0 < \alpha \leq 1$ führt man mit Differenzenformeln (angewandt auf $\lambda^\alpha t(\lambda)$) durch. Siehe HARDY-RIESZ [15* S. 36]. Andere MERCER-Sätze für R stammen von ROGOSINSKI [26]. Auch bei $(D, \mathfrak{q})$ kennt man solche Aussagen:

IV (Konvergenzgleiches $(D, \mathfrak{q})$). *Das Verfahren $(D, \mathfrak{q})$ ist konvergenzgleich, wenn*

$$(8) \qquad \varliminf_{j \to \infty} \frac{q_{j+1}}{q_j} > 1$$

gilt.

(HARDY-LITTLEWOOD [26]; vgl. LITTLEWOOD [11].) Beweise skizzieren wir in **44**. Satz IV ist auch ein Lückenumkehrsatz für A_1 (**55**).

59. RIESZ- und DIRICHLET-Verfahren

Weiteres bei INGHAM [36, 37], BOAS [38b], BELLMANN [44], BOSANQUET [44], MINAKSHISUNDARAM-RAJAGOPAL [46], AUSTIN [51], KORENBLYUM [51], EVGRAFOV [52ab], RAJAGOPAL [53c], DAVYDOV [55], ŠČEGLOV [55].

Umkehrsätze für R und D folgen aus solchen für die Integrale **57** (3) und **58** (1) oder mit den bei C_α angewandten Methoden. Eine typische Konvergenzbedingung ist

$$(9) \qquad u_m = O\left(\frac{q_m - q_{m-1}}{q_m}\right),$$

wobei wir wie in **52** nicht ohne weiteres zu O_L übergehen dürfen.

Literaturauswahl: LANDAU [07, 13bc], SCHNEE [09b], HARDY [10a, 13a], LITTLEWOOD [11], HARDY-LITTLEWOOD [14ab, 26], HARDY-RIESZ [15* S. 46], ANANDA-RAU [19, 28, 30a, 32], AMATO [22], NEDER [24], INGHAM [25, 35], ROGOSINSKI [26], IZUMI [29], SZÁSZ [29, 30b, 36, 51], GANAPATHY IYER [35], HIGAKI [35a], RICCI [35], KARAMATA [38b], PITT [38], AVAKUMOVIĆ [40b], BOSANQUET [44] (ausführliche Literatur), RAJAGOPAL [46b, 47, 48c, 52d], WINTNER [47e], KARAMATA [48], DELANGE [49], EGGLESTON [51].

Oszillationsumkehrsätze (siehe **50**) behandeln u. a. WINN [33c], MINAKSHISUNDARAM [38a, 39], RAJAGOPAL [47, 49], PENNINGTON [52a]; asymptotische Umkehrsätze (einschließlich Konvexitätssätze, vgl. **53**, **57** I, II, **58** I) HARDY-LITTLEWOOD [14ab], RIESZ [23b], KOGBETLIANTZ [25], SZÁSZ [29, 30b], ANANDA-RAU [30b, 31, 32, 34], GANAPATHY IYER [35], HIGAKI [35a], MINAKSHISUNDARAM(-RAJAGOPAL) [36, 46, 47, 48], POSTNIKOV [51], RAJAGOPAL [54d]. Für funktionentheoretische Umkehrsätze siehe **49**.

Gewisse RIESZ-Mittel sind den C_α-Verfahren äquivalent:

V (($R, \{m\}, \alpha$) und C_α). *Für $\alpha \geq 0$ sind die Verfahren C_α und $(R, \{m\}, \alpha)$ äquivalent und verträglich.*

Hier bedeutet $(R, \{m\}, \alpha)$ natürlich das Rieszsche Verfahren mit $q_m = m$. Zum Beweis (RIESZ [11a], ausführlicher bei HOBSON [26* Vol. I, S. 90]) nützen wir die Ähnlichkeit der Matrizen R und C aus, um wie bei **37** IV zu zeigen, daß R und C äquivalent sind unter der Nebenbedingung „Die C_a-Transformierte von $\mathfrak{s}$ ist $o(n^{\alpha-a})$ für jedes ganze $a < \alpha$". Aus der C_a-Limitierbarkeit (zu Null) folgt die Nebenbedingung leicht. Um sie aus der R-Limitierbarkeit zu erhalten, reduzieren wir wie üblich durch partielle Integration auf $0 < \alpha \leq 1$ und verwenden dann den Mittelwertsatz (vgl. Literatur in **24** und bei **35** IV). Andere Beweise benützen NÖRLUND-Verfahren mit stetigem Parameter: GERGEN [37], HARDY [49* S. 113 und 119] (nach INGHAM). KUTTNER [39b], SZÁSZ [39], BASU [48b, 49b] vergleichen die totale Stärke (**37** I) von R und C bzw. H.

Die „*unstetigen*" RIESZ-Mittel $R_\alpha^* = (R^*, \{l\}, \alpha)$ (in (1) soll λ nur die Werte $1, 2, \ldots$ durchlaufen) sind NÖRLUND-Verfahren wie C_α. Anwendung von 63 IV zeigt, daß R_α^* im allgemeinen nicht mit C_α äquivalent ist. Äquivalenz besteht jedoch für $0 < \alpha \leq 1$, was wiederum mit dem Mittelwertsatz zusammenhängt. Weiteres bei RIESZ [24a], AGNEW [33], COOKE [36, 37a], KUTTNER [39a], FORSYTHE [41], JURKAT [51b], ZAMANSKI [52], AGNEW [55b].

Manche Untersuchungen über R und D sind im allgemeinen Rahmen der Integraltransformationen 57 und 58 oder der Abschnittskonvergenz 24 durchgeführt worden oder beziehen sich hauptsächlich auf die Anwendungen bei DIRICHLET-Reihen (z. B. DIRICHLET-Multiplikation 39, spezielle Faktoren). Wir nennen einige Arbeiten über die Summierung von DIRICHLET-Reihen (mit R, D und anderen Verfahren), die auch von gewissem allgemeinem Interesse sind: BOHR [09ab], RIESZ [09a], HARDY [10c], HARDY-RIESZ [15], NEDER [24], ZYGMUND [27], OBRECHKOFF [28a, 29, 31a, 39b, 40c], ANANDA-RAU [32], HILLE-TAMARKIN [33], OFFORD [34], PHILLIPS [35], HERRIOT [41], MEYER-KÖNIG [40b], BOSANQUET [47, 48a], ATKINSON [48, 50], RAJAGOPAL [48b], GAIER [50], COWLING-PIRANIAN [52], TATCHELL [45b].

Weitere Literatur über D und R: HAUSDORFF [21], AGNEW [45a] (Beziehungen zu HAUSDORFF-Verfahren), ROBERTSON [37] (spezielle Anwendung), OBRECHKOFF [45].

60. Sonstiges

Wir nennen Arbeiten, die Varianten (im Sinne von 51) der Verfahren dieses Kapitels untersuchen.

CESÀRO- und HÖLDER-Verfahren (einschließlich der Integraltransformationen aus 57) verallgemeinern: FABER [13], KIENAST [20, 23, 32], MOLLERUP [20], ZYGMUND [24], DOBROWOLSKI [26], HOCHSTAETTER [25], RAJCHMAN [26], GALVANI [27], NICOLESCU [28], KOGBETLIANTZ [31* S. 47], AGNEW [32b, 52h], HENRIKSSON [35], MARCINKIEWICZ [38], BIRINDELLI [39], GARTEN [39, 51a], KARAMATA [39d], KUTTNER [39ab], PIZZETTI [40], IYENGAR [42], MEARS [43], RUDBERG [44], YOUNG [50], ROGOSINSKI [51], JACKSON [53], MOUSTAFA [55], BOYD (1956). Siehe auch 6, 43 I, 63, 78.

Verallgemeinerungen des ABEL-Verfahrens (und der LAPLACE-Transformation) gehen in verschiedenen Richtungen: Einführung von Gewichten (vgl. $(B, \mathfrak{p})$ in 67) oder Kombination mit anderen Verfahren, Benützung komplexer Veränderlicher (vgl. 49), Verwendung anderer Entwicklungen statt Potenzreihen (vgl. 59, 63 (10) und 77), siehe auch 78. Folgende Arbeiten seien genannt: STIELTJES [82], GIBSON [01], HARDY [03, 06, 16ab], KNOPP [07a], LANDAU [07], HARDY-RIESZ [15* S. 23], KIENAST [26], CARTWRIGHT [30], KARAMATA [30ad], DURFEE [31], JULIA [31], HENRIKSSON [35], SER [35], KUTTNER [36c], KALES [37], RAMASWAMI [37a], MARTIN-WIENER [38], VIGNAUX [38b], SANSONE [40], OBRECHKOFF [41], SZÁSZ [42a, 45b], ATKINSON [48, 50],

GARTEN [51a], AGNEW [52h], POSTNIKOV [54], RAJAGOPAL [54e], WATANABE [54], WŁODARSKI [55], BOYD (1956).

Bei RIESZ- und DIRICHLET-Mitteln besteht u. a. die Möglichkeit, die zugrunde gelegte Integraltransformation abzuändern; siehe auch **75** und **78**. Literatur: HARDY-CHAPMAN [11], NALLI [15, 17b], NICOLETTI [24], ROGOSINSKI [26], KARAMATA [20ad], OBRECHKOFF [31a, 32f, 34, 40c], AGNEW [33], PHILLIPS [35], FORT [38], FUCHS-ROGOSINSKI [43], SZÁSZ [50a], KUTTNER [51c], RAJAGOPAL [52bc, 53c], JURKAT [53].

Siebentes Kapitel

Verfahren funktionentheoretischen Typs

61. Zusammenfassung

Wir betrachten einige Klassen von Verfahren, die in engem Zusammenhang mit der Funktionentheorie stehen. Als nützliches Hilfsmittel erweisen sich vielfach gewisse analytische Funktionen, die den einzelnen Verfahren zugeordnet sind (vgl. **79**). Die Zweierverfahren (**62**) knüpfen unmittelbar an die CAUCHY-Produktbildung bei Reihen, also an die Multiplikation von Potenzreihen an. Eine naheliegende Verallgemeinerung sind die NÖRLUND-Mittel (**63**), die die C_α-Verfahren umfassen und in manchem diesen ähneln. Die konforme Abbildung steht Pate bei den speziellen und allgemeinen Verfahren von EULER-KNOPP (**64, 65**); und auf ganzen Funktionen basiert die Definition des BOREL-Verfahrens (**66**) und seiner Verallgemeinerungen (**67**). Die Kreisverfahren (**68**) knüpfen ursprünglich an die Umentwicklung von Potenzreihen an; sie besitzen enge Beziehungen zu den EULER- und BOREL-Verfahren. Letztere sind besonders geeignet zur analytischen Fortsetzung, mit der wir uns kurz in **69** befassen. **70** bringt Varianten (im Sinne von **51**) der vorgenannten Verfahren. Natürlich haben auch manche der Verfahren in Kapitel **VI** und **VIII** Beziehungen zur Funktionentheorie. Es sei nochmals hingewiesen auf die in **51** aufgeführten Einschränkungen, die wir bei der Behandlung spezieller Verfahren vornehmen müssen.

62. Zweierverfahren

Das *Zweierverfahren* Z_α benützt die Transformation

(1) $$t_l = (1-\alpha)\, s_{l-1} + \alpha\, s_l \quad (l = 0, 1, \ldots),$$

die schon bei HUTTON (1812, siehe **2**) und AMES [02] auftritt.

I (Wirkfeld von Z_α). *Das Verfahren Z_α ($\alpha \neq 0$) ist für $|1-\alpha| < |\alpha|$ konvergenzgleich, für $|1-\alpha| > |\alpha|$ ein Einfolgenverfahren, und für $|1-\alpha| = |\alpha|$ perfekt und nicht konvergenzgleich.*

Das folgt aus 23 I, 26 I und 43 II. Siehe HARDY [12a] sowie KUBOTA [17], SIDON [17] (Lösung einer Aufgabe von PÓLYA), ferner KOJIMA [17b], NARUMI [19], SCHUR [20], COOKE-DIENES [38], COOKE [50* S. 169]. $Z_{\frac{1}{2}}$ hat ein beträchtliches Wirkfeld und dient als Musterverfahren: HURWITZ [26], REY PASTOR [33abe], SZÁSZ [44*, 48*, 52a*], siehe auch AGNEW [32b].

Das *allgemeine Zweierverfahren* $Z_\mathfrak{p} = (Z, \mathfrak{p})$ ist erklärt durch

(2) $$t_l = \sum_{k=0}^{l} p_{l-k} s_k \quad (l = 0, 1, \ldots).$$

Jedem $(Z, \mathfrak{p})$ ordnen wir eine formale Potenzreihe zu:

(3) $$p(\zeta) = \sum_{m=0}^{\infty} p_m \zeta^m.$$

II (Produkt von Zweierverfahren). *Das Produkt zweier Matrizen $Z_\mathfrak{p}$ und $Z_\mathfrak{q}$ ist die Matrix $Z_\mathfrak{r}$ mit*

(4) $\quad r(\zeta) = p(\zeta) q(\zeta),$ d. h. $r_m = p_0 q_m + \cdots + p_m q_0.$

Somit bilden die $(Z, \mathfrak{p})$ ein System vertauschbarer Matrizen, das ein gewisses Gegenstück zu dem Hausdorffschen (72) ist. Da auch Σ und Σ^{-1} (4 (5)) dazugehören, sind RR- und FF-Matrix von $(Z, \mathfrak{p})$ gleich. II gibt auch Aufschluß über die Inverse. Besonders wichtig ist der Fall, daß p ein Polynom ist. Nach II können wir dann $(Z, \mathfrak{p})$ in ein Produkt von Matrizen der Gestalt $Z_\alpha, \beta I, \Sigma^{-1}$ zerlegen und damit I verallgemeinern (KUBOTA [17], PETERSEN [52]). Dabei sind die Nullstellen von p zu bestimmen, wozu sich in interessanten Spezialfällen (vgl. u.) besonders die Kriterien von KAKEYA und BERWALD eignen.

Die analog (2) erklärte RR-Form von $(Z, \mathfrak{p})$ zeigt, daß Σu_m durch ein geeignetes permanentes $(Z, \mathfrak{p})$ summiert wird, wenn $\Sigma u_m \zeta^m$ in $|\zeta| \leq 1$ meromorph ist (Pole werden durch Multiplikation mit $p(\zeta)$ unschädlich gemacht): HUNTEMANN [38], vgl. GOLDBACH (1727, siehe 2).

Beim Vergleich von NÖRLUND-Verfahren stoßen wir auf Matrizen der Gestalt 63 (8), die ähnliche Eigenschaften wie $(Z, \mathfrak{p})$ besitzen (z. B. konvergenzgleich oder Einfolgenverfahren sein können), was insbesondere bei 59 V ausgenützt wird. Außerdem treten Z_α und $(Z, \mathfrak{p})$ bei der Indexverschiebung des EULER- und TAYLOR-Verfahrens (64, 68) und beim Vergleich von BERNSTEIN-Verfahren, (75) auf. Eine entfernte Verwandtschaft besteht mit $E_{\frac{1}{2}}$ (64). Außerdem sind die $(Z, \mathfrak{p})$ eine Vorstufe zu $(N, \mathfrak{p})$ (63). SILVERMAN-SZÁSZ [44] behandeln $(Z, \mathfrak{p})$ ziemlich ausführlich. Weiteres bei ZELLER (1956).

63. Das Nörlund-Verfahren

Das Verfahren $(Z, \mathfrak{p})$ (62) muß gewöhnlich erst durch Zusetzen einer Diagonalmatrix permanent gemacht werden. Das führt zu den von WORONOJ [01] (siehe WORONOI-TAMARKIN [32]), FORD [09] und NÖRLUND [20] eingeführten *Nörlund-Verfahren* $(N, \mathfrak{p}) = N_\mathfrak{p}$:

$$(1) \quad t_l = \frac{1}{\bar{p}_l} \sum_{k=0}^{l} p_{l-k} s_k = \frac{1}{\bar{p}_l} \sum_{m=0}^{l} \bar{p}_{l-m} u_m \quad (l = 0, 1, \ldots),$$

wo

$$(2) \quad \bar{p}_l = p_0 + \cdots + p_l \neq 0 \quad (l = 0, 1, \ldots)$$

ist. Meist wird sogar $\bar{p}_l > 0$ vorausgesetzt. Verschiedene Ergebnisse über $(N, \mathfrak{p})$ stellen MOORE [38*] und HARDY [49* S. 64] zusammen.

Bei $(N, \mathfrak{p})$ spielt wieder die Potenzreihe 62 (3) eine Rolle. Mit

$$(3) \quad p_l = \binom{l + \alpha - 1}{l}, \quad p(\zeta) = \frac{1}{(1 - \zeta)^\alpha}$$

erhalten wir das C_α-Verfahren (53), das als einziges NÖRLUND-Mittel zugleich HAUSDORFF-Verfahren ist: ULLRICH [26], SILVERMAN [37], AGNEW [45a]. Die Permanenzbedingungen 32 I zeigen (siehe ZYGMUND [26b], OBRECHKOFF [34a], MOORE [38* S. 38]):

I (Permanenz). *Eine notwendige und hinreichende Permanenzbedingung für $(N, \mathfrak{p})$ ist*

$$(4) \quad \sum_{k=0}^{l} |p_k| = O(\bar{p}_l); \quad \bar{p}_l / \bar{p}_{l+1} \to 1 \quad (l \to \infty).$$

Mit Hilfe der Zweierverfahren (62 II) stellen wir fest:

II (Inverse). *Es ist*

$$(5) \quad N_\mathfrak{p}^{-1} = \left(\operatorname{diag}\left\{\frac{1}{\bar{p}_l}\right\} Z_\mathfrak{p} \right)^{-1} = Z_\mathfrak{p}^{-1} \operatorname{diag}\{\bar{p}_k\} = Z_\mathfrak{q} \operatorname{diag}\{\bar{p}_k\},$$

wenn formal $q(\zeta) p(\zeta) = 1$ *gilt, d. h.*

$$(6) \quad q_l = \frac{(-1)^l}{p_0^{l+1}} \begin{vmatrix} p_1 & p_0 & & & \\ p_2 & p_1 & p_0 & & \text{\huge 0} \\ & & & & \\ p_{l-1} & p_{l-2} & \cdots & p_1 & p_0 \\ p_l & p_{l-1} & \cdots & p_2 & p_1 \end{vmatrix}.$$

Die Inverse ist also keine NÖRLUND-Matrix. Ausführlicher behandelt MEARS [43] solche Transformationen.

Aus II und 23 II folgt ein Perfektheitskriterium (HILL [37]). Es gibt auch NÖRLUND-Verfahren mit Abschnittskonvergenz, wie wir mittels 24 II und 24 III nachweisen; für diese erhalten wir nach 35 V leicht Vergleichssätze. Siehe HARDY [49* S. 68, 69, 91], ferner JURKAT [54] und die Literatur in 24. Wir formulieren:

III (Abschnittskonvergenz). *Ein permanentes Verfahren $(N, \mathfrak{p})$ besitzt Abschnittskonvergenz, wenn folgendes gilt:*

$$(7) \qquad p_l > 0, \quad \frac{p_{l+1}}{p_l} \leq \frac{p_{l+2}}{p_{l+1}} \leq 1 \qquad (l = 0, 1, \ldots).$$

Aus II erhalten wir auch

$$(8) \qquad N_\mathfrak{q} N_\mathfrak{p}^{-1} = \operatorname{diag}\left\{\frac{1}{\bar{q}_l}\right\} Z_\mathfrak{r} \operatorname{diag}\{\bar{p}_k\} \text{ mit } Z_\mathfrak{r} = Z_\mathfrak{q} Z_\mathfrak{p}^{-1}$$

(so daß formal $p(\zeta) r(\zeta) = q(\zeta)$ gilt). Daraus folgen weitere Vergleichssätze für NÖRLUND-Verfahren: RIESZ [24a], HAYASHI-IZUMI [40]; siehe auch die Bemerkungen am Ende von **62**. Am elegantesten ist der Rieszsche Satz

IV (Äquivalenz). *Zwei permanente positive Verfahren $(N, \mathfrak{p})$ und $(N, \mathfrak{q})$ sind genau dann gleichstark, wenn die Potenzreihenentwicklungen von $q(\zeta)/p(\zeta)$ und $p(\zeta)/q(\zeta)$ um den Punkt 0 im Bereich $|\zeta| \leq 1$ absolut konvergieren.*

Bei IV spielen die Nullstellen von p und q im Einheitskreis eine Rolle; ebenso bei der NÖRLUND-Summierung von $\Sigma \zeta^m$ für ζ außerhalb des Einheitskreises, die an höchstens abzählbar vielen Stellen erfolgt: LEJA [30b], auch BOULIGAND [27], COOKE-DIENES [38], COOKE [50* S. 169].

Die obengenannten Arbeiten über Vergleichssätze machen Anwendungen auf RIESZ-Mittel (**59** V) und vergleichen $(N, \mathfrak{p})$ mit $(M, \mathfrak{p})$ (**52**). MOORE [35, 38*] nützt II gemäß **34** I zu Konvergenzfaktorensätzen aus. IYENGAR [44] vergleicht $(N, \mathfrak{p})$ mit VALIRON-Verfahren (**68**), HILL [45a] $(N, \mathfrak{p})$ mit C_α.

V (NÖRLUND- und ABEL-Verfahren). *Für Verfahren $N_\mathfrak{p}$ mit in $|\zeta| < 1$ konvergenter Reihe $\Sigma \bar{p}_l \zeta^l$ sind folgende Eigenschaften gleichbedeutend:*

1° *Jede $N_\mathfrak{p}$-limitierbare Folge wird vom verstärkten Abel-Verfahren zum selben Wert limitiert.*

2° *Es gilt*

$$(9) \qquad \sum_{l=0}^{\infty} |\bar{p}_l| \lambda^l = O\left(\sum_{l=0}^{\infty} \bar{p}_l \lambda^l\right); \quad 0 < \left|\sum_{l=0}^{\infty} \bar{p}_l \lambda^l\right| \to \infty \quad (0 \leq \lambda \to 1-).$$

Siehe WORONOI-TAMARKIN [32]; etwas schwächere Resultate geben WORONOJ [01], ZYGMUND [26b], SILVERMAN-TAMARKIN [28]. Teilweise wird auch eine abgeänderte Definition von A_1^* (**55**) benützt. Zum Beweis stützen wir uns auf die Transformation

$$(10) \qquad \sum_{m=0}^{\infty} u_m \lambda^m = (1-\lambda) \sum_{k=0}^{\infty} s_k \lambda^k = \frac{\sum_{l=0}^{\infty} \bar{p}_l \lambda^l t_l}{\sum_{l=0}^{\infty} \bar{p}_l \lambda^l} \quad (\text{wo} \quad \mathfrak{t} = N_\mathfrak{p} \mathfrak{s}).$$

Rückschlüsse von (9) auf die $\bar{p}_l$ ziehen WORONOI-TAMARKIN [32], GILMAN [32], SZEGÖ [33].

Satz V zeigt die Verträglichkeit der zugelassenen $(N, \mathfrak{p})$. Ähnliches leistet

VI (Faltung). *Sind $N_\mathfrak{p}$ und $N_\mathfrak{q}$ permanent und positiv und ist $N_\mathfrak{r}$ das durch die Faltung*

(11) $$r_l = p_0 q_l + \cdots + p_l q_0$$

entstehende Verfahren, so gilt $N_\mathfrak{r} \supseteq N_\mathfrak{p}$ und $N_\mathfrak{r} \supseteq N_\mathfrak{q}$ mit Verträglichkeit.

Siehe NÖRLUND [20], HARDY [49* S. 65]. Zum Beweis etwa von $N_\mathfrak{r} \supseteq N_\mathfrak{q}$ verwenden wir die Transformation

(12) $\quad t_l = \dfrac{p_l \bar{q}_0 \tilde{t}_0 + \cdots + p_0 \bar{q}_l \tilde{t}_l}{p_l \bar{q}_0 + \cdots + p_0 \bar{q}_l}\quad$ (wo $t = N_\mathfrak{r} \mathfrak{z}$ und $\tilde{t} = N_\mathfrak{q} \mathfrak{z}$),

von der wir wegen der Positivitätsvoraussetzung besonders leicht die Permanenz nachweisen können.

Wegen der in (1) auftretenden Faltung erhalten wir handliche Aussagen über CAUCHY-Produkte.

VII (CAUCHY-Produkt). *$\Sigma \hat{u}_m$ sei $(N, \mathfrak{p})$-summierbar, $\Sigma \tilde{u}_m$ sei $(N, \mathfrak{q})$-summierbar, diese beiden Verfahren seien positiv und permanent. Setzen wir*

(13) $$r_l = \bar{p}_0 q_l + \cdots + \bar{p}_l q_0.$$

so summiert $(N, \mathfrak{r})$ das Cauchy-Produkt Σu_m der obigen Reihen.

Siehe MEARS [35]. Setzen wir nämlich $\hat{t} = N_\mathfrak{p} \hat{\mathfrak{z}}$, $\tilde{t} = N_\mathfrak{q} \tilde{\mathfrak{z}}$, $t = N_\mathfrak{r} \mathfrak{z}$, so zeigt eine kurze Rechnung mit Faltungen (Matrizen $(Z, \mathfrak{p})$), daß

(14) $$\bar{r}_l t_l = \sum_{k=0}^{l} \hat{t}_k \bar{p}_k \bar{q}_{l-k} \tilde{t}_{l-k}$$

ist. Nun müssen wir nur noch **39** II anwenden.

Andere Sätze über das CAUCHY-Produkt verwenden absolute Summierbarkeit oder Nebenbedingungen, definieren $(N, \mathfrak{r})$ statt mit (13) mit (11), formulieren VII mit notwendigen und hinreichenden Bedingungen für $\hat{u}$: MEARS [35, 37, 43, 45], SILVERMAN [37], SILVERMAN-SZÁSZ [44]. Weitere Sätze, auch über die leicht zu behandelnde Indexverschiebung, bringt CESCO [40, 41]. Vgl. auch **53** IV.

Umkehrbedingungen für $(N, \mathfrak{p})$ erhalten wir am einfachsten mittels V durch Übergang zum ABEL-Verfahren: AGNEW [46c], auch IYENGAR [43b], CESCO [44]. Andere Umkehrsätze sowie MERCER-Sätze für $I - \alpha N_\mathfrak{p}$ u. ä. geben HAYASHI-IZUMI [40]. Weitere Literatur zu $(N, \mathfrak{p})$: HALLENBACH [33], SILVERMAN [37], ANDRIANOV [41], IYENGAR [43a], BIERNACKI [46], FORSYTHE [47], JURKAT-PEYERIMHOFF [55].

64. Die Verfahren von Euler-Knopp

Die Transformation

(1) $\qquad v_0 = u_0, \quad v_n = \dfrac{1}{2^n} \sum\limits_{m=1}^{n} \binom{n-1}{m-1} u_m \quad (n = 1, 2, \ldots)$

oder

(2) $\qquad t_l = \dfrac{1}{2^l} \sum\limits_{k=0}^{l} \binom{l}{k} s_k \quad (l = 0, 1, \ldots)$

verwendet schon EULER (1755) (in einer abgewandelten Schreibweise mit Differenzen) zur Konvergenzverbesserung und Auswertung von Reihen; und vor EULER tritt sie schon bei FATIO auf, siehe J. E. HOFMANN (1956). Über die weitere Entwicklung berichten DALE [25] und KNOPP [47* S. 253]. Erste limitierungstheoretische Bemerkungen an (1) knüpfen PAINLEVÉ [88], LINDELÖF [98], AMES [01], HANNI [01], BROMWICH [08a], PRINGSHEIM [12], JACOBSTHAL [20], KNOPP [20a, 21], siehe auch HARDY [49* S. 196] und **65**, ferner VERNOTTE [49a]. Behandelt werden Permanenz, analytische Fortsetzung, Zusammenhang mit konformer Abbildung und $Z_{\frac{1}{2}}$.

(2) ist der Spezialfall $\alpha = \frac{1}{2}$ des *Euler-Knopp-Verfahrens* E_α:

(3) $\qquad t_l = \sum\limits_{k=0}^{l} \binom{l}{k} \alpha^k (1-\alpha)^{l-k} s_k \quad (l = 0, 1, \ldots),$

das von HAUSDORFF [21] und HURWITZ [22a] eingeführt, von DALE [25], BROGGI [33, 34] und vor allem von KNOPP [22b, 23c] näher untersucht wurde (teilweise betrachten diese Verfasser auch eine durch Indexverschiebung aus E_α hervorgehende Transformation, schreiben den Parameter in der Form $\alpha = 2^{-\beta}$ und lassen für β nur ganzzahlige Werte zu). Negative und komplexe α betrachtet jedoch erst AGNEW [44a] in einer umfassenden Arbeit. Die Verfahren E_α sind verschiedenen Betrachtungsweisen zugänglich: Rein arithmetisch (Binomialkoeffizienten, Sätze der Wahrscheinlichkeitsrechnung, vgl. LORENTZ [53*]), funktionentheoretisch (**65**), als HAUSDORFF-Verfahren (**72**). Ausrechnen zeigt

I (Permanenz). *Die Zeilennormen von E_α sind $(|\alpha| + |1-\alpha|)^l$, und E_α ist genau für $0 < \alpha \leq 1$ permanent.*

Damit erhalten wir auch Größenordnungsbedingungen (42). E_0, die Transformation $\mathfrak{s} \to \{s_0, s_0, \ldots\}$, ist nur konvergenztreu. Aus **65** II erhalten wir:

II (Matrixprodukt). *Es gilt $E_\alpha E_\beta = E_{\alpha\beta}$.*

Damit kennen wir die Inverse E_α^{-1} (vgl. ORTS [49]). Zusammen mit I folgt die Monotonie und Verträglichkeit der E_α mit $\alpha > 0$. Die Behandlung anderer α erfordert tiefere funktionentheoretische Hilfsmittel. U. a. limitieren E_α, E_β mit $\alpha/\beta < 0$ keine nichtkonstante Folge gleichzeitig (AGNEW [44a]). Weitere Einschließungssätze (Asymptotik, Kern) geben KNOPP [29a], MACPHAIL [46], TEGHEM [49d].

III (Translation). E_α gestattet stets Linkstranslation (im Falle $\alpha \neq 0$ mit Verträglichkeit); Rechtstranslation genau dann, wenn $|\alpha - 1| < 1$ ist (und dann sogar mit Verträglichkeit).

Als Vermittlungstransformation (bei $\alpha \neq 0$) wirkt nämlich $Z_{1/\alpha}$ (62): HURWITZ [22a], KNOPP [22b], DALE [25], SILVERMAN [26], AGNEW [44a].

IV (Geometrische Reihe). E_α ($\alpha \neq 0$) summiert $\Sigma \zeta^m$ ($\zeta \neq 1$) genau für $|\alpha \zeta + (1 - \alpha)| < 1$.

Siehe RADEMACHER [21], KNOPP [22b, 26], AGNEW [42b, 44a] sowie 65 IV, V und 72 (29). Die E_α-Transformation von $\{\zeta^k\}$ ist nämlich $\{[\alpha \zeta + (1 - \alpha)]^l\}$ (vgl. 69). — Für Re $\alpha < 0$ limitiert demnach E_α eine Folge $s_k \nearrow \infty$, ist also sicher in keinem der üblichen Verfahren enthalten; ähnlich liegen die Verhältnisse bei Re $\alpha = 0$, $\alpha \neq 0$ (AGNEW [44a]). Weiteres bei MACPHAIL [46]. Vgl. 65 V. OBRECHKOFF [39b] benützt E_α bei DIRICHLET-Reihen u. a.

V (EULER- und CESÀRO-Verfahren). Es gilt $E_\alpha \gtrsim C_\beta$ ($\alpha > 0, \beta > -1$). Das folgt z. B. aus IV, VI und 66 X: HAUSDORFF [21], KNOPP [22b], MEDER [30], AGNEW [44a]. Aus rascher Konvergenz der C_β-Transformation folgt E_α-Limitierbarkeit; mit Umkehrbedingungen, z. B. $u_m \to 0$, aus der E_α- die C_β-Limitierbarkeit: KNOPP [23c]; vgl. ITIHARA [27], GARABEDIAN [39a], MACPHAIL [41].

Für Re $\alpha > 0$ ist E_α im verstärkten ABEL-Verfahren A_1^* (55) enthalten, siehe 65 V und KNOPP [23c], SILVERMAN-TAMARKIN [28], AGNEW [44a], TEGHEM [48].

VI (EULER- und BOREL-Verfahren). $E_\alpha \subseteq B_1$ gilt genau für $\alpha > 0$. Siehe HURWITZ [22a], KNOPP [22b, 29a], BROGGI [34c, 35], AGNEW [44a], SZÁSZ [52b]. Für den hinreichenden Teil stützen wir uns am einfachsten auf die Formel $B_1 E_\beta = E_\beta^* B_1$, wo E_β^* die „stetige HAUSDORFF-Transformation" $w(\lambda) \to w(\lambda/\beta)$ ist (vgl. auch SER [36]). Das liefert ferner Umkehrsätze $B_1 \to E_\alpha$ (KNOPP [23c]). Auch das LE ROY-Verfahren 69 (1) ist stärker als E_α ($\alpha > 0$): MORSE [23].

Die wichtigsten Umkehrsätze für E_α sind in denen für das BOREL-Verfahren (66) enthalten; die Beweise für E_α sind etwas einfacher. Der Beweis von KNOPP [23c] für den O-Umkehrsatz (66) läßt besonders deutlich das Prinzip der „Folgen-Streckung" (47) erkennen. KNOPP bringt auch verschiedene elementare Umkehrsätze. GARTEN-KNOPP [37] geben Ungleichungen für die Kerne der E_α- und B_1-Transformierten einer Folge (vgl. 50).

Lückensätze, teilweise mit größeren Lücken als in 66, dafür aber auch mit nichtbenachbarten Lücken, bewiesen mit direkten Abschätzungen OKADA [37], MEYER-KÖNIG [39a, 43], ERDÖS [52], mit der WIENER-Theorie PITT [38b]. Zusätzliche Größenordnungsbedingungen beseitigt

MEYER-KÖNIG [53] durch Zuhilfenahme eines funktionentheoretischen Lückensatzes, siehe 66 XI.

VII (Perfektheit). *Die Verfahren E_α $(0 < \alpha \leq 1)$ sind perfekt.*

Die gekippte E_α-Matrix stellt eine TAYLOR-Transformation (68) dar, so daß 23 (1) bedeutet, daß die Ableitungen von $\Sigma g_l w^l$ alle im Punkte $1 - \alpha$ verschwinden, woraus $g_l = 0$ folgt. Siehe MAZUR [30], vgl. 65 VI.

Aus 65 VII erhalten wir leicht Sätze über das CAUCHY-Produkt bei E_α. Dabei verwendet man auch absolute Summierbarkeit und Verfahren $C_\beta E_\alpha$: KNOPP [23], DALE [25], BROGGI [34d], SASAKI [37], HARDY [49* S. 236], HARA [53].

Weiteres über E_α steht in 65 ($E_\mathfrak{p}$), 68 (eingeschränkte Äquivalenz mit BOREL- und TAYLOR-Verfahren), 72 (HAUSDORFF-Verfahren), 74 (GRONWALL-Verfahren).

65. Allgemeine Euler-Verfahren

Das *allgemeine Euler-Verfahren* $(E, \mathfrak{p}) = E_\mathfrak{p}$ ist formal definiert durch

(1) $$\sum_{n=0}^{\infty} v_n \omega^n = \sum_{m=0}^{\infty} u_m \zeta^m, \quad \text{wo} \quad \zeta = p(\omega) = \sum_{j=0}^{\infty} p_j \omega^j,$$

es gilt also

(2) $$v_n = \sum_{m=0}^{\infty} p_n^{(m)} u_m, \quad \text{wo} \quad [p(\omega)]^m = \sum_{n=0}^{\infty} p_n^{(m)} \omega^n.$$

Wir setzen dabei meistens voraus

(3) $\quad p(\omega)$ ist regulär und schlicht in $|\omega| \leq 1$.

Bei teilweisem oder völligem Verzicht auf (3) müssen wir die untenstehenden funktionentheoretischen Beziehungen sorgfältiger formulieren und Sätze über das Randverhalten analytischer Funktionen heranziehen (vgl. 74). Als weitere Voraussetzung tritt auf

(4) $\quad p(0) = 0, \; p(1) = 1.$

Ersteres bedeutet die Zeilenfinitheit von $\hat{E}_\mathfrak{p}$, letzteres ist notwendig für Permanenz. Nichtzeilenfinite $\hat{E}_\mathfrak{p}$ bereiten besondere Schwierigkeiten, vgl. bei V.

Die $(E, \mathfrak{p})$ wirken dadurch, daß sie Singularitäten von $\Sigma u_m \zeta^m$, die die Konvergenz von Σu_m behindern, durch konforme Abbildung unschädlich machen. Diese Idee geht bis auf EULER zurück (siehe 64), in neuerer Zeit wurde sie von PAINLEVÉ [88] und LINDELÖF [98] aufgegriffen. PERRON [23], KNOPP [26], TEGHEM [45, 46, 49b] und MACPHAIL [48, 52] untersuchten dann die $(E, \mathfrak{p})$ näher, siehe auch REY PASTOR [34a, 35a]. Den Zusammenhang mit anderen Verfahren zur analytischen Fortsetzung (69) behandelte KNOPP [26]. Mit

(5) $$p(\omega) = \frac{\alpha \omega}{1 - (1 - \alpha) \omega}$$

erhalten wir E_α (**64**); weitere Beispiele bei KNOPP [26] und **68** (2), **68** (9), **72** (3). Verschiedene $(E, \mathfrak{p})$ wurden in Zusammenhang mit den GRONWALL-Verfahren (**74**) untersucht.

I (Permanenz). *Ist $p_j \geq 0$ und $\sum_{j=0}^{\infty} p_j = 1$, so ist $(E, \mathfrak{p})$ permanent.*

Das Wesentliche des Beweises besteht in der Feststellung, daß nicht nur $\hat{}E_\mathfrak{p}$, sondern auch $\check{}E_\mathfrak{p}$ positiv ist: PERRON [23]. Vgl. **74**.

II (Matrixprodukt). *Für zeilenfinite Matrizen gilt $\hat{}E_\mathfrak{r} = \hat{}E_\mathfrak{q} \hat{}E_\mathfrak{p}$, wenn formal*

(6) $$r(\omega) = p\{q(\omega)\}$$

ist.

Dieses fast selbstverständliche Ergebnis ist wichtig für Inversenbildung und Vergleichssätze (siehe auch **74**). Bei nichtzeilenfiniten Matrizen müssen wir zusätzlich Existenzvoraussetzungen machen.

Translation von $\mathfrak{u}$ entspricht Multiplikation bzw. Division von (1) mit $p(\omega)$, also haben wir (PERRON [23], TEGHEM [45, 46], GAIER (1955)):

III (Translation). *Gilt (3) und (4), so ist $(E, \mathfrak{p})$ translativ (mit Verträglichkeit).*

Bezeichnen wir das p-Bild von $|\omega| < 1$ mit Π, so erhalten wir leicht unter Verwendung von (1) und der Umkehrfunktion $p^{-1}(\zeta)$:

IV (Kriterien). *Es gelte (3) und (4). Summiert $(E, \mathfrak{p})$ die Reihe Σu_m, so ist $\Sigma u_m \zeta^m$ in Π regulär. Ist umgekehrt $\Sigma u_m \zeta^m$ regulär in der abgeschlossenen Hülle von Π, so summiert $(E, \mathfrak{p})$ die Reihe Σu_m.*

Ebenso folgt mit einer Verschärfung des Abelschen Grenzwertsatzes (Annäherung im Winkelraum, siehe **55**):

V (EULER- und ABEL-Verfahren). *Sind (3) und (4) erfüllt, enthält Π die Strecke $0 < \zeta < 1$ und ist*

(7) $$\sup_{0 < \zeta < 1} |\arg\{1 - p^{-1}(\zeta)\}| < \frac{\pi}{2},$$

so gilt $(E, \mathfrak{p}) \subseteq A_1^*$ mit Verträglichkeit.

Ist Π sternförmig bezüglich 0, so erhält man besonders einfache Ausdrücke für das $(E, \mathfrak{p})$-Summationsgebiet der geometrischen Reihe und allgemeiner einer analytischen Funktion: PERRON [23], KNOPP [26], MACPHAIL [48]. Bei $p(0) \neq 0$ (nichtzeilenfinite Matrix) benötigen wir Zusatzvoraussetzungen: KNOPP [26], MACPHAIL [52]; neben Anwendbarkeitsproblemen spielt hier die singuläre Summierbarkeit (siehe bei **66** V und **68** II) eine Rolle. MEYER-KÖNIG [49b], TEGHEM [49d], GAIER [50, 53a] geben weitere funktionentheoretische direkte und Umkehrsätze (teilweise nur für E_α). Siehe auch **74**.

VI (Perfektheit). *Ein permanentes $(E, \mathfrak{p})$, das (3) und (4) erfüllt, ist perfekt.*

Zum Beweis approximieren wir $p^{-1}(\zeta)$ durch Polynome in einem Π umfassenden Bereich. Wegen der Cauchyschen Koeffizientenabschätzung (angewandt nach der Substitution $\zeta = p(\omega)$) bedeutet das, daß es abbrechende Stellen gibt, die in dem als BK-Raum aufgefaßten Reihenwirkfeld von $(E, \mathfrak{p})$ die erste Spalte von ${}^{\wedge}E_{\mathfrak{p}}^{-1}$ annähern. Analog behandeln wir die andern Spalten, was die Behauptung liefert. Vgl. 23; siehe ZELLER [53d].

VII (CAUCHY-Produkt). *Ist Σu_m das Cauchy-Produkt von $\Sigma \hat{u}_m$ und $\Sigma \tilde{u}_m$, so stehen die ${}^{\wedge}E_{\mathfrak{p}}$-Transformierten der drei Reihen in derselben Beziehung.*

Das folgt sofort aus der Deutung (1) (siehe vor allem MACPHAIL [52]) und führt leicht zu Sätzen über das CAUCHY-Produkt (vgl. 64 und 66 IX).

In 74 (GRONWALL-Verfahren) werden wir die EULER-Verfahren noch weiter verallgemeinern.

66. Borel-Verfahren

Die *Borel-Verfahren* B_0 bzw. B_0^* sind definiert durch

(1) $$t(\lambda) = e^{-\lambda} \sum_{k=0}^{\infty} \frac{\lambda^k}{k!} s_k \quad (0 \leq \lambda \to +\infty)$$

bzw.

(2) $$v^*(\nu) = e^{-\nu} \sum_{m=0}^{\infty} \frac{\nu^m}{m!} u_m \quad (0 \leq \nu \to +\infty),$$

also $B_0^* \text{-} \Sigma u_m = \lim\limits_{\lambda \to \infty} \int_0^{\lambda} v^*(\nu) \, d\nu = \lim\limits_{\lambda \to \infty} t^*(\lambda) = \int_0^{\infty} v^*(\nu) \, d\nu$

(vgl. die Bezeichnungen 4 (11), 9 (1) (3)). Die *assoziierten Funktionen* $e^{\lambda} t(\lambda)$ bzw. $e^{\nu} v^*(\nu)$ betrachtet man häufig auch für komplexes Argument. Die Integraltransformation (2) geht auf LAPLACE und ABEL zurück (vgl. 58; Sätze über die LAPLACE-Transformation sind wichtige, nicht immer beachtete Hilfsmittel für die Behandlung von B). Als Limitierungsverfahren benützte (1) und (2) jedoch erst BOREL [95] bzw. [99a]. Die Verfahren wurden dann näher untersucht von BOREL [96, 00ab, 24], LEAU [98], SERVANT [99], HANNI [01, 03, 04], PHRAGMÉN [01], MAILLET [03], VLECK [03], BARNES [02, 04], CUNNINGHAM [04], PINCHERLE [04], BUHL [06], JAIN [36]. Eine Zusammenfassung gibt BOREL [01a*, 28*].

Diese Verfasser interessieren sich hauptsächlich für die Anwendung von B_0 und B_0^* auf Potenzreihen (analytische Fortsetzung, Lösung von Differentialgleichungen durch Reihenentwicklung, Nichtfortsetzbarkeitsfragen). Auch verwenden sie häufig die „absolute" (besser: translativ-absolute) B_0^*-Summierbarkeit, bei der verlangt wird, daß jede Reihe Σu_{m+j} ($j = 0, 1, \ldots$) absolut summiert wird (BOREL [99a], vgl. auch SANNIA [17b] und 67).

66. Borel-Verfahren

Die arithmetische Theorie der Borel-Verfahren beginnt mit Hardy [03, 04, 08b], der verschiedene Ergebnisse seiner Vorgänger korrigiert oder verschärft und so zu den Sätzen I und II kommt, denen Perron [20a] und Rey Pastor [32a] (vgl. auch Vignaux(-Durañona) [32d, 35]) andere Beweise geben.

I (Vergleich der beiden Borel-Verfahren). *Es gilt $B_0 \subset B_0^*$ mit Verträglichkeit.*

Denn partielle Integration von $\int v^*$ liefert zusammen mit (4)

(3) $$t(\lambda) = v^*(\lambda) + t^*(\lambda).$$

Ein Mercer-Satz vom Typ **43** II — hier durch einfache Vorzeichenüberlegungen an v^* zu gewinnen — zeigt $B_0 \subseteq B_0^*$, während $B_0 \neq B_0^*$ durch das Beispiel $v^*(\lambda) = \sin e^\lambda$ belegt wird.

II (Indexverschiebung). $B_0\text{-}\sum_{m=0}^{\infty} u_m = \sigma$ *ist gleichbedeutend mit* $B_0^*\text{-}\sum_{m=0}^{\infty} u_{m+1} = \sigma - u_0.$

Das folgt aus

(4) $$t(\lambda) - u_0 = \int_0^\lambda \frac{d}{dv} t(v)\, dv = \int_0^\lambda e^{-v} \sum_{m=0}^{\infty} u_{m+1} \frac{v^m}{m!}\, dv.$$

Siehe auch IX und **67** I. Wir können daher unter Berücksichtigung der Indexverschiebung in II im folgenden wahlweise B_0 oder B_0^* betrachten, wobei meist letzteres Verfahren handlicher ist. Es fragt sich, wann Linkstranslation gestattet ist, bzw. unter welchen Zusatzbedingungen die beiden Verfahren äquivalent sind.

III (Eingeschränkte Äquivalenz von B_0 und B_0^*). *Für Reihen $\sum u_m$ mit $u_m = O(\alpha^m)$ (für irgendein $\alpha > 0$) sind B_0 und B_0^* äquivalent.*

Zum Beweis zeigt Gaier [53b] mit einem Satz vom Typ **49** I (Phragmén-Lindelöf), daß unter den Voraussetzungen $u_m = O(\alpha^m)$ und $t^*(\lambda) \to 0$ $(\lambda \to +\infty)$ die Funktion $t^*(\lambda)$ in geeigneten Halbstreifen parallel der positiv-reellen Achse „klein" ist. Eine Cauchy-Integral-Darstellung lehrt, daß $v^*(v) \to 0$ geht für $v \to +\infty$, was wegen (3) die eine Hälfte von III liefert; die andere folgt aus I. — Schwächere Resultate erzielten vorher Garten [36] und Karamata [38a, 39c], indem sie geeignete Linearkombinationen von $\sum u_{m+1}, \sum u_m, \sum u_{m-1}, \ldots$ untersuchten (teilweise mit funktionentheoretischen Methoden). Weiteres bei Karamata [31c], Cooke [36].

Wir kommen nun zu den Sätzen, die grundlegend für die funktionentheoretische Deutung und Anwendung des Borel-Verfahrens sind.

IV (Faktoren ϱ^m). *Ist $\sum u_m$ B_0^*-summierbar, so konvergieren die B_0^*-Transformierten $t^*(\lambda; \varrho)$ der Reihen $\sum u_m \varrho^m$ $(0 \leq \varrho \leq 1)$ gleichmäßig.*

Der Satz stammt von HARDY [11b]; LANDAU [20] vereinfachte den Beweis; Vorläufer sind BOREL [96b, 00, 01a], PHRAGMÉN [01], RICCOTTI [10]. Der Übergang von Σu_m zu $\Sigma u_m \varrho^m$ bedeutet, daß wir zu $v^*(\nu)$ einen Faktor $(1/\varrho) \, e^{\nu(\varrho-1)/\varrho}$ zufügen. Nur die gleichmäßige Konvergenz bei $\varrho = 0$ bedarf nun noch einer sorgfältigeren Abschätzung — wegen der bei V besprochenen Möglichkeit der singulären Summierbarkeit. — HARDY [49* S. 186] schließt hier einen Satz über Momentfolgen als Faktorfolgen an (andere Faktorfolgen untersuchen HARDY [10c] und FORT [39]). Eine weitere Folgerung ist Satz VIII.

V (Regularität der zugehörigen Funktion). *Summiert B_0^* die Reihe Σu_m, so gibt es eine in $\left| \zeta - \frac{1}{2} \right| < \frac{1}{2}$ reguläre Funktion, die in $0 < \zeta < 1$ mit $B_0^* \text{-} \Sigma u_m \zeta^m$ übereinstimmt.*

Siehe BOREL [99a, 00ab, 01ab]. Wir stützen uns ähnlich wie bei IV auf den Ausdruck

$$(5) \qquad \frac{1}{\zeta} \int_0^\infty e^{-\nu/\zeta} \sum_{m=0}^\infty \frac{\nu^m}{m!} u_m \, d\nu,$$

der für $0 < \zeta \leq 1$ die B_0^*-Summe darstellt und die gewünschte Fortsetzung liefert. — Es ist zu beachten, daß die B_0^*-Summe nur für $0 \leq \zeta \leq 1$ vorhanden sein muß, vgl. HARDY [49* S. 190] und SAN JUAN (1953). Wir unterscheiden zwischen *regulärer* und *singulärer Summierbarkeit*, je nachdem die genannte Funktion in 0 regulär oder singulär ist (was wir auch mit der Bedingung in III ausdrücken können). Die singuläre Summierbarkeit, also die Summierung von Potenzreihen mit Konvergenzradius Null, spielt eine Rolle bei der Lösung von Differentialgleichungen durch Reihenansatz, siehe etwa BOREL [99], HARDY [13b]. Funktionentheoretische Bedingungen für B_0^*-Summierbarkeit geben KARAMATA [38e], MEYER-KÖNIG [49b], GAIER [50, 53a].

VI (Geometrische Reihe). *Das Verfahren B_0^* summiert $\Sigma \zeta^m$ genau für $\mathrm{Re}\,\zeta < 1$.*

Siehe BOREL [99a, 96b]; die B_0^*-Transformation von $\Sigma \zeta^m$ ist nämlich

$$(6) \qquad \int_0^\infty e^{-\nu(1-\zeta)} \, d\nu.$$

Allgemeiner erhalten wir den Summierungsbereich einer beliebigen Potenzreihe, die eine in $\zeta = 0$ reguläre Funktion darstellt, als einen gewissen Stern (*Borel-Polygon*, siehe 69, BOREL [96b]). Daß im Äußern des Sterns tatsächlich keine Summierbarkeit eintritt, bewiesen erst PHRAGMÉN [01] und BOREL [01b]. Untersuchungen über die B-Summierbarkeit auf dem Rand des Sterns führen DOETSCH [21b], OBRECHKOFF [28c, 30d] und GAIER [53a] durch; siehe auch V und Zusätze.

VII (BOREL- und ABEL-Verfahren). *Eine regulär B_0-summierbare Reihe wird auch vom verstärkten Abel-Verfahren A_1^* zum selben Wert summiert. Insbesondere gilt $B_0 \subset A_1$ für Reihen, auf die das Abel-Verfahren anwendbar ist.*

Das folgt aus IV und X, wobei wir für A_1^* noch V heranziehen. Einen ähnlichen Weg beschreibt DOETSCH [31]; er zeigt, daß die Hintereinanderausführung von B_0- und LAPLACE-Transformation formal im wesentlichen die ABEL-Transformation liefert:

$$(7) \quad \varrho \int_0^\infty e^{-\varrho\lambda} \left(e^{-\lambda} \sum_{k=0}^\infty s_k \frac{\lambda^k}{k!} \right) d\lambda = \varrho \sum_{k=0}^\infty \frac{1}{(\varrho+1)^{k+1}} s_k \quad (\varrho > 0).$$

Dies gestattet auch die Aufstellung von Umkehrsätzen vom Typ $A_1 \to B_0$. Vgl. 35 VI.

Es gilt ferner $C_\alpha \not\subset B_0$. Unter Zusatzbedingungen (rasche Limitierbarkeit, Größenordnung, langsames Schwanken) gelten jedoch Einschließungsrelationen: HARDY [03, 10c], BROMWICH [08a* S. 319], HARDY-LITTLEWOOD [12a], LORD [34], COOKE [36, 37a], HYSLOP [36a], AMIR [54].

Weitere Vergleichssätze für B_0 behandeln BERNSTEIN [19] (mit einer STIELTJESschen Transformation, 58 (8)), MORSE [23] (69 (1)), HENRIKSSON [35] (mit HAUSDORFF-Verfahren, 72); siehe auch 35 VI, 64 VI, 68 VIII.

Das Wirkfeld von B_0^* läßt sich in naheliegender Weise als FK-Raum auffassen, so daß wir auch für B_0^* den perfekten Teil (23) erklären können. Mittels IV erhält man (ZELLER [53d]):

VIII (Perfekter Teil). *Alle regulär B_0^*-summierbaren Reihen gehören dem perfekten Teil des Wirkfeldes an.*

Leichte Rechnung zeigt

IX (CAUCHY-Produkt). *Existieren die B_0^*-Transformierten der Reihen $\Sigma \hat{u}_m$ und $\Sigma \tilde{u}_m$, so gilt*

$$(8) \quad \int_0^\varrho \hat{v}^*(\nu)\,\tilde{v}^*(\varrho-\nu)\,d\nu = e^{-\varrho} \sum_{m=0}^\infty (\hat{u}_0\tilde{u}_m + \cdots + \hat{u}_m\tilde{u}_0) \frac{\varrho^{m+1}}{(m+1)!}.$$

Bei B_0^* entspricht also der CAUCHY-Produktbildung der Urreihen im wesentlichen eine Faltung der Bildfunktionen. IX ist auch eine Ergänzung zu II. Aus IX folgen unmittelbar Sätze vom üblichen Typ über das CAUCHY-Produkt beim BOREL-Verfahren; wobei man auch Verfahren $C_\alpha \cdot B_0$ (67) benützt: BOREL [99a, 01a], HARDY [03, 49* S. 238 und 246], SANNIA [17, 20a], DOETSCH [20a], VIGNAUX [26, 27, 31c, 33beh, 35ac], DURAÑONA [28], OBRECHKOFF [32], SCORZA [33].

X (Umkehrsatz). *Eine B_0-summierbare Reihe ist konvergent, wenn sie* $u_m = O(1/\sqrt{m})$ *oder auch nur*

(9) $$\lim_{\varepsilon \to 0+} \varlimsup_{k \to \infty} \operatorname*{Min}_{k \leq m \leq k + \varepsilon \sqrt{k}} (s_m - s_k) = 0$$

erfüllt.

Die erste Bedingung stammt von HARDY-LITTLEWOOD [16, siehe auch 12ab], die zweite von SCHMIDT [25b]; Zwischenresultate geben VALIRON [17] und FUJIWARA [20]. Eine Beweismethode besteht darin, zunächst auf Beschränktheit von $\mathfrak{s}$ zu schließen (siehe etwa VIJAYARAGHAVAN [28b]) und dann mittels **68** VIII und X zu den Verfahren F_α überzugehen, worauf die Behauptung leicht nach dem Prinzip **47** III folgt. Natürlich kann man auch andere Methoden anwenden, vor allem **48** III und IV; siehe z. B. SCHMIDT [25b], WIENER [32], KARAMATA [38d*], PITT [38b]. Vgl. auch GARTEN-KNOPP [37], KARAMATA [37e], EVANS [53], RAJAGOPAL [53d], JAKIMOVSKI [54].

XI (Lückensatz). *Eine regulär B_0-summierbare Reihe ist konvergent, wenn sie folgende Lückenbedingung erfüllt:*

(10) $u_m = 0$ $(m \neq q_0, q_1, \ldots)$, *wo* $q_{j+1} - q_j > \theta \sqrt{q_j}$ *für ein* $\theta > 0$.

PITT [38b] beweist das mittels der WIENER-Theorie unter einer Zusatzvoraussetzung, die MEYER-KÖNIG [53] durch Zuhilfenahme eines funktionentheoretischen Lückensatzes entfernt. Eine wesentlich schwächere Aussage stammt schon von BOREL [96d], der Nichtfortsetzbarkeitsfragen behandelt. Andersartige Lücken behandeln ZYGMUND [31] und MEYER-KÖNIG [43]. Siehe auch die Bemerkungen in **64** sowie LORENTZ [49]. Weitere Literatur über B: AGNEW [31c], FORT [39], sowie in **67**, **68**, **69**; auch DOETSCH [37*, 50*].

67. Varianten des Borel-Verfahrens

Bei Modifikationen des BOREL-Verfahrens können wir von B_0 oder B_0^* ausgehen. Der Kürze halber erwähnen wir meist nur eine der beiden Möglichkeiten.

GAIER [55] vergleicht mit Hilfe von Sätzen über ganze Funktionen B_0 mit „diskreten" Varianten, wo λ nur eine abzählbare Menge durchläuft. Für letztere Verfahren und ihre Iteration siehe auch BOREL [99], HANNI [03, 04], BOULIGAND [27], COOKE [37a]. Komplexe λ-Mengen wurden wiederholt verwendet, siehe etwa HURWITZ [22a], EVANS [53], die bei **66** (2) und **67** (5) genannten Arbeiten und Aussagen wie **66** IV, V; vgl. **49** I. Auch kann man $t(\lambda)$ teilweise durch analytische Fortsetzung erklären (z. B. HENRIKSSON [35]).

Die Sätze **66** II und III legen Varianten des BOREL-Verfahrens nahe, die durch Indexverschiebung entstehen: SANNIA [17abcde, 18ab, 20b, 22], OGUIEVETZKY [38b]; vgl. auch die vor **66** I beschriebene „absolute"

67. Varianten des BOREL-Verfahrens

Summierbarkeit. Allgemeiner untersucht KNOPP [30b] (siehe auch PERRON [20b], BARNES [02], VIGNAUX [31ab, 37a]) die Verfahren B_α (α reell):

(1) $$t(\lambda) = t^{(\alpha)}(\lambda) = e^{-\lambda} \sum_{k=0}^{\infty} \frac{s_k}{\Gamma(k + \alpha + 1)} \lambda^{k+\alpha},$$

wobei ein verschwindender Nenner etwa durch Eins zu ersetzen ist.

I (Vergleich der B_α). *Für $\alpha < \beta$ gilt $B_\alpha \subseteq B_\beta$ mit Verträglichkeit.* Die Vermittlungstransformation ist nämlich

(2) $$t^{(\beta)}(\lambda) = \frac{1}{\Gamma(\beta - \alpha)} \int_0^\lambda e^{-(\lambda-\nu)} (\lambda - \nu)^{\beta-\alpha-1} t^{(\alpha)}(\nu) \, d\nu$$

(benütze dann **35** III). Die Positivität von (2) liefert sogar Kernsätze (siehe KNOPP [29a, 30b]). HAYASHI [33] verallgemeinert **66** VII auf B_α; TAKAGI [35] gibt CAUCHY-Produktsätze. Wegen **66** II, III sind die B_α äquivalent für regulär summierbare Reihen.

Für die Summierung von DIRICHLET-Reihen, Potenzreihen am Rande des Summationsbereiches sowie die CAUCHY-Produktbildung ist es vorteilhaft, die BOREL-Transformierte noch einer funktionalen C_α-Transformation ($\alpha > 0$) zu unterwerfen: HARDY-LITTLEWOOD [12a, 16], NALLI [15], MIGNOSI [21], OBRECHKOFF [28c], GAIER [50, 53a] und vor allem DOETSCH [20a, 21b]. Auf dasselbe läuft es hinaus, wenn wir erst die Folge $\mathfrak{s}$ mit $C_{\dot{\alpha}}$ transformieren und dann B_0 anwenden, d. h. es gilt (vgl. **18** (7)) mit doppelter Bedeutung von C_α

(3) $$C_\alpha \cdot B_0 = B_0 \cdot C_\alpha$$

(im Anwendungsbereich von B_0). Diese Beziehung beruht darauf, daß C_α HAUSDORFF-Verfahren ist (vgl. HENRIKSSON [35]; **72** (26), und HARDY [49* S. 210]). Sie ist wichtig für Transformationssätze vom Typ **35** VI (SZÁSZ [52b]) und für Umkehrsätze vom Typ $B_0 \to C_\alpha$ (siehe bei **66** VII).

Allgemeiner verwendet man bei $C_\alpha \cdot B_0$ statt $C_{\dot{\alpha}}$ eine funktionale NÖRLUND-Transformation (OBRECHKOFF [28c, 30b, 31b, 32, 34]; vgl. 9), was wegen (2) auch die B_α umfaßt und zu folgendem Satz führt, der für ganzes α schon bei DOETSCH [20a, 21b] steht:

II ($C_\alpha \cdot B_0$ und B_α). *Für $\alpha \geq 0$ gilt $B_\alpha \subseteq C_\alpha \cdot B_0$ mit Verträglichkeit.*

Weiteres (z. B. Sätze ähnlich **66** VII) bei DOETSCH [20a, 31], ZYGMUND [27], LORD [34], HAYASHI [35]. Andere Verschärfungen von B stützen sich auf **66** IV u. ä.: SANNIA [20a], VIGNAUX [33g], JUAN [41].

Naheliegende Verallgemeinerungen bieten die Verfahren $B_\mathfrak{p} = (B, \mathfrak{p})$ und $B_\mathfrak{p}^* = (B^*, \mathfrak{p})$:

(4) $$t(\lambda) = \frac{1}{p(\lambda)} \sum_{k=0}^{\infty} p_k \lambda^k s_k \left(p(\lambda) = \sum_{m=0}^{\infty} p_m \lambda^m \text{ ganz}; 0 \leq \lambda \to +\infty\right),$$

(5) $$v^*(\nu) = p(\nu) \sum_{m=0}^{\infty} \frac{\nu^m}{p_m} u_m \quad \left(p_m = \int_0^{\infty} p(\nu) \nu^m \, d\nu; 0 \leq \nu \to +\infty\right).$$

(5) können wir auch in STIELTJES-Integralform schreiben (*Momentverfahren*). Behandelt wurden vor allem Funktionen $p(\lambda)$, die mit der Exponentialfunktion nahe verwandt sind. Teilweise benützte man andere Integrationswege als $0, \infty$ und weitere Modifikationen. Siehe BOREL [95, 96ae], SERVANT [99], LE ROY [00], MAILLET [02, 03], HARDY [03], MITTAG-LEFFLER [02, 03, 05], CUNNINGHAM [05], BUHL [07, 11], BROMWICH [08a* S. 301], COSTABEL [08], JACKSON [10], SANNIA [17c], VALIRON [17, 32, 33], BERNSTEIN [28, 32], REY PASTOR [33d], HENRIKSSON [35], KALES [37], WIENER-MARTIN [37], GOOD [44], HARDY [49* S. 81, 222]; ferner **60** (Varianten des ABEL-Verfahrens) und **68** (12).

Besonders interessiert das Verfahren

$$(6) \quad v(\nu) = e^{-\nu} \sum_{m=0}^{\infty} \frac{\nu^{\alpha m}}{\Gamma(\alpha m + 1)} u_m \quad (\alpha > 0;\ 0 \leq \nu \to +\infty)$$

(LE ROY, MITTAG-LEFFLER), das für ganzzahliges $\alpha = a$ durch Spaltenauswahl aus B_0^* hervorgeht und günstig für analytische Fortsetzung ist (siehe **69**).

III (Vergleich der Verfahren (6)). *Sei $0 < \beta < \gamma$. Wird die Reihe Σu_m vom Verfahren (6) für $\alpha = \gamma$ summiert und existiert ihre Transformierte (6) für $\alpha = \beta$ (bei jedem $\nu > 0$), so wird sie von (6) auch für $\alpha = \beta$ summiert.*

Durch Momentkonstantenüberlegungen findet man eine formale Vermittlungstransformation und wendet **37** III an: HARDY [34], GOOD [42].

Weiteres über (6) und Verallgemeinerungen ähnlich (1) und (3): PERRON [20b], OBRECHKOFF [31b, 32ae, 41], VIGNAUX [31ab, 33b, 35de, 37b, 38c], REY PASTOR [33c], GOOD [41], KANGRO [42], HARDY [49* S. 197, 222, 226].

68. Kreisverfahren

Unter der Bezeichnung *Kreisverfahren* fassen wir die unten erklärten Methoden T_α, S_α, F_α sowie ferner E_α (**64**) und B_0 (**66**) zusammen. Im engeren Sinn versteht man darunter das *Taylor-Verfahren* T_α (meist mit $0 < \alpha < 1$), das auf der Transformation

$$(1) \quad v_n = \alpha^n \sum_{m=n}^{\infty} \binom{m}{n} (1-\alpha)^{m-n} u_m$$

beruht. Die v_n erhalten wir ebenfalls mit der formalen Beziehung

$$(2) \quad v(\omega) = \sum_{n=0}^{\infty} v_n \omega^n = u(\zeta) = \sum_{m=0}^{\infty} u_m \zeta^m, \text{ wo } \zeta = (1-\alpha) + \alpha\omega$$

(EULER-Verfahren, **65**). Anders ausgedrückt: Entwickeln wir $u(\zeta)$ nach Potenzen von $(\zeta - 1 + \alpha)$ und setzen dann $\zeta = 1$, so bekommen wir Σv_n. Übrigens ist $\hat{T}_\alpha$ die gekippte E_α-Matrix. Häufig wird $1 - \alpha$ statt α als Parameter gebraucht.

T_α wurde auf Anregung durch M. Riesz von Hardy-Littlewood [16; auch 43] in Zusammenhang mit dem $O\text{-}B \to K$-Satz eingeführt und von Wais [35] ausführlich behandelt. Diese Autoren setzen jedoch zusätzlich voraus, daß $u(\zeta)$ in $|\zeta| < 1$ bzw. in $|\zeta| \leq |1-\alpha|$ regulär ist (vgl. II). Mit dem gewöhnlichen Matrixverfahren (1) arbeiten Meyer-König [49a, 51] und Vermes [49, 50], wobei letzterer auch Parameterwerte außerhalb $0 < \alpha < 1$ zuläßt.

Die obengenannten Beziehungen erleichtern formale Rechnungen mit T_α, bei Anwendungen ist jedoch immer die Zeileninfinität von T_α (vgl. 18) zu berücksichtigen. Die FF-Form ist formal gegeben durch

(3) $\quad\check{T}_\alpha = \alpha\,\hat{T}_\alpha$, also $t_l = \alpha^{l+1} \sum_{k=l}^{\infty} \binom{k}{l} (1-\alpha)^{k-l} s_k$,

definiert im allgemeinen jedoch ein anderes Verfahren als T_α (siehe I und (4)). Relationen wie links in (3) behandelt Vermes [50] allgemein. $\hat{T}_0$ hat in der 0-ten Zeile lauter Einsen, sonst nur Nullen, stellt also ein triviales konvergenzgleiches Verfahren dar, während $\check{T}_0 = 0$ ist. Bei $\alpha \neq 0$ hat $\check{T}_\alpha$ nur für $|1-\alpha| < 1$ konvergente Zeilensummen, und die Zeilennormen sind dann $[|\alpha|/(1-|1-\alpha|)]^{l+1}$. Eine genaue Anwendbarkeitsbedingung für (3) im Falle $\alpha \neq 0$ ist

(4) $\quad\quad s_k \cdot k^l (1-\alpha)^k \to 0 \quad (k \to \infty; l = 0, 1, \ldots).$

Entsprechendes gilt für (1). Damit erhalten wir (vgl. 32 I)

I (Permanenz). *Genau für $|1-\alpha| < 1$ definieren (1) und (3) äquivalente Verfahren. Genau für $0 \leq \alpha \leq 1$ ist T_α permanent.*

Siehe Meyer-König [49a], Vermes [49]; ersterer gibt auch asymptotische Sätze.

Summiert T_α die Reihe Σu_m, so ist schon wegen der Anwendbarkeitsbedingung $u(\zeta)$ regulär in $|\zeta| < |1-\alpha|$. Ist $u(\zeta)$ überdies regulär in $\zeta = 1-\alpha$, so sprechen wir von *regulärer*, andernfalls von *singulärer* Summierbarkeit. Im ersteren Falle ist $v(\omega)$ analytische Fortsetzung von $u(\zeta)$, andernfalls nicht.

II (Singuläre Summierbarkeit). *Bei beliebigem $\alpha \neq 1$ gibt es singulär T_α-summierbare Reihen.*

Sei o. B. d. A. $\alpha \neq 0$. Mit 18 II, III stellen wir fest, daß bei (1) jedem Bild $\mathfrak{v}$ unendlich viele Urbilder $\mathfrak{u}$ entsprechen, was die Behauptung ergibt (Meyer-König—Zeller [54]).

III (Perfekter Teil). *Sei $0 < \alpha < 1$. Der perfekte Teil des T_α-Reihenwirkfeldes besteht genau aus den regulär T_α-summierbaren Reihen.*

Das zeigen ähnliche funktionentheoretische Überlegungen wie bei 65 VI und 66 IV, siehe Meyer-König—Zeller [54] (1956).

IV (Geometrische Reihe). *T_α summiert $\Sigma \zeta^m$ genau für die ζ mit*

(5) $\quad\quad |\alpha\,\zeta| < |1-(1-\alpha)\,\zeta| \text{ und } |\zeta(1-\alpha)| < 1.$

Das zeigen Regularitätsüberlegungen wie bei **65** IV oder die Formel

(6) $$\check{T}_\alpha\{\zeta^k\} = \left\{\frac{\alpha}{1-(1-\alpha)\zeta}\left(\frac{\alpha\,\zeta}{1-(1-\alpha)\zeta}\right)^l\right\},$$

wobei noch die Anwendbarkeit der Transformation (1) zu berücksichtigen ist. Allgemeiner behandelt man den Summationsbereich von Potenzreihen (vgl. **69**), siehe WAIS [35], MEYER-KÖNIG [49a], VERMES [49], TEGHEM [51a].

Obwohl die Transformation $\check{T}_\alpha$ nicht umkehrbar ist (siehe bei II), können wir die Indexverschiebung der Urfolge durch eine Matrixtransformation der Bildfolge, und zwar mit Zweiermatrizen (**62**) ausdrücken (vgl. **65** III). Setzen wir $\mathfrak{u}^* = \{0, u_0, u_1, \ldots\}$, so sind $\mathfrak{u}$ und $\mathfrak{u}^*$ gleichzeitig im Anwendungsbereich von $\hat{T}_\alpha$ und es gilt

(7) $$v_m^* = \alpha\,v_{m-1} + (1-\alpha)\,v_m, \text{ d. h. } \mathfrak{v}^* = Z_{1-\alpha}\,\mathfrak{v}.$$

Mit **19** II (vgl. bei II) stellen wir fest, daß bei (1) jedes beliebige $\mathfrak{v}$ als Bild auftritt; da das Wirkfeld von Z_β bekannt ist (**62** I), erhalten wir

V (Indexverschiebung). *T_α ist immer rechtstranslativ. Es ist linkstranslativ, wenn $\alpha = 1$ oder $|\alpha| < |1-\alpha|$ gilt, sonst nicht.*

Siehe WAIS [35], MEYER-KÖNIG(—ZELLER) [49a, 54], TEGHEM [51b]. Bei regulärer Summierbarkeit ist Linkstranslativität auch für $1/2 \leq \alpha < 1$ vorhanden (MEYER-KÖNIG [49a]; Beweis mit dem FATOU-Satz **49** III). MEYER-KÖNIG [51] gibt Matrixformeln, die die Indexverschiebung bei T_α mit der C_β-Transformation in Verbindung bringen und auch die Verträglichkeit von T_α und C_β liefern.

VI (Vergleich der T_α). *Für $0 < \alpha < \beta < 1$ ist eine T_β-summierbare Reihe, deren T_α-Transformation existiert, T_α-summierbar zum selben Wert.*

Der Satz folgt mit **37** III aus

(8) $$T_\gamma\,T_\beta = T_\alpha \text{ mit } \gamma\,\beta = \alpha;$$

siehe WAIS [35], (vgl. **65** II), HARDY-LITTLEWOOD [43], MEYER-KÖNIG [49a].

MEYER-KÖNIG [49a b, 51] und VERMES [49, 50] stellen für ein Verfahren S_α ganz ähnliche Sätze wie für T_α auf. Dabei ist S_α definiert als EULER-Verfahren (**65**) mit

(9) $$p(\omega) = \frac{1-\alpha}{1-\alpha\,\omega}$$

Bei $0 < \alpha < 1$ liefert die *FF*-Form dasselbe Verfahren. Wir erhalten sie, indem wir in (3) s_k durch s_{k-l} ersetzen, d. h. die Zeilen der Matrix T_α nach links schieben, bis alle Nullen verschwunden sind. Die S_α bilden in gewissem Sinn eine Fortsetzung der Reihe E_β, B_0 (vgl. MEYER-KÖNIG [49b] und **68** IX). Als allgemeine EULER-Verfahren hängen E_α, T_β, S_γ untereinander (und teilweise mit C_δ) zusammen, und zwar gelten bei geeigneter Wahl der Indizes Formeln

(10) $\quad T_\alpha S_\beta = S_\gamma, \quad S_\alpha = E_\beta T_\alpha, \quad S_\alpha E_\beta = S_\gamma.$

VII (B_0, S_α und T_α). *Sei $0 < \alpha < 1$. Dann gilt $T_\alpha \subset S_\alpha$ mit Verträglichkeit. Weiter ist eine B_0-limitierbare Folge zum selben Wert S_α-limitierbar, wenn ihre S_α-Transformation existiert.*

Der erste Teil folgt aus (10) und mit Hilfe der geometrischen Reihe, der zweite aus (11) (vgl. **37** III; siehe MEYER-KÖNIG [49a]):

(11) $\quad S_\alpha \mathfrak{s} = \left\{ \dfrac{\beta^{l+1}}{l!} \displaystyle\int_0^\infty \lambda^l e^{-\beta\lambda} \left(e^{-\lambda} \sum_{k=0}^\infty \dfrac{\lambda^k}{k!} s_k \right) d\lambda \right\} \quad \left(\text{wo } \beta = \dfrac{\alpha}{1-\alpha}\right).$

Weitere Literatur über S_α, T_α u. ä. (auch funktionentheoretische Sätze): MEYER-KÖNIG [49b], COWLING(-PIRANIAN) [50, 52], GAIER [50, 52, 53a], TEGHEM [50, 51bc, 55], VERMES [50], MACPHAIL [52], MASCHLER [53], SZÁSZ [53].

Das *Valiron-Verfahren* F_α ($\alpha > 0$; der Buchstabe V ist schon belegt, **73**):

(12) $\quad t_l = \sqrt{\dfrac{\alpha}{\pi l}} \displaystyle\sum_{k=0}^\infty s_k \cdot e^{-\frac{\alpha}{l}(k-l)^2}$

wurde von HARDY-LITTLEWOOD [16] beim Beweis des $O\text{-}B \to K$-Satzes eingeführt; VALIRON [17] behandelt anschließend ein allgemeineres Verfahren (siehe unten). Daneben kommt (12) mit stetigem Parameter $\lambda = l$ vor und die zugehörige Integraltransformation

(13) $\quad t(\lambda) = \sqrt{\dfrac{\alpha}{\pi \lambda}} \displaystyle\int_{-\infty}^{+\infty} e^{-\frac{\alpha}{\lambda} \varkappa^2} s(\varkappa + \lambda) \, d\varkappa.$

(Näheres in der Literatur zu VIII und X, vgl. **37** IV.)

VIII ($F_{\frac{1}{2}}$ und B_0). *Bei beliebigem festem $\beta > 0$ sind $F_{\frac{1}{2}}$ und B_0 gleichstark und verträglich für Folgen $\mathfrak{s}$ mit $s_k = o(k^\beta)$.*

Siehe HARDY-LITTLEWOOD [16] ($\beta = \frac{1}{2}$), HYSLOP [36a]. Denn $F_{\frac{1}{2}}$ besitzt eine ähnliche Wertverteilung wie B_0, was man durch eine Darstellung

(14) $\quad \dfrac{\lambda^k}{k!} e^{-\lambda} = \dfrac{1}{\sqrt{2\pi\lambda}} e^{-\frac{(\lambda-k)^2}{2\lambda} + \varphi + \psi}$

präzisiert, wobei φ ein Polynom in $\lambda-k$ und λ^{-1} sowie ψ „klein" ist. Weiter nach **37** IV. — HYSLOP zeigt unter Verwendung von Formeln über Thetafunktionen an Hand der geometrischen Reihe, daß die Größenordnungsbedingung in VIII nicht wesentlich abgeschwächt werden darf.

Auf ähnlichem Wege beweist man Satz IX, aus dem sich durch Kombination noch weitere Vergleichssätze ergeben: HARDY-LITTLEWOOD [43], MEYER-KÖNIG [49a].

IX (E_α, S_β, T_γ, F_δ). *Sei* $0 < \alpha < 1$. *Für Folgen* $s_k = o(\sqrt{k})$ *sind folgende Paare von Verfahren gleichstark und verträglich:*

E_α *und* F_β *mit* $\beta = \dfrac{1}{2(1-\alpha)}$ $\left(\text{also } \dfrac{1}{2} < \beta < \infty\right)$,

S_α *und* F_β *mit* $\beta = \dfrac{\alpha}{2}$ $\left(\text{also } 0 < \beta < \dfrac{1}{2}\right)$,

T_α *und* F_β *mit* $\beta = \dfrac{\alpha}{2(1-\alpha)}$ (*also* $0 < \beta < \infty$).

Die Lücke $\beta = \frac{1}{2}$ wird nach VIII durch das BOREL-Verfahren gefüllt. Wir bemerken noch, daß $s_k = o(\sqrt{k})$ z. B. aus $u_m = o(1)$ und Limitierbarkeit nach einem der Verfahren folgt, was man durch einfache Abschätzungen einsieht, vgl. HARDY [49* S. 215]. FAULHABER (1956) verschärft IX. — Für beschränkte Folgen sind die genannten Verfahren sogar alle äquivalent, wie aus IX, X und einem Monotoniesatz (VI oder 64 II) folgt. Siehe MEYER-KÖNIG [49a]. Die Äquivalenz der Verfahren kann auch unter funktionentheoretischen Annahmen erschlossen werden: GAIER [52]. Vgl. ferner KARAMATA [35e] (*Stirling-Verfahren*).

X (F_α *bei beschränkten Folgen*). *Sei* $0 < \alpha < \beta$. *Eine F_α-limitierbare beschränkte Folge* $\mathfrak{s}$ *ist dann zum selben Wert F_β-limitierbar.*

Das ist wichtig für den Umkehrsatz 66 X. Vgl. 37 V und 53 V. Beim Beweis dürfen wir o. B. d. A. $F_\alpha\text{-lim}\,\mathfrak{s} = 0$ annehmen. Wir betrachten die Ausdrücke

(15) $$w_l^{(j)} = \frac{1}{\sqrt{l}} \sum_{k=-l}^{\infty} \left(\frac{k^2}{l}\right)^j e^{-\frac{\alpha k^2}{l}} s_{l+k}$$

und zeigen $w_l^{(j)} \to 0$ für $l \to \infty$; $j = 0, 1, \ldots$. Dazu verwenden wir, abgesehen von Nebenrechnungen, die Differentiationsmethode 48 I (HARDY-LITTLEWOOD [16]), oder einen Satz von M. MÜLLER über gliedweise Differentiation (MEYER-KÖNIG [49a]). Aus den $w_l^{(j)}$ stellen wir dann in der Gestalt

(16) $$t_l^{(\beta)} = \sum_{j=0}^{\infty} \frac{(-\beta)^j}{j!} w_l^{(j)}$$

die F_β-Transformation $t_l^{(\beta)}$ zusammen, was zunächst für genügend kleine β, durch wiederholte Anwendung für alle zulässigen β die Behauptung liefert. — Viel einfacher gehen HARDY-LITTLEWOOD [43] vor, die einfach 49 II (VITALI) auf die F_γ-Transformierten anwenden. Weitere Literatur: KNOPP [23c], VIJAYARAGHAVAN [28], HARDY [49* S. 208].

Die letzten Sätze kombiniert mit den Resultaten aus 64, 66 geben noch mehr Aufschluß über die Verfahren dieser Nummer. — Der Übergang von B_0 zu $F_{\frac{1}{2}}$ beruht auf der Betrachtung von Maximalgliedern in Potenzreihen und läßt sich für allgemeinere Verfahren durchführen, womit wir entsprechende Umkehrsätze erhalten (VALIRON [17], vgl.

HYSLOP [36b], KALES [37], WIENER-MARTIN [37]). Dabei tritt — mit gewissen Einschränkungen — B_q (67) an die Stelle von B_0, während man das entsprechende *allgemeine Valiron-Verfahren* $F_\mathfrak{p}$ erhält, indem man α/l in (12) ersetzt durch eine q angepaßte Funktion $\varphi(l)$. Den Spezialfall $2 \cdot \varphi(l) = l^{-2\beta}$ dieses Verfahrens untersuchte HYSLOP [36b] näher (z. B. Vergleich mit C_ν). Weiteres bei IYENGAR [44] (Vergleich mit $(N, \mathfrak{r})$), HARDY [49* S. 222], SCHMETTERER [50a].

69. Analytische Fortsetzung

Seit MITTAG-LEFFLER (1898—1908, auch 1882) und BOREL [95] benützt man Mittelbildungen, um Funktionen $w(\zeta) = \Sigma w_m \zeta^m$ durch einen einzigen Ausdruck möglichst weit *analytisch fortzusetzen*, am besten in den *Hauptstern* der Funktion, der alle regulären Punkte umfaßt, die man bei radialer Fortsetzung von 0 aus erreicht. Eine umfangreiche Literatur befaßt sich mit dieser Aufgabe, die wir hier jedoch nur streifen können. Für ausführlichere Studien sei verwiesen auf den Enzyklopädiebericht von BIEBERBACH [21* S. 445—460], das Literaturverzeichnis von HILLE [29], und die Darstellungen bei BOREL [01*, 28*], DIENES [31*]. HARDY [49*, S. 77, 186, 197, 207 usw.] (Überkonvergenz u. a.).

Für die Fortsetzung besonders günstig sind die in den letzten Nummern beschriebenen Verfahren (EULER, BOREL, TAYLOR und Varianten: **64—68, 72, 74**), siehe die dort angegebene Literatur. Statt E_α kann man allgemeiner gewisse HAUSDORFF-Mittel nehmen (AGNEW [42b]). Andere Verfahren (MITTAG-LEFFLER 1898) knüpfen an den Kreiskettenprozeß oder an Polynomapproximationssätze (zusammen mit CAUCHY-Integration und konformer Abbildung) an. Besonders günstig sind jedoch gewisse Verfahren $(D, \mathfrak{p})$ (59), insbesondere $(D, \{m \log m\})$ (LINDELÖF [03], vgl. auch LE ROY [00b]), ferner das *Le Roy-Verfahren*

$$(1) \qquad t(\lambda) = \sum \frac{\Gamma(1 + \lambda m)}{\Gamma(1 + m)} u_m \quad (\lambda \to 1 -)$$

(LE ROY [00a]) und ein Verfahren ähnlich (1) (MITTAG-LEFFLER 1908); diese drei Methoden gestatten nämlich die gewünschte unmittelbare Fortsetzung in den Hauptstern. Weiteres über diese Verfahren (auch Vergleichssätze) bei RICCOTTI [10], HARDY-CHAPMAN [11], MORSE [23], BERNSTEIN [28], VIGNAUX [28, 30, 33a], GARABEDIAN [31], DURAÑONA-VIGNAUX [35], SEYBOLD [36], KARAMATA [37d*], HARDY [34, 41], GOOD [42].

Die üblichen handlichen Verfahren limitieren jedoch w nur in einem kleineren Nebenstern (Summationspolygon) der Gestalt $\bigcap(\omega \Gamma)$, wobei ω alle Randpunkte des Hauptsternes durchläuft und Γ ein $0 \leq \zeta < 1$ enthaltendes Gebiet ist, das meist ein Stern bezüglich 0 ist. Beim BOREL-Verfahren B_0 ist z. B. Γ die Halbebene Re $\zeta < 1$ und daher $\bigcap(\omega \Gamma)$ im Falle endlich vieler Singularitäten ein Polygon (BOREL

[96b]). Verallgemeinerungen von B_0 (**67** (6)) besitzen größere Γ, so daß man durch Anwendung einer Folge solcher Verfahren den Hauptstern ausschöpfen kann.

Zur Bestimmung von Γ bei einem Verfahren müssen wir einfach feststellen, in welchem Bereich (Γ) es die Reihe $\Sigma \zeta^m$ (gleichmäßig) summiert oder — beachte die geometrische Summenformel — die Folge $\{\zeta^k\}$ limitiert. Mittels CAUCHY-Integration kommen wir dann auf den oben beschriebenen Summationsbereich einer beliebigen Potenzreihe (MITTAG-LEFFLER 1882, BOREL [99a], PHRAGMÉN 1899).

Weitere Literatur hierzu (über allgemeine Matrixverfahren, vgl. Einschließungssätze **32**): OKADA [25], HENSTOCK [47], HELLER [50, 52], GARREAU [51a], LORENTZ [53*].

Mit den oben beschriebenen Verfahren erfaßt man oft auch Potenzreihen mit Konvergenzradius Null und stellt so Funktionen mit Singularitäten in $\zeta = 0$ dar (siehe z. B. BOREL [99b, 28*], JUAN [33], HARDY [49* S. 189]). Anwendungen der Fortsetzung durch Limitierung betreffen das Studium der singulären Punkte und Lösung von Differentialgleichungen durch Reihenansatz (vgl. BOREL [01*, 28*]).

Bei Verwendung der obengenannten Methoden bleibt die Summabilität der Potenzreihe auf dem Rand des Sterns ungeklärt. Zur Beantwortung muß man feinere funktionentheoretische Hilfsmittel (wie in **49**) oder FOURIER-Reihen-Methoden (**73**) heranziehen. Nützlich ist auch die Kombination von feinen und groben Verfahren (vgl. **67** (3)). Bei speziellen Verfahren (**64**—**68**) haben wir einige diesbezügliche Untersuchungen genannt.

Schließlich sei in diesem Zusammenhang hingewiesen auf Transformationen, die mit *Kettenbrüchen* zusammenhängen (vgl. BOREL [01*, 28*], KALUZA [38] und **58** (8)), sowie auf *asymptotische Reihen* (siehe etwa BOREL [01*, 28*], JUAN [32, 33, 42, 51, 52], HARDY [41, 49*], VIGNAUX(-COTLAR) [44], THORKELSSON [46, 51], CORPUT [54*]).

Wir nennen noch einige neuere Arbeiten über analytische Fortsetzung, die ein gewisses allgemeines Interesse besitzen: BUHL [25*], KNOPP [26], OBRECHKOFF [26, 41], WILTON [27], BROGGI [29], LÖSCH [29], REY PASTOR [30a, 31ac, 33d], KOGBETLIANTZ [31* S. 47], JAIN [36], COOKE(-DIENES) [37c, 38], SUNYER [39, 48], KANGRO [42], GONZÁLEZ [43, 45], ALESSI [45], VERMES [47, 48, 51], DIEULEFAIT [48], BRUYNES-RAISBECK [49], TEGHEM [45, 46, 49b, 51ab], JACKSON [51].

70. Sonstiges

Wir nennen Varianten (im Sinne von **51**) der in diesem Kapitel besprochenen Verfahren.

NÖRLUND-Mittel: MEARS [43], PIRANIAN [46], WING [49], AGNEW [52h], VERMES [52].

EULER-Verfahren: JACKSON [17, 28, 51], KNOPP [21, 23a], LÖSCH [29a], RIOS [32, 39], JUAN [35], KARAMATA [35e], REY PASTOR [34a, 35a], KALUZA [38], RUDBERG [44], TEGHEM [45, 46, 49ace], SONNENSCHEIN [49], KARADŽIĆ [51], AGNEW [44a, 52h], VERMES [52], WIJNGAARDEN [53], MEYER-KÖNIG—ZELLER [53]; siehe ferner **74** (und **64**).

BOREL-Verfahren: JACKSON [17], BROGGI [29], HENRIKSSON [35], KARAMATA [35e], VIGNAUX(-COTLAR) [36, 44], COOKE [37a, 39], PITT [38b], BARLAZ [47], AGNEW [52h]. Siehe auch **67**.

Achtes Kapitel

Weitere Verfahren und Klassen

71. Zusammenfassung

Wir nennen einerseits Verfahren, die sich aus bestimmten Anwendungen (FOURIER-Reihen, Momentprobleme, Zahlentheorie) ergeben, wobei wir auch kurz auf diese Anwendungen eingehen. Andererseits fassen wir verschiedene Verfahren aus den Kapiteln VI—VIII zu größeren Klassen zusammen, innerhalb derer ein Stärkevergleich mittels bestimmter Sätze über reelle bzw. komplexe Funktionen möglich ist (vgl. **79**).

Allgemeine Betrachtungen über die Summierung von FOURIER-Reihen bilden den Ausgangspunkt für die Verfahren von DE LA VALLÉE-POUSSIN (**73**). Abschnittskoppelungen bei FOURIER- und DIRICHLET-Reihen führen zu den ROGOSINSKI-BERNSTEIN-Verfahren und verallgemeinerten RIESZ-Mitteln (**75**). Die Riemannsche Theorie der trigonometrischen Reihen liefert das RIEMANN-Verfahren (**76**). Für zahlentheoretische Probleme (Primzahlsatz) sind u. a. die LAMBERT-Mittel nützlich (**77**). Einige anderen Verfahren werden in **80** genannt.

Bei der interessanten Klasse der HAUSDORFF-Verfahren, die z. B. C_α, H_β und E_γ enthält, ist die Vergleichstheorie besonders gut ausgebaut (**72**). Die GRONWALL-Verfahren knüpfen an die allgemeinen EULER-Mittel und **73** an; bei ihnen benützt man hauptsächlich komplexe Methoden. Für Umkehrsätze besonders wichtig sind die WIENER-Verfahren; außerdem besitzt diese Klasse bezüglich Vergleichssätzen eine ähnliche Struktur wie die Hausdorffsche (**78**). In **79** bringen wir einige allgemeine Bemerkungen über die Klassenbildung bei Limitierungsverfahren.

72. Hausdorff-Verfahren

Die Verfahren $H_\mathfrak{p} = (H, \mathfrak{p})$ von HURWITZ-SILVERMAN [17] und HAUSDORFF [21] (meist nach letzterem benannt) sind erklärt durch

(1) $\quad \mathfrak{t} = H_\mathfrak{p} \mathfrak{s}$ mit $H_\mathfrak{p} = V \cdot \text{diag}\{p_m\} \cdot V$ (p_m beliebig),

wo

$$(2) \quad V = V^{-1} = \left\{(-1)^k \binom{l}{k}\right\} = \begin{pmatrix} 1 & & & \\ 1 & -1 & & \mathbf{0} \\ 1 & -2 & 1 & \\ 1 & -3 & 3 & -1 \\ \cdot & \cdot & \cdot & \cdot \end{pmatrix}$$

gilt. Das Produkt $V\Sigma = \Sigma^{-1}V$ ist eine allgemeine EULER-Matrix mit

$$(3) \quad p(\omega) = \frac{\omega}{\omega - 1};$$

vgl. 65 (2). Die Dreiecksmatrix $A = H_\mathfrak{p}$ erfüllt für $0 \leq k \leq l$

$$(4) \quad a_{lk} = \binom{l}{k} \Delta^{l-k} p_k$$
$$= \binom{l}{k}\left[p_k - \binom{l-k}{1} p_{k+1} + \cdots + (-1)^{l-k} \binom{l-k}{l-k} p_l\right].$$

Sind alle Differenzen in (4) und damit die $a_{lk} \geq 0$, so nennen wir p_m *vollmonoton*. Aus (1) folgt

I (Vertauschbarkeit). *Es ist stets $H_\mathfrak{p} H_\mathfrak{q} = H_\mathfrak{q} H_\mathfrak{p}$. Daher sind zwei permanente Hausdorff-Verfahren verträglich. Sind die p_m alle verschieden, so ist eine mit $H_\mathfrak{p}$ vertauschbare Matrix eine Hausdorffsche.*

II (Reihe-Reihe-Form). *Die RR-Form $\hat{A}$ einer Hausdorff-Matrix A hat die Gestalt*

$$(5) \quad \hat{a}_{nm} = \begin{cases} a_{nm} & (n=0) \\ \dfrac{m}{n} a_{nm} & (n=1, 2, \ldots). \end{cases}$$

Satz II wurde explizit erst von KNOPP-LORENTZ [49] formuliert.

Nach HAUSDORFF [21] interessiert besonders der Fall, daß die p_m eine *Momentfolge* bilden, d. h. mit geeigneter *Belegungsfunktion* φ folgende Darstellung gestatten:

$$(6) \quad p_m = \int_0^1 \xi^m \, d\varphi(\xi) \;[\varphi \text{ von beschränkter Schwankung, } \varphi(0) = 0,$$
$$2\varphi(\xi) = \varphi(\xi+) + \varphi(\xi-) \text{ für } 0 < \xi < 1].$$

Für $A = H_\mathfrak{p}$ und $0 \leq k \leq l$ gilt nun (Binomialentwicklung!)

$$(7) \quad a_{lk} = \binom{l}{k} \int_0^1 (1-\xi)^{l-k} \xi^k \, d\varphi(\xi).$$

Im Komplexen liefert (6) die MELLIN-Transformation

$$(8) \quad p_\mu = \int_0^1 \xi^\mu \, d\varphi(\xi) = \int_0^\infty e^{-\mu\nu} \, d[-\varphi(e^{-\nu})] \quad (\operatorname{Re}\mu > 0).$$

Man beachte, daß die (mögliche) stetige Fortsetzung von (8) auf Re $\mu \geq 0$ im Punkte 0 den Wert $p_0 - \varphi(0+)$ liefert (vgl. IV). Weiter definieren wir

$$(9) \quad p(\zeta) = \sum_{m=0}^{\infty} p_m \zeta^m = \int_0^1 \frac{d\varphi(\xi)}{1 - \zeta \cdot \xi} \qquad (|\zeta| < 1).$$

Der Potenzreihe $p(-\zeta)$ entspricht ein *Kettenbruch*

$$(10) \quad \pi_0/1 + \pi_1 \zeta/1 + (1 - \pi_1)\pi_2 \zeta/1 + (1 - \pi_2)\pi_3 \zeta/1 + \cdots$$

(der Bruch soll mit dem ersten identisch verschwindenden Glied abbrechen). Alle diese Hilfsgrößen geben Auskunft über die Eigenschaften der $(H, \mathfrak{p})$.

III (Zeilennormen). *Folgende Aussagen sind für reelle p_m gleichbedeutend:*

$1°$ $(H, \mathfrak{p})$ *hat beschränkte Zeilennormen* (Zn, **32** I);

$2°$ $\{p_m\}$ *ist Differenz zweier vollmonotoner Folgen;*

$3°$ $\{p_m\}$ *ist eine Momentfolge;*

$4°$ $p(-\zeta)$ *entspricht der Differenz zweier Kettenbrüche der Gestalt* (10) *mit* $0 \leq \pi_i \leq 1$ $(i = 1, 2, \ldots)$ *und* $\pi_0 \geq 0$.

Bedingung $4°$ stammt von STIELTJES und (GARABEDIAN-)WALL [40, 41]. Der Beweis verwendet neben den üblichen Kettenbruchoperationen Konvergenzkriterien für (10), worauf wir nicht näher eingehen können. Die übrigen Äquivalenzen stellte HAUSDORFF [21] auf. $3° \frown 2° \frown 1°$ ist leicht einzusehen (vgl. auch V). Bei $1° \frown 2°$ stützen wir uns auf

$$(11) \quad |\Delta^n p_m| \leq |\Delta^{n+1} p_m|$$
$$+ |\Delta^n p_{m+1}| \leq \cdots \leq \sum_{i=0}^{j} \binom{j}{i} |\Delta^{n+j-i} p_{m+i}| \leq \cdots.$$

Das j-te Glied dieser Folge (m, n fest) ist kleiner als die Norm der $(m + n + j)$-ten Zeile von $(H, \mathfrak{p})$ (vergleiche die Binomialkoeffizienten entsprechender Differenzen). Wegen Zn hat die Folge ein Grenzelement. Wir können es in der Form $\Delta^n p_m^*$ schreiben. Die Zerlegung $2 p_m = (p_m^* + p_m) - (p_m^* - p_m)$ leistet das Gewünschte.

Zum Beweis von $1° \frown 3°$ nehmen wir Treppenfunktionen $\varphi_l(\xi)$, die genau an den Stellen $\xi = k/l$ Sprünge, und zwar der Größe a_{lk} (wo $A = (H, \mathfrak{p})$) haben. Dann ist

$$(12) \quad \int_0^1 \xi^m \, d\varphi_l(\xi) = \sum_{k=0}^{l} \left(\frac{k}{l}\right)^m a_{lk}.$$

Andererseits gilt

(13) $$p_m = \sum_{k=0}^{l} \frac{k(k-1)\cdots(k-m+1)}{l(l-1)\cdots(l-m+1)} a_{lk}.$$

Daraus folgern wir, daß die Momente der φ_l für $l \to \infty$, m fest, gegen p_m konvergieren (vgl. BERNSTEIN-Polynome). Eine Teilfolge der φ_l konvergiert (Auswahlprinzip!) gegen ein φ, das im wesentlichen die gewünschten Eigenschaften hat. Weiteres über Momentprobleme sowie vollmonotone Folgen und Funktionen bei HAUSDORFF [23], KALUZA [28], HILDEBRANDT und SCHOENBERG [29, 32, 33], HENRIKSSON [35], OBRECHKOFF [53a]; über BERNSTEIN-Polynome, Wahrscheinlichkeitsrechnung und HAUSDORFF-Verfahren bei LORENTZ [53*].

Bei komplexen p_m zerlegen wir in Real- und Imaginärteil. Eine Hausdorffsche Zn-Matrix ist konvergenztreu und beinahe permanent:

IV (Permanenz). *Bei einer beliebigen Hausdorff-Matrix $A = (H, \mathfrak{p})$ sind alle Zeilensummen gleich p_0. Erfüllt A überdies Zn, so gilt*

(14) $p_0 = \varphi(1); \lim_{l \to \infty} a_{l0} = \varphi(0+); \lim_{l \to \infty} a_{lk} = 0 \quad (k = 1, 2, \ldots).$

Zum Beweis der letzten Behauptung zerlegen wir A nach III 2° in zwei positive Matrizen und wenden II an (HAUSDORFF [21]) oder stützen uns auf (7).

Bei den folgenden Beispielen gelten die Integraldarstellungen nur, soweit die betreffenden Verfahren konvergenztreu sind.

(15) $\quad C_\alpha: \quad p_m = \dfrac{1}{\binom{m+\alpha}{m}} = \alpha \int\limits_0^1 \xi^m (1-\xi)^{\alpha-1} d\xi,$

(16) $\quad H_\alpha: \quad p_m = \dfrac{1}{(m+1)^\alpha} = \dfrac{1}{(\alpha-1)!} \int\limits_0^1 \xi^m \left(\log \dfrac{1}{\xi}\right)^{\alpha-1} d\xi,$

(17) $\quad E_\alpha: \quad p_m = \alpha^m = \int\limits_0^1 \xi^m d\varphi(\xi), \quad \varphi(\xi) = \begin{cases} 0 & 0 \leq \xi < \alpha \\ 1 & \alpha < \xi \leq 1. \end{cases}$

Die C_α sind die einzigen $(H, \mathfrak{p})$, die zugleich NÖRLUND-Mittel sind (ULLRICH [26], SILVERMAN [37], AGNEW [45a]). Ähnliche Aussagen bezüglich RIESZ- und GRONWALL-Verfahren machen AGNEW [45a] und SCOTT-WALL [42]. Aus H_a bzw. E_α bauen wir nach (23) bzw. mittels (5) andere $(H, \mathfrak{p})$ auf.

Beim Vergleich zweier Verfahren $H_\mathfrak{p}$ und $H_\mathfrak{r}$ (wir wollen uns zunächst auf permanente echte Dreiecksmatrizen beschränken) geht es darum festzustellen, ob $H_\mathfrak{q} = H_\mathfrak{p} H_\mathfrak{r}^{-1}$ permanent oder sogar konvergenzgleich ist. Das wird durch die in III genannten Hilfsgrößen erleichtert, vor allem weil wir sie auch ohne Berechnung von $H_\mathfrak{q}$ bestimmen können:

V (Produkt zweier HAUSDORFF-Matrizen). *Sind $H_\mathfrak{p}$, $H_\mathfrak{q}$, $H_\mathfrak{r}$ permanente Hausdorff-Verfahren mit zugehörigen Funktionen φ, χ, ψ und ist*

(18) $$H_\mathfrak{p} = H_\mathfrak{q} H_\mathfrak{r},$$

so gilt

(19) $\quad p_m = q_m r_m \quad (m = 0, 1, \ldots),$

(20) $\quad p_\mu = q_\mu r_\mu \quad (\operatorname{Re} \mu > 0),$

(21) $\quad \varphi(\nu) = \int_0^1 \chi(\nu/\xi) \, d\psi(\xi) = \int_0^1 \psi(\nu/\xi) \, d\chi(\xi)$

$\quad (0 \leq \nu \leq 1$ mit abzählbar vielen Ausnahmepunkten),

(22) $\quad p(-\zeta) = \int_0^1 q(-\zeta\xi) \, d\psi(\xi) = \int_0^1 r(-\zeta\xi) \, d\chi(\xi) \quad (|\zeta| < 1).$

(19) ist klar, (20) folgt aus dem bei VI genannten Eindeutigkeitssatz. (21) drückt die Beziehung zwischen Resultantenbildung der Urfunktionen und Multiplikation der LAPLACE-Transformierten aus (vgl. (8), Literatur bei GARABEDIAN [42c]). (22) beruht auf (9), siehe GARABEDIAN(-HILLE-)WALL [41]. Satz V gestattet verschiedene Umformungen der Aussage $H_\mathfrak{p} \supseteq H_\mathfrak{r}$ bzw. $H_\mathfrak{p} \sim H_\mathfrak{r}$ und führt zu Sätzen wie $C_\alpha \sim H_\alpha$, $C_\alpha \not\supseteq E_\alpha$, und Bedingungen für $H_\mathfrak{p} \supseteq C_\alpha$ oder $H_\mathfrak{p} \supseteq \bigcup C_\alpha$ (für $\bigcup C_\alpha$ siehe 6).

HAUSDORFF [21] stützt sich hauptsächlich auf (19), wobei er zu q_m eine Momentfunktion sucht. HURWITZ-SILVERMAN [17] beschränken sich auf Verfahren $H_\mathfrak{p}$, bei denen q_μ in $\operatorname{Re} \mu \geq 0$ und in $\mu = \infty$ regulär ist (wie bei C_a und H_a). Es gilt dann

(23) $\quad H_\mathfrak{q} = \sum_{i=0}^\infty \alpha_i C_1^i = \sum_{i=0}^\infty \alpha_i H_i,$ wo $\sum_{i=0}^\infty \frac{\alpha_i}{(\mu+1)^i} = q_\mu.$

Ist $q_\mu \neq 0$ für $\operatorname{Re} \mu \geq 0$ und $\mu = \infty$, so gehört auch $1/q_\mu$ zu dieser Klasse, also ist $H_\mathfrak{q}$ konvergenzgleich. Weiteres bei VANDERBURG [51]. Allgemeiner fragt man, wann im Raum der MELLIN-Transformierten (8) Division $1/q_\mu$ (bzw. p_μ/r_μ) möglich ist (vgl. 19 und 78). Nach PITT und WIENER ist folgendes eine hinreichende Bedingung: $q_\mu > \delta > 0$ ($\operatorname{Re} \mu > 0$), das zugehörige χ hat keine singuläre Komponente. Dies haben PITT [38d], ROGOSINSKI [42a], BASU [45b] ausgewertet (auch für MERCER-Sätze wie 43 I), siehe ferner HILLE-TAMARKIN [33]. Bei (21) und (22) geht es darum, geeignete Bedingungen für die Auflösung nach χ zu geben: HILLE-TAMARKIN [33], GARABEDIAN-HILLE-WALL [41], GARABEDIAN [42a], WALL [53].

FUCHS [44, 45] und ROGOSINSKI [42a] betrachten auch $H_\mathfrak{r}$ mit Nullen in der Diagonale:

VI (Allgemeiner Vergleichssatz). *Sei $H_\mathfrak{r}$ permanent oder auch nur so beschaffen, daß $r_0 \neq 0$ ist und*

(24) $$\sum_{m \in \Gamma} \frac{1}{m} < \infty \quad (\Gamma = \text{Menge der } m \neq 0 \text{ mit } r_m = 0)$$

gilt. Aus $H_\mathfrak{p} \supseteq H_\mathfrak{r}$ folgt dann die Existenz eines konvergenztreuen $H_\mathfrak{q}$ mit $H_\mathfrak{p} = H_\mathfrak{q} H_\mathfrak{r}$.

Die für konvergenztreues $H_\mathfrak{r}$ möglichen Γ sind durch (24) charakterisiert. Dies zeigt der Ansatz

(25) $$r_\mu = \frac{1}{(1+\mu)^2} \prod_{m \in \Gamma} \frac{m-\mu}{m+\mu}$$

und ein entsprechender Nullstellen- oder Eindeutigkeitssatz (CARLSON 1914 und CARLEMAN 1922). Wir dürfen (24) in VI nicht weglassen, wie aus Ergebnissen über Folgen mit vielen verschwindenden Differenzen folgt (FUCHS [44], auch AGNEW [44b], POLLARD [45]). Zum Beweis von VI überlegen wir uns, daß wegen der Divergenz der Spalten von V folgt $p_m = 0$ $(m \in \Gamma)$. Es gibt also ein q mit $p_m = q_m r_m$. Durch $x_m = q_m y_m$ wird jedem konvergenztreuen $H_\mathfrak{y}$ mit $y_m = 0$ $(m \in \Gamma)$ ein konvergenztreues $H_\mathfrak{r}$ zugeordnet, was wir auch mittels der Belegungsfunktionen deuten können. Eine Anwendung des Fortsetzungsprinzips **14** I führt zu einer geeigneten Festlegung der q_m mit $m \in \Gamma$.

Eine Nullstelle von p_μ in $\operatorname{Re} \mu > 0$ (teilweise auch in $\operatorname{Re} \mu = 0$) bewirkt $H_\mathfrak{p} \subsetneq A_1^*$ (SILVERMAN-TAMARKIN [28], AGNEW [42c]). Statt A_1 bzw. A_1^* betrachtet HENRIKSSON [35] hier allgemeiner Verfahren $A_\mathfrak{q}$ bzw. $A_\mathfrak{q}^*$, beruhend auf

(26) $$t(\lambda) = \sum_{k=0}^{\infty} s_k (-\lambda)^k \frac{q^{(k)}(\lambda)}{k!} \quad \left(\lambda \to -\infty; \; q(\lambda) = \sum_{i=0}^{\infty} q_i \lambda^i \right).$$

$q(\lambda) = 1/(1-\lambda)$ bzw. $= e^\lambda$ liefert A_1 bzw. B_1. Bei der Permanenz kommt es darauf an, ob $q(\mu)$ eine MELLIN-Transformation (8) ist. Die auf (3) beruhende (formale) Beziehung

(27) $$A_\mathfrak{r} \cdot H_\mathfrak{p}^{-1} = A_\mathfrak{q} \text{ mit } q(\lambda) = \sum_{i=0}^{\infty} p_i q_i \lambda^i$$

gestattet Umformungen der Aussage $H_\mathfrak{p} \subseteq A_\mathfrak{r}$; vgl. **64** VI. Hierher gehören auch einige Sätze vom Typ **35** VI.

Bei gegebenem $\mathfrak{p}$ leiten GARABEDIAN-(HILLE-)WALL [40, 41] aus der Matrix $\Delta^n p_m$ neue $\mathfrak{p}^*$ und damit $H_{\mathfrak{p}^*}$ ab und gelangen u. a. zu Verallgemeinerungen von $C_\alpha \sim H_\alpha$. Mannigfaltigkeiten von $H_\mathfrak{p}$, definiert durch

(28) $$p_l = \int_0^\infty \beta_l(\xi) \, d\omega(\xi) \quad (\beta_l \text{ fest, etwa} = (1+l\xi)^{-1}, \; \omega \text{ beliebig})$$

untersuchen SCOTT-WALL [42] und GREENBERG-WALL [42] (Vergleich mit C_α). Die „hypergeometrischen" Verfahren $C_\alpha^{-1} C_\beta^{-1} C_\gamma$ behandeln GARABEDIAN(-WALL) [40, 41], AGNEW [41], BASU [54a]. Gewisse $(H, \mathfrak{p}) \sim C_\alpha$ benützt AMIR [54].

Bezüglich der geometrischen Reihe und analytischer Fortsetzung verhält sich jedes $(H, \mathfrak{p})$ im wesentlichen wie ein E_α (64 IV): GARABEDIAN-WALL [41], AGNEW [42b]. Zum Beweis betrachten wir

$$(29) \qquad \{t_l(\zeta)\} = H_\mathfrak{p}\{\zeta^k\} = \left\{ \int_0^1 (1 + \xi(\zeta-1))^l \, d\varphi(\xi) \right\}$$

unter Zuhilfenahme von Sätzen wie **20 I** (siehe auch **69**).

HILL [37] drückt die Perfektheitsbedingung **23 I** mittels der Belegungsfunktion φ aus. Größenordnungsbedingungen und Translation behandeln (HURWITZ-)SILVERMAN [17, 26], AGNEW [42c], KUTTNER (1956); Umkehrsätze PITT [38b], AGNEW [42a], LORENTZ [49, 51a]; Kernsätze (Totalpermanenz) HURWITZ [27,] BASU [48c, 49a, 54]; Ungleichungen betreffend $\sum |t_l|^\alpha$ HARDY [43]; die Gibbssche Erscheinung LIVINGSTON [53]; Sätze vom Typ **35 VI** SZÁSZ [53]. BARRUCAND [50] gibt weitere Beziehungen für V.

Gekippte HAUSDORFF-Matrizen treten bei HARDY [49*, S. 277], RAMANUJAN [53] auf. HAUSDORFF [21] und WINTNER [47f] variieren die Klasse $(H, \mathfrak{p})$, indem sie V durch andere Matrizen ersetzen, was u. a. die Behandlung von RIESZ-Mitteln gestattet. FUCHS [50] untersucht das Verfahren $\bigcup H_\mathfrak{p}$, EBERLEIN [50] BANACH-HAUSDORFF-Limites (**6**).

Gesamtdarstellungen geben GARABEDIAN [39c], WIDDER [41*], HARDY [49* S. 247], LORENTZ [53*], HILLE [48*].

73. Das Verfahren von de La Vallée-Poussin

Setzen wir bei (zeilenfinitem) Matrixverfahren A

$$(1) \qquad A_l(\tau) = \sum_{k=0}^\infty a_{lk} \frac{\sin\left(k + \frac{1}{2}\right)\tau}{2\pi \sin\frac{\tau}{2}},$$

so werden die A-Mittel $t_l(\xi)$ der Teilsummen $s_k(\xi)$ der FOURIER-Reihe von $\varphi(\xi)$ ausgedrückt durch

$$(2) \qquad t_l(\xi) = \int_{-\pi}^\pi A_l(\tau - \xi) \varphi(\tau) \, d\tau.$$

Man kann nun untersuchen, ob z. B. durch (2) jede stetige Funktion in eine konvergente Funktionenfolge übergeführt wird. Das bestätigte FEJÉR [00, 02ab, 03, 07] für das C_1-Verfahren. Daran schlossen sich zahlreiche Arbeiten an, die die Summierbarkeit von *Fourier-Reihen*, auch konjugierten oder differenzierten Reihen, sowie allgemeineren Orthogonalentwicklungen untersuchten; z. B. HARDY [04b, 11a], BUHL [06, 08], CHAPMAN [11c], GRONWALL [14], MOORE [19] usw. Allgemein gesehen, handelt es sich darum, für (2) und ähnliche Transformationen Einschließungssätze wie **32** I aufzustellen, was schon LEBESGUE [09] begonnen hat. Wir verweisen auf die Bücher KACZMARZ-STEINHAUS [35*], ZYGMUND [35*], HARDY [49*], TRICOMI (1955*). Von neueren Arbeiten nennen wir noch einige, die auch für die allgemeine Limitierungstheorie gewisses Interesse besitzen: HARDY-LITTLEWOOD [23, 28b], WIENER [32], TAKAHASHI [35], RANDELS [37b], SALEM [37], MARCINKIEWICZ [38], OBRECHKOFF [38, 41], LOZINSKIJ [40], MEŃSOV [40], BELLMANN [43], HARDY-ROGOSINSKI [43, 47], IYENGAR [43], SZÁSZ [43b], NACHBIN [44], KORENBLYUM [47], GÁL (-KOKSMA) [48, 50], NIKOLSKIJ [48], ALEXITS [49], DAVYDOV [49], NAGY [50], SUNOUCHI [50], LORENTZ [51b, 55], LIVINGSTON [53], SIDDIQI [54]. Siehe auch **25** IV, **56**, **49** IV und **78**.

Es wurden auch Verfahren speziell für FOURIER-Reihen konstruiert, siehe unten, **76** und MOURSUND [34].

Ähnliche Probleme wie bei FOURIER-Reihen treten auf, wenn wir Potenzreihen am Rande ihres Konvergenz- oder Summabilitätsbereiches betrachten, siehe etwa **49** und **66** VI. Bei diesen Problemen erweisen sich „feine" Verfahren wie C_1 wirkungsvoller als „grobe" wie B_1. Man koppelt daher beide Typen (vgl. **67** (3)), was aber die praktische Anwendung erschwert.

Wir können oben auch umgekehrt vorgehen und zu einer günstigen Transformation (2) das zugehörige Verfahren A suchen. Mit

$$(3) \qquad A_l(\tau) = \alpha_l \left(\cos \frac{\tau}{2}\right)^{2l} \quad (\alpha_l \text{ geeignet})$$

erhält so DE LA VALLÉE-POUSSIN [08] das Verfahren $V_{\frac{1}{2}}$:

$$(4) \qquad t_l = \sum_{m=0}^{l} \frac{l!\,l!}{(l-m)!\,(l+m)!} u_m = \sum_{m=0}^{l} \frac{\binom{2l}{l-m}}{\binom{2l}{l}} u_m.$$

I ($V_{\frac{1}{2}}$ und C_α). *Es gilt* $C_\alpha \subset V_{\frac{1}{2}}$ *für jedes* $\alpha > -1$ *(mit Verträglichkeit)*.

Siehe GRONWALL [14, 17] und MOORE [14], auch RYCHLÉK [17]. Beim Beweis können wir uns auf Konvergenzfaktorensätze für C_α (**53** III) stützen; zur Nachprüfung der dortigen Bedingungen verwendet man Integraldarstellungen der Glieder von $V_{\frac{1}{2}}$ und Differenzenformeln für Exponentialfunktionen. Die Weiterentwicklung dieses Gedankens führt zu den GRONWALL-Verfahren (**74**, insbesondere II).

Die inverse Transformation zu (4) lautet (RUTLEDGE [32]):

$$(5) \quad u_0 = t_0; \quad u_m = 2 \sum_{l=0}^{m} (-1)^{m-l} \binom{m}{l}\binom{m+l-1}{l} t_l \quad (m=1,2,\ldots).$$

Das führt zu Bedingungen für Konvergenzfaktoren (GARABEDIAN [35]). Weiteres bei DOUGLASS [31], RUTLEDGE-DOUGLASS [35].

II (V und A_2). *Es gilt $V_{\frac{1}{2}} \subset A_2$ mit Verträglichkeit. Für Reihen mit $u_m = o(m^\gamma)$ (wo $\gamma > 0$ beliebig) sind $V_{\frac{1}{2}}$ und A_2 sogar gleichstark.*

Da A_α (siehe bei **59** (3)) in seinem Anwendungsbereich stärker als A_β ($0 < \beta < \alpha$) ist, ergeben sich aus II u. a. Folgerungen für das gewöhnliche ABEL-Verfahren A_1 (**55**). Der Beweis von II (HYSLOP [35], KUTTNER [38]) verläuft zwar nach üblichem Muster (**35** II, **37** IV; man nimmt eine stetige Variante von $V_{\frac{1}{2}}$), verlangt jedoch sehr sorgfältige Abschätzungen (Verwendung von Thetafunktionen usw.). Siehe auch **74** I.

Weitere Literatur: KARAMATA [37d*], BARONE [39]. Verallgemeinerungen von $V_{\frac{1}{2}}$ geben BIRINDELLI [31] und GRONWALL [32] (siehe **74**).

74. Gronwall-Verfahren

Ein *Gronwall-Verfahren* $G_{\mathfrak{p}}^{\mathfrak{q}} = G(\mathfrak{p}, \mathfrak{q})$ ist definiert durch die formale Beziehung

(1) $$\sum_{m=0}^{\infty} u_m \zeta^m = \frac{1}{q(\omega)} \sum_{l=0}^{\infty} t_l q_l \omega^l \quad \left(\zeta = p(\omega),\ q(\omega) = \sum_{l=0}^{\infty} q_l \omega^l\right).$$

Dabei wollen wir mit GRONWALL [32] folgende Voraussetzungen machen: Für $|\omega| \leq 1$, $\omega \neq 1$ ist $p(\omega)$ regulär, $|p(\omega)| \leq 1$ und $p'(\omega) \neq 0$; in $|\omega| < 1$ ist $p(\omega)$ schlicht (Bildgebiet Π); ferner gilt $p(0) = 0$ und bei $\omega = \zeta = 1$ eine Entwicklung

(2) $$1 - \omega = (1-\zeta)^\alpha (\eta + \eta_1 (1-\zeta) + \cdots)$$

$(\alpha \geq 1,\ \eta > 0,\ \text{Hauptwert})$,

es ist $q(\omega) \neq 0$ ($|\omega| < 1$) und $q_l \neq 0$ ($l = 0, 1, \ldots$) sowie für ein geeignetes $\beta > -1$ die Funktion

(3) $$q(\omega) - (1-\omega)^{-\beta-1}$$

regulär in $|\omega| \leq 1$.

$G(\mathfrak{p}, \mathfrak{q})$ setzt sich aus NÖRLUND-Mitteln (**63**) und allgemeinen EULER-Verfahren (**65**) zusammen:

(4) $$`G_{\mathfrak{p}}^{\mathfrak{q}} = `N_{\mathfrak{q}}\ ^\wedge E_{\mathfrak{p}}.$$

Wegen (3) ist dabei $N_{\mathfrak{q}}$ dem CESÀRO-Verfahren C_β verwandt, meist sogar äquivalent (BIRINDELLI [37], verwende **63** IV). Bei $E_{\mathfrak{p}} = E_\gamma$ ist (2) mit $\alpha = 1$ erfüllt; im Falle $\alpha > 1$ hat Π bei 1 eine Ecke.

Die Verfahren $C_\beta E_\gamma$, die wir schon in **64** beim CAUCHY-Produkt nannten, sind als einzige GRONWALL-Verfahren auch HAUSDORFF-Mittel (SCOTT-WALL [42]). Die Wahl

(5) $$p(\omega) = \frac{1 - (1-\omega)^{\frac{1}{2}}}{1 + (1-\omega)^{\frac{1}{2}}} \left(\text{also } p^{-1}(\zeta) = \frac{4\zeta}{(1+\zeta)^2}\right),\ q(\omega) = (1-\omega)^{-\frac{1}{2}}$$

liefert das Verfahren $V_{\frac{1}{2}}$ aus **73**, das man verallgemeinert, indem man $\frac{1}{2}$ durch einen Parameter ersetzt (GRONWALL [32]). Weitere spezielle Verfahren (die manchmal auch unter allgemeine EULER-Mittel fallen) findet man in den Untersuchungen von OBRECHKOFF [26], REY PASTOR [31b], BERNSTEIN [35], BIRINDELLI [34, 37, 38, 39, 41b], MERSMAN [38], AMERIO [39], SCOTT-WALL [42], LORENTZ [49], die teilweise auch die allgemeine Theorie ausbauen (analytische Fortsetzung — wobei der Faktor $(E, \mathfrak{p})$ entscheidend ist —; Abschwächung der Voraussetzungen über p und q).

Grundlegend sind folgende drei Sätze (GRONWALL [32]):

I $(G(\mathfrak{p}, \mathfrak{q})$ und $A_1^*)$. *Summiert $G(\mathfrak{p}, \mathfrak{q})$ die Reihe Σu_m, so existiert*

(6) $$\lim \sum_{m=0}^{\infty} u_m \zeta^m \ \textit{für}\ \zeta \to 1\ \textit{in}\ \Pi\ \textit{mit}\ \overline{\lim} \, |\arg(1-\zeta)| < \frac{\pi}{2\,\alpha}.$$

Der Satz ist richtig (mit $\alpha = 1$) im Spezialfall $(E, \mathfrak{p}) = I$ (in (4)); wesentlich ist hier, daß die q_l die genaue Größenordnung $l^{\beta-1}$ besitzen; vgl. **55** II. Mit konformer Abbildung (vgl. **65**, wichtig ist die Ecke von Π) folgt die Behauptung. Siehe ferner (GAIER-)PEYERIMHOFF [52, 53] (Faktorfolgen).

II $(C_\gamma$ und $G(\mathfrak{p}, \mathfrak{q}))$. *Für $\gamma > -1$ und $\alpha > 1$ gilt $C_\gamma \subset G(\mathfrak{p}, \mathfrak{q})$ mit Verträglichkeit.*

Aus C_γ-Summierbarkeit folgt die Regularität von $\Sigma u_m \zeta^m$ im Einheitskreis. Die in (1) rechtsstehende Funktion ist daher in einem gekerbten Kreis regulär, der den Einheitskreis der ω-Ebene umfaßt. Ein FATOU-RIESZ-Satz (**49** III) liefert die Behauptung. Ähnlich beweist man

III (Vergleich verschiedener $G(\mathfrak{p}, \mathfrak{q})$). *Es gilt $G(\mathfrak{p}, \mathfrak{q}) \subset G(\mathfrak{p}', \mathfrak{q}')$ mit Verträglichkeit, falls $\alpha < \alpha'$ und $\Pi' \subseteq \Pi$ ist.*

75. Rogosinski-Bernstein-Verfahren

Bei der Untersuchung der Teilsummen $s_k(\xi)$ einer trigonometrischen Reihe, etwa im Punkte $\xi = 0$, hat man schon frühzeitig, z. B. im Zusammenhang mit der Gibbsschen Erscheinung, die Werte von $s_k(\xi)$ für ξ nahe 0 herangezogen (vgl. ZYGMUND [35*, S. 181]). ROGOSINSKI [25] (teilweise in Zusammenarbeit mit FEJÉR und FEKETE) und BERNSTEIN [30] verwenden dann zur Limitierung Ausdrücke der Gestalt

(1) $$t_l = \frac{s_l(p_l) + s_l(p_l')}{2}.$$

Setzen wir $s_k = s_k(0)$, so sieht im übersichtlichsten Fall $p_l = -p_l'$ die Transformation so aus:

(2) $$t_l = \sum_{m=0}^{l} u_m \cos m\, p_l = \sum_{k=0}^{l-1} s_k (\cos k\, p_l - \cos(k+1)\, p_l) + s_l \cos l\, p_l.$$

75. Rogosinski-Bernstein-Verfahren

Wir sprechen hier vom *allgemeinen Rogosinski-Bernstein-Verfahren* $Q_\mathfrak{p} = (Q, \mathfrak{p})$ (die Buchstaben B und R sind schon belegt). Führen wir in der Summe rechter Hand eine partielle Summation aus, so kommen wir zu

I ($Q_\mathfrak{p}$ und C_1). *Ist $p_l = O(1/l)$ und C_1-lim $s_k = \sigma$, so gilt*

(3) $$t_l - (s_l - \sigma) \cos l\, p_l \to \sigma \quad (l \to \infty).$$

Insbesondere gilt $C_1 \subseteq Q_\mathfrak{p}$, wenn $\cos l\, p_l = O(1/l)$ ist. In einigen Fällen erhalten wir sogar mit **43** III Äquivalenz von $(Q, \mathfrak{p})$ mit C_1 (ROGOSINSKI [25]). Satz I läßt sich verallgemeinern, indem man C_1 durch C_a ersetzt sowie $(Q, \mathfrak{p})$ durch Verfahren

(4) $$t_l = \sum_{m=0}^{l} u_m \varphi\,(m\, \Pi_l),$$

wobei Π_l eine geeignete Punktfolge in einem Euklidischen Raum und φ genügend oft differenzierbar ist (ROGOSINSKI [36]). Weiteres bei SZÁSZ [42, 43b, 45b, 51c].

Betrachten wir oben statt der Abschnitte einer trigonometrischen Reihe diejenigen einer DIRICHLET-Reihe, so kommen wir auf Verfahren

(5) $$t(\lambda) = t_\lambda = \sum_{p_m < \lambda} u_m \varphi\left(\frac{p_m}{\lambda}\right),$$

die die RIESZ-Mittel ($\varphi(\xi) = (1-\xi)^\alpha$) verallgemeinern (vgl. **60**). Entwicklung von φ nach Potenzen von $(1-\xi)$ gestattet, die Verfahren (5) aus RIESZ-Mitteln (**59**) aufzubauen und mit diesen zu vergleichen (ROGOSINSKI [26]).

Die Wahl $p'_l, p_l = \pm \pi/(2l+1)$ in (1) führt (KHARCHILADZE [41]) auf den Fall $\alpha = 1/2$ des *speziellen Rogosinski-Bernstein-Verfahrens* Q_α:

(6) $$t_l = \sum_{m=0}^{l} u_m \cos\left(\frac{\pi}{2} \frac{m}{l+\alpha}\right).$$

II (Q_α und C_1). *Es gilt $Q_\alpha \sim Z_\alpha\, C_1 \sim C_1 Z_\alpha$ ($\frac{1}{2} \leq \alpha \leq 1$), also $Q_\alpha \sim C_1$ ($\frac{1}{2} < \alpha \leq 1$), jeweils mit Verträglichkeit.*

Dies bewiesen für $\alpha = 1/2$ KARAMATA [47, 49] (siehe auch die obengenannte Literatur und RYABCEV [51]), für $\alpha > 1/2$ AGNEW [52e] und PETERSEN [52]. Man stützt sich auf **43** III. Für $\alpha \neq 0$, $\alpha < 1/2$ haben wir hingegen keine Äquivalenz $Q_\alpha \sim C_1$ (AGNEW [52e], PETERSEN [54]). Zum Beweis berechnet man Diagonallimites in $Q_\alpha C_1^{-1}$ und $C_1 Q_\alpha^{-1}$ bzw. zeigt an Hand der Vorzeichenverteilung in Q_α oder $`Q_\alpha$, daß Q_α Folgen $s_k \neq o(k)$ limitiert.

AGNEW [52e] beweist noch weitere Sätze. Varianten von Q_α behandeln KHARCHILADZE [41], SZÁSZ [45b], KARAMATA [47], OGIEVECKIJ [51]. Eine zusammenfassende Darstellung steht in der russischen Ausgabe von HARDY [49*].

76. Riemann-Verfahren

RIEMANN (vgl. ZYGMUND [35* S. 270] behandelte trigonometrische Reihen durch gliedweise zweimalige Integration und anschließende Bildung einer verallgemeinerten zweiten Ableitung mittels Differenzen. Dieser Prozeß entspricht dem folgenden *Riemannschen Verfahren* P_α (der Buchstabe R ist schon belegt) für $\alpha = 2$:

$$(1) \qquad t(\lambda) = t_\lambda = \sum_{m=0}^{\infty} u_m \left(\frac{\sin m\lambda}{m\lambda}\right)^\alpha \quad (|\lambda| < \lambda(\mathfrak{z}),\ \lambda \to 0)$$

(wir setzen $\sin 0/0 = 1$). Meist verwendet man nur natürliche $\alpha = a$ als Parameter. P_1, das nicht permanent ist, heißt auch *Lebesgue-Verfahren*. Verwandt ist das — ebenfalls schon von RIEMANN verwendete — Verfahren P_α^* (siehe auch WIENER [23]):

$$(2) \qquad t(\lambda) = t_\lambda = \varrho_\alpha \cdot \lambda \cdot \sum_{k=0}^{\infty} s_k \left(\frac{\sin k\lambda}{k\lambda}\right)^\alpha \quad (|\lambda| < \lambda(\mathfrak{z}),\ \lambda \to 0).$$

Dabei wählen wir ϱ_α so, daß die Zeilensummen gegen Eins streben, zum Beispiel $\varrho_2 = 2/\pi$.

Die Verfahren P_α unterscheiden sich in ihrer Struktur wesentlich von den sonst gebräuchlichen. Bei ihrer Behandlung benötigt man ausgiebig Sätze über trigonometrische Reihen. Ihr Wirkfeld ist vermutlich nicht einmal Vereinigung abzählbar vieler FK-Räume. Schon Fragen der Anwendbarkeit bereiten Schwierigkeiten. Deshalb verwendet VERBLUNSKY [32, 34] A-Summierbarkeit statt Konvergenz bei den Reihen $t(\lambda)$; und RAJCHMAN-ZYGMUND [26] führten die approximative Summierbarkeit ein, bei der λ nur eine (von $\mathfrak{z}$ abhängige) Punktmenge durchläuft, die in 0 die Dichte 1 besitzt. Unsere Literaturangaben sind unvollständig, da manche Untersuchungen über P_α mehr ins Gebiet der trigonometrischen Reihen gehören.

Beim Vergleich von P_α mit C_β stützt man sich auf 35 II.

I (C_β und P_a). *Es gilt $C_\beta \subset P_a$ mit Verträglichkeit für* $-1 < \beta < a - 1,\ a = 1, 2, \ldots$).

Siehe KOGBETLIANTZ [32b, 26] und VERBLUNSKY [30]. Spezialfälle stammen von FEJÉR [03] und FATOU [06]. Weitere Literatur bei HARDY [49* S. 361]. Bei $\beta = a - 1$ können wir nur auf approximative P_a-Limitierbarkeit schließen (RAJCHMAN-ZYGMUND [26]). Dagegen ist eine absolut oder stark C_β-limitierbare Folge auch P_a-limitierbar für $\beta < a$ (OBRECHKOFF [42], auch DENJOY [38] und SZÁSZ [45a]).

Das P_1-Verfahren tritt auch im Zusammenhang mit dem ABEL-Verfahren auf (HARDY-LITTLEWOOD [23]). Da es nicht permanent ist, interessieren Limitierbarkeitskriterien.

II (Kriterium für P_1). *Aus*

$$(3) \quad s_0 + \cdots s_k = O(k^\gamma) \text{ und } \sum_{m=k}^{\infty} \left|\frac{u_m}{m}\right| = O(k^{-\gamma}) \ (k \to \infty;\ \gamma \text{ fest},\ 0 < \gamma < 1)$$

folgt P_1-Summierbarkeit.

Der Beweis beruht auf einer geeigneten Zerlegung der P_1-Transformation, vgl. **37** V. Siehe SUNOUCHI [53] und HARDY-LITTLEWOOD [34], SCHMETTERER [50a], KANNO [54] sowie dort angegebene Literatur; vgl. ferner **80** (BESSEL-Verfahren).

III (Umkehrsatz $A_1 \to P_1$). *Aus A_1-Limitierbarkeit und*

$$(4) \qquad \sum_{m=k}^{2k} (|u_m| - u_m) = O(1)$$

folgt P_1-Limitierbarkeit, aber nicht notwendig Konvergenz.

Siehe SZÁSZ [43a, 51b, 35b, 42b, 45a] und HARDY-LITTLEWOOD [34]. Einige der obengenannten Arbeiten, vor allem aber SZÁSZ [51b], behandeln auch P_α^*. Die *FF*-Form von P_2 ist nicht positiv; die obere Häufungsgrenze der Zeilennormen bestimmte ZYGMUND [48b]. Dennoch ist P_2 in eingeschränktem Sinn totalpermanent: LEE [48].

Die Hauptschwierigkeiten treten auf, wenn wir Verfahren suchen, die stärker als ein P_a sind. Als Beispiel nennen wir

IV (P_2 und C_α). *Für $\alpha > 2$ gilt $P_2 \subset C_\alpha$ mit Verträglichkeit.*

Nach KUTTNER [34] beweisen wir das so. Aus der Existenz von $t(\lambda)$ in einem λ-Intervall schließen wir auf die Konvergenz von $\sum u_m m^{-2}$. Wir dürfen daher statt $t(\lambda)$ den Ausdruck

$$(5) \qquad \frac{1}{\lambda^2} \sum_{m=1}^{\infty} \frac{u_m}{m^2} \cos m\lambda = \frac{\varphi(\lambda)}{\lambda^2}$$

betrachten. Steht in (5) eine FOURIER-Reihe, so ist die zweimal gliedweise differenzierte Reihe im Punkt 0 (also die Reihe $\sum u_m$) C_α-summierbar, wie aus der Betrachtung des C_α-Kernes für FOURIER-Reihen (**73** (2)) folgt. Dies war schon früher bekannt: GRONWALL [17], ZYGMUND (1924, 1925), JACOB (1926). Ist die Reihe in (5) in einer Umgebung von 0 gleichmäßig gegen 0 konvergent, so gehen wir mittels

$$(6) \quad -\lambda^3 \int_0^\eta \psi''(\lambda\tau)\frac{\cos m\tau}{m^2}d\tau \cong \begin{cases}\frac{\pi}{4}\left(1 - \frac{\lambda}{m^2}\right) & (m \leq \lambda) \\ 0 & (m > \lambda)\end{cases} \text{(wo } \tau^3\psi(\tau) = \tau - \sin\tau\text{)}$$

zu den $R\,(l, 2)$-Mitteln über, die nach **58** IV den C_2-Mitteln äquivalent sind. Im allgemeinen Fall nehmen wir eine gerade, dreimal differenzierbare Funktion $\chi(\lambda)$, die bei 0 den Wert 1 hat und außerhalb des 0 enthaltenden Konvergenzintervalles von (6) verschwindet. Die Theorie der formalen Multiplikation trigonometrischer Reihen (vgl. ZYGMUND [35*]) zeigt, daß das formale Produkt der Reihe $\varphi(\lambda)$ und der FOURIER-Reihe von $\chi(\lambda)$ die FOURIER-Reihe von $\varphi(\lambda)\chi(\lambda)$ (etwa $\sum u_m^* m^{-2} \cos m\lambda$ geschrieben) ist und daß $\sum(u_m - u_m^*) m^{-2} \cos m\lambda$ bei 0 gleichmäßig gegen Null konvergiert. Die vorbetrachteten Spezialfälle liefern die Behauptung.

Ähnlich zeigt man $P_2 \subset R\,(\log l, 2)$ und entsprechende Sätze für P_1 (KUTTNER [35]), sowie $P_1 \subset P_2$ und $P_2^* \subset A_1$ (HARDY [49* S. 365]).

VERBLUNSKY [32, 34], der sich noch stärker auf Sätze über die Summierbarkeit formal differenzierter FOURIER-Reihen stützt, erhält weitere Resultate dieser Art für seine oben beschriebene Variante von P_a, wobei er Zusatzbedingungen vom Typ $u_m = o(m^\gamma)$ verwendet. Dagegen gilt nicht $P_3 \subseteq A_1$, weil die bei P_3 verwendete Differenzbildung der betreffenden Funktion viel mehr Freiheit läßt als die entsprechende bei P_2 (KUTTNER [35]). Weitere Literatur: GROSS [15], PICONE [29] (Kernsätze).

MARCINKIEWICZ [35] und KUTTNER [36a b] geben noch andere Ergebnisse (Unvergleichbarkeit von P_2 und P_2^*; Vergleich der P_b^*; Translation usw.). VIGNAUX [32e] behandelt Produktsätze, LORENTZ [49] Limitierbarkeitskriterien (**25, 46**).

Aus IV fließen natürlich Umkehrsätze für P_2. Solche kann man jedoch auch direkt beweisen (SZÁSZ [33], HARDY-ROGOSINSKI [43]) oder mit Hilfe der WIENER-Theorie (WIENER [32], siehe auch **78** und HARDY [49* S. 301, 305 und 316]).

HARDY-ROGOSINSKI [47], ZYGMUND [48a], MATSUYAMA [52] untersuchen Verfahren, die mit P_α verwandt sind, siehe auch BESSEL-Verfahren (**80**).

77. Zahlentheoretische Verfahren

Seit LANDAU [09*, 10] hat man immer wieder die Limitierungstheorie, insbesondere Umkehrsätze, bei zahlentheoretischen Problemen, z. B. dem Primzahlsatz, herangezogen. Vielfach verwendet man dabei DIRICHLET-Reihen und die LAPLACE-Transformation (z. B. **49** V). Ein anderer Weg führt über das *Lambert-Verfahren* L_1:

(1) $$t(\lambda) = \sum_{m=1}^{\infty} u_m \frac{m \lambda e^{-m\lambda}}{1 - e^{-m\lambda}} \quad (\infty > \lambda \to +0)$$

(ausnahmsweise läuft m von 1 bis ∞). Mittels Treppenfunktionen $s(\varkappa)$ können wir $t(\lambda)$ auch so ausdrücken:

(2) $$t(\lambda) = \lambda \int_0^\infty p(\lambda \varkappa) s(\varkappa) d\varkappa, \text{ mit } p(\mu) = -\frac{d}{d\mu}\left(\frac{\mu e^{-\mu}}{1 - e^{-\mu}}\right).$$

Erste Aussagen über L_1 betrafen Permanenz u. ä.: KNOPP [07a, 13b, 47* S. 464]. Dann zeigte HARDY [14] nach dem Prinzip **35** II

I (C_α und L_1). *Für $\alpha > -1$ gilt $C_\alpha \subset L_1$ mit Verträglichkeit.*

Für zahlentheoretische Anwendungen ist es jedoch umgekehrt wichtig, das Wirkfeld von L_1 nach oben abzugrenzen und Umkehrsätze aufzustellen. Erste Resultate hierüber stammen von ANANDA-RAU [20]. Dann zeigten HARDY-LITTLEWOOD [20b] mit tiefliegenden zahlentheoretischen Hilfsmitteln

II (L_1 und A_1). *Es gilt $L_1 \subseteq A_1$ mit Verträglichkeit.*

Insbesondere haben wir also

III (Konvergenzbedingung für L_1). *Eine L_1-summierbare Reihe ist konvergent, wenn sie $u_m = O_L\left(\frac{1}{m}\right)$ erfüllt.*

Aus III ist der Primzahlsatz elementar abzuleiten. Jedoch fand erst WIENER [28, 32] (mittels 48 III) einen vom Primzahlsatz unabhängigen Beweis von III und damit einen neuen Zugang zum Primzahlsatz.

ANANDA-RAU [20] und HARDY-LITTLEWOOD [36] geben Umkehrsätze vom Typ $A_1 \to L_1$. Weitere Literatur über L_1: KIENAST [26], GANAPATHY IYER [34], WINTNER [36, 44b, 47bc], BELLMANN [43], HAVILAND [44], KOREVAAR [47, 54df], HARDY [49* S. 316, 372].

INGHAM [45] verwendet dann zum Beweis des Primzahlsatzes das *Verfahren* (vgl. auch WINTNER, s. u.)

$$(3) \qquad t(\lambda) = \sum_{1 \leq m \leq \lambda} \frac{m}{\lambda}\left[\frac{\lambda}{m}\right] u_m \quad (0 < \lambda \to +\infty)$$

([ ] hat hier die übliche zahlentheoretische Bedeutung) und zeigt unter anderem, daß dieses Verfahren für jedes α, $0 < \alpha < 1$, der Stärke nach zwischen $C_{-\alpha}$ und C_α liegt. PENNINGTON [55] und RAJAGOPAL [55a] untersuchen (3) und Verallgemeinerungen weiter.

Andere zahlentheoretische Matrizen (z. B. MÖBIUS-Transformation) behandeln WINTNER [42, 43, 44ab, 46, 47cef], SOURIAU [44], HARTMANN-WINTNER [47]. Auch in den elementaren Beweisen des Primzahlsatzes von ERDÖS [49] und SELBERG. [49] (siehe auch NAGELL (1951*)) spielen Taubersche Aussagen eine Rolle. Schließlich sind gewisse Umkehrsätze für A_1 (etwa mit exponentieller Asymptotik) wichtig für Partitionen; siehe bei 58 I.

Weitere Literatur über zahlentheoretische Fragen: WIDDER [41* S. 224], DELANGE [43], KARAMATA [46], ATKINSON [48], KENDALL [48], HARDY [49* S. 303, 316, 372], BOCHNER [52].

78. Wiener-Verfahren

Das *Wiener-Verfahren* $(W, \mathfrak{p}) = W_\mathfrak{p}$ ist für Funktionen $s(\varkappa)$ in $-\infty < \varkappa < +\infty$ definiert durch

$$(1) \qquad t(\lambda) = \int_{-\infty}^{+\infty} \mathfrak{p}(\lambda - \varkappa) s(\varkappa) d\varkappa \quad (-\infty < \lambda \to +\infty),$$

wobei

$$(2) \qquad \mathfrak{p} \in \mathfrak{L}(-\infty, \infty), \text{ d. h. } \int_{-\infty}^{+\infty} |\mathfrak{p}(\mu)| d\mu < \infty$$

sei. Oft wendet man $(W, \mathfrak{p})$ nur auf beschränkte Funktionen an. Vermittels

(3) $\quad \varkappa^* = e^\varkappa, \ \lambda^* = e^\lambda, \ s^*(\varkappa^*) = s(\varkappa), \ \varkappa^* \, p^*(\varkappa^*) = p(-\varkappa)$

gelangen wir zu den entsprechenden Transformationen für das Intervall $0, \infty$:

(4) $\quad t^*(\lambda^*) = \dfrac{1}{\lambda^*} \displaystyle\int_0^\infty p^*\left(\dfrac{\varkappa^*}{\lambda^*}\right) s^*(\varkappa^*) \, d\varkappa^* = \int_0^\infty \bar{p}^*\left(\dfrac{\varkappa^*}{\lambda^*}\right) u^*(\varkappa^*) \, d\varkappa^*$

$$(0 < \lambda^* \to +\infty),$$

wobei der Übergang natürlich nur unter Einschränkungen gestattet ist und oft $u^*(\varkappa^*) \, d\varkappa^*$ durch $ds^*(\varkappa^*)$ ersetzt wird.

Solche Transformationen (mit Integration bis λ^* statt ∞) treten bei SILVERMAN [24] als *stetige Hausdorff-Verfahren* auf. SCHMIDT [25] führte bei Umkehrsätzen ähnliche Klassen von Matrixverfahren ein. Die vorliegende Definition stammt von WIENER [28, 32, 33 *] (vgl. 48III). Daneben betrachtet vor allem WIENER [32] eine STIELTJES-Integral-Variante von (1):

(5) $\quad t(\lambda) = \displaystyle\int_{-\infty}^{+\infty} p(\lambda - \varkappa) \, ds(\varkappa) \quad (-\infty < \lambda \to +\infty),$

wobei andere Voraussetzungen über p und s gemacht werden. Die STIELTJES-Integralformen liefern durch Einsetzen von Treppenfunktionen Matrixverfahren, verallgemeinerte RIESZ-Mittel (**59, 60, 74**), siehe z. B. FUCHS-ROGOSINSKI [43].

Die Integralformen von C_α und A_1 (**57, 58**) erhalten in der Gestalt (1) die Kerne

(6) $\quad p(\mu) = \begin{cases} \alpha \, e^{-\mu} (1 - e^{-\mu})^{\alpha - 1} & (\mu \geq 0) \\ 0 & (\mu < 0), \end{cases}$

(7) $\quad p(\mu) = e^{-\mu} e^{-e^{-\mu}}.$

Als Hilfsmittel (siehe unten) sind die aus der Funktion **19** (5) hergeleiteten Kerne

(8) $\quad p(\mu) = \dfrac{1}{\pi} \dfrac{\sin^2 \alpha \mu}{\alpha \mu^2}$

wichtig. Weitere Beispiele findet man z. B. bei WIENER [32, 33*], MARTIN und WIENER [38], PITT [38 b], INGHAM [41], HARDY [49* S. 283], SUNOUCHI [50 a b] (u. a. Varianten der ABEL- und LAPLACE-

78. WIENER-Verfahren

Transformation **49**, **58**; RIEMANN-Verfahren **76**, zahlentheoretische Verfahren **77**, BESSEL-Verfahren **80**).

Gelegentlich muß man mit Transformationen arbeiten, die nur angenähert von der Form (1) sind; oder durch Variablensubstitutionen u. ä. vorgelegte Verfahren in die Gestalt (1) bringen; vgl. WIENER [32 S. 62 und 67], KARAMATA [37cd*, 38d], PITT [38b], DELANGE [50]. So können wir für beschränkte Folgen das BOREL-Verfahren B_0 ersetzen durch

$$(9) \qquad t(\lambda) = \int_{-\infty}^{+\infty} e^{-2(\lambda-\varkappa)^2} s(\varkappa^2)\, d\varkappa \quad (-\infty < \lambda \to +\infty),$$

wobei $s(\varkappa)$ für $\varkappa \geq 0$ die zu s_k gehörende Treppenfunktion ist und für $\varkappa < 0$ verschwindet (vgl. **68** (13)). Durch das Argument $\varkappa^2$ in (9) entstehen die typischen Umkehrbedingungen für B_0 aus denen für C_1 oder A_1. In allgemeineren Fällen erhält man Bedingungen vom Typ **52** (17), (18) oder entsprechende Varianten von **58** (3).

Entscheidend ist Satz **48** III, der besagt, daß die meisten WIENER-Verfahren für beschränkte Funktionen äquivalent sind. Ziehen wir noch Beschränktheitskriterien wie **45** IV heran, so finden wir, daß bei den $(W, \mathfrak{p})$ im wesentlichen dieselben Konvergenzbedingungen (KB) wie bei C_1 gelten. Wir stützen uns hauptsächlich auf den Approximationssatz **19** I. Man kann jedoch auch **48** IV verwenden (KARAMATA [37cd*], BEURLING [45]). In Spezialfällen, etwa bei **49** V, genügen schwächere Hilfsmittel (Sätze ähnlich I): BOCHNER(-CHANDRASEKHARAN) [33, 34, 49*], KARAMATA [36c, 37e]. — PITT [38b] schließt aus $(W, \mathfrak{p})$-Limitierbarkeit (unter der Voraussetzung **48** (10)) auf Limitierbarkeit nach den Verfahren (8). Mit dem Prinzip **47** III erhält er als KB für $(W, \mathfrak{p})$:

(10) $s(\varkappa)$ beschränkt, $\underline{\lim}\,\{s(\mu) - s(\varkappa)\} \geq 0$ (wo $\varkappa \to \infty$; $\mu - \varkappa \to 0+$),

was gemäß (3) der üblichen Schwankungsbedingung bei C_1 oder A_1 (**52** (7), **58** (3)) entspricht. Aus (10) folgt nach der Methode **47** II wieder **48** III. PITT bekommt noch wesentlich allgemeinere KB als (10), die auch bestimmte Lückensätze erfassen (siehe auch **44**, insbesondere LEVINSON [40]).

Einseitig beschränkte $s(\varkappa)$ behandeln WIENER [32], KARAMATA [35f, 38d], PITT [38a], MINAKSHISUNDARAM [39], WIDDER [41* S. 215], HARDY [49* S. 304], RAJAGOPAL [50c].

Weitere Sätze über $(W, \mathfrak{p})$ schließen auf Beschränktheit von $s(\varkappa)$ (vgl. **45** IV), behandeln optimale Umkehrbedingungen (**46**), Oszillationsfragen und Asymptotik (vgl. **50**) oder ändern die Voraussetzungen über $\mathfrak{p}$ und s (dazu siehe auch die bei **19** I genannten Arbeiten). Teilweise werden dabei elementare Methoden benützt. Literatur: KARAMATA [33a, 35a, 50b], RAMASWAMI [36], AVAKUMOVIĆ [37a], PITT [38bc, 40ab, 48], AGNEW [40b, 52b], MINAKSHISUNDARAM [39], DELANGE [43, 47c, 48b, 50], WINTNER [47d], EDWARDS [49], KORENBLYUM [49, 53], RAJAGOPAL [50d, 51, 52, 53, 54bc], KELDYŠ [51], LORENTZ [51], LYTTKENS [54].

EDWARDS [49] untersucht die Verfahren W auch für $\lambda \to \lambda_0 \neq \infty$.

WIENER-Verfahren lassen sich auch einfach verknüpfen:

I (Produkt von WIENER-Verfahren). *Ist $s(\varkappa)$ beschränkt, so wird die Hintereinanderausführung der Transformationen $(W, \mathfrak{p})$ und $(W, \mathfrak{q})$ gegeben durch $(W, \mathfrak{r})$ mit*

$$(11) \qquad r(\lambda) = \int_{-\infty}^{+\infty} q(\lambda - \varkappa) \, p(\varkappa) \, d\varkappa.$$

Das folgt durch Integrationsvertauschung. — Bei FOURIER-Transformation (**19** (4)) entspricht der Faltung (11) das gewöhnliche Produkt, so daß für das Problem der Existenz und Bestimmung von $(W, \mathfrak{q})$ bei gegebenen $(W, \mathfrak{p})$ und $(W, \mathfrak{r})$ die Struktur des Raumes der FOURIER-Transformierten wieder wesentlich ist. Überdies kann man in I, z. B. bei zeilenfiniten W, die Voraussetzung über $\mathfrak{s}$ wesentlich abschwächen. So gelangt man zu Vergleichssätzen ohne oder mit nur schwachen Nebenbedingungen (quasi-Tauberian theorems), bei Verwendung des STIELTJES-Integrals sogar zu MERCER-Sätzen: WIENER [32], BOCHNER [33b], PITT [38d, 42], CHENG [49], SUNOUCHI [50ab]. Einige dieser Sätze laufen unter der Rubrik „stetige HAUSDORFF-Verfahren", dabei ergeben sich auch Beziehungen zu den gewöhnlichen HAUSDORFF-Verfahren (**72**) und RIESZ-Mitteln (**59**): SILVERMAN [19, 24], KNOPP [41], GARABEDIAN [42bc], FUCHS-ROGOSINSKI [42, 43], ROGOSINSKI [42], FUCHS [45], VANDERBURG [51], ZAMANSKY [51ab, 52, 53, 54*], DE-LANGE-ZAMANSKY [52]. Verwandte Ergebnisse kennt man außerdem für NÖRLUND-Mittel (**9, 63**; vgl. **79**).

LITTAUER [29], WIENER [32], CHENG [49], SUNOUCHI [50] geben Anwendungen von $(W, \mathfrak{p})$ bei FOURIER-Reihen sowie starker und absoluter Summierbarkeit; PITT [38b] behandelt HAUSDORFF-Verfahren. Zusammenfassungen bringen WIENER [32, 33*], PITT [38b, 40], WIDDER [41*], HARDY [49*].

79. Klassen von Verfahren

Für die Verallgemeinerung von Verfahren gibt es eine Reihe von Standardprozessen: Einführung von Gewichten (z. B. $(M, \mathfrak{p})$ und $(B, \mathfrak{p})$), Iteration in verschiedenen Formen (C_α und H_α), Einfügen eines Parameters $((R, \mathfrak{q}, \alpha))$, Operationen an der Matrix wie Auswahl oder Verschieben von Zeilen und Spalten, Abschneiden (**59** V, **67** (6), **68** (11)), Zusatzbedingungen und Abwandlungen (reguläre Summierbarkeit: **68**, Limitierung der Zeilensummen: **76**), Kombination von Verfahren (**67** (3)), Koppeln von Parametern u. a. Für die Verwendung solcher Prozesse siehe HARDY-CHAPMAN [11], AGNEW [32b, 36], SILVERMAN [37], BIRINDELLI [39], COOKE [39], SZÁSZ [42a], HILL [44], RUDBERG [44], BARLAZ [46, 47], VERMES [47, 48, 52], HARDY [49* S. 89 und 191], JACKSON [51, 52, 53], SRIVASTAVA [52], MOUSTAFA [55], GOFFMANN-PETERSEN (1956), ferner **60, 70, 80**.

Schon früh bildete man recht umfangreiche Klassen von Verfahren, um Permanenz usw. leicht nachweisen zu können. Neben der Literatur aus **4** sind hier zu nennen: PERRON [20b], PICONE [25], KNOPP [29a], REY PASTOR [34b, 35b], BIRINDELLI [46], GOOD [46], GARREAU [52].

Als wichtiger erwiesen sich dann Klassen von verträglichen Verfahren (z. B. **63, 72**, siehe auch JAMES [49]) und Klassen, innerhalb deren Vergleichsrelationen leicht festzustellen sind. Meist ist dabei jeder Matrix der Klasse eine Funktion zugeordnet, Verknüpfungen der Matrizen entsprechen leicht zu übersehende Verknüpfungen der Funktionen, und die Permanenz einer Matrix ist an gewisse Eigenschaften der Funktion gebunden: Siehe **63, 65, 67, 74**, sowie vor allem die HAUSDORFF-Mittel (**72**), die WIENER-Verfahren bzw. Unterklassen derselben (**78**), und die allgemeinen Betrachtungen von ZAMANSKY [53, 54*].

80. Sonstiges

Wir führen noch einige Transformationen an, die bis jetzt von geringerer Bedeutung für die Limitierung sind. Im Gegensatz zu **60, 70** sind Varianten der Verfahren dieses Kapitels meist in den einzelnen Nummern genannt.

Verfahren, die auf BESSEL-Funktionen aufbauen und teilweise die RIEMANN-Verfahren verallgemeinern, beschreiben COOKE [37bc], CHANDRASEKHARAN(-SZÁSZ) [42b, 43, 48], MINAKSHISUNDARAM [43], KENDALL [48], CHENG [49], MITRA [49], SUNOUCHI [50b], BALAGANGADHARAN [53].

Andere Verfahren knüpfen an bestimmte Operationen in der Analysis oder Funktionalanalysis an: ANDREOLI [30ab] („Pseudogrenzwert"), CACCIOPOLI [31] (FANTAPPIÉ, Funktionaloperationen), KERVOR [46] (formale Differentialgleichung), VERNOTTE [47, 49b, 50, 52, 53*] (und BOREL [51], vgl. auch KNOPP [23a], KALUZA [38]) (Interpolation, Behandlung sehr rasch divergierender Folgen), WINTNER [48] (WEIERSTRASS-Produkt), HILL [53] (RIEMANN-Summen), DANTZIG [55] (starker Limespunkt).

VIII. Weitere Verfahren und Klassen

Bei manchen reihentheoretischen Transformationen bestehen Ansätze zu limitierungstheoretischer Behandlung: KNOPP [21], KARAMATA [26], WILTON [26, 27], JAMES [27], BELL [39], BRADSHAW [44], SZÁSZ [50a], LUBKIN [52], SCHOENBERG [53].

Weitere Verfahren: RÉMOUNDOS [19], PERRON [20a], BIRINDELLI [41a], EPSTEIN [41], SCOTT-WALL [42], KARAMATA [46], CHERRY [50], HILL [50], SAFRONOVA [50, 51], SZÁSZ [50ab]. Im übrigen sei nochmals verwiesen auf die zahlreichen Verfahren und Varianten von Verfahren, die wir in **60, 70, 79**, außerdem in **6, 18** IV, **50, 69, 73, 77** und bei anderen Einzelverfahren besprechen.

Ergänzungen

Die einzelnen Abschnitte der Ergänzungen knüpfen meist unmittelbar an den Text der entsprechenden Abschnitte im Hauptteil des Buches an und tragen deren Nummer und Titel. Es fehlen die Nummern der Abschnitte, die keine Ergänzungen erfahren haben: die einleitenden Zusammenfassungen der acht Kapitel (Nummer 1—5, 11, 21, 31, 41, 51, 61, 71) und die Zusammenstellung von Hilfsmitteln aus der Funktionalanalysis (Nummern 12—17, 19), ferner die Nummern 20, 30, 40, 60, 80 („Sonstiges") und 79 („Klassen von Verfahren"). Auch Ergänzungen zu 78 („Wiener-Verfahren") entfielen; wir weisen hier auf die zahlreichen Querverweise in 78 hin.

6. Nichtmatrixverfahren

Verschiedene Varianten und Verallgemeinerungen von 6 (1) untersuchen RUBIN [57], BORWEIN [60e], SRIVASTAVA [60e, 64] (historischer Überblick, Bibliographie), TABERSKI [60a], MADDOX [67c]. Strukturfragen bei starker Limitierung behandeln vor allem LORENTZ-ZELLER [63] und MUSIELAK-ORLICZ [62] (Äquivalenz bzw. Inäquivalenz (28) mit Matrixverfahren), BORWEIN [65], MADDOX [67c] (lineare Funktionale).

Bei der Behandlung von Durchschnittsverfahren verwendet ORLICZ [57] SAKS-Räume. An Literatur über Vereinigungsverfahren nennen wir SONNENSCHEIN [57] sowie SZEKERES-JAKIMOVSKI [58] (Verfahren C_∞ und H_∞). Auf axiomatische Fragen geht ERWE [57] ein.

Permanenzfragen (32) bei nichtlinearen Verfahren behandeln EVANS [56], NICKEL [66]; SHANKS [55], MARX [64], KING [66a], TUCKER [66, 67 (1969)] untersuchen den δ^2-Prozeß von AITKEN und Verallgemeinerungen davon. Weitere spezielle Verfahren, ebenfalls meist aus der Approximationstheorie herrührend, betrachten RICE [60], BAUER [65]. Mit der Limitierung unendlicher Produkte beschäftigen sich KALAŠNIKOV [55], VESCAN [60], SLEPENČUK [55, 63a, 64a, 67ab, 68b], VIHMANN (1969).

Zum Verfahren F_* (Fastkonvergenz) nennen wir PETERSEN [60b, 66a*], KING [66b], SCHAEFER (1969) (Fastkonvergenzerhaltende Matrizen, vgl. 32), GORST-ELIN [63, 64] (Inäquivalenz 28, Unverträglichkeit 36 I), HILL [65] (BANACH-Limites und Fastkonvergenz bei Doppelfolgen), ferner PETERSEN [56ab], RAIMI [63ab], DEEDS [68], SIMONS (1969).

7. Absolute Limitierung

Da in den neueren Arbeiten meist die absolute (auch die starke) Limitierbarkeit neben der gewöhnlichen behandelt wird, ergänzen wir die Literaturzusammenstellung von **7** nicht. Wir verweisen auf den zusammenfassenden Bericht von PRASAD [66] und auf Zitate in den Ergänzungen, insbesondere zu **22, 23, 35, 44, 45–47, 52, 53, 55, 57, 59** und **63**.

8.9. Mehrfachfolgen. Integralverfahren

Es sind vielfach Literaturhinweise, die Mehrfachfolgen oder Integralverfahren betreffen, in den Text der Ergänzungen eingearbeitet; siehe insbesondere Erg. **56** und **57, 58** sowie Erg. **26, 34, 36, 39, 43, 48, 63, 65, 72, 76**. In Erg. **56** sind auch einige neuere Arbeiten über spezielle Verfahren bei Mehrfachfolgen zusammengestellt.

10. Sonstiges

Wir ergänzen die Literatur über abstrakte Verfahren, welche Folgen mit Gliedern aus einem (BANACH-) Raum $\mathfrak{X}$ in Folgen mit Gliedern aus einem (BANACH-) Raum $\mathfrak{Y}$ überführen: Einschließungssätze (32) und Verträglichkeitsfragen (36) behandeln KANGRO [56b, 57b], MIKOLAJSKAJA-WAŻEWSKI [58], ALEXIEWICZ-ORLICZ [59b] (Verwendung von Zweinorm-Räumen), JÜRIMÄE [59a b]; siehe auch KURTZ-TUCKER [65], KULL' [61] (Doppelfolgen), RAMANUJAN [65a], HSU [58]. Dabei erweist sich die Struktur von $\mathfrak{Y}$ als die ausschlaggebende. Konvergenzfaktoren (34) bei solchen „verallgemeinerten Matrixverfahren" untersuchen u. a. KANGRO [58], KANGRO-TYNNOV [61], KANGRO-VIHMANN [61].

Matrixverfahren über (nicht-archimedisch) bewerteten Körpern untersuchen ANDREE-PETERSEN [56], ROBERTS [57], (RANGACHARI-) SRINIVASAN [64, 65].

Bei Übertragungen auf abstrakte Räume behalten geläufige spezielle Verfahren (Kap. **VI, VII**) häufig typische Eigenschaften: siehe etwa LI [60], TANG [65], MADDOX [66a], SIMON [66], HUSAIN [67].

Limitierung in noch allgemeineren Räumen betrachten HLAWKA [56, 58], MÜLLER [63] (kompakte Räume), JAJTE [64b, 65] und PERSSON [65] (lokalkompakte Räume, Integralverfahren 9), PRULLAGE [67, 68, (1969)] (topologische Gruppen), KATZ-STRAUS [65] (algebraische Strukturen), MADDOX [66b] (Maßräume), MADDOX [68] (unvollständige Räume); siehe auch HENRIKSON [59], BRAUER [68] (STONE-ČECH-Kompaktifizierung).

18. Matrizenrechnung

Die Matrizenalgebra **18** V und die Subalgebra der konvergenztreuen Matrizen (vgl. **32** I), sowie die maximale Gruppe darin, wurden eingehender untersucht von PARAMESWARAN [57ae], WILANSKY-ZELLER [57, 58],

COPPING [58, 62], BERG [64, 65], WILANSKY [64c], WHITLEY [67], RHOADES [68]. Unmittelbare Anwendungen betreffen **26 III**.

22. Wirkfelder als FK-Räume

Wir bringen einige Ergänzungen zur Struktur des Wirkfeldes konvergenztreuer Matrixverfahren (vgl. **32 I**), indem wir verschiedene ausgezeichnete Teilmengen des Wirkfeldes angeben. An Literatur nennen wir vor allem WILANSKY [64b] (zusammenfassende Darstellung) und die dort zitierten Arbeiten, sowie ORLICZ [58a], PARAMESWARAN [59a], ZELLER [63a]; auch BROWN [67a] (absolute Limitierung).

Für Fragen der Perfektheit (**23**) ist entscheidend die Menge

$$P = \{\mathfrak{s} \in \mathfrak{A} \mid (\mathfrak{g}A)\mathfrak{s} = \mathfrak{g}(A\mathfrak{s}) \quad \text{für alle} \quad \mathfrak{g} \ (\mathfrak{g} \in \mathfrak{U}_A) \quad \text{mit der}$$

Eigenschaft: $(\mathfrak{g}A)\mathfrak{x}$ existiert für alle $\mathfrak{x} \in \mathfrak{A}\}$.

P enthält den perfekten Teil von $\mathfrak{A}$ (vgl. **23 III**); P stimmt mit ihm überein, falls A *co-regulär* ist (d. h. $\chi(A) \neq 0$, vgl. **27** (1)). Eine Teilmenge von P ist

$$L = \{\mathfrak{s} \in \mathfrak{A} \mid (\mathfrak{g}A)\mathfrak{s} \quad \text{existiert für alle} \quad \mathfrak{g} \in \mathfrak{U}_A\}.$$

Für $\mathfrak{s} \in L$ gilt stets (vgl. **24** (3)) $(\mathfrak{g}A)\mathfrak{s} = \mathfrak{g}(A\mathfrak{s})$, $\mathfrak{s}$ ist „assoziativ". L erweist sich als identisch mit der Menge B der *abschnittsbeschränkten* Folgen in $\mathfrak{A}$:

$$B = \{\mathfrak{s} \in \mathfrak{A} \mid \sup_{n, m = 0, 1, \ldots} \left| \sum_{k=0}^{m} a_{nk} s_k \right| < \infty \}.$$

Die Bedingung **24** (1) bedeutet also $B = \mathfrak{A}$.

Eine Schlüsselstellung bei der Untersuchung des Wirkfeldes nimmt die Teilmenge der Folgen mit *funktionaler Abschnittskonvergenz* ein:

$$F = \{\mathfrak{s} \in \mathfrak{A} \mid \sum_{k=0}^{\infty} s_k f(\mathfrak{e}_k) \quad \text{konvergiert für alle} \quad f \in \mathfrak{A}^* \quad (\text{Dual})\}.$$

(Für die $\mathfrak{e}_k$ siehe **17** (3).)

Die Definition von F benützt nur Eigenschaften des Wirkfeldes, F ist daher invariant beim Übergang von A zu einer äquivalenten Matrix. Dasselbe gilt für

$$W = \{\mathfrak{s} \in \mathfrak{A} \mid \sum_{k=0}^{\infty} s_k f(\mathfrak{e}_k) = f(\mathfrak{s}) \quad \text{für alle} \quad f \in \mathfrak{A}^*\}$$

($\mathfrak{s}$ besitzt *schwache Abschnittskonvergenz*)
und

$$S = \{\mathfrak{s} \in \mathfrak{A} \mid \sum_{k=0}^{\infty} s_k \mathfrak{e}_k = \mathfrak{s} \quad (\text{in der Topologie von } \mathfrak{A})\}$$

($\mathfrak{s}$ besitzt Abschnittskonvergenz, vgl. **17 VII**).

Für die genannten Mengen gelten

(1) $\mathfrak{S}_N$ (Nullfolgen) $\subseteq S \subseteq W \subseteq F \subseteq L = B \subseteq P$

und

(2) $\mathfrak{S}_C \subseteq (\mathfrak{S}_B \cap \mathfrak{A}) \subseteq F$

($\mathfrak{S}_C, \mathfrak{S}_B$ = konvergente bzw. beschränkte Folgen).

Wir nennen einige weitere Beziehungen:

(3) Stets gilt $F = W$ oder $F = W \oplus \mathfrak{d}$ mit einer geeigneten Folge $\mathfrak{d}$. Letzterer Fall tritt bei co-regulärem A ein; dann kann $\mathfrak{d} = \mathfrak{e}$ gewählt werden. Ist A *co-null* (d. h. $\chi(A) = 0$, vgl. 27 (1)), so können beide Fälle auftreten.

(4) S, W, F sind gleichzeitig abgeschlossen (in $\mathfrak{A}$) oder nicht .

Im ersteren Fall (der z. B. eintritt, wenn B abgeschlossen ist — es ist dann $F = B$) gilt $S = W = \bar{\mathfrak{S}}_N$, d. h. die $\mathfrak{e}_k$ alleine oder zusammen mit einer Folge $\mathfrak{d}$ bilden eine Basis von F.

Für weitere Einzelheiten vergleiche man die angegebene Literatur sowie die folgenden Ergänzungen zu 23, 24.

23. Perfekte Verfahren

Nach dem in Erg. 22 Gesagten ist $\mathfrak{A} = P$ eine genaue Perfektheitsbedingungng für ein co-reguläres A (COOMES-COWLING [61]). Aus Erg. 22 (1), (2) folgt für co-reguläre Matrizen außerdem

$$\mathfrak{S}_C \subseteq (\mathfrak{S}_B \cap \mathfrak{A}) \subseteq P = \bar{\mathfrak{S}}_C,$$

also daß die beschränkten A-limitierbaren Folgen im perfekten Teil von A liegen (vgl. 36 V). Ein co-null-Verfahren hat diese Eigenschaft genau dann, wenn sogar

$$(\mathfrak{S}_B \cap \mathfrak{A}) \subseteq W$$

gilt (JÜRIMÄE [65a]). Jedoch reicht dies noch nicht aus, um 36 V auf co-null-Verfahren zu übertragen (CHANG-MACPHAIL-SNYDER-WILANSKY [68]).

Für entsprechende Untersuchungen bei absoluter Limitierung siehe JÜRIMÄE [64b], BROWN(-COWLING) [65, 67], BROWN-KERR [68], auch JÜRIMÄE [59, 60] (abstrakte Verfahren, 10).

24. Abschnittskonvergenz

Wir betrachten konvergenztreue Matrixverfahren A.

Aus Erg. 22 (4) folgt (vgl. auch 24 I), daß die $\mathfrak{e}_k$ alleine oder zusammen mit einer weiteren Folge $\mathfrak{d} \in B$ genau dann eine Basis von $\mathfrak{A}$ bilden, also $\mathfrak{A} = S$ oder $\mathfrak{A} = S \oplus \mathfrak{d}$ gilt, wenn eine der Bedingungen

(i) $B = \mathfrak{A}$ (das ist 24 (1)) , (ii) $L = \mathfrak{A}$ (das ist 24 (3)) , (iii) $F = \mathfrak{A}$

erfüllt ist. Für permanentes A ist dann S das Nullwirkfeld von A: A hat Abschnittskonvergenz im Nullwirkfeld.

Aus $B = \mathfrak{A}$ (oder einer äquivalenten Bedingung) folgt $\mathfrak{A} = P$, für co-reguläres A also die Perfektheit von A; vgl. die in Erg. 22 genannte Literatur und WILANSKY-ZELLER [56] (zusammenfassende Darstellung). Weiter nennen wir REĬMERS [56, 58, 61a], PETERSEN [62], ZELLER [63b], BOSANQUET [66], sowie LORENTZ-ZELLER [64a] (Abschnittslimitierbarkeit), SARGENT [64] (Abschnittsbeschränktheit in allgemeineren BK-Räumen).

25. Allgemeine Limitierbarkeitskriterien

DAVYDOV [64] erweitert und verschärft 25 I für gewisse stetige Verfahren. Mittels Faktorfolgen (vgl. 25 II) charakterisiert PETERSEN [63] die beschränkten Folgen des Nullwirkfeldes von A und gewinnt Aussagen über Summierbarkeitsfunktionen (vgl. 25 III) sowie eingeschränkte Verträglichkeit (36). Zu 25 III siehe auch PARAMESWARAN [59c].

Zu 25 IV (Boreleigenschaft) nennen wir PARAMESWARAN [61b], PETERSEN [56e], MÜLLER [63]. Im Zusammenhang mit 25 IV stehen Untersuchungen über Teilfolgen A-limitierbarer Folgen (DOWIDAR-PETERSEN [62], GOLUBOV [64, 65], SZÜSZ [68]) und Unterverfahren von A (GOFFMANN-PETERSEN [56a, 62], LARUE [66]; siehe auch 38.

26. Einfolgenverfahren

Wir ergänzen die Literatur zu 26 III:

PARAMESWARAN [57e], COPPING [62], CROSS [62, 63], WILANSKY [65], WHITLEY [67], sowie ORLICZ [58b] (stetige Verfahren), GORST [60b] (Integralverfahren), JÜRIMÄE [67] (verallgemeinerte Matrixverfahren, vgl. Erg. 10). Siehe auch Erg. 18.

GORST [67] untersucht stetige Einfolgenverfahren und beweist Sätze vom Typ 26 II.

27. Vorgeschriebenes Wirkfeld

Bei der Frage der *Ersetzbarkeit*, d. h. bei der Frage, wann eine konvergenztreue Matrix A durch eine Sp_0-Matrix (vgl. 30) ersetzt werden kann (unter Erhaltung des Wirkfeldes), spielt die Menge P (Erg. 22) wieder eine Rolle.

Wenn A co-regulär ist, bedeutet die Bedingung von 27 I gerade „$\mathfrak{S}_N$ ist nicht dicht in P". Letztere Eigenschaft ist hinreichend für die Ersetzbarkeit einer konvergenztreuen Matrix A, für co-reguläres A auch notwendig (vgl. die in Erg. 22 genannte Literatur). Es gibt sowohl co-reguläre als auch co-null-Matrizen, die nicht ersetzbar sind: WILANSKY [64b], HAYMAN-WILANSKY [61], CHANG-MACPHAIL-SNYDER-WILANSKY [68].

Weiteres bei DORFF-WILANSKY [60], BROWN [67b].

Die Begriffe „co-regulär" bzw. „co-null" sind invariant, d. h. nur vom Wirkfeld abhängig ($\chi(A) \neq 0$ ist äquivalent mit $\{1, 1, \ldots\} \notin W$, vgl. Lit. zu Erg. 22); daher lassen sich die Begriffe in allgemeineren Räumen einführen: JÜRIMÄE [59, 64], SNYDER [65], WILANSKY [67*], SEMBER [68].

28. Inäquivalenzsätze

Als ergänzende Literatur nennen wir SONNENSCHEIN [57] (zu 28 I), WILANSKY [57] (zu 28 II), LORENTZ-ZELLER [64] (zu 28 III/IV). Ferner siehe GORST-ELIN [63, 64] (Fastkonvergenz, 6).

29. Beschränkte Folgen

Wertvolle Überblicke gibt PETERSEN [66a*, 67a]. Den Zusammenhang beschränkte/unbeschränkte Folgen (vgl. 29 I) untersuchen SYRMUS [56] (RR-Form), COPPING [57, 66] und WILANSKY-ZELLER [57] (langsames Wachstum), JÜRIMÄE [59ab], GEĬSBERG [62ab], DAWSON [66a] und DAVYDOV [66b] (abstrakte, absolute und Integral-Verfahren). Über das Ausmaß von Wirkfeldern (vgl. 29 II) geben Aufschluß OGIEVECKIĬ [59a, 62a, 63, 64c, 65b, 68], ERDÖS-PIRANIAN [58, 59], BERG [66] und HILL [68] (HAMEL-Basen, Faktoren, Zeilenstreichung; Einschachtelung, Verträglichkeit u. a., vgl. auch u.).

Mit Topologien arbeiten ERDÖS-PIRANIAN [58], BRUDNO [59, 61ab]; siehe auch PETERSEN [57c, 67], JÜRIMÄE [59ab], LINDENSTRAUSS [63] (Verträglichkeit). BAKER-PETERSEN [65b] und PETERSEN [57abc, 58ab, 61, 66a*b] behandeln *Brudno-Normen* (extremale Matrizen und Folgen, Iteration und Modifikation von Verfahren). Ergebnisse über Durchschnitt und Vereinigung von Wirkfeldern bzw. Folgenmengen findet man bei GOFFMANN-PETERSEN [56b], PETERSEN [57bce, 58a, 59ab], TATCHELL [59], TOLBA [59], BRUDNO [61ab], HILL-SLEDD [64], BAKER-PETERSEN [65ab] (Inäquivalenz, In/Exklusion, Trennung). Mit Einschachtelung und und Abänderung von Verfahren sowie Verträglichkeit befassen sich PETERSEN [56cd, 59a, 60a, 67a, 68] (auch gleichmäßige Limitierbarkeit), GEĬSBERG [62ab], ERDÖS-PIRANIAN [64], COPPING [66]. Spezielle Folgenklassen („beinahe periodisch" u. a.) betrachten ERDÖS-PIRANIAN [58], TOLBA [59], HILL-SLEDD [64], BERG [66], siehe auch Erg. 32. Multiplikative Limites in $\mathfrak{S}_B$ beschreibt HENRIKSON [59] (STONE-ČECH-Kompaktifizierung); vgl. GOFFMANN-PETERSEN [56b], PETERSEN [57e, 65], HILL-SLEDD [68] (BANACH-Limites), ERWE [58] (Translation, Spreizung).

Die lineare Hülle von zwei oder mehr Wirkfeldern kann kompliziert strukturiert sein (*Fastunverträglichkeit* trotz *simultaner Verträglichkeit* in $\mathfrak{S}_B$): BRUDNO [58, 61ab], LORENTZ-ZELLER [58a]; PETERSEN [57d, 65, 66a*, 68], BAKER-PETERSEN [64, 65a, 66, 67], COPPING [66] (Konvexitätsmethoden, Typen von Singularitäten und Matrizen, Majorante/ Unstetigkeit, $\mathfrak{S}_B$ nicht überdeckt, unbeschränkte Folgen).

32. Einschließungssätze

Sätze vom Typ 32 I für die verschiedenen Formen der Matrixverfahren (FF-, RF- usw. Transformationen) stellt GERRISH [57] zusammen und untersucht die Permanenzeigenschaften von Produkten solcher Matrizen (siehe auch RAMANUJAN [56b]). Permanenzbedingungen für $A \cdot B$ (Hintereinanderausführung, vgl. 18 (7)) stellt WŁODARSKI [64] auf; entsprechend untersucht VERMES [58] die Transponierten permanenter Matrizen. Zu 32 I siehe auch VOLKOV [58, 67], POSNER [60], DAWSON [63, 66b].

Zu 32 II und die daran anschließenden Bemerkungen nennen wir ergänzend PEYERIMHOFF [57], OGIEVECKIĬ [62b], KOGAN [65a], TEDEEV [65] und MADDOX [67a]. Weitere Einschließungssätze betreffen periodische Folgen und verwandte (vgl. 40, NEWTON [58], VERMES [60], BERG-WILANSKY [62], DAWSON [68a]) sowie Matrixtransformationen eines Folgenraumes $\mathfrak{E}$ in einen Raum $\mathfrak{F}$ (s. etwa ALLEN [56], MAKAREM [56], CHILLINGWORTH [57, 58,] SARGENT [60, 61]; $\mathfrak{E}$ geordnet: BAJŠANSKI (-KARAMATA) [60, 61], VUILLEUMIER [61, 64, 67], DAWSON [68b]).

33. Kernsätze

Die Arbeiten von KUTTNER [56b], PARK-LAUSH [63] betreffen unmittelbar 33 I (Kerntreue), während RHOADES [60c], SCHAEFER [65b] Übertragungen auf gewisse konvergenztreue (nicht notwendig permanente) Matrizen vornehmen. Für Integralverfahren beweist THOMPSON [66] einen zu 33 I analogen Satz. VOLKOV [56, 58, 67a] betrachtet Totalpermanenz im verallgemeinerten Sinn durch Verwendung einer Grenzwertdefinition vom Typ 33 (2); siehe hierzu auch KUTTNER [66b], SCHAEFER [68]. Darüber hinaus untersucht VOLKOV [65, 67b] permanente Verfahren, welche Folgen $s_n \to \infty$ mit $s_n \in G$ in Folgen $t_n \to \infty$ mit $t_n \in G'$ transformieren, wobei G und G' vorgegebene unbeschränkte, in der komplexen Ebene abgeschlossene Gebiete sind.

ERDÖS-PIRANIAN [67] definieren den *wesentlichen Kern* für eine vorgegebene Klasse vertauschbarer Matrizen (z. B. HAUSDORFF-Verfahren) als den Durchschnitt aller A-Kerne der zur Klasse gehörigen A. Es entsteht ein neues Limitierungsverfahren, das diejenigen Folgen erfaßt, deren wesentlicher Kern nur aus einem Punkt besteht.

34. Konvergenzfaktoren

Ausgebaut wird die Theorie der Konvergenzfaktoren bzw. B-Summierbarkeitsfaktoren vor allem für Verfahren A mit Abschnittskonvergenz (24), für welche ein Mittelwertsatz 24 (2) zur Verfügung steht, vgl. 34 III. Die Kenntnis dieser Faktoren erlaubt es auch, Faktoren für das Verfahren $A P^k$ anzugeben, wenn P ein Verfahren M_p bewichteter Mittel (52) ist: FIEDLER [63], JURKAT-PEYERIMHOFF [65b], KURTZ [66, 68].

Weitere Literatur: KANGRO [55, 58, 67], KANGRO-LAMP [65], PETERSON (1969), sowie VIHMANN [61, 62] (*verallgemeinerte Summierbarkeitsfaktoren*), IRWIN [66, 68] (absolute Limitierung, 7), PETERSON (1969) (Integralverfahren, 9), KANGRO [56a, 57a], VIHMANN [62c] (Doppelreihen, 8); vgl. auch die bei den speziellen Verfahren genannten Arbeiten.

35. Vergleichssätze

Sätze vom Typ 35 I bis III beweist DAVYDOV [67, 68]. Eingehendere Untersuchungen zu 35 III gibt COPPING [58]; siehe auch GEĬSBERG [61b] und PATI [62a] (absolute Limitierung, Überblick).

Ein gegebenes Verfahren mit Abschnittskonvergenz gestattet vielfach allgemeine Aussagen über stärkere oder auch schwächere Verfahren (vgl. 35 V): RUSSELL [58], JURKAT-PEYERIMHOFF [65a], COWLING [67].

Über Vergleichssätze vom Typ $A \cdot B \supseteq A$ (vgl. 35 VI) für geläufige Verfahren gibt ISHIGURO [62a, 64c] einen Überblick; siehe auch PATI-RAMANUJAN [62] (absolute Limitierbarkeit) und HOISCHEN [66]. Reihen- und Folgenwirkfeld eines Verfahrens vergleichen MACPHAIL [60] und LORENTZ-ZELLER [64b] (vgl. auch 39: Translation).

36. Verträglichkeit

Zu 36 I nennen wir ergänzend VUČKOVIĆ [56b], OGIEVECKIĬ [66a]. Sonst ist vor allem die Literatur zu 36 V (Verträglichkeit für beschränkte Folgen) zu ergänzen: Das Analogon zu 36 V für Nichtmatrixverfahren (6) sowie halbstetige und Integral-Verfahren gilt nicht ohne zusätzliche Voraussetzungen (WŁODARSKI [63b], GORST [64], GEIẞBERG [62b], siehe auch JÜRIMÄE [65b] (abstrakte Verfahren, 10)). Die Übertragung von 36 V auf nicht notwendig permanente A führte zum Begriff *O-perfekt*: JÜRIMÄE [65a], CHANG [68], CHANG-MACPHAIL-SNYDER-WILANSKY [68]; siehe auch VOLKOV [67c].

Weitere Literatur: VOLKOV [59], PETERSEN [63, 66a*, Ch. 4], MAYER [65a], sowie ALEXIEWICZ-ORLICZ [56] (Doppelfolgen).

37. Varianten der Vergleichssätze

Totaler Vergleich wird vor allem bei speziellen Verfahren untersucht, insbesondere bei NÖRLUND- und HAUSDORFF-Verfahren (63, 72). Zwei HAUSDORFF-Verfahren, die durch nicht verschwindende Momentenfolgen erzeugt werden, sind nur dann total-äquivalent, wenn sie identisch sind (BASU [49a]). Entsprechendes gilt für NÖRLUND-Verfahren (DEBI [55]). Allgemeiner sind permanente normale Matrizen, die nach Streichung endlich vieler Spalten identisch sind, sicher totaläquivalent, jedoch ist diese Bedingung nicht notwendig (RHOADES [62a], BRAUER [63b], BASU [67]).

Volläquivalenz (vgl. 37 IV) bezüglich verschiedener Klassen von Folgen untersuchen IHA [62], MAYER [65]. Summierbarkeit mit verschiedener „Geschwindigkeit" vergleicht MAYER-KALKSCHMIDT [59].

Treten Nebenbedingungen in dem Sinn auf, daß nur Teile des Wirkfeldes eines gegebenen Verfahrens B mit dem Wirkfeld von A verglichen werden, so spielt die Darstellbarkeit $A = CB + D$ eine Rolle, wobei D in jeweils zu präsisierendem Sinn „klein" ist (vgl. 35 III): BAUMANN [67a].

38. Translation und Umordnung

Wir ergänzen die Literatur, soweit sie nicht spezielle Verfahren betrifft.

Translation: TSCHOBANOW-PASKALOW [58] (Kriterien für Translativität bei normalen Matrizen), IHA [60] (auf beschränkte Folgen eingeschränkte Translativität; Literaturübersicht), CHOUDHARY-VERMES [66].

Umordnung: LORENTZ-ZELLER [58b] (Topologische Charakterisierung von Umordnungsmengen, vgl. S. 70 unten), (GAPOŠKIN-) OLEVSKIĬ [59], TIĬT [62ab], UL'JANOV [59, 60].

Teilfolgen: BUCK [55, 56], KEOGH-PETERSEN [58], GOLUBOV [62], HSIANG [65] schließen von der Limitierbarkeit genügend vieler Teilfolgen auf die Konvergenz der Folge; siehe auch die zu 25 IV (Boreleigenschaft) genannten Arbeiten und Erg. 25.

39. Multiplikation

Die Frage, unter welchen Bedingungen für C das Cauchy-Produkt einer A-summierbaren Reihe mit einer B-summierbaren Reihe stets C-summierbar ist, untersuchen POLUJANOVA [61, 67], FRÉCHET [63], REĬMERS [58a]. Letzterer betrachtet Verfahren mit Abschnittskonvergenz, 24. REĬMERS [61a] behandelt auch den Zusammenhang zwischen Bildung des Cauchy-Produkts und Translation, 38.

Speziellere Fälle untersuchen KUTTNER [59c] ($A = B =$ gewöhnliche Konvergenz), BORWEIN [58d], DAS [68bc] ($A, B, C =$ auf Faltungen aufgebaute Verfahren, verallgemeinerte NÖRLUND-Mittel, Erg. 63).

Andere Produktbildungen (z. B. gemäß 39 (4)) betrachten BRAUER [63a], KUTTNER [59c], RAMANUJAN [63a]. Weiteres in den Kapiteln über spezielle Verfahren; Doppelfolgen (8): REĬMERS [59], KULL' [58].

42. Wachstumsbedingungen

Dominanzfolgen zu 42 (3) bestimmt TATCHELL [65ab].

43. Konvergenzgleiche Verfahren

Der Satz von MERCER 43 I wird in verschiedenen Richtungen verallgemeinert: TANZI [60] beweist 43 I auch für beliebige nicht-reelle α;

für allgemeinere HAUSDORFF-Verfahren anstelle von C_1 untersuchen POLNIAKOWSKI [56a b, 58], KUTTNER [60], SYRMUS [61 b, 62 b] die Transformation **43** (1); variables α betrachten TANZI [55], DAVYDOV [65 a, 66 a], ZIMERING [66 a], MARTIĆ [67 d]. ZIMERING [61, 65 a, 66 b] untersucht $Z_p + \alpha C_1$ mit konvergenzgleichem Z_p (**62** (2)).

Die Transformation $I + \alpha A$ mit allgemeinerem (permanentem) A betrachten TANZI [60], DAVYDOV [65 b], BEEKMANN [67 a]. Bei den beiden letztgenannten besitzt A Abschnittskonvergenz oder verwandte Eigenschaften. Wesentlich funktionalanalytische Hilfsmittel zur Kennzeichnung konvergenzgleicher Verfahren (vgl. **43** III) verwenden ŠIROKOV [55], PARAMESWARAN [57 a b], COPPING [62], MACPHAIL [65 a].

Weitere Literatur: ROGOSINSKI-ROGOSINSKI [65], ZIMERING [65 b], sowie KARADŽIĆ [61] (stetige Verfahren), SYRMUS [61 a, 62 a b c] (Doppelfolgen), RAJAGOPAL [60] und SYRMUS [65] (Integralverfahren), VUČKOVIĆ [56 a] (Nichtmatrixverfahren).

Mit MERCER-Sätzen (für Z_α, **62**) verwandt sind Aussagen vom Typ $A \cdot Z_\alpha \subseteq A$ (vgl. **62** I: $A =$ Einheitsmatrix): BOJANIC [55], VUČKOVIĆ [55], BAJŠANSKI [59 a], auch PATI [58] und LAL [63 b].

44. Lückenumkehrsätze

Verschiedene funktionentheoretische Beweismethoden wurden neu entwickelt vor allem, um Lückenumkehrsätze für das ABEL-Verfahren (**59** IV, DIRICHLET-Reihen) und das BOREL-Verfahren (**66** X) aufzustellen, siehe Erg. **55**, **66**. Sehr weittragend ist der Gedanke, die Reihenglieder u_m in **44** (6) durch die Residuen der LAPLACE-Transformation

$$F(\lambda) = \int_0^\infty t(\varkappa) e^{-\varkappa \lambda} d\varkappa = \sum u_m (\lambda - \lambda_m)^{-1}$$

an den Stellen $\lambda = \lambda_m$ darzustellen (GAIER [66], HALÁSZ [67 a]).

KOLODZIEJ [61] arbeitet mit dem Begriff der *Lückenfunktion* (vgl. „Summierbarkeitsfunktion", **25** III). Funktionalanalytische Beweismethoden (*lückenperfekter Teil* des Wirkfeldes) werden von MEYER-KÖNIG-ZELLER [56, 60, 62] ausgebaut, vgl. S. 80 oben. Lückensätze bei absoluter Limitierung beweist GEISBERG [61].

45−47. Umkehrsätze

Für eine ausführliche Darstellung der Theorie der Tauber-Sätze verweisen wir auf PITT [58*], der z. T. sehr allgemeine Tauberbedingungen (-klassen) betrachtet. Zum Vergleich verschiedener Tauberklassen siehe KUTTNER-SHERIF [62], SHERIF [64 b].

Die Mehrzahl der in der neueren Literatur behandelten Umkehrsätze sind mehr auf spezielle Verfahren zugeschnitten. Literaturhinweise sind in den betreffenden Kapiteln (**VI**−**VIII**) gegeben. Wir verweisen insbesondere auch auf **57**, **58**, sowie auf einige in Erg. **18** genannte Arbeiten, in denen algebraische Methoden Anwendung finden. Hier nennen wir nur einige wenige Arbeiten, die allgemeinere Gesichtspunkte in den Vordergrund stellen:

Taubersätze vom Typ o untersuchen SMART [59], MEYER-KÖNIG-TIETZ [67, 68]. Letztere zeigen für additive permanente Verfahren, daß mit $\delta_n u_n = o(1)$ auch die Mittelung

$$\sum_{k=0}^{n} \delta_k u_k = o(n+1)$$

eine Konvergenzbedingung ist; dabei müssen gewisse Voraussetzungen über die Folge $\{\delta_n\}$ getroffen werden, die beispielsweise für $\delta_n = n$ erfüllt sind.

Im Zusammenhang mit **45** I und den daran anknüpfenden Bemerkungen ist SLEPENČUK [60, 66c, 67c, 68a] zu nennen. Er betrachtet Verfahren, für welche

$$\sum_{k=0}^{\infty} \delta_k u_k = o(\delta_n)$$

eine KB ist. Anwendungen betreffen Umkehrsätze für gewisse (D, q); außerdem lassen sich die Ergebnisse auf analog gebaute Verfahren zur Limitierung unendlicher Produkte übertragen: KALAŠNIKOV [55], SLEPENČUK [55, 67b, 68b].

Weiter nennen wir noch RAJAGOPAL-VIJAYARAGHAVAN [55] (einseitige Taubersätze, vgl. **45** IV), PETERSEN [62] (abschnittsbeschränkte Matrizen, vgl. **47** I), REĬMERS [61b] und SLEPENČUK [61] (Taubersätze bei absoluter Limitierbarkeit), SKOF [64] (optimale Umkehrbedingungen).

48. Die Methoden von Littlewood, Wiener, Karamata und Schmidt

Wir nennen einige neuere Arbeiten, die sich mit den Wienerschen Taubersätzen (**48** III, IV) und ihrer Verallgemeinerung (auch Verschärfung durch Restabschätzungen, Asymptotik, vgl. Lit. zu **58**) befassen: KORENBLYUM [56], OGIEVECKIĬ [58a] (Doppelintegrale), BENEŠ [61], BUREAU [61], GANELIUS [62*, 64], KAC [65], KOREVAAR [65], MANDELBROJT [66].

49. Funktionentheoretische Umkehrsätze und Beweise

Funktionentheoretische Methoden werden vor allem beim Beweis von Umkehrsätzen für das ABEL-Verfahren (**55** III, **59** IV), das BOREL-Verfahren (**66, 67**) und für die Kreisverfahren (**68**) verwendet. Für Literaturangaben sei auf die Ergänzungen zu **55, 64, 66**–**68**, sowie **44** verwiesen.

50. Sonstige Umkehrsätze

Wir stellen Arbeiten zusammen, welche die Bestimmung von TAUBER-Konstanten (**50** (2)) zum Ziel haben.

Spezielle Verfahren behandeln AGNEW [57a], JAKIMOVSKI [61, 62], ANJANEYULU [64a, 65, 66], MEIR [65a], SITARAMAN [65], BIEGERT [66, 67, 68a], (JAKIMOVSKI-)LEVIATAN [67, 68a, (1969)], TIETZ (1969), während AGNEW [60], MEIR [63c], IKENO [64, 67], SHERIF [65], VERMES [68] die Frage für allgemeinere Klassen von Verfahren angreifen.

Allgemeiner als in **50** (2) kann man bei zwei gegebenen Verfahren A, A^* nach TAUBER-Konstanten Ω fragen, für die etwa

$$\overline{\lim} \, |t^*_{k(n)} - t_{l(n)}| < \Omega \, \overline{\lim} \, |m u_m|$$

gilt. Solche *Distanztheoreme* stellen TENENBAUM [58], PATI [59], JAKIMOVSKI [63], MEIR [63a b, 65b], SHERIF [63, 68] auf.

52. Arithmetische und bewichtete Mittel

Wir ergänzen die Literatur über $(M, \mathfrak{p})$. Sie betrifft vor allem Sätze über (Total-) Vergleich und Konvergenz- bzw. Summierbarkeitsfaktoren.

$(M, \mathfrak{p})$ wird verglichen mit $(M, \mathfrak{q})$ (LORCH [58], POLNIAKOWSKI [67]), mit dem zugehörigen $(N, \mathfrak{p})$ (VARSHNEY [59], ISHIGURO [65a b], KUTTNER-RHOADES [68]), mit dem zugehörigen $B_{\mathfrak{p}}$ (ISHIGURO [62b, 63a] für $\mathfrak{p} = \{(n+1)^{-1}\}$, logarithmisches Verfahren) und anderen (MARTIĆ [60a b].

Faktoren vom Typ $(M, \mathfrak{p}) \to B$, wo B ein beliebiges Matrixverfahren ist, behandeln KANGRO-TYNNOV [61], KANGRO-VIHMANN [61]. Sonst werden meist Faktoren vom Typ $(M, \mathfrak{p}) \to (M, \mathfrak{q})$ oder $(M, \mathfrak{p}) \to (N, \mathfrak{p})$ behandelt, vorzugsweise bei absoluter oder starker Summierbarkeit, z. T. für die spezielle Wahl $\mathfrak{p} = \{(n+1)^{-1}\}$: BHATT [62], TJURNPU [62, 67], LAL [63a], DANIEL [64a], MEDER [64], KULSHRESTHA [65], SRIVASTAVA-MOHAPATRA-DAS [65], MAZHAR [66], CHEN [67], IZUMI-IZUMI [68], MEDER-ZDROJEWSKI [68].

Verallgemeinerte Summierbarkeitsfaktoren untersucht VIHMANN [62].

53. Cesàro-Verfahren

Von den zahlreichen Varianten der CESÀRO-Verfahren sind die von BORWEIN [67] eingeführten *verallgemeinerten Cesàro-Verfahren* $(C, \mathfrak{q}, \alpha)$ wegen ihrer engen Verwandtschaft zu den RIESZ-Verfahren ausgezeichnet: Sind $0 \leq q_0 < q_1 < \cdots \to \infty$ und $\alpha = p + \delta$ ($0 \leq p$ ganz, $0 < \delta \leq 1$) gegeben, so ist $(C, \mathfrak{q}, \alpha)$ definiert durch

$$t_n^{(\alpha)} = \sum_{k=0}^{n} \left(1 - \frac{q_k}{q_{n+1}}\right)\left(1 - \frac{q_k}{q_{n+2}}\right) \cdots \left(1 - \frac{q_k}{q_{n+p}}\right)\left(1 - \frac{q_k}{q_{n+p+1}}\right)^{\delta} u_k.$$

Für ganzzahliges α wurde das Verfahren bereits von BURKILL [61] verwendet; für $0 < \alpha \leq 1$ ist es identisch mit dem unstetigen RIESZ-Verfahren $(R^*, \mathfrak{q}, \alpha)$ und daher mit $(R, \mathfrak{q}, \alpha)$ äquivalent (vgl. 59). Auch für ganzzahliges $\alpha = a$ gilt $(C, \mathfrak{q}, a) \sim (R, \mathfrak{q}, a)$ (RUSSELL [65, 66a], BORWEIN [66], MEIR [68a]. Ist $0 < \alpha$ beliebig, so gilt $(C, \mathfrak{q}, \alpha) \supseteq (R, \mathfrak{q}, \alpha)$, während die umgekehrte Inklusion nur unter Zusatzbedingungen für q oder α bewiesen ist (vgl. die Übersicht und Literatur bei BORWEIN-RUSSELL [67]). Eine entsprechende Verallgemeinerung für $\alpha = -1$ untersucht MADDOX [66a b, 67 b].

Weitere Varianten von C_α: BOYD [56], FLETT [57, 59] (absolute/starke C-Summierbarkeit), BORWEIN [58a], SMIRNOV [58], WIRSZUP [60], KAUFMANN [61b], JESMANOWICZ [62], MELIKOV [64, 65], SLEPENČUK [65c], WHITE [66], MADDOX [68a]. Negativen Index betrachten BORWEIN [58a], ANDERSON [59, 60], MADDOX [65], SLEPENČUK [65d].

In verschiedenen Richtungen wird 53 III ($C_\alpha \to C_\beta$-Faktoren) variiert u. a. durch Verwendung von absoluter oder starker C-Summierbarkeit, C-Beschränktheit oder von C-Wachstumsschranken: PEYERIMHOFF [55, 56b], BOSANQUET-CHOW [57], BOSANQUET-TATCHELL [57], ANDERSEN [58], TYLER [58], DIKSHIT [59], BARON [60], PATI-AHMAD [60], AHMAD [61], BARON-PALLUM-PETERSON [62], BARON-TAMMAI [62], PATI [62d], RAJAGOPAL [62], VOLKOV [62], SEN [64], ABEL' [65], KUTTNER-MADDOX [65], MISHRA [65a], SRIVASTAVA [65], MAZHAR [66c], DANIEL [67], MOHAPATRA-SRIVASTAVA-DAS [67], DAS-SRIVASTAVA-MOHAPATRA [68].

Abschnittslimitierbarkeit in Zusammenhang mit 53 III untersuchen LORENTZ-ZELLER [64].

Zahlreiche Arbeiten befassen sich mit (Vergleichs- und) Umkehrsätzen, meist unter Einbeziehung von A_1 (55 III, IV):

DAVYDOV [56a, 57, 63ab] (vgl. auch Erg. 55), YANO [57], LANG [58], MEYER-KÖNIG-ZELLER [58a], PARAMESWARAN [58c], JESMANOWICZ [60], VARADARAJAN [61], JAKIMOVSKI [63] (Distanztheorem, 50), BUTZER-NEUHEUSER [64, 65] (auf C_a eingeschränkte Tauberklassen), SLEPENČUK [65c], ZIMERING [65c].

Multiplikationssätze (53 IV) meist für absolute und starke C-Summierbarkeit stellen BORWEIN [58bd], BOYD [58], SRIVASTAVA [60b] und BORWEIN-MATSUOKA [63] auf.

54. Hölder- und Cesàro-Verfahren

Die HÖLDER-Verfahren H_α werden meist im Rahmen der HAUSDORFF-Verfahren (72) behandelt. Wir nennen einige Arbeiten, die speziell H_α (oder Varianten, negativen Index) betreffen: JAKIMOVSKI [56b, 58a], SLEPENČUK [62, 65ac, 66ab], ALJANČIĆ [66].

55. Abel-Verfahren

Die meisten Arbeiten über das ABEL-Verfahren beziehen sich auf Varianten des ABELschen Grenzwertsatzes (Permanenzsätze für Verallgemeinerungen von A_1: BOROZDIN [61a], MATSUOKA [61], auch SLEPENČUK [55, 67a] (unendliche Produkte)) und auf Umkehrungen

(55 III): CHEN [55, 56], BOYD [56], JURKAT [56a, 57], BUTZER [58], RAJAGOPAL [58], RAMANUJAN [58], FLETT [59c], MAZHAR [59], SAKATA [60], SUBHANKULOV [60], BOROZDIN [61b], GONZALEZ-FERNANDEZ [61], RANGACHARI-SITARAMAN [64], HEYWOOD [65], SHAPIRO [65], LITTLEWOOD [67], GLASSER (1969); siehe auch SKOF [64] (optimale Umkehrbedingungen). Umkehrbedingungen für C_α, die nicht Umkehrbedingungen für A_1 sind, untersuchen STRELECKIĬ [55], BUTZER-NEUHEUSER [64, 65].

Für Lückenumkehrsätze (vgl. 59 IV) entwickeln DAVYDOV [56b, 57ab, 58, 63b] und MELNIK [65ab] die Methode der *(c)-Punkte*:

(c)-Punkt einer Folge $\mathfrak{s}$ ist ein Punkt ω mit der Eigenschaft: Es gibt zu jedem $\varepsilon > 0$ ein $\lambda > 1$ und zwei Folgen $\{m_k\}$, $\{n_k\}$ natürlicher Zahlen mit $n_k < m_k \leq n_{k+1} \to \infty$ und $m_k/n_k \geq \lambda$, so daß $|s_n - \omega| < \varepsilon$ für $n_k < n \leq m_k$ gilt.

Ist $\mathfrak{s}$ CESÀRO-limitierbar, so ist ein (c)-Punkt notwendig der CESÀRO-Grenzwert. Ist $\mathfrak{s}$ ABEL-limitierbar, so kann jede abgeschlossene Menge der erweiterten komplexen Ebene als Menge der (c)-Punkte auftreten; gilt jedoch $s_n = O(n^\beta)$ und $m_k/n_k^{1+\beta} \to \infty$, so gibt es auch hier nur einen (c)-Punkt, den ABEL-Grenzwert.

Absolute oder starke ABEL-Limitierung behandeln CHEN [55, 56], FLETT [57, 59], AGNEW-FUCHS [59], MAZHAR [59], MISHRA [65b]. Sonstige Varianten: GAIER [57b], BOROZDIN [61b]; siehe auch BOYD [56] sowie 67 und Erg. 67 (Varianten des BOREL-Verfahrens).

56. Mehrfachfolgen

Wir ergänzen die Literaturhinweise von 56 (CESÀRO- und ABEL-Limitierung) und nennen anschließend einige Arbeiten über sonstige Verfahren bei Mehrfachfolgen, vgl. 8.

$C_{\alpha\beta}$ untersuchen ČELIDZE [55, 64, 67] (Integral-Variante, vgl. 57), OGIEVECKIĬ [56, 58b] (Konvexitätssatz, vgl. 57 II), (KANGRO-)BARON [59, 61] ($C_{\alpha\beta} \to C_{\gamma\delta}$-Faktoren), MAHESWARI [61] (Konvergenzfaktoren für $|C_{\alpha\beta}|$). Umkehrsätze bringen TOPURIJA [58a], ČELIDZE [62, 64, 67], OBREŠKOV [62].

Das ABEL-Verfahren (z. T. in Zusammenhang mit $C_{\alpha\beta}$) betrachten ČELIDZE [58, 67b], TOPURIJA [58a], BEREKAŠVILI [60].

Sonstige Verfahren: BEREKAŠVILI [57] (B_0 und E_α), RAMANUJAN [55] und USTINA [67] (HAUSDORFF-Verfahren), TOPURIJA [58b] (NÖRLUND-Verfahren), MELENCOV-MURAEV [60] (BOREL-Verfahren), MURAEV [61] (EULER-Verfahren), DŽAHUA [62] und NASIBOV [66] (RIEMANN-Verfahren), SLEPENČUK [64ce, 65cf] (HÖLDER- und verwandte Verfahren), (KANGRO-) BARON [62] (bewichtete Mittel: Konvergenzfaktoren), KULL' [61] (abstrakte Verfahren), HILL [65] (Fastkonvergenz), STIEGLITZ (1969) (Kreisverfahren).

An allgemeineren Fragestellungen werden behandelt: Perfektheit und Verträglichkeit (ALEXIEWICZ-ORLICZ [56, 59b], RAMANUJAN [58b]),

Abschnittskonvergenz und Faktorfolgen (KANGRO [56], VIHMANN [62c]), Einschließungssätze (COPPING [56], TIMAN [60, 64], STIEGLITZ [66, 68]), Multiplikationssätze (KULL' [58], REĬMERS [59]), MERCER-Sätze (SYRMUS [61a, 62acd]).

57. Integralverfahren

Integraltransformationen C_α und H_α mit negativem Index ($C_{-a} \sim H_{-a}$, $a = 1, 2, \ldots$) betrachtet SLEPENČUK [66b]. NIKOLENKO [64] modifiziert 57 (2) durch Einführung eines zusätzlichen Faktors $(\lambda/\varkappa)^{\alpha+1}$ zum Kern $(\log(\lambda/\varkappa))^{\alpha-1}$ der H_α-Transformation. Bei 57 (7) sind KUTTNER [58b] (Beziehungen zwischen 57 (1) und 57 (7), angewandt auf $\mathfrak{s} = s(\varkappa)$ bzw. ($\mathfrak{s}^* = s(1/\varkappa)$) und YANO zu nennen.

Umkehr- (Oszillations-) Sätze für RIEMANN-LIOUVILLE-Integrale geben RAJAGOPAL [56a, 57d], POLNIAKOVSKI [56], PARAMESWARAN-RAJAGOPAL [60, 62], PARAMESWARAN [62], DAVYDOV [66c], siehe auch GOPALAKRISHNA (-RAO) [58, 64]. POLLARD [67] beweist einen asymptotischen Umkehrsatz vom Typ 57 I. Mit Konvexitätssätzen wie 57 II befassen sich VARADARAJAN [61], RANGACHARI [63], SAKATA [65, 66a], POBIVANEC [66], IRWIN-PEYERIMHOFF [67], siehe auch ČELIDZE [56] (Doppelintegrale). Für Varianten, die mit absoluter oder starker RIESZ-Summierung zusammenhängen, siehe z. B. MINAKSHISUNDARAM [62], PEYERIMHOFF [64b] bzw. PRASAD-SRIVASTAVA [60], RICHERT-SRIVASTAVA [68], WARLIMONT (1969) und die von diesen Autoren zitierten Arbeiten.

Weitere Literatur: GORST [60a] (Verträglichkeit), ELIN [64] und SMIRNOV [67] (Translation).

58. Die Laplace-Transformation

Wir nennen ergänzend Arbeiten, die sich mit asymptotischen Sätzen (vorwiegend vom Typ 58 I) befassen: KÖNIG [60], SUBHANKULOV [60, 61b], WATERMAN [61], DELANGE [55, 63], LINDBERG [62], FELLER [63], INGHAM [65], WAGNER [66, 68], HEYWOOD [67], DRASIN [68].

Umkehrsätze $A_1 \to C_k$ (und Varianten), vgl. 55 III, übertragen JAKIMOVSKI [58b], PARAMESWARAN (-RAJAGOPAL) [58b, 62], SRIVASTAVA [60a] sowie KARIMOVA [65], ČELIDZE [67ab], IZRAILOVA [68] (Doppelintegrale). Für beschränkte L-meßbare Funktionen sind die Verfahren 57 (1) und 58 (1) äquivalent (BUTZER [58], RUBEL [60], vgl. 55 IV).

Es gibt Varianten von 58 (1), bei denen der Kern $\exp(-\lambda\varkappa)$ ersetzt ist durch $k^\alpha \exp(-\lambda\varkappa)$ (JAKIMOVSKI [58b]) bzw. durch $f(\varkappa)\exp(-\lambda\varkappa)$ (RANGACHARI [65a]), vgl. auch RAJAGOPAL [57b].

Zu den bei 58 (8) genannten Arbeiten seien noch die folgenden angeführt, die sich auf (asymptotische) Umkehrsätze beziehen: FREUD [55], SUBHANKULOV [61ab, 63], MALLIAVIN [62], PLEIJEL [63], SELANDER [63], SPANNE [63], AN-SUBHANKULOV [64], GANELIUS [64]. Sonstige asymptotische Umkehrsätze: ŠČEGLOV [55], KOREVAAR [55], KARAMATA [57], GORDON [58], SUBHANKULOV [64], DOLGANOVA [68].

59. Riesz- und Dirichlet-Verfahren

Als Varianten zum Verfahren $(R, \mathfrak{q}, \alpha)$ werden vor allem die *absolute Riesz-Summierbarkeit* der Ordnung α zum Index k (Verfahren $|R,\mathfrak{q},\alpha|_k$, vgl. den zusammenfassenden Bericht von PRASAD [66]) und die *starke Riesz-Summierbarkeit* der Ordnung $\alpha + 1$ zum Index k (Verfahren $[R, \mathfrak{q}, \alpha + 1, k]$) untersucht. Diese sind gegeben durch die Vorschriften, daß für geeignetes $h > 0$

$$\int_h^\infty \lambda^{k-1} \left| \frac{d}{d\lambda} t(\lambda) \right|^k d\lambda \quad \text{konvergiert}$$

$(k \geq 1, \alpha > 0, \alpha k' > 1, k^{-1} + k'^{-1} = 1, \quad t(\lambda)$ wie in **59** (1)),

bzw. daß für geeignetes σ

$$\int_h^\omega |t(\lambda) - \sigma|^k d\lambda = o(\omega) \quad (\omega \to \infty)$$

$(k > 0, \alpha > -k^{-1})$ gilt.

Weitere Varianten und Verallgemeinerungen: MARAVIĆ [57], ZAMANSKY [58], MAZHAR [60b], BADALJAN [61] sowie KUTTNER [62a], SLEPENČUK [63b], KÖRLE [64, 68, (1969)], RATTI [66].

Sätze vom Typ **59** I (Vergleich bezüglich Ordnung und bezüglich Index) beweisen MAZHAR [60a] für $|R, \mathfrak{q}, \alpha|_k$ und GLATTFELD [57], SRIVASTAVA [57] für $[R, \mathfrak{q}, \alpha, k]$. Auch **59** II wird auf absolute R-Summierbarkeit (GUHA [56a], PRASAD-PATI [57], PRASAD [59], PRASAD-PATI [60], MAZHAR [61], PATI [62bc, 68]) und auf starke R-Summierbarkeit (SRIVASTAVA [58b, 60c]) übertragen.

Mit **59** I bzw. **59** II hängen Untersuchungen von Summierbarkeitsfaktoren zusammen: Faktoren vom Typ $(R, \mathfrak{q}, \alpha) \to (R, \mathfrak{q}, \beta)$ untersuchen MADDOX [62b]; FIEDLER [63] $(\alpha = \beta)$; RUSSELL [66b] $(\beta = 0)$. Zu **59** II gehören Faktoren vom Typ $(R, \mathfrak{q}, \alpha) \to (R, \mathfrak{p}, \alpha)$ (BORWEIN [56], GUHA [56b], BORWEIN-SHAWYER [62], RUSSELL [68]) bzw. Faktoren vom Typ $|R, \mathfrak{q}, \alpha|_k \to |R, \mathfrak{p}, \alpha|_k$ ($k = 1$: DIKSHIT [58, 60b], AHMAD [62], BORWEIN-SHAWYER [64]; $k \geq 1$ und $\mathfrak{p} = \{e^{\mathfrak{q}m}\}$: MAZHAR [65]) bzw. Faktoren vom Typ $[R, \mathfrak{q}, \alpha, k] \to [R, \mathfrak{p}, \alpha, k]$ ($k = 1$: SRIVASTAVA [58a], BORWEIN-SHAWYER [65]; $k > 0$: SRIVASTAVA [60d], HSIANG [62], SHAWYER [66], RATTI [67b]). Weiteres über Faktoren bei RIESZ-Verfahren: MADDOX [62a, 63, 64], TJURNPU [62, 67], KULSHRESTHA [66].

KUTTNER [62a] gibt einen $(R, \mathfrak{q}, \alpha) \to (D, \mathfrak{q})$-Satz an mit hinreichenden und notwendigen Bedingungen (vgl. **59** III), während RATTI [67a] die entsprechende Fragestellung für die zugehörigen absoluten Verfahren $|R, \mathfrak{q}, \alpha|_k$ und $|D, \mathfrak{q}|_k$ behandelt.

Umkehrsätze (z. T. für absolute oder starke R-Verfahren) bringen BHATT [58], TENENBAUM [58], SRIVASTAVA [59], HSIANG [61], SHERIF [63], RATTI [66]. Speziell im Zusammenhang mit 59 IV sind zu nennen OBRECHKOFF [58], DIKSHIT [60a], SLEPENČUK [65e], RUDIN [66]. Arbeiten über MERCER-Sätze bei unstetigen RIESZ-Verfahren nennen wir unten.

Einen Überblick über Ergebnisse bei den unstetigen RIESZ-Verfahren $(R^*, \mathfrak{q}, \alpha)$ gibt DAS [68e]. Fragen der Äquivalenz mit $(R, \mathfrak{q}, \alpha)$ (z. T. auch für absolute R^*- bzw. R-Summierbarkeit) untersuchen: PATI [61], KUTTNER [62b, 63, 64, 65b], PEYERIMHOFF [64a, 67, 68], MADDOX [66b], SCHAPER [66] sowie KÖRLE [64, 68, (1969)]; vgl. auch die Übersicht bei BORWEIN-RUSSELL [67]. Während für $0 \leq \alpha \leq 1$ stets $(R^*, \mathfrak{q}, \alpha) \sim (R, \mathfrak{q}, \alpha)$ gilt (JURKAT [51b]), gibt es zu jedem $\alpha > 1$ eine Folge $\mathfrak{q}$, für welche die Beziehung verletzt ist. Um Äquivalenz zu erzwingen, muß man also Zusatzbedingungen fordern. Eingehend untersucht wurde der Bereich $1 < \alpha \leq 2$. Insbesondere liefern MERCER-Sätze hinreichende Bedingungen für die Äquivalenz von R^* mit R, z. B. die Bedingung $\liminf (q_{m+1}/q_m) > \lambda(\alpha)$, die im Fall $\alpha = 2$ mit $\lambda(2) = 1$ auch notwendig ist (siehe vor allem KUTTNER [64, 65b], PEYERIMHOFF [64a, 68], DAS [68d], KÖRLE (1969)). — Im speziellen Fall $q_m = m$ haben wir Äquivalenz für $0 \leq \alpha < 2$. Zum Beweis wird mittels 63 IV $(R^*, \{m\}, \alpha) \sim C_\alpha$ gezeigt; dabei ist entscheidend, daß die durch $\sum (n+1)^\alpha \zeta^n$ erklärte Funktion für die genannten α keine Nullstellen in $|\zeta| \leq 1$ besitzt (MIESNER-WIRSING [65], PEYERIMHOFF [65, 66]. BORWEIN [67a] gibt eine Variante von $(R, \{m\}, \alpha)$ an, die für alle $\alpha \geq 0$ zu C_α äquivalent ist.

62. Zweier-Verfahren

An neuerer Literatur, die sich meist auf 62 I und Verallgemeinerungen bezieht, nennen wir (BORWEIN-) BOYD [59] (Potenzen von Z_α und „Dreier-Verfahren"), BORWEIN [60c], BOYD [61], FARNELL [62], HILL-SLEDD [64], ISHIGURO [64d]; siehe auch KAKKAR [68] (absolute Limitierung).

63. Nörlund-Verfahren

Die meisten Untersuchungen von $(N, \mathfrak{p})$ erstrecken sich auf (Total)-Vergleich (vgl. 63 IV, V), Faltung und CAUCHY-Produkt (vgl. 63 VI, VII) sowie Umkehrsätze:

Stehen die permanenten Verfahren $(N, \mathfrak{p})$, $(N, \mathfrak{q})$ in der Beziehung $(N, \mathfrak{p}) \subseteq (N, \mathfrak{q})$, so kann man auf totale Inklusion schließen, wenn in der Potenzreihenentwicklung von $q(\zeta)/p(\zeta)$ um $\zeta = 0$ die Koeffizienten nichtnegativ sind (DEBI [55]). Insbesondere ist $(N, \{\cosh \sqrt{n}\})$ total stärker als C_α für $0 < \alpha < \cosh 1$ (RHOADES [60b, 67a]).

Für permanente $(N, \mathfrak{p})$ ist 63 (9) stets erfüllt (so daß also $(N, \mathfrak{p}) \subseteq A_1^*$ gilt), falls die p_n reell sind (JURKAT-PEYERIMHOFF [55]); für nicht-reelle

p_n bleibt dies richtig, wenn $\bar{p}_l = O(1)$ hinzugenommen wird (KWEE [63]); dagegen gibt es permanente $(N, \mathfrak{p})$, die $\bar{p}_l \neq O(1)$ und $(N, \mathfrak{p}) \subsetneq A_1^*$ erfüllen. Weitere Vergleichssätze stellen VARSHNEY [59], TYER [63], DIKSHIT [65], ISHIGURO [65 a b], KWEE [65], PEYERIMHOFF [67], ZIMMERING [68] auf.

In **63 VI** lassen sich die Positivitätsvoraussetzungen abschwächen, jedoch reichen die Bedingungen $\bar{p}_l > 0$ und $\bar{q}_l > 0$ allein noch nicht hin für den Schluß $(N, \mathfrak{p}) \subseteq (N, \mathfrak{p} * \mathfrak{q})$ (KWEE [64a]). Ist $q(\zeta) = \sum q_n \zeta^n$ analytisch in $|\zeta| < 1$ mit endlich vielen Nullstellen und $q(0) \neq 0 \neq q(1)$, so läßt sich das Wirkfeld von $(N, \mathfrak{p} * \mathfrak{q})$ genau charakterisieren (PEYERIMHOFF [56a]). Für gewisse $\mathfrak{p}, \mathfrak{q}$ läßt sich das Wirkfeld von $(N, \mathfrak{p} * \mathfrak{q})$ in die Summe der Wirkfelder von $(N, \mathfrak{p})$ und $(N, \mathfrak{q})$ zerlegen (MIESNER [65]). RUSSELL [59 b] gibt Bedingungen für die Inklusion $(N, \mathfrak{p} * \mathfrak{q}) \subseteq (N, \mathfrak{p}) * (N, \mathfrak{q})$ (= Faltung der Verfahren; vgl. VERMES [52]); siehe auch DAS [68f], der Beziehungen zwischen $(N, \mathfrak{p} * \mathfrak{q})$ und $(N, \mathfrak{p}) \cdot (N, \mathfrak{q})$ behandelt. Weiteres über $(N, \mathfrak{p} * \mathfrak{q})$, auch in Zusammenhang mit Multiplikationssätzen (vgl. **63 VII**), bei SERGUŠOV [60], KUTTNER [65 a], MEDER [67] sowie BORWEIN-CASS [68] (starke NÖRLUND-Verfahren).

Umkehrsätze geben PARAMESWARAN [58d], RANGACHARI [61], BHATT [64], VARSHNEY [64], OGIEVECKIĬ [64 b, 66 b]. Weiteres über $(N, \mathfrak{p})$, auch über absolute $(N, \mathfrak{p})$-Limitierung, bei DANIEL [64 b], KISHORE [65], DAS [66c, 67 a b], TRIPATHI [66] (Faktoren); VERMES [66] (Translation); POLUJANOVA [65] (Produkt); IYER [63], HIROKAWA [67] (harmonische Mittel).

Eine Verallgemeinerung von $(N, \mathfrak{p})$ ist das durch

$$t_l = \frac{p_l q_0 s_0 + \cdots + p_0 q_l s_l}{p_l q_0 + \cdots + p_0 q_l}$$

definierte *Verfahren* $(N, \mathfrak{p}, \mathfrak{q})$: BORWEIN [58d], DAS [66a, 68c], KUTTNER [67]; Integralvariante: DAS [68 b].) Für $q_m = 1$ ist $(N, \mathfrak{p}, \mathfrak{q})$ identisch mit $(N, \mathfrak{p})$, für $p_m = 1$ mit $(M, \mathfrak{q})$; die Wahl $p_k = (\beta - \alpha)^k/k!$, $q_k = \alpha^k/k!$ liefert das EULER-KNOPP-Verfahren $E_{\alpha/\beta}$; $p_k = \binom{k+\alpha-1}{k}$, $q_k = \binom{k+\beta}{k}$ führt zu den *verallgemeinerten Cesàro-Mitteln* (C, α, β). Letztere sind neben den EULER-KNOPP-Verfahren die einzigen $(N, \mathfrak{p}, \mathfrak{q})$, die zugleich HAUSDORFF-Verfahren sind.

64. Verfahren von Euler-Knopp

Eine gewisse Umkehrung von **64 VI** gibt JURKAT [56 b], z. B. gilt der Schluß $B_0 \to E_\alpha$ unter der Tauberbedingung

$$t(\lambda) = \sum_{n=0}^{\infty} \frac{\lambda^n}{n!} s_n = O(e^{|\lambda|}) \quad \text{für alle } \lambda.$$

Sätze über Konvergenz- und Summierbarkeitsfaktoren bringen MEDER [58], ÈSPENBERG [62], VIHMANN [62c].

Varianten von E_α untersuchen WUYTS-TORF [58, 59] (variabler Index), MEYER-KÖNIG-ZELLER [63] (komplexer Index), SONNENSCHEIN [57] ($\cup E_\alpha$, vgl. **28 I**).

65. Allgemeine Euler-Verfahren

Gekippte Eulermatrizen treten bei den *Sonnenschein-Verfahren* auf, die durch

$$t_n = \sum_{m=0}^{\infty} p_m^{(n)} s_m, \qquad [p(\omega)]^m = \sum_{n=0}^{\infty} p_n^{(m)} \omega^n$$

gegeben sind. Vor allem Permanenzfragen werden untersucht von SONNENSCHEIN [58], BAJŠANSKI [56, 58, 59b], CLUNIE-VERMES [59], COHN [60], siehe auch TURAN [58]. Speziell ist das *Karamata-Verfahren* $K(\alpha, \beta)$, das durch $p(\omega) = [\alpha + (1 - \alpha - \beta)\omega]/(1 - \beta\omega)$ erzeugt wird, genau dann permanent, wenn $\alpha = \beta = 0$ oder $1 - |\alpha|^2 > (1 - \bar\alpha)(1 - \beta) > 0$ gilt (BAJŠANKSI [56], SLEDD [63a]).

Die Verfahren E_α, T_α (TAYLOR), S_α (MEYER-KÖNIG, VERMES) und andere lassen sich als SONNENSCHEIN-Verfahren auffassen. Jedoch gibt es kein NÖRLUND-Verfahren (außer der Einheitsmatrix), das zugleich SONNENSCHEIN-Verfahren ist (RAMANUJAN [63b], vgl. auch BOJANIC [MR 28 # 2375]). Die einzigen JAKIMOVSKI-Verfahren $[F, d_n]$, die zugleich SONNENSCHEIN-Verfahren sind, sind die E_α (ISHIGURO [64b]).

Mit Hilfe der LAPLACE-Transformation kann ein analog aufgebautes Integral-Verfahren definiert werden (SONNENSCHEIN [59]).

66. Borel-Verfahren

Als Beweismittel für Umkehrsätze vom Typ **66 X** führt MELNIK [65e] den Begriff der *(B)-Menge* ein:

Eine abgeschlossene konvexe Menge G der komplexen Ebene heißt (B)-Menge der Folge $\mathfrak{s} = \{s_n\}$, wenn es zu jedem $\varepsilon > 0$ ein $\lambda(\varepsilon) > 0$ gibt sowie zwei Folgen $\{m_k\}, \{n_k\}$ natürlicher Zahlen mit $n_k < m_k \leqq n_{k+1} \to \infty$ und $(m_k - n_k)/\sqrt{n_k} > \lambda(\varepsilon)$ derart, daß $|s_n - \omega_n| < \varepsilon$ für $n_k < n < m_k$ und geeignete $\omega_n \in G$ gilt.

Grundlage für Umkehrsätze ist die Tatsache, daß der BOREL-Grenzwert einer beschränkten Folge notwendig jeder (B)-Menge der Folge angehört.

DAVYDOV [58a] verwendet auch beim BOREL-Verfahren die (C)-Mengen, die auf der Lückenbedingung $m_k/n_k \geqq \lambda > 1$ basieren; vgl. Erg. **55**.

Umkehrsätze werden auch von JURKAT [56b], VIJAYARAGHAVAN-RAJAGOPAL [56], PITT [57], RAJAGOPAL [61], HOISCHEN [62], JAKIMOVSKI [62], SLEPENČUK [66d] behandelt. Tauberkonstanten (50) bestimmen AGNEW [57a], BIEGERT [66, 67, 68].

GAIER [65], MELNIK [65d] zeigen, daß eine B_0- (oder B_0^*-) summierbare Reihe, die einer Lückenbedingung **66 XI** genügt, sogar regulär-summierbar und daher konvergent ist. Weitere Arbeiten zu diesem allgemeinen Lückensatz: ERDÖS [56], MELNIK [65c], GAIER [66], HALÁSZ [67a], INGHAM [68], RAJAGOPAL [68]; vgl. auch 68.

Satz 66 VII wird von RYLL-NARDZEWSKI [62] verallgemeinert (siehe auch BIRKHOLC [66]): B_0 ist perfekt.

Daß die regulär B_0-summierbaren Reihen im lückenperfekten Teil des Wirkfeldes liegen, zeigten MEYER-KÖNIG-ZELLER [56, 60, 62].

67. Varianten des Borel-Verfahrens

Wir ergänzen die Literaturangaben zu den BOREL-Varianten 67 (1) und 67 (6): OGIEVECKIĬ [59b, 60, 62c, 64a] bzw. WŁODARSKI [56ab, 58ab, 59ab], BORWEIN [58e], MURAEV [62b], SOKOLIN [57]. Eine Modifikation von 67 (6) ist

$$t_{\alpha\beta}(\lambda) = \alpha e^{-\lambda} \sum_{m=M}^{\infty} \frac{\lambda^{\alpha m + \gamma}}{\Gamma(\alpha m + \gamma + 1)} s_m$$

($\alpha > 0$, γ reell; $M = \text{Min}\{m \geq 0 \mid \alpha m + \gamma + 1 > 0\}$; $0 \leq \lambda \to \infty$); siehe BORWEIN [60c, (1969)], WŁODARSKI [61], BORWEIN-SHAWYER [66, 67], SHAWYER (1969); JAJTE [64a] schaltet noch eine Integraltransformation 57 (3) nach, vgl. auch MURAEV [62b].

Die meisten Untersuchungen betreffen B_p vom Typ 67 (4); z. T. hat dabei $p(\lambda) = \Sigma p_m \lambda^m$ endlichen Konvergenzradius $\varrho_p > 0$, und λ ist auf $0 \leq \lambda \to \varrho_p^-$ einzuschränken (siehe z. B. ISHIGURO [64c]). Insbesondere führt die Wahl

$$p_m = \binom{m+\delta}{m} \quad \text{mit} \quad \delta > -1$$

auf ein (permanentes) Verfahren (A, δ), das für $\delta = 0$ das ABEL-Verfahren A_1 (55) ergibt. Ergänzt man für $\delta = -1$ durch $p_m = (m+1)^{-1}$ *(logarithmisches Verfahren)*, so gilt $(A, \delta) \supset (A, \gamma)$ mit Verträglichkeit für $-1 \leq \delta < \gamma$ (BORWEIN [57ab, 58a]). Weitere Literatur zu (A, δ): BORWEIN [58c], ISHIGURO [62], (RANGACHARI-)SITARAMAN [64, 65, 66, 67a, 68a], KAUFMANN [67], KWEE [67b, 68b], MISHRA [65b, 67, 68], TIETZ (1969); siehe auch KUTTNER (1969).

B_p und B_q mit $p_m, q_m \geq 0$ lassen sich vergleichen z. B., wenn eine Beziehung $p_m = \mu_m q_m$ besteht, wobei μ_m eine Momentenfolge ist, die

$$\mu_m = \int_0^\infty t^m d\chi(t) \geq \varepsilon \int_0^\infty t^m |d\chi(t)|$$

erfüllt BORWEIN [57b, 59a, 60a], HOISCHEN [67a, 68]).

Das mit der Faltung $\mathfrak{r} = \mathfrak{p} * \mathfrak{q}$ gebildete Verfahren $B_\mathfrak{r}$ spielt eine Rolle bei Produktsätzen (BORWEIN [58d], vgl. auch 63 VII).

Mit funktionalanalytischen Mitteln behandelt BIRKHOLC [65, 66ab] verallgemeinerte $B_p = B_p(D)$, bei denen der Parameter λ in einem vorgegebenen Gebiet D der komplexen Ebene variiert. Insbesondere verallgemeinert er ein Perfektheitskriterium von WŁODARSKI [55].

Taubersätze für $B_\mathfrak{p}$ (meist mit der KB $u_m = o(p_m/\bar{p}_m)$, $\bar{p}_m = p_0 + \cdots + p_m$) und sonstige Umkehrsätze bringen KOSAMBI [58], ISHIGURO [64 d e], OGIEVECKIĬ [65 a], ŠTĚPÁNIC [66], IKENO [64, 67], JAKIMOVSKI-LEVIATAN [67].

Weitere Varianten des BOREL-Verfahrens betrachten LORCH [66 b], MURAEV [62 a], WILLS [66], DAS [68 a], KING [68 b].

68. Kreisverfahren

Eine funktionalanalytische Behandlung von T_α geben MEYER-KÖNIG-ZELLER [58 b], von S_α SCHIEBER [62] (jeweils für $0 < \alpha < 1$). Die Wirkfelder sind FK-Räume, aber nicht BK-Räume; hieraus und aus der Anwendbarkeitsbedingung 68 (4) folgt, daß die Verfahren keinem zeilenfiniten Verfahren äquivalent sind. Definiert man reguläre bzw. singuläre S_α-Summierbarkeit wie bei T_α, so gilt 68 II (wegen 68 VII) sowie 68 III auch für S_α. Für T_α, und damit auch für S_α, kann es keinen allgemeinen Lückenumkehrsatz geben, jedoch gilt der folgende (66 XI enthaltende) Satz:

XI (Lückensatz für S_α). *Eine regulär S_α-summierbare Reihe $(0 < \alpha < 1)$ ist konvergent, wenn sie eine Lückenbedingung* 66 (10) *erfüllt.*

Beim Beweis verwendet man, daß die S_α-summierbaren Reihen $\sum u_k$, für welche die assoziierte Funktion $u(\zeta)$ mindestens in $|\zeta| < 1$ regulär ist, im lückenperfekten Teil von S_β ($\alpha < \beta < 1$) enthalten sind, und wendet dann die Methode von MEYER-KÖNIG-ZELLER [62] an.

Auch der O-$B_0 \to K$-Satz 66 X läßt sich verschärfen einem O-Satz für S_α (SITARAMAN [67 b, 68 b]):

XII (O-$S_\alpha \to C_{2k}$-Satz). *Eine S_α-summierbare Reihe ist C_{2k}-summierbar, wenn sie $u_m = O_L(m^{k-1/2})$ oder auch nur*

$$\lim_{\varepsilon \to 0+} \lim_{n \to \infty} \operatorname{Min}_{n \leq m \leq n + \varepsilon \sqrt{n}} (s_m - s_n)/n^k \geq 0$$

erfüllt.

Darin ist der O-$B_0 \to C_{2k}$-Satz von RAJAGOPAL [61] enthalten; vgl. auch GAIER (1951), MEYER-KÖNIG [49 a], SCHIEBER [62]. — BIEGERT [66 b, 67, 68] bestimmt zu den genannten Umkehrbedingungen Tauberkonstanten (50) für die Kreisverfahren.

Mit der Anwendung der Verfahren auf Potenz- (auch Fakultäten- und LEGENDRE-) Reihen beschäftigen sich TEGHEM [55], COWLING [57, 62], COWLING-ROYSTER [58], COWLING-KING [62], MOSER [60], SWIFT [61]; vgl. auch 69.

Weitere Arbeiten, die Kreisverfahren betreffen: SCHOONMAKER [56], SOKOLIN [58], MATSUOKA [59], PARAMESWARAN [59 c], ISHIGURO [62 c], STRASSER [67], KING [65, 68], POWELL [67], FAULHABER [68].

69. Analytische Fortsetzung

Wir geben einige Hinweise auf neuere Arbeiten.

VERMES [58 b c], RUSSELL [59 a] konstruieren Verfahren, welche die geometrische Reihe (und andere Potenzreihen) außerhalb des Konvergenzkreises in isolierten Punkten oder Kurvenstücken oder auch mehrfach zusammenhängenden Gebieten summieren; vgl. auch TEGHEM [58].

Manche JAKIMOVSKI-Verfahren (vgl. die in Erg. 70 genannten Autoren, insbesondere (JAKIMOVSKI-) MEIR [63 b, 65], SMITH [65]) liefern die analytische Fortsetzung in verallgemeinerte BOREL-Polygone.

An weiteren Arbeiten erwähnen wir BAJŠANSKI [59] (SONNENSCHEIN-Verfahren, Erg. 65), COWLING [56], ROBERTS [59], SWIFT [61], KOGAN [63], JAKIMOVSKI [64, 66], TIETZ [66, 68], WILLS (1969), sowie die in Erg. 68 genannten Autoren.

70. Sonstiges. Jakimovski-Verfahren

Gegeben sei eine Folge $\{d_n\}_{n=1,2,...}$ mit $d_n \neq -1$. Durch

$$(1) \quad \prod_{j=1}^{n} \frac{\zeta + d_j}{1 + d_j} = \sum_{k=0}^{n} a_{nk} \zeta^k \quad (n = 0, 1, 2, \ldots; \prod_{j=1}^{0} = 1)$$

wird die FF-Matrix des $[F, d_n]$-*Verfahrens* definiert. Diese Definition stammt von JAKIMOVSKI [59] (vgl. auch BAJRAKTAREVIĆ [63], MARTIĆ [65 a]). Vorher waren bereits Spezialfälle betrachtet worden:

$d_n = n - 1$ (LOTOTSKY (1953), AGNEW [57 b]: „LOTOTSKY-*Verfahren*"),

$d_n = \dfrac{n-1}{\lambda}$ $(\lambda > 0)$ (KARAMATA [35 e]: „KARAMATA-STIRLING-*Verfahren* $KS(\lambda)$"),

$d_n = \dfrac{\alpha + n - 1}{\beta}$ $(\alpha > -1, \beta > 0)$ (VUČKOVIĆ [58], MARTIĆ [63]: „$S^{\alpha\beta}$-*Verfahren*");

$d_n = \dfrac{1-\alpha}{\alpha}$ $(0 < \alpha < 1)$ ergibt das EULER-KNOPP-Verfahren E_α, übrigens das einzige $[F, d_n]$-Verfahren, das zugleich HAUSDORFF-Verfahren ist (LORCH-NEWMAN [62]).

Weitere Spezialfälle, die eingehender behandelt wurden, sind $d_n = \dfrac{n-q}{q}$ $(q > 0)$ (HERLESTAM [59]) und $d = \dfrac{n-q}{\alpha q}$ $(\alpha, q > 0)$ (LEE [62], LEE-LAI-LIU [67]).

Eine Verallgemeinerung der $[F, d_n]$-Verfahren, die manches unter einem einheitlicheren Gesichtspunkt erscheinen läßt, führte SMITH [65] ein: Gegeben sei eine ganze Funktion f und eine Folge $\{d_n\}$ mit $d_n \neq -f(1)$ $(n = 1, 2, \ldots)$. Dann wird die FF-Matrix des $[f, d_n]$-*Verfahrens* definiert durch

$$(2) \quad \prod_{j=1}^{n} \frac{f(\zeta) + d_j}{f(1) + d_j} = \sum_{k=0}^{\infty} a_{nk} \zeta^k \quad (n = 0, 1, 2, \ldots; \prod_{j=1}^{0} = 1).$$

MARX [62], MEIR [68b] verallgemeinern $KS(1)$ bzw. $[F, d_n]$ in anderer Richtung.

Der folgende Permanenzsatz zeigt, daß die oben angegebenen speziellen $[F, d_n]$-Verfahren (= $[f, d_n]$-Verfahren mit $f(\zeta) = \zeta$) sämtlich permanent sind.

I (Permanenz von $[f, d_n]$). *Ist das $[f, d_n]$-Verfahren permanent, so gilt*

(3)
$$\sum_{n=1}^{\infty} |f(1) + d_n|^{-1} = \infty \ .$$

Hat die Taylor-Entwicklung von f um den Nullpunkt nicht-negative Koeffizienten, so ist $[f, d_n]$ permanent, wenn (3) und

(4)
$$\sum_{n=1}^{\infty} \frac{(\operatorname{Im} \sqrt{d_n})^2}{|f(1) + d_n|^2} < \infty$$

erfüllt sind.

Im Fall nicht-negativer d_n ist also (3) notwendig und hinreichend für Permanenz. Weitere Arbeiten, die sich mit der Permanenz von $[F, d_n]$ befassen: COWLING-MIRACLE [62, 64], MEIR [59, 62, 64], MIRACLE [63], JAKIMOVSKI-MEIR [65], KOCH [66], LEE-SHIH [67].

Die Verfahren sind besonders geeignet für die analytische Fortsetzung regulärer Funktionen (69). Ist etwa $[f, d_n]$ ein permanentes Verfahren mit $d_n \geq 0$ und $\lim |d_n| = \varrho$ $(0 \leq \varrho \leq \infty)$, so limitiert es die geometrische Folge $\{\zeta^n\}$ zu 0, falls $|f(\zeta) + \varrho| < |f(1) + \varrho|$ (ϱ endlich) bzw. falls $\operatorname{Re}[f(\zeta)] < \operatorname{Re}[f(1)]$ ($\varrho = \infty$) gilt. Im Fall $f(\zeta) = \zeta$ spiegelt der Fall $0 \leq \varrho < \infty$ also das Verhalten der EULER-KNOPP-Verfahren wider (vgl. 64 IV), während man bei $\varrho = \infty$ wie beim BOREL-Verfahren (vgl. 66 VI) die analytische Fortsetzung einer Potenzreihe in das BOREL-Polygon erhält. Einen größeren Summierbarkeitsbereich liefern z. B. $[f, d_n]$-Verfahren mit $f(\zeta) = \zeta^m$ ($m = 2, 3, \ldots$), vgl. auch MEIR [63b, 66] sowie die bei I genannten Arbeiten.

Einige Autoren wenden die Verfahren auf LEGENDRE-Reihen und asymptotische Reihen an: COWLING-KING [62], MARTIĆ [63c] bzw. MARTIĆ [63ef, 66, 67b].

Es liegt nahe, die Verfahren mit den EULER- und dem BOREL-Verfahren zu vergleichen. Dies wurde bei den Untersuchungen spezieller $[F, d_n]$ meist gemacht (vgl. die anfangs genannte Literatur). Allgemein gilt (MEIR [62]):

II (Vergleich zweier $[F, d_n]$). *Es seien $\{d_n\}$ und $\{d_n^*\}$ reelle Folgen mit $d_n \neq -1$, $d_n^* \neq -1$ ($n = 1, 2, \ldots$). Ist*

$$\sum_{n=1}^{\infty} |1 + d_n^*|^{-1} = \infty$$

und gibt es ein $n_0 > 0$ *mit*

$$0 \leq \frac{1+d_k}{1+d_n^*} \leq 1 \quad (1 \leq k \leq n;\ n \geq n_0),$$

so gilt $[F, d_n] \subseteq [F, d_n^*]$.

Hieraus folgt, daß die oben angegebenen speziellen $[F, d_n]$ sämtlich stärker sind als das EULER-KNOPP-Verfahren E_α ($0 < \alpha < 1$). Ferner gilt $KS(\lambda) \subset KS(\mu)$ für $0 < \mu < \lambda$ (VUČKOVIĆ [59]), sowie $S^{\alpha\beta} \subset S^{\alpha+\varepsilon, \theta\beta}$ für $\alpha \geq 0, \beta > 0, \varepsilon > 0, 0 < \theta < 1$ (MARTIĆ [63bce]). Weitere Vergleichssätze bringen AGNEW [59a], MARTIĆ [60, 61, 62, 64a, 65bc, 67ac, 68]. Da viele $[F, d_n]$ nicht FOURIER-effektiv sind, überschneiden sich deren Wirkfelder z. B. mit dem von C_α ($\alpha > 0$).

72. Hausdorff-Verfahren

Aus der Darstellung 72 (4) der Elemente einer HAUSDORFF-Matrix erkennt man, daß eine permanente HAUSDORFF-Matrix außer in trivialen Fällen nicht spaltenfinit sein kann (RHOADES [59]). Daher ist ein nach 26 II konstruiertes Einfolgeverfahren niemals Hausdorffsch. Es gibt aber permanente $(H, \mathfrak{p})$, die Einfolgeverfahren sind, z. B. die durch die Momente $p_m = -(\beta/\alpha)(m-\alpha)/(m+\beta)$ mit $\operatorname{Re}\alpha > 0$, $\operatorname{Re}\beta > 0$ erzeugten (HOISCHEN [62], RHOADES [64, 67b]; siehe auch PARAMESWARAN [61a]).

Die Methoden von 72 V führen zu Vergleichssätzen mit speziellen Verfahren: JAKIMOVSKI [56c] (EULER-KNOPP-Verfahren), KUTTNER [57b], PARAMESWARAN [59b] (BOREL-Verfahren, Fastkonvergenz). Dabei ergibt sich ein wesentlich verschiedenes Verhalten, je nachdem für die erzeugende Momentenfolge $\lim p_m = 0$ gilt oder nicht. — Bei der Betrachtung total-permanenter $H_\mathfrak{p}$ stellt sich die Frage nach dem totalen Vergleich. Dazu verwendet man ebenfalls 72 V und weist nach, daß $\{q_m\}$ totalmonoton ist: BASU [57, 68], RHOADES [60a, 61, 62, 63, 67]. Weitere Vergleichssätze bei KOGAN [59].

Fragen der (Total-) Translativität behandeln KUTTNER [56a, 59], RAMANUJAN [58c, 59], PARAMESWARAN [60a].

Dem verallgemeinerten Momentenproblem

$$\mu_n = \int_0^1 t^{\lambda_n} d\alpha(t), \quad 0 \leq \lambda_0 < \lambda_1 < \ldots \to \infty \quad \text{mit} \quad \sum_{i=1}^\infty \lambda_i^{-1} = \infty,$$

entsprechen *verallgemeinerte* HAUSDORFF-*Verfahren* mit der Dreiecksmatrix

$$a_{lk} = \lambda_{l+1} \ldots \lambda_k \Delta_l^k(\mu_i; \lambda_i) \quad (0 \leq k \leq l),$$

die mittels verallgemeinerter Differenzen

$$\Delta_l^k(\mu_i; \lambda_i) = \sum_{i=l}^k \mu_i \prod_{\substack{j=l \\ j \neq i}}^k (\lambda_j - \lambda_i)^{-1}$$

gebildet wird. Die wesentlichen Sätze über gewöhnliche HAUSDORFF-

Verfahren lassen sich übertragen: BADALJAN [60], ENDL [59, 60, 63], LEVIATAN [67, 68c]; siehe auch ENDL [56], MAYER [65], LEININGER (1969).

Ein stetiges Analogon zu den (gewöhnlichen) HAUSDORFF-Verfahren sieht JAKIMOVSKI [60b] in der Transformation 72 (26); siehe hierzu auch SCHMETTERER [63], SYRMUS [65].

Die Theorie der *Quasi-* (= gekippten) HAUSDORFF-*Verfahren* $H_\mathfrak{p}^*$ = $(H^*, \mathfrak{p})$ wird vor allem von RAMANUJAN [57ab, 58a] ausgebaut. Die Verfahren $(H, \{p_n\})$ und $(H^*, \{p_{n+1}\})$ sind gleichzeitig konvergenztreu oder nicht, was eine weitere Lösbarkeitsbedingung für das Momentenproblem ergibt (vgl. 72 III, KUTTNER [58a]).

Entsprechend dem Prozeß, der von T_α zu S_α führt (Kreisverfahren 68), wird aus $H_\mathfrak{p}^*$ das Verfahren $S_\mathfrak{p}^* = (S^*, \mathfrak{p})$ gewonnen. — KUTTNER [57b, 59b, 61b, 66a] untersucht insbesondere die *Quasi*-CESÀRO-*Verfahren* $(C^*, \alpha) := (H^*, \mathfrak{p})$ mit $p_m = \left(\dfrac{m+\alpha}{m}\right)^{-1}$ (vgl. 72 (15)). Weitere Arbeiten über Quasi-HAUSDORFF-Verfahren: WHITE [61], ISHIGURO [62ad], JAKIMOVSKI [60a], ANJANEYULU [65], KWEE [68a], LEVIATAN [68b]. ERDÖS-PIRANIAN [67] betrachten $\cup H_\mathfrak{p}$ ($H_\mathfrak{p}$ permanent), $\cup H_\mathfrak{p}$ ($H_\mathfrak{p}$ kerntreu) sowie das Verfahren der „wesentlichen HAUSDORFF-Kerne" (vgl. Erg. 33).

Umkehrsätze (die meist Tauberkonstanten betreffen, 50 (2)), bringen POLNIAKOWSKI [56ab, 58, 59], JAKIMOVSKI [61, 62], MEIR [65ab], SHERIF [65, 67], KWEE [67], LEVIATAN [68a, (1969)].

Weitere Arbeiten, die mit HAUSDORFF-Verfahren in Zusammenhang stehen (Momentenfolgen, Interpolation): JAKIMOVSKI [56a, 58a], LORCH-MOSER [63], BRANNEN [64, 65], RHOADES [63b, 67c]; BERMAN [58], MACNERNEY [64], MAYER [65b], TONNE [67, 68].

73. Das Verfahren von de la Vallée-Poussin

KAUFMANN [59, 61a] führt eine Klasse von Verfahren ein, die $V_{1/2}$ enthält, und verallgemeinert Sätze über $V_{1/2}$, z. B. 73 I.

74. Gronwall-Verfahren

$G(p, q)$ bei stark abgeschwächten Voraussetzungen über die erzeugenden Funktionen p und q untersuchen MELENCOV-KOSTINA [59]. Verallgemeinerte GRONWALL-Verfahren werden von MELENCOV-MURAEV [63] im Zusammenhang mit der Summierung von Iterationsfolgen eingeführt.

75. Rogosinski-Bernstein-Verfahren

Spezielle Verfahren oder Verfahrensklassen vom Typ 75 (5) untersuchen MARAVIĆ [57], TABERSKI [61ab], SMIRNOV [63]; NASIBOV [67] (Doppelreihen).

76. Riemann-Verfahren

Es sind vor allem zwei Verallgemeinerungen der RIEMANN-Verfahren zu nennen.

Die *Riemann-Cesàro-Verfahren* (P, α, β) von HIROKAWA [55, 57a, 59a, 61b, 65] verallgemeinern zugleich P_α und P_α^* (Spezialfälle $\beta = -1$ bzw. $\beta = 0$) und lassen die Theorie dieser Verfahren einheitlicher erscheinen. (P, α, β) beruht auf der Transformation

$$t(\lambda) = \varrho_{\alpha\beta} \lambda^{\beta+1} \sum_{k=0}^{\infty} \left(\frac{\sin k\lambda}{k\lambda}\right)^\alpha s_k^\beta \quad (0 < \lambda < \lambda(\mathfrak{s}), \lambda \to 0);$$

dabei ist $\{s_k^\beta\} = \mathfrak{s}^\beta = \Sigma^\beta \mathfrak{s} = \Sigma^{\beta+1} \mathfrak{u}$ (vgl. 4 (6)), und $\varrho_{\alpha\beta}$ wird so gewählt, daß die Zeilensummen gegen 1 streben. (P, α, β) wurde für $\beta \geq -1$ und natürliches $\alpha = a$ untersucht.

Für $-1 \leq \beta < \gamma < a - 1$ gilt $C_\gamma \subseteq (P, a, \beta)$, vgl. 76 I; (P, a, β) ist also permanent für $-1 \leq \beta < a-1$, $a = 2, 3, \ldots$, dagegen ist $(P, 1, \beta)$ für $-1 \leq \beta \leq 0$ nicht permanent.

Die meisten Aussagen von 76 lassen sich auf gewisse (P, a, β) erweitern: z. B. bleibt 76 III mit $(P, 1, \beta)$ $(-1 \leq \beta \leq 0)$ anstelle von P_1 richtig, und es gilt $(P, 2, \beta) \subseteq C_\gamma$ mit Verträglichkeit für $\gamma > 2, -1 \leq \beta \leq 1$ (vgl. 76 IV). Weitere Untersuchungen betreffen u. a. Limitierbarkeitskriterien, Vergleich (z. B. gilt $(P, 1, \beta) \subseteq (P, 2, \beta + 1)$ und $(P, 2, \beta)$ $\mathfrak{X}$ $(P, 2, \beta + 1)$ für $-1 \leq \beta < 0$), Translativität (dazu siehe auch AGNEW [58]) und Totalpermanenz. Ein zu (P, α, β) analog aufgebautes Integralverfahren behandeln RAJAGOPAL [57c, 65], HIROKAWA [59b].

Die zweite Verallgemeinerung von P_α, die enger mit RIESZ-Verfahren zusammenhängt, führte BURKILL [61] ein:

$$t(\lambda) = \sum_{m=0}^{\infty} \left(\frac{\sin q_m \lambda}{q_m \lambda}\right)^\varkappa u_m \quad (0 < |\lambda| < \lambda(\mathfrak{s}), \lambda \to 0)$$

mit $0 \leq q_0 < q_1 < \cdots \to \infty$.

Vor allem interessiert, unter welchen Bedingungen das Verfahren stärker ist als $(R, q, \varkappa)$: BURKILL (-PETERSEN) [61], RUSSELL [62], HSIANG [63, 64]. BURKILL verwendet als Hilfsmittel die Verfahren $(C, q, \varkappa)$, vgl. Erg. 53.

RANGACHARI [65b, 66] betrachtet noch allgemeinere *Riemann-Riesz-Verfahren*. Für eine Übersicht und Literaturzusammenstellung siehe ISHIGURO [67a].

Als Ergänzung zur Literatur von 76 nennen wir noch YANO [58, 59] (Limitierbarkeitskriterien, 25), AGNEW [59b] (Tauberkonstanten, 50), GEISBERG [64] (Lückensatz), KWEE [64b] (Vergleich mit A_1), VARSHNEY [65] ($N_\mathfrak{p} \to P_1$-Satz, vgl. 76 III), LORCH [66] (Oszillationssatz, 50).

77. Zahlentheoretische Verfahren

HOISCHEN [67c, (1969)] gibt einen elementaren Beweis von **77** II, sowie Verallgemeinerungen dieses Satzes.

INGHAM-Summierbarkeit (bzw. LAMBERTsche L_1-Summierbarkeit) von Σu_m ist äquivalent mit der C_1- (bzw. A_1-) Limitierbarkeit der Folge $\mathfrak{b}$ mit

$$b_n = \sum_{d|n} d\,u_d \quad (n = 1, 2, \ldots),$$

so daß L_1 das INGHAM-Verfahren einschließt. Außerdem übersetzen sich Tauberbedingungen für den Schluß $A_1 \to C_1$ sofort in Tauberbedingungen, die von L_1 auf INGHAM-Summierbarkeit schließen lassen: WINTNER [57], SEGAL [66]. Eine Verallgemeinerung von **77** (3) betrachtet SEGAL [67, 68]. Auch L_1 wurde in verschiedene Richtungen verallgemeinert: HOISCHEN [67, (1969)], CASSENS-REGAN-TROY [68].

Ein anderes zahlentheoretisches Verfahren untersucht FRIDAY [65, 67].

Literaturverzeichnis

Das Verzeichnis ist nach Jahrgängen angeordnet. Beim Zitieren nennen wir Verfasser, abgekürzte Jahreszahl, notfalls einen Kennbuchstaben: FROBENIUS [80], KARAMATA [34a]. In Sammelzitaten, die alle oder fast alle Arbeiten eines Autors in einem Jahr betreffen, lassen wir die Kennbuchstaben oft weg. Bei Büchern (auch einigen Berichten, nicht aber Dissertationen und Broschüren) fügen wir einen Stern an: BOREL [01a*], HARDY [49*]. Mit **F**, **R**, **S**, **Z** weisen wir auf die Referate in den Fortschritten, den Reviews, dem Buch von SMAIL [25*] und im Zentralblatt hin. Zitate wie „EIDELHEIT (1938)" bezeichnen einige wenige Arbeiten, die unten nicht aufgeführt sind. Abkürzungen, Jahreszahlen, Schreibweisen von Namen, Übersetzungen sind den Referaten entnommen (bis 1941 meist den Fortschritten, später den Reviews). Bei Zitaten im Text ist aber nur eine Schreibart verwendet; so steht z. B. ŠČEGLOV [44, 51] im Jahrgang 1944 unter SHTSHEGLOFF.

Im Rahmen unserer Stoffabgrenzung dürfte das Verzeichnis die meisten Veröffentlichungen erfassen. Die drei letzten Jahrgänge sind weniger vollständig und nachträglich in den Text eingearbeitet. Für Hinweise auf Lücken und Fehler — die bei der großen Literaturmenge unvermeidlich sind — bin ich sehr dankbar. Bei Gelegenheit werde ich in der Mathematischen Zeitschrift das Verzeichnis ergänzen und fortführen.

1880   FROBENIUS, G.: Über die Leibnizsche Reihe. Journ. f. Math. **89**, 262—264. **F** 12, 188; **S** 4.

1882   HÖLDER, O.: Grenzwerte von Reihen an der Convergenzgrenze. Math. Ann. **20**, 535—549. **F** 14, 180; **S** 4. — STIELTJES, T. J.: Over eenige theorema's omtrent oneindige reeksen. Nieuw Arch. **9**, 98—106. **F** 14, 181.

1886   DU BOIS-REYMOND, P.: Über den Convergenzgrad der variablen Reihen und den Stetigkeitsgrad der Functionen zweier Argumente. Journ. f. Math. **100**, 331—358. **F** 18, 331. — KRONECKER, L.: Quelques remarques sur la détermination des valeurs moyennes. C. R. **103**, 980—987. **F** 18, 212.

1888   CESÀRO, E.: Sur les lois asymptotiques des nombres. Rom. Acc. L. Rend. (4) IV, 452—457. **F** 20, 188. — PAINLEVÉ, P.: Sur les lignes singulières des fonctions analytiques. Toulouse Ann. **2**, 130 S. **F** 20, 404.

1889   CESÀRO, E.: Contribution à la théorie des limites. Darb. Bull. (2) **13**, 51—54. **F** 21, 232. — REIFF, R.: *Geschichte der unendlichen Reihen. Tübingen, 212 S. **F** 21, 31.

1890   CESÀRO, E.: Sur la multiplication des séries. Bull. sc. math. (2) **14**, 114—120. **F** 22, 248; **S** 5.

HADAMARD, J.: Essai sur l'étude des fonctions données par leur déve- **1892**
loppement de TAYLOR. Journ. de Math. (4) **8**, 101—186. F 24, 359.

CESÀRO, E.: Sulla determinazione assintotica delle serie di potenze. **1893**
Napoli Rend. (2) **7**, 187—195. F 25, 383.

BOREL, É.: Sur la sommation des séries divergentes. C. R. **121**, 1125— **1895**
1127. F 26, 262; S 6.

BOREL, É.: a) Fondements de la théorie des séries divergentes sommables. **1896**
Journ. de Math. (5) **2**, 103—122. F 27, 197; S 7. — b) Sur la région de
sommabilité d'un développement de TAYLOR. C. R. **123**, 548—549. F 27,
197; S 8. — c) Sur les séries de TAYLOR. C. R. **123**, 1051—1052. F 27, 198. —
d) Sur les séries de TAYLOR admettant leur cercle de convergence comme
coupure. Journ. de Math. (5) **2**, 441—451. F 27, 198; S 8. — e) Applications de la théorie des séries divergentes sommables. C. R. **122**, 805—807.
F 27, 200. — f) Sur la généralisation de la notion de limite et sur l'extension
aux séries divergentes sommables du théorème d'ABEL sur les séries entières.
C. R. **122**, 73—74. S 6. — g) Applications de la théorie des séries divergentes
sommables. C. R. **122**, 805—807. F 27, 200; S 8.

CESÀRO, E.: Remarques utiles dans les calculs de limite. Mathesis (2) **7**, **1897**
177—183. F 28, 221. — TAUBER, A.: Ein Satz aus der Theorie der unendlichen Reihen. Monatsh. f. Math. **8**, 273—277. F 28, 221.

LEAU, L.: Sur les points singuliers situés sur le cercle de convergence et **1898**
sur la sommation des séries divergentes. C. R. **127**, 607—609. F 29, 211;
S 8. — LE ROY, E.: Sur les séries divergentes et les fonctions définies par un
développement de TAYLOR. C. R. **127**, 654—657. F 29, 212; S 9. — LINDE-
LÖF, E.: Remarques sur un principe général de la théorie des fonctions
analytiques. Acta Soc. Sc. Fennicae **24**, 39 S. Auch C. R. **126**, 632—634.
F 29, 351 und 356. — PRINGSHEIM, A.: *Divergente Reihen. Ency. d.
math. Wissenschaften IA 3, S. 105—111, auch 102—105. F 29, 206; S 10.
(Französische Ausgabe mit Ergänzungen: 1907.)

BOREL, É.: a) Mémoire sur les séries divergentes. Ann. de l'Éc. Norm. **1899**
(3) **16**, 9—131 und 132—136. F 30, 230; S 11. — b) Sur le calcul des séries
de TAYLOR à rayon de convergence nul. C. R. **128**, 1281—1283. F 30, 368;
S 11. — LE ROY, E.: Sur les séries divergentes et les fonctions définies par
un développement de TAYLOR. C. R. **128**, 492—495. F 30, 239; S 10. —
PINCHERLE, S.: Sur les séries de puissances toujours divergentes. C. R. **128**,
407—410. F 30, 239. — SERVANT, M.: Essai sur les séries divergentes.
Toulouse Ann. (2) **1**, 117—175. F 30, 236; S 12.

BOREL, É.: a) Sur le prolongement analytique de la série de TAYLOR. **1900**
S. M. F. Bull. **28**, 200. F 31, 267. — b) Les séries absolument sommables,
les séries (M), et le prolongement analytique. C. R. **131**, 830—832. F 31,
413; S 12. — FEJÉR, L.: Sur les fonctions bornées et intégrables. C. R. **131**,
984—987. S 13. — LE ROY, É.: a) Sur les séries divergentes et les fonctions
définies par un développement de TAYLOR. Toulouse Ann. (2) **2**, 317—430.
F 31, 256; S 13. — b) Sur les séries divergentes. C. R. **130**, 1293—1296 und
1535—1536. F 31, 265; S 14. — PRINGSHEIM, A.: Über das Verhalten von
Potenzreihen auf dem Convergenzkreise. Münch. Ber. **30**, 37—100. F 31,
253.

1901   BOREL, É.: a*) Leçons sur les séries divergentes. Paris, 182 S. F 32, 248; S 15. — b) Le prolongement analytique et les séries sommables. Math. Ann. **55**, 74—80. F 32, 413; S 12. — GIBSON, G. A.: An extension of ABEL's theorem on the continuity of a power series. Edinb. M. S. Proc. **19**, 67—70. F 32, 264. — HANNI, L.: Über BORELS Verallgemeinerung des Grenzbegriffes. Monatsh. f. Math. **12**, 265—289. F 32, 253; S 19. — LINDELÖF, E.: Sur le prolongement analytique. S. M. F. Bull. **29**, 157—160. F 32, 267. — PHRAGMÉN, E.: Sur le domaine de convergence de l'intégrale infinie $\int_0^\infty F(a\,x)\,e^{-a}\,da$. C. R. **132**, 1396—1399. F 32, 301; S 19. — PINCHERLE, S.: La trasformazione di LAPLACE e le serie divergenti. Bologna Rend. (2) **5**, 16. F 32, 312; S 20. — PRINGSHEIM, A.: Über die Divergenz gewisser Potenzreihen an der Konvergenzgrenze. Münch. Ber. **31**, 505—524. F 32, 263. — WORONOJ, G. TH.: Verallgemeinerung des Begriffs der Summe einer unendlichen Reihe. Tagebl. d. 11. Vers. R. Naturf., 60—61 (Russisch). F 32, 259; S 20.

1902   AMES, L. D.: Evaluation of slowly convergent series. Annals of Math. (2) **3**, 185—192. F 33, 260. — BARNES, E. W.: A memoir of integral functions. Lond. Phil. Trans. **199** (A), 411—500; Lond. Royal Soc. Proc. **69**, 121—125. F 33, 413; S 20. — FEJÉR, L.: a) Sur la différentiation de la série de FOURIER. C. R. **134**, 762—765. F 33, 276. — b) Untersuchungen aus dem Gebiete der Fourierschen Reihen. Math. és. phys. Lapok **10**, 49—68, 97—123 (Ungarisch). F 33, 276. — MAILLET, E.: Sur les séries divergentes et les équations différentielles. C. R. **134**, 975—977. F 33, 262; S 26. — MITTAG-LEFFLER, G.: a) Sur la représentation analytique d'une branche uniforme d'une fonction monogène. (Quatrième note.) Acta Math. **26**, 353—392. F 33, 403; S 15. — b) Sur l'intégrale de LAPLACE-ABEL. C. R. **135**, 937—939. F 33, 408; S 21.

1903   BARNES, E. W.: The generalization of the MACLAURIN sum formula, and the range of its applicability. Quart. J. **35**, 175—188. F 34, 285; S 27. — FEJER, L.: Untersuchungen über Fouriersche Reihen. Math. Ann. **58**, 51—69. F 34, 287; S 22. — HADAMARD, J.: Deux théorèmes d'ABEL sur la convergence des séries. Acta Math. **27**, 177—184. F 34, 275. — HANNI, L.: Zurückführung der allgemeinen Mittelbildung BORELS auf MITTAG-LEFFLERS n-fach unendliche Reihen. Monatsh. f. Math. **14**, 105—124. F 34, 468; S 22. — HARDY, G. H.: Researches in the theory of divergent series and divergent integrals. Quart. J. **35**, 22—66. F 34, 279; S 24. — LINDELÖF, E.: Sur l'application de la théorie des résidus au prolongement analytiques des séries de TAYLOR. Journ. de Math. (5) **9**, 213—221. F 34, 441. — MAILLET, E.: Sur les séries divergentes et les équations différentielles. Ann. de l'Éc. Norm. (3) **20**, 487—518. F 34, 282; S 26. — MITTAG-LEFFLER, G.: a) Une généralisation de l'intégrale de LAPLACE-ABEL. C. R. **136**, 537—539. F 34, 434; S 21. — b) Sur la nouvelle fonction $E_a(x)$. C. R. **137**, 554—558. F 34, 435. — VLECK, E. B. VAN: Selected topics in the theory of divergent series and continued fractions. Boston Coll. Lect. 1903, III, 75—77, 95—107, 123—134. F 36, 314; S 27.

1904   BROMWICH, T. J. I'A.; HARDY, G. H.: Some extensions to multiple series of ABEL's theorem on the continuity of power series. Lond. M. S. Proc. (2) **2**, 161—189. F 35, 254; S 27. — HANNI, L.: Über die Beziehungen zwischen der Darstellung eines eindeutigen Zweiges einer monogenen Funktion durch Herrn MITTAG-LEFFLER, der Methode der Mittelwerte des Herrn BOREL und der Transformation des Herrn LINDELÖF. Acta Math. **29**, 25—58.

F 35, 408; S 29. — HARDY, G. H.: a) On differentiation and integration of **1904** divergent series. Cambr. Trans. **19**, 297—321. F 35, 254; S 23. — b) Note on divergent FOURIER series. Messenger (2) **33**, 137—144. F 35, 276; S 29. — PARFENTJEV, N. N.: Abriß der Theorie der divergenten Reihen. Kasan Ges. (2) **14**, Nr. 2, Abt. 2, 63—65 (Russisch). F 35, 254; S 29. — PINCHERLE, S.: Sugli sviluppi assintotici et le serie sommabili. Rom. Acc. L. Rend. (5) **13**$_1$, 513—519. F 35, 265; S 29.

CUNNINGHAM, E.: An extension of BOREL's exponential method of summa- **1905** tion of divergent series applied to linear differential equations. Lond. M. S. Proc. (2) **3**, 157—169. F 36, 384; S 28. — MITTAG-LEFFLER, G.: Sur la représentation analytique d'une branche uniforme d'une fonction monogène (cinquième Note). Acta Math. **29**, 101—182. F 36, 469; S 15.

BUHL, A.: Application du procédé de sommation de M. E. BOREL aux **1906** séries trigonométriques généralisées. C. R. **143**, 445—446. F 37, 286; S 30. — FATOU, P.: Séries trigonométriques et séries de TAYLOR. Acta Math. **30**, 335—400. F 37, 283; S 30. — HARDY, G. H.: Some theorems connected with ABELS theorem on the continuity of power series. Lond. M. S. Proc. (2) **4**, 247—265. F 37, 429; S 31.

BUHL, A.: a) Sur une extension de la méthode de sommation de M. BOREL. **1907** C. R. **144**, 710—712. F 38, 423; S 32. — b) Sur de nouvelles applications de la théorie des résidus. Darb. Bull. (Bull. d. sc. math.) (3) **31**, 152—158. F 38, 423; S 32. — c) Sur la sommabilité des séries de LAURENT. C. R. **145**, 614—617. F 38, 423; S 32. — d) Sur de nouvelles formules de sommabilité. Darb. Bull. (Bull. d. sc. math.) (2) **31**, 340—346. F 38, 423; S 32. — FEJÉR, L.: Über die Fouriersche Reihe. Math. Ann. **64**, 273—288. F 38, 305. — HARDY, G. H.: a) Some theorems concerning infinite series. Math. Ann. **64**, 77—94. F 38, 292; S 33. — b) On certain oscillating series. Quart. J. **38**, 269—288. F 38, 293; S 34. — KNOPP, K.: a) Grenzwerte von Reihen bei der Annäherung an die Konvergenzgrenze. Diss. Berlin, 50 S. F 38, 296; S 35. — b) Multiplikation divergenter Reihen. Berl. Math. Ges. Ber. **7**, 1—12. F 38, 297; S 35. — LANDAU, E.: Über die Konvergenz einiger Klassen von unendlichen Reihen am Rande des Konvergenzgebietes. Monatsh. für Math. u. Phys. **18**, 8—28. F 38, 295. — MERCER, J.: On the limit of real variants. Lond. M. S. Proc. (2) **5**, 206—224. F 38, 428. — MOORE, CH. N.: On the introduction of convergence factors into summable series and summable Integrals. American M. S. Trans. **8**, 299—330 und 535. F 38, 300; S 37.

BOHR, H.: Recherches sur la multiplicité de deux intégrales définies **1908** prises entre des limites infinies. Kjöb. Overs. 1908, 213—232. F 39, 365. — BROMWICH, T. J. l'A.: a) *An introduction to the theory of infinite series. London, 511 S. F 39, 306; S 38. — b) On the limits of certain infinite series and integrals. Math. Ann. **65**, 350—369. F 39, 309; S 40. — BUHL, A.: a) Sur la généralisation des séries trigonométriques. Journ. de Math. (6) **4**, 39—78. F 39, 325; S 30. — b) Sur la sommabilité des séries de FOURIER. C. R. **146**, 60—62. F 39, 323. — c) Sur la sommabilité des séries d'une variable réelle ou complexe. Journ. de Math. (6) **4**, 367—377. F 39, 323; S 42. — COSTABEL, A.: Sur le prolongement analytique d'une fonction méromorphe. L'Ens. math. **10**, 377—390. F 39, 479; S 43. — HARDY, G. H.: a) Generalisation of a theorem in the theory of divergent series. Lond. M. S. Proc. (2) **6**, 255—264. F 39, 311; S 34. — b) Further researches in the theory of divergent series and integrals. Cambr. Philos. Soc. Trans. **21**,

1908 1—48. F 39, 311; S 44. — c) FOURIER's Double Integral and the Theory of Divergent Integrals. Trans. Cambr. Phil. Soc. **21**, 427—451. S 44. — KNOPP, K.: Eine notwendige und hinreichende Konvergenzbedingung. Palermo Rend. **25**, 237—252. F 39, 312; S 35. — RIESZ, M.: a) Summierbare trigonometrische Reihen und Potenzreihen. Diss. Budapest. (Ungarisch.) S 45. — b) Über die Summabilität der Potenzreihe am Rande des Konvergenzkreises. Math. és térmész. ért. **26**, 221—229. (Ungarisch.) F 39, 320; S 45. — VALLÉE-POUSSIN, CH. J. DE LA: Sur l'approximation des fonctions d'une variable réelle et de leurs dérivées par des polynômes et des suites limitées de FOURIER. Belg. Bull. Sciences 1908, 193—254. F 39, 329; S 45.

1909 BOHR, H.: a) Sur la série de DIRICHLET. C. R. **148**, 75—80. F 40, 313; S 46. — b) Über die Summabilität Dirichletscher Reihen. Gött. Nachr. 1909, 247—262. F 40, 313; S 47. Siehe auch F 41, 297 und 477. — BOREL, É.: Les probabilités dénombrables et leurs applications arithmétiques. Palermo Rend. **27**, 247—271. F 40, 283. — FORD, W. B.: A set of criteria for the summability of divergent series. Amer. Math. Soc. Bull. (2) **15**, 439—444. F 40, 304; S 47. — HARDY, G. H.: A note on the continuity or discontinuity of a function defined by an infinite product. Lond. M. S. Proc. (2) **7**, 40—48. F 40, 439. — LANDAU, E.: *Handbuch der Lehre von der Verteilung der Primzahlen. Zwei Bände, S. 1—564 und S. 567—961. F 40, 232. — RIESZ, M.: a) Sur les séries de DIRICHLET. C. R. **148**, 1658—1660. F 40, 314; S 50. — b) Sur la sommation des séries de DIRICHLET. C. R. **149**, 18—20. F 40, 315; S 51. — c) Sur les séries de DIRICHLET et les séries entières. C. R. **149**, 909—912. F 40, 315; S 52. — SCHNEE, W.: a) Die Identität des Cesàroschen und Hölderschen Grenzwertes. Math. Ann. **67**, 110—125. F 40, 304; S 45. — b) Über Dirichletsche Reihen. Palermo Rend. **27**, 87—116. F 40, 312.

1910 FORD, W. B.: On the relation between the sum-formulas of HÖLDER and CESÀRO. Amer. Journ. **32**, 315—326. F 41, 280; S 57. — HARDY, G. H.: a) Theorems relating to the summability and convergence of slowly oscillating series. Lond. M. S. Proc. (2) **8**, 301—320. F 41, 278; S 53. — b) Theorems connected with MACLAURIN's test for the convergence of series. Lond. M. S. Proc. (2) **9**, 126—144. F 41, 278; S 59. — c) The application to DIRICHLETS series of BORELS exponential method of summation. Lond. M. S. Proc. (2) **8**, 277—294. F 41, 291; S 49. — d) Notes on some points in the integral calculus. XXIX. Two convergence theorems. XXX. A theorem concerning summable integrals. Messenger (2) **40**, 87—91 und 108—112. F 41, 324. — JACKSON, F. H.: BOREL's integral and q-series. Edinb. Roy. Soc. Proc. **30**, 378—385. F 41, 301; S 57. — LANDAU, E.: Über die Bedeutung einiger neuen Grenzwertsätze der Herren HARDY und AXER. Prace mat.-fiz. **21**, 91—117. F 41, 241; S 58. — LEBESGUE, H.: Sur les intégrales singulières. Toulouse Ann. (3) **1**, 25—117. F 41, 327. — RICOTTI, E.: Sulle serie divergenti sommabili. Batt. G. **48**, 79—111. F 41, 281; S 59. — RIESZ, M.: Sur un problème d'ABEL. Palermo Rend. **30**, 339—345. F 41, 466.

1911 BUHL, A.: Sur la représentation des fonctions méromorphes. Acta Math. **35**, 73—95. F 42, 424; S 75. — BURKHARDT, H.: Über den Gebrauch divergenter Reihen in der Zeit von 1750—1860. Math. Ann. **70**, 169—206. F 42, 264. — CHAPMAN, S.: a) On non-integral orders of summability of series and integrals. Lond. M. S. Proc. (2) **9**, 369—409. F 42, 270; S 54. —

b) A note on the theory of summable integrals. Amer. Math. Soc. Bull. (2) **1911**
17, 280; **18**, 111—117. F 42, 322; S 60. — c) On the general theory of
summability, with applications to FOURIER's and other series. Quart. J.
43, 1—52. F 42, 270; S 75. — DIENES, P.: Sur la sommabilité de la série
de TAYLOR. C. R. **153**, 802—805. F 42, 278; S 61. — FEKETE, M.: Zur
Theorie der divergenten Reihen. Math. és termész. ért. **29**, 719—726. F 42,
294. — HARDY, G. H.: a) FOURIER's double integral and the theory of divergent integrals. Cambr. Phil. Soc. Trans. **21**, 427—451. F 42, 319; S 44. —
b) Notes on some points in the integral calculus. XXXI. The uniform convergence of BOREL's integral. Messenger (2) **40**, 161—165. F 42, 316; S 63. —
HARDY, G. H.; CHAPMAN, S.: A general view of the theory of summable
series. Quart. J. **42**, 181—215. F 42, 268; S 63. — KNOPP, K.: Über Summen der Form $a_0 b_n + a_1 b_{n-1} + \cdots + a_n b_0$. Palermo Rend. **32**, 95—110.
F 42, 272; S 58. — LITTLEWOOD, J. E.: The converse of ABEL's theorem on
power series. Lond. M. S. Proc. (2) **9**, 434—448. F 42, 276; S 58. — OTTOLENGHI, B.: a) Somma generalizzata e grado di indeterminazione delle
serie. Batt. G. **49**, 233—279. F 42, 271; S 68. — b) Coesistenza e identità
di HÖLDER e di CESÀRO. Padova: Prosperini. 16 S. F 42, 272; S 69. —
RIESZ, M.: a) Une méthode de sommation équivalente à la méthode des
moyennes arithmétiques. C. R. **152**, 1651—1654. F 42, 272; S 71. —
b) Über einen Satz des Herrn FATOU. J. f. Math. **140**, 89—99. F 42, 277;
S 71. — SANNIA, G.: Sul prodotto di due serie convergenti. Batt. G. **49**,
43—46. F 42, 267; S 73. — STEINHAUS, H.: Der Begriff der Grenze. Math.
Ann. **71**, 88—96. F 42, 265. — TOEPLITZ, O.: Über allgemeine lineare Mittelbildungen. Prace mat.-fiz. **22**, 113—119. F 44, 281; S 73 (vgl. 1913).

HARDY, G. H.: a) Generalisations of a limited theorem of Mr. MERCER. **1912**
Quart. J. **43**, 143—150. F 43, 480. — b) On the multiplication of DIRICHLET's series. Lond. M. S. Proc. (2) **10**, 396—405. F 43, 327. — HARDY, G. H.;
LITTLEWOOD, J. E.: a) The relations between BOREL's and CESÀRO's methods
of summation. Lond. M. S. Proc. (2) **11**, 1—16. F 43, 311; S 67. — b) Contributions to the arithmetic theory of series. Lond. M. S. Proc. (2) **11**, 411—
478. F 43, 312; S 83. — MOORE, CH. N.: Sur les facteurs de convergence
dans les séries doubles et sur la série double de FOURIER. C. R. **155**, 126—129.
F 43, 326; S 85. — PRINGSHEIM, A.: Über einige funktionentheoretische
Anwendungen der Eulerschen Reihen-Transformation. Münch. Ber. 1912,
11—92. F 43, 494. — YOUNG, W. H.: On multiple FOURIER series. Lond.
M. S. Proc. (2) **11**, 133—184. F 43, 325.

BERWALD, F. R.: Solution nouvelle d'un problème de FOURIER. Ark. f. **1913**
Mat., Astr. och Fys. **9**, Nr. 14, 17. S F 44, 1054. — BORTOLOTTI, E.:
a) Espressioni indeterminate. Annali di Mat. (3) **21**, 289—316. F 44, 330. —
b) Sugli integrali definiti improprii. Palermo Rend. **35**, 345—383. F 44, 347.
— CHAPMAN, S.: Some theorems on the multiplication of series which are
infinite in both directions. Quart. J. **44**, 219—233. F 44, 285; S 89. —
DIENES, P.: Lecons sur les singularités des fonctions analytiques; professées
à l'Université de Budapest. Paris, 172 S. F 44, 457; S 89. — FABER, G.:
Über die Hölderschen und Cesàroschen Grenzwerte. Münch. Ber. 1913,
519—531. F 44, 329; S 90. — FEJÉR, L.: La convergence sur son cercle de
convergence d'une série de puissances effectuant une représentation conforme du cercle sur le plan simple. C. R. **156**, 46—49. F 44, 290; S 90. —
HARDY, G. H.: a) An extension of a theorem on oscillating series. Lond.
M. S. Proc. (2) **12**, 174—180. F 44, 283; S 85. — b) Notes on some points
in the integral calculus. XXXVII. On the region of convergence of BOREL's
integral. Messenger (2) **43**, 22—24. F 44, 348; S 104. — HARDY, G. H.;

1913 LITTLEWOOD, J. E.: a) Tauberian theorems concerning series of positive terms. Messenger (2) **42**, 191—192. F 44, 283. — b) Sur la série de FOURIER d'une fonction à carré sommable. C. R. **156**, 1307—1309. F 44, 302. — KNOPP, K.: a) Bemerkung zu der vorstehenden Arbeit des Herrn I. SCHUR. Math. Ann. **74**, 459—461. F 44, 280; S 96. — b) Über Lambertsche Reihen. J. f. Math. **142**, 283—315. F 44, 290. — LANDAU, E.: a) Die Identität des Cesàroschen und Hölderschen Grenzwertes für Integrale. Leipz. Ber. **65**, 131—138. F 44, 281; S 93. — b) Über einen Satz des Herrn LITTLEWOOD. Palermo Rend. **35**, 265—276. F 44, 282. — c) Ein neues Konvergenzkriterium für Integrale. Münch. Ber. 1913, 461—467. F 44, 282. — MOORE, CH. N.: On convergence factors in double series and the double FOURIER's series. American M. S. Trans. **14**, 73—104. F 44, 297; S 85. — ROSENBLATT, A.: Über die Multiplikation der unendlichen Reihen. Krakau Anz. (A) 1913, 603—631. F 44, 284; S 94. — SCHUR, I.: Über die Äquivalenz der Cesàroschen und Hölderschen Mittelwerte. Math. Ann. **74**, 447—458. F 44, 280; S 94. — SILVERMANN, L. L.: On the definition of the sum of a divergent series. Dissertation, Columbia (Mo). 96 S. F 44, 1116; S 96. — SMAIL, L. L.: Some generalizations in the theory of summable divergent series. Dissertation, Columbia. S 100. — STEINHAUS, H.: Quelques remarques sur la généralization de la notion de limite. (Polnisch.) Prace mat.-fiz. **22**, 121—134. S 73. — TOEPLITZ, O.: Über allgemeine lineare Mittelbildungen. Prace mat.-fiz. **22**, 113—119. F 44, 281; S 73 (siehe 1911).

1914 FEKETE, M.: Untersuchungen über absolut summable Reihen, mit Anwendung auf Dirichletsche und Fouriersche Reihen. (Ungarisch.) Math. és termész. ért. **32**, 389—425. F 45, 1274; S 104. — GRONWALL, T. H.: Sur quelques méthodes de sommation et leur application à la série de FOURIER. C. R. **158**, 1664—1665. F 45, 402; S 104. — HARDY, G. H.: Note on LAMBERT's series. London M. S. Proc. (2) **13**, 192—198. F 45, 398. — HARDY, G. H.; LITTLEWOOD, J. E.: a) Tauberian theorems concerning power series and DIRICHLET's series whose coefficients are positive. Lond. M. S. Proc. (2) **13**, 174—191. F 45, 389; S 92. — b) Some theorems concerning DIRICHLET's series. Messenger **43**, 134—147. F 45, 390; S 104. — HOLZBERGER, H.: Über das Verhalten von Potenzreihen mit zwei und drei Veränderlichen an der Konvergenzgrenze. Monatsh. f. Math. **25**, 179—266. F 45, 386. — MOORE, CH. N.: Sur la relation entre certaines méthodes pour la sommation d'une série divergente. C. R. **158**, 1774—1775. F 45, 399; S 104. — ROSENBLATT, A.: Über einen Satz des Herrn HARDY. Deutsche Math. Ver. **23**, 80—84. F 45, 378. — WATANABE, M.: On the identity of CESÀRO's and HÖLDER's limits. Tôhoku Math. J. **5**, 21—28. F 45, 399; S 105.

1915 GROSS, W.: Zur Poissonschen Summierung. Wien. Ber. **124**, 1017—1037. F 45, 400; S 107. — HARDY, G. H.: The second theorem of consistency for summable series. Lond. R. S. Proc. (2) **15**, 72—88. F 45, 400 und 46, 493; S 105. — HARDY, G. H.; LITTLEWOOD, J. E.: New proofs of the prime-number theorem and similar theorems. Quart. J. **46**, 215—219. F 45, 1252. — HARDY, G. H.; RIESZ, M.: *The general theory of DIRICHLET's series. Cambridge. F 45, 387; S 106. — LUKÁCS, F.: Bemerkung zu einem Konvergenzsatze des Herrn LANDAU. Arch. d. Math. u. Phys. (3) **23**, 367—368. F 45, 399; S 106. — MAZURKIEWICZ, ST.: O sumowalnosci szeregow ksztaltu $\sum a_n u_n$. (Summierbarkeit der Reihen $\sum a_n u_n$.) Sitzungsberichte der Warschauer Gesellschaft der Wissenschaften **8**, 649—655. F 45, 400 und 46, 328; S 107. — NALLI, P.: Sulle serie di DIRICHLET. Palermo Rend. **40**,

44—70 und 167—168. F 45, 392; S 106. — SANNIA, G.: Sul metodo di **1915** sommazione di CESÀRO. Torino Atti **50**, 133—148. F 45, 399; S 106.

BORTOLOTTI, E.: Il metodo della sommazione per parti nel calcolo delle **1916** serie. Batt. G. **54** (3) **7**, 105—131. F 46, 329. — FEKETE, M.: Viszgálatok a FOURIER-sorokról. (Untersuchungen über Fouriersche Reihen.) Math. és termész. ért. **34**, 759—786. F 46, 453. — FORD, W. B.: *Studies in divergent series and summability. New York, 194 S. F 46, 1456; S 108. — HARDY, G. H.: a) Sur la sommation des séries de DIRICHLET. C. R. **162**, 463—466. F 46, 491; S 111. — b) The application of ABEL's method of summation to DIRICHLET's series. Quart. J. **47**, 176—192. F 46, 292; S 111. — HARDY, G. H.; LITTLEWOOD, J. E.: Theorems concerning the summability of series by BOREL's exponential method. Palermo Rend. **41**, 36—53. F 46, 486; S 109. — LANDAU, E.: *Darstellung und Begründung einiger neuerer Ergebnisse der Funktionentheorie. Berlin, 110 S. F 46, 469; S 114. — McMACKIN, F. J.: Some theorems in the theory of summable divergent series. Diss. Columbia, 22 S. S 114; siehe auch F 46, 349. — PRINGSHEIM, A.: Über die Äquivalenz der sogenannten Hölderschen und Cesàroschen Grenzwerte und die Verallgemeinerung eines beim Beweis benützten Grenzwertsatzes. Münch. Ber. 1916, 209—224. F 46, 322; S 115. — RIESZ, M.: a) Neuer Beweis des Fatouschen Satzes. Gött. Nachr. 1916, 62—65. F 46, 488. — b) Sätze über Potenzreihen. Ark. för Mat., Astron. och Fys. 11, Nr. 12, 16 S. F 46, 488; S 116. — c) Ein Konvergenzsatz für Dirichletsche Reihen. Acta Math. **40**, 349—361. F 46, 489. — SILVERMAN, L. L.: On the notion of summability for the limit of a function of a continuous variable. American M. S. Trans. **17**, 284—294. F 46, 435; S 107.

CARLSON, F.: Une remarque sur la transformation des séries sommables **1917** en séries convergentes. Nyt Tidsskr. for Math. **28**, 81—88. F 46, 327; S 117. — CARMICHAEL, R. D.: Note on convergence tests applicable to series converging conditionally. Tôhoku Math. J. **11**, 191—199. F 46, 326; S 117. — FEKETE, M.: Summabilitási factorsorozatok. (Über Faktorenfolgen der Summabilität.) Math. és termész. ért. **35**, 309—324. F 46, 328; S 118. — GRONWALL, T. H.: Über einige Summationsmethoden und ihre Anwendung auf die Fouriersche Reihe. J. f. Math. **147**, 16—35. F 46, 454; S 118. — HARDY, G. H.; LITTLEWOOD, J. E.: Contributions to the theory of the RIEMANN Zeta-function and the theory of the distribution of primes. Acta Math. **41**, 119—196. F 46, 498. — HURWITZ, W. A.; SILVERMAN, L. L.: On the consistency and equivalence of certain definitions of summability. American M. S. Trans. **18**, 1—20. F 46, 321; S 119. — JACKSON, F. H.: The q-integral analogous to BOREL's integral. Messenger **47**, 57—64. F 46, 339; S 135. — JAMES, G.: Some theorems on the summation of divergent series. Diss. Columbia. F 47, 904, siehe auch F 46, 349; S 121. — KNOPP, K.: Über die Oszillationen einfach unbestimmter Reihen. Sitzungsber. Berl. Math. Ges. **16**, 45—50. F 46, 321; S 122. — KOJIMA, T.: a) On the relation between the limites of the sequences $x_n + \dfrac{a_1 x_1 + a_2 x_2 + \cdots + a_n x_n}{n^k}$ and x_n. Tôhoku Math. J. **12**, 177—180. F 46, 323; S 122. — b) On generalized TOEPLITZ's theorems on limit and their applications. Tôhoku Math. J. **12**, 291—326. F 46, 324; S 123. — KUBOTA, T.: Ein Satz über den Grenzwert. Tôhoku Math. J. **12**, 222—224. F 46, 324. — MAZURKIEWICZ, S.: O niesumowalnych szeregach potęgowych i trygonometrycznych. (Über nichtsummierbare Potenz- und trigonometrische Reihen.) Prace mat.-fiz. **28**, 109—118. F 46, 533; S 126. — NALLI, P.: a) Sopra una relazione fra la

1917 teoria della composizione di prima spezie e lo studio delle serie divergenti. Palermo Rend. **42**, 206—226. F 46, 640; S 126. — b) Sulla sommabilità delle serie con particolare riguardo alle serie di DIRICHLET. Palermo Rend. **42**, 61—72. F 46, 1466; S 115. — NARUMI, S.: A theorem on limits. Tôhoku Math. J. **12**, 275—290. F 46, 324; S 127. — RYCHLÉK, K.: Über DE LA VALLÉE-POUSSINS Summationsmethode. Časopis **56**, 313—331. (Böhmisch.) F 46, 333; S 127. — SANNIA, G.: a) Nuova trattazione del metodo di BOREL per la sommazione delle serie. Torino Atti **52**, 67—86. F 46, 329; S 116. — b) Sul metodo di BOREL per la sommazione delle serie. Rom. Acc. L. Rend. (5) **26**$_I$, 162—167. F 46, 329; S 129. — c) Generalizzazione del metodo di BOREL per la sommazione delle serie. Rom. Acc. L. Rend. (5) **26**$_I$, 603—606. F 46, 330; S 129. — d) Nuovo metodo di sommazione delle serie: estensione del metodo di BOREL. Palermo Rend. **42**, 603—606. F 46, 330; S 127. — e) Le serie di funzioni sommate col metodo di BOREL generalizzato. Rom. Acc. L. Rend. (5) **26**$_{II}$, 77—81. F 46, 330; S 129. — SIDON, S.: Lösung zu 509 (XXIV, 282, G. PÓLYA). Arch. d. Math. u. Phys. (3) **26**, 68. F 46, 325. — SIERPIŃSKI, W.: Sur la dépendance entre l'existence de limites des suites $x_n + q / (x_1 + x_2 + \cdots + x_n)$ et x_n. Tôhoku Math. J. **11**, 1—4. F 46, 323; S 130. — VALIRON, G.: Remarques sur la sommation des séries divergentes par les méthodes de M. BOREL. Palermo Rend. **42**, 267—284. F 46, 487; S 130. — VERBECK, M.: Über spezielle rekurrente Folgen und ihre Bedeutung für die Theorie der linearen Mittelbildungen und Kettenbrüche. Diss. Bonn, 51 S. F 46, 322; S 130.

1918 ANDERSEN, A. F.: Sur la multiplication de séries absolument convergentes par des séries sommables par la méthode de CESÀRO. Kopenhagen Vidensk. Selsk. math.-fys. Meddelalser **1**, Nr. 4, 39 S. F 46, 327; S 130. — CARMICHAEL, R. D.: General aspects of the theory of summable series. American M. S. Bull. **25**, 97—131. F 47, 193; S 131. — FORD, W. B.: A conspectus of the modern theory of divergent series. American M. S. Bull. **25**, 1—15. F 47, 192; S 139. — GEIRINGER, H.: Trigonometrische Doppelreihen. Monatsh. f. Math. **29**, 65—144. F 46, 464. — HILDEBRANDT, T. H.: On a generalization of a theorem of TOEPLITZ. American M. S. Bull. **24**, 429. F 46, 350. — KOJIMA, T.: Theorems on convergent integrals. Tôhoku Math. J. **14**, 64—79. F 46, 435. — PRINGSHEIM, A.: Über die Äquivalenz der sogenannten Hölderschen und Cesàroschen Grenzwerte und die Verallgemeinerung eines beim Beweise benützten Grenzwertsatzes. Münch. Ber. 1918, 89—92. F 46, 322; S 115. — SANNIA, G.: a) Le serie di potenze di una variabile sommate col metodo di BOREL generalizzato. (Nota I, II.) Torino Atti **53**, 135—148 und 192—206. F 46, 331. — b) Sulle serie di potenze di una variabile sommate col metodo di BOREL generalizzato. Sulle serie di potenze sommate col metodo di BOREL generalizzato. (Nota I, II, III.) Rom. Acc. L. Rend. (5) **27**$_I$, 98—102 und 139—142; **27**$_{II}$, 24—27. F 46, 331; S 129. — c) Estensione e studio di un metodo di sommazione generico di BOREL. Scritti matematici offerti ad ENRICO D'OVIDIO 227—252. F 46, 332; S 136. — d) Il metodo di sommazione di EULERO e la moltiplicazione delle serie. Rom. Acc. L. Rend. (5) **27**$_{II}$, 397—399. F 46, 332; S 129. — SMAIL, L. L.: A general method of summation of divergent series. Annals of Math. (2) **20**, 149—152. F 46, 332; S 136.

1919 ANANDA-RAU, K.: A note on a theorem of Mr. HARDY's. Lond. M. S. Proc. (2) **17**, 334—336. F 47, 293; S 135. — BERNSTEIN, F.: Die Übereinstimmung derjenigen beiden Summationsverfahren einer divergenten Reihe, welche von T. E. STIELTJES und É. BOREL herrühren. Deutsche Math.-Ver.

28, 50—63; Berichtigung in **29**, 94. F 47, 294; S 138. — Fujiwara, M.: **1919**
a) Über summierbare Reihen und Integrale. Tôhoku Math. J. **15**, 323—329.
F 47, 280; S 139. — b) Über die Verallgemeinerung des Tauberschen Satzes
auf Doppelreihen. Tôhoku Science Rep. 8, 43—50. F 47, 280. — James, G.:
On the theory of summability. Annals of Math. (2) **21**, 120—127. F 47,
199; S 140. — Kogbetliantz, E.: Sur la sommation des séries divergentes.
C. R. **168**, 1090—1092. F 47, 902. — Kubota, T.: Einige Sätze den Grenzwert betreffend. Tôhoku Math. J. **15**, 314—322. F 47, 206. — Moore, Ch. N.:
Applications of the theory of summability to developments in orthogonal
functions. American M. S. Bull. **25**, 258—276. F 47, 266; S 142. — Narumi, S.: Some theorems on limits. Tôhoku Math. J. **15**, 300—313. F 47, 204;
S 143. — Okada, Y.: A theorem on limits. Tôhoku Math. J. **15**, 280—283.
F 47, 204; S 143. — Rémoundos, G. J.: Les séries divergentes par le calcul
des probabilités. Bull. de la Soc. math. de Grèce **1**, 54—61. F 47, 903. —
Silverman, L. L.: On the consistency and equivalence of certain generalized
definitions of the limit of a function of a continuous variable. Annals of
Math. (2) **21**, 128—140. F 47, 205; S 143.

Ananda-Rau, K.: a) On Lambert's series. Lond. M. S. Proc. (2) **18**, **1920**
Nachtrag 21—22, und **19**, 1—20. F 47, 281. — b) On the relation between
the convergence of a series and its summability by Cesàro's means. Lond.
M. S. Proc. (2) **18**, XXII. F 47, 904. — Cipolla, M.: Sul criterio di convergenza di Hardy. Napoli Rend. (3) **26**, 96—107 und 151—160. F 47, 196.
— Doetsch, G.: a) Eine neue Verallgemeinerung der Borelschen Summabilitätstheorie der divergenten Reihen. Diss. Göttingen, 56 S. F 47, 199;
S 143. — b) Ein Konvergenzkriterium für Integrale. Math. Ann. **82**, 68—82
F 47, 254. — Fujiwara, M.: Ein Satz über die Borelsche Summation.
Tôhoku Math. J. **17**, 339—343. F 47, 201; S 144. — Hardy, G. H.: On the
convergence of certain multiple series. Proc. Cambr. **19**, 86—95. — Hardy,
G. H.; Littlewood, J. E.: a) Abel's theorem and its converse. Lond. M. S.
Proc. (2) **18**, 205—235. F 47, 279. — b) On a Tauberian theorem for Lambert's series, and some fundamental theorems in the analytic theory
of numbers. Lond. M. S. Proc. (2) **19**, 21—29. F 47, 155 (und 281). —
Jacobsthal, E.: Mittelwertbildung und Reihentransformation. Math.
Zeitschr. **6**, 100—117. F 47, 201; S 144. — Kienast, A.: Proof of the equivalence of different mean values. Cambr. Phil. Proc. **20**, 74—82. F 47, 203;
S 158. — Knopp, K.: Mittelwertbildung und Reihentransformation. Math.
Zeitschr. **6**, 118—123. F 47, 202; S 145. — Kojima, T.: Theorems on double
series. Tôhoku Math. J. **17**, 213—220. F 47, 206. — Maksymowicz, A.:
Contribution à la théorie des séries sommables par la méthode de CesàroHölder. Bull. Crac. 1920, 65—69. F 48, 1190. — Mignosi, G.: Estensione
dei teoremi di Abel, Cesàro e Frobenius sulle serie di potenze. Napoli
Rend. (3) **26**, 225—232 und 237—246. F 47, 902. — Mollerup, J.: Une
methode de sommabilité par des moyennes éloignées. Danske Vidensk.
Selsk. Medd. **3**, Nr. 8, 29 S. F 47, 202; S 145. — Nörlund, N. E.: Sur une
application des fonctions permutables. Lunds Univ. Årsskrift. Avd. **2**,
Bd. 16, Nr. 3, S. 1—10. S 143. — Perron, O.: a) Zur Theorie der divergenten
Reihen. Math. Zeitschr. **6**, 158—160. F 47, 197; S 147. — b) Beitrag zur
Theorie der divergenten Reihen. Math. Zeitschr. **6**, 286—310. F 47, 198;
S 148. — Pringsheim, A.: Über eine Konvergenzbedingung für unendliche
Reihen, die durch iterierte Mittelbildung reduzibel sind. Münch. Ber. 1920,
275—284. F 47, 196; S 151. — Sannia, G.: a) Nuovo metodo di sommazione
delle serie che ammette l'algoritmo delle serie assolutamente convergenti.
Rom. Acc. L. Rend. (5) **29**$_I$, 141—146. F 47, 200. — b) Serie di funzioni

1920 sommabili uniformamente col metodo di Borel generalizzato. Torino Atti **54**, 171—185; **55**, 310—322. F 47, 201. — Schur, I.: Über lineare Transformationen in der Theorie der unendlichen Reihen. J. f. Math. **151**, 79—111. F 47, 197; S 158. — Smail, L.: Summability of double series. Annals of Math. (2) **21**, 221—223. F 47, 903; S 151. — Watanabe, M.: Proof of the theorems due to Messrs. Kojima and Okada. Tôhoku Math. J. **17**, 86—88. F 47, 205.

1921 Andersen, A. F.: Studier over Cesàro's summabilitetsmetode. (Studien über Cesàros Summabilitätsmethode.) Diss. Köbenhavn, 100 S. F 48, 225; S 153. — Bieberbach, L.: *Neuere Untersuchungen über Funktionen von komplexen Variablen. Encykl. d. math. Wiss. IIC 4, 379—532. F 48, 313; S 173. — Bortolotti, E.: Sulla rappresentazione assintotica di integrali divergenti. Bologna Mem. (6) **8**, 111—119. F 48, 287. — Cipolla, M.: Criteri di convergenza riducibili a quello di Hardy-Landau. Napoli Rend. (3) **27**, 28—38. F 48, 228. — Doetsch, G.: a) Über die Cesàrosche Summabilität bei Reihen und eine Erweiterung des Grenzbegriffs bei integrablen Funktionen. Math. Zeitschr. **11**, 161—179. F 48, 226. — b) Über die Summabilität von Potenzreihen auf dem Rande des Borelschen Summabilitätspolygons. Math. Ann. **84**, 245—251. F 48, 227; S 153. — Hardy, G. H.: A theorem concerning summable series. Cambr. Phil. Soc. Proc. **20**, 304—307. F 48, 1190; S 154. — Hausdorff, F.: Summationsmethoden und Momentfolgen, I und II. Math. Z. **9**, 74—109 und 280—299. S 154. — Knopp, K.: Einige Bemerkungen zur Kummerschen und Markoffschen Reihentransformation. Sitzungsber. Berl. Math. Ges. **19**, 4—17. F 48, 229. — Mignosi, G.: a) Sulle medie di Doetsch delle funzioni. Note e memorie di mat. **1**, 136—158. F 48, 227. — b) Inversione d'un teorema sul rapporto delle medie (Cp) di due serie. Napoli Rend. (3) **27**, 17—28. F 48, 228. — Rademacher, H.: Über den Konvergenzbereich der Eulerschen Reihentransformation. Sitzungsber. Berl. Math. Ges. **21**, 16—24. F 48, 231. — Szidon, S.: Reihentheoretische Sätze und ihre Anwendungen in der Theorie der Fourierschen Reihen. Math. Zeitschr. **10**, 121—127. F 48, 306; S 161.

1922 Amato, V.: Un criterio di convergenza e sua applicazione alla sommabilità secondo Riesz. Napoli Rend. (3) **28**, 39—50. F 48, 229. — Hahn, H.: Über Folgen linearer Operationen. Monatsh. f. Math. **32**, 3—88. F 48, 473. — Hart, W. L.: Summable infinite determinants. American M. S. Bull. **28**, 171—178. F 48, 1251 und 492; S 162. — Hurwitz, W. A.: a) Report on topics in the theory of divergent series. American M. S. Bull. **28**, 17—36. F 48, 223; S 162. — b) Convergence-factors in Cesàro-summable series. American M. S. Bull. **28**, 156. F 48, 240. — Knopp, K.: a) *Theorie und Anwendung der unendlichen Reihen. Berlin, 474 S. F 48, 222; S 169. — b) Über das Eulersche Summierungsverfahren. Math. Zeitschr. **15**, 226—253. F 48, 232; S 165. — Kojima, T.: On the theory of double sequences. Tôhoku Math. J. **21**, 3—14. F 48, 234; S 171. — Moore, Ch. N.: Generalized limits in general analysis. Nat. Acad. Proc. **8**, 288—293. F 48, 264. — Perron, O.: Neue Summationsmethoden und Entwicklungen nach Polynomen. Heidelb. Ak. Sitzber. 1922, Nr. 1. F 48, 335. — Sannia, G.: Serie assolutamente sommabili col metodo di Borel generalizzato. Torino Atti **56**, 34—40. F 48, 227. — Takenaka, S.: A general view of the theory of summability. Tôhoku Math. J. **21**, 193—221. F 48, 235; S 172. — Wilson, B. M.: Note on the existence of Abel's limit. Messenger **52**, 69—71. F 48, 1190.

ANDERSEN, A. F.: Om Aekvivalensen af CESÀROS og HÖLDERS Summabilitetsmetoder. (Festskrift til J. HJELMSLEV.) Mat. Tidsskrift B, 5—10. F 49, 155. — BELINFANTE, M. J.: a) Een generalisatie van de stelling van MERTENS. Amst. Ak. Versl. **32**, 177—189. F 49, 156. — b) Over een generalisatie van TAUBER's theorema betreffende machtreeksen. Amst. Ak. Versl. **32**, 289—299. F 49, 157. — c) Over de vermenigvuldiging en sommeerbaarheid van oneindige reeksen. Amst. Ak. Versl. **32**, 523—535. F 49, 157. — d) Over machtreeksen van den vorm $x^{p_0} - x^{p_1} + x^{p_2} - x^{p_3} + \cdots$. Amst. Ak. Versl. **32**, 472—477. F 49, 158. — EVERSULL, B. M.: On convergence factors in triple series and the triple FOURIER's series. Annals of Math. (2) **24**, 141—166. F 49, 207; S 172. — HAHN, H.: a) Die Äquivalenz der Cesàroschen und Hölderschen Mittel. Monatsh. f. Math. **33**, 135—143. F 49, 155. — b) Über Reihen mit monoton abnehmenden Gliedern. Monatsh. f. Math. **33**, 121—134. F 49, 151. — HARDY, G. H.; LITTLEWOOD, J. E.: a) Solution of the CESÀRO summability problem for power-series and FOURIER series. Math. Zs. **19**, 67—96. F 49, 232. — b) ABEL's theorem and its converse. II. Lond. M. S. Proc. (2) **22**, 254—269. F 49, 227. — HAUSDORFF, F.: Momentprobleme für ein endliches Intervall. Math. Ztschr. **16**, 220—248. F 49, 193. — KIENAST, A.: Über eine Klasse von Grenzwertverfahren, in der das arithmetisch-geometrische Mittel enthalten ist. Zürich. Naturg. Ges. **68**, 228—290. F 49, 153 und 703. — KNOPP, K.: a) Neuere Untersuchungen in der Theorie der divergenten Reihen. Deutsche Math.-Ver. **32**, 43—67. F 49, 154. — b) Zur Theorie der C- und H-Summierbarkeit. Math. Zs. **19**, 97—113. F 49, 235. — c) Über das Eulersche Summierungsverfahren. II. Math. Zs. **18**, 125—156. F 49, 234. — KOGBETLIANTZ, E.: a) Sur les moyennes doubles de CESÀRO. C. R. **176**, 224—227. F 49, 156. — b) Sur l'unicité des séries trigonométriques. C. R. **177**, 674—677. F 49, 205. — MOORE, CH. N.: Generalized limits in general analysis. First paper. American M. S. Trans. **24**, 79—88. F 49, 176; S 171. — MORSE, D. S.: Relative inclusiveness of certain definitions of summability. American J. **45**, 259—285. F 49, 155. — NEDER, L.: Über eine Hardy-Littlewoodsche Fragestellung. Leipz. Ber. **75**, 68—77. F 49, 227. — PERRON, O.: Über eine Verallgemeinerung der Eulerschen Reihentransformation. Math. Zs. **18**, 157—172. F 49, 234. — RIESZ, M.: a) Sur la sommation des séries de FOURIER. Acta Litt. ac Scient. Univ. Hung. **1**, 104—113. F 49, 205. — b) Sur un théorème de la moyenne et ses applications. Acta Litt. ac Scient. Univ. Hung. **1**, 114—126. F 49, 707. — WIENER, N.: Note on a new type of summability. American M. S. Bull. **29**, 211; American J. **45**, 83—86. F 49, 158.

1923

ANANDA-RAU, K.: On the relation between the convergence of a series and its summability by CESÀRO's means. J. of Ind. Math. Soc. **15**, 264—268. F 50, 157. — BELINFANTE, M. J.: Over generalisaties van het begrip absolute convergentie. Amst. Ak. Versl. **33**, 258—286. Over den index van sommeerbaarheid. Amst. Ak. Versl. **33**, 751—765. F 50, 155. — BOREL, É.: Sur la méthode de sommation exponentielle des séries divergentes. Matem. Tidsskr. (B) 1924, 40—41. F 50, 162. — BROGGI, U.: Qualche applicazioni concreta delle serie divergenti nell'analisi. Rend. sem. matem. R. Univ. Roma (2) **1**, 9—14. F 50, 157. — CALDARERA, A.: Su talune estensione dei criteri di convergenza di HARDY e LANDAU. Note e memoire di mat. **2**, 77—98. F 50, 153. — GRISAR, C. G.: Über eine Verallgemeinerung des Tauberchen Satzes und seine Ausdehnung auf n-fache Reihen. Diss. Univ. München, 60 S. gr. 8°. F 50, 152. — HOLTMANN, F.: Darstellung von Mittelwerten durch bestimmte Integrale. Diss. Univ. Leipzig. 50 S. (1918). F 50,

1924

1924 636. — KNOPP, K.: *Theorie und Anwendung der unendlichen Reihen. 2., erw. Aufl. Berlin. X u. 527 S. F 50, 150. — KOGBETLIANTZ, E.: Sur la sommabilité absolue des séries par les moyennes arithmétiques. C. R. **178**, 295—298. F 50, 158. — MOORE, CH. N.: Generalized limits in general analysis. Second paper. American M. S. Trans. **25**, 459—468. F 50, 632. — NEDER, L.: Über Taubersche Bedingungen. Lond. M. S. Proc. (2) **23**, 172—184. F 50, 236. — NICOLETTI, O.: Un teorema di limite. Annali di Mat. (4) **1**, 91—104. F 50, 155. — OKADA, Y.: Some theorems on limit and their applications. Tôhoku Science Rep. (1), 155—171. F 50, 632. — PICONE, M.: Sui metodi di sommazione delle serie. Boll. Unione mat. ital. **3**, 193—197. F 50, 158. — RIESZ, M.: a) Sur l'équivalence de certaines méthodes de sommation. Lond. M. S. Proc. (2) **22**, 412—419. F 50, 154. — b) Über die Summierbarkeit durch typische Mittel. Acta Litt. ac Scient. Univ. Hung. **2**, 18—31. F 50, 156. — SILVERMAN, L. L.: The equivalence of certain regular transformations. American M. **26**, 101—112. F 50, 203. — TIRUVENKATACHARYA, V.: Summable double series. J. of Ind. Math. Soc. **15**, 224—232, 248—254. F 50, 162. — ZYGMUND, A.: Sur une généralisation de la méthode de CESÀRO. C. R. **179**, 870—872. F 50, 157.

1925 ANDERSEN, A. F.: Om nogle nyere Saetninger vedrørende CESÀRO- og HÖLDER-Summabilitet. Mat. Tidsskrift B 1925, 84—94. F 51, 181. — BUHL, A.: *Séries analytiques. Sommabilité. 53 p. Paris. F 51, 242. — CORPUT, J. G. VAN DER: Vraagstuk CLXI en CLXII. Wiskundige Opgaven **13**, 340—344. F 51, 185. — DALE, J.: Some properties of the exponential mean. Amer. J. **47**, 71—90. F 51, 181. — FERRAR, W. L.: Inverse factorial series which are summable (C, k). Messenger **55**, 44—48. F 51, 182. — HOCHSTAETTER, M.: Transformation d'une somme de carrés en développement limité ou illimité. Enseignement **24**, 136—138. F 51, 180. — INGHAM, A. E.: Note on the converse of ABEL's continuity theorem. Proceedings L. M. S. (2) **23**, XXVI. F 51, 265. — KNOPP, K.: a) Mehrfach monotone Zahlenfolgen. M. Z. **22**, 75—85. Über den Monotonieindex positiver Zahlenfolgen. Jahresbericht D. M. V. **33**, 89 kursiv. F 51, 178. — b) Über eine KRONECKERsche Konvergenzbedingung. Sitzungsberichte B. M. G. **24**, 3—5. F 51, 178. — KOGBETLIANTZ, E.: a) Sur la sommation des séries divergentes par les moyennes simples et doubles. Annales Ecole norm. (3) **42**, 193—216. F 51, 181. — b) Sur les séries absolument sommables par la méthode des moyennes arithmétiques. Bulletin sc. Math. (2) **49**, 234—251. F 51, 182. — OKADA, Y.: Über die Annäherung analytischer Funktionen. M. Z. **23**, 62—71. F 51, 243 und 50, 247. — OSTROWSKI, A.: Mathematische Miszellen. III: Über Nullstellen gewisser im Einheitskreis regulärer Funktionen und einige Sätze zur Konvergenz unendlicher Reihen. Jahresbericht D. M. V. **34**, 161—171. F 51, 246. — PICONE, M.: Sui metodi di sommazione delle serie. Annali di Mat. (4) **2**, 263—295. F 51, 181. — RAJCHMAN, A.: Sur la convergence multiple. C. R. **181**, 172—174. F 51, 178. — ROGOSINSKI, W.: Über die Abschnitte trigonometrischer Reihen. Math. Ann. **95**, 110—134. F 51, 221 (und 218). — SCHMIDT, R.: a) Über divergente Folgen und lineare Mittelbildungen. M. Z. **22**, 89—152. (Diss. Kiel). F 41, 182. — b) Die Umkehrsätze des Borelschen Summierungsverfahren. Schriften Königsberg **1**, 205—256. F 51, 184. — SMAIL, L. L.: *History and synopsis of the theory of summable infinite processes. 176 S., Oregon. F 51, 9. — TAKENAKA, S.: Tauberian theorems concerning DIRICHLET's series and allied integrals. Japanese Journ. of Math. **2**, 51—63. F 51, 265, auch 271. — ZYGMUND, A.: Sur la sommation des séries par le procédé des moyennes typiques. Bulletin Acad. Polonaise 1925, 265—287. F 52, 218.

Andersen, A. F.: Sur des suites régulières. VI. Skand. Mathematiker- **1926**
kongreß, 457—461. F 52, 211. — Bromwich, T. J. I.: *An introduction
to the theory of infinite series. 2. ed. XVI, 535 p. London. F 52, 208. —
Dobrowolski, S.: Sur les valeurs limites de moyennes de Cesàro et de
Hölder. Bulletin Acad. Polonaise 1925, 259—264. F 52, 216. — Ferrar,
W. L.: Necessary and sufficient conditions for summability (C, r). Journal
L. M. S. **1**, 175—179. F 52, 217. — Hadamard, J.: Observations sur les
deux communications précédentes. C. R. **182**, 838. F 52, 215. — Hardy,
G. H.; Littlewood, J. E.: A further note on the converse of Abel's theorem.
Proceedings L. M. S. (2) **25**, 219—236. F 52, 220. — Hobson, E. W.: *The
theory of functions of a real variable and the theory of Fourier series.
2. ed. Vol. I (1921), II. 670 bzw. 780 p. Cambridge. F 52, 237. — Hurwitz, W. A.: A trivial Tauberian theorem. Bulletin A. M. S. **32**, 77—82.
F 52, 220. — Izumi, S.: a) Einiges über die Differenzoperation in der Theorie
der unendlichen Reihen. Tôhoku Math. Journ. **27**, 324—331. F 52, 211. —
b) Über die lineare Transformation in der Theorie der unendlichen Reihen.
Tôhoku Math. Journ. **27**, 313—323. F 52, 215. — Karamata, J.: Sur
l'évaluation des limites se rattachant aux suites à double entrées. (Serbisch
mit französischem Auszug.) Glas CXX (55), 75—101. — Über einige durch
bestimmte Integrale ausdrückbare Grenzwerte. (Serbisch.) 65 S. Diss.
Beograd. F 52, 222. Siehe auch F 52, 248. — Kienast, A.: Extension to
other series of Abel's and Tauber's theorems on power series. Proceedings
L. M. S. (2) **25**, 45—52. F 52, 221. — Knopp, K.: Über Polynomentwicklungen im Mittag-Lefflerschen Stern durch Anwendung der Eulerschen
Reihentransformation. Acta Math. **47**, 313—335. F 52, 290. — Lévy, P.:
Sur les conditions d'application et sur la régularité des procédés de sommation des séries divergentes. Bulletin S. M. F. **54**, 1—25. F 52, 214. Remarques sur les procédés de sommation des séries divergentes. C. R. **182**,
835—838. F 52, 215. — Obrechkoff, N.: Sur la sommation des séries divergentes et le prolongement analytique. C. R. **182**, 307—309. F 52, 291. —
Orlicz, W.: Zur allgemeinen Limitierungstheorie. Tôhoku Math. Journ. **26**,
233—237. F 52, 216. — Rajchman, A.; Zygmund, A.: Sur la relation du
procédé de sommation de Cesàro et celui de Riemann. Bulletin Acad.
Polonaise 1925, 69—80. F 52, 217. — Robison, G. M.: Divergent double
sequences and series. Transactions A. M. S. **28**, 50—73. F 52, 223. —
Rogosinski, W.: Reihensummierung durch Abschnittskoppelungen. I.
M. Z. **25**, 132—149. F 52, 219. — Silverman, L. L.: On the omission of
terms in certain summable series. Moscou, Rec. Math. **33**, 375—384. F 52,
217. — Steinhaus, H.: Some remarks concerning the summability by
arithmetical mean-values. Tôhoku Math. Journal **26**, 247—248. F 52, 217.—
Thiruvenkatacharya, V.: On Borel's method for double series. Journal
Indian M. S. **16**, 155—163. F 52, 223. — Titchmarsh, E. C.: A series inversion formula. Proceedings L. M. S. (2) **26**, 1—11. F 52, 213. — Ullrich, E.: Zur Korrespondenz zweier Klassen von Limitierungsverfahren.
M. Z. **25**, 382—387. F 52, 216. — Vignaux, J. C.: Sobre las series divergentes
sumables. Anales Soc. cient. Argentina **101**, 216—236. F 52, 218. —
Vijayaraghavan, T.: A Tauberian theorem. Journal L. M. S. **1**, 113—120
und 192. F 52, 221. — Wilton, J. R.: Some applications of a transformation of series due to Schlömilch. Proceedings L. M. S. (2) **24**, XII—XIII.
F 52, 222. — Zygmund, A.: a) Sur un théorème de la théorie de la sommabilité. M. Z. **25**, 291—296. F 52, 217. — b) O teorji srednich arytmetycznych. Mathesis Polska **1**, 75—85 und 119—129. (Korrektur in Mathesis **5**,
46 (1930).)

1927 ANDERSEN, A. F.: a) Om en Graensevaerdisaetning af J. MERCER. Math. Tidsskrift 1927, B, 77—83. F 53, 188. — b) Comparison theorems in the theory of CESÀRO summability. Proceedings L. M. S. (2) **27**, 39—71. F 53, 192. — BORTOLOTTI, E.: Sulle condizioni di applicabilità e di convergenza dei processi di sommazione asintotica di algoritmi infiniti. Rendiconti Bologna (2) **31**. F 53, 196. — BOULIGAND, G.: Sur la comparaison de certains procédés de sommation des séries divergentes. Enseignement **26**, 15—27. F 53, 189. — COPSON, E. T.: Note on series of positive terms. Journal L. M. S. **2**, 9—12. F 53, 184. — FORT, T.: An elementary proof by mathematical induction of the equivalence of the CESÀRO and HÖLDER sum formulas. Bulletin A. M. S. **33**, 301—304. F 53, 190. — GALVANI, L.: Dei limiti a cui tendono alcune medie. Bolletino U. M. I. **6**, 173—179. F 53, 197. — HARDY, G. H.: Note on the multiplication of series. Journal L. M. S. **2**, 169—171. F 53, 187. — HARDY, G. H.; LITTLEWOOD, J. E.: Notes on the theory of series (IV): On the strong summability of FOURIER series. Proceedings L. M. S. (2) **26**, 273—286. F 53, 247. — HURWITZ, W. A.: Some properties of methods of evaluation of divergent sequences. Proceedings L. M. S. (2) **26**, 231—248. F 53, 191 und 1018. — ITIHARA, T.: On the sufficient conditions for CESÀRO-summability of alternating series. Tôhoku Math. Journ. **28**, 212—215. F 53, 189. — IZUMI, S.: Berichtigung zum Aufsatze: Über die lineare Transformation. Tôhoku Math. Journ. **28**, 113. F 53, 188. — JACOB, M.: a) Über die Äquivalenz der Cesàroschen und Hölderschen Mittel für Integrale bei gleicher reeller Ordnung $k > 0$. M. Z. **26**, 672—682. F 53, 221. — b) Über die Verallgemeinerung einiger Theoreme von HARDY in der Theorie der Fourierschen Reihen. Proceedings L. M. S. (2) **26**, 470—492. F 53, 249. — JAMES, G.: An integration method of summing series. Annals of Math. (2) **29**, 79—87. F 53, 190. — MERRIMAN, G. M.: Concerning the summability of double series of a certain type. Annals of Math. (2) **28**, 515—533. F 53, 193. — MOORE, C. N.: On convergence factors in multiple series. Transactions A. M. S. **29**, 227—238. F 53, 193. — VIGNAUX, J. C.: Sobre la summabilidad uniforme con el método exponencial. Anales Soc. cient. Argentina **103**, 171—193. F 53, 195 und 1018. — VIJAYARAGHAVAN, T.: Converse theorems on summability. Journal L. M. S. **2**, 215—222. F 53, 191. F 53, 1018. — WIENER, N.: Une méthode nouvelle pour la démonstration de théorèmes de M. TAUBER. C. R. **184**, 793—795. F 53, 283 (s. a. F 53, 318). — WILTON, J. R.: Some applications of a transformation of series. Proceedings L. M. S. (2) **27**, 81—104. F 53, 187. — ZYGMUND, A.: Über einige Sätze aus der Theorie der divergenten Reihen. Bulletin Acad. Polonaise (A) 1927, 309—331. F 53, 190.

1928 ANANDA-RAU, K.: On the converse of ABEL's theorem. Journal L. M. S. **3**, 200—205. F 54, 232 und 1180. — ANDERSEN, A. F.: Bemerkungen zum Beweis des Herrn KNOPP für die Äquivalenz der CESÀRO- und HÖLDER-Summabilität. M. Z. **28**, 356—359. F 54, 236. — BERNSTEIN, V.: Généralisation et conséquences d'un théorème de ROY-LINDELÖF. Bulletin Sc. Math. (2) **52**, 420—436. F 54, 240. — BOHR, H.: Nogle Bemaerkninger om formel Regning. Mat. Tidskrift B 1928, 7—18. F 54, 244. — BOREL, E.: *Leçons sur les séries divergentes. 2. éd., revue et entièrement remaniée avec le concours de G. BOULIGAND. IV + 260 p. Paris. Gauthier-Villars. (Collection de monographies sur la théorie des fonctions.) F 54, 223. — BROADBENT, T. A. A.: A proof of HARDY's convergence theorem. Journal L. M. S. **3**, 242—243. F 54, 226. — CHEN, K. K.: On the theory of divergent series. Tôhoku Math. Journ. **29**, 348—358. F 54, 240. — COPSON, E. T.: Note on series of positive terms. Journal L. M. S. **3**, 49—51. F 54, 227. — DURA-

Ñona, A.: Sobre producto de series sumables Borel. Contribución La **1928** Plata **4**, 435—449. Boletín Seminario Mat. Argentino 1928, num. 2. F 54, 237. — Ferrar, W. L.: Note on the uniform summability. Proceedings L. M. S. **27**, 541—548. F 54, 239. — Grandjot, K.: On some identities relating to Hardy's convergence theorem. Journal L. M. S. **3**, 114—117. F 54, 225. — Hardy, G. H.; Littlewood, J. E.: a) A theorem in the theory of summable divergent series. Proceedings L. M. S. (2) **27**, 327—348. F 54, 239. — b) Notes on the theory of series. VII: On Young's convergence criterion for Fourier series. Proceedings L. M. S. **28**, 301—311. F 45, 302. — Jackson, F. H.: Examples of a generalization of Euler's transformation for power-series. Messenger **57**, 169—187. F 54, 233. — Kaluza, Th.: Über vollmonotone Folgen mit stetiger Belegungsfunktion. M. Z. **28**, 200—202. F 54, 224. — Knopp, K.: *Theory and application of infinite series. Translated from the second German edition by R. C. Young. XII + 571 p. London. F 54, 222. — Lévy, P.: a) Observation du sujet de la communication précédente (Karamata, Remarques sur la sommabilité de Cesàro). Bulletin S. M. F. 56 II, 24—26. F 54, 244. — b) Fonctions à croissance régulière et itération d'ordre fractionnaire. Annali di Mat. (4) **5**, 269—298. F 54, 375. — Mazur, S.: Über lineare Limitierungsverfahren. M. Z. **28**, 599—611. F 54, 235. — Mears, F. M.: Riesz summability for double series. Transcations A. M. S. **30**, 686—709. F 54, 239. — Merriman, G. W.: A set of necessary and sufficient conditions for the Cesàro summability of double series. Annals of Math. (2) **29**, 343—354. F 54, 237. — Mordell, L. J.: a) The convergence of series summable (C, r). Journal L. M. S. **3**, 170—172. F 54, 236. — b) A summability convergence theorem. Journal L. M. S. **3**, 86—89. F 54, 227. — Nicolescu, M.: Câteva proprietăți ale sirurilor si seriilor cu termeni pozitivi. Gazeta Mat. **34**, 411—417. F 54, 223. — Obrechkoff, N.: a) Sur la sommation absolue des séries de Dirichlet. C. R. **186**, 215—217. F 54, 243. — b) Sur la sommation de certaines séries divergentes. C. R. **186**, 356—358. F 54, 243. — c) Sur la sommation de la série de Taylor sur le contour du polygone de sommabilité par la méthode de M. Borel. C. R. **186**, 1813—1815. F 54, 243. — Pompeiu, D.: Sur les séries numériques divergentes. C. R. **186**, 1417—1418. F 54, 244. — Silverman, L. L.; Tamarkin, J. D.: On the generalization of Abel's theorem for certain definitions of summability. M. Z. **29**, 161—170. F 54, 235. — Szász, O.: Verallgemeinerung eines Littlewoodschen Satzes über Potenzreihen. Journal L. M. S. **3**, 254—262. F 54, 322. — Vignaux, J. C.: Sobre la sumabilidad de la serie de Taylor con el método de Le Roy. Anales Soc. cient. Argentina **104**, 117—136. F 54, 244. — Vijayaraghavan, T.: a) A generalization of the theorem of Mercer. Journal L. M. S. **3**, 130—134. F 54, 223. — b) A theorem concerning the summability of series by Borel's method. Proceedings L. M. S. (2) **27**, 316—326. F 54, 237. — Watanabe, Y.: On diluted summable series. Tôhoku Math. Journ. **29**, 100—130. F 54, 236. — Wiener, N.: A new method in Tauberian theorems. Journal of Math. Massachusetts **7**, 161—184. F 54, 241.

Belinfante, M. J.: a) Über einen Grenzwertsatz aus der Theorie der **1929** unendlichen Folgen. Math. Ann. **101**, 312—315. F 55, 121. — b) Zur intuitionistischen Theorie der unendlichen Reihen. Sitzungsberichte Akad. Berlin 1929, 639—660. F 55, 121. — Broggi, U.: Un metodo di sommazione di serie assintotiche. Rendiconti Istituto Lombardo (2) **62**, 874—880. F 55, 130. — Copson, E. T.; Ferrar, W. L.: Notes on the structure of sequences. I. Journal L. M. S. **4**, 258—264. F 55, 123. — Hardy, G. H.; Littlewood, J. E.: Notes on the theory of series. XI: On Tauberian theorems. Pro-

1929 ceedings L. M. S. (2) **30**, 23—37. F 55, 732. — HAUSDORFF, F.: Die Äquivalenz der Hölderschen und Cesàroschen Grenzwerte negativer Ordnung. M. Z. **31**, 186—196. F 55, 125. — HILLE, E.: Essai d'une bibliographie de la représentation analytique d'une fonction monogène. Acta Math. **52**, 80 S. F 55, 172. — IZUMI, S.: A generalization of TAUBER's theorem. Japanese Journ. of Math. **6**, 235—243. F 55, 130. Voranzeige: Proceedings Acad, Tokyo **5**, 57—59. F 55, 735. — KARAMATA, J.: Sur la moyenne arithmétique des coéfficients d'une série de TAYLOR. Mathematica **1**, 99—106. F 55, 763. — KNOPP, K.: a) Zur Theorie der Limitierungsverfahren. I, II. M. Z. **31**, 97—127, 276—305. F 55, 730. — b) Neuere Sätze über Reihen mit positiven Gliedern. M. Z. **30**, 387—403. F 55, 730. — LANDAU, E.: *Darstellung und Begründung einiger neuerer Ergebnisse der Funktionentheorie. 2. Aufl. 122 S. Berlin. F 55, 171. — LEJA, F.: Sur la continuité de la somme des séries entières multiples. Bulletin S. M. F. **57**, 72—77. F 55, 129. — LITTAUER, S. B.: A new Tauberian theorem with application to the summability of FOURIER series and integrals. Journ. of Math. Massachusetts **8**, 216—234. F 55, 734. — LÖSCH, F.: a) Eine Verallgemeinerung der Eulerschen Reihentransformation. M. Z. **30**, 725—753. F 55, 765. — b) Ein neuer Beweis des Ostrowskischen Überkonvergenzsatzes. M. Z. **31**, 138—140. F 55, 766. — OBRECHKOFF, N.: Über die absolute Summierung der Dirichletschen Reihen. M. Z. **30**, 375—386. F 55, 201. — PICONE, M.: Sull'intervallo d'indeterminazione del procedimento di sommazione di POISSON per le serie di FOURIER e di LAPLACE. Rendiconti Accad. d. L. Roma (6) **10**, 560—565. F 55, 752. — REY PASTOR, J.: a) Un algoritmo general de convergenzia. Revista Mat. hisp.-amer. (2) **4**, 273—286. F 55, 124. — b) Análisis correlativo de series e integrales. Boletín Seminario mat. Argentino **3**, 1—9. F 55, 739. — ROBISON, G. M.: Summability of infinite products. Amer. J. **51**, 653—660. F 55, 128. — SCHOENBERG, I.: Über totale monotone Folgen mit stetiger Belegungsfunktion. M. Z. **30**, 761—767. F 55, 122. — SCHUR, I.: Zur Theorie der Cesàroschen und Hölderschen Mittelwerte. M. Z. **31**, 391—407. F 55, 125. — SZÁSZ, O.: Verallgemeinerung und neuer Beweis einiger Sätze Tauberscher Art. Sitzungsberichte München **59**, 325—340. F 55, 732; siehe auch F 57, 1377.

1930 AGNEW, R. P.: a) On uniform summability of sequences of continuous functions. Bulletin A. M. S. **36**, 529—532. F 56, 213. — b) The behavior of bounds and oscillations of sequences of functions under regular transformations. Transactions A. M. S. **32**, 669—708. F 56, 213. — ANANDA-RAU, K.: a) An example in the theory of summation of series by RIESZ's typical means. Proceedings L. M. S. (2) **30**, 367—372. F 56, 209. — b) On DIRICHLET's series with positive coefficients. Rendiconti Palermo **54**, 455—461. F 56, 211. — ANDREOLI, G.: a) Limite e pseudo-limite di una succesione. Rendiconti Accad. d. L. Roma (6) **11**, 946—951. F 56, 904. — b) Pseudo-integrali e pseudo-derivate. Rendiconti Accad. d. L. Roma (6) **12**, 81—84. F 56, 904. — BELINFANTE, J.: Über eine besondere Klasse von non-oszillierenden Reihen. Proceedings Amsterdam **33**, 1170—1179. F 56, 904. — BERNSTEIN, S.: Sur un procédé de sommation des séries trigonométriques. C. R. **191**, 976—979. F 56, 939. — CARTWRIGHT, M. L.: On the relation between the different types of ABEL summation. Proceedings L. M. S. (2) **31**, 81—96. F 56, 908. — COPSON, E. T.: A generalisation of a theorem of MERCER. Proceedings Edinburgh Math. Soc. (2) **2**, 108—110. F 56, 201. — COPSON, E. T.; FERRAR, W. L.: Notes on the structure of sequences. II. Journal L. M. S. **5**, 21—27. F 56, 201. — DOETSCH, G.: Sätze vom Tauberschen Charakter im Gebiet der LAPLACE- und STIELTJES-

Transformation. Sitzungsberichte Akad. Berlin 1930, 144—157. F 56, 365. **1930**
— FORT, T.: *Infinite series. IV + 253 p. Oxford, Clarendon Press; London, Oxford University Press (Humphrey Milford). F 56, 199. — GILLESPIE, D.C.; HURWITZ, W. A.: On sequences of continuous functions having continuous limits. Transactions A. M. S. **32**, 527—543. F 56, 212. — HURWITZ, W. A.: The oscillation of a sequence. Amer. J. **52**, 611—616. F 56, 201. — IZUMI, S.: On the conditions for the convergence of the series summable (C, r). Tôhoku Math. Journ. **33**, 117—126. F 56, 909. — KARAMATA, J.: a) Sommabilité et fonctionelles linéaires. C. R. Congrès math. Pays slaves 221—228. F 56, 205. — b) Über die Hardy-Littlewoodschen Umkehrungen des Abelschen Stetigkeitssatzes. M. Z. **32**, 319—320. F 56, 210. — c) Sur un mode de croissance régulière des fonctions. Mathematica **4**, 38—53. F 56, 907. — d) Sur certains „Tauberian theorems" de M. M. HARDY et LITTLEWOOD. Mathematica **3**, 33—48. F 56, 907. — KNOPP, K.: a) Über Reihen mit positiven Gliedern. II. Journal L. M. S. **5**, 13—21. F 56, 202. — b) Bemerkungen zum Borelschen Limitierungsverfahren. Rendiconti Palermo **54**, 331—334. F 56, 209. — LEJA, F.: a) Sur les transformations linéaires des suites doubles et multiples. Bulletin Acad. Polonaise 1930, 1—10. F 56, 205. — b) Sur la sommation des séries entières par la méthode des moyennes. Bulletin Sc. math. (2) **54**, 239—245. F 56, 910. — c) Sur quelques propriétés frontières des séries entières doubles. Atti Congresso Bologna **3**, 347—355. F 56, 911. — MAZUR, S.: Eine Anwendung der Theorie der Operationen bei der Untersuchung der Toeplitzschen Limitierungsverfahren. I. Studia **2**, 40—50. F 56, 906. — MEDER, I.: Über einen Satz aus der Theorie der summierbaren Reihen. Tôhoku Math. Journ. **32**, 340—341. F 56, 207. — OBRECHKOFF, N.: a) Sur une généralisation de la sommation de CESÀRO. Rendiconti Accad. d. L. Roma (6) **12**, 391—395. F 56, 207. — b) Sur la sommation exponentielle de M. BOREL. C. R. **191**, 825—827. F 56, 208. — c) Über einige Sätze für Summierung von divergenten Reihen. Tôhoku Math. Journ. **32**, 231—233. F 56, 208. — d) Sur la sommation de la série de TAYLOR sur le contour du domaine de sommabilité par les diverses méthodes. Atti Congresso Bologna **3**, 287—291. F 56, 210. — e) Über die Cesàroschen und Hölderschen Mittelwerte für Integrale. Berichte Leipzig **82**, 209—215. F 56, 223. — REY PASTOR, J.: a) Prolongación analítica y sumación de series divergentes. Atti Congresso Bologna **2**, 335—347. F 56, 206. — b) Une méthode de convergence par des moyennes. C. R. **191**, 452—453. F 56, 207. — SCHUR, I.: Einige Bemerkungen zur Theorie der unendlichen Reihen. Sitzungsberichte B. M. G. **29**, 3—13. F 56, 200. — SZÁSZ, O.: a) Über einige Sätze von HARDY und LITTLEWOOD. Nachrichten Göttingen 1930, 315—333. F 56, 210. — b) Über Dirichletsche Reihen an der Konvergenzgrenze. Atti Congresso Bologna **3**, 269—276. F 56, 211. — c) Über einen Satz von HARDY und LITTLEWOOD. Sitzungsberichte Akad. Berlin 1930, 470—473. F 56, 367. — VERBLUNSKY, S.: The relation between RIEMANN's method of summation and CESÀRO's. Proceedings Cambridge **26**, 34—42. F 56, 207. — YAMASHITA, C.: On the convergency of the series summable (C, r). Proceedings Acad. Tokyo **6**, 385—388. F 56, 910.

ADAMS, C. R.: Transformations of double sequences with application **1931** to CESÀRO summability of double series. Bulletin A. M. S. **37**, 741—748. F 57, 260; Z 3, 112. — AGNEW, R. P.: a) The behavior of mean-square oscillation and convergence under regular transformations. Amer. J. **53**, 204—216. F 57, 272; Z 1, 14. — b) On complex methods of summability. Bulletin A. M. S. **37**, 597—602. F 57, 257; Z 2, 254. — c) The effects of general regular transformations on oscillations of sequences of functions.

1931 Transactions A. M. S. **33**, 411—424. **F** 57, 272; **Z** 2, 254. — d) On ranges of inconsistency of regular transformations, and allied topics. Annals of Math. (2) **32**, 715—722. **F** 57, 254; **Z** 3, 55. — ANANDA-RAU, K.: On a Tauberian theorem concerning DIRICHLET's series with positive coefficients. Quarterly Journ. (Oxford series) **2**, 310—312. **F** 57, 268; **Z** 3, 205. — BELINFANTE, M. J.: Die Hardy-Littlewoodsche Umkehrung des Abelschen Stetigkeitssatzes in der intuitionistischen Mathematik. Proceedings Amsterdam **34**, 401—412. **F** 57, 260; **Z** 1, 332. — BIRINDELLI, C.: Una generalizzazione del metodo di sommazione del de la VALLÉE POUSSIN per le serie, nella teoria del prolungamento analitico. Rendiconti Istituto Lombardo (2) **64**, 427—440. **F** 57, 264; **Z** 2, 256. — BROMWICH, T. J. IA.: *An introduction to the theory of infinite series. London: 1931. **Z** 4, 7. — CACCIOPOLI, R.: Sopra un metodo di sommazione nel calcolo delle matrici infinite. Rendiconti Accad. d. L. Roma (6) **13**, 569—573. **F** 57, 1376; **Z** 2, 32. — DIENES, P.: *The TAYLOR series. An introduction to the theory of functions of a complex variable. 552 S., Oxford. **F** 57, 339; **Z** 3, 155. — DOETSCH, G.: Über den Zusammenhang zwischen Abelscher und Borelscher Summabilität. Math. Ann. **104**, 403—414. **F** 57, 256; **Z** 1, 60. — DOUGLASS, R. D.: Stirling expansions derived by means of finite de la VALLÉE-POUSSIN summation. Journ. of Math. Massachusetts **10**, 131—156. **F** 57, 258; **Z** 2, 255. — DURAÑONA Y VEDIA, A.: a) Demonstración de un teorema di HARDY y LITTLEWOOD sobre funciones determinantes. Publicaciones La Plata **93**, 331—337. **F** 57, 1378. — b) Sobre las Hölderianas de una sucesión. Publicaciones La Plata **93**, 341—347. **F** 57, 1375; **Z** 3, 205. — DURFEE, W. H.: Summation factors which are powers of a complex variable. Amer. J. **53**, 817—841. **F** 57, 259; **Z** 3, 56. — FERENCZI, Z.: Sur la sommabilité des séries potentielles. Rendiconti Palermo **55**, 177—186. **F** 57, 265; **Z** 2, 256. — FRALEIGH, P. A.: Regular bilinear transformations of sequences. Amer. J. **53**, 697—709. **F** 57, 253; **Z** 2, 24. — GARABEDIAN, H. L.: On the relation between certain methods of summability. Annals of Math. (2) **32**, 83—106. **F** 57, 256; **Z** 1, 206. — HARDY, G. H.; LITTLEWOOD, J. E.: Notes on the theory of series. XVI: Two Tauberian theorems. Journal L. M. S. **6**, 281—286. **F** 57, 261; **Z** 3, 112. — IKEHARA, S.: a) An extension of LANDAU's theorem in the analytical theory of numbers. Journ. of Math. Massachusetts **10**, 1—12. **F** 57, 212; **Z** 1, 129. — b) On Tauberian theorems of HARDY and LITTLEWOOD and a note on WINTNER's paper. On integral functions with real negative zeros. A note on infinite products. Journ. of Math. Massachusetts **10**, 75—83, 84—91, 92—94. **F** 57, 261; **Z** 2, 249 und 403. — Izumi, S.: A theorem on limits and its applications. Tôhoku Math. Journ. **33**, 181—186. **F** 57, 251; **Z** 1, 135. — JULIA, G.: a) Sur l'allure des séries d'itérées au voisinage des frontières de convergence. C. r. Acad. Sci. Paris **193**, 690—692. Mémoire sur l'extension du théorème d'ABEL aux séries d'itérées $\Sigma a_n R_n(z)$. Annales Ecole norm. (3) **48**, 439—495. **F** 57, 381; **Z** 3, 54 und 343. — b) A propos du théorème d'ABEL sur les séries entières. Bulletin Sc. math. (2) **55**, 35—41. **F** 57, 264; **Z** 1, 135. — KACZMARZ, S.: Une remarque sur les séries. Studia **3**, 95—100. **F** 57, 1376; **Z** 3, 254. — KARAMATA, J.: a) Neuer Beweis und Verallgemeinerung einiger Tauberian-Sätze. M. Z. **33**, 294—299. **F** 57, 261; **Z** 1, 18. — b) Neuer Beweis und Verallgemeinerung der Tauberschen Sätze, welche die Laplacesche und Stieltjessche Transformation betreffen. J. f. M. **164**, 27—39. **F** 57, 262; **Z** 1, 273. — c) Application de quelques théorèmes d'inversion à la sommabilité exponentielle. C. R. **193**, 1156—1159. **F** 57, 263; **Z** 3, 156. — d) Sur le rapport entre les convergences d'une suite de fonctions et de leurs moments avec application à l'inversion des procédés de sommabilité. Studia **3**, 68—76. **F** 57, 1378; **Z** 3, 305. **F** 59, 969. —

e) Théorèmes inverses de sommabilité. I, II. (Serbisch mit französischem **1931** Auszug.) Glas CXLIII (70); 3—24, 121—146. **F** 57, 1378. — KNOPP, K.: *Theorie und Anwendung der unendlichen Reihen. 3. Aufl. XII + 582 S. Berlin, J. Springer. **F** 57, 249; **Z** 1, 392. — KOGBETLIANTZ, E.: *Sommation des séries et intégrales divergentes par les moyennes arithmétiques et typiques. 81 p. Paris, Gauthier-Villars (Mémorial des Sciences Mathématiques, fasc. 51). **F** 57, 1376; **Z** 3, 7. — LÖSCH, F.: a) Über das Verhalten der Potenzreihen auf dem Rande des Konvergenzkreises. Math. Z. **33**, 791—795; und **34**, 291—292. **F** 57, 374; **Z** 2, 33. — b) Über den Permanenzsatz gewisser Limitierungsverfahren für Doppelfolgen. M. Z. **34**, 281—290. **F** 57, 259; **Z** 2, 335. — MAMMANA, G.: Sul prodotto di serie sommabile secondo CESÀRO. I, II. Rendiconti Accad. d. L. Roma (6) **13**; 662—666, 848—852. **F** 57, 258. **Z** 2, 24; **Z** 2, 388. — MOORE, C. N.: Types of series and types of summability. Bulletin A. M. S. **37**, 240—250. **F** 57, 254; **Z** 1, 272. — OBRECHKOFF, N.: a) Sur la sommation des séries de DIRICHLET. C. R. **192**, 1436—1439. **F** 57, 267; **Z** 1, 389. — b) Sur quelques généralisations de la sommation de M. BOREL. (Bulgarisch mit französischem Auszug.) Annuaire Univ. Sofia, Fac. phys.-math., livre **1**, **28**, 197—286. **F** 57, 1377. — REY PASTOR, J.: a) Teoría de los algoritmos lineales de convergencia y de sumación. Trabajos Sem. Mat. Argentino B **12**, Nr. 5, 174 p. **F** 57, 255. — b) Un método de sumación de series. Rendiconti Palermo **55**, 450—455. **F** 57, 264; **Z** 3, 305 (und **Z** 2, 242). — SAGASTUME BERRA, A.: El método de sumación de RIESZ. Publicaciones La Plata **93**, 305—322. **F** 57, 1377; **Z** 3, 205. — SELZER, S.: Ein Satz über die Summation nicht konvergenter Reihen. Bol. mat. (Baidaff) **4**, 106—108. (Spanisch.) **Z** 3, 205. — VERBLUNSKY, S.: a) On the limit of a function at a point. Proc. London math. Soc. II. s. **31**, 163—199. **F** 57, 294; **Z** 1, 207. — b) Note on the GIBBS phenomenon. II. Proc. Cambridge philos. Soc. **27**, 393—398. **F** 57, 321; **Z** 2, 255. — VIGNAUX, J. C.: a) Über die Verallgemeinerung eines Borelschen Lemmas. Contrib. Estud. **5**, 323—329. (Spanisch, französische Zusammenfassung.) (**F** 57, 1410;) **Z** 3, 204. — b) Sobre series sumables absolutamente con el método generalizando de BOREL. Publicaciones La Plata **93**, 279—289. **F** 57, 1377; **Z** 3, 204. — c) Algunos teoremas sobre producto de series sumables con el método exponencial. Anales Soc. cient. Argentina **111**, 41—55. **F** 57, 258. — d) Los métodos de sumación de series dobles divergentes. Anales Soc. cient. Argentina **112**, 31—35. **F** 57, 1378. — e) Sumabilidad de las integrales dobles divergentes. Anales Soc. cient. Argentina **112**, 237—240. **F** 57, 1378. — WINN, C. E.: Sur des limites dépendant des moyennes de HÖLDER et CESÀRO. C. R. **192**, 1433—1436. **F** 57, 257; **Z** 1, 393. — ZYGMUND, A.: On a theorem of OSTROWSKI. J. London math. Soc. **6**, 162—163. **F** 57, 374; **Z** 2, 189.

ADAMS, C. R.: On summability of double series. Transactions A. M. S. **1932** **34**, 215—230. **F** 58, 231; **Z** 4, 108. — AGNEW, R. P.: a) On equivalence of methods of evaluation of sequences. Tôhoku Math. Journal **35**, 244—252. **F** 58, 218; **Z** 4, 391. — b) On deferred CESÀRO means. Annals of Math. (2) **33**, 413—421. **F** 58, 1047; **Z** 5, 62. — c) On summability of double sequences. Amer. J. **54**, 648—656. **F** 58, 1049; **Z** 5, 291. — ANANDA-RAU, K.: On the convergence and summability of DIRICHLET's series. Proceedings L. M. S. (2) **34**, 414—440. **F** 58, 230; **Z** 6, 10. — BANACH, S.: *Théorie des opérations linéaires. **F** 58, 420. **Z** 5, 209; **R** 17, 175. — BERNSTEIN, V.: Sur une généralisation de la méthode de sommation exponentielle de M. BOREL. C. R. Acad. Sci. Paris **194**, 1887—1889. **F** 58, 339; **Z** 4, 300. — BIGGERI, C.: Verallgemeinerung eines Theorems von CESÀRO über divergente Integrale. Bol. Semin. mat. Argent. **3**, 34. **F** 58, 240; **Z** 5, 289. — BOCHNER, S.: Limi-

1932 tierung mehrfacher Folgen nach dem Verfahren der arithmetischen Mittel. M. Z. **35**, 122—126. F 58, 231; Z 4, 8. — BOSANQUET, L. S.: a) On strongly summable FOURIER series. J. London Math. Soc. **7**, 47—52. F 38, 273; Z 3, 394. — b) Note on the limit of a function at a point. J. London Math. Soc. **7**, 100—105. F 58, 259; Z 4, 250. — c) On the summability of power series. Annals of Math. (2) **33**, 758—770. F 58, 229; Z 5, 351. — CESARI, L.: Sulle serie doppie. Annali Pisa (2) **1**, 297—314. F 58, 1047; Z 4, 211. — DIXON, A. L.; FERRAR, W. L.: On CESÀRO sums. Journal L. M. S. **7**, 87—93. F 58, 219; Z 4, 252. — DURANONA Y VEDIA, A.: Sobre el producto de una integral sumable C_δ por una integral absolutamente convergente. Atti Congresso Bologna **6**, 539—543. F 58, 233. — FEKETE, M.: On the absolute summability (A) of infinite series. Proceedings Edinburgh Math. Soc. (2) **3**, 132—134. F 58, 221; Z 5, 101. — GARABEDIAN, H. L.: Note on a theorem due to BROMWICH. Bulletin A. M. S. **38**, 541—545. F 58, 221; Z 5, 101. — GILMAN, R. E.: A remark on NÖRLUND's method of summation. Annals of Math. (2) **33**, 429—432. F 58, 220; Z 5, 62. — GRONWALL, T. H.: Summation of series and conformal mapping. Annals of Math. (2) **33**, 101—117. F 58, 225; Z 3, 55. — GURNEY, M.: CESÀRO summability of double series. Bulletin A. M. S. **38**, 825—827. F 58, 231; Z 6, 52. — HILDEBRANDT, T. H.: On the moment problem for a finite interval. Bull. Amer. Math. Soc. **38**, 269—270. F 58, 432; Z 4, 207. — HIRST, K. A.: On the second theorem of consistency in the theory of summation by typical means. Proceedings L. M. S. (2) **33**, 353—366. F 58, 225; Z 3, 393. — JUAN, R. SAN: Algoritmos de sumación correlativos de la integral de LAPLACE y del algoritmo de STIELTJES. Boletin Seminario Mat. Argentino 1932, 16—24. F 58, 1049. — KARAMATA, J.: a) Über einen Satz von VIJAYARAGHAVAN. M. Z. **34**, 737—740. F 58, 229; Z 3, 391. — b) Quelques théorèmes d'inversion relatifs aux intégrales et aux séries. (I. Pt.) Bull. Math. Phys. Ecole polytechn. Bucarest **3**, 5—14. F 58, 239; Z 5, 101. — c) Sur quelques inversions d'une proposition de CAUCHY et leurs généralisations. Tôhoku Math. Journal **36**, 22—28. F 58, 213; Z 5, 202. — d) Rapport entre les limites d'oscillation des procédés de sommation d'ABEL et de CESÀRO. Publications Math. Univ. Belgrade **1**, 119—124. F 58, 218; Z 5, 202. — KIENAST, A.: Explicit formulae connecting HÖLDER's, CESÀRO's and another mean value. Proceedings Cambridge **28**, 1—17. F 58, 220; Z 3, 394. — LANDAU, E.: Über DIRICHLETsche Reihen. Nachrichten Göttingen 1932, 525—527. F 58, 318; Z 6, 197. Siehe auch F 58, 193; Z 6, 253 und 466. — LENSE, J.: Über lineare Transformationen von Zahlenfolgen. M. Z. **36**, 99—103. F 58, 216; Z 5, 63. — LORENTZ, G.: Über lineare Summierungsverfahren. Recueil math. Moscou **39**, III, 44—51. F 58, 217; Z 6, 114. — MAMBRIANI, A.: Sulle espressioni della forma $\sum_{r=0}^{n} k_{n,r} a_{n-r} b_r$ ($n = 0, 1, 2, \ldots$). Ist. Lombardo, Rend. II. s. **65**, 461—471. F 58, 92; Z 5, 60. — MAMMANA, G.: Un lemma fondamentale per la teoria della sommazione delle serie. Rendiconti Seminario Cagliari **1**, 3—6. F 58, 1047; Z 4, 211. — MOORE, C. N.: Summability of series. Amer. Math. Monthly **39**, 62—71. F 58, 216; Z 3, 344. — OBRECHKOFF, N.: a) Sur une généralisation de la sommation de MITTAG-LEFFLER. C. R. **194**, 353—355. F 58, 224; Z 3, 305. — b) Una generalizzazione della sommazione di BOREL. Rendiconti Palermo **56**, 449—471. F 58, 222; Z 6, 198. — c) Sur une généralisation de la sommation de M. BOREL des séries divergentes. Rendiconti Accad. d. L. Roma (6) **15**, 39—43. F 58, 223; Z 4, 60. — d) Über einige Verallgemeinerungen der Borelschen Summierung der divergenten Reihen. J. f. M. **166**, 208—219. F 58, 223; Z 4, 108. — e) Sur une méthode générale de sommation des séries divergentes. C. R.

195, 572—574. F 58, 224; Z 5, 249. — f) Sur la sommation des séries divergentes. Annuaire Univ. Sofia, Fac. phys.-math., livre 1, 29 (1933), 45—126. F 58, 1045. — OFFORD, A. C.: On the summability of power series. Proceedings L. M. S. (2) **33**, 467—480. F 58, 230; Z 4, 60. — RAFF, H.: Beschränkte divergente Folgen und reguläre Matrizen. M. Z. **36**, 1—34. F 58, 1046; Z 5, 62. — REY PASTOR, J.: a) Zur Theorie der divergenten Reihen. Tôhoku Math. Journal **36**, 73—77. F 58, 221; Z 5, 157. — b) Teoría de los algoritmos lineales de convergencia y de sumación. Publicación Buenos Aires **12**, 51—222. F 58, 216; Z 8, 307. — RIOS, S.: Sobre una generalización del algoritmo de convergencia de EULER. Revista Mat. hisp.-amer. (2) **7**, 37—41. F 58, 1047; Z 4, 346. — RUTLEDGE, G.: The inverse matrix for DE LA VALLÉE-POUSSIN summation. Journ. of Math. Massachusetts **11**, 73—82. F 58, 221; Z 4, 61. — TITCHMARSH, E. C.: *The theory of functions. 454 S., Oxford. F 58, 297; Z 5, 210. Zweite Auflage 1939; F 65, 302. — VALIRON, G.: Sur les directions de BOREL de certaines fonctions entières (d'ordre infini). C. R. Acad. Sci., Paris **194**, 1305—1308 bzw. 1552—1555. F 58, 339; Z 4, 262. — VERBLUNSKY, S.: On the theory of trigonometric series. II. Proceedings L. M. S. (2) **34**, 457—491. F 58, 1067; F 59, 1004; Z 6, 256. — VIGNAUX, J. C.: a) Sur la sommabilité absolue des intégrales divergentes. Anales Soc. cient. Argentina **113**, 134—135. F 58, 234. — b) Un theorema sobre producto de series sumables con el método de RIESZ. Anales Soc. cient. Argentina **113**, 175—177. F 58, 225. — c) Series e integrales divergentes sumables con el método de HARDY. Anales Soc. cient. Argentina **113**, 193—212. F 58, 233. — d) Sobre el método de sumación exponencial. Anales Soc. cient. Argentina **114**, 62—69. F 58, 223. — e) Sur la méthode de sommation de RIEMANN. C. R. **195**, 750—751. F 58, 226; Z 5, 352. — WATANABE, Y.: a) Über die Äquivalenz der Cesàroschen und der Hölderschen Mittel für Integrale bei negativer Ordnung. Japanese Journ. of Math. **9**, 67—86. F 58, 232; Z 5, 393. — b) Das Abelsche Limitierungsverfahren bei Integralen. Japanese Journ. of Math. **9**, 117—197. F 58, 232. — c) Zum Riemannschen binomischen Lehrsatz. Proceedings Phys.-Math. Soc. Japan (3) **14**, 22—35. F 58, 1050; Z 4, 7. — WIENER, N.: Tauberian theorems. Annals of Math. (2) **33**, 1—100. F 58, 226; Z 4, 59. — WINN, C. E.: a) Sur l'oscillation des moyennes de HÖLDER et de CESÀRO. C. R. **194**, 1057—1060. F 58, 218; Z 4, 60. — b) Sur la convergence d'une suite dérivée d'une autre suite à variation bornée. C. R. **194**, 1425—1427. F 58, 217; Z **4**, 346. — c) Sur la relation entre une suite donnée et une autre suite dérivée avec le même intervalle d'oscillation. C. R. **194**, 2114—2115. F 58, 216; Z 6, 52. — d) Sur une comparaison entre l'oscillation des moyennes de CESÀRO et de HÖLDER. C. R. **194**, 2273—2275. F 58, 219; Z 4, 391. — e) Note on paper by A. F. ANDERSEN. Journal L. M. S. **7**, 227—230. F 58, 219; Z 5, 202. — WORONOI, G. F.; TAMARKIN, J.: Extension of the notion of the limit of the sum of terms of an infinite series. — Remarks of the translator. Annals of Math. (2) **33**, 422—428. F 58, 220; Z 5, 62.

ADAMS, C. R.: a) On non-factorable transformations of double sequences. Proceedings USA Academy **19**, 564—567. F 59, 247; Z 7, 10. — b) HAUSDORFF transformations for double sequences. Bulletin A. M. S. **39**, 303—312. F 59, 246; Z 7, 117 und 464. — AGNEW, R. P.: On RIESZ and CESÀRO methods of summability. Transactions A. M. S. **35**, 532—548. F 59, 971; Z 6, 345. — BOCHNER, S.: a) Ein Satz von LANDAU und IKEHARA. M. Z. **37**, 1—9. F 59, 252; Z 6, 196. — b) Umkehrsätze für allgemeine Limitierungsverfahren. Sitzungsberichte Akad. Berlin 1933, 126—144. F 59, 234; Z 6, 199. — BOSANQUET, L. S.: CARTWRIGHT, M. L.; a) Some Tauberian theorems.

1933 M. Z. **37**, 416—423. **F** 59, 235; **Z** 7, 345. — b) On the HÖLDER and CESÀRO means of an analytic function. M. Z. **37**, 170—192. **F** 59, 319; **Z** 7, 168. — BROGGI, U.: a) Su qualche problema di sommazione di serie divergenti. Rendiconti Accad. d. L. Roma (6) **18**, 198—202. **F** 59, 965; **Z** 8, 204. — b) Equazioni alle differenze e metodo euleriano generalizzato di sommazione. Ist. Lombardo, Rend., II. s. **66**, 1269—1275. **F** 59, 1111; **Z** 9, 65. — DURFEE, W. H.: Convergence factors for double series. Bulletin A. M. S. **39**, 457—464. **F** 59, 247; **Z** 7, 159. — FEKETE, M.; WINN, C. E.: On the connection between the limits of oscillation of a sequence and its CESÀRO and RIESZ means. Proceedings L. M. S. (2) **35**, 488—513. **F** 59, 236; **Z** 7, 244. — GRUNDLER, O.: Summierung unendlicher Reihen durch Bildung des arithmetischen Mittels. Unterrichtsblätter **39**, 118—120. **F** 59, 233. — HALLENBACH, F.: Zur Theorie der Limitierungsverfahren in Doppelfolgen. Dissertation Bonn, 100 p. **F** 59, 244; **Z** 8, 155 und 464. — HAYASHI, G.: Einige Sätze über Borelsche und Abelsche Summierungen der divergenten Reihen. Tôhoku Math. Journ. **37**, 164—168. **F** 59, 241; **Z** 7, 303. — HEILBRONN, H.; LANDAU, E.: a) Bemerkungen zur vorstehenden Arbeit von Herrn BOCHNER. M. Z. **37**, 10—16. **F** 59, 252; **Z** 6, 196. — b) Ein Satz über Potenzreihen. M. Z. **37**, 17. **F** 59, 254; **Z** 6, 197. — c) Anwendungen der N. Wienerschen Methode. M. Z. **37**, 18—21. **F** 59, 254; **Z** 6, 197 und 466. — HILDEBRANDT, T. H.; SCHOENBERG, I. J.: On linear functional operations and the moment problem for a finite interval in one or several dimensions. Annals of Math. (2) **34**, 317—328. **F** 59, 410; **Z** 6, 402. — HILLE, E.; TAMARKIN, J. D.: Questions of relative inclusion in the domain of HAUSDORFF means. On moment functions. On the theory of LAPLACE integrals. Proceedings USA Academy **19**, 573—577, 902—908, 908—912. **F** 59, 243; **Z** 7, 113, **Z** 8, 9. — JUAN LLOSÁ, R. SAN: Sumación de series de radio nulo y prolongación semianalitica. Revista Acad. Madrid **30**, 122—193. **F** 59, 976; **Z** 8, 308. — KARAMATA, J.: a) Über die O-Inversionssätze der Limitierungsverfahren. M. Z. **37**, 582—588. **F** 59, 235; **Z** 7, 245. — b) Sur les théorèmes de nature tauberienne. C. R. **197**, 888—890. **F** 59, 276; **Z** 7, 405. — c) Quelques théorèmes de nature tauberienne. Studia **4**, 4—7. **F** 59, 969; **Z** 8, 305. — d) Einige Konvergenzbedingungen der Inversionssätze der Limitierungsverfahren. Publications Belgrade **2**, 1—16. **F** 59, 970; **Z** 8, 391. — LEV, J.: Effects of linear transformations on the divergence of bounded sequences and functions. Transactions A. M. S. **35**, 888—896. **F** 59, 967; **Z** 8, 60. — LÖSCH, F.: a) Über den Permanenzsatz gewisser Limitierungsverfahren für Doppelfolgen. II. M. Z. **37**, 77—84. **F** 59, 247; **Z** 6, 199. — b) Über das Verhalten der Potenzreihen auf dem Rande des Konvergenzkreises. III. M. Z. **37**, 85—89. **F** 59, 318; **Z** 6, 211. — MARSHAK, S.: Zwei Bemerkungen über stark summierbare unendliche Reihen. M. Z. **38**, 96—103. **F** 59, 972; **Z** 8, 61. — MATUMOTO, K.: Theorems on limits. Tôhoku Math. Journ. **37**, 471—474. **F** 59, 230; **Z** 7, 304. — MAZUR, S.; ORLICZ, W.: Sur les méthodes linéaires de sommation. C. R. **196**, 32—34. **F** 59, 967; **Z** 6, 52. — OBRECHKOFF, N.: Sur la sommation des séries divergentes par les moyennes généralisées. Enseignement **31**, 228—230. **F** 59, 242. — OKADA, Y.: On the converse of the consistency of CESÀRO's summability. Tôhoku Math. Journ. **38**, 124—128. **F** 59, 238; **Z** 8, 205. — PRASAD, G.: On LEBESGUE's absolute integral mean-value for a function having a discontinuity of the second kind. Tôhoku Math. J. **38**, 147—150. **F** 59, 275; **Z** 8, 150. — RAFF, H.: Zur Theorie der linearen Transformationen. M. Z. **37**, 572—577. **F** 59, 233; **Z** 7, 248. — REY PASTOR, J.: a) Une généralisation élémentaire de la convergence. Bulletin Soc. sc. Liége **2**, 90—93. **F** 59, 971; **Z** 6, 301. — b) Un semplice algoritmo di convergenza e sommazione. Periodico (4) **13**, 153—160.

F 59, 970; Z 7, 10. — c) Sur l'application de la méthode de BOREL aux **1933**
séries qui ont des termes nuls. C. R. **197**, 973—974. F 59, 241; Z 8, 10. —
d) Aplicaciones de los algoritmos lineales de convergencia y de sumación.
Rendiconti Seminario Milano **7**, 191—222. F 59, 967; Z 8, 154. — e) Une
généralisation élémentaire de la convergence. Boletín Seminario Mat. **3**,
142—146. F 59, 971. — f) Observaciones sobre las series de potencias cuyos
coefficientes son funciones algebraicas enteras. Boletín Seminario Mat. **3**,
174—180. F 59, 966; Z 9, 344. — SCORZA DRAGONI, G.: Intorno alla moltiplicazione delle serie che convergono condizionatamente. I, II. Rendiconti
Accad. d. L. Roma (6) **18**, 193—297, 271—275. 197, F 59, 972; Z 8, 10. —
SHOHAT, J. A.: On a certain transformation of infinite series. Amer. Math.
Monthly **40**, 226—229. A correction. Amer. Math. Monthly **40**, 340. F 59,
233. — SZÁSZ, O.: Zur Konvergenztheorie der Fourierschen Reihen. Acta
Math. **61**, 185—201. F 59, 293; Z 8, 10. — SZEGÖ, G.: Ein Beispiel zu
NÖRLUNDS Summationsverfahren. Annals of Math. (2) **34**, 379—380. F 59,
242; Z 6, 402. — TAKAHASHI, T.: Remarks on the CESÀRO summability of
divergent series. Proceedings Acad. Tokyo **9**, 476—479. F 59, 238; Z 8,
309. — VALIRON, G.: Méthodes de sommation et directions de BOREL. Ann.
Scuola norm. super. Pisa, II. s. **2**, 355—380. F 59, 1035; Z 8, 317. — VIG-
NAUX, J.-C.: a) Sur la méthode de sommation de M. ÉDOUARD LE ROY. C. R.
196, 1076—1078. F 59, 240; Z 6, 301. Sur une généralisation de la sommation des séries divergentes de M. LE ROY. Rendiconti Accad. d. L. Roma
(6) **18**, 29—30. F 59, 240; Z 7, 346. Sobre la generalización del método de
LE ROY. Anales Soc. cient. Argentina **115**, 167—168. F 59, 974. Ein Satz
über (L, δ)-summable Integrale. Bol. mat. **6**, 17—18. (Spanisch.) F 59,
983; Z 7, 159. Series sumables con el método generalizado de LE-ROY.
Anales Acad. Soc. cient. Argentina **116**, 42—43. F 59, 974; Z 9, 347. Über
die Verallgemeinerung der Summations-Methode von LE ROY. An. Acad.
Buenos Aires **3**, 71—72. Z 8, 60. Reihen, die sich mit der verallgemeinerten
Methode von LE-ROY summieren lassen. An. Acad. Buenos Aires **3**, 156—
157. (Spanisch.) Z 8, 307. — b) Sur une généralisation de la sommation de
M. BOREL. C. R. **197**, 668—670. F 59, 241; Z 7, 303. Sur la sommabilité
totale par la méthode de M. BOREL. Rendiconti Accad. d. L. Roma (6) **17**,
538—540. F 59, 239; Z 7, 10. Sur le produit de series sommables par la
méthode de BOREL. Bulletin Sc. math. (2) **57**, 211—219. F 59, 239; Z 7, 159.
Algunos teoremas sobre producto de series sumables BOREL. Anales Soc.
cient. Argentina **115**, 25—27. F 59, 973; Z 9, 346. Sobre el método de
sumación de SANNIA. Anales Soc. cient. Argentina **116**, 339—341. F 59,
975; Z 9, 347. — c) Sul metodo di sommazione di ABEL-POISSON per le serie
doppie. Bolletino U. M. I. **12**, 213—219. F 59, 248; Z 8, 10. Sur la sommation de la série de TAYLOR divergente. Bulletin Acad. Bruxelles (5) **19**,
40—43. F 59, 248; Z 8, 10. Siehe auch F 59, 976; Z 6, 346. — d) Neue
Summationsmethode von Integralen und ihre Anwendung auf das Laplacesche Integral. An. Acad. Buenos Aires **3**, 37—38. (Spanisch.) (F 59, 983;)
Z 8, 57. — e) Sobre serie oscilante BOREL. Anales Soc. cient. Argentina **116**,
41—42; sowie An. Acad. Buenos Aires **3**, 155—156. F 59, 974; Z 8, 307,
Z 9, 347. — f) Über summable Doppelintegrale. An. Acad. Buenos Aires **3**,
158—159. (Spanisch.) Z 8, 305. Über die Abel-Laplacesche Transformation für 2 Variable. Ein Satz über Abel-Laplacesche Doppelintegrale.
An. Soc. Ci. Argent. **116**, 76—78 und 289—295. (Spanisch.) F 59, 985;
Z 9, 347. Über summierbare Doppelintegrale. An. Soc. Ci. Argent. **116**,
44—45. (Spanisch.) F 59, 984; Z 9, 347. — g) Sobre una generalización del
método de sumación de ABEL. Anales Soc. cient. Argentina **115**, 264—272.
F 59, 975; Z 9, 346. — h) Algunos puntos de la teoría de las series divergentes

1933 sumables. Publicacion Buenos Aires B, Nr. 13, 57 p. F 59, 973. — WALSH, C. E.: A note on sequences determined by a recurrence relation. Supplement to a note on recurrent sequences. Proceedings Edinburgh Math. Soc. (2) **3**, 147—150 und 220—222. F 59, 229; Z 6, 161. — WATANABE, Y.: Über den Permanenzsatz Cesàroscher, sowie Hölderscher Limitierungsverfahren für mehrfache Integrale. Tôhoku Math. J. **38**, 397—421. F 59, 277; Z 8, 391. — WIENER, N.: a) *The FOURIER integral and certain of its applications. Cambridge, 201 p. F 59, 416; Z 6, 54. — b) A one-sided Tauberian theorem. M. Z. **36**, 787—789. F 59, 235; Z 7, 9. — WINN, C. E.: a) Sur la relation entre une suite donnée et une autre suite dérivée avec le même intervalle d'oscillation. C. R. **196**, 154—156. F 59, 233; Z 6, 52. — b) On absolute summability for any positive order. Proceedings Edinburgh Math. Soc. (2) **3**, 173—178. F 59, 237; Z 6, 161. — c) On the oscillation of the means of CESÀRO and RIESZ of the first order. Journal L. M. S. **8**, 27—32. F 59, 236; Z 6, 198. — d) On strong summability for any positive order. M. Z. **37**, 481—492. F 59, 238; Z 7, 346.

1934 AGNEW, R. P.: On summability of multiple sequences. Amer. J. **56**, 62—68. F 60, 180; Z 8, 254. — BIRINDELLO, CARLO: a) Su un metodo di sommazione nella teoria del prolungamento analitico. Ist. Lombardo, Rend., II. s. **57**, 109—120. F 60, 246; Z 9, 64. — b) Una generalizzazione, per le serie, del metodo di sommazione di NIKOLA OBRECHKOFF nella teoria del prolungamento analitico. Ann. Mat. pura appl. IV. s. **13**, 63—74. F 60, 246; Z 9, 360. — BOCHNER, S.: An extension of a Tauberian theorem on series with positive terms. Journal L. M. S. **9**, 141—148. F 60, 181; Z 9, 81. — BROGGI, U.: a) Su qualche trasformazione di serie. Bolletino U. M. I. **13**, 84—89. F 60, 956; Z 9, 65. — b) Sul metodo generalizzato di sommazione di Eulero. Rendiconti Accad. d. L. Roma (6) **19**, 273—279. F 60, 177; Z 9, 64. — c) Su di un'applicazione del metodo di sommazione di BOREL. Rendiconti Accad. d. L. Roma (6) **19**, 378—382. F 60, 177; Z 9, 109. — d) Sulla trasformata generalizzata di Eulero delle serie prodotto di due altre. Rendiconti Accad. d. L. Roma (6) **20**, 78—82. F 60, 177; Z 10, 110. — e) Sobre la propriedad de permanencia del método euleriano generalizado de sumación. Rev. mat. hisp.-amer. (2) **9**, 241—248. F 61, 1095; Z 11, 65. — CARLEMAN, T.: Propriétés asymptotiques des fonctions fondamentales des membranes vibrantes. 8. Skand. Mat. Kongr. Stockholm 1934, 34—44. F 61, 256; Z 12, 70. Vgl. F 62, 543; Z 17, 114. — DAREWSKY, W.: Contribution à l'étude de la sommation des séries divergentes. (Russisch und französisch.) Recueil math. Moscou **41**, 458—482. F 60, 955; Z 11, 65. — GANAPATHY IYER, V.: Tauberian theorems on generalised LAMBERT's series. Journ. Indian M. S. (2) **1**, 73—87. F 60, 957; Z 11, 17. — GRIMSHAW, M. E.: A note on CESÀRO summation of integrals. J. London Math. Soc. **9**, 94—102. F 60, 192; Z 9, 60. — HARDY, G. H.: On the summability of series by BOREL's and MITTAG-LEFFLER's methods. Journal L. M. S. **9**, 153—157. F 60, 176; Z 9, 108. — HARDY, G. H.; LITTLEWOOD, J. E.: Some new convergence criteria for FOURIER series. Annali Pisa (2) **3**, 43—62. F 60, 226; Z 8, 310 und 464.— HARDY, G. H.; LITTLEWOOD, J. E.; PÓLYA, G.: *Inequalities. Cambridge, 314 p. F 60, 179; Z 10, 107. — ITO, D.; IZUMI, S.: On multiply monotone sequences. Proceedings Phys.-Math. Soc. Japan (3) **16**, 132—136. F 60, 174; Z 9, 12. — IZUMI, S.: A new proof of the ANDERSEN's theorem. Proceedings Acad. Tokyo **10**, 14o—142. F 60, 176; Z 9, 12. — IZUMI, S.; SUNOUCHI, G.: In CESÀROs theorem. Proceedings Phys.-Math. Soc. Japan (3) **16**, 297—302. F 60, 174; Z 10, 19. — KARAMATA, J.: a) Weiterführung der N. Wienerschen Methode. M. Z. **38**, 701—

708. F 60, 182; Z 9, 117. — b) Über einige Inversionssätze der Limitierungs- **1934**
verfahren. Publications Belgrade **3**, 153—160. F 60, 957; Z 11, 398. —
c) Über eine Verteilung der Elemente komplexer Doppelfolgen. (Auszug aus
Rad 252.) Bulletin Acad. Yougoslave Zagreb **28**, 70—75. F 60, 959; Z 12,
104. — KIENAST, A.: Die Umkehrung eines Cesàroschen Satzes über die
Multiplikation von Reihen. Journal L. M. S. **9**, 254—258. F 60, 180; Z 10,
110. — KUTTNER, B.: The relation between RIEMANN and CESÀRO summabili-
ty. Proceedings L. M. S. (2) **38**, 273—283. F 60, 1831; Z 10, 258. — LORD,
R. D.: On some relations between the ABEL, BOREL, and CESÀRO methods
of summation. Proceedings L. M. S. (2) **38**, 241—256. F 60, 183; Z 10, 257.
— LÖSCH, F.: Über restringierte Limitierung von Doppelfolgen. Math.
Ann. **110**, 33—53. F 60, 180; Z 9, 161. — MOURSUND, A. F.: a) On the
NEVANLINNA and BOSANQUET-LINFOOT summation methods. Ann. of Math.,
II. s. **35**, 239—247. F 60, 233; Z 9, 162. — b) On NEVANLINNA's weak
summation method. Bull. Amer. Math. Soc. **40**, 455—460. F 60, 233; Z 9,
252. — OBRECHKOFF, N.: Sur la sommation des séries divergentes. Acta
Math. **63**, 1—75. F 60, 178; Z 9, 345. — OFFORD, A. C.: On summability by
typical means. Proceedings L. M. S. (2) **37**, 147—160. F 60, 179; Z 8, 351. —
REY PASTOR, J.: a) Teoria geometrica de las transformaciones Eulerianas y
seudoeulerianas de series. Boletín Seminario Mat. **4**, 17—20. F 60, 956;
Z 11, 344. — b) La transformación de PINCHERLE y la sumación de series
divergentes. Boletín Seminario Mat. **4**, 26—29. F 60, 956; Z 11, 345. —
RICCI, G.: Sulla moltiplicazione delle serie. Annali Pisa (2) **3**, 373—392.
F 60, 955; Z 10, 19. — SPENCER, H. E.: On convergence and oscillation of
transforms of sequences of vectors. Amer. J. **56**, 445—458. F 60, 181;
Z 9, 345. — SUNOUCHI, G.: a) Theorems on limits of recurrent sequences.
Proceedings Acad. Tokyo **10**, 4—7. F 60, 175; Z 8, 349. — b) On a linear
transformation of infinite sequences. Proceedings Phys.-Math. Soc. Japan
16, 161—163. F 60, 176; Z 9, 109. — TAKAHASHI, T.: A theorem on CESÀRO
summability. Proceedings Acad. Tokyo **10**, 8—10. F 60, 183; Z 8, 390. —
VERBLUNSKY, S.: On the theory of trigonometric series. VI. Proceedings
L. M. S. (2) **38**, 284—326. F 60, 986; Z 10, 257.

ANDERSEN, A. F.: Über die Anwendung von Differenzen nicht ganzer **1935**
Ordnung in der Reihentheorie. 8. Skand. Mat. Kongr., Stockholm, 1934,
326—348. F 61, 1092; Z 12, 64. — AVAKUMOVIĆ, V.: Sur une extension de la
condition de convergence des théorèmes inverses de sommabilité. C. R. **200**,
1151—1517. F 61, 217; Z 11, 207. — BERNSTEIN, S.: Sur la convergence de
certaines suites de polynomes. J. Math. pur. appl. (9) **15**, 345—358. F 62,
335; Z 15, 300. — BROGGI, U.: Transformadas de EULER de orden complejo
de una serie e integrales de BOREL de las transformadas. Rev. mat. hisp.-
amer. (2) **10**, 1—6. F 61, 1095; Z 11, 344. — CESCO, R. P.: a) Sur la théorie
des substitutions linéaires et la multiplication des séries. Bull. Soc. Sc.
Liége **4**, 62—68. F 61, 210; Z 11, 160. — b) Sur un théorème de la théorie
des séries divergentes. Bull. Sc. math. (2) **59**, 260—263. F 61, 213; Z 12, 206.
— DURAÑONA Y VEDIA, A.; VIGNAUX, J. C.: Demostración de algunos
teoremas relativos a series sumables LE-ROY. Univ. nac. La Plata. Publ.
Fac. Ci. fís. mat. **102**, 85—89. F 62, 1169. — FRANCHIS, F. DE: Estensione
alle serie doppie delle teoria della sommabilità (C, 1) e applicazioni alle serie
doppie di FOURIER. Rend. Circ. mat. Palermo **59**, 147—164. F 61, 1093;
Z 14, 110. — GANAPATHY IYER, V.: Tauberian and summability theorems
on DIRICHLET's series. Ann. of Math. (2) **36**, 100—116. F 61, 218; Z 11, 17. —
GARABEDIAN, H. L.: A convergence factor theorem in the theory of summable
series. Bull. Amer. Math. Soc. **41**, 583—592. F 61, 214; Z 12, 161. -- GER-

1935 GEN, J. J.; LITTAUER, S. B.: Continuity and summability for double FOURIER series. Trans. Amer. Math. Soc. **38**, 401—435. F 61, 284; Z 13, 162. — HARDY, G. H.: Some identities satisfied by infinite series. Journ. London Math. Soc. **10**, 217—220. F 61, 208; Z 12, 160 und 467. — HAYASHI, G.: Bemerkungen über die Borelschen und Abelschen Summierungsverfahren der divergenten Reihen. Sci. Rep. Tôhoku Univ. **23**, 920—926. F 61, 212; Z 11, 159. — HENRIKSSON, O.: Über die Hausdorffschen Limitierungsverfahren, die schwächer sind als das Abelsche. Math. Z. **39**, 501—510. F 61, 212; Z 10, 351. — HIGAKI, N.: a) Some theorems on RIESZ's method of summation. Tôhoku math. Journ. **41**, 70—79. F 61, 210; Z 12, 208. — b) Remarks on HARDY's convergence theorem. Tôhoku math. Journ. **41**, 80—90. F 61, 205; Z 12, 208. — HILLE, E.: On LAPLACE integrals. 8. Skand. Mat.-Kongreß, 216—227. F 61, 1142; Z 11, 399. — HYSLOP, J. M.: Some relations between the DE LA VALLÉE POUSSIN and ABEL methods of summability. Proc. London math. Soc. **40**, 449—467. F 61, 1097; Z 13, 162. — INGHAM, A. E.: On WIENER's method in Tauberian theorems. Proc. London Math. Soc. (2) **38**, 458—480. F 61, 218; Z 10, 352. — JUAN, R. SAN: El algoritmo de EULER y la transformación correlativa de la integral de LAPLACE. Rend. Ist. Lombardo (2) **68**, 619—624. F 61, 1134; Z 12, 349. — KACZMARZ, S.; STEINHAUS, H.: *Theorie der Orthogonalreihen. Warschau. 298 p. F 61, 1119; Z 13, 9. — KARAMATA, J.: a) Un aperçu sur les inversions des procédés de sommabilité. C. R. 2me Congrès Math. Pays slaves 49—61; Časopis Praha **64**, 49—61. F 61, 216; Z 11, 65. — b) Über einen Konvergenzsatz des Herrn KNOPP. Math. Z. **40**, 421—425. F 61, 217; Z 12, 295. — c) Eine weitere Umkehrung des Cesàroschen Limitierungsverfahrens. (Serbisch.) Glas Srpske Akad. CLXIII (80), 59—70; Deutscher Auszug: Bull. Acad. Belgrade A **2**, 67—72. F 61, 1098; Z 12, 295. — d) Quelques théorèmes de nature tauberienne relatifs aux intégrales et aux séries. (Serbisch.) Glas Srpske Akad. CLXV (81), 171—230. Französischer Auszug: Bull. Acad. Belgrade A **2**, 169—205. F 61, 1097; Z 12, 350. — e) Théorèmes sur la sommabilité exponentielle et d'autres sommabilités s'y rattachent. Mathematica, Cluj **9**, 164—178. F 61, 1096; Z 13, 399. — f) Bemerkung zur Note ,,Über einige Inversionssätze der Limitierungsverfahren". Publ. math. Univ. Belgrade **4**, 181—184. F 61, 1098; Z 14, 300. — LAWRENCE, D. E.: The summability of double power series. Proc. London math. Soc. (2) **40**, 321—335. F 61, 1094; Z 12, 403. — LITTLEWOOD, J. E.: Note on the preceding paper. Journ. London Math. Soc. **10**, 309—310. F 61, 219; Z 12, 403. (Gehört zu RAMASWAMI.) — MARCINKIEWICZ, J.: On RIEMANN's two methods of summation. Journ. London Math. Soc. **10**, 268—272. F 61, 215; Z 12, 401. — MEARS, F. M.: Some multiplication theorems for the NÖRLUND means. Bull. Amer. Math. Soc. **41**, 875—880. F 61, 1094; Z 13, 261. — MOORE, C. N.: On convergence factors for series summable by NÖRLUND means. Proc. Acad. USA **21**, 263—266. F 61, 214; Z 11, 345. — OBRECHKOFF, N.: Le développement moderne des méthodes de sommation des séries divergentes. Actes Congr. Interbalkan. Math. 121—128. F 61, 1098; Z 15, 15. — PHILLIPS, E. G.: On the region of summability (A,λ,α) $(\alpha > 1)$ and $(A, \lambda \log \lambda, 1)$ of DIRICHLET's series of type λ_n. Proc. London math. Soc. **40**, 436—448. F 61, 1096; Z 13, 111. — POGREBISKI, I.: Sur la théorie des séries divergentes. (Ukrainisch mit französischem Auszug.) Journ. Inst. math. Kiew 1935—36II, 145—147. F 61, 1092. — RAMASWAMI, V.: Some Tauberian theorems on oscillation. Journ. London Math. Soc. **10**, 294—308. F 61, 219; Z 12, 403. — REY PASTOR, J.: a) Teoría geométrica de las transformaciones eulerianas y seudoeulerianas de series. Rev. mat. hisp.-amer. (2) **10**, 17—20. F 61, 1095; Z 11, 344. — b) La transformación de

PINCHERLE y la sumación de series divergentes. Rev. mat. hisp.-amer. (2) **1935**
10, 26—29. F 61, 1095, 1095; Z 11, 345. — RICCI, G.: Sui teoremi Tauberiani.
Ann. di Mat. (4) **13**, 287—308. F 61, 215; Z 11, 14. — RUTLEDGE, G.;
DOUGLASS, R. D.: The range of DE LA VALLÉE POUSSIN summation. Journ.
of Math. Massachusetts **14**, 191—194. F 61, 1097; Z 13, 261. — SAMATAN, E:.
Sobre sumación de un tipo particular de progresiones y de series. Rev.
Acad. Madrid **32**, 230—247. F 61, 1091; Z 12, 352. — SER, J.: La réduction
des séries alternées divergentes et ses applications. Paris, 43 p. F 61, 1137;
Z 13, 158. — SZÁSZ, O.: a) Generalization of two theorems of HARDY and
LITTLEWOOD on power series. Duke math. J. **1**, 105—111. F 61, 217; Z 11,
157. — b) Convergence properties of FOURIER series. Trans. Amer. Math.
Soc. 37, 483—500. F 61, 276; Z 12, 402. — TAKAGI, N.: On BOREL's method
of summation. Sc. Rep. Tôhoku Univ. **24**, 45—54. F 61, 211; Z 12, 160. —
TAKANASHI, T.: a) On the strong summability of FOURIER series. Jap. J.
Math. **11**, 213—221. F 61, 280; Z 11, 161. — b) A note on inequalities.
Tôhoku math. Journ. 41*, 148—150. F 61, 206; Z 12, 208. — TAMARKIN, J.D.:
On the notion of regularity of methods of summation of infinite series. Bull.
Amer. Math. Soc. 41, 241—243. F 61, 209; Z 11, 207. — VIGNAUX, J. C.:
a) Quelques théorèmes sur le produit des séries sommables par la méthode
de M. BOREL. Tôhoku math. Journ. 40, 79—84. F 61, 210; Z 11, 159. —
b) Acerca del teorema de ABEL para las series dobles. An. Soc. cient. Buenos
Aires **120**, 14—27. F 61, 215; Z 12, 110. — c) Théorèmes sur le produit des
séries sommables BOREL. Bull. Math. Phys. École polytechn. Bucarest **5**,
75—77. F 61, 211; Z 12, 295. — d) Sobre una generalización del método de
sumación de M. BOREL. Univ. nac. La Plata. Publ. Fac. Ci. fís. mat. **104**,
97—115. F 62, 1169. — e) Sobre el método de sumación de LE ROY de
orden no entero y la teoría del producto. Univ. nac. La Plata. Publ. Fac. Ci.
fís. mat. **102**, 15—46. F 62, 1169. — f) Sobre el método de sumación de
SANNIA para las series múltiples. Univ. nac. La Plata. Publ. Fac. Ci. fís.
mat. **102**, 69—79. F 62, 1170. — VIGNAUX, J. C.; DURANONA Y VEDIA, A.:
Generalización de un teorema de G. HARDY. Univ. nac. La Plata. Publ.
Fac. Ci. fís. mat. **102**, 81—84. F 62, 1167. — WALSH, C. E.: An addendum.
Proc. Edinburgh math. Soc. (2) **4**, 79. F 61, 219; Z 10, 348. — WATANABE, Y.·
a) Über den Permanenzsatz Cesàroscher, sowie Hölderscher Limitierungs-
verfahren für mehrfache Integrale. II. Tôhoku Math. J. **40**, 371—391.
F 61, 239; Z 11, 398. — b) Zur C-Summabilität negativer Ordnung der ge-
wöhnlichen binomischen Reihe. Phys.-Math. Soc. Jap., III. s. **17**, 346 ←352.
F 61, 312; Z 12, 395. — ZYGMUND, A.: *Trigonometrical series. Warschau.
331 p. F 61, 253; Z 11, 17.

AGNEW, R. P.: Products of methods of summability. Bull. Amer. math. **1936**
Soc. **42**, 547—549. F 62, 213; Z 15, 63. — ANDREOLI, G.: Nuova teoria delle
serie semplici e dei metodi di sommazione: il prodotto, l'assoluta convergenza e la teoria dei gruppi. Rend. Accad. Sci. fis. mat. Napoli (4) **5**, 139—
153. F 62, 1168; Z 15, 208. — AVAKUMOVIĆ, V. G.: a) Über einen Inver-
sionssatz. Bull. intern. Acad. Yougoslave Sci., Cl. Sci. math. nat. 29—30,
107—117. (Auszug aus Rad Jugoslav. Akad. **154**, 167—186, serbisch.)
F 62, 223; Z 15, 250. — b) Über Laplacesche Integrale, deren Wachstum
von iteriertem Exponentialcharakter ist. Acad. R. Serbe, Bull. Acad. Sci.
math. nat. A **3**, 173—181. F 62, 1172; Z 16, 160. Serbische Fassung: Glas
Srpske Akad., Beograd CLXXIII (85), 183—196. F 62, 1173. — AVA-
KUMOVIĆ, V.; KARAMATA, J.: Über einige Taubersche Sätze, deren Asymptotik von Exponentialcharakter ist. I. Math. Z. **41**, 345—356. F 62, 227;
Z 14, 299. — BERNSIEIN, S.: Sur la convergence de certaines suites de poly-

1936 nomes. J. Math. pur. appl. (9) **15**, 345—358. F 62, 335; Z 15, 300. — BOSANQUET, L. S.: The absolute CESÀRO summability of a FOURIER series. Proc. London math. Soc. (2) **41**, 517—528. F 62, 290 (vgl. 289); Z 15, 64. — CALLEJA, P. PI: Sobre la convergencia de integrales dependientes de un nodulo variable. Mem. Acad. Ci. Arts Barcelona **25**, Nr. 13, 281—337. F 62, 1167. — CESCO, R. P.: Sur la théorie des substitutions linéaires. Tôhoku math. J. **42**, 90—95. F 62, 213; Z 14, 155. — COOKE, R. G.: On mutual consistency and regular T-limits. Proc. London math. Soc. **41**, 113—125. F 62, 212; Z 13, 304. — GARTEN, V.: Über den Einfluß endlich vieler Änderungen auf das Borelsche Limitierungsverfahren. Math. Z. **40**, 756—759. F 62, 219; Z 13, 110. — HAMILTON, H. J.: a) Transformations of multiple sequences. Duke math. J. **2**, 29—60. F 62, 214; Z 13, 303. — b) On transformations of double series. Bull. Amer. math. Soc. **42**, 275—283. F 62, 213; Z 14, 15. — HARDY, G. H.; LITTLEWOOD, J. E.: Notes on the theory of series. XX: On LAMBERT series. Proc. London math. Soc. (2) **41**, 257—270. F 62, 222; Z 14, 303. — HILL, J. D.: A theorem in the theory of summability. Bull. Amer. math. Soc. **42**, 225—228. F 62, 216; Z 14, 14. — HYSLOP, J. M.: a) The generalization of a theorem on BOREL summability. Proc. London math. Soc. (2) **41**, 243—256. F 62, 219; Z 15, 15. — b) On the summability of series by a method of VALIRON. Proc. Edinburgh math. Soc. (2) **4**, 218—223. F 62, 220; Z 15, 15. — c) On the absolute summability of series by Rieszian means. Proc. Edinburgh math. Soc. (2) **5**, 46—45. F 62, 218; Z 15, 208. — INGHAM, A. E.: Some trigonometrical inequalities with applications to the theory of series. Math. Z. **41**, 367—379. F 62, 225; Z 14, 215; vgl. R 12, 255. — JAIN, S. P.: TAYLOR's series and BOREL's polygon of summability. Proc. Acad. Sci. Allahabad **1**, 1—6. F 62, 1201; Z 14, 14. — KARAMATA, J.: a) Über einige reihentheoretische Sätze. Math. Z. **41**, 67—74. F 62, 207; Z 13, 398 und 466. — b) Bemerkung über die vorstehende Arbeit des Herrn AVAKUMOVIĆ, mit näherer Betrachtung einer Klasse von Funktionen, welche bei den Inversionssätzen vorkommen. Bull. intern. Acad. Yougoslave Sci., Cl. Sci. math. nat. 29—30, 117—123. (Auszug aus Rad Jugoslav. Akad. **254**, 187—200, serbisch.) F 62, 224; Z 15, 250. — c) Quelques moyens particuliers pour établir des théorèmes inverses des procédés de sommabilité. Rev. Ci., Lima, **38**, Nr. 418, 155—160. F 62, 1173; Z 16, 160. — d) Über einen Satz von H. HEILBRONN und E. LANDAU. Publ. math. Univ. Belgrade **5**, 28—38. F 62, 1171; Z 17, 394. — KUTTNER, B.: a) Some relations between different kinds of RIEMANN summability. Proc. London math. Soc. (2) **40**, 524—540. F 62, 221; Z 13, 261. — b) Note on RIEMANN summability. J. London math. Soc. **11**, 301—302. F 62, 222; Z 15, 253. — c) A generalization of ABEL, summability Proc. Cambridge phil. Soc. **32**, 541—559. F 62, 217; Z 15, 253. — MINAKSHISUNDARAM, S.: Tauberian theorems on DIRICHLET's series. J. Indian math. Soc. (2) **2**, 147—155. F 62, 224; Z 15, 402. — MOORE, C. N.: Convergence factors for double series summable by NÖRLUND means. Proc. nat. Acad. Sci. USA **22**, 167—170. F 62, 220; Z 14, 15. — ORLICZ, W.: Über k-fach monotone Folgen. Studia math., Lwów, **6**, 149—159. F 62, 216; Z 16, 160. — RADO, R.: Linear transformations of sequences. Phil. Trans. R. Soc. London A **235**, 367—414. F 62, 212; Z 14, 311. — RAFF, H.: a) Lineare Transformationen beschränkter integrierbarer Funktionen. I. Math. Z. **41**, 605—629. F 62, 214; Z 14, 351. — b) Bemerkungen zu zwei Sätzen von HANS HAHN über lineare Integraltransformationen. Math. Z. **42**, 151—160. F 62, 216; Z 15, 213. — RAMASWAMI, V.: The generalized ABEL-TAUBER theorem. Proc. London math. Soc. (2) **41**, 408—417. F 62, 224; Z 14, 300. — REY PASTOR, J.: Algunas relaciones entre los algoritmos corelativos de convergencia y sumación. Rev.

math. Hisp.-Amer. (2) **11**, 67—70. F 62, 1168; Z 14, 110. — Rocco Bo- 1936
selli, A.: a) Costruzione di serie le cui somme semplici sono le succesive
medje di Hölder di una serie data. Giorn. Mat. Battaglini **74**, 149—162.
F 62, 1168; Z 18, 354. — b) Sui coefficienti di Hölder nella somma di una
serie divergente, con il metodo delle medie. Giorn. Mat. Battaglini **74**,
163—173. F 62, 1168; Z 18, 354. — Rogosinski. W,: Abschnittsverhalten
bei trigonometrischen insbesondere Fourierschen Reihen. Math. Z. **41**,
75—136. F 62, 290; Z 13, 302. — Ser, J.: Sur la valeur numérique des
intégrales employées dans la sommation exponentielle. Bull. Sci. math.,
II. s. **60**, 199—202. F 62, 257; Z 15, 63. — Seybold, J.: Ein Beitrag zur
Theorie der divergenten Reihen. Diss. Tübingen 1936, 51 p. F 62, 1201;
Z 16, 21. — Szász, O.: Converse theorems on summability for Dirichlet's
series. Trans. Amer. Math. Soc. **39**, 117—130. F 62, 225; Z 13, 262. —
Vignaux, J. C.: Extensión del método de sumación de M. Borel a las
series de funciones de variable compleja dual e hiperbólica. An. Soc. cient.
Argentina **122**, 193—231. F 62, 219; Z 15, 301. — Wiener, N.: a) A theorem
of Carleman. Sci. Rep. nat. Tsing Hua Univ. A, Peiping, **3**, 291—298.
F 62, 1171; Z 14, 90. — b) A Tauberian gap theorem of Hardy and Littlewood. J. Chinese math. Soc. **1**, 15—22. F 62, 1171; Z 15, 209. — Wintner, A.: A note on Lambert summability. Mat. Tidsskr. B, København,
1936, 94—95. F 62, 1170; Z 15, 345.

Andersen, A. F.: Ensidigt begraensede svagt regulaere Talfølger. Mat. 1937
Tidsskr. B, Kobenhavn, 1937, 109—113. F 63, 164; Z 16, 209. — Avakumović, V. G.: a) Über einen Satz von V. Ramaswami. Rev. math. Un.
interbalkanique **1**, 139—140. F 63, 169; Z 16, 249. — b) Théorèmes relatifs
aux intégrales de Laplace sur leur frontière de convergence. C. R. Acad.
Sci., Paris, **204**, 224—226. F 63, 272; Z 16, 117. — Cohen, L. W.; Dun-
ford, N.: Transformations on sequence spaces. Duke math. J. **3**, 689—701.
F 63, 352; Z 18, 71. — Cooke, R. G.: a) An extension of some recent results
on mutual consistency and regular T-limits. J. London math. Soc. **12**,
98—105. F 63, 165; Z 16, 302. — b) A new method for the summability of
divergent sequences. J. London math. Soc. **12**, 299—304. F 63, 167; Z 17,
303. — c) On divergence and singularities of analytic functions. J. London
math. Soc. **12**, 304—308. F 63, 167; Z 18, 17. — Curtiss, J. H.: A note
on the Cesàro method of summation. Bull. Amer. math. Soc. **43**, 703—708.
F 63, 928; Z 18, 120. — Doetsch, G.: *Theorie und Anwendung der Laplace-Transformation. 436 S., Berlin. F 63, 368; Z 18, 129. — Durañona
y Vedia, A.: Sumabilidad de Riesz-Leja para series dobles. Univ. nac. La
Plata, Publ. Ci. fís. mat. **109**, 329—336. F 63, 929; Z 19, 209. — Ganapathy Iyer, V.: On summation-processes in general. J. Indian math. Soc.
(2) **2**, 222—238. F 63, 165; Z 16, 355. — Garten, V.; Knopp, K.: Ungleichungen zwischen Mittelwerten von Zahlenfolgen und Funktionen. Math.
Z. **42**, 365—388. F 63, 168; Z 16, 20. — Gergen, J. J.: Summability of
double Fourier series. Duke math. J. **3**, 133—148. F 63, 218; Z 17, 11. —
Hill, J. D.: On perfect methods of summability. Duke math. J. **3**, 702—714.
F 63, 166; Z 18, 16. — Hyslop, J. M.: A Tauberian theorem for absolute
summability. J. London math. Soc. **12**, 176—180. F 63, 172; Z 17, 12. —
Ingham, A. E.: On the high-indices theorem of Hardy and Littlewood.
Quart. J. Math. (Oxford Ser.) **8**, 1—7. F 63, 173; Z 16, 397. — Kales,
M. L.: Tauberian theorems related to Borel and Abel summability. Duke
math. J. **3**, 647—666. F 63, 172; Z 18, 16. — Karamata, J.: a) Complé-
ments au théorème d'Abel et de son inverse. Rev. math. Un. interbalkanique
1, 161—165. F 63, 173; Z 16, 209. — b) Beziehungen zwischen den Oszilla-

1937 tionsgrenzen einer Funktion und ihrer arithmetischen Mittel. Proc. London math. Soc. (2) **43**, 20—25. **F** 63, 168; **Z** 16, 395. — c) Allgemeine Umkehrsätze der Limitierungsverfahren. Abh. math. Sem. Hansische Univ. **12**, 48—63. **F** 63, 171; **Z** 16, 250. — d) *Sur les théorèmes inverses des procédés de sommabilité. (La théorie des fonctions VI.) 47 p. Actual. sci. industr. 450. **F** 63, 169; **Z** 17, 348. — e) Un théorème relatif aux sommabilités de la forme $\sigma \int_0^{1/\sigma} \psi(\sigma t) s(t) dt$. Věstník Král. České Spol. Nauk. II 1936, 5 p. **F** 63, 174; **Z** 17, 394. — KIENAST, A.: a) Beweis des Satzes $x^{-1} \lg^q x (\psi(x) - x) \to 0$ ohne Überschreitung der Geraden $\sigma = 1$. Math. Z. **43**, 113—119. **F** 63, 138; **Z** 17, 55. — b) Erweiterung eines Konvergenzsatzes von M. RIESZ für Dirichletsche Reihen. Comment. math. helv. **9**, 124—134. **F** 63, 973; **Z** 15, 301. — MEARS, F. M.: Absolute regularity and the NÖRLUND mean. Ann. Math., Princeton, **38**, 594—601. **F** 63, 166; **Z** 17, 162. — OKADA, Y.: On some gap theorems for EULER's method of summation of series. Bull. Amer. math. Soc. **43**, 536—540. **F** 63, 174; **Z** 17, 254. — RAFF, H.: Über lineare Integraltransformationen. Mh. Math. Phys. **45**, 379—393. **F** 63, 164; **Z** 16, 360. — RAMASWAMI, V.: a) A further extension of the ABEL-TAUBER theorem. J. London math. Soc. **12**, 242—243. **F** 63, 174; **Z** 17, 254. — b) A note on Tauberian oscillations. J. London math. Soc. **12**, 295—296. **F** 63, 930; **Z** 17, 254. — RANDELS, W. C.: a) On the summability of FOURIER series. Bull. Amer. math. Soc. **43**, 85—89. **F** 63, 213; **Z** 16, 109. — b) On the summability of FOURIER series. Trans. Amer. math. Soc. **41**, 24—47. **F** 63, 212; **Z** 16, 210. — REY PASTOR, J.: Algunos complementos a la teoría de límites de las funciones reales en espacios abstractos. Bol. Sem. mat., Buenos Aires, **4**, 175—182. **F** 63, 937. — ROBERTSON, M. S.: On the summability by positive typical means of sequences $\{f(n\theta)\}'$. Bull. Amer. math. Soc. **43**, 287—292. **F** 63, 190; **Z** 16, 395. — SALEM, R.: Sur une méthode de sommation, valable presque partout, pour les séries de FOURIER de fonctions continues. C. R. Acad. Sci., Paris **205**, 14—16. **F** 63, 211; **Z** 16, 398. — SASAKI, S.: On the CAUCHY product-series. Tôhoku math. J. **43**, 171—172. **F** 63, 168; **Z** 17, 161. — SILVERMAN, L. L.: Products of NÖRLUND transformations. Bull. Amer. math. Soc. **43**, 95—101. **F** 63, 166; **Z** 16, 20. — VIGNAUX, J. C.: a) Sobre el método de sumación de SANNIA-KNOPP. Univ. nac. La Plata, Publ. Ci. fís. mat. **109**, 337—370. **F** 63, 929; **Z** 19, 303. — b) Sobre el método de sumación de ABEL-LE ROY y su aplicación a la serie de FOURIER. Univ. nac. La Plata, Publ. Ci. fís. mat. **109**, 371—379. **F** 63, 930; **Z** 19, 209. — WIENER, N.; MARTIN, W. T.: TAYLOR's series of entire functions of smooth growth. Duke math. J. **3**, 213—223. **F** 64, 271; **Z** 16, 406.

1938 AGNEW, R. P.: Comparison of products of methods of summability. Trans. Amer. math. Soc. **43**, 327—343. **F** 64, 172; **Z** 18, 355. — AVAKUMOVIĆ, V. G.: a) Sur l'inversion d'un procédé de sommabilité avec application. C. R. Acad. Sci., Paris, **207**, 766—768. **F** 64, 183; **Z** 20, 16. — b) Über das Verhalten Laplacescher Integrale an der Konvergenzgrenze mit neuem Beweis eines Satzes von HARDY-RAMANUJAN über das asymptotische Verhalten der Zerfällungskoeffizienten. Bull. math. Soc. Roumaine Sci. **40**, 101—106. **F** 64, 1060; **Z** 20, 16. — BIRINDELLI, C.: Contributo all'analisi dei metodi di sommazione di GRONWALL. Rend. Circ. mat. Palermo **61**, 157—176. **F** 64, 175; **Z** 19, 302. — BOAS, R. P. jr.: a) Tauberian theorems for $(C, 1)$ summability. Duke math. J. **4**, 227—230. **F** 64, 177; **Z** 18, 253. — b) Some gap theorems for power series. Duke math. J. **4**, 176—188. **F** 64, 272; **Z** 18, 254. — BOSANQUET, L. S.: An analogue of MERCER's theorem. J. London math. Soc. **13**, 177—180. **F** 64, 177; **Z** 18, 162. — CHOW, H. C.: On the absolute CESÀRO summability of a power series. J. London math. Soc. **13**, **1938** 16—22. **F** 64, 270; **Z** 18, 120. — COOKE, R. G.; DIENES, P.: On the effective range of generalized limit processes. Proc. London math. Soc. (2) **45**, 45—63. **F** 64, 171; **Z** 19, 339. — DENJOY, A.: Sur la convergence des séries trigonométriques. I, II. C. R. Acad. Sci., Paris, **207**, 210—213, 316—318. **F** 64, 230; **Z** 19, 112. — DIEULEFAIT, C. E.: Die Momente einer Gruppe von Funktionen der Wahrscheinlichkeitsrechnung und ihre Beziehung zu den linearen Differentialgleichungen zweiter Ordnung, zu den Laplaceschen Gleichungen, den algebraischen Kettenbrüchen und der Summierung divergenter Reihen. An. Soc. Ci. Argent. **125**, 81—111. **F** 64, 1085; **Z** 19, 13. — FORT, T.: The summability of exponential and factorial series. Duke math. J. **4**, 793—800. **F** 64, 174; **Z** 20, 15. — GARABEDIAN, H. L.; RANDELS, W. C.: Theorems on RIESZ means. Duke math. J. **4**, 529—533. **F** 64, 174; **Z** 19, 209. — HAMILTON, H. J.: a) Change of dimension in sequence transformations. Duke math. J. **4**, 341—342. **F** 64, 171; **Z** 19, 59. — b) A generalization of multiple sequence transformations. Duke math. J. **4**, 343—358. **F** 64, 171; **Z** 19, 59. — HAMILTON, H. J.; HILL, J. D.: On strong summability. Amer. J. Math. **60**, 588—594. **F** 64, 172; **Z** 19, 17. — HUNTEMANN, H.: Über den Wert der Reihenentwicklung meromorpher Funktionen bei linearen Summierungsverfahren. Deutsche Math. **3**, 390—402. **F** 64, 1003; **Z** 19, 162. — HYSLOP, J. M.: On the approach of a series to its CESÀRO limit. Proc. Edinburgh math. Soc. (2) **5**, 182—201. **F** 64, 173; **Z** 19, 302. — INGRAHAM, M. H.; WOLF, M. C.: Convergence of a sequence of linear transformations. Amer. J. Math. **60**, 107—119. **F** 64, 166; **Z** 18, 98. — IYENGAR, K. S. K.: On linear transformations of bounded sequences. I, II, III. Proc. Indian Acad. Sci. A **7**, 399—410; **8**, 20—38; 135—144. **F** 64, 169; **Z** 19, 302. — KALUZA, T.: Über die ,,Differenzensummation" unendlicher Reihen. Nachr. Ges. Wiss. Göttingen, math.-phys. Kl. FG **1**, **1**, 171—179. **F** 64, 175; **Z** 18, 354. — KARAMATA, J.: a) Un théorème sur le procédé de sommabilité de BOREL. Publ. math. Univ. Belgrade **6**—**7**, 204—208. **F** 64, 175; **Z** 19, 340. — b) Einige Sätze über die Rieszschen Mittel. Acad. R. Serbe, Bull. Acad. Sci. math. nat. A **4**, 121—137. **F** 64, 174; **Z** 19, 341. — Auch: Glas Srpske Akad. **175** (I, 86), 289—326 (1937). **F** 63, 929. — c) Quelques théorèmes sur les intégrales de LAPLACE-ABEL. Bull. math. Soc. Roumaine Sci. **40**, 1—3. **F** 64, 183; **Z** 20, 112. — d) Über allgemeine O-Umkehrsätze. (Kroatisch.) Rad. Jugoslav. Akad. **261**, 1—22. Deutscher Auszug in Bull. internat. Acad. Yougoslave Sci. Beaux-Arts, Cl. Sci. math. natur. **32**, 1—9 (1939). **F** 64, 1004; **F** 65, 1195. **Z** 27, 303. — e) Über die B-Limitierbarkeit einer Potenzreihe am Rande. Math. Z. **44**, 156—160. **F** 64, 270; **Z** 19, 113. — KUTTNER, B.: The relation between DE LA VALLÉE POUSSIN and ABEL summability. Proc. London math. Soc. (2) **44**, 92—99. **F** 64, 176; **Z** 18, 354. — LEVINSON, N.: General gap Tauberian theorems. I. Proc. London math. Soc. (2) **44**, 289—306. **F** 64, 179; **Z** 19, 161. — MARCINKIEWICZ, J.: Sur la sommabilité des séries orthogonales. Wiadom. mat. **54**, 5—16. (Polnisch.) **F** 64, 1031; **Z** 17, 207. — MARTIN, W. T.; WIENER, N.: TAYLOR'S series of functions of smooth growth in the unit circle. Duke math. J. **4**, 384—392. **F** 64, 271; **Z** 19, 34. — MENCHOFF, D.: Sur une généralisation d'un théorème de M. M. HARDY et LITTLEWOOD. Rec. math., Moscou, (2) **3**, 367—373. **F** 64, 178; **Z** 19, 162. Lettre à la rédaction. (Russisch und französisch.) Rec. math., Moscou, (2) **5**, 451 (1939). **F** 65, 241. — MERSMAN, W. A.: A new summation method for divergent series. Bull. Amer. math. Soc. **44**, 667—673. **F** 64, 173; **Z** 19, 340. — MINAKSHISUNDARAM, S.: a) A Tauberian theorem on (λ, k)-process of summation. J. Indian math. Soc. (2) **3**, 127—130. **F** 64, 178; **Z** 20, 17. — b) On V. RAMASWAMI's Tau-

1938 berian theorem on oscillation. J. Indian math. Soc. (2) **3**, 131—135. F 64, 178; Z 20, 17. — MOORE, C. N.: *Summable series and convergence factors. 105 p. New York, American Mathematical Society. (American Mathematical Society Colloquium Publications, vol. XXII.) F 64, 169; Z 19, 18. — OBRECHKOFF, N.: Applications de la sommation par les moyennes arithmétiques dans la théorie des séries de FOURIER, des séries sphériques et ultrasphériques. Bull. Math. Soc. Roum. Sci. **40**, 27—38. F 64, 1040; Z 20, 16. — OGUIEVETZKY, I.: a) Sur les méthodes de sommation de TOEPLITZ et PERRON. (Ukrainisch mit französischem Auszug.) J. Inst. math. Acad. Sci. Ukraine 1938, 65—68. F 64, 176; Z 18, 354. — b) Sur un procédé de sommation. Bull. Sci. math. (2) **62**, 368—371. F 64, 175; Z 20, 15. — PITT, H. R.: a) A remark on WIENER's general Tauberian theorem. Duke math. J. **4**, 437—440. F 64, 179; Z 19, 12. — b) General Tauberian theorems. Proc. London math. Soc. (2) **44**, 243—288. F 64, 180—182; Z 19, 109 und 466. — c) An extension of WIENE'RS general Tauberian theorem. Amer. J. Math. **60**, 532—534. F 64, 179; Z 19, 110. — d) Mercerian theorems. Proc. Cambridge philos. Soc. **43**, 510—520. F 64, 182; Z 20, 17. — RADO, R.: Some elementary Tauberian theorems. I. Quart. J. Math. (Oxford Ser.) **9**, 274—282. F 64, 177; Z 20, 17. — RAFF, H.: Minimumsprobleme für Summen absoluter Beträge. Math. Z. **44**, 452—480. F 64, 170; Z 19, 160. — RAIKOV, D.: Generalisation of the IKEHARA-LANDAU theorem. (Russisch mit englischem Auszug.) Rec. math. Moscou, (2) **3**, 559—568. F 64, 1005; Z 19, 249. — SER, J.: Formules et tables pour le calcul numérique de certaines séries divergentes. Bull. Sci. math. (2) **62**, 171—182. F 64, 358; Z 19, 208. — SUNOUCHI, G.: On the CESÀRO summability of the product series. Tôhoku math. J. **44**, 421—424. F 64, 173; Z 18, 397. — VEEN, S. C. VAN: Die Umkehrung einer Grenzwertformel von CAUCHY. (Holländisch.) Mathematica A, Zutphen **7**, 1—5. F 64, 177. — VIGNAUX, J. C.: a) Il teorema di ABEL per le serie doppie e la sua generalizzazione. Boll. Un. mat. Ital. **17**, 209—214. F 64, 176; Z 20, 217. — b) Erweiterungen des Abel-Stolzschen Theorems und einige lineare Funktionaltransformationen. (Spanisch.) An. Soc. Ci. Argentina **126**, 321—344, 401—428. F 64, 1003; Z 21, 401. — c) Sätze über die verallgemeinerte Borelsche Summationsmethode. (Spanisch.) Univ. nac. La Plata, Publ. Fac. Ci. fis.-mat., Ser. mat. **118**, 543—544. F 65, 1194; Z 22, 219. — VULICH, B.: Sur les méthodes linéaires de sommation dans les espaces abstraits. Commun. Inst. Sci. Math. et Mécan., Univ. Kharkoff et Soc. Math. Kharkoff, IV. s. **15**, Nr. 2, 65—70 u. franz. Text 70—75. (Ukrainisch.) F 64, 1099; Z 22, 233. — WALSH, C. E.: On a recurrence relation. Proc. Edinburgh math. Soc. (2) **5**, 151—154. F 64, 165; Z 18, 116.

1939 AGNEW, R. P.: a) Cores of complex sequences and of their transforms. Amer. J. Math. **61**, 178—186. F 65, 237; Z 20, 217. — b) On oscillations of real sequences and of their transforms by square matrices. Amer. J. Math. **61**, 683—699. F 65, 236; R 1, 10; Z 21, 219. — c) Properties of generalized definitions of limit. Bull. Amer. math. Soc. **45**, 689—730. F 56, 237; R 1, 50; Z 22, 146. — AMERIO, L.: a) Un metodo di sommazione per le serie di potenze e sua applicazione alla trasformazione di LAPLACE. Ann. Scuola norm. sup., Pisa, Sci. fis. mat. (2) **8**, 167—180. F 65, 234; R 2, 91; Z 23, 401. — b) Sulle condizioni di validità dei metodi di sommazione di GRONWALL. Ann. mat. pura appl., Bologna, (4) **18**, 239—260. F 65, 235; R 1, 218; Z 22, 153. — BARONE, H. G.: Limit points of sequences and their transforms by methods of summability. Duke math. J. **5**, 740—752. F 65, 236; R 1, 218;

Z 22, 219. — BELL, E. T.: Generalized Stirling transforms of sequences. **1939** Amer. J. Math. **61**, 89—101. F 65, 222; Z 20, 104. — BIRINDELLI, C.: Sui metodi di GRONWALL per la sommazione delle serie. Ann. Scuola norm. sup., Pisa, Sci. fis. mat. (2) **8**, 241—270. F 65, 235; R 2, 90; Z 22, 17. — BOAS, R. P. jr.: A Tauberian theorem connected with the problem of three bodies. Amer. J. Math. **61**, 161—164. F 65, 239; Z 20, 17. — BOSANQUET, L. S.; KESTELMAN, H.: The absolute convergence of series of integrals. Proc. London math. Soc. (2) **45**, 88—97. F 65, 262; Z 20, 354. — CHOW, H. C.: On the absolute summability (C) of power series. J. London math. Soc. **14**, 101—112. F 65, 307; Z 21, 119. — COOKE, H. G.: A note on lower semimatrices. J. London math. Soc. **14**, 154—157. F 65, 236; Z 21, 117. — DAY, M. M.: Regularity of function-to-function transformations. Bull. Amer. Math. Soc. **45**, 296—303. F 65, 495; Z 21, 118. — DENJOY, A.: Totalisation des séries. C. R. Acad. Sci., Paris **209**, 825—828. F 65, 201; R 1, 207; Z 24, 151. — DERNOSCHECK, E.: Untersuchung der alternierenden Folgen mit Hilfe zugeordneter Potenzreihen. 60 p. Dissertation Dresden. F 65, 226; Z 22, 127. — DITKIN, V. A.: On the structure of ideals in certain normed rings. (Russisch mit englischem Auszug.) Učenye Zapiski Moskov. gosud. Univ. **30**, 83 —130. F 65, 1315; R 1, 336. — FORT, T.: BOREL summability and LAMBERT series. Amer. J. Math. **61**, 397—402. F 65, 233; Z 20, 355. — GARABEDIAN, H. L.: a) A sufficient condition for CESÀRO summability. Bull. Amer. math. Soc. **45**, 592—596. F 65, 231; R 1, 11; Z 21, 400. — b) Theorems associated with the RIESZ and the DIRICHLET's series methods of summation. Bull. Amer. math. Soc. **45**, 891—895. F 65, 233; R 1, 219; Z 23, 27. — c) HAUSDORFF matrices. Amer. math. Monthly **46**, 390—410. F 65, 1195; R 1, 11. — GARTEN, V.: Ungleichungen zwischen den Hauptlimites der von Herrn KARAMATA untersuchten iterierten Mittelbildungen bei drei aufemanderfolgenden Ordnungen. Math. Z. **45**, 735—746. F 65, 244; R 1, 219; Z 23, 27. — HAMILTON, H. J.: Preservation of partial limits in multiple sequence transformations. Duke math. J. **5**, 293—297. F 65, 236; Z 21, 221. — HAYASHI, G.: A theorem on limit. Tôhoku math. J. **45**, 329—331. F 65, 240; Z 21, 22. — HILL, J. D.: On the space (γ) of convergent series. Tôhoku math. J. **45**, 332—337. F 65, 225; Z 21, 118. — HYSLOP, J. M.: a) Some sufficient conditions for the absolute CESÀRO summability of series. Proc. Edinburgh math. Soc. (2) **6**, 51—56. F 65, 230; Z 21, 119. — b) Some theorems on absolute CESÀRO summability. Proc. Edinburgh math. Soc. (2) **6**, 114—122. F 65, 231; R 1, 218; Z 22, 128. — KARAMATA, J.: a) Sur la sommabilité forte et la sommabilité absolue. Mathematica, Cluj, **15**, 119—124. F 65, 230; Z 21, 21. — b) Über einen Tauberschen Satz im Dreikörperproblem. Amer. J. Math. **61**, 769—770. F 65, 239; R 1, 11; Z 21, 221. — c) Über die Indexverschiebung beim Borelschen Limitierungsverfahren. Math. Z. **45**, 635—641. F 65, 233; R 1, 219; Z 22, 17. — d) Einige Sätze über iterierte Mittelbildungen. Proc. Benares math. Soc. **1**, 15—24. F 65, 1194; R 2, 278. — KLOOSTERMAN, H. D.: Über die Umkehrung einiger Grenzwertsätze. (Holländisch.) Mathematica B, Zutphen, **8**, 1—11. F 65, 244; Z 21, 220. — KNOPP, K.: Limitierungsumkehrsätze für Doppelfolgen. Math. Z. **45**, 573—589. F 65, 239; R 1, 51; Z 23, 28. — KUTTNER, B.: a) Note on the CESÀRO limit of a function. J. London math. Soc. **14**, 132—137. F 65, 232; Z 21, 220. — b) Some theorems on RIESZ and CESÀRO sums. Proc. London math. Soc. (2) **45**, 398—409. F 65, 1193. R 1, 50. — LYRA, G.: Über einen Satz zur Theorie der C-summierbaren Reihen. Math. Z. **45**, 559—572. F 65, 231; R 1, 89; Z 23, 26. — MEYER-KÖNIG, W.: a) Limitierungsumkehrsätze mit Lückenbedingungen. I, II. Math. Z. **45**, 447—478, 479—494. F 65, 242; R 1, 11 und 51; Z 21, 219 und 24, 29. — b) Über einige Sätze aus der

1939 Reihenlehre. Math. Z. **45**, 751—755. **F** 65, 231; **R** 1, 218; **Z** 22, 17. — MINAKSHI-SUNDARAM, S.: On generalized Tauberian theorems. Math. Z. **45**, 495—506. **F** 65, 241; **R** 1, 51; **Z** 23, 48. — OBRECHKOFF, N.: a) Sulla sommazione assoluta degli integrali colle medie di CESÀRO. Atti Accad. naz. Lincei, Rend., Cl. Sci. fis. mat. nat. (6) **29**, 31—34. **F** 65, 232; **Z** 21, 118. — b) Sommation par la transformation EULER. Les séries de DIRICHLET, les séries de facultés et la série de NEWTON. (Bulgarisch mit französischem Auszug.) Annuaire Univ. Sofia, Fac. physic.-math., Livre **1**, 35, 1—156. **F** 65, 1194. **R** 1, 230. **Z** 26, 109. (auch: S.-B. preuß. Akad. Wiss., Phys.-math. Kl. 1938, 267—300. **F** 64, 281. — PLEIJEL, ÅKE: Propriétés asymptotiques des fonctions fondamentales du problème des vibrations dans un corps élastique. Ark. Mat., Astr. Fys. **26**, no. 19, 9 p. — Sur les propriétés asymptotiques des fonctions et valeurs propres des plaques vibrantes. C. R. Acad. Sci. Paris **209**, 717—718. **F** 66, 460; **R** 1, 56 und 121; **Z** 23, 124. — RADO, R.: Some elementary Tauberian theorems. II. Quart. J. Math. (Oxford Ser.) **10**, 28—37. **F** 65, 241; **Z** 20, 218. — RIOS, S.: Über die Konvergenzgebiete der Konvergenzalgorithmen (E_n), die den Eulerschen Algorithmus verallgemeinern. (Spanisch.) Rev. mat. Hisp.-Amer. (3) **1**, 37—44. **F** 65, 1194; **R** 1, 218; **Z** 25, 155. — SATÔ, TUNEZÔ: Divergent series and special applications of Tauberian theorems. Mem. Coll. Sci. Kyoto A **22**, 49—95. **F** 65, 1304; **Z** 24, 119. — SUNYER I BALAGUER, F.: Sur une classe de transformations des formules de sommabilité. C. R. Acad. Sci., Paris, **208**, 409—411. **F** 65, 235; **Z** 20, 216 — SZÁSZ, O.: On the CESÀRO and RIESZ means of FOURIER series. Compositio math., Groningen, **7**, 112—122. **F** 65, 262; **R** 1, 138; **Z** 21, 220. — WIENER, N.; PITT, H. R.: A generalization of IKEHARA's theorem. J Math. Physics Massachusetts Inst. Technol. **17**, 247—258. **F** 65, 473; **Z** 23, 48.

1940 AGNEW, R. P.: a) On Tauberian theorems for double series. Amer. J. Math. **62**, 666—672. **F** 66, 267; **R** 2, 92; **Z** 24, 30. — b) Some remarks on a paper entitled „General Tauberian theorems". J. London math. Soc. **15**, 242—246. **F** 66, 268; **R** 2, 279. — AMERIO, L.: Sull'inversione della trasformata di LAPLACE e su alcuni teoremi tauberiani. Atti Accad. Ital., VII. s. **1**, 485—496. **F** 66, 506; **R** 8, 264; **Z** 24, 212. — AVAKUMOVIĆ, V. G.: a) Bemerkungen über Laplacesche Integrale, deren Wachstum von Exponentialcharakter ist. I, II, III. Math. Z. **46**, 62—69; **47**, 141—152. **F** 66, 505; **R** 3, 232; **Z** 23, 394; **Z** 24, 209. — b) Über das Verhalten Dirichletscher Reihen am Rande des Konvergenzgebietes. Math. Z. **46**, 650—664. **F** 66, 336; **R** 2, 191; **Z** 23, 221. — BOAS jr., R. P.; WIDDER, D. V.: An inversion formula for the LAPLACE integral. Duke math. J. **6**, 1—26. **F** 66, 1277; **R** 1, 228; **Z** 27, 72. — CESCO, R. P.: Über die Theorie linearer Transformationen und die Summation divergenter Reihen. Univ. Nac. La Plata. Publ. Fac. Ci. Fisicomat. Revista (2) **2**, no. 127, 156—169. (Spanisch.) **F** 66, 262; **R** 1, 218. — DAREVSKIJ, V. M.: Sur certains problèmes de la théorie des séries divergentes. (Russisch mit französischem Auszug.) Rec. math., Moscou, (2) **7**, 549—590. **F** 66, 263; **R** 2, 91; **Z** 24, 28. — DURAÑONA Y VEDIA, A.: Abelsche und Taubersche Sätze für zwei Veränderliche. (Spanisch mit französischem Auszug.) Univ. nac. La Plata Publ. Fac. Ci. fisico-mat. Rev. (2) **4**, 291—324. **F** 66, 268; **R** 2, 278. — GARABEDIAN, H. L.; WALL, H. S.: HAUSDORFF methods of summation and continued fractions. Trans. Amer. math. Soc. **48**, 185—207. **F** 66, 255; **R** 2, 90; **Z** 24, 106. — GARTEN, V.: a) Über die Beziehungen zwischen den Hölderschen und Laplace-Abelschen Mittelbildungen und dem Satz von O. HÖLDER. Math. Z.

46, 86—103. **F** 66, 260; **R** 1, 218; **Z** 23, 312. — b) Über den Vergleich der 1940 Cesàroschen und Hölderschen Mittelbildungen. Math. Z. **47**, 111—124. **F** 56, 269; **R** 3, 296; **Z** 24, 28. — HAYASHI, G.; IZUMI, S.: Theorems on NÖRLUND's method of summation. I, II. Tôhoku math. J. **47**, 6—13 und 69—73. **F** 66, 261; **R** 2, 90; **Z** 23, 219. — HILL, J. D.: On perfect summability of double sequences. Bull. Amer. Math. Soc. **46**, 327—331. **F** 66, 264; **R** 1, 219; **Z** 25, 313. — HURWITZ jr., H.: Total regularity of general transformations. Bull. Amer. math. Soc. **46**, 833—837. **F** 66, 264; **R** 2, 91; **Z** 24, 154. — HYSLOP, J. M.: Note on certain related conditions in the theory of CESÀRO summability. Proc. Edinburgh math. Soc. (2) **6**, 166—171. **F** 66, 257; **R** 2, 89. — KLOOSTERMAN, H. D.: a) Limitierungsumkehrsätze mit Lückenbedingungen für das C-Verfahren. Math. Z. **46**, 375—379. **F** 66, 266; **R** 2, 92; **Z** 22, 327. — b) On the convergence of series summable (C, r) and on the magnitude of the derivatives of a function of a real variable. J. London math. Soc. **15**, 91—96. **F** 66, 265; **R** 2, 89; **Z** 26, 108. — c) Tauberian theorems for CESÀRO-summability of double series. Proc. Akad. Wet. Amsterdam **43**, 215—223. **F** 66, 267; **R** 1, 219; **Z** 22, 327. — LEVINSON, N.: a)* Gap and density theorems. American Mathematical Society Colloquium Publications, vol. 26. New York 1940. 246 p. **F** 66, 332; **R** 2, 180; **Z** 26, 216. — b) Restrictions imposed by certain functions on their FOURIER transforms. Duke Math. J. **6**, 722—731. **F** 66, 513; **R** 2, 94; **Z** 23, 395. — LOZINSKIJ, S. M.: Über singuläre Integrale. Rec. math., Moscou, (2) **7**, 329—363. **F** 66, 274; **R** 2, 284; **Z** 23, 128. — LUDWIG, R.: Näherungswerte und Restabschätzungen komplexer Reihen durch eine geometrische Methode. Deutsche Math. **5**, 44—64. **F** 66, 252; **Z** 23, 26. — LYRA, G.: Über den Zusammenhang einiger Reihensätze. Math. Z. **46**, 627—634. **F** 66, 258; **R** 2, 89; **Z** 23, 220. — MEŃŠOV, D.: Sur la sommation des séries de fonctions orthogonales par des méthodes de CESÀRO. Rec. math., Moscou, (2) **8**, 121—136. **F** 66, 290; **R** 2, 281; **Z** 23, 312. — MEYER-KÖNIG, W.: a) Zur Frage der Umkehrung des C- und A-Verfahrens bei Doppelfolgen. Math. Z. **46**, 157—160. **F** 66, 267; **R** 1, 219; **Z** 23, 311. — b) Abelsche Sätze für Dirichletsche Reihen. Math. Z. **46**, 571—590. **F** 66, 335; **R** 2, 95; **Z** 23, 238. — NIGAM, T. P.: a) On γ-transformations of series. Proc. Edinburgh math. Soc. (2) **6**, 123—127. **F** 66, 265; **R** 2, 91. — b) Summability of multiple series. Proc. London math. Soc. (2) **46**, 249—269. **F** 66, 265; **R** 2, 92; **Z** 25, 156. — OBRECHKOFF, N.: a) Sur les moyennes arithmétiques de la série de TAYLOR. C. R. Acad. Sci., Paris, **210**, 526—528. **F** 66, 257; **R** 2, 89; **Z** 23, 23. — b) Neue Quadraturformeln. Abh. preuß. Akad. Wiss., Math.-naturwiss. Kl. 1940, 1—20 (Nr. 4). **F** 66, 581; **R** 2, 284; **Z** 24, 26. — c) Sur la sommation des séries multiples de DIRICHLET et des séries semblables. (Bulgarisch, mit französischem Auszug.) Annuaire Univ. Sofia, Fac. physic.-math., Livre **1**, **36**, 1—145. **F** 66, 338; **R** 2, 191. — PITT, H. R.: a) General Tauberian theorems. II. J. London math. Soc. **15**, 97—112. **F** 66, 268; **R** 2, 92; **Z** 27, 74. — b) Note on the preceding paper. J. London math. Soc. **15** 247. **F** 66, 268; **R** 2, 279. — PIZZETTI, E.: Medie ascendenti e medie discendenti. Metron, Roma, **14**, 55—66. **F** 66, 1303. — PLEIJEL, ÅKE: Propriétés asymptotiques des fonctions et valeurs propres de certains problèmes de vibrations. Ark. Mat. Astr. Fys. 27 A, no. 13, 101 p. **F** 66, 460; **R** 2, 291; **Z** 23, 124. — SANSONE, G.: Il teorema di ABEL per le serie di polinomi di JACOBI. Boll. Un. Mat. Ital. (2) **3**, 1—5. **F** 66, 347; **R** 3, 113; **Z** 23, 403. — SIDON, S.: Über das Abelsche Summationsverfahren. Studia math., Léopol, **9**, 106—108. **F** 66, 257; **R** 3, 148. — WALL, H. S.: Continued fractions and totally monotone sequences. Trans. Amer. Math. Soc. **48**, 165—184. **F** 66, 255; **R** 2, 90; **Z** 24, 216.

1941 AGNEW, R. P.: a) Tauberian conditions. Ann. of Math., II. s. **42**, 293—308. F 67, 208; R 2, 91; Z 24, 260. — b) On methods of summability and mass functions determined by hypergeometric coefficients. Amer. J. Math. **63**, 705—708. F 67, 201; R 3, 149; Z 26, 10. — AMERIO, L.: a) Alcuni teoremi tauberiani per la trasformazione di LAPLACE. Ann. Mat. Pura Appl. (4) **20**, 159—193. F 67, 388; R 7, 439; Z 25, 184. — b) Sulla convergenza delle serie doppie. Atti Accad. Italia, Rend. Cl. Sci. fis. mat. natur. (7) **2**, 684—698. F 67, 197; R 7, 517; Z 25, 155. — ANDRIANOV, S. N.: On the strength of methods of summability defined by Professor OBRECHKOFF. Učenye Zapiski Kazan. Univ. **101**, kn. 3, 24—31. R 10, 291. — AVAKUMOVIĆ, V. G.: Über die Konvergenzbedingung der Inversionssätze der Laplaceschen Transformation. Rad. **271**, 143—156, u. Bull. int. Acad. Croate Sci. Beaux-Arts **34**, 49—57. F 67, 387; R 8, 511; Z 27, 319. — BIRINDELLI, C.: a) Sopra un teorema di derivazione per serie del TONELLI. Ann. Scuola norm. sup. Pisa, Sci. fis. mat. (2) **10**, 157—165. F 67, 207; R 3, 230; Z 25, 314. — b) Relazioni ricorrenti tra particolari procedimenti (f, g) di GRONWALL. Estensione dei metodi (f, g) per la sommazione generalizzata delle serie multiple. Rend. Circ. mat. Palermo **63**, 1—32. R 9, 344; Z 27, 100. — BOSANQUET, L. S.: A mean value theorem. J. London Math. Soc. **16**, 146—148. R 3, 144; Z 28, 219. — BOSANQUET, L. S.; CHOW, H. C.: Some analogues of a theorem of ANDERSEN. J. London Math. Soc. **16**, 42—48. R 3, 148. — CESCO, R. P.: Über die Theorie der linearen Transformationen und die absolute Summierbarkeit divergenter Reihen. Univ. Nac. La Plata. Publ. Fac. Ci. Fisicomat. Series 2: Revista **2**, 147—156. R 4, 80. — COSSAR, J.: A theorem on CESÀRO summability. J. London Math. Soc. **16**, 56—68. R 3, 109; Z 28, 393. — EPSTEIN, B.: On a Certain Class of Transforms. Abstract of a Thesis, University of Illinois, 1941. 3 S. R 11, 350. — FICHERA, G.: Generalizzazione del theorema d'ABEL sulle serie di potenze. Atti Accad. Italia. Rend. Cl. Sci. Fis. Mat. Nat. (7) **2**, 810—820. F 67, 258; R 3, 149; Z 26, 118. — FORSYTHE, G. E.: Riesz summability methods of order r, for $R(r) < 0$. Duke math. J. **8**, 346—349. F 67, 200; R 3, 148; Z 25, 155. — GARABEDIAN, H. L.; HILLE, E.; WALL, H. S.: Formulations of the HAUSDORFF inclusion problem. Duke math. J. **8**, 193—213. F 67, 201; R 2, 278; Z 25, 38. — GARABEDIAN, H. L.; WALL, H. S.: Topics in continued fractions and summability. Northwestern University, Evanston Ill., 1941, S. 87—132. R 3, 297. — GHABBOUR, M. N.; WINN, C. E.: On the mode of approach of a repeated function to its limit. Proc. Math. Phys. Soc. Egypt. **2**, no. 1, 21—26. R 7, 246. — GOOD, I. J.: Note on the summation of a classical divergent series. J. London Math. Soc. **16**, 180—182. R 3, 148; Z 28, 392. — HARDY, G. H.: Note on a divergent series. Proc. Cambridge philos. Soc. **37**, 1—8. F 67, 200; R 2, 278; Z 27, 101. — HERRIOT, J. G.: CESÀRO summability of ordinary double DIRICHLET series. Bull. Amer. Math. Soc. **46**, 920—929. R 2, 190; Z 25, 39. — HILL, J. D; HAMILTON, H. J.: Operation theory and multiple sequence transformations. Duke math. J. **8**, 154—162. F 67, 207; R 2, 278; Z 25, 38. — INGHAM, A. E.: A Tauberian theorem for partitions. Ann. of Math. (2) **42**, 1075—1090. R 3, 166. — JUAN, R. SAN: Ein Algorithmus für die Summation divergenter Reihen. Union Mat. Argentina, Publ. no. 21, 6 S. (Spanisch.) R 3, 149; R 4, 80. — KHARCHILADZE, P.: Sur la méthode de sommation de S. BERNSTEIN et W. ROGOSINSKI. C. R. (Doklady) Acad. Sci. URSS (N. S.) **30**, 697—700. R 3, 149; Z 24, 395. — KNOPP, K.: Über eine Klasse konvergenzerhaltender Integraltransformationen und den Äquivalenzsatz der C- und H-Verfahren. Math. Z. **47**, 229—264. F 67, 205; R 3, 296; Z 24, 319. — KUTTNER, B.: The generalized limit of a function. Proc. London math. Soc.

(2) **47**, 142—160. **F** 67, 203; **R** 3, 149. — LORENTZ, G.: Absolute Konvergenz. **1941**
Učenye Zapiski Leningrad Univ. **83** (Math. Ser. **12**), 30—41. (Russisch,
Deutscher Auszug.) **R** 7, 517. — MACPHAIL, M. S.: CESÀRO summability of a
class of series. Bull. Amer. math. Soc. **47**, 483—487. **F** 67, 203; **R** 3, 148;
Z 27, 207. — OBRECHKOFF, N.: Sur quelques questions de la sommation
des séries. (Bulgarisch mit französischem Auszug.) Annuaire Univ. Sofia,
Fac. physic.-math., Livre **1**, **37**, 363—498. **F** 67, 198; **R** 12, 253. — POPO-
VIĆ, B.: Sur un théorème relatif aux valeurs asymptotiques de l'intégrale
de LAPLACE-ABEL. Acad. Serbe. Bull. Acad. Sci. Mat. Mat. A. **7**, 5—11.
R 11, 26. — WARD, A. J.: A remark on KLOOSTERMAN's paper ,,On the
convergence of series summable (C, r)". J. London Math. Soc. **16**, 81—82.
R 3, 148; **Z** 28, 393. — WIDDER, D. V.: *The LAPLACE Transform. Princeton
1941. 406 S. **F** 67, 384; **R** 3, 232.

AGNEW, R. P.: a) Limits of integrals. Duke Math. J. **9**, 10—19. **R** 3, **1942**
233. — b) Analytic extension by HAUSDORFF methods. Trans. Amer. Math.
Soc. **52**, 217—237. **R** 4, 81. — c) On HURWITZ-SILVERMAN-HAUSDORFF
methods of summability. Tôhoku Math. J. **49**, 1—14, **R** 7, 433. — BOSAN-
QUET, L. S.: Note on the BOHR-HARDY theorem. J. London math. Soc. **17**,
166—173. **F** 68, 137; **R** 4, 194; **Z** 28, 149. — CESARI, L.: Sulla convergenza
delle serie doppie. Ann. Scuola norm. sup. Pisa, Sci. fis. mat. (2) **11**, 133—150.
F 68, 130; **R** 7, 517. — CHANDRASEKHARAN, K.: a) The second theorem of
consistency for absolutely summable series. J. Indian Math. Soc. (N. S.)
6, 168—180. **R** 5, 63. — b) The absolute BESSEL-summability of series.
Bull. Calcutta Math. Soc. **34**, 187—196. **R** 5, 64. — FORSYTHE, G. E.;
SCHAEFFER, A. C.: Remarks on regularity of methods of summation. Bull.
Amer. Math. Soc. **48**, 863—865. **R** 4, 80. — FORT, T.: Summability and the
definition of a limit. Amer. Math. Monthly **49**, 37—44. **R** 3, 149. — FUCHS,
W. H. J.; ROGOSINSKI, W. W.: A note on MERCER's theorem. J. London
Math. Soc. **17**, 204—210. **R** 4, 272; **Z** 28, 394. — GARABEDIAN, H. L.: a)
HAUSDORFF methods of summation which include all of the CESÀRO methods. Bull. Amer. Math. Soc. **48**, 124—127. **R** 3, 149. — b) A class of
linear integral transformations. Amer. J. Math. **64**, 208—214. **R** 3, 233. —
c) HAUSDORFF integral transformations. Ann. of Math. (2) **43**, 501—509.
R 4, 80. — d) The CESÀRO kernel transformation. Amer. Math. Monthly
49, 296—301. **R** 4, 80. — GOOD, I. J.: Some relations between certain
methods of summation of infinite series. Proc. Cambridge philos. Soc. **38**,
144—165. **F** 68, 136; **R** 3, 297; **Z** 28, 212. — GREENBERG, H. J.; WALL, H. S.:
HAUSDORFF means included between $(C, 0)$ and $(C, 1)$. Bull. Amer. Math.
Soc. **48**, 774—783. **R** 4, 80. — HADWIGER, H.: Über die unbestimmte
Konvergenz und eine Erweiterung des Abelschen Stetigkeitssatzes. Verhdl.
Schweiz. naturf. Ges. **122**, 80. **F** 68, 129; **Z** 28, 391. — HILL, J. D.: Some
properties of summability. Duke Math. J. **9**, 373—381. **R** 3, 295. — IYEN-
GAR, K. S. K.: Notes on summability. I. An equivalence theorem in a general
field of summability. J. Mysore Univ. Sect. B **3**, 123—129. **R** 4, 194. —
IZUMI, S.; SUNOUCHI, G.: A note on infinite series. Proc. Imp. Acad. Tokyo
18, 532—534. **R** 7, 292. — JUAN, R. SAN: Summation divergenter Reihen
und beste asymptotische Approximation. (Spanisch.) Mem. Real Acad.
Ci. Madrid. Ser. Ci. Exact. **2**, 112 pp. **R** 14, 543. — KANGRO, G.: Verallgemeinerte Theorie der absoluten Summabilität der divergenten Potenzreihen.
Acta Comment. Univ. Tartu, A **37**, Nr. 7, 100 S. **F** 68, 138. — KOWALEW-
SKI, G.: Über das neue Theorem von OBRECHKOFF. Deutsche Math. **6**,
349—351. **F** 68, 139; **R** 4, 273; **Z** 26, 310. — LÖSCH, F.: Über die restringierte Limitierung von Doppelfolgen nach dem Verfahren von CESÀRO

1942 HÖLDER und EULER-KNOPP. Math. Z. **48**, 105—127. F 68, 131; R 5, 64; Z 26, 396. — MCFADDEN, L.: Absolute NÖRLUND summability. Duke Math. J. **9**, 168—207. R 3, 295. — NACHBIN, L.: Fast überall divergente Funktionenreihen. Univ. Nac. Tucumán. Revista A **3**, 311—315., (Spanisch). R 5, 117. — NICHOLS, G. D.: A sufficient condition for CESÀRO summability. Bull. Amer. Math. Soc. **48**, 580—582. R 3, 295. — OBRECHKOFF, N.: Über das Riemannsche Summierungsverfahren. Math. Z. **48**, 441—454. F 68, 138; R 5, 63; Z 27, 207. — PITT, H. R.: General Mercerian theorems. II. Proc. London Math. Soc. (2) **47**, 248—267. F 68, 229; R 4, 82. — ROGOSINSKI, W. W.: a) On HAUSDORFF's methods of summability. Proc. Cambridge philos. Soc. **38**, 166—192. F 68, 133; R 3, 296; Z 28, 216. — b) On HAUSDORFF's methods of summability. II. Proc. Cambridge Philos. Soc. **38**, 344—363. R 4, 195. — SCHMIDLI, SALOMON: Über gewisse Interpolationsreihen. Dissertation, Eidgenössische Technische Hochschule in Zürich. 70 S. R 4, 39; Z 27, 215. — SCOTT, W. T.; WALL, H. S.: The transformation of series and sequences. Trans. Amer. math. Soc. **51**, 255—279. F 68, 132; R 3, 297; Z 28, 213. — SZÁSZ, O.: a) Some new summability methods with applications. Ann. Math., Princeton, (2) **43**, 69—83. F 68, 135; R 3, 295. — b) On convergence and summability of trigonometric series. Amer. J. **64**, 575—591. R 4, 37. — WALSH, C. E.: Note on an analogue of MERCER's theorem. J. London math. Soc. **17**, 13—17. F 68, 137; R 4, 79; Z 28, 149. — WINTNER, A.: On a statistics of the RAMANUJAN sums. Amer. J. Math. **64**, 106—114. R 3, 165.

1943 AMERIO, L.: Ancora sulla convergenza delle serie doppie. Boll. Un. Mat. Ital. (2) **5**, 174—181. R 7, 518. — BELLMAN, R.: LAMBERT summability of orthogonal series. Bull. Amer. Math. Soc. **49**, 932—934. R 5, 117. — BOSANQUET, L. S.: Note on convexity theorems. J. London Math. Soc. **18**, 239—248. R 6, 42. — BUCK, R. C.: A note on subsequences. Bull. Amer. Math. Soc. **49**, 898—899. R 5, 117. — BUCK, R. C.; POLLARD, H.: Convergence and summability properties of subsequences. Bull. Amer. Math. Soc. **49**, 924—931. R 5, 117. — ČELIDZE (TCHÉLIDZÉ) V.: Le théorème d'ABEL pour une série double. Bull. Acad. Sci. Georgian SSSR **4**, 201—206. (Russisch. Georgischer und französischer Auszug.) R 6, 150. — CESARI, L.: Sul campo totale di convergenza delle serie doppie di potenze. Atti Accad. Italia. Mem. Cl. Sci. Fis. Mat. Nat. **14**, 603—616. R 8, 147. — CHANDRASEKHARAN, K.: a) BESSEL summation of series. Proc. Indian Acad. Sci., Sect. A. **17**, 219—229. R 5, 63. — b) BESSEL-summability of the product of two series. J. Indian Math. Soc. (N. S.) **7**, 31—35. R 5, 64. — DELANGE, H.: Une nouvelle démonstration de certains théorèmes taubériens. C. R. Acad. Sci. Paris **217**, 309—311. R 6, 49. — FUCHS, W. H. J.; ROGOSINSKI, W. W.: On typical means. Quart. J. Math., Oxford Ser. **14**, 27—48. R 5, 64. — GONZÁLEZ, M. O.: Divergente Reihen und analytische Fortsetzung. Publ. Inst. Mat. Univ. Nac. Litoral **5**, 16 S. (Spanisch.) R 6, 210. — HARDY, G. H.: An inequality for HAUSDORFF means. J. London Math. Soc. **18**, 46—50. R 5, 65. — HARDY, G. H.; LITTLEWOOD, J. E.: Notes on the theory of series. XXII. On the Tauberian theorem for BOREL summability. J. London Math. Soc. **18**, 194—200. R 6, 46. — HARDY, G. H.; ROGOSINSKI, W. W.: Notes on FOURIER series. I. On sine series with positive coefficients. J. London Math. Soc. **18**, 50—57. R 5, 65. — IYENGAR, K. S. K.: a) New convergence and summability tests for FOURIER series. Proc. Indian Acad. Sci., Sect A. **18**, 113—120. R 5, 65. — b) A Tauberian theorem and its application to convergence of FOURIER series. Proc. Indian Acad. Sci., Sect. A. **18**, 81—87. R 5, 65. — KNOPP, K.: Über eine Erweiterung des Äquivalenzsatzes der C- und H-Verfahren und

eine Klasse regulär wachsender Funktionen. Math. Z. **49**, 219—255. R 5, **1943**
236; Z 28, 217. — MEARS, F. M.: The inverse NÖRLUND mean. Ann. of
Math. (2) **44**, 401—410. R 5, 64. — MEYER-KÖNIG, W.: Die Umkehrung des
Euler-Knoppschen und des Borelschen Limitierungsverfahren auf Grund
einer Lückenbedingung. Math. Z. **49**, 151—160. R 5, 65; Z 28, 218. —
MINAKSHISUNDARAM, S.: A new summation process. Math. Student **11**,
21—27, R 6 46. — PICONE, M.: Sul limite del quoziente di due funzionali
reali. Boll. Un. Mat. Ital. (2) **5**, 120—123. R 7, 432. — ROSOLINI, A.: Sulla
definizione di valore generalizzato per i determinanti infiniti. Boll. Un.
Mat. Ital. (2) **5**, 95—102. R 7, 434. — SZÁSZ, O.: a) On ABEL and LEBESGUE
summability. Bull. Amer. Math. Soc. **49**, 885—893. R 5 117. — b) On the
partial sums of FOURIER series at points of discontinuity. Trans. Amer.
Math. Soc. **53**, 440—453. R 4, 244. — WINTNER, A.: *Eratosthenian Averages. Baltimore, Md. 81 S. R 7, 366.

AGNEW, R. P.: a) EULER transformations. Amer. J. Math. **66**, 313—338. **1944**
R 6, 46. — b) On sequences with vanishing even or odd differences. Amer.
J. Math. **66**, 339—340. R 6, 46. — c) Summability of subsequences. Bull.
Amer. Math. Soc. **50**, 596—598. R 6, 46. — AGNEW, R. P.; HILL, J. D.:
Summability of bounded sequences. Duke Math. J. **11**, 573—574. R 6, 46. —
ALLEN, H. S.: T-transformations which leave the core of every bounded
sequence invariant. J. London Math. Soc. **19**, 42—46. R 6, 150. — BELLMAN, R.: Some applications of the FOURIER integral to generalized trigonometric series. Duke Math. J. **11**, 703—713. R 6, 173. — BOSANQUET, L. S.:
Note on the converse of ABEL's theorem. J. London Math. Soc. **19**, 161—168.
R 7, 152. — BRADSHAW, J. W.: More modified series. Amer. Math. Monthly
51, 389—391. R 6, 45. — BROUDNO, A. L.: Sommation des suites bornées
par les méthodes linéaires régulières. C. R. (Doklady) Acad. Sci. URSS
(N. S.) **43**, 183—185. R 6, 150. — CARLEMAN, T.: *L'Intégrale de FOURIER
et Questions que s'y Rattachent. Publications Scientifiques de l'Institut
MITTAG-LEFFLER, 1. Uppsala. 119 S. R 7, 248. — CESCO, R. P.: Ein TAUBER-Satz für NÖRLUND-Verfahren. Univ. Nac. La Plata. Publ. Fac. Ci.
Fisicomat. No. 180, Vol. 3, num. 4. Serie segunda, 14, Contribuciones,
443—445. (Spanisch.) R 6, 210. — FUCHS, W. H. J.: A theorem on finite
differences with an application to the theory of HAUSDORFF summability.
Proc. Cambridge Philos. Soc. **40**, 188—196. R 6, 46 und 334. — GARABEDIAN, H. L.: The analogue of BROMWICH's theorem for integral transformations. Ann. of Math. (2) **45**, 740—746. R 6, 127. — GOOD, I. J.: On
the regularity of moment methods of summation. J. London Math. Soc. **19**,
141—143. R 7, 152. — HADWIGER, H.: Über ein Distanz-theorem bei der
A-Limitierung. Comment. Math. Helv. **16**, 209—214. R 5, 236; Z 28, 391. —
HAVILAND, E. K.: A note on the LAMBERT transform. Amer. J. Math. **66**,
523—530. R 6, 127. — HILL, J. D.: Some properties of summability. II.
Bull. Amer. Math. Soc. **50**, 227—230. R 5, 236. — IYENGAR, K. S. K.: Notes
on summability. II. On the relation between summability by NÖRLUND
means of a certain type and summability by VALIRON means. Half-Yearly
J. Mysore Univ. Sect. B., N. S. **4**, 161—166. R 13, 456. — KAKUTANI, S.:
Notes on divergent series and integrals. Proc. Imp. Acad. Tokyo **20**, 74—76.
R 7, 292. — KNOPP, K.: Eine Bemerkung zur C- und A-Limitierung von
Funktionen. Math. Z. **50**, 155—160. R 7, 432. — LYRA, G.: Zur Theorie der
C- und H-Summierbarkeit negativer Ordnung. Math. Z. **49**, 538—562. R 6,
209. — NACHBIN, L.: Einige Sätze über Reihen mit positiven Gliedern mit
Anwendung auf die Verallgemeinerung eines Satzes von FATOU über die
absolute Konvergenz von FOURIER-Reihen. Math. Notae **4**, 90—104.

1944 (Spanisch.) R 6, 47. — NEDER, L.: Über den Zusammenhang zweier Sätze von LEBESGUE und TOEPLITZ. Math. Z. **49**, 576—578. R 6, 209. — OBRECHKOFF, N.: Sur la sommation uniforme par les moyennes arithmétiques des séries. Annuaire (Godišnik) Univ. Sofia. Fac. Phys.-Math. Livre **1**, 40, 139—172. R 11, 241. — RUDBERG, H.: Un rapport entre quelques méthodes de sommation. Ark. Mat. Astr. Fys. 30 A, no. 10, 15 pp. R 7, 152. — SHEFFER, I. M.: Systems of linear equations of analytic type. Duke Math. J. **11**, 167—180. R 5, 236. — SHTSHEGLOFF, M.: Zur Frage des Verhaltens von Potenzreihen auf dem Konvergenzkreis. Rec. Math. (Mat. Sbornik) N. S. **14 (56)**, 109—132. (Russisch, englische Zusammenfassung). R 6, 210. — SILVERMAN, L. L.; SZÁSZ, O.: On a class of NÖRLUND matrices. Ann. of Math. (2) **45**, 347—357. R 5, 236. — SOURIAU, J.-M.: Généralisation de certaines formules arithmétiques d'inversion. Applications. Revue Sci. (Rev. Rose Illus.) **82**, 204—211. R 7, 415. — SZÁSZ, O.: *Introduction to the Theory of Divergent Series. Department of Mathematics, Graduate School of Arts and Sciences, University of Cincinnati, Cincinnati, Ohio. 72 S. R 6, 451. — VIGNAUX, J. C.; (COTLAR, M.:) Über die asymptotische Darstellung von Funktionen durch Integrale. Asymptotische LAPLACE-STIELTJES-Integrale. Asymptotische Reihen und Integrale. An. Soc. Ci. Argentina **138**, 27—39, 97—119, 249—260. Univ. Nac. La Plata. Publ. Fac. Ci. Fisicomat. No. 180, Vol. 3, num. 4. Serie segunda, 14, Contribuciones, 345—400 und 401—412. (Spanisch, teilweise französische Zusammenfassung.) R 6, 268. — WANG, F.-T.: Some remarks on oscillating series. Quart. J. Math., Oxford Ser. **15**, 1—6. R 6, 46. — WINTNER, A.: a) The LEBESGUE constants of MÖBIUS' inversion. Duke Math. J. **11**, 853—867. R 6, 118. — b) A summation method associated with DIRICHLET's divisor problem. Amer. J. Math. **66**, 579—590. R 6, 150. — c) The Theory of Measure in Arithmetical Semi-Groups. Baltimore, Md. 56 S. R 7, 367.

1945 AGNEW, R. P.: a) A genesis for CESÀRO methods. Bull. Amer. Math. Soc. **51**, 90—94. R 6, 150. — b) Convergence fields of methods of summability. Ann. of Math. (2) **46**, 93—101. R 6, 150. — c) On cores of bounded divergent complex sequences and of their transforms by square matrices. Revista Ci., Lima **47**, 87—103. R 7, 12. — d) ABEL transforms of Tauberian series. Duke Math. J. **12**, 27—36. R 7, 12. — ALESSI, J. M.: Über asymptotische LE ROY-Integrale. Über die LE ROY-Transformation für eine duale Veränderliche. An. Soc. Ci. Argentina **138**, 193—200 (1944); **139**, 3—12. R 6, 269. — BEURLING, A.: Un théorème sur les fonctions bornées et uniformement continues sur l'axe réel. Acta Math. **77**, 127—136. R 7, 61. — BOSANQUET, L. S.: Note on convergence and summability factors. J. London Math. Soc. **20**, 39—48. R 7, 432. — BRUDNO, A.: Summation of bounded sequences by matrices. Rec. Math. (Mat. Sbornik) N. S. **16 (58)**, 191—247. (Russisch; englischer Auszug.) R 7, 12. — CHEN, K.-K.: Some one-sided Tauberian theorems. Anais Acad. Brasil. Ci. **17**, 249—259. R 7, 433. — FUCHS, W. H. J.: A theorem on HAUSDORFF's methods of summation. Quart. J. Math., Oxford Ser. **16**, 64—77. R 7, 152. — GONZÁLEZ, M. O.: Essay on divergent series. Universidad de la HABANA 9, nos. 52—53—54, 259—276; nos. 55—56—57, 193—220 (1944); nos. 58—59—60, 245—254; **10**, nos. 61—62—63, 359—375 (1945). R 8, 146. — HILL, J. D.: a) NÖRLUND methods of summability that include the CESÀRO methods of all positive orders. Amer. J. Math. **67**, 94—98. R 6, 150. — b) Summability of sequences of 0's and 1's. Ann. of Math. (2) **46**, 556—562. R 7, 153. — INGHAM, A. E.: Some Tauberian theorems connected with the prime number theorem. J. London Math. Soc. **20**, 171—180. R 8, 147. — MEARS, F. M.:

NÖRLUND summability of CAUCHY products. Ann. of Math. (2) **46**, 563—566. **1945**
R 7, 153. — OBRECHKOFF, N.: Sur la sommation des séries par les moyennes
typiques. Annuaire (Godišnik) Univ. Sofia. Fac. Phys.-Math. Livre 1.41,
103—141. (Bulgarisch; französischer Auszug.) R 12, 253. — PERSSON, K.:
Sur un système d'équations linéaires. Ark. Mat. Astr. Fys. **32** A, no. 12,
8 S. R 8, 148. — POLLARD, H.: Sequences with vanishing even differences.
Duke Math. J. **12**, 303—304. R 7, 12. — ROSENBLATT, A.: Über einige
TAUBER-Sätze. Revista Ci., Lima **47**, 583—600. (Spanisch.) R 7, 517. —
SALES, F.: On some schemes of convergence. Revista Mat. Hisp.-Amer. (4)
5, 255—259. (Spanisch.) R 7, 432. — SHEFFER, I. M.: Convergence of
multiply-infinite series. Amer. Math. Monthly **52**, 365—376. R 7, 13. —
SHTSHEGLOV, M.: a) On some equalities. Bull. Acad. Sci. URSS. Sér. Math.
(Izvestia Akad. Nauk SSSR) **9**, 321—328. (Russisch; englischer Auszug.)
R 7, 293. — b) On convergence and boundedness of DIRICHLET's series.
Bull. Acad. Sci. URSS. Sér. Math. (Izvestia Akad. Nauk SSSR) **9**, 527—530.
(Russisch; englischer Auszug.) R 8, 147. — c) On some problems of summa-
tion by POISSON's method. Bull. Acad. Sci. URSS. Sér. Math. (Izvestia
Akad. Nauk SSSR) **9**, 423—428. (Russisch; englischer Auszug.) R 8, 147. —
SZÁSZ, O.: a) On LEBESGUE summability and its generalization to integrals.
Amer. J. Math. **67**, 389—396. R 7, 12. — b) On some summability methods
with triangular matrix. Ann. of Math. (2) **46**, 567—577. R 7, 152. — TEG-
HEM, J.: Sur des procédés de sommation de séries divergentes. Bull. Soc.
Roy. Sci. Liége **14**, 366—376. R 8, 511.

AGNEW, R. P.: a) A simple sufficient condition that a method of summa- **1946**
bility be stronger than convergence. Bull. Amer. Math. Soc. **52**, 128—132.
R 7, 292. — b) Summability of power series. Amer. Math. Monthly **53**,
251—259. R 7, 433. — c) Tauberian theorems for NÖRLUND summability.
Univ. Nac. La Plata. Publ. Fac. Ci. Fisicomat. No. 188, Vol. 3, num. 5.
Serie segunda, **15**, Revista, 517—520. R 8, 147. — d) A simple and natural
notation for the theory of summability of series and sequences. Univ. Nac.
Tucumán. Revista A. **5**, 195—202. R 8, 510. — BIERNACKI, M.: Sur une
propriété des suites à termes positifs. Ann. Univ. Mariae Curie-Skłodowska.
Sect. A. **1**, 19—21. (Französisch; polnischer Auszug.) R 9, 424. — BIRIN-
DELLI, C.: Su una generalizzazione della convergenza in media. I, II. Atti
Accad. Naz. Lincei. Rend. Cl. Sci. Fis. Mat. Nat. (8) **1**, 325—332 und 526—
530. R 8, 260. — BOAS, R. P., jr.: POISSON's summation formula in L^2.
J. London Math. Soc. **21**, 102—105. R 8, 457. — BORGERS, A.: Contribution
to the arithmetical theory of CESÀRO's method of summability. Verh.
Vlaamsche Akad. Kl. Wetensch. **8**, no. 19, 207 S. (Holländisch; englischer
Auszug.) R 9, 424; Z 30, 147. — BOSANQUET, L. S.: Note on HÖLDER means.
J. London Math. Soc. **21**, 11—15. R 8, 259. — ČELIDZE (CHELIDZE), V. G.:
A theorem on double power series. C. R. (Doklady) Acad. Sci. URSS (N. S.)
53, 691— 694. R 9, 87. — CESARI, L.: Sulla moltiplicazione delle serie dop-
pie. Atti Accad. Naz. Lincei. Rend. Cl. Sci. Fis. Mat. Nat. (8) **1**, 289—292. R 8,
260.—CESCO, R. P.: Die allgemeine Theorie der linearen Summationsmetho-
den. Univ. Nac. La Plata. Publ. Fac. Ci. Fisicomat. No. 188, Vol. 3, num. 5.
Serie segunda, **15**, Revista, 500—516. (Spanisch.) R 8, 147. — DAREVSKY, V.:
On intrinsically perfect methods of summation. Bull. Acad. Sci. URSS.
Sér. Math. (Izvestia Akad. Nauk SSSR) **10**, 97—104. (Russisch; englischer
Auszug.) R 7, 517. — DUFRESNOY, J.: Extension de deux théorèmes de
M. FEJÉR. C. R. Acad. Sci. Paris **222**, 945—946. R 7, 433. — ERDÖS, P.;
ROSENBLOOM, P. C.: TOEPLITZ methods which sum a given sequences. Bull.
Amer. Math. Soc. **52**, 463—464. R 8, 146. — GEL'FAND, I. M.; RAIKOV,

1946 D. A.; ŠILOV, G. E.: Kommutative normierte Ringe. Uspehi Matem. Nauk (N. S.) **1**, no. 2 (12), 48—146. (Russisch.) **R** 10, 258. — GODEMENT, R.: Extension à un groupe abélien quelconque des théorèmes taubériens de N. WIENER et d'un théorème de A. BEURLING. C. R. Acad. Sci. Paris **223**, 16—18. **R** 8, 14. — GOOD, I. J.: On the regularity of a general method of summation. J. London Math. Soc. **21**, 110—118. **R** 8, 375. — KARAMATA, J.: A note on convergence factors. J. London Math. Soc. **21**, 162—166. **R** 8, 456. — KERVOR, J. B.: Über die Summe divergenter Reihen. Publ. Inst. Mat. Univ. Nac. Litoral **6**, 195—205. (Spanisch.) **R** 7, 517. — KUTTNER, B.: Note on strong summability. J. London Math. Soc. **21**, 118—122. **R** 8, 375. — LAUWERIER, H. A.: Einige TAUBER-Sätze. Mathematica, Zutphen B. **13**, 62—75. (Holländisch.) **R** 12, 253. — MACPHAIL, M. S.: EULER-KNOPP summability of classes of convergent series. Amer. J. Math. **68**, 449—450. **R** 8, 146. — MINAKSHISUNDARAM, S.; RAJAGOPAL, C. T.: On a Tauberian theorem of K. ANANDA-RAU. Quart. J. Math., Oxford Ser. **17**, 153—161. **R** 8, 147. — OBRECHKOFF, N.: Sur l'équivalence des procédés C- et H- de sommation des séries divergentes. Annuaire (Godišnik) Univ. Sofia. Fac. Phys.-Math. Livre **1**, **42**, 97—144. **R** 9, 27. — PIRANIAN, G.: A summation matrix with a governor. Bull. Amer. Math. Soc. **52**, 882—889. **R** 8, 260. — RAJAGOPAL, C. T.: a) On the limits of oscillation of a function and its CESÀRO means. Proc. Edinburgh Math. Soc. (2) **7**, 162—167. **R** 7, 433. — b) On converse theorems of summability. Math. Gaz. **30**, 272—276. **R** 8, 375. — RÉNYI, A.: On a Tauberian theorem of O. SZÁSZ. Acta Univ. Szeged. Sect. Sci. Math. **11**, 119—123. **R** 8, 147. — ROBBINS, H.: On the $(C, 1)$ summability of certain random sequences. Bull. Amer. Math. Soc. **52**, 699—703. **R** 8, 281. — ROGERS, C. A.: Linear transformations which apply to all convergent sequences and series (und Addendum). J. London Math. Soc. **21**, 123—128 und 182—185. **R** 8, 374. — SARGENT, W. L. C.: A mean value theorem involving CESÀRO means. Proc. London Math. Soc. (2) **49**, 227—240. **R** 8, 260. — SHEFFER, I. M.: Note on multiply-infinite series. Bull. Amer. Math. Soc. **52**, 1036—1041. **R** 8, 260. — SHTSHEGLOFF, M.: On POISSON's summation. Rec. Math. (Mat. Sbornik) N. S. **18** (60), 41—58. (Russisch; englischer Auszug.) **R** 7, 517. — SUNOUCHI, G.-I.: On MERCER's theorem. Proc. Japan Acad. **22**, no. 11, 360—361. **R** 12, 820. — TEGHEM, J.: Sur des Procédés de Sommation Issus de la Transformation d'EULER. Thesis, Université Libre de Bruxelles. 88 S. **R** 10, 112. — THORKELSSON, T.: Asymptotic solutions of differential equations. Serial relations. V. Soc. Sci. Islandica, Rit **27**, 42 S. **R** 14, 40. — VERMES, P.: Product of a T-matrix and a γ-matrix. J. London Math. Soc. **21**, 129—134. **R** 8, 457. — WINTNER, A.: A solution theory of the MÖBIUS inversion. Amer. J. Math. **68**, 321—339. **R** 7, 516.

1947 AHIEZER, N. I.: *Lekcij po Teorii Approksimacii. OGIZ, Moskau-Leningrad. 323 S. **R** 10, 33; **Z** 31, 157. Deutsche Übersetzung 1953: **Z** 52, 190. — ÅKERBERG, B.: On some inequalities. Ark. Mat. Astr. Fys. **34** B, no. 13, 3 S. **R** 3, 234; **Z** 29, 24. — BARLAZ, J.: On some triangular summability methods. Amer. J. Math. **69**, 139—152. **R** 8, 375; **Z** 34, 35. — BIRINDELLI, C.: Sopra recenti metodi di sommazione per le serie semplici estesi alle serie multiple. Portugaliae Math. **6**, 1—32. **R** 9, 27; **Z** 35, 332. — BOSANQUET, L. S.: On convergence and summability factors in a DIRICHLET series. J. London math. Soc. **22**, 190—195. **R** 9, 581; **Z** 30, 149. — ČELIDZE, V. G.: a) CESÀRO-Summabilität von numerischen Doppelreihen. Soobščeniya Akad. Nauk Gruzin. SSR. **8**, 121—126. (Russisch.) **R** 13, 836; **Z** 54, 26. — b) Die gegenseitige Beziehung zwischen Cesàroscher und Abelscher Summabilität bei Doppelreihen. Soobščeniya Akad. Nauk Gruzin. **1947** SSR. **8**, 365—372. (Russisch.) **R** 13, 836; **Z** 54, 26. — CESARI, L.: Sulla moltiplicazione delle serie doppie. Ann. Scuola Norm. Super. Pisa (2) **12** (1943), 189—204 (1947). **R** 9, 345. — DAREVSKY, V.: Über TOEPLITZ-Verfahren. Bull. Acad. Sci. URSS. Sér. Math. (Izvestia Akad. Nauk SSSR) **11**, 3—32. (Russisch; englischer Auszug.) **R** 8, 510; **Z** 34, 34. — DELANGE, H.: a) Sur la réciproque du théorème d'ABEL sur les séries entières. C. R. Acad. Sci. Paris **224**, 436—438. **R** 8, 457; **Z** 29, 25. — b) Théorèmes taubériens relatifs à l'intégrale de LAPLACE. C. R. Acad. Sci. Paris **224**, 1802—1804. **R** 9, 27. — c) Théorèmes taubériens généraux. I und II. C. R. Acad. Sci. Paris **225**, 28—31 und 483—485. **R** 9, 28 und 140; **Z** 29, 254 und 255. — d) Théorèmes taubériens pour les séries doubles. C. R. Acad. Sci. Paris **225**, 855—856. **R** 9, 425; **Z** 29, 25. — ERDÖS, P.; PIRANIAN, G.: A note on transforms of unbounded sequences. Bull. Amer. Math. Soc. **53**, 787—790. **R** 9, 234; **Z** 31, 294. — FORSYTHE, G. E.: On NÖRLUND summability of random variables to zero. Bull. Amer. Math. Soc. **53**, 302—313. **R** 8, 591. — GHOSH, P. K.: On $(C, 1)$-convergent integrals and their application to mathematical physics. Bull. Calcutta Math. Soc. **39**, 19—29. **R** 9, 274; **Z** 29, 47. — GODEMENT, R.: Théorèmes taubériens et théorie spectrale. Ann. Sci. Ecole Norm. Sup. (3) **64**, 119—138. **R** 9, 327. — HADWIGER, H.: a) Über eine Konstante Tauberscher Art. Revista Mat. Hisp.-Amer. (4) **7**, 3—7 und 65—69. **R** 9, 86; **Z** 33, 258; **Z** 30, 49. — b) Die Retardierungserscheinung bei Potenzreihen und Ermittlung zweier Konstanten Tauberscher Art. Comment. Math. Helv. **20**, 319—332. **R** 9, 86; **Z** 34, 342. — HAMILTON, H. J.: MERTENS' theorem and sequence transformations. Bull. Amer. Math. Soc. **53**, 784—786. **R** 9, 85; **Z** 32, 201. — HARDY, G. H.; ROGOSINSKI, W. W.: Notes on FOURIER series (IV): Summability (R_2). Proc. Cambridge philos. Soc. **43**, 10—25. **R** 8, 376; **Z** 29, 25. — HARTMANN, P.: a) TAUBER's theorem and absolute constants. Amer. J. Math. **69**, 599—606. **R** 9, 86; **Z** 34, 186. — b) The L^2-solution of linear differential equations of second order. Duke Math. J. **14**, 323—326. **R** 9, 92; **Z** 29, 294. — HARTMANN, P.; WINTNER, A.: On MÖBIUS' inversion. Amer. J. Math. **69**, 853—858. **R** 9, 358. — HENSTOCK, R.: The efficiency of matrices for TAYLOR series. J. London Math. Soc. **22**, 104—107. **R** 9, 278; **Z** 29, 257. — KARAMATA, J.: Sur la sommabilité de S. BERNSTEIN et quelques procédés de sommation qui s'y rattachent. Rec. Math. (Mat. Sbornik) N. S. **21** (63), 13—24. **R** 9, 140; **Z** 29, 208. — KNOPP, K.: *Theorie und Anwendung der Unendlichen Reihen. 4. Auflage. Berlin und Heidelberg. 583 S. **R** 10, 446. — KORENBLYUM, B. I.: Über die Darstellung von Funktionen der Klasse L^p durch singuläre Integrale in LEBESGUE-Punkten. Doklady Akad. Nauk SSSR (N. S.) **58**, 973—976. (Russisch.) **R** 9, 347; **Z** 30, 348. — KOREVAAR, J.: Elementarer Beweis eines TAUBER-Satzes für LAMBERT-Reihen. Simon Stevin **25**, 83—114. (Holländisch.) **R** 9, 87; **Z** 29, 391. — KUTTNER, B.: On positive RIESZ and ABEL typical means. Proc. London Math. Soc. (2) **49**, 328—352. **R** 9, 27; **Z** 33, 258. — LORENTZ, G. G.: a) Beziehungen zwischen den Umkehrsätzen der Limitierungstheorie. Ber. Math. Tagung Tübingen 1946, S. 97—99 (1947). **R** 9, 27; **Z** 29, 25. — b) Über Limitierungsverfahren, die von einem STIELTJES-Integral abhängen. Acta Math. **79**, 255—272. **R** 9, 278; **Z** 29, 253. — LUZIN, N. N.: Über die Lokalisation des Prinzips des endlichen Flächeninhalts. Doklady Akad. Nauk SSSR (N. S.) **56**, 447—450. (Russisch.) **R** 9, 181. — MINAKSHISUNDARAM, S.; RAJAGOPAL, C. T.: Postscript to a TAUBERIAN theorem. Quart. J. Math., Oxford Ser. **18**, 193—196. **R** 9, 345; **Z** 29, 388. — NORTHCOTT, D. G.: Abstract Tauberian theorems with applications to power series and HILBERT series. Duke Math. J. **14**, 483—502.

1947 R 9, 87; Z 29, 388. — OGIEVECKIJ, I. I.: Eine Verallgemeinerung des Satzes von FROBENIUS auf Doppelpotenzreihen. Doklady Akad. Nauk SSSR (N. S.) **58**, 1897—1900. (Russisch.) R 9, 278; Z 37, 326. — POVZNER, A.: Über das Spektrum beschränkter Funktionen. Doklady Akad. Nauk SSSR (N. S.) **57**, 755—758 (vgl. auch 871—874). (Russisch.) R 9, 236; Z 29, 270 und 302. — RAJAGOPAL, C. T.: a) On RIESZ summability and summability by DIRICHLET's series. Amer. J. Math. **69**, 371—378 und 851—852. R 9, 26 und 278; Z 34, 42. — b) A note on the oscillation of RIESZ means of any order. J. London Math. Soc. **21**, 275—282. R 9, 86. — c) CESÀRO summability of a class of functions. J. Indian Math. Soc. (N. S.) **11**, 22—27. R 9, 425; Z 38, 215. — d) Some theorems concerning RIESZ's first mean. Acad. Serbe Sci. Publ. Inst. Math. **1**, 11—20. R 10, 699; Z 38, 215. — SCHURR, ZVI.: Über die absolute Regularität linearer Transformationen. Riveon Lematematika **2**, 12—17. (Hebräisch.) R 9, 579. — SCHWEITZER, M.: Sur les produits infinis et le théorème d'ABEL. Acta Univ. Szeged. Sect. Sci. Math. **11**, 139—146. R 9, 87; Z 29, 389. — SEGAL, I. E.: The group algebra of a locally compact group. Trans. Amer. Math. Soc. **61**, 69—105. R 8, 438. — TURÀN, P.: On power-series whose coefficients form a multiply monotonic sequence. Semitic Studies in Memory of Immanuel Löw, Budapest, 1947, S. 300—305. R 9, 507. — VERMES, P.: On γ-matrices and their application to the binomial series. Proc. Edinburgh Math. Soc. (3) **8**, 1—13. R 9, 234. — VERNOTTE, P.: *Théorie et Pratique des Séries Divergentes. La Sommation des Séries Divergentes. La Sommation des Séries Divergentes par l'Interpolation Idéale. Publ. Sci. Tech. Ministère de l'Air, Paris. 479 S. R 11, 97. — WILANSKY, A.: On the convergence of double series. Bull. Amer. Math. Soc. **53**, 793—799. R 9, 27; Z 38, 211. — WINTNER, A.: a) On the TAUBERIAN nature of IKEHARA's theorem. Amer. J. Math. **69**, 99—103. R 8, 375; Z 34, 328. — b) On TAUBER's theorem. Comment. Math. Helv. **20**, 216—222. R 9, 86; Z 35, 43. — c) The sum formula of EULER-MACLAURIN and the inversion of FOURIER and MÖBIUS. Amer. J. Math. **69**, 685—708. R 9, 279; Z 34, 40. — d) On TÖPLER's wave analysis. Amer. J. Math. **69**, 758—768. R 9, 279; Z 34, 42. — e) On RIEMANN's reduction of DIRICHLET series to power series. Amer. J. Math. **69**, 769—789. R 9, 345; Z 34, 193. — f) Arithmetically monotone sequences. Bull. Ecole Polytechn. Jassy **2**, 3—9. R 9, 572; Z 31, 209.

1948   AGNEW, R. P.: Methods of summability which evaluate sequences of zeros and ones summable C_1. Amer. J. Math. **70**, 75—81. R 10, 245; Z 35, 39. — ATKINSON, F. V.: The ABEL summation of certain DIRICHLET series. Quart. J. Math., Oxford Ser. **19**, 59—64. R 9, 508; Z 29, 354. — AVAKUMOVIĆ, V. G.: Contribution à la théorie des intégrales de LAPLACE. Acad. Serbe Sci. Publ. Inst. Math. **2**, 91—107. (Französisch; serbischer Auszug.) R 10, 448; Z 33, 280. — BASU, S. K.: a) On the total regularity of some integral and sequence transformations. J. London Math. Soc. **23**, 300—309. R 10, 367; Z 35, 159. — b) On the total relative strength of the RIESZ and HÖLDER methods. Bull. Calcutta Math. Soc. **40**, 153—162. R 10, 447; Z 36, 36. — c) Note on some theorems on the HÖLDER and CESÀRO means. Bull. Calcutta Math. Soc. **40**, 129—134. R 10, 699; Z 36, 35. — BIRINDELLI, C.: Rapporti di un recente metodo di sommazione delle serie con altri e sul estensioni alle succesioni e serie multiple. Atti Accad. Naz. Lincei. Mem. Cl. Sci. Fis. Mat. Nat. (8) **2**, 37—65. R 11, 25. — BOSANQUET, L. S.: a) On convergence and summability factors in a DIRICHLET series. II. J. London Math. Soc. **23**, 35—38. R 10, 112; Z 31, 296. — b) Note on convergence and summability factors. II. Proc. London Math. Soc. (2) **50**, 295—304. R 10,

112; Z 30, 248. — BOWEN, N. A.: A function-theory proof of Tauberian **1948** theorems on integral functions. Quart. J. Math., Oxford Ser. **19**, 90—100. R 9, 577; Z 30, 49. — ČELIDZE, V. G.: a) Die Verallgemeinerung eines Satzes von FROBENIUS auf Doppelreihen. Doklady Akad. Nauk SSSR (N. S.) **60**, 553—554. R 9, 507; Z 35, 40. — b) BOREL-Summation von Doppelreihen. Lineare Transformationen von numerischen Doppelfolgen. Verallgemeinerte ABEL-Summabilität bei Doppelreihen. Soobščeniya Akad. Nauk Gruzin. SSSR. **8**, 501—508; **9**, 333—339 und 457—462. (Russisch.) R 14, 159; Z 54, 26. — c) Die Summierung von Doppelreihen. Akad. Nauk Gruzin. SSR. Trudy Tbiliss. Mat. Inst. Razmadze **16**, 1—37. (Georgisch; russischer Auszug.) R 14, 159. — d) Über Doppeltransformationen von Funktionen zweier Veränderlichen. Soobščeniya Akad. Nauk Gruzin. SSR. **9**, 521—525. (Russisch.) R 14, 159. — CESCO, R. P.: Über starke Summierbarkeit. Univ. Nac. La Plata. Publ. Fac. Ci. Fisicomat. No. 195, Vol. 4, num. 2. Serie Segunda, 17, Revista, 170—178. (Spanisch.) R 10, 291. — CHANDRA-SEKHARAN, K.; SZÁSZ, O.: On BESSEL summation. Amer. J. Math. **70**, 709—729. R 10, 369; Z 35, 162. — COOKE, R. G.; BARNETT, A. M.: The ,,right" value for the generalized limit of a bounded divergent sequence. J. London Math. Soc. **23**, 211—221. R 10, 447; Z 34, 327. — DAREVSKIJ, V. M.: Verträglichkeitsbedingungen für TOEPLITZ-Verfahren. Izvestiya Akad. Nauk SSSR. Ser. Mat. **12**, 379—396. (Russisch.) R 10, 112; Z 30, 247. — DELANGE, H.: a) Théorèmes taubériens pour les séries multiples de DIRICHLET. C. R. Acad. Sci. Paris **226**, 377—379. R 9, 425; Z 30, 351. — b) Quelques théorèmes taubériens. C. R. Acad. Sci. Paris **226**, 1787—1790. R 10, 32; Z 30, 351. — DIEULEFAIT, C. E.: Über die Umkehrung von Grenzwerten und die analytische Fortsetzung. An. Soc. Ci. Argentina **146**, 406—416. (Spanisch.) R 10, 700. — GÁL, I. S.; KOKSMA, J. F.: Sur l'ordre de grandeur des fonctions sommables. C. R. Acad. Sci. Paris **227**, 1321—1323. R 10, 292. — GHOSH, P. K.: On (C, α)-convergent integrals and their application to mathematical physics. Bull. Calcutta Math. Soc. **40**, 1—7. R 10, 105; Z 30, 247. — HEINS, M.: Entire functions with bounded minimum modulus; subharmonic function analogues. Ann. of Math. (2) **49**, 200—213. R 9, 341; Z 29, 298. — HILLE, E.: *Functional Analysis and Semi-Groups. American Mathematical Society Publications, vol. 31. New York. 528 S. R 9, 594; Z 33, 65. — HUZURBASAR, V. S.: Extensions of the limit theorems of CAUCHY and CESÀRO. J. Univ. Bombay (N. S.) **16**, Part 5, Sect. A, 1—10. R 10, 31; Z 31, 118. — KARAMATA, J.: Eine Umkehrung des CESÀRO-Verfahrens zur Summierung divergenter Reihen. Glas Srpske Akad. Nauka **191**, 1—37. (Serbisch.) R 11, 98; Z 40, 320. — KENDALL, D. G.: On the number of lattice points inside a random oval. Quart. J. Math., Oxford Ser. **19**, 1—26. R 9, 570; Z 31, 112. — KLOOSTERMAN, H. D.: Über Ableitungen und Differenzen. Actual., Math. Centrum Amsterdam ZW 1948, 015, 10 S. (Hektographiert; holländisch.) Z 32, 199. — KNOPP, K.: *Unendliche Zahlenfolgen. Limitierungsverfahren. Naturforschung und Medizin in Deutschland 1939—1946, Band 1, S. 125—153. Wiesbaden. R 11, 97; Z 30, 147. — KUTTNER, B.: A theorem on HÖLDER means. J. London Math. Soc. **23**, 315—320. R 10, 368; Z 34, 328. — LEE, S. C.: A note on trigonometrical series. J. London Math. Soc. **22**, 216—219. R 9, 425; Z 30, 150. — LORENTZ, G. G.: a) Tauberian theorems and Tauberian conditions. Trans. Amer. Math. Soc. **63**, 226—234. R 9, 425; Z 32, 60. — b) Eine Bemerkung über Limitierungsverfahren, die nicht schwächer als ein CESÀRO-Verfahren sind. Math. Z. **51**, 85—91. R 10, 31; Z 30, 149. — c) A contribution to the theory of divergent sequences. Acta Math. **80**, 167—190. R 10, 367; Z 31, 295. — MACPHAIL, M. S.: On PERRON's extension of the EULER-KNOPP summation method. Trans. Roy.

1948 Soc. Canada. Sect. III (3) **42**, 43—49. **R** 10, 528; **Z** 34, 185. — MAGNARADZE, L.: Direkte Sätze und Umkehrsätze für Doppelintegraltransformationen. Soobščeniya Akad. Nauk Gruzin. SSR. **9**, 527—532. (Russisch.) **R** 14, 159. — MARMARAŠVILI, G. A.: CESÀRO-Summierbarkeit von Funktionen zweier Veränderlichen. Der Satz von FROBENIUS für Doppelintegrale. Soobščeniya Akad. Nauk. Gruzin. SSR **9**, 273—276 und 393—400. **R** 14, 159 und 163. — MEARS, F. M.: Transformations of double sequences. Amer. J. Math. **70**, 804—832. **R** 10, 245; **Z** 35, 159. — MINAKSHISUNDARAM, S.; RAJAGOPAL, C. T.: An extension of a Tauberian theorem of L. J. MORDELL. Proc. London Math. Soc. (2) **50**, 242—255. **R** 10, 245; **Z** 30, 350. — NIKOL'SKIĬ, S. M.: Über lineare Summationsmethoden für FOURIER-Reihen. Izv. Akad. Nauk SSSR. Ser. Mat. **12**, 259—278. (Russisch.) **R** 10, 247; **Z** 30, 28. PINI, B.: Convergenza, fattori di convergenza, convergenza generalizzata per determinanti infiniti. Rend. Sem. Mat. Univ. Padova **17**, 160—185. **R** 11, 26. — PITT, H. R.: A note on some elementary Tauberian theorems. Quart. J. Math., Oxford Ser. **19**, 177—180. **R** 10, 112; **Z** 30, 159. — RAJAGOPAL, C. T.: a) Some limit theorems. Amer. J. Math. **70**, 157—166. **R** 9, 425; **Z** 41, 183. — b) A series associated with DIRICHLET's series. Acta Univ. Szeged. Sect. Sci. Math. **11**, 201—206. **R** 10, 246; **Z** 31, 118. — c) On some extensions of ANANDA-RAU's converse of ABEL's theorem. J. London Math. Soc. **23**, 38—44. **R** 10, 292; **Z** 31, 295. — d) On an absolute constant in the theory of Tauberian series. Proc. Indian Acad. Sci., Sect. A. **28**, 537—544. **R** 10, 447. — SCHURR, ZVI.: Absolute Regularität linearer Transformationen. Riveon Lematematika **2**, 30—33. (Hebräisch.) **R** 10, 700. — SUNYER BALAGUER, F.: Eine Klasse von Transformationen zur Summierung von Potenzreihen. Collectanea Math. **1**, 109—143. (Spanisch.) **R** 10, 289. — SZÁSZ, O.: *Introduction to the Theory of Divergent Series. New York. 72 S. **R** 10, 31. — TEGHEM, J.: Quelques théorèmes abéliens. Bull. Soc. Roy. Sci. Liége **17**, 257—262. **R** 11, 242; **Z** 38, 215. — TIMAN, M. F.: Über die ABEL-Summierung von Doppelreihen. Doklady Akad. Nauk SSSR (N. S.) **60**, 1129—1132. (Russisch.) **R** 10, 32; **Z** 35, 40. — VERBLUNSKY, S.: A note on a Tauberian theorem and harmonic functions. J. London Math. Soc. **22**, 210—216. **R** 9, 425; **Z** 29, 390. — VERMES, P.: The application of γ-matrices to TAYLOR series. Proc. Edinburgh Math. Soc. (2) **8**, 43—49. **R** 10, 291; **Z** 37, 327. — WINTNER, A.: A sequence of Weierstrassian summations. J. London Math. Soc. **22**, 311—314. **R** 9, 579; **Z** 29, 387. — ZYGMUND, A.: a) On certain methods of summability associated with conjugate trigonometric series. Studia Math. **10**, 97—103. **R** 10, 31. — b) Two notes on the summability of infinite series. Colloquium Math. **1**, 225—229. **R** 10, 446; **Z** 38, 214.

1949 AGNEW, R. P.: ABEL transforms and partial sums of Tauberian series. Ann. of Math. (2) **50**, 110—117. **R** 10, 291; **Z** 32, 152. — AGRANOVIČ, Z.: On some questions connected with equations of STURM-LIOUVILLE type on a semi-axis. Doklady Akad. Nauk SSSR (N. S.) **66**, 1025—1028. (Russisch.) **R** 11, 28. — ALEXITS, G.: Sur la convergence des séries orthogonales lacunaires. Acta Univ. Szeged., Acta Sci. math. **13**, 14—17. **R** 10, 701; **Z** 35, 39. — ARAUJO, R.: Anwendungen des Toeplitzschen Konvergenzkriteriums auf Potenzreihen. Revista Acad. Ci. Zaragoza (2) **4**, no. 2, 27—29. (Spanisch.) **R** 12, 494. — BASU, S. K.: a) On the total relative strength of the HÖLDER and CESÀRO methods. Proc. London Math. Soc. (1) **50**, 447—462. **R** 10, 368; **Z** 31, 209. — b) On the total relative strength of the RIESZ and CESÀRO methods. J. London Math. Soc. **24**, 51—59. **R** 10, 447; **Z** 31, 295. — BOCHNER, S.; CHANDRASEKHARAN, K.: *FOURIER Transforms. Annals of

Mathematics Studies, no. 19. Princeton, London. 219 S. **R** 11, 173. — **1949**
BOSANQUET, L. S.: Note on convergence and summability factors. III. Proc.
London Math. Soc. (2) **50**, 482—496. **R** 10, 368; **Z** 32, 404. — BRADLEY,
F. W.; EDREI, A.: On the ratios of one term to the remainders in a convergent series of positive terms. J. London Math. Soc. **24**, 60—64. **R** 10, 446;
Z 32, 273. — BRUNK, H. D.: A consistency theorem. Bull. Amer. Math.
Soc. **55**, 204—212. **R** 10, 436; **Z** 33, 367. — BRUYNES, H.; RAISBECK, G.:
A method of analytic continuation suggested by heuristic principles. Bull.
Amer. Math. Soc. **55**, 193—197. **R** 10, 447; **Z** 34, 435. — ČELIDZE, V. G.:
Über die Transformation von Doppelfolgen. Akad. Nauk Gruzin. SSR.
Trudy Tbiliss. Mat. Inst. Razmadze **17**, 61—94. (Russisch; georgischer Auszug.) **R** 12, 820; **Z** 40, 26. — CHENG, M.-T.: Some Tauberian theorems with
applications to multiple FOURIER series. Ann. of Math. (2) **50**, 763—776.
R 11, 347; **Z** 35, 164. — COOPER, J. L. B.: Convergence of families of completely additive set functions. Quart. J. Math., Oxford Ser. **20**, 8—21.
R 11, 239; **Z** 32, 272. — DAVYDOV, N. A.: Die Konvergenz lakunärer trigonometrischer Reihen. Doklady Akad. Nauk SSSR (N. S.) **65**, 9—12. (Russisch.)
R 10, 528; **Z** 34, 47. — DELANGE, H.: The converse of ABEL's theorem on
power series. Ann. of Math. (2) **50**, 94—109. **R** 10, 368; **Z** 32, 60. — EDREI,
A.: Sur des formules d'inversion pour les transformées de STIELTJES et
certains théorèmes taubériens. C. R. Acad. Sci. Paris **228**, 1365—1367.
Ann. Sci. École Norm. Sup. (3) **66**, 395—408. **R** 10, 700; **R** 11, 351; **Z** 34,
212; **Z** 35, 194. — EDWARDS, R. E.: A Tauberian theorem. J. London
Math. Soc. **24**, 223—229. **R** 11, 243; **Z** 34, 366. — ERDÖS, P.: a) On a new
method in elementary number theory which leads to an elementary proof
of the prime number theorem. Proc. Nat. Acad. Sci. USA. **35**, 374—384.
R 10, 595; **Z** 34, 314. — b) On a Tauberian theorem connected with the new
proof of the prime number theorem. J. Indian Math. Soc. (N. S.) **13**, 131—
144. **R** 11, 420; **Z** 34, 315. — c) Supplementary note. J. Indian Math. Soc.
(N. S.) **13**, 145—147. **R** 11, 420; **Z** 34, 315. — FUKAMIYA, M.: Topological
method for Tauberian theorem. Tôhoku Math. J. (2) **1**, 77—87. **R** 11, 79. —
GHOSH, P. K.: On ABEL-convergent integrals and their application to
mathematical physics. Bull. Calcutta Math. Soc. **41**, 143—152. **R** 11, 238. —
GOLDONI, G.: Sulla coincidenza dei concetti di sommabilità ordinaria e
secondo POISSON-ABEL delle serie numeriche. Atti Sem. Mat. Fis. Univ.
Modena **3**, 14—17. **R** 11, 243; **Z** 35, 161. — HARDY, G. H.: *Divergent
Series. Oxford. 396 S. **R** 11, 25; **Z** 32, 58. Russische Übersetzung: **R** 16,
690. — HYSLOP, J. M.: A theorem on the summability of series. Proc.
London Math. Soc. (2) **51**, 176—185. **R** 11, 25; **Z** 33, 111. — JAMES, G.:
A new general method of summing divergent series. Math. Mag. **22**, 235—244.
R 11, 241. — KARAMATA, J.: Über die Beziehung zwischen dem Bernsteinschen und Cesàroschen Limitierungsverfahren. Math. Z. **52**, 305—306.
R 11, 347; **Z** 34, 35. — KNOPP, K.: Beweis eines von I. SCHUR in der Theorie
der C-Summierbarkeit aufgestellten Satzes. J. Reine Angew. Math. **187**,
70—74. **R** 11, 512; **Z** 34, 185. — KNOPP, K.; LORENTZ, G. G.: Beiträge zur
absoluten Limitierung. Arch. Math. **2**, 10—16. **R** 11, 346; **Z** 41, 184. —
KORENBLYUM, B. I.: a) Über gewisse spezielle kommutative normierte
Ringe. Doklady Akad. Nauk SSSR (N. S.) **64**, 281—284. (Russisch.)
R 10, 462; **Z** 35, 69 und 513. — b) Über Taubersche Sätze. Doklady Akad.
Nauk SSSR (N. S.) **64**, 449—452. (Russisch.) **R** 11, 26; **Z** 37, 48. — KOREVAAR, J.; AARDENNE-EHRENFEST, T. VAN; BRUIJN, N. G. DE: A note on
slowly oscillating functions. Nieuw Arch. Wiskunde **23**, 77—86. **R** 10, 358;
Z 45, 335. — KUTTNER, B.: The relation between different types of ABEL
summability. Proc. Cambridge Philos. Soc. **45**, 186—193. **R** 10, 447; **Z** 39,

1949 60. — LORENTZ, G. G.: Direct theorems on methods of summability. Canadian J. Math. **1**, 305—319. R 11, 242; Z 34, 34. — MANDELBROJT, S.; AGMON, S.: Une généralisation du théorème Tauberien de WIENER. C. R. Acad. Sci. Paris **228**, 1394—1396. R 11, 99; Z 32, 354. — MEYER-KÖNIG, W.: a) Untersuchungen über einige verwandte Limitierungsverfahren. Math. Z. **52**, 257—304. R 11, 242; Z 41, 184. — b) Die E_p- und S_α-Summierbarkeit einer Potenzreihe an der Konvergenzgrenze. Math. Z. **52**, 344—354. R 11, 242; Z 34, 329. — MITRA, S. C.: On a method of summing series. J. Indian math. Soc., n. s. **13**, 4—16. R 11, 27; Z 34, 36. — OBREŠKOV, N.: a) Über das asymptotische Verhalten der Ableitung einer reellen Funktion einer reellen Veränderlichen. Doklady Akad. Nauk SSSR (N. S.) **67**, 225—228. (Russisch.) R 11, 16; Z 34, 184. — b) Sur une formule pour les différences divisées et sur les limites de fonctions et de leurs dérivées. C. R. Acad. Bulgare Sci. Math. Nat. **2**, no. 1, 5—8. R 11, 235. — ORTS, J. M.: Über die Umkehrung der Eulerschen Transformation. Revista Mat. Hisp.-Amer. (4) **9**, 154—158. (Spanisch.) R 11, 512; Z 39, 63. — PARKER, S. T.: Summable series and integrals. Amer. math. Monthly **56**, 678—681. Z 35, 333. — POPOVITCH, B.: La liaison des procédés de sommabilité avec les intervalles de convergence. Bull. Soc. Math. Phys. Serbie **1**, no. 3—4, 121—130. (Serbisch; französischer Auszug.) R 12, 92; Z 39, 291. — PRACHAR, K.: Zur Eulerschen Summierung Neumannscher und Legendrescher Reihen. Mh. Math., Wien **53**, 138—150. R 11, 28; Z 33, 113. — RAJAGOPAL, C. T.: On a Tauberian theorem of G. RICCI. Proc. Edinburgh Math. Soc. (2) **8**, 143—146. R 11, 654; Z 36, 173. — RIESZ, M.: L'intégrale de RIEMANN-LIOUVILLE et le problème de CAUCHY. Acta Math. **81**, 1—223. R 10, 713; Z 33, 276. — SARGENT, W. L. C.: On fractional integrals of a function integrable in the CESÀRO-PERRON sense. Proc. London math. Soc., II. s. **51**, .46—80. R 10, 516; Z 31, 389. — SCHUR, Z.: On oscillations of infinite sequences. Riveon Lematematika **3**, 39—41, 53. (Hebräisch; englischer Auszug.) R 11, 241. — SELBERG, A.: An elementary proof of the prime-numbertheorem. Ann. of Math. (2) **50**, 305—313. R 10, 595; Z 36, 306. — SONNENSCHEIN, J.: Sur les séries divergentes. Acad. Roy. Belgique. Bull. Cl. Sci. (5) **35**, 594—601. R 11, 241; Z 33, 257. — SUNOUCHI, G.-i.: Notes on FOURIER analysis. XVIII. Absolute summability of series with constant terms. Tôhoku Math. J. (2) **1**, 57—65. R 11, 654. — TEGHEM, J.: a) Une généralisation des théorèmes $E \to B$ et $B \to E$ de M. KNOPP. Nieuw Arch. Wiskunde (2) **23**, 8—12. R 10, 368; Z 33, 257. — b) Sur les conditions d'applicabilité d'une méthode de prolongement analytique de BOREL. Acad. Roy. Belgique. Bull. Cl. Sci. (5) **35**, 177—185. R 11, 21; Z 35, 338. — c) Sur un mode de prolongement analytique par sommation. Acad. Roy. Belgique. Bull. Cl. Sci. (5) **35**, 357—360. R 11, 98; Z 33, 114. — d) Généralisation d'un théorème de M. MACPHAIL sur la sommabilité d'EULER-KNOPP. Mathesis **58**, 53—57: R 11, 98. — e) Sur des séries entières en le signe de dérivation D. Acad. Belgique, Bull. Cl. Sci., V. S. **35**, 1042—1053. R 11, 517; Z 37, 325. — VERMES, P.: Series to series transformations and analytic continuation by matrix methods. Amer. J. Math. **71**, 541—562. R 10, 699; Z 33, 257. — VERNOTTE, P.: a) Sommation, par pondération binomiale des séries convergentes alternées qui paraissent commencer par diverger; application aux séries divergentes. C. R. Acad. Sci. Paris **228**, 1840—1842. R 11, 26; Z 35, 203. — b) Sommation des séries divergentes par une simple considération de régularité. C. R. Acad. Sci. Paris **228**, 1918—1920. R 11, 98; Z 355, 203. — WILANSKY, A.: a)A necessary and sufficient condition that a summability method be stronger than convergence. Bull. Amer. Math. Sco. **55**, 914—916. R 11, 243; Z 36, 35. — b) An application of BANACH linear

functionals to summability. Trans. Amer. Math. Soc. **67**, 59—68. R 11, 243; **1949**
Z 35, 353. — WING, G. M.: Summability with a governor of integral order.
Bull. Amer. Math. Soc. **55**, 146—155. R 10, 447; Z 32, 201. — WINTNER, A.:
On absolute LAMBERT sums. Proc. Edinburgh Math. Soc. (2) **8**, 128—132.
R 11, 654; Z 36, 322.

ANDERSEN, A. F.: Über Differenzen-Transformationen. Mat. Tidsskr. **1950**
B. 1950, 110—122. (Dänisch.) R 12, 404; Z 40, 24. — ATKINSON, F. V.:
The RIEMANN zeta-function. Duke math. J. **17**, 63—68. R 11, 162; Z 36,
187. — AVAKUMOVIĆ, V. G.: a) Bemerkung über einen Satz des Herrn
T. CARLEMAN. Math. Z. **53**, 53—58. R 12, 254; Z 41, 183. — b) Einige
Sätze über Laplacesche Integrale. Acad. Serbe Sci. Publ. Inst. Math. **3**,
287—304. R 12, 497; Z 40, 206. — BOHR, H.: On multiplication of summable
DIRICHLET series. Mat. Tidsskr. B. 1950, 71—75. R 12, 404; Z 39, 82. —
BORWEIN, D.: a) On the CESÀRO summability of integrals. J. London Math.
Soc. **25**, 289—302. R 12, 253; Z 39, 61. — b) A summability factor theorem.
J. London Math. Soc. **25**, 302—315. R 12, 253; Z 41, 24. — BOSANQUET,
L. S.: An extension of a theorem of ANDERSEN. J. London Math. Soc. **25**,
72—80. R 12, 253; Z 35, 161. — BOWEN, N. A.; MACINTYRE, A. J.: An
oscillation theorem of Tauberian type. Quart. J. Math., Oxford Ser. (2)
1, 243—247. R 12, 689; Z 39, 82. — BRIGHAM, N. A.: a) On a certain weighted partition function. Proc. Amer. Math. Soc. **1**, 192—204. R 11, 582;
Z 38, 26. — b) A general asymptotic formula for partition functions. Proc.
Amer. Math. Soc. **1**, 182—191. R 11, 582; Z 37, 169. — CHADAYA, T. G.:
Summation von Doppelreihen durch NÖRLUND-Verfahren. Soobščeniya
Akad. Nauk Gruzin. SSR **11**, 143—146. R 14, 159; Z 41, 185. — CHERRY,
T. M.: Summation of slowly convergent series. Proc. Cambridge Philos. Soc.
46, 436—449. R 12, 20; Z 37, 48. — COOKE, R. G.: *Infinite matrices and
sequence spaces. London. 347 S. R 12, 694; Z 40, 25. — COSSAR, J.: A
note on CESÀRO summability of infinite integrals. J. London Math. Soc. **25**,
284—289. R 12, 253; Z 39, 61. — COWLING, V. F.: Summability and analytic continuation. Proc. Amer. Math. Soc. **1**, 536—542. R 12, 91; Z 39, 62.
— DELANGE, H.: Sur les théorèmes inverses des procédés de sommation des
séries divergentes. I, II. Ann. Sci. École Norm. Sup. (3) **67**, 99—160 und
199—242. R 12, 253; Z 39, 64 und Z 41, 383. — DOETSCH, G.: *Handbuch
der LAPLACE-Transformation. Band I. Theorie der LAPLACE-Transformation. 581 S., Basel. R 13, 230; Z 40, 59. — EBERLEIN, W. F.: BANACH-HAUSDORFF limits. Proc. Amer. Math. Soc. **1**, 662—665. R 12, 341; Z 39,
121. — ERDÖS, P.; PIRANIAN, G.: Convergence fields of row-finite and row-infinite TOEPLITZ transformations. Proc. Amer. Math. Soc. **1**, 397—401.
R 12, 92; Z 37, 327. — FUCHS, W. H. J.: On the „collective HAUSDORFF
method". Proc. Amer. Math. Soc. **1**, 66—70. R 11, 347; Z 36, 173. —
GAIER, D.: Über stetiges und asymptotisches Verhalten von Potenzreihen
und Dirichletschen Reihen am Rande von Summationsgebieten. Math. Z.
53, 291—308. R 12, 404; Z 39, 80. — GÁL, I. S.: Sur les moyennes arithmétiques des suites de fonctions orthogonales. Ann. Inst. Fourier Grenoble
1, 53—59. R 12, 405; Z 38, 43. — GOODSTEIN, R. L.: On the multiplication
of series. Math. Gaz. **34**, 16—18. R 12, 252; Z 39, 59. — HANAI, S.: On the
methods of summation of infinite series. Tôhoku Math. J. (2) **2**, 64—67.
R 12, 695; Z 41, 185. — HELLER, I.: Contribution à la théorie des séries divergentes. Thesis, Université de Genève, Zürich, 20 S. R 13, 227. — HENSTOCK, R.: The efficiency of matrices for bounded sequences. J. London
Math. Soc. **25**, 27—33. R 11, 429; Z 35, 161. — HILL, J. D.: Summability
methods weaker than convergence. Amer. J. Math. **72**, 621—623. R 12, 20;

1950 Z 38, 213. — KALASNIKOV, M. D.: Eine Bemerkung über unendliche Produkte. Doklady Akad. Nauk SSSR (N. S.) **73**, 9—12. (Russisch.) **R** 12, 92; Z 40, 24. — KARAMATA, J.: a) Quelques théorèmes inverses relatifs aux procédés de sommabilité de CESÀRO et RIESZ. Acad. Serbe Sci. Publ. Inst. Math. **3**, 53—71. **R** 12, 494; Z 40, 321. — b) Sur le théorème taubérien de N. WIENER. Acad. Serbe Sci. Publ. Inst. Math. **3**, 201—206. **R** 12, 604; Z 40, 206. — c) Ein TAUBER-Satz, der mit Sätzen von HADWIGER zusammenhängt. Glas Srpske Akad. Nauka. Od. Prirod.-Mat. Nauka **198**, 147—161. **R** 12, 820. — KLOOSTERMAN, H. D.: Derivatives and finite differences. Duke Math. J. **17**, 169—186. **R** 11, 716; Z 39, 56. —- KOZLOV, V. YA.: Eine Verallgemeinerung des Begriffs der Basis. Doklady Akad. Nauk SSSR (N. S.) **73**, 643—646. (Russisch.) **R** 12, 110; Z 38, 73. — LENG, S.-m.: Note on CAUCHY's limit theorem. Amer. Math. Monthly **57**, 28—31. **R** 11, 346; Z 35, 161. — MANDELBROJT, S.; AGMON, S.: Une généralisation du théorème taubérien de WIENER. Acta Sci. Math. Szeged **12**, Leopoldo Fejèr et Frederico Riesz LXX annos natis dedicatus, Paris B, 167—176. **R** 11, 660; Z 36, 352. — MORLEY, H.: A theorem on HAUSDORFF transformations and its applications to CESÀRO and HÖLDER means. J. London Math. Soc. **25**, 168—173. **R** 12, 92; Z 39, 62. — NAGY, B. Sz.-: Méthodes de sommation des séries de FOURIER. I. Acta Sci. math., Szeged **12** B, L. Fejer et F. Riesz LXX annos natis dedic., 204—210. **R** 11, 656; Z 39, 296. — PALMER, K. O.: Eine Verallgemeinerung zweier Sätze von MERTENS und HARDY auf Reihen negativer C-Summierbarkeitsordnung. Arch. Math. **2**, 258—266. **R** 12, 404; Z 39, 60. — PARKER, S. T.: Convergence factor and regularity theorems for convergent integrals. Duke math. J. **17**, 91—110. **R** 11, 717; Z 45, 335. — RAJAGOPAL, C. T.: a) On an absolute constant in the theory of Tauberian series: Postscript. Proc. Indian Acad. Sci., Sect. A. **31**, 60—51. **R** 12, 21; Z 37, 327. — b) On converse theorems of summability: addendum. Math. Gaz. **34**, 125. **R** 12, 404. — c) A note on „positive" Tauberian theorems. J London Math. Soc. **25**, 315—327. **R** 12, 404; Z 39, 65. — d) On a generalization of TAUBER's theorem. Comment. Math. Helv. **24**, 219—231. **R** 12, 494; Z 40, 322. — ROBINSON, A.: On functional transformations and summability. Proc. London Math. Soc. (2) **52**, 132—160. **R** 12, 253; Z 39, 62. — SAFRONOVA, G. P.: Über eine Summationsmethode für divergente Reihen, die mit dem singulären Integral von JACKSON zusammenhängt. Doklady Akad. Nauk SSSR, n. S. **73**, 277—278. (Russisch.) **R** 12, 94; Z 40, 26. — SCHMETTERER, L.: a) Taubersche Sätze und trigonometrische Reihen. Österreich. Akad. Wiss. Math.-Nat. Kl. S.-B. IIa. **158**, 37—59. **R** 12, 329; Z 39, 296. — b) Beitrag zur Multiplikation unendlicher Reihen. Monatsh. Math. **54**, 313—329. **R** 12, 693; Z 40, 24. — SCHUR, ZVI.: Oscillations of sequences in linear transformations. Riveon Lematematika **4**, 29—34. (Hebräisch; englischer Auszug.) **R** 12, 252. — SUNOUCHI, G.: a) Notes on FOURIER analysis. XXV. Quasi-Tauberian theorem. Tôhoku Math. J. (2) **1**, 167—185. **R** 12, 174. — b) Notes on FOURIER analysis. XXXVI. On certain applications of WIENER's Tauberian theorems. Tôhoku Math. J. (2) **1**, 303—312. **R** 12, 697; Z 41, 196. — SZÁSZ, O.: a) Summation of slowly convergent series. J. Math. Physics **28**, 272—279. **R** 11, 346; Z 41, 184. — b) On a summation method of O. PERRON. Math. Z. **52**, 631—636. **R** 12, 21; Z 41, 185. — TEGHEM, J.: Sur des transformations des séries. Acad. Roy. Belgique. Bull. Cl. Sci. (5) **36**, 730—741. **R** 12, 695; Z 40, 320. Siehe auch **R** 17, 29. — TSUCHIKURA, T.: a) On some divergence problems. Tôhoku Math. J. (2) **2**, 30—39. **R** 12, 693; Z 41, 184. — b) Arithmetic means of subsequences. Tôhoku Math. J. (2) **2**, 188—191. **R** 12, 820; Z 41, 186. — VERMES, P.: Certain classes of series to series transformation matrices.

Amer. J. Math. **72**, 615—620. **R** 12, 20; **Z** 38, 213. — VERNOTTE, P.: **1950**
a) L'emploi de la condition derégularité dans la sommation des séries très
divergentes. C. R. Acad. Sci. Paris **230**, 505—506. **R** 11, 429; **Z** 35, 204. —
b) L'interpolation idéale par les expressions non uniformes. C. R. Acad. Sci.
Paris **230**, 2000—2002. **R** 12, 20; **Z** 36, 365. — c) Abrégé de la théorie
générale des séries divergentes dite théorie des séries définissables. Publ.
Sci. Tech. Ministère de l'Air, Paris. Notes Tech. no. 36, 41 S. **R** 12, 253. —
d) Sur l'interdépendance des termes de rang pair et des termes de rang
impair d'une même suite. Application à la sommation des séries divergentes.
C. R. Acad. Sci. Paris **231**, 104—106. **R** 12, 253; **Z** 37, 327. — e) *Nouvelles
recherches sur la sommation pratique des séries divergentes. Aperçus
théoriques nouveaux. Publ. Sci. Tech. Ministère de l'Air, Paris, no. 238, 278 S.
R 12, 604. — WILANSKY, A.: Summability matrices coincident with regular
matrices. BANACH space methods. Proc. Int. Congr. Math..1950, 424. —
YOUNG, F. H.: A note on summation. Amer. Math. Monthly **57**, 625. **R** 12,
404; **Z** 38, 212. — ŽAK, I. E.: Absolute Summierbarkeit von Doppelreihen.
Doklady Akad. Nauk SSSR (N. S.) **73**, 639—642. (Russisch.) **R** 12, 92;
Z 40, 27. — ZELLER, K.: Allgemeine Eigenschaften von Matrixtransformationen. Diss. Tübingen 1950; 61 S.

AUSTIN, M. C.: On limitation theorems for (A, λ) summability. J. London **1951**
Math. Soc. **26**, 304—307. **R** 13, 226; **Z** 44, 285. — BECKER, O.; HOFMANN,
J. E.: *Geschichte der Mathematik. Bonn, 340 S. **R** 14, 341; **Z** 43, 241. —
BEURLING, A.: On a closure problem. Ark. Mat. **1**, 301—303. **R** 13, 230;
Z 42, 354. — BOREL, É.: Le calcul numérique des séries divergentes. C. R.
Acad. Sci. Paris **232**, 457—458. **R** 12, 444; **Z** 42, 64. — BORWEIN, D.: On
the absolute CESÀRO summability of integrals. Proc. London Math. Soc. (3)
1, 308—326. **R** 13, 340; **Z** 45, 162. — BOSANQUET, L. S.: Note on a theorem
of M. RIESZ. Proc. London Math. Soc. (3) **1**, 453—461. **R** 13, 548; **Z** 44, 66.
— CHADAIA, T.: Die gegenseitige Beziehung zwischen CESÀRO- und NÖRLUND-Verfahren fur Doppelfolgen. Akad. Nauk Gruzin. SSR. Trudy Mat.
Inst. Razmadze **18**, 237—244. (Georgisch; russischer Auszug.) **R** 14, 634;
Z 45, 334. — CHOW, H. C.: A note on the summability of power series on its
circle of convergence. J. London Math. Soc. **26**, 290—294. **R** 13, 739; **Z** 43,
295. — DELANGE, H.: a) Sur le théorème taubérien de IKÉHARA. C. R. Acad.
Sci. Paris **232**, 465—467. **R** 12, 405; **Z** 42, 113. — b) Nouveaux théorèmes
pour l'intégrale de LAPLACE. C. R. Acad. Sci. Paris **232**, 589—591 und
1176—1178. **R** 12, 497 und 605; **Z** 42, 109 und 110. — c) Quelques formules
asymptotiques de la théorie des nombres. C. R. Acad. Sci. Paris **232**, 1392—
1393. **R** 12, 677; **Z** 42, 272. — EGGLESTON, H. G.: A Tauberian lemma.
Proc. London Math. Soc. (3) **1**, 28—45. **R** 13, 22; **Z** 45, 335. — FREUD, G.:
Restglied eines Tauberschen Satzes. I. Acta Math. Acad. Sci. Hungar. **2**,
299—308. (Russischer Auszug.) **R** 14, 361; **Z** 44, 324. — GÁL, I. S.: New
proof of two theorems concerning tauberian reduction of integrals. Math.
Ann. **122**, 390—399; corrections **123**, 339. **R** 15, 417; **Z** 42, 60. — GARREAU,
G. A.: a) Absolute equivalence of general and row-finite T-matrices. Nederl.
Akad. Wetensch. Proc. Ser. A. **54** = Indagationes Math. **13**, 31.34. **R** 12,
695; **Z** 42, 67. — b) A note on the summation of sequences of 0's and 1's.
Ann. of Math. (2) **54**, 183—185. **R** 13, 27; **Z** 43, 61. — GARTEN, V.: a) Über
eine Erweiterung der Sätze von G. FROBENIUS und O. HÖLDER in der Limitierungstheorie. Math. Nachr. **5**, 129—134. **R** 12, 695; **Z** 42, 67. — b) Über
Taubersche Konstanten bei Cesàroschen Mittelbildungen. Comment.
Math. Helv. **25**, 311—335. **R** 13, 548; **Z** 45, 176. — HILL, J. D.: a) Note on
a theorem in summability. Proc. Amer. Math. Soc. **2**, 372—373. **R** 12, 819;

1951 Z 43, 63. — b) The BOREL property of summability methods. Pacific J. Math. **1**, 399—409. R 13, 340; Z 43, 286. — ISAACS, G. L.: On a theorem due to M. RIESZ. J. London Math. Soc. **26**, 285—290. R 13, 228; Z 43, 287. — IZUMI, S.-i.: Notes on FOURIER analysis. XVI. On the strong law of large numbers and gap series. Tôhoku Math. J. (2) **3**, 89—103. R 14, 868; Z 45, 34. — JACKSON, F. H.: Proper extensions by dilution of matrices. Nederl. Akad. Wetensch. Proc. Ser. A. **54** = Indagationes Math. **13**, 308—314. R 13, 340; Z 43, 62. — JESMANOWICZ, L.: On the CESÀRO means. Studia Math. **12**, 145—158. R 13, 835; Z 44, 66. — JUAN, R. SAN: Les fondements d'une théorie générale des séries divergentes. Univ. Lisboa. Revista Fac. Ci. A. Ci. Mat. (2) **2**, 45—76. R 14, 1077; siehe auch Z 45, 175. — JURKAT, W.: a) Über Konvergenzfaktoren bei Rieszschen Mitteln. Math. Z. **54**, 262—271. R 13, 340; Z 42, 294. — b) Über Rieszsche Mittel mit unstetigem Parameter. Math. Z. **55**, 8—12. R 13, 933; Z 44, 62. — JURKAT, W.; PEYERIMHOFF, A.: Mittelwertsätze bei Matrix- und Integraltransformationen. Math. Z. **55**, 92—108. R 13, 934; Z 44, 63. — KALAŠNIKOV, M. D.: Bedingungen für Summierbarkeit unendlicher Produkte. Ukrain. Mat. Žurnal **3**, 477—488. (Russisch.) R 14, 1079; Z 45, 175. — KARADŽIĆ, L.: Sur un théorème inverse-O. Bull. Soc. Math. Phys. Serbie **3**, nos. 3—4, 25—36. (Serbokroatisch; französischer Auszug.) R 14, 158; Z 45, 182. — KARAMATA, J.: a) Complément à un théorème de M. HADWIGER. Comment. Math. Helv. **25**, 64—70. R 12, 694; Z 42, 293. — b) Le développement et l'importance de la théorie des séries divergentes dans l'analyse mathématique. Premier Congrès des Mathématiciens et Physiciens de la R. P. F. Y., 1949. Vol. II, Communications et Exposés Scientifiques, S. 99—119. Naučna Knjiga, Belgrad, 1951. (Serbokroatisch; französischer Auszug.) R 13, 456. — KELDYŠ, M. V.: Ein TAUBER-Satz. Trudy Mat. Inst. Steklov., v. **38**, S. 77—86. Izdat. Akad. Nauk SSSR, Moskau. (Russisch.) R 13, 738. — KORENBLYUM, B. I.: Sätze vom TAUBER-Typ für eine Klasse von DIRICHLET-Reihen. Doklady Akad. Nauk SSSR (N. S.) **81**, 725—727. (Russisch.) R 13, 548; Z 43, 287. — KOREVAAR, J.: An estimate of the error in Tauberian theorems for power series. Duke Math. J. **18**, 723—734. R 13, 227; Z 43, 63. — KUTTNER, B.: a) A note on some relations between methods of summability. J. London Math. Soc. **26**, 111—116. R 12, 695; Z 42, 65. — b) Note on the „second theorem of consistency" for RIESZ summability. J. London Math. Soc. **26**, 104—111. R 12, 696; Z 42, 66. — c) A new method of summability. Proc. London Math. Soc. (2) **53**, 230—242. R 12, 819; Z 43, 63. — LORENTZ, G. G.: a) Direct theorems on methods of summability. II. Canadian J. Math. **3**, 236—256. R 13, 27; Z 42, 294. — b) RIESZ methods of summation and orthogonal series. Trans. Roy. Soc. Canada. Sect. III. (3) **45**, 19—32. R 14, 160; Z 45, 178. — MACPHAIL, M. S.: Some theorems on absolute summability. Canadian J. Math. **3**, 386—390. R 13, 456; Z 44, 67. — MANDELBROJT, S.: *General theorems of closure. Rice Inst. Pamphlet. Special Issue. The Rice Institute, Houston, Texas. 71 S. R 13, 540; Z 43, 89. — MELVIN-MELVIN, H.: On generalized K-transformations in BANACH spaces. Proc. London Math. Soc. (2) **53**, 83—108. R 13, 45; Z 43, 25. — MEYER-KÖNIG, W.: Beziehungen zwischen einigen Matrizen der Limitierungstheorie. Math. Z. **53**, 450—453. R 12, 695; Z 43, 286. — MIKUSIŃSKI, J. G.: A theorem on moments. Studia Math. **12**, 191—193. R 14, 40; Z 44, 126. — OGIEVECKIĬ, I. I.: Über das Summationsverfahren von S. N. BERNSTEIN. Doklady Akad. Nauk SSSR (N. S.) **76**, 635—638. (Russisch.) R 12, 819; Z 42, 65. — PEYERIMHOFF, A.: Konvergenz- und Summierbarkeitsfaktoren. Math. Z. **55**, 23—54. R 13, 933; Z 44, 64. — POPOVIĆ, B.: Sur certaines théorèmes inverses de sommabilité de CESÀRO. Srpska

Akad. Nauka. Zbornik Radova, Knj. 7. Matematički Institut, Knj. 1, 83—90. **1951** (Serbokroatisch; französischer Auszug.) **R** 13, 227. — POSTNIKOV, A. G.: Das Restglied im TAUBER-Satz von HARDY und LITTLEWOOD. Doklady Akad. Nauk SSSR (N. S.) **77**, 193—196. (Russisch.) **R** 12, 820; **Z** 42, 68. — RAJAGOPAL, C. T.: A note on generalized Tauberian theorems. Proc. Amer. Math. Soc. **2**, 335—349. **R** 13, 28; **Z** 54, 27. — RECHARD, O. W.: A note on the summability of infinite series by sequence to sequence and series to sequence transformations. Proc. Amer. Math. Soc. **2**, 730—731. **R** 13, 339; **Z** 44, 65. — ROGERS, C. A.: The transformation of sequences by matrices. Proc. London Math. Soc. (2) **52**, 321—364. **R** 12, 819; **Z** 43, 62. — ROGOSINSKI, W. W.: On the CESÀRO and HÖLDER series of a function. Proc. London Math. Soc. (2) **53**, 444—459. **R** 13, 118; **Z** 45, 32. — RYABCEV, I.: Die Summationsverfahren von S. N. BERNSTEIN und CESÀRO. Doklady Akad. Nauk SSSR (N. S.) **78**, 869—872. (Russisch.) **R** 13, 226; **Z** 42, 294. — SAFRONOVA, G. P.: Über ein Summierungsverfahren für uneigentliche Integrale. Doklady Akad. Nauk SSSR, n. Ser. **78**, 1101—1104. (Russisch.) **R** 13, 29; **Z** 42, 295. — SARGENT, W. L. C.: a) On the continuity (C) and integrability (CP) of fractional integrals. Proc. London Math. Soc. (2) **52**, 253—270. **R** 12, 599; **Z** 42, 60. — b) Some properties of C_λ-continuous functions. J. London Math. Soc. **26**, 116—121. **R** 12, 810; **Z** 42, 62. — c) On generalized derivatives and CESÀRO-DENJOY integrals. Proc. London Math. Soc. (2) **52**, 365—376. **R** 12, 811; **Z** 45, 332. — d) On the integrability of a product. II. J. London Math. Soc. **20**, 278—285. **R** 13, 449; **Z** 45, 25. — ŠČEGLOV, M. P.: Über die Verallgemeinerung des Tauberschen Satzes. Mat. Sbornik N. S. **28** (70), 245—282. (Russisch.) **R** 13, 28; **Z** 42, 68. — SILVERMAN, L. L.: Triangular matrices determined by two sequences. Structure, Method, Meaning. Essays in Honor of H. M. SHEFFER, 74—83. **Z** 54, 27. — SUNOUCHI, G.-i.: On a theorem of HARDY-LITTLEWOOD. Kōdai Math. Sem. Rep. 1951, 52—54. **R** 13, 836; **Z** 44, 66 — SZÁSZ, O.: a) On a Tauberian theorem for ABEL summability. Pacific J. Math. **1**, 117—125. **R** 13, 227; **Z** 44, 67. — b) Tauberian theorems for summability (R_1). Amer. J. Math. **73**, 779—791. **R** 13, 456; **Z** 43, 286. — c) On some trigonometric transforms. Pacific J. Math. **1**, 291—304. **R** 13, 456; **Z** 44, 286. — TEGHEM, J.: a) Addenda à la note: „Sur les conditions d'applicabilité d'une méthode de prolongement analytique de BOREL". Acad. Roy. Belgique. Bull. Cl. Sci. (5) **37**, 20. **R** 12, 813. — b) Sur des transformations de séries. Application aux séries entières. Acad. Roy. Belgique. Bull. Cl. Sci. (5) **37**, 21—33. **R** 13, 227; **Z** 43, 63. — c) Sur des transformations de séries, à deux paramètres. Acad. Roy. Belgique. Bull. Cl. Sci. (5) **37**, 970—976. **R** 13, 835; **Z** 44, 65. — THORKELSSON, T.: Serial relations and symbolic calculus. Soc. Sci. Islandica, Rit **29**, 124 S. **R** 14, 40. — TIMAN, M. F.: Über die (C, α, β)-Summierbarkeit von Doppelreihen. Doklady Akad. Nauk SSSR (N. S.) **76**, 647—649. (Russisch.) **R** 12, 820; **Z** 42, 65. — VANDERBURG, B.: Certain linear combinations of HAUSDORFF summability methods. Trans. Amer. Math. Soc. **71**, 466—477. **R** 13, 548; **Z** 44, 65. — VERMES, P.: Conservative series to series transformation matrices. Acta Sci. Math. Szeged **14**, 23—38. **R** 13, 27; **Z** 42, 293. — ŽAK, I. E.; TIMAN, M. F.: Absolute ABEL-Summierbarkeit von Doppelreihen. Doklady Akad. Nauk SSSR (N. S.) **78**, 849—852. (Russisch.) **R** 13, 28; **Z** 42, 65. — ZAMANSKY, M.: a) Sur la sommation des séries divergentes. C. R. Acad. Sci. Paris **233**, 908—910. **R** 13, 455; **Z** 48, 294; **Z** 45, 334. — b) Sur la sommation des séries divergentes et les théorèmes taubériens. C. R. Acad. Sci. Paris **233**, 999—1001. **R** 13, 455; **Z** 48, 294; **Z** 45, 334. — ZELLER, K.: a) Allgemeine Eigenschaften von Limitierungsverfahren. Math. Z. **53**, 463—487. **R** 12, 604; **Z** 45, 334. —

1951 b) Abschnittskonvergenz in FK-Räumen. Math. Z. **55**, 55—70. R 13, 934; Z 45, 334.

1952 AGNEW, R. P.: a) ABEL transforms of Tauberian series and analytic approximation to curves and functions. Duke Math. J. **19**, 131—138. R 13, 738; Z 46, 292. — b) Integral transformations and Tauberian constants. Trans. Amer. Math. Soc. **72**, 501—518. R 13, 934; Z 46, 331. — c) Equivalence of methods for evaluation of sequences. Proc. Amer. Math. Soc. **3**, 550—556. R 14, 39; Z 47, 65. — d) Arithmetic means of some Tauberian series and determination of a lower bound for a fundamental Tauberian constant. Proc. London Math. Soc. (3) **2**, 369—384. R 14, 160; Z 47, 65. — e) ROGOSINSKI-BERNSTEIN trigonometric summability methods and modified arithmetic means. Ann. of Math. (2) **56**, 537—559. R 14, 368; Z 48, 41. — f) Arithmetic means and the Tauberian constant .474541. Acta Math. **87**, 347—359. R 14, 463; Z 46, 282. — g) Approximation by use of kernels originating from ABEL transforms of series. Comment. Math. Helv. **36**, 171—179. R 14, 464; Z 47, 303. — h) Inclusion relations among methods of summability compounded from given matrix methods. Ark. Mat. **2**, 361—374. R 14, 551; Z 47, 300. — AMIR(JAKIMOVSKI), A.: On a converse of ABEL's theorem. Proc. Amer. Math. Soc. **3**, 244—256. R 13, 835; Z 47, 66. — AULUCK, F. C.; HASELGROVE, C. B.: On INGHAM's Tauberian theorem for partitions. Proc. Cambridge Philos. Soc. **48**, 566—570. R 14, 138; Z 47, 280. — AUSTIN, M. C.: On the absolute summability of a DIRICHLET series. J. London Math. Soc. **27**, 189—198. R 13, 738; Z 46, 302. — BASU, S. K.: A note on the oscillation of the CESÀRO and HÖLDER means of a sequence and a function. Bull. Calcutta Math. Soc. **44**, 45—50. R 14, 634; Z 48, 295. — BENDUKIDZE, A. D.: Starke Summierbarkeit von Doppelreihen. Soobščeniya Akad. Nauk Gruzin. SSR **13**, 329—334. (Russisch.) R 14, 1079; Z 48, 295. — BOCHNER, S.: Remarks on Gaussian sums and Tauberian theorems. J. Indian Math. Soc. (N. S.) **15**, 97—104. R 13, 823. — BOYD, A. V.; HYSLOP, J. M.: A definition for strong Rieszian summability and its relationship to strong CESÀRO summability. Proc. Glasgow Math. Assoc. **1**, 94—99. R 14, 463. — BURGESS, D. C. J.: Abstract LAPLACE transforms and Tauberian theorems, with applications to the L_p and H_p classes. Proc. London Math. Soc. (2) **54**, 94—110. R 13, 646; Z 46, 121. — CHANDRASEKHARAN, K.; MINAKSHISUNDARAM, S.: *Typical means. Oxford. 139 S. R 14, 1077; Z 47, 299. Ergänzung: R 16, 1100; Z 57, 50. — CHOW, H. C.: A note on summable series. J. London Math. Soc. **27**, 352—355. R 14, 39; Z 46, 62. — COOKE, R. G.: On T-matrices at least as efficient as (C, r) summability, and FOURIER-effective methods of summation. J. London Math. Soc. **27**, 328—337. R 13, 933; Z 46, 290. — COWLING, V. F.; PIRANIAN, G.: On the summability of ordinary DIRICHLET series by TAYLOR methods. Michigan Math. J. **1**, 73—78. R 14, 266. — DELANGE, H.: Encore une nouvelle démonstration du théorème taubérien de LITTLEWOOD. Bull. Sci. Math (2) **76**, 179—189. R 14, 634; Z 47, 314. — DELANGE, H.; ZAMANSKY, M.: Sur une classe de procédés de sommation des séries divergentes. C. R. Acad. Sci. Paris **234**, 1025—1027. R 13, 737; Z 48, 294. — ERDÖS, P.: On a Tauberian theorem for EULER summability. Acad. Serbe Sci. Publ. Inst. Math. **4**, 51—56. R 14, 265; Z 47, 301. — EVGRAFOV, M. A.: a) Verhalten von Potenzreihen von Funktionen der Klasse H_δ auf dem Rande des Konvergenzkreises. Izvestiya Akad. Nauk SSSR. Ser. Mat. **16**, 481—492. (Russisch.) R 14, 552. — b) Eine Umkehrung des Abelschen Satzes für Lückenreihen. Izvestiya Akad. Nauk SSSR. Ser. Mat. **16**, 521—524.

(Russisch.) **R** 14, 552; **Z** 47, 311. — GAIER, D.: Über die Summierbarkeit **1952**
beschränkter und stetiger Potenzreihen an der Konvergenzgrenze. Math. Z.
56, 326—334. **R** 14, 369; **Z** 47, 312. — GANDINI, C.: Un teorema di A. E.
INGHAM sui ,,Grandi indici". Boll. Un. Mat. Ital. (3) **7**, 143—148. **R** 14,
158; **Z** 47, 77. — GARREAU, G. A.: Methods of generating T-matrices.
Nederl. Akad. Wetensch. Proc. Ser. A. **55** = Indagationes Math. **14**, 237—
244. **R** 14, 39; **Z** 46, 63. — HELLER, I.: Contributions to the theory of divergent series. Pacific J. Math. **2**, 153—177. **R** 13, 934. — HYSLOP, M.: Note on
the strong summability of series. Proc. Glasgow Math. Assoc. **1**, 16—20.
R 14, 368. — JACKSON, F. H.: Application of diluted matrices to bounded
sequences. I, II. Nederl. Akad. Wetensch. Proc. Ser. A. **55** = Indagationes
Math. **14**, 173—180, 181—190. **R** 13, 933; **Z** 46, 290. — JUAN, R. SAN:
Hinreichende Bedingungen für radiale Fortsetzung. Univ. Lisboa. Revista
Fac. Ci. A. Ci. Mat. (2) **2**, 185—195. (Spanisch.) **R** 14, 1078, vgl. 1077. —
JURKAT, W.; PEYERIMHOFF, A.: Mittelwertsätze und Vergleichssätze für
Matrixtransformationen. Math. Z. **56**, 152—178. **R** 14, 158; **Z** 47, 64. —
KARAMATA, J.: Ein Satz über die Abschnitte einer Potenzreihe. Math. Z.
56, 219—222. **R** 14, 265; **Z** 46, 63. — KNOPP, K.: a) Zwei Abelsche Sätze.
Acad. Serbe Sci. Publ. Inst. Math. **4**, 89—94. **R** 14, 160; **Z** 47, 349. —
b) Einige Bemerkungen zur A-, E_k- und B_k-Summierung. Rend. Circ. Mat.
Palermo (2) **1**, 129—138. **R** 14, 634; **Z** 48, 293. — KUTTNER, B.: On the
,,second theorem of consistency" for RIESZ summability. II. J. London
Math. Soc. **27**, 207—217. **R** 13, 738; **Z** 46, 63. — LESLIE, R. T.; LOVE, E. R.:
An extension of MERCER's theorem. Proc. Amer. Math. Soc. **3**, 448—457.
R 13, 836; **Z** 47, 66. — LORENTZ, G. G.; MACPHAIL, M. S.: Unbounded
operators and a theorem of A. ROBINSON. Trans. Roy. Soc. Canada. Sect.
III. (3) **46**, 33—37. **R** 14, 634; **Z** 48, 352. — LOVE, E. R.: MERCER's summability theorem. J. London Math. Soc. **27**, 413—428. **R** 14, 159; **Z** 47, 303. —
LUBKIN, S.: A method of summing infinite series. J. Research Nat. Bur.
Standards **48**, 228—254. **R** 14, 500. — MACPHAIL, M. S.: The extended
EULER-KNOPP transformation. Trans. Roy. Soc. Canada. Sect. III. (3) **46**,
39—43. **R** 14, 634; **Z** 48, 295. — MASCHLER, M.: Sur une transformation
généralisée de série en série. C. r. Acad. Sci. Paris **235**, 769—771. **R** 14,
265; **Z** 47, 300. — MATSUYAMA, N.: On the methods of summability $(K, 1)$ &
$(K, 2)$. Mem. Fac. Sci. Kyūsyū Univ., Ser. A **6**, 113—120. **R** 15, 27; **Z** 48,
294. — MAZUR, S.: On the generalized limit of bounded sequences. Colloquium Math. **2**, 173—175. **R** 14, 159; **Z** 44, 284. — MEYER-KÖNIG, W.:
Das Taylorsche Verfahren zur Limitierung von Funktionen. Math. Z. **56**,
179—205. **R** 14, 265; **Z** 47, 102. — OBRECHKOFF, N.: a) Sur quelques
égalités limites pour les dérivées des fonctions et les différences des suites.
Comptes Rendus du Premier Congrès des Mathématiciens Hongrois, 27
Août—2 Septembre 1950, S. 595—612. Budapest. (Ungarischer und russischer Auszug.) **R** 14, 1068; **Z** 49, 45. — b) Sur quelques propriétés des fonctions réelles, définies sur le demi axe réel. Annuaire (Godišnik) Fac. Sci.
Phys. Math., Univ. Sofia, Livre 1, Partie II. **47**, 109—134. (Bulgarisch;
französischer Auszug.) **R** 14, 1068. — PARAMESWARAN, M. R.: Some converse theorems on summability. Proc. Indian Acad. Sci., Sect. A **36**, 363—
369. **Z** 47, 302. — PENNINGTON, W. B.: a) A Tauberian theorem on the
oscillation of RIESZ means. J. London Math. Soc. **27**, 199—206. **R** 13, 738;
Z 46, 65. — b) Some inequalities related to ABEL's method of summation.
Proc. Amer. Math. Soc. **3**, 557—565. **R** 14, 159; **Z** 49, 44. — PETERSEN, G.
M.: A note on divergent series. Canadian J. Math. **4**, 445—454. **R** 14, 368;
Z 47, 299. — PEYERIMHOFF, A.: a) Konvergenzfaktoren beim Euler-
Knoppschen Limitierungsverfahren. Math. Z. **55**, 288—291. **R** 14, 265;

1952 Z 46, 64. — b) Über einen Satz von Herrn KOGBETLIANTZ aus der Theorie der absoluten Cesàroschen Summierbarkeit. Arch. Math. **3**, 262—265. R 14, 551; Z 47, 299 — PLEIJEL, Å.: On a theorem of CARLEMAN. Mat. Tidsskr. B 1952, 39—43. R 14, 977; Z 48, 296. — RAJAGOPAL, C. T.: a) A note on generalized Tauberian theorems. Addendum. Proc. Amer. Math. Soc. **3**, 457—458. R 13, 836. — b) Two one-sided Tauberian theorems. Arch. Math. **3**, 108—113. R 14, 160; Z 47, 301. — c) On a one-sided Tauberian theorem. J. Indian Math. Soc. (N. S.) **16**, 47—54. R 14, 160; Z 46, 65. — d) Note on some Tauberian theorems of O. SZÁSZ. Pacific J. Math. **2**, 377—384. R 14, 265; Z 46, 291. — SARGENT, W. L. C.: On the summability of infinite integrals. J. London Math. Soc. **27**, 401—413. R 14, 160; Z 49, 45. — ŠČEGLOV, M. P.: a) Über Teilfolgen der C_1-Transformation. Doklady Akad. Nauk SSSR (N. S.) **87**, 517—520. (Russisch.) R 14, 1078; Z 48, 41. — b) Verallgemeinerung des Satzes von HARDY-LANDAU-VIJAYARAGHAVAN. Doklady Akad. Nauk SSSR (N. S.) **78**, 697—700. (Russisch.) R 14, 1078; Z 48, 41. — SLIPENČUK, K. M.: Über die Erzeugung von Konvergenz bei unendlichen Produkten. Dopovidi Akad. Nauk Ukrain. RSR 1952, 110—114. (Ukrainisch; russischer Auszug.) R 15, 699. — SRIVASTAVA, R. S. L.: On a class of method of summability. Ganita **3**, 71—77. R 14, 973; Z 44, 41. — SUNOUCHI, G.-i.; TSUCHIKURA, T.: Absolute regularity for convergent integrals. Tôhoku Math. J. (2) **4**, 153—156. R 14, 551; Z 48, 85. — SZÁSZ, O.: a) *Introduction to the theory of divergent series. Revised ed. Cincinnati. 81 S. R 13, 737; Z 47, 298. — b) On products of summability methods. Proc. Amer. Math. Soc. **3**, 257—263. R 13, 835; Z 46, 290. — TOLBA, S. E.: a) On transformations by T- and γ-matrices. Nederl. Akad. Wetensch. Proc. Ser. A **55** = Indagationes Math. **14**, 130—141; corrigenda, 345. R 13, 933; Z 46, 291. — b) On the summability of TAYLOR series at isolated points outside the circle of convergence. Nederl. Akad. Wetensch. Proc. Ser. A **55** = Indagationes Math. **14**, 380—387. R 14, 369; Z 47, 312. — VERMES, P.: Convolution of summability methods. J. Analyse Math. **2**, 160—177. R 14, 745; Z 49, 44. — VERNOTTE, P.: Sur la sommation des séries asymptotiques de première espèce. La sommation des séries asymptotiques de seconde espèce. C. R. Acad. Sci. Paris **234**, 1943—1945; **235**, 1469—1471. R 13, 837; R 14, 464; Z 46, 290. — WIELANDT, H.: Zur Umkehrung des ABELschen Stetigkeitssatzes. Math. Z. **56**, 206—207. R 14, 265; Z 46, 78. — WILANSKY, A.: a) Convergence fields of row-finite and row-infinite reversible matrices. Proc. Amer. Math. Soc. **3**, 389—391. R 13, 934; Z 47, 63. — b) Summability: the inset, replaceable matrices, the basis in summability space. Duke Math. J. **19**, 647—660. R 14, 369; Z 47, 300. — ŽAK, I. E.: Über die RIEMANN-Summierbarkeit von Doppelreihen. Soobščeniya Akad. Nauk Gruzin. SSR **13**, 587—593. R 14, 1079; Z 48, 296. — ZAMANSKY, M.: Sur la sommation des séries divergentes. C. R. Acad. Sci. Paris **235**, 1094—1096. R 14, 865; Z 48, 294. — ZELLER, K.: a) Über Stetigkeit von Integraltransformationen. Math. Z. **55**, 167—182. R 13, 739; Z 46, 120. — b) Verallgemeinerte Matrixtransformationen. Math. Z. **56**, 18—20. R 14, 158; Z 46, 336. — c) Faktorfolgen bei Limitierungsverfahren. Math. Z. **56**, 134—151. (Auch J. ber. DMV **56**, 11 kursiv.) R 14, 158; Z 46, 64.

1953 AGMON, S.: Complex variable Tauberians. Trans. Amer. Math. Soc. **74**, 444—481. R 14, 869; Z 50, 330. — AGNEW, R. P.: Tauberian series and their ABEL power series transforms. Ann. Soc. Polon. Math. **25**, 218—230. R 15, 26; Z 48, 294. — ALJANČIĆ, S.: Asymptotische Entwicklungen A-summierbarer linearer Funktionellen. Srpska Akad. Nauka, Zbornik Radova 35. Mat. Inst. **3**, 157—212. (Serbokroatisch; deutscher Auszug.)

R 15, 950. — AL'TMAN, M.: Verallgemeinerung eines Satzes von MAZUR- **1953**
ORLICZ aus der Limitierungstheorie. Studia Math. **13**, 233—243. (Russisch.)
R 15, 697; Z 52, 55. — BALAGANGADHARAN, K.: A quasi-Tauberian theorem
on FOURIER series. J. Indian Math. Soc. (N. S.) **16**, 183—190. R 14, 636;
Z 47, 300. — BEREKAŠVILI, V. A.: BOREL-Summierung von Doppelreihen.
Soobščeniya Akad. Nauk Gruzin. SSR **14**, 193—196. (Russisch.) R 15,
787; Z 53, 37. — BOAS, R. P. jr.: A Tauberian theorem for integral functions. Proc. Cambridge Philos. Soc. **49**, 728—730. R 15, 114; Z 51, 58. —
BORTONE, G.: Sull'estensione alle serie doppie dei metodi di sommazione di
GRONWALL. Ist. Lombardo Sci. Lett. Rend. Cl. Sci. Mat. Nat. (3) **17 (86)**,
769—802. R 16, 238. — BOSANQUET, L. S.: The summability of LAPLACE-
STIELTJES integrals. Proc. London math. Soc., III. Ser. **3**, 267—304. R 15,
307; Z 50, 286. — BRUDNO, A. L.: Die Normen von Toeplitzschen Feldern.
Die Relativnormen Toeplitzscher Matrizen. Doklady Akad. Nauk SSSR,
n. Ser. **91**, 11—14 und 197—200. (Russisch.) R 15, 137; Z 51, 46. — BRUIJN,
N. G. DE; ERDÖS, P.: On a recursion formula and on some Tauberian
theorems. J. Research Mat. Bur. Standards **50**, 161—164. R 14, 973. —
BURGESS, D. C. J.: Tauberian theorems for abstract DIRICHLET's series,
with applications to the L_p spaces. Proc. London Math. Soc. (3) **3**, 378—384.
R 15, 136; Z 50, 337. — ČELIDZE, V. G.: Über die Multiplikation von Doppelreihen und Doppelintegralen. Akad. Nauk Gruzin. SSR. Trudy Tbiliss.
Mat. Inst. Razmadze **19**, 135—151. (Russisch, georgische Zusammenfassung.) R 16, 237; Z 52, 58. — CHEN, K.: IKEHARA's theorem and absolute
summability C. Acta Math. Sinica **3**, 8—11. (Chinesisch; englischer Auszug.)
R 17, 255; Z 52, 57. — CHOW, H. C.: a) On the summability of a power
series. Quart. J. Math., Oxford Ser. (2) **4**, 152—160. R 15, 26. — b) On the
summability $|C|$ of a power series. Bull. Chinese Assoc. Adv. Sci. **1**, no. 5,
30—31. R 15, 950; Z 50, 286. — COOKE, R. G.: Generalizations of BANACH-
HAUSDORFF limits. Proc. Amer. Math. Soc. **4**, 410—417. R 14, 1093; Z 51,
90. — DELANGE, H.: Théorèmes taubériens pour les séries multiples de
DIRICHLET et les intégrales multiples de LAPLACE. Ann. Sci. École Norm.
Sup. (3) **70**, 51—103. R 15, 522; Z 52, 57. — EVANS, A.: The application
of complex variable methods to Tauberian theorems. J. London Math.
Soc. **28**, 94—102. R 14, 551; Z 50, 67. — FORT, T.: Application of the summation by parts formula to summability of series. Math. Mag. **26**, 199—204.
Z 50, 284. — FREUD, G.: a) Ein TAUBER-Satz. Magyar. Tud. Akad. Mat.
Fiz. Oszt. Közleményei **3**, 45—53. (Ungarisch.) R 15, 296; Z 44, 324. —
b) Restglied eines Tauberschen Satzes. II. Acta Math. Acad. Sci. Hungar.
3, 299—307. (Russischer Auszug.) R 14, 958; Z 48, 296. — GAIER, D.:
a) Complex Tauberian theorems for power series. Trans. Amer. Math. Soc.
75, 48—68. R 15, 113; Z 52, 75. — b) Zur Frage der Indexverschiebung
beim BOREL-Verfahren. Math. Z. **58**, 453—455. R 15, 214; Z 50, 285. —
GAIER, D.; PEYERIMHOFF, A.: Summierbarkeitsfaktoren bei Eulerschen
Reihentransformationen. Math. Z. **58**, 232—242. R 14, 1078; Z 52, 74. —
GHIZZETTI, A.: Ricerche abeliane e tauberiane compiute nell'Istituto Nazionale per le Applicazioni del Calcolo. Ann. Mat. Pura Appl. (4) **34**, 113—
132. R 14, 977; Z 51, 336. — HARA, H.: On the CAUCHY's product series
theorem on EULER's summability. Kōdai Math. Sem. Rep. 1953, 91—92.
R 15, 304; Z 51, 45. — HARINGTON, C. F.; HYSLOP, J. M.: An analogue for
strong summability of ABEL's summability method. Proc. Edinburgh Math.
Soc. (2) **9**, 28—34. R 15, 617; Z 51, 45. — HILL, J. D.: Summability methods
defined by RIEMANN sums. Canadian J. Math. **5**, 289—296. R 14, 1078;
Z 52, 56. — JACKSON, F. H.: Inclusion theorems for summability matrices
of variable dilution. Nederl. Akad. Wetensch. Proc. Ser. A. **56** = Indaga-

1953 tiones Math. **15**, 52—62. **R** 14, 744; **Z** 50, 66. — JURKAT, W.: Über Rieszsche Mittel und verwandte Klassen von Matrixtransformationen. Math. Z. 353—394. **R** 14, 866; **Z** 50, 67. — JURKAT, W.; PEYERIMHOFF, A.: a) Summierbarkeitsfaktoren. Math. Z. **58**, 186—203. **R** 15, 304; **Z** 50, 67. — b) Der Satz von FATOU-RIESZ und der Riemannsche Lokalisationssatz bei absoluter Konvergenz. Arch. Math. **4**, 285—297. **R** 15, 617; **Z** 52, 62. — KNOPP, K.: Folgenräume und Limitierungsverfahren. Ein Bericht über Tübinger Ergebnisse. Univ. Roma. Ist. Naz. Alta Mat. Rend. Mat. e Appl. (5) **11**, 268—298. **R** 15, 617. — KORENBLYUM, B. I.: Ein allgemeiner TAUBER-Satz für das Verhältnis von Funktionen. Doklady Akad. Nauk SSSR (N. S.) **88**, 745—748. (Russisch.) **R** 14, 866. — KUTTNER, B.: A theorem on RIESZ summability. J. London Math. Soc. **28**, 451—461. **R** 15, 118; **Z** 52, 56. — LAKSHMINARASIMHAN, T. V.: A Tauberian theorem for the type of an entire function. J. Indian Math. Soc. (N. S.) **17**, 55—58. **R** 15, 114; **Z** 50, 302. — LEVITAN, B. M.: Ein spezieller TAUBER-Satz. Izvestiya Akad. Nauk SSSR. Ser. Mat. **17**, 269—284. (Russisch.) **R** 15, 316; **Z** 53, 79. — LIVINGSTON, A. E.: Some HAUSDORFF means which exhibit the GIBBS' phenomenon. Pacific J. Math. **3**, 407—415. **R** 14, 1078; **Z** 50, 291. — LOOMIS, L. H.: *An introduction to abstract harmonic analysis. Toronto-New York-London, 190 S. **R** 14, 883; **Z** 52, 117. — LORENTZ, G. G.: *BERNSTEIN polynomials. Toronto, 130 S. **R** 15, 217; **Z** 51, 50. — LORENTZ, G. G.; MACPHAIL, M. S.: Direct theorems on methods of summability. III. Absolute summability functions. Math. Z. **59**, 231—246. **R** 15, 950; **Z** 53, 36. — MANDELBROJT, S.: Quelques nouveaux théorèmes de fermeture. Ann. Soc. Polon. Math. **25**, 241—251. **R** 14, 1068; **Z** 48, 303. — MARTIN, C. F.: A brief proof of a theorem on T-transformations. Amer. Math. Monthly **60**, 29—30. **R** 14, 551; **Z** 50, 66. — MASCHLER, M.: Prolongement analytique par la méthode de la transformation généralisée de série en série. C. R. Acad. Sci. Paris **236**, 883—885. **R** 14, 745; **Z** 50, 79. — MEYER-KÖNIG, W.: Bemerkung zu einem Lückenumkehrsatz von H. R. PITT. Math. Z. **57**, 351—352. **R** 14, 865; **Z** 50, 68. — MEYER-KÖNIG, W.; ZELLER, K.: Inäquivalenzsätze bei Limitierungsverfahren. Math. Z. **59**, 200—205. **R** 15, 305; **Z** 53, 35. — NEWTON, T. A.: A note on the HÖLDER mean. Pacific J. Math. **3**, 807—822. **R** 15, 416; **Z** 51, 45. — OBREŠKOV, N.: a) Sur quelques classes de fonctions et de suites. C. R. Acad. Bulgare Sci. **4**, no. 2—3, 1—4. (Russisch; französischer Auszug.) **R** 14, 958. — b) Einige Sätze über die Summation divergenter Reihen. Bulgar. Akad. Nauk. Izvestiya Mat. Inst. **1**, 3—26. (Bulgarisch; russischer Auszug.) **R** 15, 698. — OGIEVECKIĬ, I. E.: Über die Vergleichbarkeit des Abelschen und des (C, α, β)-Verfahrens. Doklady Akad. Nauk SSSR (N. S.) **92**, 231—234. (Russisch.) **R** 15, 697; **Z** 53, 37. — PEYERIMHOFF, A.: Untersuchungen über absolute Summierbarkeit. Math. Z. **57**, 265—290. **R** 14, 865; **Z** 50, 67. — PEYSER, G.: Sur les théorèmes d'ABEL et de TAUBER pour des séries entières à n variables. C. R. Acad. Sci. Paris **237**, 1135—1137. **R** 15, 305; **Z** 52, 72. — POSTNIKOV, A. G.: Ein TAUBER-Satz für DIRICHLET-Reihen. Doklady Akad. Nauk SSSR (N. S.) **92**, 487—490. (Russisch.) **R** 15, 951; **Z** 53, 44. — RAJAGOPAL, C. T.: a) A generalization of TAUBER's theorem and some Tauberian constants. Math. Z. **57**, 405—414. **R** 14, 958; **Z** 50, 285. — b) On a one-sided Tauberian theorem; a further note. J. Indian Math. Soc. (N. S.) **17**, 33—42. **R** 14, 958; **Z** 50, 295. — c) On the relation of limitation theorems to high-indices theorems. J. London Math. Soc. **28**, 322—329. **R** 14, 973; **Z** 50, 285. — d) On Tauberian oscillation theorems. Compositio Math. **11**, 71—82. **R** 15, 118; **Z** 52, 57. — e) Note on a class of Tauberian series. Duke Math. J. **20**, 617—620. **R** 15, 306. — RAMANUJAN, M. S.: Series-to-series quasi-HAUS-

DORFF transformations. J. Indian Math. Soc. (N. S.) **17**, 47—53. **R** 15, 118; **1953**
Z 51, 46. — SARGENT, W. L. C.: On some theorems of HAHN, BANACH and
STEINHAUS. J. London Math. Soc. **26**, 438—451. **R** 15, 134; **Z** 53, 81. —
ŠČEGLOV, M. P.: a) Eine Verallgemeinerung eines Satzes von HARDY-LITTLE-
WOOD. Ukrain. Mat. Žurnal **5**, 299—303. (Russisch.) **R** 15, 306; **Z** 52, 56. —
b) On bounded sequences. Doklady Akad. Nauk SSSR (N. S.) **90**, 145—147.
(Russisch.) **R** 15, 618; **Z** 50, 287. — SCHOENBERG, I. J.: On smoothing
operations and their generating functions. Bull. Amer. math. Soc. **59**,
199—230. **R** 15, 16; **Z** 50, 287. — SONNENSCHEIN, J.: Sur une classe de
procédés de sommation. Acad. Roy. Belgique. Bull. Cl. Sci. (5) **39**, 537—542.
R 15, 118; **Z** 50, 286. — SUNOUCHI, G.-i.: Tauberian theorems for RIE-
MANN summability. Corrections. Tôhoku Math. J. (2) **5**, 34—42 und 189.
R 15, 304 und 787; **Z** 53, 37. — SZÁSZ, O.: On the product of two summability
methods. Ann. Soc. Polon. Math. **25**, 75—84. **R** 15, 26; **Z** 49, 44. — TANZI
CATTABIANCHI, L.: Sui teoremi di MERCER e VIJAYARAGHAVAN precisati per
le succesioni oscillanti. Rivista Mat. Univ. Parma **4**, 337—361. **R** 16, 237. —
TATCHELL, J. B.: On some integral transformations. Proc. London Math.
Soc. (3) **3**, 257—266. **R** 15, 118; **Z** 51, 84. — TEVZADZE, N. R.: Summation
von Doppelreihen durch das Lebesguesche Verfahren. Soobščeniya Akad.
Nauk Gruzin. SSR **14**, 71—76. (Russisch.) **R** 15, 787; **Z** 53, 38. — TROPPER,
M.: A sufficient condition for a regular matrix to sum a bounded divergent
sequence. Proc. Amer. Math. Soc. **4**, 671—677. **R** 15, 118; **Z** 52, 55. —
TSUJI, M.: On the converse of ABEL's theorem. J. math. Soc. Japan **5**,
81—85. **R** 15, 412; **Z** 52, 54. — VERMES, P.: Note on γ-matrices efficient
at an isolated point. Proc. Edinburgh Math. Soc. (2) **10**, 11—12. **R** 14,
634; **Z** 50, 65. — VERNOTTE, P.: *Régularité et séries divergentes. Publ.
Sci. Tech. Ministère de l'Air, no. 282, Paris. 53 S. **R** 15, 417. — VUČ-
KOVIĆ, V.: Une extension de la condition de convergence dans les théorèmes
de nature tauberienne. Srpska Akad. Nauka. Zbornik Radova **35**. Mat.
Inst. **3**, 75—84. (Serbokroatisch; französischer Auszug.) **R** 15, 698. —
WALL, H. S.: HAUSDORFF means with convex mass functions. Proc. Amer.
Math. Soc. **4**, 637—638. **R** 15, 214; **Z** 50, 284. — WIJNGAARDEN, A. VAN:
A transformation of formal series. I, II. Nederl. Akad. Wetensch. Proc. Ser.
A. **56** = Indagationes Math. Math. **15**, 522—533, 534—543. **R** 15, 699. —
WOLLAN, G. N.: On EULER methods of summability for double series. Proc.
Amer. Math. Soc. **4**, 583—587. **R** 15, 26; **Z** 50, 287. — YURTSEVER, B.:
Über die C-Summierbarkeit der unendlichen Reihen. Comm. Fac. Sci. Univ.
Ankara. Sér. A. **5**, 1—11. **R** 16, 28. — ZAMANSKY, M.: Sur les séries diver-
gentes. C. R. Acad. Sci. Paris **236**, 2291—2293. **R** 14, 1079; **Z** 50, 65. —
ZELLER, K.: a) Sur la méthode de sommation d'ABEL. C. R. Acad. Sci.
Paris **236**, 568—569. **R** 14, 744. — b) FK-Räume und Matrixtransforma-
tionen. Math. Z. **58**, 46—48. **R** 14, 866. — c) Merkwürdigkeiten bei Matrixverfahren; Einfolgenverfahren. Arch. Math. **4**, 1—5. **R** 14, 866; **Z** 53, 26. —
d) Approximation in Wirkfeldern von Summierungsverfahren. Arch. Math.
4, 425—431. **R** 15, 618; **Z** 52, 55. — e) Über die Darstellbarkeit von Limitierungsverfahren mittels Matrixtransformationen. Math. Z. **59**, 271—277.
R 15, 618; **Z** 52, 55. — f) FK-Räume in der Funktionentheorie. I, II. Math.
Z. **58**, 288—305, 414—435. **R** 14, 1092. **R** 15, 134; **Z** 51, 86; **Z** 53, 44. —
g) Transformationen des Durchschnitts und der Vereinigung von Folgenräumen. Math. Nachr. **10**, 175—177. **R** 15, 325; **Z** 52, 54.

AGNEW, R. P.: a) ABEL and RIESZ transforms of series having bounded **1954**
partial sums. J. Rational Mech. Anal. **3**, 47—72. **R** 15, 416; **Z** 55, 290. —
b) MERCER's summability theorem. J. London Math. Soc. **29**, 123—125.

1954 R 15, 305; Z 55, 57. — c) Tauberian relations among partial sums, Riesz transforms, and Abel transforms of series. J. Reine Angew. Math. **193**, 94—118. R 16, 236; Z 56, 283. — Agranović, M. S.: Über die Verträglichkeit verschiedener Summationsverfahren. Moskov. Gos. Univ. Uč. Zap. **165**, Mat. 7, 169—194. (Russisch.) R 16, 464; Z 55, 293. — Allen, A. C.; Kerr, E.: Harmonic functions and Tauberian theorems. I. J. London Math. Soc. **29**, 104—115. R 15, 526. — Amir (Jakimovski), A.: a) Some relations between the methods of summability of Abel, Borel, Cesàro, Hölder and Hausdorff. J. Analyse Math. **3**, 346—381. R 16, 28; Z 57, 295. — b) On a Tauberian theorem by O. Szász. Proc. Amer. Math. Soc. **5**, 67—70. R 15, 618; Z 55, 292. — Andersen, A. F.: On summability factors of absolutely C-summable series. Tolfte Skand. Mat. kongr., Lund, 1953, S. 1—4. R 16, 464. — Avakumović, V. G.: A note on a question set by P. Erdös and L. K. Hua. Acad. Serbe Sci. Publ. Inst. Math. **6**, 47—56. R 16, 239; Z 56, 58. — Bagemihl, F.; Erdös, P.: Rearrangements of C_1-summable series. Acta Math. **92**, 35—53. R 16, 583; Z 56, 282. — Basu, S. K.: a) On hypergeometric summability involving infinite limits. Proc. Amer. Math. Soc. **5**, 226—238. R 15, 697; Z 55, 57. — b) On the total relative strength of some Hausdorff methods equivalent to identity. Amer. J. Math. **76**, 389—398. R 15, 697; Z 55, 290. — Borwein, D.: a) Note on summability factors. J. London Math. Soc. **29**, 198—206. R 15, 698. — b) Integration by parts of Cesàro summable integrals. J. London Math. Soc. **29**, 276—292. R 16, 28. — c) On the absolute summability of Stieltjes integrals. J. London Math. Soc. **29**, 476—486. R 16, 464; Z 57, 50. — Bosanquet, L. S.: On convergence and summability factors in a sequence. Mathematika **1**, 24—44. R 16, 124. — Čakalov, L.: Generalization of a convergence theorem of Mercer. Bulgar. Akad. Nauk. Izv. Mat. Inst. I, 85—89. (Bulgarisch, russ. Auszug.) R 17, 254. — Čelidze, V. G.: On the summation of double integrals. Akad. Nauk Gruzin. SSR. Trudy Tbiliss. Mat. Inst. Razmadze **20**, 131—143. (Russisch.) R 16, 814. — Chow, H. C.: a) Note on convergence and summability factors. J. London Math. Soc. **29**, 459—476. R 16, 464; Z 57, 51. — b) A further note on the summability of a power series on its circle of convergence. Ann. Acad. Sinica. Taipei **1**, 559—567. R 16, 1099. — Corput, J. G. van der: *Asymptotic expansions. I. Fundamental theorems on asymptotics. Dep. Math. Univ. Cal., Berkeley, 1954. 66 S. R 16, 352. — Gaier, D.; Zeller, K.: Über den O-Umkehrsatz für das C_k-Verfahren. Rend. Circ. Mat. Palermo (2) **3**, 83—88. R 16, 124; Z 55, 292. — Hill, J. D.: Remarks on the Borel property. Pacific J. Math. **4**, 227—242. R 15, 950; Z 57, 293. — Hirokawa, H.; Sunouchi, G.: Two theorems on the Riemann summability. Tôhoku math. J., II. Ser. **5**, 261—267. Z 56, 283. — Izumi, S.: A simple proof of Littlewood's tauberian theorem. Proc. Japan Acad. **30**, 927—929. R 16, 918 — Jakimovski, A.: On a Tauberian theorem by O. Szász. Proc. Amer. Math. Soc. **5**, 67—70. R 15, 618; Z 55, 292. — Jurkat, W. B.: Questions of signs in power series. Proc. Amer. Math. Soc. **5**, 964—970. R 16, 351. — Jurkat, W.; Peyerimhoff, A.: Lokalisation bei absoluter Cesàro-Summierbarkeit von Potenzreihen und trigonometrischen Reihen. I. Math. Z. **60**, 255—270. R 16, 351. — Kangro, G.: Summability factors for the method of weighted arithmetic means. Doklady Akad. Nauk SSSR (N. S.) **90**, 9—11. (Russisch.) R 16, 351; Z 56, 282. — Kanno, K.: On the Riemann summability. Tôhoku Math. J. (2) **6**, 155—161. R 17, 728. — Knopp, K.: On the proof of the main Tauberian theorem for the C_k- and H_k-methods. Proc. Amer. Math. Soc. **5**, 571—573. R 16, 236; Z 57, 51. — Korevaar, J.: a) Kloosterman's method in Tauberian theorems for. C_k summability.

Proc. Amer. Math. Soc. **5**, 574—577. R 16, 351; Z 57, 51. — b) A very general **1954**
form of LITTLEWOOD's theorem. Nederl. Akad. Wetensch. Proc. Ser. A. **57** =
Indagationes Math. **16**, 36—45. R 15, 698; Z 55, 58. — c) Another numerical
Tauberian theorem for power series. Nederl. Akad. Wetensch. Proc. Ser.
A. **57** = Indagationes Math. **16**, 46—56. R 15, 698; Z 55, 59. — d) Numerical
Tauberian theorems for DIRICHLET and LAMBERT series. Nederl. Akad.
Wetensch. Proc. Ser. A. **57** = Indagationes Math. **16**, 152—160. R 15, 950;
Z 55, 305. — e) Numerical Tauberian theorems for power series and DIRICH-
LET series. I, II. Nederl. Akad. Wetensch. Proc. Ser. A. **57** = Indagationes
Math. **16**, 432—443, 444—445. R 16, 239. — f) The RIEMANN hypothesis
and numerical Tauberian theorems for LAMBERT series. Nederl. Akad.
Wetensch. Proc. Ser. A. **57** = Indagationes Math. **16**, 564—571. R 16, 465;
Z 57, 58. — KRZYŻ, J.: On monotonity-preserving transformations. Ann.
Univ. Mariae Curie-Skłodowska. Sect. A. **6**, 91—111 und Korrektur. R 16,
27; Z 53, 36. — KUTTNER, B.: The problem of „total translativity" for
HÖLDER summability. J. London Math. Soc. **29**, 486—491. R 16, 124. —
LORENTZ, G. G.: Tauberian theorems for absolute summability. Arch.
Math. **5**, 469—475. R 16, 237. — LORENTZ, G. G.; ROBINSON, A.: Core-
consistency and total inclusion for methods of summability. Canadian J.
Math. **6**, 27—34. R 15, 618; Z 55, 289. — LYTTKENS, S.: The remainder in
Tauberian theorems. Ark. Mat. **2**, 575—588. R 15, 858. — MACPHAIL, M. S.:
a) A remark on reversible matrices. Proc. Amer. Math. Soc. **5**, 120—121.
R 15, 521; Z 55, 289. — b) On some recent developments in the theory of
series. Canadian J. Math. **6**, 405—409. R 15, 950; Z 55, 289. — MARTIN,
C. F.: A note on a recent result in summability theory. Proc. Amer. Math.
Soc. **5**, 863—865. R 16, 351; Z 56, 281. — MEYER-KÖNIG, W.; ZELLER, K.:
Über das Taylorsche Summierungsverfahren. Math. Z. **60**, 348—352.
R 16, 28. — MOORE, CH. N.: On relationships between NÖRLUND means for
double series. Proc. Amer. Math. Soc. **5**, 957—963. R 16, 352; Z 56, 284. —
NEWTON, R. H. C.: On the summability of periodic sequences. I, II. Nederl.
Akad. Wetensch. Proc. Ser. A. **57** = Indagationes Math. **16**, 533—544,
545—549. R 16, 691; Z 57, 292. — OGIEVECKIĬ, I. I.: Über die Summierung
von Doppelreihen. Doklady Akad. Nauk SSSR (N. S.) **95**, 713—716.
(Russisch.) R 16, 237; Z 55, 293. — PADMAVALLY, K.: On the CESÀRO
summability of a class of functions. J. Indian Math. Soc. (N. S.) **17**, 151—
158. R 16, 124; Z 55, 291. — PATI, T.: a) The summability factors of infinite series. Duke Math. J. **21**, 271—283. R 15, 950. — b) Products of
summability methods. Proc. Nat. Inst. Sci. India **20**, 348—351. R 16, 124. —
c) On the second theorem of consistency in the theory of absolute summability. Quart. J. Math., Oxford Ser. (2) **5**, 161—168. R 16, 351; Z 57, 50. —
d) A Tauberian theorem for absolute summability. Math. Z. **61**, 75—78.
R 16, 465. — PETERSEN, G. M.: Methods of summation. Pacific J. Math. **4**,
73—77. R 15, 618; Z 56, 58. — PEYERIMHOFF, A.: Summierbarkeitsfaktoren
für absolut CESÀRO-summierbare Reihen. Math. Z. **59**, 417—424. R 15,
617; Z 55, 57. — POSTNIKOV, A. G.: A general theorem of Abelian type
for a power series. Doklady Akad. Nauk SSSR (N. S.) **96**, 913—916. R 16,
239; Z 55, 292. — RAJAGOPAL, C. T.: a) On RIESZ summability and summability by DIRICHLET's series: a further addendum and corrigendum. Amer.
J. Math. **76**, 252—258. R 15, 522; Z 55, 292. — b) A generalization of
TAUBER's theorem and some Tauberian constants. II. Math. Z. **60**, 142—
147. R 16, 124; Z 55, 58. — c) On an absolute constant in the theory of
Tauberian series. II. Proc. Indian Acad. Sci. Sect. A. **39**, 272—281. R 16,
125. — d) On Tauberian theorems for the RIEMANN-LIOUVILLE integral.
Acad. Serbe Sci. Publ. Inst. Math. **6**, 27—46. R 16, 465; Z 55, 336. —

1954 e) Theorems on the product of two summability methods with applications. J. Indian Math. Soc. (N. S.) **18**, 89—105. R 16, 691; Z 57, 294. — RAMANUJAN, M. S.: On summability methods of type M. J. London Math. Soc. **29**, 184—189. R 15, 697; Z 55, 289. — RAUCH, S. E.: Mapping properties of CESÀRO sums of order two of the geometric series. Pacific J. Math. **4**, 109—121. R 15, 697; Z 55, 309. — REID, W. T.: A Tauberian theorem for power series. Math. Z. **60**, 94—97. R 15, 787; Z 56, 283. — SIDDIQI, J. A.: On a theorem of FEJÉR. Math. Z. **61**, 79—81. R 17, 475; Z 56, 62. — TANZI CATTABIANCHI, L.: Perturbazione media-ereditaria e limiti delle successioni. Riv. Mat. Univ. Parma **5**, 125—136. R 16, 691. — TATCHELL, J. B.: a) A note on a theorem by BOSANQUET. J. London Math. Soc. **29**, 207—211. R 15, 697; Z 55, 291. — b) A theorem on absolute RIESZ summability. J. London Math. Soc. **29**, 49—59. R 15, 305; Z 55, 57. — VUČKOVIĆ, V.: Quelques théorèmes relatifs à la transformation de STIELTJES. Acad. Serbe Sci., Publ. Inst. math. **6**, 63—74. Z 55, 336. — WATANABE, Y.: a) Eine Verallgemeinerung des Abelschen · Limitierungsverfahrens bei Integralen. J. Gakugei, Tokushima Univ. (Nat. Sci.) **4**, 21—29. R 15, 698. — b) Über die Verträglichkeitseigenschaft der gewissermaßen erweiterten Cesàroschen und Abelschen Limitierungsverfahren bei Integralen. J. Gakugei, Tokushima Univ. (Nat. Sci.) **4**, 30—38. R 15, 699. — WŁODARSKI, L.: a) Les espaces métriques des suites limitables par les méthodes continues. Bull. Acad. Polon. Sci. Cl. III. **2**, 13—16. R 16, 238. — b) Sur certaines propriétés des domaines des méthodes continues de limitation. Bull. Acad. Polon. Sci. Cl. III. **2**, 159—161. R 16, 238; Z 55, 290. — YURTSEVER, B.: Eine Note über divergente Reihen. Comm. Fac. Sci. Univ. Ankara. Sér. A. **6**, 1—4. (Türkische Zusammenfassung.) R 16, 466. — ŽAK, I. E.; TIMAN, M. F.: Über die Summierung von Doppelreihen. Mat. Sb. N. S. **35** (**77**), 21—56. (Russisch.) R 16, 466. — ZAMANSKY, M.: *La sommation des séries divergentes. Mémor. Sci. Math., no. 128. Paris, 46 S. R 16, 463; Z 57, 50. — ZELLER, K.: Matrixtransformationen von Folgenräumen. Univ. Roma. Ist. Naz. Alta Mat. Rend. Mat. e Appl. (5) **12**, 340—346. R 15, 618.

1955 **Agnew, R. P.:** a) Abel and Riesz transforms of general Tauberian series. Rend. Circ. Mat. Palermo (2) **3**, 293—336. R 16, 918. — b) Equiconvergence of Cesàro and Riesz transforms of series. Duke math. J. **22**, 451—460. R 17, 146; Z 65, 292. — c) Permutations preserving convergence of series. Proc. Amer. math. Soc. **6**, 563—564. R 17, 146; Z 67, 286. — **Allen, H. S.:** Linear transformations and infinite matrices. J. London math. Soc. **30**, 501—504. R 17, 283; Z 65, 291. — **Allen, H. S., Green, H. F.:** Existence theorems for reciprocals of infinite matrices belonging to rings of transformations. J. London math. Soc. **30**, 504—507. R 17, 284; Z 65, 292. — **Berekašvili, V. A.:** On Euler methods of summation of double series. Soobšč. Akad. Nauk Gruzin. SSR **16**, 337—342. [Russian]. R 17, 840; Z 64, 59. — **Birindelli, C.:** Qualche osservazione su alcuni generali procedimenti di sommazione delle serie. Ann. Mat. Pura Appl. (4) **39**, 127—141. R 17, 727; Z 66, 305. — **Bojanić, R.:** Quelques problèmes de sommation. Bull. Soc. Math. Phys. Macédoine **6**, 9—17. [Serbokroatisch; franz. Zusf.]. R 18, 573; Z 75, 46. — **Borwein, D.:** On the abscissae of summability of a Dirichlet series. J. London math. Soc. **30**, 68—71. R 16, 466; Z 66, 308. — **Buck, R. C.:** Some remarks on Tauberian conditions. Quart. J. Math., Oxford, II. Ser. **6**, 128—131. R 17, 253; Z 66, 306. — **Čelidze, V. G.:** Über die $C_{\alpha\beta}$- und A-Integrierbarkeit von Funktionen zweier Veränderlicher. Trudy Tbilissk. mat. Inst. Razmadze **21**, 65—76. [Russisch]. R 17, 841; Z 66, 309. — **Chen, K.-K.:** Convergence of absolutely summable series. Sci. Sinica **4**, 211—228. R 20 #

1141. — **Copping, J.**: K-matrices which sum no bounded divergent sequence. 1955 J. London Math. Soc. 30, 123—127. R 16, 690; Z 64, 56. — **Cowling, V. F.**: On the Euler summability of a class of Dirichlet series. Tôhoku math. J., II. Ser. 7, 240—242. R 17, 961; Z 66, 308. — **van Dantzig, D.**: Sur un problème de M. Karamata. Nieuw Arch. Wisk. (3) 3, 89—92. R 17, 29; Z 65, 44. — **Davydov, N. A.**: A generalization of Abel's second theorem. Uspehi Mat. Nauk (N. S.) 10, no. 3 (65), 135—138 [Russian]. R 17, 29; Z 64, 315. — **Debi, S.**: Some results on total inclusion for Nörlund summability. Bull. Calcutta math. Soc. 47, 135—141. R 18, 205; Z 67, 287. — **Delange, H.**: Théorèmes taubériens et applications arithmétiques. Mém. Soc. Roy. Sci. Liège, IV. Sér. 16, Nr. 1, 87 p. R 17, 965; Z 65, 292. — **Fedulov, V. S.**: On $(C, 1, 1)$-summability of a double orthogonal series. Ukrain. Mat. Ž. 7, 433—442. [Russ.]. R 17, 1075; Z 66, 313. — **Freud, G.**: Einseitige L_1-Approximationen und ihre Anwendung auf Sätze vom Tauberschen Typus. Doklady Akad. Nauk SSSR 102, 689—691 [Russisch]. R 17, 963; Z 67, 290. — **Gaier, D.**: a) On modified Borel methods. Proc. Amer. math. Soc. 6, 873—879. R 17, 604; Z 67, 287. — b) On the change of index for summable series. Pacific J. Math. 5, 529—539. R 17, 1199; Z 66, 305. — **Ganelius, T.**: On the remainder in a Tauberian theorem. Kungl. Fysiog. Sällsk. i Lund Förh. 24, no. 20, 6 pp. R 17, 147; Z 57, 92. — **Henstock, R.**: The efficiency of convergence factors for functions of a continuous real variable. J. London Math. Soc. 30, 273—286. R 17, 359; Z 65, 92. — **Hirokawa, H.**: Riemann-Cesàro methods of summability. Tôhoku math. J., II. Ser. 7, 279—295. R 17, 1076; Z 66, 307. — **Jurkat, W., Peyerimhoff, A.**: The consistency of Nörlund and Hausdorff methods. (Solution of a problem of E. Ullrich.) Ann. of Math., II. Ser. 62, 498—503. R 17, 359; Z 67, 287. — **Kalašnikov, M. D.**: Sätze vom Tauberschen Typus für unendliche Produkte. Dopovidi Akad. Nauk Ukrain. RSR 1955, 318—321 und russ. Zusammenfassg. 321—322 [Ukrainisch]. R 17, 841; Z 65, 293. — **Kangro, G.**: a) On summation of infinite series by matrix methods. Tartu. Gos. Univ. Trudy Estest.-Mat. Fak. 37, 150—190. [russ.; est. Zusf.] R 17, 1075. — b) On summability factors. Tartu. Gos. Univ. Trudy Estest.-Mat. Fak. 37, 191—232. [Russian. Estonian summary]. R 17, 1075. — **Knopp, K.**: Nörlund-Verfahren für Funktionen. II. Math. Z. 63, 39—52. R 17, 359; Z 67, 288. — **Knopp, K., Vanderburg, B.**: Functional Nörland methods. I. Rend. Circ. Mat. Palermo, II. Ser. 4, 5—32. R 17, 147; Z 67, 287. — **Korenblyum, B. I.**: On the asymptotic behavior of Laplace integrals near the boundary of a region of convergence. Dokl. Akad. Nauk SSSR (N. S.) 104, 173—176. R 17, 605; Z 67, 290. — **Korevaar, J.**: Tauberian theorems. Simon Stevin 30, 129—139. R 17, 255. — **Lorentz, G. G.**: Borel and Banach properties of methods of summation. Duke math. J. 22, 129—141. R 17, 147; Z 65, 45. — **Mazur, S., Orlicz, W.**: On linear methods of summability. Studia Math. 14, 129—160. R 16, 814; Z 64, 56. — **Moustafa, M. D.**: Convolution of Cesàro methods. J. London math. Soc. 30, 85—100. R 16, 465; Z 66, 306. — **Ossicini, A.**: Sulla sommabilità di Cesaro delle serie di Legrendre. Boll. Un. Mat. Ital. (3) 10, 521—526. R 19, 135; Z 66, 313. — **Pennington, W. B.**: On Ingham summability and summability by Lambert series. Proc. Cambridge Philos. Soc. 51, 65—80. R 16, 465; Z 64, 58. — **Peyerimhoff, A.**: Über Summierbarkeitsfaktoren und verwandte Fragen bei Cesàroverfahren. I. Acad. Serbe Sci., Publ. Inst. math. 8, 139—156. R 17, 1076; Z 66, 305. — **Pitt, H. R.**: A note on Tauberian conditions for Abel and Cesàro summability. Proc. Amer. math. Soc. 6, 616—619. R 17, 146; Z 65, 46. — **Rajagopal, C. T.**: a) A note on Ingham summability and summability by Lambert series. Proc. Indian Acad. Sci., Sect. A 42, 41—50. R 17, 254; Z 65, 45. — b) A generalization of Tauber's

1955 theorem and some Tauberian constants. III. Comment. Math. Helv. **30**, 63—72. **R** 17, 255; **Z** 65, 342. — c) Additional note on some Tauberian theorems of O. Szász. Pacific J. Math. **5**, Suppl. II, 971—975. **R** 17, 961; **Z** 67, 290. — **Rajagopal, C. T., Vijayaraghavan, T.**: One-sided Tauberian theorems for Borel, Abel and Riemann second-order transforms. Rend. Circ. mat. Palermo, II. Serie **4**, 309—322. **R** 17, 1199; **Z** 67, 289. — **Ramanujan, M. S.**: On Hausdorff transformations for double sequences. Proc. Indian Acad. Sci., Sect. A, **42**, 131—135. **R** 17, 254; **Z** 66, 309. — **Ščeglov, M. P.**: a) On two theorems of Hardy-Littlewood. Ukrain Mat. Ž. **7**, 180—187 [Russian]. — **R** 17, 254. — b) Solution of certain extremal problems in the theory of divergent series. Dokl. Akad. Nauk SSSR (N. S.) **102**, 703—704 [Russian]. **R** 17, 961; **Z** 64, 59. — c) On a generalization of Vijayaraghavan's Tauberian theorems. Ukrain. Mat. Ž. **7**, 333—338. [Russian]. **R** 17, 961. — **Shanks, D.**: Non-linear transformations of divergent and slowly convergent sequences. J. Math. Physics **34**, 1—42. **R** 16, 961; **Z** 67, 286. — **Sikorski, R.**: A remark on the Mazur-Orlicz theory of summability. Bull. Acad. Polon. Sci. Cl. III. **3**, 11—15. **R** 16, 814; **Z** 64, 57. — **Širokov, F. V.**: Über den Mercerschen Satz. Uspechi mat. Nauk **10**, Nr. 4 (66), 167—170 [Russisch]. **R** 17, 840; **Z** 65, 292. — **Slepenčuk, K. M.**: Über ein Analogon zum Abelschen Satz für unendliche Produkte. Doklady Akad. Nauk SSSR **104**, 19—21 [Russisch]. **R** 17, 841; **Z** 65, 46. — **Streleckiĭ, E. V.**: Example of a series summable (A) and not summable (C, p) $(p > 0)$. Grodnenski Gos. Ped. Inst. Uč. Zap. **1**, 71—72 [Russisch]. **R** 18, 302. — **Tanzi Cattabianchi, L.**: Criteri di inversione per la convergenza delle successio ni perturbate. Rivista Mat. Univ. Parma **6**, 375—388. **R** 18, 478; **Z** 67, 289. — **Teghem, J.**: Remarques sur les transformations de Taylor et de Laurent. Acad. Roy. Belgique, Bull. Cl. Sci., V. Sér. **41**, 719—722. **R** 17, 253; **Z** 66, 307. — **Vermes, P.**: Infinite matrices summing every periodic sequence. Nederl. Akad. Wet., Proc., Ser. A **58**, 627—633. **R** 17, 475; **Z** 67, 286. — **Vučković, V.**: Deux théorèmes de type mercerien. Acad. Serbe Sci. Publ. Inst. Math. **8**, 53—58. **R** 17, 961; **Z** 75, 46. — **Watanabe, H.**: On some summations of double series. Mem. Fac. Sci. Kyusyu Univ., Ser. A **9**, 47—54. **R** 17, 254; **Z** 66, 308. — **Wilansky, A., Zeller, K.**: a) Summation of bounded divergent sequences, topological methods. Trans. Amer. math. Soc. **78**, 501—509. **R** 16, 690; **Z** 65, 44. — b) Inverses of matrices and matrix-transformations. Proc. Amer. math. Soc. **6**, 414—420. **R** 17, 359; **Z** 65, 44. — **Włodarski, L.**: a) Sur les méthodes continues de limitation. I. Application de l'espace B_0 de Mazur et Orlicz à l'étude des méthodes continues. Studia Math. **14**, 161—187. — b) Sur les méthodes continues de limitation. II. Limitation des suites bornées. Studia Math. **14**, 188—199. **R** 16, 814; **Z** 64, 57. —

1956 **Alexiewicz, A., Orlicz, W.**: On summability of double sequences. I. Ann. Polon. math. **2**, 170—181. **R** 18, 205; **Z** 70, 61. — **Allen, H. S.**: Transformations of sequence spaces. J. London math. Soc. **31**, 374—375. **R** 18,31; **Z** 72, 54. — **Andree, R. V., Petersen, G. M.**: Matrix methods of summation regular for p-adic valutions. Proc. Amer. math. Soc. **7**, 250—253. **R** 17, 1201; **Z** 71, 280. — **Bajšanski, B. M.**: Sur une classe générale de procédés de sommations du type d'Euler-Borel. Acad. Serbe Sci., Publ. Inst. math. **10**, 131—152. **R** 18, 888; **Z** 72, 56. — **Borwein, D.**: A theorem on Riesz summability. J. London math. Soc. **31**, 319—324. **R** 19, 135; **Z** 72, 282. — **Boyd, A. V.**: A Tauberian theorem for α-convergence of Cesàro means. Proc. Amer. Math. Soc. **7**, 59—61. **R** 17, 728; **Z** 70, 288. — **Brauer, G.**: Evaluation of product sequences by matrix methods. Amer. math. Monthly **63**, 323—326. **R** 17, 1200; **Z** 70, 59. — **Buck, R. C.**: An addendum to "A note on subsequences" Proc. Amer. Math. Soc. 7, 1074—1075. R 18, 1956 478; Z 77, 275. — **Chen, K.-K.**: The absolute summability A of an infinite series. Acta Math. Sinica 6, 170—183. [Chinese. English summary] R 20 # 3402; Z 75, 45. — **Copping, J.**: Transformations of multiple sequences. Proc. London math. Soc., III. Ser. 6, 224—250. R 17, 961; Z 73, 47. — **Cowling, V. F.**: On Borel summability. J. London Math. Soc. 31, 369—373. R 18, 31; Z 71, 285. — **Davydov, N. A.**: a) Über eine Eigenschaft der Cesàroschen Methoden für die Summierung von Reihen. Mat. Sbornik, n. Ser. 38 (80), 509—524 [Russisch]. R 17, 1075; Z 70, 288. — b) Über die Umkehrung des Abelschen Theorems. Mat. Sbornik, n. Ser. 39 (81), 401—404 [Russisch]. R 18, 733; Z 72, 282. — **Endl, K.**: Über Klassen von Limitierungsverfahren, die die Klasse der Hausdorffschen Verfahren als Spezialfall enthalten. Math. Z. 65, 113—132. R 17, 1200; Z 70, 60. — **Erdös, P.**: On a high-indices theorem in Borel summability. Acta math. Acad. Sci. Hungar. 7, 265—280, russ. Zusammenfassg. 281. R 19, 135; Z 74, 46. — **Erdös, P., Karamata, J.**: Sur la majorabilité C des suites de nombres réels. Acad. Serbe Sci. Publ. Inst. Math. 10, 37—52. R 18, 478; Z 75,47. — **Evans, A.**: A theorem on general regular transformations of series. Proc. Edinburgh math. Soc., II. Ser. 9, 105—108. R 18, 301, Z 72, 283. — **Faulhaber, G.**: Äquivalenzsätze für die Kreisverfahren der Limitierungstheorie. Math. Z. 66, 34—52. R 18, 573, Z 73, 47. — **Gaier, D.**: Über die Äquivalenz der $|B_k|$-Verfahren. Math. Z. 64, 183—191. R 17, 960; Z 70, 287. — **Gosh, P. K.**: On (ϕ)-convergent integrals and their application to mathematical physics. Bull. Calcutta Math. Soc. 48, 33—44. R 18, 479; Z 73, 86. — **Goffman, C., Petersen, G. M.**: a) Submethods of regular matrix summability methods. Canadian J. Math. 8, 40—46. R 17, 727, Z 70, 59. — b) Consistent limitation methods. Proc. Amer. Math. Soc. 7, 367—369. R 17, 1200, Z 70, 286. — **Guha, U.**: a) The "Second theorem of consistency" for absolute Riesz summability. J. London math. Soc. 31, 300—311. R 19, 135; Z 72, 281. — b) Convergence factors for Riesz summability. J. London math. Soc. 31, 311—319. R 19, 135; Z 72, 282. — **Hlawka, E.**: Folgen auf kompakten Räumen. Abh. math. Sem. Univ. Hamburg 20, 223—241. R 18, 390, Z 72, 57. — **Jakimovski, A.**: a) A note on Hausdorff transforms. Proc. Amer. math. Soc. 7, 803—807. R 18, 478; Z 71, 281. — b) Some Tauberian properties of Hölder transformations. Proc. Amer. math. Soc. 7, 354—363; Addendum. Ibid. 8, 487—488 (1957). R 18, 31 (R 19, 135); Z 79, 288. — c) An inclusion property for Hausdorff means. Riveon Lematematika 10, 37—40. R 20 # 1140. — **Jurkat, W. B.**: a) Ein funktionentheoretischer Beweis für O-Taubersätze bei Potenzreihen. Arch. Math. 7, 122—125. R 18,31; Z 70,70. — b) Ein funktionentheoretischer Beweis für O-Taubersätze bei den Verfahren von Borel und Euler-Knopp. Arch. der Math. 7, 278—283. R 18, 479; Z 72, 282. — **Kangro, G.**: a) On extension of Peyerimhoff's method to double series. Doklad. Akad. Nauk SSSR 107, 629—632 [Russisch]. R 17, 1200; Z 70, 288. — b) Über Matrixtransformationen von Folgen in Banachschen Räumen. Ivz. Akad. Nauk Eston. SSR. Ser. Techn. Fiz.-Mat. Nauk 1956, 108—128. [Russian. Estonian and German summaries.] R 20 # 4121. — **Kočak, C.**: Die Summierung divergenter Reihen durch analytische Fortsetzung mittels der Theorie der Differenzgleichungen. Bull. techn. Univ. Istanbul 9, 43—57. R 19, 851; Z 74, 290. — **Korenblyum, B. I.**: Generalizations of Wiener's Tauberian theorems and the spectrum of fast growing functions. Dokl. Akad. Nauk SSSR (N. S.) 111, 280—282 [Russisch.] R 19, 46. — **Kuttner, B.**: a) The problem of "translativity" for Hausdorff summability. Proc. London math. Soc., III. Ser. 6, 117—138. R 17, 359; Z 70, 61. — b) On cores of sequences and of their transforms

1956 by regular matrices. Proc. London math. Soc., III. Ser. **6**, 561—580. **R 18**, 732; **Z 72**, 55. — **Makarem, H. H. A. El**: Some results on matrix spaces. I. II. Nederl. Akad. Wet., Proc., Ser. A **59**, 490—498, 499—510. **R 18**, 301, **Z 72**, 34. — **Melencov, A. A.**: On the theory of Hausdorff transformations. [Russian] Ucen. Zap. Ural. Gos. Univ. **1956**, vyp. 19, 77—88. **R 32 #** 2780. — **Meyer-König, W., Zeller, K.**: Lückenumkehrsätze und Lückenperfektheit. Math. Z. **66**, 203—224. **R 18**, 733. — **Ogieveckiĭ** (Ogieveckij), **I. E.**: Some tauberian theorems for double series. Doklady Akad. Nauk. SSSR **110**, 330—333 [Russisch]. **R 18**, 733; **Z 72**, 283. — a) **Petersen, G. M.**: Almost convergence and two matrix limitation methods. Math. Z. **66**, 225—227. **R 18**, 889; **Z 72**, 55. — b) "Almost convergence" and uniformly distributed sequences. Quart. J. Math., Oxford II. Ser. **7**, 188—191. **R 18**, 889, **Z 72**, 283. — c) Inclusion between limitation methods. Math. Z. **65**, 494—496. **R 18**, 573, **Z 70**, 286. — d) Summability methods and bounded sequences. J. London Math. Soc. **31**, 324—326. **R 18**, 31; **Z 72**, 55. — e) Sequences of 0's and 1's and Toeplitz methods of summability. Amer. math. Monthly **63**, 174—175. **R 17**, 961, **Z 70**, 59. — **Peyerimhoff, A.**: a) On convergence fields of Nörlund means. Proc. Amer. math. Soc. **7**, 335—347. **R 17**, 1199, **Z 70**, 287. — b) Über Summierbarkeitsfaktoren und verwandte Fragen bei Cesàroverfahren. II. Acad. Serbe Sci., Publ. Inst. math. **10**, 1—18. **R 18**, 651, **Z 71**, 281. — **Polniakowski, Z.**: a) On certain theorems of the Mercer type. Bull. Acad. Polon. Sci , Cl. III. **4**, 243—246. **R 18**, 732, **Z 70**, 61. — b) On some Tauberian theorems. Bull. Acad. Polon. Sci., Cl. III. **4**, 651—653. **R 18**, 732, **Z 71**, 281. — **Rajagopal, C. T.**: A note on the oscillation of Riesz, Euler, and Ingham means. Quart. J. Math., Oxford II. Ser. **7**, 64—75. **R 18**, 573, **Z 73**, 280. — **Ramanujan, M. S.**: a) Theorems on the product of quasi-Hausdorff and Abel transforms. Math. Z. **65**, 442—447. **R 18**, 573, **Z 73**, 280. — b) Existence and classification of products of summability matrices. Proc. Indian Acad. Sci., Sect. A **44**, 171—184. **R 18**, 802, **Z 72**, 55. — **Reĭmers, È.**: Mean value theorem for absolute summation. Uč. Zap. Tartu. Gos. Univ. **42**, 113—134. [Russian. Estonian summary]. **R 19**, 410. — **Richert, H.-E.**: Beiträge zur Summierbarkeit Dirichletscher Reihen mit Anwendungen auf die Zahlentheorie. Nachr. Akad. Wiss. Göttingen. Math.-Phys. Kl. IIa **1956**, 77—125. **R 18**, 123; **Z 71**, 286. — **San Juan, R.**: Solution d'un problème de Kogbetliantz. C. r. Acad. Sci., Paris **242**, 1838—1841. **Z 73**, 48. — **Schoonmaker, N. J.**: Inclusion relations among some methods of summability. Proc. Amer. math. Soc. **7**, 102—108. **R 17**, 840; **Z 73**, 47. — **Silverman, L.**: Some ideas from the theory of summability. Bull. Soc. math. Grèce **30**, 94—99. **Z 73**, 280. — **Syrmus, T.**: Series with unbounded partial sums in the summability field of a matrix method. Uč. Zap. Tartu. Gos Univ. **42**, 143—151 [Estonian. Russian summary]. **R 19**, 134. — **Vijayaraghavan, T., Rajagopal, C. T.**: On two Tauberian theorems for the Borel transform of a sequence. Proc. Indian Acad. Sci. Sect. A. **43**, 163—172. **R 17**, 1199; **Z 75**, 45. — Volkov, I. I.: Einige Fragen der linearen Matrixtransformationen. Doklady Akad. Nauk SSSR **106**, 591—594 [Russisch]. **R 17**, 1075; **Z 70**, 287. — **Vučković, V.**: a) Mercersche Sätze für nichtlineare Mittel. Acad. Serbe Sci., Publ. Inst. math. **10**, 79—84. **R 18**, 572; **Z 73**, 49. — b) Sur la construction des méthodes de limitation qui sont équivalentes et pas consistentes. Acad. Serbe Sci., Publ. Inst. math. **10**, 89—96. **R 18**, 801; **Z 73**, 48. — **Walsh, C. E.**: A note on convergence factors. Proc. Edinburgh math. Soc., II. Ser. **9**, 154—156. **R 18**, 300; **Z 72**, 281. — **Wilansky, A.**: The row sums of the inverse matrix II. Amer. Math. Monthly **63**, 652—653. **R 18**, 274. — **Wilansky, A., Zeller, K.**:

Abschnittsbeschränkte Matrixtransformationen; starke Limitierbarkeit, Math. Z. 64, 258—269. R 17, 1199; Z 71, 281. — **Włodarski, L.:** a) Propriétés des méthodes continues de limitation du type de Borel. Bull. Acad. Polon. Sci., Cl. III. 4, 173—175. R 18, 124; Z 70, 60. — b) Sur la concordance entre les méthodes intégrales de sommation du type Borel. Bull. Acad. Polon. Sci., Cl. III. 4, 177—178. — **Zeller, K.:** a) Über den perfekten Teil von Wirkfeldern. Math. Z. 64, 123—130. R 17, 1200; Z 70, 59. — b) Vergleich des Abelverfahrens mit gewöhnlichen Matrixverfahren. Math. Ann. 131, 253—257. R 18, 301; Z 70, 59.

Agnew, R. P.: a) Borel transforms of Tauberian series. Math. Z. 67, 51—62. R 18, 732; Z 77, 65. — b) The Lototsky method for evaluation of series. Michigan math. J. 4, 105—128. R 19, 1174; Z 82, 277. — c) Densities of sets of integers and transforms of sequences of zeros and ones. Trans. Amer. math. Soc. 85, 369—389. R 19, 543; Z 111, 260. — **Albrecht, R.:** Auswahlverfahren bei linearer Limitierung. Math. Z. 67, 320—331. R 20 # 1136; Z 77, 63. — **Basu, S. K.:** On comparison of the total strength of some Hausdorff methods. Math. Z. 67, 303—309. R 19, 955; Z 77, 63. — **Borwein, D.:** a) On a scale of Abel-type summability methods. Proc. Cambridge philos. Soc. 53, 318—322. R 19, 134; Z 82, 276. — b) On methods of summability based on power series. Proc. roy. Soc. Edinburgh, Sect. A 64, 342—349. R 19, 955; Z 82, 276. — **Bosanquet, L. S., Tatchell, J. B.:** A note on summability factors. Mathematika 4, 25—40. R 19, 741; Z 77, 276. — **Bosanquet, L. S., Chow, H. C.:** Some remarks on convergence and summability. J. London math. Soc. 32, 73—82. R 18, 733; Z 77, 65. — **Brauer, G.:** Some summation matrices of Hausdorff type. Math. Z. 67, 397—403. R 19, 646; Z 77, 275. — **Chillingworth, H. R.:** a) A note on convergence and boundedness in matrix transformations spaces. Nederl. Akad. Wet., Proc., Ser. A 60, 570—577. R 20 # 3454; Z 78, 247. — b) On matrix transformations of certain sequence spaces. Nederl. Akad. Wet., Proc., Ser. A 60, 578—583. R 22 # 4901a; Z 78, 247. — **Copping, J.:** Conditions for a K-matrix to evaluate some bounded divergent sequences. J. London Math. Soc. 32, 217—227. R 19, 410; Z 166, 316. — **Cowling, V. F.:** On Taylor methods of summation. J. Indian Math. Soc. (N. S.) 20, 299—306. R 19, 647; Z 81, 296. — **Davydov, N. A.:** a) Über die Unbestimmtheitsgrenzen bei der Summierung einer Reihe nach den Methoden von Cesàro und von Poisson-Abel. Uspechi mat. Nauk 12, Nr. 4 (76), 167—174 [Russisch]. R 19, 646; Z 79, 287. — b) Über (c)-Punkte von Folgen, die nach der Poisson-Abelschen Methode summierbar sind. Mat. Sbornik, n. Ser. 43 (85), 67—74 [Russisch]. R 20 # 1138; Z 78, 251. — **Dorleijn, M.:** Convergent sequences in sequence spaces. Nederl. Akad. Wet., Proc. Ser. A 60, 254—260. R 19, 741; Z 79, 86. — **Erwe, F.:** Axiomatische Fragen der Limitierungstheorie. Bonner math. Schriften Nr. 4, 70 S. R 20 # 5989; Z 79, 282. — **Flett, T. M.:** a) On an extension of absolute summability and some theorems of Littlewood and Paley. Proc. London Math. Soc. (3) 7, 113—141. — b) A high-indices theorem. Proc. London Math. Soc. (3) 7, 142—149. R 19, 266; Z 109, 44. — c) Some theorems on power series. Proc. London Math. Soc. (3) 7, 211—218. R 19, 266; Z 88, 282. — **Gaier, D.:** a) Note on some gap theorems. Proc. Amer. Math. Soc. 8, 24—28. R 18, 734; Z 78, 261. — b) Eine Bemerkung zum unstetigen Abel-Verfahren. Arch. der Math. 8, 286—289. R 19, 1048; Z 80, 42. — **Gerrish, F.:** Conservative sequence-to-series transformation matrices. Nederl. Akad. Wet., Proc., Ser. A 60, 60—72. R 18, 802; Z 81, 280. — **Glatfeld M.:** On strong Rieszian summability. Proc. Glasgow math. Assoc. 3, 123—131. R 22 # 9761; Z 82, 275 — **Guha, U. C.:** (γ, k)-summability of series. Pacific

1957 J. Math. **7**, 1593—1602. **R** 19, 1174. — **Hirokawa, H.**: a) Riemann-Cesàro methods of summability. II. Tôhoku math. J., II. Ser. **9**, 13—26. **R** 19, 851; **Z** 79, 286. — b) Further remarks on the paper "Uniform convergence of some trigonometrical series". Tôhoku Math. J. (2) **9**, 110—112. **R** 20 # 1869; **Z** 89, 278. — **Jakimovski, A.**: Some Tauberian theorems. Pacific J. Math. **7**, 943—954. **R** 19, 544; **Z** 81, 55. — **Jurkat, W. B.**: Über die Umkehrung des Abelschen Stetigkeitssatzes mit funktionentheoretischen Methoden. Math. Z. **67**, 211—222. **R** 19, 544; **Z** 79, 287. — **Kangro, G.**: a) Über die Faktoren der Summierbarkeit für Doppelreihen. Tartu. gosudarst. Univ., učenye Zapiski **46**, 3—42 [Russisch]. **R** 19, 647; **Z** 132, 42. — b) On linear and bilinear transformation of sequences in Banach space. Uspehi Mat. Nauk (N. S.) **12**, no. 1 (73), 199—201. [Russian]. **R** 20 # 4122 (**R** 22 # 8255); **Z** 80, 46. — **Karamata, J.**: Sur les inversions asymptotiques de certains produits de convolution. Bull. Acad. Serbe Sci. **19**, Classe des Sci. Math. et Nat. no. 3, 11—32. — **Kuttner, B.**: a) On differences of fractional order. Proc. London math. Soc., III. Ser. **7**, 453—466. **R** 20 # 1131; **Z** 78, 51. — b) Some remarks on quasi-Hausdorff transformations. Quart. J. Math., Oxford II. Ser. **8**, 272—278. **R** 20 # 7168; **Z** 78, 250. — **Maravić, M.**: Sur un procédé de sommation des séries divergentes. Srpska Akad. Nauka, Zbornik Radova **55**, mat. Inst. **6**, 5—51, französ. Zusammenfassung 52 [Serbo-Kroatisch]. **R** 20 # 189; **Z** 128, 59. — **Melenčov, A. A.**: A contribution to the theory of Hausdorff transformations. Doklady Akad. Nauk SSSR **113**, 501—502 [Russisch]. **R** 19, 851; **Z** 78, 251. — **Orlicz, W.**: On the continuity of linear operations in Saks spaces with an application to the theory of summability. Studia Math. **16**, 69—73. **R** 20 # 1135; **Z** 80, 326. — **Parameswaran, M. R.**: a) On the reciprocal of a K-matrix. J. Indian Math. Soc. (N. S.) **20**, 329—331. **R** 19, 646; **Z** 77, 275. — b) On the constants associated with a reversible summability matrix. Proc. Amer. Math. Soc. **8**, 341—344. **R** 18, 801; **Z** 77, 274. — c) On some Mercerian theorems in summability. Proc. Amer. math. Soc. **8**, 968—974. **R** 20 # 4120; **Z** 81, 55. — d) Some product theorems in summability. Math. Z. **68**, 19—26. **R** 19, 955; **Z** 79, 284. — e) Some applications of Banach functional methods to summability. Proc. Indian Acad. Sci. Sect. A **45**, 377—384. **R** 19, 955; **Z** 77, 274. — **Petersen, G. M.**: a) The iteration of regular matrix methods of summation. Math. Scandinav. **4**, 276—280. **R** 19, 29; **Z** 78, 248. — b) The norm of iterations of regular matrices. Proc. Cambridge philos. Soc. **53**, 286—289. **R** 19, 29; **Z** 78, 248. — c) Sequences of iterations. Math. Z. **68**, 151—152. **R** 19, 1174; **Z** 78, 248. — d) Consistent summability methods. J. London math. Soc. **32**, 62—65. **R** 18, 733; **Z** 77, 63. — e) Sets of consistent summation methods. J. London math. Soc. **32**, 377—379. **R** 19, 646; **Z** 78, 249. — f) Sets and sub-series. Canad. J. Math. **9**, 223—224. **R** 19, 29; **Z** 77, 277. — **Peyerimhoff, A.**: Über ein Lemma von Herrn H. C. Chow. J. London math. Soc. **32**, 33—36. **R** 18, 651; **Z** 77, 64. — **Pitt, H. R.**: An elementary proof of the closure in L of translations of e^{-x^2} and the Borel Tauberian theorem. Proc. Amer. Math. Soc. **8**, 706—707. **R** 19, 267; **Z** 77, 71. — **Prasad, B. N., Pati, T.**: On the second theorem of consistency in the theory of absolute Riesz summability. Trans. Amer. math. Soc. **85**, 122—133. **R** 19, 135; **Z** 82, 275. — **Rajagopal, C. T.**: a) Simplified proofs of "some Tauberian theorems" of Jakimovski. Pacific J. Math. **7**, 955—960; Addendum and corrigendum 1727. **R** 19, 544 (**R** 19, 1174); **Z** 81, 56. — b) On a theorem of Frobenius and Knopp for Abel summability. Math. Z. **67**, 310—319. **R** 20 # 192; **Z** 77, 277. — c) On the Riemann-Cesàro summability of series and integrals. Tôhoku math. J., II. Ser. **9**, 247—263; errata **10** (1958), 366. **R** 20 # 1871; **Z** 86, 51. — d) A Tauberian theorem

for the Riemann-Liouville integral of integer order. Canadian J. Math. **1957**
9, 487—499. **R** 20 # 4722; **Z** 79, 288. — e) Some theorems on convergence
in density. Publ. math., Debrecen **5**, 77—92. **R** 19, 1166; **Z** 79, 88. —
Ramanujan, M. S.: a) A note on the quasi-Hausdorff series-to-series transformations. J. London math. Soc. **32**, 27—32. **R** 18, 732; **Z** 77, 64. —
b) On Hausdorff and quasi-Hausdorff methods of summability. Quart. J.
Math., Oxford II. Ser. **8**, 197—213. **R** 20 # 7167; **Z** 78, 249. — **Rényi, A.:**
On the sequence of generalized partial sums of a series. Publ. math.,
Debrecen **5**, 129—141. **R** 19, 741; **Z** 79, 87. — **Roberts, J. B.:** Matrix summability in F-fields. Proc. Amer. math. Soc. **8**, 541—543. **R** 19, 265;
Z 78, 50. — **Rubin, L. A.:** A comparison of non-linear methods of summation
of series with the methods of Cesàro. Voronež. Gos. Univ. Trudy Sem.
Funkcional. Anal. no. **5**, 102—111 [Russian]. **R** 20 # 4118. — **Sargent,
W. L. C.:** a) On some cases of distinction between integrals and series. Proc.
London Math. Soc. (3) **7**, 249—264. **R** 19, 126; **Z** 77, 276. — b) Some
summability factor theorems for infinite integrals. J. London math. Soc.
32, 387—396. **R** 19, 648; **Z** 79, 88. — **Sokolin, A. S.:** Über zwei Klassen von
Summationsmethoden für divergente Reihen. Uspechi mat. Nauk **12**, Nr. 3
(75), 381—384 [Russisch]. **R** 19, 647; **Z** 80, 41. — **Sonnenschein, J.:** Une
remarque sur certaines familles de procédés de sommation dont les domaines
de sommabilité entourent le point $z = 1$. Acad. Roy. Belg. Bull. Cl. Sci.
(5) **43**, 328—330. **R** 27 # 3962; **Z** 77, 278. — **Srivastava, P.:** On strong Rieszian
summability of infinite series. Proc. nat. Inst. Sci. India, Part A **23**, 58—71.
R 20 # 2555; **Z** 78, 52. — **Wilansky, A.:** On the Cauchy criterion for the
convergence of an infinite series. Amer. math. Monthly **64**, 469—471.
R 19, 543; **Z** 79, 289. — **Wilansky, A., Zeller, K.:** The inverse matrix in
summability: Reversible matrices. J. London math. Soc. **32**, 397—408.
R 19, 646; **Z** 79, 86. — **Wintner, A.:** On arithmetical summation processes.
Amer. J. Math. **79**, 559—574. **R** 19, 647; **Z** 79, 284. — **Yano, K.:** A Tauberian
theorem on the Cesàro summation method. Sûgaku **9**, 151—153. [Japanese].
R 20 # 1142.

Adamović, D.: Généralisation de deux théorèmes de Zygmund-B. Sz.- **1958**
Nagy. Acad. Serbe Sci., Publ. Inst. math. **12**, 81—100. **R** 22 # 5850;
Z 96, 41. — **Agnew, R. P.:** Riemann summability of Cauchy products and
translates of series. J. Indian math. Soc., n. Ser. **22**, 33—44. **R** 21 #
6490; **Z** 85, 48. — **Andersen, A. F.:** On the extensions within the theory of
Cesàro summability of a classical convergence theorem of Dedekind. Proc.
London math. Soc., III. Ser. **8**, 1—52. **R** 19, 1173; **Z** 78, 51. — **Badalyan,
G. V.:** Some boundary properties of a generalized Taylor series. Izv. Akad.
Nauk Armyan. SSR. Ser. Fiz.-Mat. Nauk **11**, no. 2, 3—29; no. 3, 3—22
[Russian. Armenian summary]. **R** 21 # 238; **Z** 93, 271 und 272. — **Bajšanski, B.:** Généralisation d'un théorème de Carleman. Acad. Serbe Sci., Publ.
Inst. math. **12**, 101—108. **R** 21 # 1383; **Z** 84, 60. — **Berman, D. L.:** Anwendung von Interpolationsoperatoren auf die Theorie der Reihensummation.
Naučn. Doklady vysš. Školy, fiz.-mat. Nauki **1958**, Nr. 2, 17—19 [Russisch].
Z 135, 117. — **Bhatt, S. N.:** A Tauberian theorem for absolute Riesz summability. Indian J. Math. **1**, Nr. 1, 29—32. **R** 21 # 2845; **Z** 88, 43. — **Borwein, D.:** a) Theorems on some methods of summability. Quart. J. Math.,
Oxford II. Ser. **9**, 310—316. **R** 21 # 241, Z 84, 59. — b) On multiplication
of $(C, -\mu)$-summable series. J. London math. Soc. **33**, 441—449. **R** 21 #
242; **Z** 85, 49. — c) A logarithmic method of summability. J. London math.
Soc. **33**, 212—220. **R** 21 # 243; **Z** 82, 276. — d) On products of sequences.
J. London math. Soc. **33**, 352—357. **R** 21 # 244; **Z** 81, 280. — e) On Borel-

1958 type methods of summability. Mathematika, London 5, 128—133. R 22 # 2815; Z 89, 40. — **Boyd, A. V.**: Multiplication of strongly summable series. Proc. Glasgow math. Assoc. 4, 29—33. R 22 # 12326; Z 84, 58. — **Brudno, A. L.**: Ein Beispiel zweier Toeplitzscher Matrizen, die beschränkt verträglich und beschränkt nicht überdeckbar sind. Izvestija Akad. Nauk SSSR, Ser. mat. 22, 309—320 [Russisch]. R 21 # 2132; Z 81, 53. — **Butzer, P. L.**: Tauberian conditions: A remark on a paper by C. T. Rajagopal. Arch. der Math. 8, 405—408. R 22 # 3906; Z 84, 58. — **Čelidze, V. G.**: Über Taubersche Sätze für Doppelreihen. Naučn. Doklady vysš. Skoly, fiz.-mat. Nauki 1958, Nr. 2, 91—95 [Russisch]. Z 127, 28. — **Chillingworth, H. R .**: "On matrix transformations of certain sequence spaces" — correction and note. Nederl. Akad. Wet., Proc., Ser A 61, 316—318. R 22 # 4901b. — **Copping, J.**: Inclusion theorems for conservative summation methods. Nederl. Akad. Wet., Proc., Ser. A 61, 485—499. R 20 # 5991, Z 83, 45. — **Cowling, V. F.**: **Royster, W. C.**: On the Euler and Taylor summation of Dirichlet and Taylor series. Rend. Circ. Mat. Palermo (2) 7, 270—284. R 21 # 5838; Z 92, 294. — **Davydov, N. A.**: a) A property of the Borel method of summation of series and Tauberian theorems. Overconvergence of power series and singular points of analytic functions [Russisch]. Kalinin. Gos. Ped. Inst. Uč. Zap. 26, 57—82. R 24 # A 2657. — b) More on the converse of Abel's theorem [Russisch]. Kalinin. Gos. Ped. Inst. Uč. Zap. 26, 83—94. R 24 #A 2658. — **Dikshit, G. D.**: On the absolute Riesz summability factors of infinite series. I. Indian J. Math. 1, Nr. 1, 33—40. R 21 # 3695; Z 92, 286. — **Erdös, P., Piranian, G.**: The topologization of a sequence space by Toeplitz matrices. Michigan math. J. 5, 139—148. R 21 # 812; Z 84, 54. — **Erwe, F.**: Zur Limitierung der beschränkten Folgen. Arch. der Math. 9, Festschrift Hellmuth Kneser, 197—201. R 20 # 7160; Z 92, 55. — **Gopolakrishna, J., Rao, C. R.**: Some generalized Tauberian type theorems. J. London math. Soc. 33, 147—156. R 20 # 2556; Z 94, 266. — **Fekete, M.**: New methods of summability. J. London math. Soc. 33, 466—470. R 20 # 7165; Z 92, 55. — **Gordon, B.**: On a Tauberian theorem of Landau. Proc. Amer. Math. Soc. 9, 693—696. R 21 # 2846; Z 92, 50. — **Hlawka, E.**: Folgen auf kompakten Räumen. II. Math. Nachr. 18, 188—202. R 20 # 5995; Z 82, 41. — **Hsu, L. C.**: Concerning the condition of uniform boundedness for a type of scalar-to-vector transformations. J. Indian math. Soc., n. Ser. 21, 115—126 R 20 # 4721; Z 91, 242. — **Jakimovski, A.**: a) Some remarks on the moment problem of Hausdorff. J. London Math. Soc. 33, 1—14. R 19 ,1048; Z 84, 329. — b) Some remarks on Tauberian theorems. Quart. J. Math., Oxford II. Ser. 9, 114—131. R 21 # 5107; Z 91, 244. — **Jakimovski, A., Parameswaran, M. R.**: Generalized Tauberian theorems for summability-(A). Quart. J. Math., Oxford II. Ser. 9, 290—298. R 21 # 4318; Z 118, 288. — **Jürimäe, E.**: Funktionalanalytische Methoden in der Theorie der Doppelreihen. Tartu. gosudarst. Univ., učenye Zapiski 55, 3—7, russ. Zusammenfassung 8 [Estnisch]. Z 132, 42. — **Kangro, G.**: On the generalization of a theorem of Moore. Dokl. Akad. Nauk SSSR 121, 967—969 [Russian]. R 20 # 5379; Z 90, 275. — **Karamata, J.**: Sur les procédés de sommation intervenant dans la théorie des nombres. Colloque sur la théorie des suites, Bruxelles 1957, pp. 12—31. CBRM. R 20 # 7173; Z 102, 34. — **Keogh, F. R.: Petersen, G. M.**: A generalized Tauberian theorem. Canad. J. Math. 10, 111—114. R 19, 1049; Z 96, 39. — **Kosambi, D. D.**: Classical Tauberian theorems. J. Indian Soc. agricult. Statist. 10, 141—149. R 22 # 9766; Z 87, 55. — **Kull', I. G.**: Multiplikation summierbarer Doppelreihen. Tartu. gosudarst. Univ. učenye Zapiski 62, 3—55, engl. Zusammenfassung 58—59 [Russisch]. R 22 # 6966; Z 136, 359. — **Kuttner, B.**: a) Note on a paper by M. S. Ramanujan on quasi-Hausdorff transformations. J. Indian math. 1958 Soc., n. Ser. **21**, 97—104. **R** 20 # 7169; **Z** 84, 57. — b) Some theorems on the Cesàro limit of a function. J. London math. Soc. **33**, 107—118. **R** 20 # 211; **Z** 85, 49. — **Lang, W.-D.**: Über die Äquivalenz von diskreten und kontinuierlichen Cesàro-Verfahren bei Funktionen vom Exponentialtyp. Math. Z. **69**, 280—294. **R** 20 # 3277; **Z** 83, 48. — **Lorch, L.**: Supplement to a theorem of Cesàro. Scripta math. **23**, 163—165. **R** 20 # 6617; **Z** 84, 58. — **Lorentz, G. G., Zeller, K.**: a) Über Paare von Limitierungsverfahren. Math. Z. **68**, 428—438. **R** 20 # 191; **Z** 80, 41. — b) Series rearrangements and analytic sets. Acta math. **100**, 149—169. **R** 20 # 7158; **Z** 85, 47. — **Matthews, G.**: a) A class of infinite matrices. Nederl. Akad. Wet., Proc., Ser. A **61**, 457—459. **R** 21 # 813d; **Z** 82, 272. — b) An unrestricted G-ring of infinite matrices. Nederl. Akad. Wet., Proc., Ser. A **61**, 554—556. **R** 21 # 813e; **Z** 82, 273. — **Meder, J.**: a) Application of Mazur's theorem on convergence multipliers to sequences limitable by the Euler-Knopp method. Prace mat. **2**, 329—335, russ. und engl. Zusammenfassung 335—336 [Polnisch]. **R** 20 # 5992; **Z** 96, 40. — b) On the summability almost everywhere of orthonormal series by the method of Euler-Knopp. Ann. Polon. Math. **5**, 135—148. **R** 24 # A 1541; **Z** 85, 59. — **Meyer-König, W., Zeller, K.**: a) Zum Vergleich der Verfahren von Cesàro und Abel. Arch. der Math. **9**, Festschrift Hellmuth Kneser, 191—196. **R** 20 # 7161; **Z** 83, 48. — b) Funktionalanalytische Behandlung des Taylorschen Summierungsverfahrens. Centre Belge Rech. math., Colloque sur la Théorie des Suites, Bruxelles 1957, 32—53. **R** 20 # 7162; **Z** 86, 50. — **Mikolajska, Z., Ważewski, T.**: Sur les opérations transformant séries convergentes en séries convergentes. Bull. Acad. Polon. Sci., Sér. Sci. math. astron. phys. **6**, 615—618, russ. Zusammenfassung L. **R** 21 # 7418; **Z** 82, 272. — **Newton, R. H. C.**: On bounded recurring sequences. Nederl. Akad. Wet., Proc., Ser. A **61**, 266—277. **R** 24 # A 2169; **Z** 84, 56. — **Obrechkoff, N.**: Sur la sommabilité absolue par les moyennes typiques des séries lacunaires. C. r. Acad. Bulgare Sci. **11**, 1—4. **R** 21 # 1468; **Z** 132, 44. — **Ogieveckiĭ, I. I.**: a) Some tauberian theorems of N. Wiener's type for functions of two variables. Czechosl. math. J. **8 (83)**, Nr. 1, 76—84, engl. Zusammenfassung 84—85 [Russisch]. **R** 20 # 3418; **Z** 79, 289. — b) Summation of double series by the methods of Cesàro and Abel in the restricted sense. Uspehi Mat. Nauk **13**, no. 6 (84), 119—125 [Russian]. **R** 21 # 239; **Z** 90, 278. — **Olevskiĭ, A. M.**: On linear methods of summation. Doklady Nauk SSSR **120**, 701—703 [Russisch]. **R** 20 # 4719; **Z** 89, 38. — **Orlicz, W.**: a) Funktionalanalysis und allgemeine Theorie der linearen Transformationen. Centre Belge Rech. math., Colloque sur la Théorie des Suites, Bruxelles 1957, 121—147. **R** 21 # 1469; **Z** 86, 49. — b) On the summability of bounded sequences by continuous methods. Bull. Acad. Polon. Sci., Sér. Sci. math. astron. phys. **6**, 549—556, russ. Zusammenfassung XLVI. **R** 21 # 1470; **Z** 83, 46. — **Parameswaran, M. R.**: a) Note on a theorem of Mazur and Orlicz in summability. J. Indian Math. Soc. (N. S.) **22**, 65—75. **R** 24 # A 360; **Z** 90, 276. — b) Two Tauberian theorems for functions summable (A). J. Indian Math. Soc. (N. S.) **22**, 77—83. **R** 21 # 5108; **Z** 90, 322. — c) On a comparison between the Cesàro and Borel methods of summability. J. Indian Math. Soc. (N. S.) **22**, 85—92. **R** 24 # A 369; **Z** 90, 276. — d) Some Tauberian theorems for Nörlund summability. Proc. Nat. Inst. Sci. India Part A **24**, 392—398. **R** 24 # A 370; **Z** 90, 276. — **Pati, T.**: Products of summability methods and mercerian transformations. Proc. nat. Inst. Sci. India, Part A **23**, 514—521. **Z** 83, 46 (**Z** 129, 272). — **Petersen, G. M.**: a) Matrix norms. Quart. J. Math., Oxford II. Ser. **9**, 161—168. **R** 20 # 4718; **Z** 81, 52. — b) Norms of summation methods.

1958 Proc. Cambridge philos. Soc. 354—357. **R** 20 # 3400; **Z** 82, 273. — **Pitt, H. R.**: a) *Tauberian Theorems. Tata Inst. Fundamental Res., Monogr. on Math. Phys. 2. Oxford Univ. Press, London. **R** 21 # 5109; **Z** 84, 324. — b) A general Tauberian theorem related to the elementary proof of the prime number theorem. Proc. London Math. Soc. (3) **8**, 569—588. **R** 20 # 7172; **Z** 85, 32. — **Polniakowski, Z.**: Polynomial Hausdorff transformations. I: Mercerian theorems. Ann. Polon. math. **5**, 1—24. **R** 20 # 7170; **Z** 82, 274. — **Rajagopal, C. T.**: On Tauberian theorems for Abel-Cesàro summability. Proc. Glasgow math. Assoc. **3**, 176—181. **R** 20 # 3403; **Z** 96, 39. — **Ramanujan, M. S.**: a) On products of summability methods. Math. Z. **69**, 423—428. **R** 21 # 1467; **Z** 83, 46. — b) On a class of double sequence transformations. Ann. Polon. math. **5**, 55—65. **R** 20 # 3398; **Z** 84, 57. — c) The "translativity" problem for quasi-Hausdorff methods of summability. Proc. nat. Inst. Sci. India, Part A **24**, 4—14. **R** 20 # 4117; **Z** 81, 54. — **Reimers, E. G.**: a) Mean value theorems and multiplication of summable series. Doklady Akad. Nauk SSSR **120**, 1196—1199 [Russisch]. **R** 20 # 4720; **Z** 89, 38. — b) Mean value theorems for double series. Tartu Riikl. Ül. Toimetised **62**, 60—79 [Russian, Estonian and English summaries]. **R** 22 # 12332. — **Russell, D. C.**: Note on inclusion theorems for infinite matrices. J. London math. Soc. **33**, 50—62. **R** 19, 1048; **Z** 81, 55. — **Smirnov, G. A.**: A property of the Cesàro method of summation [Russian]. Kalinin. Gos. Ped. Inst. Uč. Zap. **26**, 147—154. **R** 24 # A 943. — **Sokolin, A. S.**: Über gewisse Klassen von Summationsmethoden für divergente Reihen. Uspechi mat. Nauk **13**, Nr. 1 (79), 193—200 [Russisch]. **R** 20 # 1868; **Z** 103, 41. — **Sonnenschein, J.**: Sur une classe de procédés de sommation. Centre Belge Rech. math., Colloque sur la Théorie des Suites, Bruxelles 1957, 119—130. **Z** 84, 56. — **Srivastava, P.**: a) On summability factors. Proc. nat. Inst. Sci. India, Part A **24**, 182—195. **R** 21 # 236; **Z** 85, 49. — b) On the second theorem of consistency for strong Riesz summability. Indian J. Math. **1**, Nr. 1, 1—16. **R** 21 # 5106; **Z** 87, 53. — **Szekeres, G., Jakimovski, A.**: (C, ∞) and (H, ∞) methods of summation. Pacific J. Math. **8**, 867—886. **R** 21 # 2133; **Z** 87, 52. — **Teghem, J.**: Sur des extensions d'une méthode de prolongement analytique de Borel. Colloque sur la théorie des suites. Bruxelles 1957, pp. 87—95. Centre Belge Rech. Math. **R** 21 # 782; **Z** 89, 283. — **Tenenbaum, M.**: Transforms of Tauberian series by Riesz methods of different orders. Duke math. J. **25**, 181—191. **R** 20 # 193; **Z** 79, 87. — **Topurija, S. B.**: a) Über eine Verallgemeinerung eines Satzes von Knopp. Soobščenija Akad. Nauk Gruzinskoj SSR **19**, 385—392 [Russisch]. **R** 20 # 4115; **Z** 82, 274. — b) Über einige Sätze vom Tauberschen Typ für Doppelreihen. Soobščenija Akad. Nauk Grunzinskoj SSR **20**, 129—136 [Russisch]. **R** 20 # 5993; **Z** 80, 42. — **Tschobanow, W., Paskalew, G.**: Zu linearen Limitierungsverfahren. Studia math. **17**, 141—149. **R** 20 # 7159; **Z** 84, 55. — **Tsuchikura, T.**: Absolute summability of Rademacher series. Tôhoku Math. J. (2) **10**, 49—59. **R** 20 # 3401; **Z** 90, 42. — **Turán, P.**: A remark concerning the behaviour of a power-series on the periphery of its convergence-circle. Acad. Serbe Sci., Publ. Inst. math. **12**, 19—26. **R** 21 # 1381; **Z** 84, 60. — **Tyler, B.**: Absolute convergence and summability factors in a sequence. J. London math. Soc. **33**, 341—351. **R** 20 # 5378; **Z** 81, 56. — **Vermes, P.**: a) The transpose of a summability matrix. Centre Belge Rech. math., Colloque sur la Théorie des Suites, Bruxelles 1957, 60—86. **R** 20 # 7163; **Z** 84, 55. — b) Summability of power series in simply or multiply connected domains. Acad. Roy. Belg. Bull. Cl. Sci. (5) **44**, 188—199. **R** 20 # 5380. — c) Summability of power series at unbounded sets of isolated points. Acad. Roy. Belg. Bull. Cl. Sci. (5) **44**, 830—838. **R** 20 # 7164; **Z** 83, 293. —

Vernotte, P.: Sur la définition d'une intégrale définie quand l'intervalle 1958
d'intégration contient un point singulier. Application à la sommation des
séries divergentes à termes positifs. C. r. Acad. Sci., Paris **247**, 1822—1824
R 24 # A 2168; **Z** 83, 48. — **Volkov, I. I.:** Einige Fragen der linearen Matrix-
formationen. Mat. Sbornik, n. Ser. **44** (86), 85—112 [Russisch]. **R** 20 #
1137; **Z** 79, 283. — **Vučković, V.:** Eine neue Klasse von Polynomen und ihre
Anwendung in der Theorie der Limitierungsverfahren. Acad. Serbe Sci.,
Publ. Inst. math. **12**, 125—136. **R** 23 # A 1964; **Z** 86, 50. — **Wilansky, A.,
Zeller, K.:** Banach algebra and summability. Illinois J. Math. **2**, 378—385;
Correction. Ibid. **3**, 468. **R** 21 # 2134; **Z** 82, 273. — **Włodarski, L.:** Sur
les méthodes continues de limitation du type de Borel. Ann. Polon. math.
4, 137—164. **R** 20 # 4123; **Z** 81, 56. — **Wuyts-Torfs, M.:** Über eine reguläre
Verallgemeinerung des Eulerschen Summierungsverfahrens. Simon Stevin
32, 170—175 [Holländisch]. **R** 21 # 2843; **Z** 85, 48. — **Yano, K.:** Notes on
Tauberian theorems for Riemann summability. Tôhoku math. J., II. Ser.
10, 19—31. **R** 20 # 1870; **Z** 92, 57. — **Zamansky, M.:** Suites exceptionnelles.
Centre Belge Rech. math., Colloque sur la Théorie des Suites, Bruxelles 1957,
148—160. **R** 21 # 233; **Z** 96, 40. — **Zeller, K.:** *Theorie der Limitierungsverfahren. Erg. d. Math. u. i. Grenzgeb. N. F., Bd. 15. Springer-Verlag,
Berlin-Göttingen-Heidelberg. **R** 20 # 4119; **R** 22 # 9759; **Z** 85, 46.

Agnew, R. P.: a) Relations among the Lototsky, Borel and other methods 1959
for evaluation of series. Michigan math. J. **6**, 363—371. **R** 22 # 854;
Z 128, 282. — b) Riemann methods for evaluation of series. Tôhoku math.
J., II. Ser. **11**, 385—405. **R** 22 # 3901; **Z** 138, 283. — **Agnew, R. P., Fuchs,
W. H. J.:** Inclusion relations among absolute Abel summation methods.
Scripta math. **24**, 133—136. **R** 21 # 7380; **Z** 125, 34. — **Alexiewicz, A.,
Orlicz, W.:** a) On summability of double sequences. II. Ann. Polon. math.
6, 171—180. **R** 21 # 6488; **Z** 91, 244. — b) Consistency theorems for Banach
space analogues of Toeplitzian methods of summability. Studia math. **18**,
199—210. **R** 21 # 7382; **Z** 96, 37. — **Alpár, L.:** Remarque sur la sommabilité
des séries de Taylor sur leurs cercles de convergence. I, II. Publ. math.
Inst. Hungar. Acad. Sci. **3**, 1—11, russ. Zusammenfassung 11—12;
141—156, russ. Zusammenfassung 156—158. **R** 21 # 6419; **Z** 87, 54. —
Andersen, A. F.: A condition for *C*-summability of negative order. Math.
Scand. **7**, 337—346. **R** 22 # 6960; **Z** 91, 243. — **Bajšanski, B.:** a) Une
remarque relative à quelques théorèmes de sommabilité. Acad. Serbe Sci.,
Publ. Inst. math. **13**, 81—84. **R** 24 # A 366; **Z** 94, 265. — b) Une classe
générale de procédés de sommations du type d'Euler-Borel et leur application
au prolongement analytique. Srpska Akad. Nauka, Zbornik Radova **63**,
mat. Inst. **7**, 1—35, französ. Zusf. 35—36 [Serbisch]. **Z** 128, 60. —
Baron, S.: Über die Summierbarkeitsfaktoren für nach dem Cesàroschen
Verfahren absolut summierbare Doppelreihen. Naučn. Doklady vysš. Školy,
fiz.-mat. Nauki 1958, Nr. 5, 19—20 [Russisch]. **Z** 154, 309. — **Borwein, D.:**
a) On methods of summability based on integral functions. Proc. Cambridge
philos. Soc. **55**, 23—30. **R** 21 # 245; **Z** 84, 59. — b) An extension of a
theorem on the equivalence between absolute Rieszian and absolute Cesàro
summability. Proc. Glasgow math. Assoc. **4**, 81—83. **R** 22 # 11243;
Z 93, 261. — **Borwein, D., Boyd, A. V.:** Binary and ternary transformations
of sequences. Proc. Edinburgh math. Soc. **11**, 175—181. **R** 21 # 7381;
Z 87, 53. — **Bosanquet, L. S.:** On the order of magnitude of fractional differences. Calcutta math. Soc., Golden Jubilee Commemorat. Vol., Part 1,
161—172. **R** 29 # 6216; **Z** 136, 45. — **Boyd, A. V.:** *N*-ary transformations
of sequences. Proc. Edinburgh math. Soc. **11**, 221—222. **R** 22 # 2818;

1959 Z 93, 262. — **Brudno, A. L.**: Topologie der Toeplitzschen Felder. Izvestija Akad. Nauk SSSR, Ser. mat. **23**, 771—780 [Russisch]. **R** 22 # 2817; **Z** 100, 58 (**R** 27 # 1803; **Z** 127, 285). — **Clunie, J., Vermes, P.**: Regular Sonnenschein type summability methods. Acad. Roy. Belg. Cl. Sci. (5) **45**, 930—954. **R** 23 # A 2674; **Z** 90, 277. — **Dikshit, G. D.**: On the absolute summability factors of infinite series. Proc. nat. Inst. Sci. India, Part A **25**, 191—200. **R** 21 # 5836; **Z** 102, 48. — **Endl, K.**: Sur une généralisation des procédés de sommation de Hausdorff et la solution d'un problème de moments. C. r. Acad. Sci., Paris **248**, 515—518. **R** 21 # 240; **Z** 83, 47. — **Flett, T. M.**: a) Some generalizations of Tauber's second theorem. Quart. J. Math., Oxford II. Ser. **10**, 70—80. **R** 24 # A 371; **Z** 87, 53. — b) Some remarks on strong summability. Quart. J. Math., Oxford II. Ser. **10**, 115—139. **R** 21 # 6491; **Z** 87, 54. — c) On the summability of a power series on its circle of convergence. Quart. J. Math., Oxford II. Ser. **10**, 179—201. **R** 21 # 96; **Z** 87, 54. — **Gapoškin, V. F., Olevskiĭ, A. M.**: Über unbedingt summierbare Zahlenreihen. Naučn. Doklady vysš. Školy, fiz.-mat. Nauki 1958, Nr. 6, 81—86 [Russisch]. **Z** 154, 310. — **Henriksen, M.**: Multiplicative summability methods and the Stone Čech compactification. Math. Z. **71**, 427—435. **Z** 96, 38. — **Herlestam, T.**: On a family of summation methods. I, II. Lunds Univ. Arsskrift Avd. 2 (N. F.) **55** = Kungl. Fysiogr. Sällsk. Handl. (N. F.) 70, no. 11, 23 pp.; ibid. 70 ,no. 12, 23 pp. **R** 27 # 3970. — **Hirokawa, H.**: a) Riemann-Cesàro methods of summability. III. Tôhoku math. J., II. Ser. **11**, 130—145. **R** 21 # 7378; **Z** 107, 278. — b) Riemann-Cesàro methods of summability. IV. Tôhoku math. J. II. Ser. **11**, 271—286. **R** 21 # 7379; **Z** 92, 285. — **Jakimovski, A.**: A generalization of the Lototsky method of summability. Michigan Math. J. **6**, 277—290. **R** 24 # A 361. — **Jürimäe, E.**: Einige Fragen über verallgemeinerte Matrixverfahren, co-reguläre und co-null-Verfahren. Eesti NSV Tead. Akad. Toimetised. Tehn. Füüs.-Mat. Tead. Seer. **8**, 115—121 [Russian, Estonian and German summaries]. **R** 22 # 855; **Z** 90, 275. — b) Über eine Klasse von verallgemeinerten Matrixverfahren. Izvestija Akad. Nauk Estonsk. SSR, Ser. techn. fiz.-mat. Nauk **8**, 166—171, deutsche Zusammenfassung 172 [Russisch]. **R** 36 # 569; **Z** 100, 57. — **Kangro, G., Baron, S.**: a) Summability factors for double series summable by Cesàro's method. Doklady Akad. Nauk SSSR **124**, 751—753 [Russisch]. **R** 22 # 6961; **Z** 92, 56. — b) Summierbarkeitsfaktoren für Cesàro-summierbare und Cesàro-beschränkte Doppelreihen. Tartu. gosudarst. Univ., učenye Zapiski **73**, 3—47, deutsche Zusammenfassung 49 [Russisch]. **R** 21 # 237; **Z** 136, 359. — **Kaufman, B. L.**: Stärkevergleich gewisser Methoden der Summation divergenter Reihen mit den Methoden der Cesàroschen Mittel. Izvestija vysš. učebn. Zaved., Mat. **5** (12), 131—145 [Russisch]. **R** 24 # A 2172; **Z** 103, 42. — **Kuttner, B.**: a) The problem of "translativity" for Hausdorff summability (addendum). Proc. London math. Soc., III. Ser. **9**, 318—320. **R** 21 # 1466; **Z** 85, 48. — b) On a certain quasi-Hausdorff transformation. J. London math. Soc. **34**, 401—405. **R** 21 # 5834; **Z** 89, 39. — c) On bounded bilinear forms, and the summability of a Cauchy product series. Proc. London math. Soc., III. Ser. **9**, 556—574. **R** 22 # 857; **Z** 90, 38. — **Matsuoka, Y.**: A note on theorems of Sokolin. Sci. Rep. Kagoshima Univ. No. 8, 15—23. **R** 22 # 2814. — **Mayer-Kalkschmidt, J.**: On conditional inclusion of matrix methods. Proc. Amer. Math. Soc. **10**, 193—198. **R** 22 # 853; **Z** 90, 276. — **Mazhar, S. M.**: A Tauberian theorem for absolute summability. Indian J. Math. **1**, 69—76. **R** 22 # 3908; **Z** 128, 63. — **Meder, J.**: On certain relations between Euler-Knopp's and Cesàro's summability methods with respect to the orthonormal series. [Russian summary, unbound insert]. Bull. Acad. Polon. Sci. Sér. Sci.

Math. Astronom. Phys. 7, 589—592. R 23 # A 1183. — **Meir, A.**: On a 1959 theorem of A. Jakimovski on linear transformations. Michigan math. J. 6, 359—361. Z 133, 8. — **Melencov, A. A., Kostina, M. A.**: Zur Theorie der Gronwallschen Transformationen. Izvestija vysš. učebn. Zaved., Mat. 6 (13). 111—117 [Russisch]. R 24 # A 2170; Z 100, 58. — **Obreškov, N.**: Sur la sommation absolue des séries divergentes par les moyennes arithmétiques. Bulgar. Akad. Nauk Izv. Mat. Inst. 3, no. 2, 39—61 [Bulgarian. Russian and French summaries]. R 22 # 851. — **Ogieveckii, I. I.**: a) Zur Theorie der Summation beschränkter Folgen durch Toeplitzsche Matrizen. Izvestija vysš. učebn. Zaved., Mat. 2 (9), 183—188 [Russisch]. R 24 # A 364; Z 96, 37. — b) On the summability of series by Borel's method of fractional order. Dopovidi Akad. Nauk Ukrain. RSR 1959, 815—817, russ. und engl. Zusammenfassung. 817—818 [Ukrainisch]. R 23 # A 1974; Z 90, 39. — **Olevskii, A. M.**: Unconditional summability of functional series. [Russian]. Dokl. Akad. Nauk SSSR 125, 269—272. R 24 # A 357. — **Parameswaran, M. R.**: a) Some applications of functional analysis in summability. Math. Student 26, 93—104. R 21 # 4317; Z 84, 54. — b) Some remarks on Borel summability. Quart. J. Math., Oxford II. Ser. 10, 224—229. R 22 # 155; Z 87, 51. — c) On summability functions for the circle family of methods. Proc. nat. Inst. Sci. India, Part A 25, 171—175. R 21 # 6489; Z 112, 288. — **Pati, T.**: Tauberian theorems for absolute Riesz summability. Indian J. Math. 1, 61—68. R 22 # 3907; Z 100, 60. — **Petersen, G. M.**: a) Summability and bounded sequences. Proc. Cambridge philos. Soc. 55, 257—261. R 22 # 153; Z 87, 51. — b) Summability methods and unbounded sequences. Math. Scandinav. 7, 170—176. R 22 # 1778; Z 92, 55. — **Polniakowski, Z.**: Polynominal Hausdorff transformations. II: Regularity theorems and asymptotic properties of solutions of linear difference and differential equations. Ann. Polon. math. 6, 111—133. R 21 # 6457; Z 86, 51. — **Prasad, B. N.**: Recent researches on the second theorem of consistency. Calcutta math. Soc., Golden Jubilee Commemorat. Vol., Part 1, 225—233. R 28 # 5274; Z 113, 48. — **Ramanujan, M. S.**: The problem of "total translativity" for Hausdorff methods. J. Indian math. Soc., n. Ser. 22, 45—51. R 22 # 154; Z 87, 52. — **Reimers, E.**: Mean value theorems and multiplication of double summable series. Tartu Riikl. Ül. Toimetised 73, 50—83. [Russian. Estonian and English summaries]. R 22 # 12333; Z 142, 27. — **Rhoades, B. E.**: Some structural properties of Hausdorff matrices. Bull. Amer. math. Soc. 65, 9—11. R 20 # 7171; Z 84, 57. — **Roberts, J. B.**: Analytic continuation of meromorphic functions in valued fields. Pacific J. Math. 9, 183—193. R 21 # 4319. — **Russell, D. C.**: a) Summability of power series on continuous arcs outside the circle of convergence. Acad. Roy. Belg. Bull. Cl. Sci. (5) 45, 1006—1030 [French summary]. R 22 # 5845; Z 93, 271. — b) Convolution of Nörlund summability methods. Proc. London math. Soc., III. Ser. 9, 1—20. R 21 # 2844; Z 89, 39. — **Schoenberg, I. J.**: The integrability of certain functions and related summability methods. I, II. Amer. math. Monthly 66, 361—375, 562—563. R 21 # 3696; R 21 # 6411; Z 89, 40. — **Smart, D. R.**: On o-Tauberian theorems. Quart. J. Math., Oxford II. Ser. 10, 140—144. R 22 # 856; Z 92, 56. — **Sonnenschein, J.**: Sur une classe de procédés de sommation issus de la transformation de Laplace. Acad. Roy. Belgique, Bull. Cl. Sci., V. Sér. 45, 923—929. Z 90, 278. — **Srivastava, P.**: A Tauberian theorem for strong Riesz summability. Proc. Amer. math. Soc. 10, 540—544. R 21 # 7384; Z 92, 287. — **Szmuszkowicz, H.**: On a certain lacunary power series. [Polish. Russian and English summaries]. Prace Mat. 3, 201—204. R 24 # A 944; Z 101, 52. — **Tatchell, J. B.**: A note on matrix summability of unbounded sequences. J. London

1959 math. Soc. **34**, 27—36. **R** 20 # 7166; **Z** 84, 55. — **Tolba, S. E.**: On the efficiency of T-matrices for bounded sequences and the Cooke-Barnett condition. Nederl. Akad. Wet., Proc., Ser. A **62**, 265—274. **R** 21 # 5837; **Z** 86, 49. — **Ul'janov, P. L.**: Unbedingte Summierbarkeit. Izvestija Akad. Nauk SSSR, Ser. mat. **23**, 781—808 [Russisch]. **R** 23 # A 1972; **Z** 92, 285. — **Varshney, O. P.**: On the relation between harmonic summability and summability by Riesz means of certain type. Tôhoku math. J., II. Ser. **11**, 20—24. **R** 21 # 5833; **Z** 109, 286. — **Volkov, I. I.**: Über die Verträglichkeit zweier Summierungsverfahren. Naučn. Doklady vysš. Školy, fiz.-mat. Nauki 1958, Nr. 6, 71—80 [Russisch]. **Z** 156, 66. — **Vučković, V.**: The mutual inclusion of Karamata-Stirling methods of summation. Michigan Math. J. **6**, 291—297. **R** 24 # A 362. — **Wells, J. H.**: Concerning the Hausdorff inclusion problem. Duke math. J. **26**, 629—645. **R** 22 # 852; **Z** 92, 286. — **Wilansky, A., Zeller, K.**: FH-spaces and intersections of FK-spaces. Michigan Math. J. **6**, 349—357. **R** 22 # 1804. — **Włodarski, L.**: a) General method of limitation of the Borel type. Bull. Acad. Polon. Sci., Sér. Sci. math. astron. phys. **7**, 199—200. **Z** 91, 243. — b) On a certain method of Toeplitz. Ann. Polon. math. **7**, 41—49. **R** 22 # 3903; **Z** 100, 58. — **Wuyts-Torfs, M.**: Über eine Verallgemeinerung des Eulerschen Limitierungsverfahrens. Simon Stevin **33**, 27—33 [Holländisch]. **R** 21 # 5832; **Z** 92, 56. — **Yano, K.**: a) Notes on Tauberian theorems for Riemann summability. II. Proc. Japan. Acad. **35**, 7—12. **R** 21 # 5835; **Z** 92, 286. — b) Some notes on Cesàro summation. Proc. Japan Acad. **35**, 578—583. **Z** 98, 269. — **Zeller, K.**: Saturation bei äquivalenten Summierungsverfahren. Math. Z. **71**, 109—112. **R** 21 # 5839.

1960 **Agnew, R. P.**: Partial sums and transforms of Tauberian series. Ann. of Math., II. Ser. **71**, 395—407. **R** 22 # 2820; **Z** 97, 274. — **Alpár, L.**: Remarque sur la sommabilité de séries de Taylor sur leurs cercles de convergence. III. Publ. math. Inst. Hungar. Acad. Sci., Ser. A **5**, 97—152. **R** 24 # A 2171; **Z** 96, 41. — **Badaljan, G. V.**: Eine Verallgemeinerung der Hausdorffschen Methode der Reihensummation. Akad. Nauk Armjan. SSR, Izvestija, Ser. fiz.-mat. Nauk **12**, Nr. 6, 3—35 [Russisch]. **R** 23 # A 3397; **Z** 97, 270. — **Bajšanski, B., Karamata, J.**: Complément aux théorèmes de Schur et Toeplitz. Acad. Serbe Sci., Publ. Inst. math. **14**, 109—114. **R** 24 # A 365; **Z** 97, 45. — **Baron, S.**: Neue Beweise der Hauptsätze für Summierbarkeitsfaktoren. Izvestija Akad. Nauk Éstonsk. SSR, Ser. techn. fiz.-mat. Nauk **9**, 47—67, deutsche Zusammenfassung 68 [Russisch]. **R** 24 # A 363; **Z** 100, 58. — **Berekašvili, V. A.**: On the formal connection between the Cesàro and Abel summation methods. [Russian]. Trudy Vyčisl. Centra Akad. Nauk Gruzin. SSR **1**, 3—8. **R** 26 # 5326. — **Borwein, D.**: a) On methods of summability based on integral functions. II. Proc. Cambridge philos. Soc. **56**, 125—131. **R** 22 # 6957; **Z** 97, 273. — b) Nörlund methods of summability associated with polynomials. Proc. Edinburgh Math. Soc. (2) **12**, 7—15. **R** 23 # A 2666; **Z** 147, 50. — c) Relations between Borel-type methods of summability. J. London Math. Soc. **35**, 65—70. **R** 22 # 6958; **Z** 145, 289. — d) On moment constant methods of summability. J. London Math. Soc. **35**, 71—77. **R** 22 # 6959; **Z** 145, 289. — e) On strong and absolute summability. Proc. Glasgow Math. Assoc. **4**, 122—139. **R** 22 # 8254; **Z** 144, 312. — **Chen, Y.-M.**: On products of power series. Monatsh. Math. **64**, 317—320. **R** 22 # 11240. — **Cohn, J. H. E.**: A problem of J. Clunie and P. Vermes. Acad. roy. Belgique, Bull. Cl. Sci., V. Sér. **46**, 663—673. **R** 24 # A 232; **Z** 98, 269. — **Cooke, R. G.**: *Infinite matrices and sequence spaces [Russian]. Translated from the English by I. I. Volkov; edited by P. L. Ul'janov;

survey article by I. I. Volkov and P. L. Ul'janov. Gosudarstv. Izdat. Fiz.- 1960 Mat. Lit., Moscow. **R 23 # A 3394; Z 91,** 110. — **Davydov, N. A.:** More on the converse of Abel's theorem. Issledovaniya po sovremennym problemam teorii funkciï kompleksnogo peremennogo, pp. 29—34. Gosudarstv. Izdat. Fiz.-Mat. Lit., Moscow [Russian]. **R 22 #** 6965. — **Dikshit, G. D.:** a) A note on absolute Riesz summability of infinite series. Proc. nat. Inst. Sci. India, Part A **26,** 541—544. **R 23 # A 2671; Z 98,** 268. — b) On the absolute Riesz summability factors of infinite series. II. Proc. Nat. Inst. Sci. India, Part A **26,** 86—94. **R 23 # A 3396; Z 156,** 285. — **Dorff, E. K., Wilansky, A.:** Remarks on summability. J. London math. Soc. **35,** 234—236. **R 22 #** 2816; **Z 100,** 56. — **Endl, K.:** Untersuchungen über Momentenprobleme bei Verfahren vom Hausdorffschen Typus. Math. Ann. **139,** 403—432. **R 22 #** 12329; **Z 127,** 27. — **Gorst, Ju. G.:** a) On certain integral methods of summation. [Russian]. Uspehi Mat. Nauk **15,** no. 5 (95), 159—163. **R 23 #** A 2669; **Z 112,** 335. — b) On integral summation methods, restrictedly equivalent to convergence. [Russian.] Izv. Vysš. Učebn. Zaved. Matematika **1960,** no. 2 (15), 65—73. **R 24 # A 1546; Z 112,** 335. — **Hirokawa, H.:** Riemann-Cesàro methods of summability. V. Tôhoku math. J., II. Ser. **12,** 369—382. **R 23 # A 2676, Z 98,** 268. — **Jha, D. K.:** On translative matrices for sequence-to-sequence transformations. Bull. Soc. math. Belgique **12,** 57—72. **R 22 #** 12328; **Z 95,** 271. — **Jakimovski, A.:** a) The sequence-to-function analogues to quasi-Hausdorff transformations. Acad. Serbe Sci., Publ. Inst. math. **14,** 1—8. **R 23 # A 2668; Z 98,** 268. — b) The sequence-to-function analogues to Hausdorff transformations. Bull. Res. Council Israel, Sect. F **8 F,** 135—154. **R 23 # A 3391; Z 94,** 265. — **Jeśmanowicz, L.:** On the Hardy-Landau theorem. Colloquium math. **7,** 261—264. **R 22 #** 6964; **Z 95,** 273. — **Jürimäe, E.:** Convergence-preserving summability methods. [Russian. Estonian and German summaries). Eesti NSV Tead. Akad. Toimetised Fūūs-Mat. Tehn. Tead. Seer. **9,** 257—267. **R 24 # A 3449; Z 95,** 270. — **Kaplan, I. B.:** Cesàro means of variable order. [Russian]. Izv. Vysš. Učebn. Zaved. Matematika **1960,** no. 5 (18), 62—73. **R 24 #** A 1544; **Z 142,** 308. — **König, H.:** Neuer Beweis eines klassischen Tauber-Satzes. Arch. Math. **11,** 278—279. **R 22 #** 11247; **Z 94,** 86. — **Kuttner, B.:** Some theorems on Mercer's and other related transformations. Quart. J. Math., Oxford II. Ser. **11,** 151—160. **R 22 #** 6963; **Z 99,** 280. — **Li, S.-C.:** Cesàro summability in a Banach space. Acta Math. Sinica **10,** 41—54. [Chinese. Russian summary]. **R 22 #** 4902. — **Macphail, M. S.:** Sequence and series transformations. Canad. Math. Bull. **3,** 80—83. **R 22 #** 1175. —**Martić, B.:** The connection between $R_{p,1}$ and KS (λ) (Karamata-Stirling) method of summation. Bull. Soc. Math. Phys. Serbie **12,** 51—56, engl. Zusf. 56 [Serbisch]. **R 32 #** 2777; **Z 136,** 355. — **Matthews, G.:** A note on Cauchy products. Nederl. Akad. Wet., Proc., Ser. A **63,** 412—413. **R 23 # A 1969; Z 94,** 264. — **Mazhar, S. M.:** a) On an extension of absolute Riesz summability. Proc. nat. Inst. Sci. India, Part A **26,** 160—167. **R 23 # A 3392; Z 97,** 272. — b) On a further extension of absolute Riesz summability. Indian J. Math. **2,** 119—124. **R 24 # A 2167; Z 99,** 279. — **Mehdi, M. R.:** Summability factors for generalized absolute summability. I. Proc. London math. Soc., III. Ser. **10,** 180—200. **R 22 #** 9760; **Z 93,** 262. — **Melencov, A. A., Muraev, É. B.:** On the theory of summation of double series by Borel's methods. Soviet Math., Doklady **1,** 150—152, Übersetzung von Doklady Akad. Nauk SSSR **130,** 1193—1195. **R 22 #** 8256; **Z 107,** 280. — **Meyer-König, W., Zeller, K.:** a) On Borel's method of summability. Proc. Amer. math. Soc. **11,** 307—314. **R 22 #** 3902; **Z 129,** 42. — b) Ein high-indices-Theorem für Dirichletsche Reihen. Math. Z. **74,** 221—231. **R 22 #** 9767. — **Moser,**

1960 D. E.: The Taylor and other methods of summability. Proc. Amer. math. Soc. **11**, 90—96. **R** 22 # 1777; **Z** 93, 262. — **Newman, D. J.**: $1 - 1 + 1 - 1 + \cdots = \frac{1}{2}$. Proc. Amer. math. Soc. **11**, 440—443. **R** 22 # 8253; **Z** 95, 273. — **Ogieveckiĭ, I. I.**: The theory of summing series by Borel's method [Russian]. Izv. Vysš. Učebn. Zaved. Matematika **1960**, no 6 (19), 174—183. **R** 26 # 518. — **Parameswaran, M. R.**: a) On the translativity of Hausdorff- and some related methods of summability. J. Indian math. Soc., n. Ser. **23**, 46—64. **R** 22 # 11239; **Z** 98, 268. — b) Note on a Tauberian theorem for oscillation of sequences. Indian J. Math. **2**, 89—95. **R** 23 # A 2677; **Z** 113, 48. — **Parameswaran, M. R., Rajagopal, C. T.**: Tauberian theorems invariant for a product of two summability methods. Math. Z. **73**, 256—267. **R** 23 # A 1982; **Z** 91, 244. — **Pati, T., Ahmad, Z. U.**: a) On the absolute summability factors of infinite series. I. Tôkohu math. J., II. Ser. **12**, 222—232. — **R** 23 # A 1185; **Z** 97, 46. — b) On the absolute summability factors of infinite series. II. Indian. J. Math. **2**, 29—39. **R** 22 # 4900; **Z** 93, 262. — c) On the absolute summability factors of infinite series. III. Indian J. Math. **2**, 73—87. **R** 23 # A 1980; **Z** 100, 59. — **Petersen, G. M.**: a) Uniformly summable sequences. J. London math. Soc. **35**, 449—451. **R** 23 # A 1976; **Z** 95, 271. — b) Almost convergence and the Buck-Pollard property. Proc. Amer. math. Soc. **11**, 469—477. **R** 22 # 2819; **Z** 95, 271. — **Posner, E. C.**: Accumulability and infinite matrices. Duke math. J. **27**, 555—560. **R** 23 # A 454; **Z** 96, 38. — **Prasad, S. N.**: Analogues of some results on sequence spaces for function spaces. Quart. J Math., Oxford II. Ser. **11**, 310—320. — **R** 22 # 12731; **Z** 95, 271. — **Prasad, B. N., Pati, T.**: The second theorem of consistency in the theory of absolute Riesz summability. Math. Ann. **140**, 187—197. **R** 22 # 5843; **Z** 95, 272. — **Prasad, B. N., Srivastava, P.**: On strong Riesz summability of a Dirichlet series. Proc. Nat. Inst. Sci. India Part A **26**, supplement II, 180—209. **R** 26 # 516, **Z** 142, 26. — **Rado, R.**: A theorem on infinite series. J. London math. Soc. **35**, 273—276. **R** 26 # 2852; **Z** 98, 267. — **Rajagopal, C. T.**: Remarks on a theorem of Kuttner's. Quart. J. Math., Oxford II. Ser. **11**, 258—262. **R** 22 # 12336; **Z** 128, 286. — **Rhoades, B. E.**: a) Total comparison among some totally regular Hausdorff methods. Math. Z. **72**, 463—466. **R** 22 # 6962; **Z** 95, 272. — b) On total inclusion for Nörlund methods of summability. Bull. Calcutta math. Soc. **52**, 123—125. **R** 25 # 3299; **Z** 128, 283. — c) Some properties of totally coregular matrices. Illinois. J. Math. **4**, 518—525. **R** 23 # A 453; **Z** 93, 260. — **Rice, J. R.**: Sequence transformations based on Tchebycheff approximations. J. Res. nat. Bur Standards **64 B**, 227—235. **Z** 115, 275. — **Richert, H.-E.**: Einführung in die Theorie der starken Rieszschen Summierbarkeit von Dirichletreihen. Nachr. Akad. Wiss. Göttingen Math.-Phys. Kl. II **1960**, 17—75. **R** 24 # A 358; **Z** 95, 57. — **Rubel, L. A.**: Maximal means and Tauberian theorems. Pacific J. Math. **10**, 997—1007. **R** 22 # 4903; **Z** 96, 40. — **Sakata, H.**: On Tauberian theorems of W. B. Jurkat. Mem. Defense Acad. **1**, no. 5, 70—73. **R** 26 # 2777; **Z** 107, 278. — **Sargent, W. L. C.**: Some sequence spaces related to the l^p spaces. J. London math. Soc. **35**, 161—171. **R** 22 # 7001; **Z** 90, 37. — **Sergušov, S. A.**: Application of Voronoj's regular methods of the Cauchy-multiplication of series. Uspechi mat. Nauk **15**, Nr. 1 (91), 225—232 [Russisch]. **R** 22 # 3904; **Z** 107, 278. — **Slepenčuk, K. M.**: Einige allgemeine Sätze Tauberschen Typus. Dopovidi Akad. Nauk Ukrain. RSR **1960**, 1315—1317, russ. und engl. Zusammenfassung 1318 [Ukrainisch]. **R** 23 # A 1983; **Z** 93, 261. — **Srivastava, P.**: a) Tauberian theorems for absolute summability of series and integrals. Math. Z. **73**, 460—465. **R** 22 # 3905; **Z** 94, 265. — b) On the summability of the Dirichlet's product of summable series. Arch. Math. **11**, 342—345. — **R** 22 # 8248; **Z** 96, 52. —

c) On the second theorem of consistency for strong Riesz summability. II. 1960 Indian J. Math. **2**, 97—117. **R** 23 # A 2670; **Z** 104, 279. — d) Theorems on strong Riesz summability. Quart. J. Math., Oxford II. Ser. **11**, 229—240. **R** 26 # 1658; **Z** 97, 273. — e) On the concept of strong summability. Proc. nat. Inst. Sci. India, Part A **26**, 545—552. **R** 23 # A 3947; **Z** 100, 59. — **Subhankulov, M. A.**: Tauberian theorems with remainder term. Mat. Sb. (N. S.) **52 (94)**, 823—846 [Russian]. **R** 22 # 12334; **Z** 95, 278. — **Taberski, R.**: a) A theorem of Toeplitz type for the class of M-summable sequences. Bull. Acad. Polon. Sci., Sér. Sci. math. astron. phys. **8**, 453—458. **R** 24 # A 942; **Z** 97, 273. — b) On the convergence of singular integrals. Zeszyty Nauk. Uniw. Mickiewicza No. 25, 33—51. **R** 27 # 509; **Z** 97, 310. — **Tanzi Cattabianchi, L.**: Teoremi merceriani relativi a trasformazione regolari non negative e anche più generali. Ann. Mat. pura appl., IV. Ser. **51**, 79—94. **R** 23 # 1184; **Z** 97, 270. — **Timan, M. F.**: Remarks on the transformations of multiple sequences. Ukrain. mat. Žurn. **12**, 99—100 [Russisch]. **R** 23 # A 3395; **Z** 129, 42. — **Ul'janov, P. L.**: Convergence and summability [Russian]. Trudy Moskov. Mat. Obšč. **9**, 373—379. **R** 24 # A 1542; **Z** 178, 393. — **Vermes, P.**: Transformations of periodic sequences. Publ. math. Inst. Hungar. Acad. Sci., Ser. A **5**, 153—163. **R** 23 # A 2673; **Z** 97, 46. — **Vernotte, P.**: a) A propos de la sommation pratique des séries divergentes. C. r. Acad. Sci., Paris **250**, 1431—1432. **R** 22 # 6956; **Z** 90, 39. — b) La sommation des séries divergentes à termes positifs: difficultés introduites par leur valeur complexe. C. R. Acad. Sci. Paris **250**, 1785—1786. **R** 22 # 2813; **Z** 91, 245. — c) Sommation des séries divergentes à termes positifs de valeur complexe. C. r. Acad. Sci., Paris **251**, 1455—1456. **R** 22 # 8249; **Z** 93, 263. — **Vescan, A.**: Sur l'extension de la convergence des produits infinis. (Note préliminaire). Comun. Acad. Republ. popul. Romîne **10**, 469—475, russ. und französ. Zusammenfassung 474—475 [Rumänisch]. **R** 24 # A 353; **Z** 102, 49. — **Wells, J. H.**: Hausdorff transforms of bounded sequences. Proc. Amer. math. Soc. **11**, 84—86. **R** 22 # 1776; **Z** 95, 272. — **Wirszup, I.**: On an extension of Cesàro's methods of summability to logarithmic scales. J. Math. Mech. **9**, 783—812. **R** 22 # 8252; **Z** 97, 271. — **Yano, K.**: A note on absolute Cesàro summability of Fourier series. Tôhoku Math. J. (2) **12**, 293—300. **R** 22 # 12325; **Z** 96, 47.

Ahmad, Z. U.: On the absolute Cesàro summability factors of infinite 1961 series. Math. Z. **76**, 295—310. **R** 24 # 2780; **Z** 99, 280. — **Badaljan, G. V.**: Über Methoden der Summation von Integralen (Reihen), die der Rieszschen Methode äquivalent sind. Akad. Nauk Armjan. SSR, Izvestija, Ser. fiz.-mat. Nauk **14**, Nr. 3, 3—16 [Russisch]. **R** 25 # 4278; **Z** 103, 43. — **Bajšanski, B.**: Une généralisation d'un théorème de Schur. C. r. Acad. Sci., Paris **253**, 1299—1301. **R** 25 # 2349; **Z** 103, 283. — **Barański, F.**: On a problem of F. Leja concerning the summability of a matrix by direction. [Polish. Russian and English summaries]. Prace Mat. **6**, 85—89. **R** 26 # 6648; **Z** 129, 275. — **Baron, S.**: a) Summierbarkeitsfaktoren für Doppelreihen, die von Cesàro-summierbar reeller Ordnung oder Cesàro-beschränkt sind. Tartu. gosudarst. Univ.; učenye Zapiski **102**, 91—116, deutsche Zusammenfassung 117 [Russisch]. **R** 26 # 2775a; **Z** 136, 359. — b) Summierbarkeits- und absolute Summierbarkeitsfaktoren für absolut Cesàro-summierbare Doppelreihen. Tartu. gosudarst. Univ., učenye Zapiski **102**, 118—133, deutsche Zusammenfassung 134 [Russisch]. **R** 26 # 2775b; **Z** 136, 360. — c) Absolute Summierbarkeitsfaktoren für Cesàro-summierbare und Cesàro-beschränkte Doppelreihen. Tartu. gosudarst. Univ., učenye Zapiski **102**, 135—154, deutsche Zusammenfassung 155 [Russisch]. **R** 26 # 2775c; **Z** 136, 360. —

1961 **Beneš, V. E.**: Extensions of Wiener's Tauberian theorem for positive measures. J. Math. Anal. Appl. 2, 1—20. R 24 # A 1547. — **Bilodeau, G. G.**: On the use of summability methods to increase the rate of convergence of series. J. Math. and Phys. 40, 289—299. R 26 # 2770; Z 109, 285. — **Borozdin, K. V.**: a) Generalized Abel theorems. Dokl. Akad. Nauk SSSR 137, 1270—1273 [Russian]; translated as Soviet Math. Dokl. 2, 441 to 444. R 22 # 9765; Z 142, 26. — b) New proof of a theorem of Littlewood for regular Stolz paths. [Russian]. Trudy Mat. Inst. Steklov. 60, 96—100. R 26 # 2778; Z 124, 289. — **Bosanquet, L. S.**: The summability of Laplace-Stieltjes Integrals II. Proc. London Math. Soc. (3) 11, 654—690. R 25 # 5352; Z 119, 314. — **Boyd, A. V.**: Linear transformations of sequences. Amer. math. Monthly 68, 262—263. R 23 # A 1970; Z 103, 43. — **Brudno, A. L.**: a) Summation einer abzählbaren Zahl von Folgen. Izvestija Akad. Nauk SSSR, Ser. mat. 25, 385—410 [Russisch]. R 23 # A 3950a; Z 112, 286. — b) Über die Existenz einer Summationsmethode, welche stärker als vorgegebene Methoden ist. Izvestija Akad. Nauk SSSR, Ser. mat. 25, 591—600 [Russisch]. R 23 # A 3950b; Z 142, 24. — **Bureau, F. J.**: A Tauberian theorem. Math. Ann. 142, 270—291. R 23 # A 1984; Z 91, 102. — **Burkill, H.**: On Riesz and Riemann summability. Proc. Cambridge philos. Soc. 57, 55—60. R 22 # 9762; Z 99, 278. — **Burkill, H., Petersen, G. M.**: A relation between Riesz and Riemann summability. Proc. Amer. Math. Soc. 12, 453—456. R 23 # A 2667; Z 148, 290. — **Cohn, J. H. E.**: On some problems of P. Vermes. Magyar. Trud. Akad. Mat. Kutató Int. Közl. 6, 373—374. R 26 # 1431. — **Coomes, H. R., Cowling, V. F.**: Summability and associative infinite matrices. Michigan math. J. 8, 65—70. R 22 # 12331; Z 143, 76. — **Dijkman, J. G.**: Some intuitionistic remarks about transformations of sequences. Compositio Math. 15, 70—87. R 25 # 4272; Z 100, 248. — **Gelsberg, S.**: a) Die Tauberschen Lückensätze für absolute Summierbarkeit. Tartu. gosudarst. Univ., učenye Zapiski 102, 52—77, deutsche Zusammenfassung 77 [Russisch]. R 26 # 1664; Z 135, 116. — b) Über einige Eigenschaften von Matrixtransformationen. Tartu. gosudarst. Univ., učenye Zapiski 102, 78—89, deutsche Zusammenfassung 90 [Russisch]. R 26 # 1656; Z 135, 116. — c) Certain properties of summability methods. Soviet Math., Doklady 2, 256—259, Übersetzung von Doklady Akad. Nauk SSSR 137, 265—267. R 22 # 8251; Z 104, 277. — **Genčev, T.**: On a theorem of R. Rado. [Bulgarian]. Fiz. Mat. Spis. Bulgar. Akad. Nauk 4 (37), 135—139. R 25 # 364. — **González-Fernández, J. M.**: Integrability theorems for power series. I. Tauberian theorems. J. Math. Anal. Appl. 3, 455—471. R 26 # 524. — **Hayman, W. K., Wilansky, A.**: An example in summability. Bull. Amer. math. Soc. 67, 554—555. R 24 # A 1543; Z 113, 47. — **Hirokawa, H.**: a) On the $(K, 1, \alpha)$ methods of summability. Tôhoku math. J., II. Ser. 13, 18—23. R 23 # A 2672; Z 103, 43. — b) On Riemann-Cesàro summability. Sûgaku 12, 233—234 [Japanisch]. R 26 # 4089; Z 114, 268. — **Hsiang, F. C.**: On a theorem of Srivastava. Indian J. Math. 3, 1—5. R 25 # 3303; Z 104, 278. — **Jha, D. K.**: On the stretching of T-matrices. Bull. Soc. math. Belgique 13, 50—67. R 24 # A 3450; Z 99, 278. **Jakimovski, A.**: Tauberian constants for Hausdorff transformations. Bull. Res. Council Israel, Sect. F. 9 F, 175—184. R 24 # A 941; Z 107, 278. — **Kangro, G., Tynnov, M.**: Folgensummierbarkeitsfaktoren für das Verfahren der bewichteten Mittel von Riesz. Tartu. gosudarst. Univ., učenye Zapiski 102, 249—262, deutsche Zusf. 262 [Russisch]. R 26 # 1653; Z 132, 290. — **Kangro, G., Vihmann, F.**: Über die abstrakten Summierbarkeitsfaktoren für das Verfahren der bewichteten Mittel von Riesz. Tartu. gosudarst. Uuiv., učenye Zapisky 102, 209–225 deutsche Zusammenfassung 225 [Russisch]. R 26 # 1652;

Z 131, 55. — **Karadžić, L.**: Sur quelques procédés de sommabilité. [Serbo-Croatian summary]. Univ. Beograd. Publ. Elektrotehn. Fak. Ser. Mat. Fiz. No. 55—58, 7—10. **R** 25 # 2342; **Z** 122, 62. — **Karklin'š, I. V., Kac, R. A.**: A theorem in the theory of Cesàro-summable integrals. [Russian. Latvian summary]. Latvijas Valsts Univ. Zinātn. Raksti 41, no. 5, 47—50. **R** 26 # 2776. — **Kaufman, B. L.**: a) On certain processes of the generalized summation of series. [Russian]. Proc. First Sci. Conf. Math. Dept. Ped. Inst. Volga Region (May, 1960) [Russian], pp. 66—71. Kuíbyšev. Gos. Ped. Inst., Kuybyshev. **R** 33 # 2993. — b) Über gewisse lineare Kombinationen der Cesàrotransformationen von Reihen. Issled. sovremen. Probl. konstrukt. Teor. Funkciĭ 178—183 [Russisch]. **R** 32 # 2785; **Z** 136, 354. — **Keogh, F. R., Petersen, G. M.**: Riesz summability of subsequences. Quart. J. Math., Oxford II. Ser. **12**, 33—44. **R** 22 # 11244; **Z** 97, 47. — **Kolodziej, W.**: Einige allgemeine Lückenumkehrsätze für permanente Toeplitzsche Limitierungsverfahren. Bull. Acad. Polon. Sci., Sér. Sci. math. astron. phys. **9**, 375—378. **R** 24 # A 938; **Z** 121, 57. — **Kull', I. G.**: Matrix transformations of classes of double sequences in Banach spaces. [russisch; est. und engl. Zusammenfassung]. Tartu Riikl. Ül. Toimetised No. 102, 193—208. **R** 26 # 1734. — **Kuttner, B.**: a) Some theorems on the relation between Riesz and Abel typical means. Proc. Cambridge philos. Soc. **57**, 61—75. **R** 24 # A 1539; **Z** 99, 279. — b) On "quasi-Cesàro" summability. J. Indian math. Soc., n. Ser. **24**, 319—341. **R** 23 # A 2675; **Z** 97, 272. — **Lorch, L., Newman, D. J.**: The Lebesgue constants for regular Hausdorff methods. Canad. J. Math. **13**, 283—298. **R** 27 # 502; **Z** 108, 61. — **Maheswari, S. N.**: On the absolute summability factors of double infinite series. Boll. Un. mat. Ital., III. Ser. **16**, 367—378. **R** 27 # 5070; **Z** 111, 262. — **Martić, B.**: a) Relation between σ^α, $KS(\lambda)$ and the Euler-Knopp methods of summation. Periodicum math.-phys. astron., II. Ser. **16**, 79—85. **R** 25 # A 361; **Z** 128, 61. — b) The application of Karamata-Stirling methods to analytical continuation and relation with Borel's method of summation. [Serbo-Croatian summary]. Glasnik Mat.-Fiz. Astronom. Društvo Mat. Fiz. Hrvatske Ser. II **16**, 171—175. **R** 25 # 2347; **Z** 108, 71. — **Matsuoka, Y.**: A generalization of Abel-Frobenius theorem. Sci. Rep. Kagoshima Univ. No. 10, 37—38. **R** 26 # 517. — **Mazhar, S. M.**: On the second theorem of consistency for generalized absolute summability. I. Proc. nat. Inst. Sci. India, Part A **27**, 11—17. **R** 24 # A 2778; **Z** 102, 48. — **McArthur, C. W.**: A note on subseries convergence. Proc. Amer. math. Soc. **12**, 540—545. **R** 23 # 3443, **Z** 99, 277. — **Meder, J.**: a) On the estimation of $(\overline{N}, p_n)$-means of orthogonal series. [Russian summary, unbound insert]. Bull. Acad. Polon. Sci. Sér. Sci. Math. Astronom. Phys. **9**, 123—127. **R** 24 # A 359; **Z** 100, 62. — b) On very strong Riesz-summability of orthogonal series. Studia Math. **20**, 285—300. **R** 24 # A 1540; **Z** 99, 51. — **Mitchell, J.**: Summability methods on matrix spaces. Canad. J. Math. **13**, 63—77. **R** 27 # 504. — **Muraev, É. B.**: Zur Theorie der Summation von Doppelreihen nach Eulerschen Methoden. Sibirsk. mat. Žurn. **2**, 884—890 [Russisch]. **R** 25 # 3300; **Z** 104, 279. — **Parameswaran, M. R.**: a) Remark on the structure of the summability field of a Hausdorff matrix. Proc. nat. Inst. Sci. India, Part A **27**, 175—177. **R** 24 # A 3452; **Z** 104, 278. — b) Note on the summability of sequences of zeros and ones. Proc. mat. Inst. Sci. India, Part A **27**, 129—136. **R** 24 # A 3451; **Z** 115, 274. — **Pati, T.**: On absolute summability by discrete Riesz means of type $\exp(n)$ and order 2. J. Indian math. Soc., n. Ser. **25**, 27—32. **R** 25 # 2348; **Z** 125, 35. — **Petersen, G. M.**: Matrices and norms. Proc. Cambridge philos. Soc. **57**, 271—273. **R** 22 # 12330; **Z** 97, 269. — **Polujanova, M. F.**: The summability of the product of two numerical series. Soviet Math., Doklady

1961 2, 1651—1654 (1962), Übersetzung von Doklady Akad. Nauk SSSR **141**, 1306—1309. **R** 24 # A 2783; **Z** 109, 286. — **Posner, E. C.**: Summability-preserving functions. Proc. Amer. math. Soc. **12**, 73—76. **R** 22 # 12327; **Z** 97, 46. — **Prasad, S. N.**: Function to sequence mapping. Quart. J. Math., Oxford II. Ser. **12**, 45—51. **Z** 95, 272. — **Prasad, B. N., Pati, T.**: On the multiplication of absolutely summable Dirichlet series. J. Indian math. Soc., n. Ser. **24**, 421—431. **R** 25 # A 359; **Z** 133, 12. — **Rajagopal, C. T.**: On a theorem connecting Borel and Cesàro summabilities. J. Indian math. Soc., n. Ser. **24**, 433—442. **R** 24 # A 3456; **Z** 125, 34. — **Rangachari, M. S.**: Remarks on some Tauberian theorems for Nörlund summability. Indian J. Math. **3**, 73—76. **R** 25 # 3302; **Z** 111, 262. — **Reĭmers, È.**: a) Section-convergence and multiplication of summable series. Tartu. gosudarst. Univ. učenye Zapiski **102**, 29—41, engl. Zusammenfassung 42 [Russisch]. **R** 26 # 4082; **Z** 136, 353. — b) Tauberian theorems for matrix methods of summability. Tartu. gosudarst. Univ., učenye Zapiski **102**, 43—50, engl. Zusammenfassung 51 [Russisch]. **R** 26 # 4091; **Z** 132, 289. — **Rhoades, B. E.**: Hausdorff summability methods. Trans. Amer. math. Soc. **101**, 396—425. **R** 25 # 358; **Z** 136, 353. — **Sargent, W. L. C.**: Some analogues and extensions of Marcinkiewicz's interpolation theorem. Proc. London math. Soc., III. Ser. **11**, 457—468. **R** 24 # A 372; **Z** 111, 259. — **Slepenčuk, K. M.**: Sätze von Tauberschem Typ für absolute Summierbarkeit. Dopovidi Akad. Nauk Ukraïn. RSR **1961**, 1405—1407, russ. und engl. Zusammenfassung 1407—1408 [Ukrainisch]. **R** 24 # A 3455; **Z** 137, 40. — **Subhankulov, M. A.**: a) The remainder term in the Tauberian theorem of Hardy-Littlewood-Carleman. [Russian]. Izv. Akad. Nauk SSSR Ser. Mat. **25**, 925—934. **R** 26 # 1663; **Z** 105, 88. — b) Some general Tauberian theorems with remainder term. [Russian]. Trudy Mat. Inst. Steklov. **64**, 239—266. **R** 25 # 3305; **Z** 118, 96. — **Syrmus, T.**: a) Über eine Verallgemeinerung des Satzes von Mercer für Doppelfolgen. Tartu gosudarst. Univ., učenye Zapiski **102**, 156—167, deutsche Zusammenfassung 168 [Russisch]. **R** 27 # 497; **Z** 127, 287. — b) Über einige Verallgemeinerungen des Satzes von Mercer. Tartu gosudarst. Univ., učenye Zapiski **102**, 169—183, deutsche Zusammenfassung 184 [Russisch]. **R** 27 # 498; **Z** 128, 285. — **Swift, W. C.**: Doubly iterated matrix methods of summability. Proc. Amer. math. Soc. **12**, 671—680. **R** 23 # A 3398; **Z** 118, 287. — **Taberski, R.**: a) Some properties of (K, φ)-summability. Bull. Acad. Polon. Sci., Sér. Sci. math. astron. phys. **9**, 659—666. **R** 24 # A 3446; **Z** 118, 58. — b) More about (K, φ)-summability. Bull. Acad. Polon. Sci., Sér. Sci. math. astron. phys. **9**, 769—774. **R** 24 # A 3447; **Z** 118, 58. — **Varadarajan, T.**: On two extensions of the Hardy-Landau theorem. Colloquium Math. **8**, 271—276. **R** 24 # A 368; **Z** 103, 43. — **Vihmann, F.**: Generalized summability factors. Tartu. gosudarst. Univ., učenye Zapiski **102**, 226—247, engl. Zusammenfassung 248 [Russisch]. **R** 26 # 1651; **Z** 131, 56. — **Vuilleumier, M.**: Transformations linéaires dans l'ensemble des suites ordonné. C. R. Acad. Sci. Paris **252**, 497—498. **R** 23 # A 3948; **Z** 97, 45. — **Waterman, D.**: A tangential Tauberian theorem. Monatsh. Math. **65**, 101—105. **R** 23 # A 2678; **Z** 100, 107. — **White, A. J.**: On quasi-Cesàro summability. Quart. J. Math., Oxford II. Ser. **12**, 81—99. **R** 23 # A 3399; **Z** 100, 59. — **Włodarski, L.**: On some properties of Borelian methods of the exponential type. Ann. Polon. math. **10**, 177—196. **R** 25 # 1388; **Z** 100, 60. — **Zimering, S.**: On a Mercerian theorem and its application to the equi-convergence of Cesàro and Riesz transforms. Publ. Inst. math., Beograd, n. Sér. **1 (15)**, 83—91. **R** 31 # 543; **Z** 105, 273.

Ahmad, Z. U.: Absolute summability factors of infinite series by Rieszian 1962 means. Rend. Circ. mat. Palermo, II. Ser. 11, 91—104. R 28 # 4274; Z 109, 286. — **Baron, S.**: Summability factors for double series which are summable or bounded by the weighted means method of Riesz. [Russian. Estonian and English summaries]. Tartu Riikl. Ül. Toimetised No. 129, 225—240. R 27 # 3977; Z 143, 281. — **Baron, S., Pallum, E., Peterson, M.**: Two theorems of Chow and their generalizations to double series. [Russian. Estonian and German summaries]. Eesti NSV Tead. Akad. Toimetised Füüs.-Mat. Tehn. Tead. Seer. 11, 277—287. R 27 # 3976. — **Baron, S., Tammai, T.**: Über die Summierbarkeitsfaktoren für das Cesàrosche Verfahren negativer Ordnung. Izvestija Akad. Nauk Èston. SSR, Ser. fiz.-mat. tehn. Nauk 11 33—36, deutsche Zusammenfassung 36 [Russisch]. R 25 # 3298; Z 133, 309. — **Berg, I. D., Wilansky, A.**: Periodic, almost-periodic, and semi-periodic sequences. Michigan Math. J. 9, 363—368. R 26 # 1646; Z 128, 340. — **Bhatt, S. N.**: On the summability factors of infinite series. Rend. Circ. mat. Palermo, II. Ser. 11, 237—244. R 27 # 5062; Z 118, 288. — **Borwein, D., Shawyer, B. L. R.**: On Riesz summability factors. Proc. Glasgow math. Assoc. 5, 188—196. R 25 # 4277; Z 133, 309. — **Čelidze, V. G.**: Tauberian theorems for multiple series. [Russian. Georgian summary.]. Tbiliss. Gos. Univ. Trudy Ser. Meh.-Mat. Nauk 84, 77—92. R 27 # 1743; Z 127, 28. — **Copping, J.**: Mercerian theorems and inverse transformations. Studia math. 21, 177—194. R 25 # 3296; Z 121, 56. — **Cowling, V. F.**: Summability of subclasses of convergent and summable series. Math. Z. 79, 250—253. R 25 # 3297; Z 109, 286. — **Cowling, V. F., King, J. P.**: On the Taylor and Lototsky summability of series of Legendre polynomials. J. Analyse Math. 10, 139—152. R 28 # 1421; Z 105, 57. — **Cowling, V. F., Miracle, C. L.**: Some results for the generalized Lototsky transform. Canadian J. Math. 14, 418—435. R 25 # 4281; Z 124, 283. — **Cross, R. W.**: Summability of sequences by matrices. Bull. Soc. math. Belgique 14, 297—306. R 27 # 505; Z 105, 272. — **Dowidar, A. F., Petersen, G. M.**: Summability of subsequences. Quart. J. Math., Oxford II. Ser. 13, 81—89. R 26 # 523; Z 112, 287. — **Džahua, A. B.**: Summation of double numerical series by Riemann's method. [Russian. Georgian summary]. Tbiliss. Gos. Univ. Trudy Ser. Meh.-Mat. Nauk 84, 261—274. R 27 # 2760. — **Erdös, P., Hanani, H.**: On C_1-summability of series. Michigan math. J. 9, 1—14. R 25 # 362; Z 111, 261. — **Èspenberg, H.**: a) Summability factors for the Euler-Knopp method. [Russian. Estonian and German summaries]. Tartu Riikl. Ül. Toimetised No. 129, 241—249. R 27 # 2755; Z 141, 248. — b) Summability factors for the Hausdorff method. [Russian. Estonian and German summaries.] Tartu Riikl. Ül. Toimetised No. 129, 250—252. R 27 # 2756; Z 141, 248. — **Farnell, A. B.**: Linear transformations of sequences. Amer. math. Monthly 69, 129—130. Z 113, 48. — **Ganelius, T.**: *The remainder in Wiener's tauberian theorem. Mathematica Gothoburgensia, 1. Acta Universitatis Gothoburgensis, Göteborg, 13 pp. R 27 # 511; Z 109, 333.— **Geisberg, S.**: a) Inclusion of bounded fields of summability. [Russian. Estonian and English summaries..] Tartu Riikl. Ül. Toimetised No. 129, 283—296. R 27 # 2752; Z 141, 247. — b) Analogues of theorems of Mazur and Orlicz for absolute summability. [Russian. Estonian and English summaries.]. Tartu Riikl. Ül. Toimetised No. 129, 297—307. R 27 # 2753; Z 141, 248.— **Goffman, C., Petersen, G. M.**: Correction to the paper: "Submethods of regular matrix summability methods". Canad. J. Math. 14, 384. R 25 # 1391. — **Golubov, B. I.**: Die Folgenlimitierung mit Toeplitz-Verfahren. Vestnik Moskov. Univ., Ser. I 17, Nr. 1, 30—37 [Russisch]. R 26 # 522; Z 138, 42. — **Hirschmann, I. I., Jr.**: *Infinite Series. Holt, Rinehart and Winston, New York. R 26 # 510. —

1962 **Hoischen, Lothar:** Beiträge zur Limitierungstheorie. Mitt. math. Sem. Gießen **59**, 56 S. R 28 # 3272; Z 112, 287. — **Hsiang, F. C.:** On the strong Riesz summability of an infinite series. Indian J. Math. **4**, 47—52. R 27 # 507; Z 108, 270. — **Jha, D. K.:** On absolute equivalence of general infinite matrices. Simon Stevin **35**, 113—128. R 26 # 4087; Z 107, 277. — **Ishiguro, K.:** a) On a product of summability methods. Proc. Japan Acad. **38**, 426—431. R 26 # 6645; Z 118, 59. — b) On the summability methods of logarithmic type. Proc. Japan Acad. **38**, 703—705. R 26 # 4085; Z 118, 288. — c) On the circle method of summation of a Cauchy product series. Proc. Amer. math. Soc. **13**, 695—697. R 27 # 1741; Z 112, 288. — d) On the product of some quasi-Hausdorff and logarithmic methods of summability. Proc. Japan **38**, 318—322. R 26 # 515; Z 111, 261. — **Jakimovski, A.:** Tauberian constants for the $[J, f(x)]$ transformations. Pacific J. Math. **12**, 567—576. R 26 # 1661; Z 122, 304. — **Jasek, B.:** Transformations of complex series. Colloq. Math. **9**, 265—275. R 27 # 5058; Z 118, 57. **Jeśmanowicz, L.:** On the $C^\alpha | C^\beta$ convergence. Ann. Polon. Math. **12**, 25—37. R 25 # 4280; Z 107, 278. — **Kangro, G., Baron, S.:** Factors of summability and absolute summability for double series which are absolutely summable by weighted means of Riesz. [Russian. Estonian and German summaries]. Tartu Riikl. Ül Toimetised No. 129, 155—169. R 28 # 2382; Z 143, 280. — **Kuttner, B.:** a) A theorem on Abel summability. J. London math. Soc. **37**, 123—125. R 24 # A 3454; Z 105, 273. — b) On discontinuous Riesz means of type n. J. London math. Soc. **37**, 354—364. R 26 # 520; Z 112, 288. — **Kuttner, B., Sherif, S.:** A relation between Tauberian classes. Quart. J. Math., Oxford II. Ser. **13**, 35—39. R 25 # 5316; Z 111, 262. — **Lee, S.-M.:** On a two-parameter family of summation methods. Hung-Ching Chow 60th Anniversary Vol., pp. 39—85. Inst. of Math., Acad. Sinica, Taipei. R 27 # 2759; Z 151, 62. — **Lindberg, M.:** On two Tauberian remainder theorems. Pacific J. Math. **12**, 607—615. R 27 # 1747; Z 115, 95. — **Lorch, L., Newman, D.:** On the $[F, d_n]$ summation of Fourier series. Commun. Pure Applied Math. **15**, 109—118. Z 144, 65. — **Maddox, I. J.:** a) On Riesz summability factors. Tôhoku math. J., II. Ser. **14**, 431—435. R 27 # 2758; Z 107, 278. — b) Convergence and summability factors for Riesz means. Proc. London math. Soc., III. Ser. **12**, 345—366. R 25 # A 360; Z 118, 60. — **Malliavin, P.:** Un théorème taubérien avec reste pour la transformée de Stieltjes. C. R. Acad. Sci. Paris **255**, 2351—2352. R 26 # 1662; Z 109, 334. — **Martić, B.:** The connection between $R_{\lambda,1}$ and σ^α methods of summation. Bull. Soc. Math. Phys. Macédoine **11**, 9—13, engl. Zusammenfassung 13 [Serbisch]. R 31 # 536; Z 127, 287. — **Marx, I.:** Transformations of series by a variant of Stirling's numbers. Amer. math. Monthly **69**, 530—532; Correction Ibid. **70**, 309. Z 136, 356. — **Meder, J.:** a) On the Nörlund summability of orthogonal series. Bull. Acad. Polon. Sci. Sér. Sci. Math. Astronom. Phys. **10**, 261—264. R 25 # 3295; Z 104, 286. — b) On the Nörlund summability of orthogonal series. Ann. Polon. Math. **12**, 231—256. R 26 # 2771; Z 108, 57. — **Meir, A.:** On the $[F, d_n]$-transformations of A. Jakimovski. Bull. Res. Council Israel, Sect. F **10F**, 165—187. R 27 # 5066; Z 118, 57. — **Meyer-König, W., Zeller, K.:** FK-Räume und Lückenperfektheit. Math. Z. **78**, 143—148. R 25 # 3294. — **Minakshisundaram, S.:** Convexity theorem for absolute summability. Proc. nat. Inst. Sci. India, Part A **28**, 347—351. Z 141, 249. — **Muraev, E. B.:** a) Borel summability of a power series on the boundary of the circle of convergence. [Russian]. Izv. Vysš. Učebn. Zaved. Matematika **1962**, no. 2 (27), 110—113. R 25 # 1389; Z 136, 376. — b) Über eine Verallgemeinerung der Borelschen Summationsmethoden. Izvestija vysš. učeb. Zaved., Mat. 1962, Nr. 1 (26), 101—108.

[Russisch]. R 25 ≠ 2346; Z 137, 38. — **Musielak, J., Orlicz, W.**: On modular 1962 spaces of strongly summable sequences. Studia Math. 22, 127—146. R 26 ≠ 1655; Z 111, 305. — **Obreškov, N.**: On double series which are absolutely summable by arithmetic means. [Bulgarian. Russian and French summaries]. Bulgar. Akad. Nauk. Izv. Mat. Inst. 6, 61—82. R 26 ≠ 1657. — **Ogieveckiĭ, I. I.**: a) On the problem of effectiveness and non-effectiveness of regular matrices. [Russian]. Dokl. Akad. Nauk SSSR 143, 1050—1052. R 25 ≠ 1381. — b) Über die Mächtigkeit der Menge der bezüglich einer regulären Matrix linear unabhängigen Folgen. Uspehi mat. Nauk 17, Nr. 1 (103), 209—213. R 25 ≠ 1382; Z 128, 280. — c) Zur Theorie der Summierung von Reihen nach der Borelschen Methode gebrochener Ordnung. II. Dopovidi Akad. Nauk Ukraïn. RSR 1962, 719—721, russ. und engl. Zusammenfassung 721—722 [Ukrainisch]. R 25 ≠ 1383; Z 138, 284. — **Parameswaran, S.**: A Tauberian theorem concerning slowly-oscillating functions. J. Indian math. Soc., n. Ser. 25, 229—235. R 27 ≠ 1746; Z 129, 275. — **Parameswaran, S., Rajagopal, C. T.**: Remarks on a Tauberian theorem. Quart. J. Math. Oxford Ser. (2) 13, 1—6. R 25 ≠ 5315; Z 148, 291. — **Pati, T.**: a) Effectiveness of absolute summability. Math. Student 28, 177—187. R 28 ≠ 3275; Z 104, 278. — b) A note on the second theorem of consistency for absolute summability. Math. Student 29, 93—100. R 28 ≠ 3273; Z 142, 307. — c) The second theorem of consistency for Riesz boundedness. Math. Student 29, 101—112. R 28 ≠ 3274; Z 142, 308. — d) Absolute Cesàro summability factors of infinite series. Math. Z. 78, 293—297. R 27 ≠ 5068; Z 104, 278. — **Pati, T., Lal, S. N.**: The product of a logarithmic method and the sequence-to-sequence quasi-Hausdorff method. Proc. Japan Acad. 38, 432—437. R 27 ≠ 3964; Z 113, 47. — **Pati, T., Ramanujan, M. S.**: On iteration products preserving absolute convergence. Boll. Un. mat. Ital., III. Ser. 17, 385—393. R 28 ≠ 4277; Z 109, 285. — **Petersen, G. M.**: A Tauberian theorem. Math. Z. 79, 116—121. R 25 ≠ 3304; Z 112, 286. — **Rajagopal, C. T.**: On $|C, 1|$ summability factors of power series and Fourier series. Math. Z. 80, 265—268. R 27 ≠ 5069; Z 144, 64. — **Reĭmers, È.**: Neue allgemeine Summierungsmethoden. Tartu. gosudarst. Univ., učenye Zapiski 129, Trudy Mat. Meh. 3, 119—154, engl. Zusammenfassung 154 [Russisch]. R 27 ≠ 6060; Z 151, 58. — **Rhoades, B. E.**: a) Some totally equivalent matrices. Amer. math Monthly 69, 523—524. R 111, 260. — b) Total comparison among some totally regular Hausdorff methods. II. Math. Z. 80, 1—3. R 25 ≠ 5309; Z 133, 308. — **Russell, D. C.**: On Riesz and Riemann summability. Trans. Amer. math. Soc. 104, 383—391. R 25 ≠ 4276; Z 128, 62. — **Ryll-Nardzewski, C.**: The Borel method of limitation is perfect. Bull. Acad. Polon. Sci., Sér. sci. math. astron. phys. 10, 649—650. R 28 ≠ 385; Z 112, 288. — **Schieber, E.**: Über das S_α-Verfahren der Limitierungstheorie. Math. Z. 80, 19—43. R 25 ≠ 5310; Z 129, 273. — **Slepenčuk, K. M.**: Verallgemeinerte Höldersche Methoden negativer Ordnung. Dopovidi Akad. Nauk Ukrain. RSR 1962, 729—730, russ. und engl. Zusammenfassung 731—732 [Ukrainisch]. R 25 ≠ 2350; Z 138, 41. — **Srivastava, P.**: On the absolute summability factors of integrals. Indian J. Math. 4, 23—34. R 26 ≠ 1659; Z 119, 314. — **Syrmus, T.**: a) Über gewisse Verallgemeinerungen des Mercerschen Satzes für Doppelfolgen. Izvestija Akad. Nauk Èstonsk. SSR, Ser. fiz.-mat. tehn. Nauk 11, 37—48, deutsche Zusammenfassung 48—49 [Russisch]. R 25 ≠ 5311; Z 133, 48. — b) Über den verallgemeinerten Mercerschen Satz. Izvestija Akad. Nauk Èston. SSR, Ser. fiz.-mat. tehn. Nauk 11, 99—105, deutsche Zusammenfassung 106 [Russisch]. R 25 ≠ 5312; Z 131, 58. — c) Some Mercer-type theorems for restrained convergence. [Russian. Estonian and German summaries]. Tartu Riikl. Ül. Toimetised No. 129, 264—273. R 28 ≠

1962 4278; **Z** 151, 60. — d) Mercer-type theorems for restrained and ordinary convergence. [Russian. Estonian and German summaries]. Tartu Riikl. Ül. Toimestised No. 129 274—282. **R** 28 # 5277; **Z** 141, 61. — **Taïkov, L. V.**: Über Summationsmethoden für Taylorsche Reihen. Izvestija Akad. Nauk SSSR, Ser. mat. **26**, 625—630 [Russisch]. **R** 25 # 5339; **Z** 133, 310. — **Tiit, E.**: a) Rearrangement sets of a type of summable series. [Russian. Estonian and English summaries]. Tartu Riikl Ül. Toimetised No. 129, 323—337. **R** 28 # 2379a; **Z** 145, 65. — b) Some new rearrangement sets of summable series. [Russian. Estonian and English summaries]. Tartu Riikl. Ül. Toimetised No. 129, 338—356. **R** 28 # 2379b; **Z** 145, 65. — **Tjurnpu, H.**: Einige Typen von Summierbarkeitsfaktoren für die Rieszsche Methode zweiter Ordnung. Tartu. gosudarst. Univ., učenye Zapiski **129**, Trudy Mat. Meh. 3, 253—263, deutsche Zusammenfassung 263 [Russisch]. **R** 27 # 2757; **Z** 161, 251. — **Vihmann, F.**: a) An extension of the method of Peyerimhoff to the case of generalized summability factors. [Russian. Estonian and English summaries]. Tartu Riikl. Ül. Toimetised No. 129, 170—193. **R** 28 # 2380; **Z** 151, 59. — b) Verallgemeinerte Summierbarkeitsfaktoren für die Methode der gewogenen Rieszschen Mittel. Tartu. gosudarst. Univ., učenye Zapiski **129**, Trudy Mat. Meh. 3, 199—223, engl. Zusammenfassung 223—224 [Russisch]. **R** 27 # 3973; **Z** 144, 55. — c) Verallgemeinerte Konvergenzfaktoren beim Euler-Knoppschen Limitierungsverfahren. Izvestija Akad. Nauk Èston. SSR Ser. fiz.-mat. tehn. Nauk **11**, 107—113, deutsche Zusammenfassung 113 [Russisch]. **R** 25 # 2351; **Z** 128, 61. — d) Theorems of Bohr-Hardy type for double series. [Russian. Estonian and English summaries]. Tartu Riikl. Ül. Toimetised No. 129, 194—198. **R** 28 # 2381; **Z** 144, 314. — **Volkov, I. I.**: Summability factors for Cesàro methods of complex order. [Russian]. Uspehi Mat. Nauk **17**, no. 1 (103), 161—168. **R** 25 # 363.

1963 **Bajraktarević, M.**: Quelques remarques sur les procédés de sommabilité liés aux polynômes de Stirling. Periodicum math.-phys. astron. II. Ser. **17**, 183—187. **R** 30 # 4094; **Z** 118, 59. — **Berg, I. D.**: The algebra of semiperiodic sequences. Michigan Math. J. **10**, 237—239. **R** 28 # 2371. — **Borwein, D., Matsuoka, Y.**: On multiplication of Cesàro summable series. J. London math. Soc. **38**, 363—400. **R** 28 # 5276; **Z** 115, 275. — **Boyer, B. J., Holder, L. I.**: A generalization of absolute Rieszian summability. Proc. Amer. math. Soc. **14**, 459—464. **R** 26 # 6647; **Z** 111, 262. — **Brauer, G.**: a) Convolution of sequences. Bull. Amer. math. Soc. **69**, 216—219. **R** 26 # 2772; **Z** 113, 47. — b) Remarks on a paper of Rhoades. Amer. math. Monthly **70**, 300—301. **Z** 127, 26. — **Buckholtz, J. D.**: Column sequences in Hausdorff matrices. Proc. Amer. Math. Soc. **14**, 837—838. **R** 27 # 2754. — **Cross, R. W.**: On the conditions for a T-matrix to evaluate no bounded divergent sequence. Bull. Soc. math. Belgique **15**, 243—252. **R** 29 # 395; **Z** 118, 286. — **Davydov, N. A.**: a) Over-summability of power series by Cesàro's methods. Uspehi mat. Nauk **18**, Nr. 4 (112), 129—134 [Russisch]. **R** 27 # 5067; **Z** 133, 310. — b) The (c)-property of the Cesàro and Abel-Poisson methods and theorems of Tauberian type. [Russian]. Mat. Sb. (N. S.) **60 (102)**, 185—206. **R** 26 # 4090; **Z** 141, 63. — **Dawson, D. F.**: On certain sequence to sequence transformations which preserve convergence. Proc. Amer. math. Soc. **14**, 542—545. **R** 27 # 5063; **Z** 114, 268. — **Delange, H.**: Théorèmes taubériens relatifs à l'intégrale de Laplace. J. Math. Pures Appl. (9) **42**, 253—309. **R** 28 # 3277; **Z** 118, 319. — **Dowidar, A. F., Petersen, G. M.**: The distribution of sequences and summability. Canad. J. Math. **15**, 1—10. **R** 26 # 1299; **Z** 126, 279. — **Endl, K.**: On systems of linear inequalities in infinitely many variables and generalized Hausdorff means. Math. Z. **82**, 1—7. R 27 # 2751; Z 111, 261. — **Feller, W.**: On the classical Tauberian theorems. Arch. Math. **14**, 317—322. R 27 # 5071. — **Fiedler, H.**: Über Bohr-Hardysche Faktoren bei Rieszschen Mitteln. Mitt. math. Sem. Gießen **60**, 43 S. R 28 # 386; Z 129, 274. — **Fréchet, M.**: Sur la sommabilité des séries divergentes. Math. Notae **18**, 1—14. R 27 # 5065; Z 121, 296. — **Gorst, Ju. G., Elin, M. V.**: On certain essential differences between the matrix and semi-continuous methods of series summation. Bull. Acad. Polon. Sci., Sér. Sci. math. astron. phys. **11**, 9—11, engl. Zusammenfassung 11 [Russisch]. R 26 # 4084; Z 118, 287. — **Gribanov, Ju. I.**: a) On a class of spaces of sequences which is wider than that of Köthe-Toeplitz spaces. [Russian]. Kazan State Univ. Sci. Survey Conf. 1962 [Russian]. pp. 6—8. Izdat. Kazan. Univ., Kazan. R 32 # 6099. — b) Banach spaces of sequences generated by matrices of infinite rank. [Russian]. Kazan State Univ. Sci. Survey Conf. 1962 [Russian]. pp. 8—10. Izdat. Kazan. Univ., Kazan. R 32 # 6100. — **Henstock, R.**: Tauberian theorems for integrals. Canad. J. Math. **15**, 433—439. R 28 # 2187. — **Hsiang, F. C.**: On a theorem of Burkill-Petersen. Portugaliae Math. **22**, 137—141. R 35 # 7034; Z 133, 12. — **Hsü, C.-S.**: Boundedness of limits. Proc. Amer. math. Soc. **13**, 979—981. R 26 # 1649; Z 133, 308. — **Ilieff, L.**: Konvergente Abschnittsfolgen C-summierbarer Reihen. Acad. Républ. popul. Roumaine, Revue Math. pur. appl. **8**, 349—351. R 31 # 542; Z 136, 355. — **Isaacs, G. L.**: An iteration formula for fractional differences. Proc. London math. Soc., III. Ser. **13**, 430—460. R 27 # 5061; Z 129, 44. — **Ishiguro, K.**: a) A converse theorem on the summability methods. Proc. Japan Acad. **39**, 38—41. R 26 # 4086; Z 113, 48. — b) A note on the logarithmic means. Proc. Japan Acad. **39**, 575—577. R 28 # 2378; Z 133, 9. — c) Tauberian theorems concerning the summability methods of logarithmic type. Proc. Japan Acad. **39**, 156—159. R 27 # 1742; Z 115, 275. — **Ishiguro, K., Kuttner, B.**: On the Gibbs phenomenon for quasi-Hausdorff means. Proc. Japan Acad. **39**, 731—735. R 28 # 4273; Z 133, 8. — **Iyer, A. V. V.**: The equivalence of two methods of absolute summability. Proc. Japan Acad. **39**, 429—431. R 29 # 6218; Z 125, 33. — **Jakimovski, A.**: Tauberian constants for the Abel and Cesàro transformations. Proc. Amer. math. Soc. **14**, 228—238. R 28 # 1428; Z 115, 275. — **Kogan, D. A.**: Convolutions of infinite matrices and their application to the improvement of the summability of series of functions. [Russian]. Ural. Gos. Univ. Mat. Zap. **4**, tetrad' 2, 80—90. R 35 # 626. — **Korevaar, J.**: Square roots relative to convolution. J. Analyse math. **10**, 363—379. R 26 # 6700; Z 124, 284. — **Kuttner, B.**: A Tauberian theorem for discontinuous Riesz means. I. J. London math. Soc. **38**, 189—196. R 26 # 6649; Z 125, 35. — **Kwee, B.**: The relation between Nörlund and generalised Abel summability. J. London math. Soc. **38**, 472—476. R 28 # 2373; Z 125, 33. — **Lal, S. N.**: a) On the absolute harmonic summability of the factored power series on its circle of convergence. Indian J. Math. **5**, 55—66. R 28 # 4276; Z 115, 283. — b) On products of summability methods and generalized Mercerian theorems. Math. Student **30**, 131—142. R 27 # 501; Z 112, 69. — **Lindenstrauss, J.**: A remark concerning projections in summability domains. Amer. math. Monthly **70**, 977—978. Z 133, 8. — **Lorch, L., Moser, L.**: A remark on completely monotonic sequences with an application to summability. Canadian math. Bull. **6**, 171—173. R 27 # 6059; Z 122, 306. — **Lorentz, G. G., Zeller, K.**: Strong and ordinary summability. Tôhoku Math. J. (2) **15**, 315—321. R 28 # 387. — **Maddox, I. J.**: On absolute Riesz summability factors. Tôhoku math. J., II. Ser. **15**, 116—120. R 27 # 3968; Z 114, 268. — **Martić, B.**: a) Sur l'inclusion de la sommabilité d'Euler et de Vučković. Bull.

1963

1963 Soc. Math. Phys. Macédoine **12**, 29—32, französ. Zusammenfassung 32 [Serbokroatisch]. — b) On a class of two-parametric summation methods and their applications. [Serbo-Croatian. German summary]. Rad Jugoslav. Akad. Znan. Umjet. Odjel Mat. Fiz. Tehn. Nauke **325**, 127—163. **R** 27 # 3972; **Z** 151, 62. — c) The mutual inclusion of $S^{\alpha,\beta}$ methods of summation. Publ. Inst. math., Beograd, n. Sér. **2 (16)**, 93—98. **R** 30 # 4093; **Z** 128, 62. — d) On the $S^{\alpha,\beta}$ summability of series of Legendere polynominals. Periodicum math.-phys. astron., II. Ser. **18**, 69—74. **R** 30 # 383; **Z** 128, 62. — e) Two theorems on the inclusion of a class of summation methods. Bull. Soc. Math. Phys. Macédoine **13**, 13—19, engl. Zusammenfassung 19—20 [Serbo-Kroatisch]. **R** 29 # 2570; **Z** 134, 281. — f) Note on the summation of a classical divergent series. Bull. Soc. Math. Phys. Serbie **15**, 17—20. **R** 32 # 305; **Z** 132, 290. — **Meir, A.**: a) Tauberian theorems. Israel J. Math. **1**, 29—36. **R** 28 # 391; **Z** 139, 296. — b) Analytic continuation by summation methods. Israel J. Math. **1**, 224—228. **R** 29 # 396. — c) Tauberian constants for a family of transformations. Ann. of Math. (2) **78**, 594—599. **R** 29 # 3794; **Z** 178, 396. — **Melencov, A. A., Muraev, È. B.**: Summation of iterations of a linear operator. [Russian. Armenian summary.]. Izv. Akad. Nauk Armjan. SSR Ser. Fiz.-Mat. Nauk **16**, no. 1, 3—12. **R** 27 # 508; **Z** 145, 66. — **Meyer-König, W., Zeller, K.**: Euler-Knopp- und Borel-Verfahren komplexer Ordnung. Math. Z. **82**, 394—402. **R** 28 # 1423; **Z** 128, 61. — **Miracle, C. L.**: Some regular (F, d_n) matrices with complex elements. Canadian J. Math. **15**, 503—525. **R** 27 # 506; **Z** 122, 304. — **Müller, G.**: Sätze über Folgen auf kompakten Räumen. Monatsh. Math. **67**, 436—451. **R** 28 # 1425. — **Ogieveckiĭ, I. I.**: Zum Problem der Effektivheit einer regulären Matrix. Izvestija Akad. Nauk SSSR, Ser. mat. **27**, 329—342 [Russisch]. **R** 27 # 500; **Z** 128, 281. — **Pandey, G. S.**: On summability $[c, k]$ and summability $[R, k]$ of Laplace series. Proc. Japan Acad. **39**, 35—37. **R** 27 # 503; **Z** 116, 48. — **Park, S.: Laush, G.**: Knopp's core theorem and subsequences of a bounded sequence. Proc. Amer. math. Soc. **13**, 971—974. **R** 26 # 519; **Z** 111, 260. — **Petersen, G. M.**: Consistency of summation matrices for unbounded sequences. Quart. J. Math., Oxford II. Ser. **14**, 161—169. **R** 27 # 3974; **Z** 137, 37. — **Pleijel, Å.**: a) A bilateral Tauberian theorem. Ark. Mat. **4**, 561—571. **R** 28 # 1426; **Z** 107, 320. — b) Remark to my previous paper on a bilateral Tauberian theorem. Ark. Mat. **4**, 573—574. **R** 28 # 1427; **Z** 107, 320. — c) On a theorem by P. Malliavin. Israel J. Math. **1**, 166—168. **R** 29 # 5023; **Z** 126, 115. — **Raimi, R. A.**: a) Invariant means and invariant matrix methods of summability. Duke math. J. **30**, 81—94. **R** 27 # 3965; **Z** 125, 32. — b) Convergence, density, and τ-density of bounded sequences. Proc. Amer. math. Soc. **14**, 708, 708—712. **R** 27 # 3966; **Z** 127, 28. — **Ramanujan, M. S.**: a) On the multiplication of series. Amer. math. Monthly **70**, 190—192. **R** 28 # 383; **Z** 133, 309. — b) On the Sonnenschein methods of summability. Proc. Japan Acad. **39**, 432—434. **R** 28 # 2375. — **Rangachari, M. S.**: Tauberian theorems for Cesàro sums. Colloq. Math. **11**, 101—108. **R** 28 # 2385; **Z** 178, 396. — **Rhoades, B. E.**: a) Hausdorff summability methods, addendum. Trans. Amer. math. Soc. **106**, 254—258. **R** 26 # 1654; **Z** 137, 38. — b) A sufficient condition for total monotonicity. Trans. Amer. math. Soc. **107**, 309—319. **R** 26 # 5323; **Z** 137, 42. — c) A method of Hausdorff summability. Math. Z. **81**, 62—75. **R** 26 # 6646; **Z** 137, 38. — **Schmetterer, L.**: Wahrscheinlichkeitstheoretische Bemerkungen zur Theorie der Reihen. Arch. Math. **14**, 311—316. **R** 27 # 3971. — **Selander, T.**: Bilateral Tauberian theorems of Keldyš type. Ark. Mat. **5**, 85—96. **R** 27 # 5072. — **Sherif, S.**: Tauberian constants for the Riesz transforms of different orders. Math. Z. **82**, 283—298. **R** 28 # 2377; **Z** 115, 276. — **Singroura,**

A. N. S.: On Cesàro summability of Fourier-Laguerre series. Proc. Japan **1963** Acad. **39**, 208—210. **R** 27 # 3975; **Z** 116, 278. — **Skof, F.**: Sull'attenuazione delle condizioni tauberiane. Atti. Accad. Naz. Lincei Rend. Cl. Sci. Fis. Mat. Natur (8) **35**, 466—468. **R** 29 # 5024; **Z** 145, 300. — **Sledd, W. T.**: a) Regularity conditions for Karamata matrices. J. London math. Soc. **38**, 105—107. **R** 26 # 4088; **Z** 118, 287. — b) Summability of ordinary Dirichlet series by Perron-type matrices. Michigan Math. J. **10**, 33—41. **R** 27 # 1740. — **Slepenčuk, K. M.**: a) Einige spezielle Summationsmethoden für unendliche Produkte. Izvestija vysš. učebn. Zaved., Mat. **1963**, Nr. 6 (37), 133—137. [Russisch]. **R** 29 # 3791; **Z** 133, 15. — b) Einige Summierungsverfahren für Reihen. Dopovidi Akad. Nauk Ukraïn. RSR **1962**, 1559—1562, russ. und engl. Zusammenfassung 1562 [Ukrainisch]. **R** 29 # 5018; **Z** 138, 41. — **Smirnov, G. A.**: Comparison of certain methods of summability of series. [Russian]. Kalinin. Gos. Ped. Inst. Učen. Zap. **29**, 127—134. **R** 28 # 388. — **Spanne, S.**: A generalization of a Tauberian theorem by Pleijel. Ark. Mat. **5**, 311—315. **R** 36 # 1878; **Z** 134, 103. — **Subhankulov, M. A.**: A Tauberian theorem with remainder term for the Stieltjes transform. [Russian]. Tadžik. Gos. Univ. Učen. Zap. **26**, vyp. 1, 77—86. **R** 36 # 1879. — **Taberski, R.**: Remarks on singular integrals. Bull. Acad. Polon. Sci. Sér. Sci. Math. Astronom. Phys. **11**, 577—582. **R** 28 # 2384; **Z** 123, 83. — **Takahashi, S.**: The law of the iterated logarithm for a gap sequence with infinite gaps. Tôhoku Math. J. (2) **15**, 281—288. **R** 28 # 384. — **Tyer, A. V. V.**: The equivalence of two methods of absolute summability. Proc. Japan Acad. **39**, 429—431. **Z** 125, 33. — **Waterman, D.**: A gap Tauberian theorem. Monatsh. Math. **67**, 142—144. **R** 27 # 1744; **Z** 141, 250. — **Vernotte, P.**: La sommation des séries divergentes à termes positifs, par les conditions de régularité. C. R. Acad. Sci. Paris **257**, 3804—3805. **R** 28 # 1739. — **White, D. J.**: Operations preserving the convergence of infinite series. I. J. London math. Soc. **38**, 505—512. **R** 28 # 2372; **Z** 115, 273. — **Włodarski, L.**: a) On a new approach to continuous methods of summation. Colloquium math. **10**, 61—71. **R** 27 # 3969; **Z** 111, 259. — b) On some strong continuous summability methods. Proc. London math., Soc., III. Ser. **13**, 273—289. **R** 28 # 1422; **Z** 117, 289. — **Zeller, K.**: a) Lineare Räume und Limitierung. Studia math. Ser. spec. Nr. **1**, 137—138. **R** 26 # 2769; **Z** 114, 267. — b) Abschnittsabschätzungen bei Matrixtransformationen. Math. Z. **80**, 355—357. **Z** 108, 270.

An, F. I., Subhankulov, M. A.: A Tauberian theorem and its application **1964** to the rapidity of convergence of Fourier series. [Russian. Uzbek summary]. Izv. Akad. Nauk UzSSR Ser. Fiz.-Mat. Nauk **1964**, no. 2, 5—13. **R** 31 # 5011; **Z** 121, 299. — **Anjaneyulu, K.**: Tauberian constants for Laurent series continuation matrix transforms. Ann. Univ. Sci. Budapest. Eötvös Sect. Math. **7**, 157—168. **R** 31 # 2532; **Z** 135, 264. — **Baker, J. W., Petersen, G. M.**: Inclusion of sets of regular summability matrices. Proc. Cambridge philos. Soc. **60**, 705—712. **R** 30 # 1335; **Z** 134, 281. — **Berg, I. D.**: A Banach algebra criterion for Tauberian theorems. Proc. Amer. math. Soc. **15**, 648—652. **R** 29 # 2574; **Z** 131, 57. — **Bhatnagar, P. L., Srinivasienagr, C. N.**: * The theory of infinite series. Nat. Publ. House, Delhi. **R** 29 # 3784. — **Bhatt, S. N.**: Tauberian theorems for absolute Nörlund summability. Mat. Vesnik, n. Ser. **1 (16)**, 333—334. **R** 32 # 2787; **Z** 131, 58. — **Borwein, D., Shawyer, B. L. R.**: On absolute Riesz summability factors. J. London math. Soc. **39**, 455—465. **R** 29 # 2567; **Z** 138, 43. — **Brannen, J. P.**: Concerning Hausdorff matrices and absolutely convergent sequences. Proc. Amer. math. Soc. **15**, 114—123. **R** 28 # 2376; **Z** 138, 41. — **Butzer, P. L., Neu-**

1964 **Heuser, H. G.**: Sur les conditions taubériennes pour les procédés de Cesàro. C. r. Acad. Sci., Paris **258**, 4411—4412. R 28 # 5275; Z 127, 287. — **Čelidze, V. G.**: a) Theorems of Tauberian type for multiple integrals. [Russian. Georgian summary]. Tbiliss. Gos. Univ. Trudy Ser. Meh.-Mat. Nauk **102**, 33—49. R 31 # 6079. — b) The interrelation between various methods of summing multiple series. [Russian]. Trudy I i II Respubl. Konferencii Matematikov Vys. Učebn. Zaved. Gruzin. SSR, pp. 5—22. Izdat. "Codna", Tbilissi. R 35 # 620. — **Cowling, V. F., Miracle, C. L.**: Corrections to and remarks on some results for the generalized Lototsky transform. Canadian J. Math. **16**, 423—428. R 31 # 3763; Z 132, 42. — **Daniel, E. C.**: a) On absolute summability factors of infinite series. Proc. Japan Acad. **40**, 65—69. R 29 # 2568; Z 129, 43. — b) On the absolute Nörlund summability factors of infinite series. Riv. Mat. Univ. Parma (2) **5**, 219—232. R 34 # 4754; Z 143, 282. — **Davydov, N. A.**: Eine hinreichende Bedingung für die Summierbarkeit einer Reihe vermittels der (φ_n)-Methode. Uspehi mat. Nauk **19**, Nr. 5 (119), 115—118 [Russisch]. R 30 # 3327; Z 132, 45. — **Dawson, D. F.**: Some rate invariant sequence transformations. Proc. Amer. math. Soc. **15**, 710—714. R 29 # 3792; Z 127, 26. — **Elin, M. V.**: Integral summability methods which are absolutely translative for bounded functions. [Russian]. Izv. Vyss. Učebn. Zaved. Matematika **1964**, no. 3 (40), 51—58. R 29 # 2573; Z 132, 85. — **Endl, K.**: Über eine Dichteaussage bei Differenzengleichungen und ihre Anwendung auf den Vergleich von Hausdorff-Verfahren. Math. Z. **86**, 285—290. R 30 # 3328; Z 158, 53. — **Erdös, P., Piranian, G.**: Laconicity and redundancy of Toeplitz matrices. Math. Z. **83**, 381—394. R 29 # 1471; Z 129, 42. — **Favard, J.**: a) On the comparison of the processes of summation. J. Soc. Indust. Appl. Math. Ser. B Numer. Anal. **1**, 38—52. R 31 # 5007; Z 151, 72. — b) Sur la comparaison des procédés de sommation. Approximationstheorie. Abh. z. Tagung Oberwolfach, 4.—10. Aug. 1963, 4—11, Diskussion. 11. R 31 # 5008; Z 133, 9. — **Ganelius, T.**: Tauberian theorems for the Stieltjes transform. Math. Scand. **14**, 213—219. R 31 # 1496; Z 136, 104. — **Geisberg, S. P.**: Über die absolute Summierung von Lückenreihen mit den Methoden von Riemann. Izvestija vysš. učebn. Zaved., Mat. **1964**, Nr. 4 (41), 39—46 [Russisch]. R 29 # 2572; Z 132, 290. — **Golubov, B. I.**: Über Folgenlimitierung. Izvestija vysš. učebn. Zaved., Mat. **1964**, Nr. 4 (41), 47—55 [Russisch]. R 29 # 3793; Z 138, 282. — **Gopala Krishna, J.**: Some generalized Tauberian type theorems. II. Indian J. Math. **6**, 51—55. R 30 # 386; Z 131, 58. — **Gorst, Ju. G.**: Über die Ausdehnung des Mazur-Orliczschen Satzes auf die halbstetigen und integralen Summationsmethoden. Bull. Acad. Polon. Sci., Sér. Sci. math. astron. phys. **11**, 745—749, engl. Zusammenfassung 749 [Russisch]. R 29 # 394; Z 128, 59. — **Gorst, Ju. G., Elin, M. V.**: Über eine Eigenschaft fast-konvergenter Folgen. Sibir. mat. Žurn. **5**, 712—716 [Russisch]. R 29 # 1470; Z 136, 358. — **Grepačevskaja, L. V.**: On absolute summability by the methods of Cesàro, Riesz and Zygmund [Russian]. Dokl. Akad. Nauk SSSR **155**, 517—520. R 28 # 4281; Z 136, 50. — **Hardy, G. H., Riesz, M.**: *The general theory of Dirichlet's series. Cambridge tracts in Mathematics and Mathematical Physics, No. 18. Stechert-Hafner, Inc., New York. R 32 # 2564. — **Hill, J. D., Sledd, W. T.**: Summability-(Z, p) and sequences of periodic type. Canadian J. Math. **16**, 741—754. R 32 # 2775; Z 136, 358. — **Hirokawa, H.**: (K, p, α) methods of summability. Tôhoku math. J. II. Ser. **16**, 374—383. R 31 # 535; Z 128, 284. — **Hsiang, F. C.**: On a theorem of Burkill. Indian J. Math. **6**, 39—43. R 30 # 2260; Z 133, 12. — **Ikeno, K.**: Summability methods of Borel type and Tauberian series. Tôhoku math. J. II. Ser. **16**, 209—225. R 30 # 1338; Z 134, 281. — **Ishiguro, K.**: a) On the quasi-Hausdorff means whose weight function has jumps. Proc. Japan Acad. **40**, 59—64. **R** 29 # 2598; 1964 **Z** 133, 9. — b) On the Sonnenschein methods of summability. Math. Z. **84**, 374—377. **R** 29 # 3788; **Z** 133, 9. — c) On the Lebesgue constants for quasi-Hausdorff methods of summability. I, II. Proc. Japan Acad. **40**, 188—191, 192—195. **R** 29 # 3789; **Z** 135, 262. — d) On the summability method (Y). Proc. Japan Acad. **40**, 482—486. **R** 30 # 3329; **Z** 135, 263. — e) A Tauberian theorem for (J, p_n) summability. Proc. Japan Acad. **40**, 807—812. **R** 31 # 2536; **Z** 125, 309. — **Jajte, R.**: a) On the compositions of integral means with Borel methods of summability. Ann. Polon. math. **14**, 101—116. **R** 28 # 2383; **Z** 137, 39. — b) On a theorem of Toeplitz. Colloq. Math. **12**, 259—263. **R** 32 # 7992; **Z** 127, 66. — **Jakimovski, A.**: a) Analytic continuation and summability of series of Legendre polynomials. Quart. J. Math. Oxford, (2) **15**, 289—302. **R** 29 # 6244. — b) Analytic continuation and summability of power series. Michigan Math. J. **11**, 353—356. **R** 30 # 2261. — **Jürimäe, E.**: a) Remarks on conull summability methods [Russian. Estonian and English summaries]. Tartu Riikl. Ül. Toimetised No. 150, 144—153. **R** 32 # 799; **Z** 144, 54. — b) Certain question of inclusion and compatibility of absolute summability methods. [Russian. Estonian and English summaries]. Tartu Riikl. Ül. Toimetised No. 150, 132—143. **R** 33 # 4522; **Z** 144, 53. — **Knopp, K.**: *Theorie und Anwendung der unendlichen Reihen. 5. berichtigte Aufl. Grundl. Math. Wiss., Bd. 2. Springer-Verlag, Berlin-New York. **R** 32 # 1473; **Z** 124, 283. — **Koçak, C.**: A summation method for multiple divergent series by analytic continuation based on the theory of finite difference equations. Bull. techn. Univ. Istanbul **17**, Nr. 1, 1—8. **R** 31 # 2522; **Z** 133, 15. — **Körle, H.-H.**: Zur Theorie der absoluten Rieszschen Summierung. Marburg/Lahn. 27 S. Diss. **R** 30 # 5091; **Z** 133, 10. — **Kuttner, B.**: The high indices theorem for discontinuous Riesz means. J. London math. Soc. **39**, 635—642. **R** 29 # 5020; **Z** 133, 11. — b) A Tauberian theorem for discontinuous Riesz means. II. J. London math. Soc. **39**, 643—648. **R** 29 # 5021; **Z** 133, 11. — **Kwee, B.**: a) Some theorems on Nörlund summability. Proc. London math. Soc., III. Ser. **14**, 353—368. **R** 28 # 2374; **Z** 125, 33. — b) The relation between Abel and Riemann summability. J. London math. Soc. **39**, 5—11. **R** 28 # 4282; **Z** 133, 13. — **Levinson, N.**: Absolute convergence and the general high indices theorem. Duke Math. J. **31**, 241—245. **R** 29 # 5022; **Z** 131, 303. — **Lorentz, G. G., Zeller, K.**: a) Abschnittslimitierbarkeit und der Satz von Hardy-Bohr. Arch. der Math. **15**, 208—213. **R** 29 # 5016; **Z** 129, 43. — b) Summation of sequences and summation of series. Proc. Amer. math. Soc. **15**, 743—746. **R** 29 # 2569; **Z** 125, 33. — **MacNerney, J. S.**: Characterization of regular Hausdorff moment sequences. Proc. Amer. math. Soc. **15**, 366—368. **R** 29 # 6219; **Z** 129, 44. — **Maddox, I. J.**: a) On absolute Riesz summability factors. II. Tôhoku math. J., II. Ser. **16**, 60—71. **R** 29 # 393; **Z** 132, 44. — b) Some inclusion theorems. Proc. Glasgow math. Assoc. **6**, 161—168. **R** 29 # 6220; **Z** 133, 8. — c) A note on summability factor theorems. Quart. J. Math., Oxford II. Ser. **15**, 208—216 **R** 30 # 1336; **Z** 133, 11. — **Martić, B.**: a) Relations among KS(λ) and certain other methods for evaluation of sequences and series. Mat. Vesnik, n. Ser. **1** (16), 346—347 **R** 32 # 7994; **Z** 128, 284. — b) On the B transformations of M. Bajraktarević. Periodicum math.-phys. astron., II. Ser. **19**, 225—235. **R** 35 # 5810; **Z** 128, 282. — **Marx, I.**: Remark concerning a non-linear sequence-to-sequence transform. J. Math. and Phys. **42**, 334—335. **R** 28 # 1424; **Z** 128, 281. — **Meder, J.**: On a lemma of S. Kaczmarz. Colloquium Math. **12**, 253—258. **R** 30 # 4098; **Z** 163, 71. — **Meir, A.**: On two problems concerning the generalized Lototsky transforms. Canadian J. Math. **16**, 339—342.

1964 R 29 # 397; Z 132, 42. — **Melikov, H. H.**: A class of summation methods for divergent series. [Russian]. Sev.-Osetin. Gos. Ped. Inst. Učen. Zap. **26**, 19—27. R 36 # 1872. — **Miesner, W.**: Sätze zur absoluten Summierung von Laplace-Stieltjes-Integralen. Mitt. math. Sem. Gießen **61**, 36 S. R 29 # 401; Z 133, 11. — **Nikolenko, V. N.**: Über ein Summierungsverfahren für Reihen. Izvestija vyss. učebn. Zaved., Mat. **1964**, Nr. 2 (39), 127—135 [Russisch]. R 29 # 2571; Z 137, 40. — **Ogieveckiĭ, I. I.**: a) On the theory of Borel summability of series. II. [Russian]. Izv. Vysš. Učebn. Matematika **1964**, no. 3 (40), 100—110. R 31 # 1494; Z 151, 64. — b) Einige Taubersche Sätze. Uspehi mat. Nauk **19**, Nr. 4 (118), 189—196 [Russisch]. R 33 # 4526; Z 133, 13. — c) On inclusions among regular methods. [Russian]. Kazan. Gos. Univ. Učen. Zap. **124**, kn. 6, 241—265. R 33 # 6207. — **Olevskiĭ, A. M.**: Unconditional summability of general functional and orthogonal series. [Russian]. Sibirsk. Mat. Ž. **5**, 1071—1097. R 30 # 5094; Z 142, 33. — **Peyerimhoff, A.**: a) On discontinuous Riesz means. Indian J. Math. **6**, 69—91. R 31 # 5009; Z 131, 56. — b) Über einen absoluten Mittelwertsatz und Konvexitätssatz für Rieszsche Mittel. Math. Ann. **157**, 42—64. R 30 # 1337; Z 133, 10. — **Rangachari, M. S., Sitaraman, Y.**: Tauberian theorems for logarithmic summability (L). Tôhoku math. J., II. Ser. **16**, 257—269; Correction. Ibid. **17**, 443. R 30 # 2265 (R 32 # 6107); Z 129, 45. — **Rangachari, M. S., Srnivasan, V. K.**: Matrix transformations in non-archimedian fields. Nederl. Akad. Wet., Proc., Ser. A **67**, 422—429. R 30 # 3330; Z 127, 285. — **Rhoades, B. E.**: Some Hausdorff matrices not of type M. Proc. Amer. math. Soc. **15**, 361—365. R 28 # 4279; Z 125, 309. **Robinson, A.**: On generalized limits and linear functionals. Pacific J. Math. **14**, 269—283. R 29 # 1534. — **Sargent, W. L. C.**: On sectionally bounded BK-spaces. Math. Z. **83**, 57—66. R 28 # 2403. — **Segal, S. L.**: Dirichlet convolutions and the Silverman-Toeplitz conditions. Acta Arith. **10**, 287—291. R 30 # 4099. — **Sen, M.**: Extension of a theorem of Hyslop on absolute Cesàro summability. Proc. Japan Acad. **40**, 183—187. R 29 # 3790; Z 127, 28. — **Sherif, S.**: a) A note on a theorem by J. Karamata. Quart. J. Math. Oxford Ser. (2) **15**, 176—178. R 28 # 3276; Z 133, 15. — b) Tauberian classes and Tauberian theorems. Quart. J. Math. Oxford Ser. (2) **15**, 303—308. R 29 # 6221; Z 173, 60. — **Skof, F.**: Effetto dell'attenuazione delle condizioni tauberiane per le serie di potenze. Ann. Mat. Pura Appl. (4) **65**, 329—340. R 30 # 387; Z 145, 301. — **Slepenčuk, K. M.**: a) Nichtlineare Transformationen gewisser Klassen von Folgen (Produkten). Izvestija vyss. učebn. Zaved., Mat. **1964**, Nr. 2 (39), 144—151. [Russisch]. R 29 # 399; Z 136, 361. — b) Sätze vom Tauberschen Typ für die $(C_\theta^{(\alpha)}, \lambda)$-Methoden zur Summierung von Reihen. Izvestija vyss. učebn. Zaved., Mat. **1964**, Nr. 3 (40), 131—135 [Russisch]. R 29 # 2575; Z 133, 14. — c) Ein Satz von Tauberschem Typus für $(H^{(\alpha)}, \lambda)$-Summierungsverfahren für Doppelreihen. Dopovidi Akad. Nauk Ukraïn. RSR **1964**, 312—314, russ. und engl. Zusammenfassung 314 [Ukrainisch]. R 29 # 5019; Z 135, 117. — d) Sätze von Tauberschem Typ für gewisse Methoden der Reihensummation. Izvestija vyss. učebn. Zaved., Mat. **1964**, Nr. 5 (42), 100—103 [Russisch]. R 30 # 4100; Z 131, 57. — e) Sätze vom Tauberschen Typ für einige Summierungsmethoden von Doppelreihen. Izvestija vyss. učebn. Zaved., Math. **1964**, Nr. 6 (43), 153—158 [Russisch]. R 30 # 1339; Z 136, 43. — **Srivastava, P.**: On strong summability of infinite series. Math. Student **31**, 187—192. R 31 # 1495; Z 129, 43. — **Subhankulov, M. A.**: On a theorem of Littlewood. [Russian. Uzbek summary]. Izv. Akad. Nauk UzSSR Ser. Fiz.-Mat. Nauk **1964**, no. 1, 22—30. R 29 # 5025; Z 145, 301. — **Timan, M. F.**: Regular mappings of multi-sequences. [Russian]. Kazan. Gos. Univ. Učen. Zap. **124**,

kn. 6, 299—307. R 32 # 2784. — **Varshney, O. P.**: On Iyengar's Tauberian 1964
theorem for Nörlund summability. Tôhoku math. J., II. Ser. **16**, 105—110.
R 29 # 1498; Z 133, 13. — **Vuilleumier, M.**: Théorèmes du type de Toeplitz-
Schur dans l'ensemble ordonné des suites. C. r. Acad. Sci., Paris **258**,
1974—1975. Z 127, 285. — **Wilansky, A.**: a) *Functional analysis. Blais-
dell Publ. Co., New York-Toronto-London. R 30 # 425; Z 136, 106. —
b) Distinguished subsets and summability invariants. J. Analyse math.
12, 327—350. R 31 # 541, Z 127, 27. — c) Topological divisors of zero
and Tauberian theorems. Trans. Amer. Math. Soc. **113**, 240—251. R 29 #
6222. — **Włodarski, L.**: On the regularity of iteration products of matrix
transformations. Proc. London Math. Soc. (3) **14**, 342—352. R 28 # 4280;
Z 141, 62.

Abel', M.: Summability factors for the Cesàro method of complex order. 1965
[Russian. Estonian and English summaries]. Tartu Riikl. Ül. Toimetised
Vih. **177**, 92—105. R 35 # 2017; Z 147, 49. — **Anjaneyulu, K.**: Tauberian
constants and quasi-Hausdorff series-to-series transformations. J. Indian
math. Soc., n. Ser. **28**, 69—82. R 31 # 3759; Z 135, 262. — **Baker, J. W.**;
Petersen, G. M.: a) Inclusion of sets of regular summability matrices. II.
Proc. Cambridge Philos. Soc. **61**, 381—394. R 31 # 534; Z 151, 57. —
b) Extremal points in summability theory. Compositio Math. **17**, 190—206.
R 33 # 7742; Z 144, 53. — **Bauer, F. L.**: Nonlinear sequence transformations.
Approximation of functions. Proc. Sympos Warren, Michigan, 1964,
134—151. R 32 # 4423; Z 136, 44. — **Berg, I. D.**: Open sets of conservative
matrices. Proc. Amer. Math. Soc. **16**, 719—724. R 31 # 3762; Z 139, 83.
— **Birkholc, A.**: On generalized power methods of limitation. Bull. Acad.
Polon. Sci., Sér. Sci. math. astron. phys. **13**, 323—327. R 32 # 4424;
Z 129, 43. — **Borwein, D.**: Linear functionals connected with strong Cesàro
summability. J. London Math. Soc. **40**, 628—634. R 32 # 2893; Z 143, 363.
— **Borwein, D., Shawyer, B. L. R.**: On strong Riesz summability factors.
J. London math. Soc. **40**, 111—126. R 30 # 4092; Z 128. 283. — **Brannen,
J. P.**: A note on Hausdorff's summation methods. Pacific J. Math. **15**,
29—33. R 31 # 539; Z 128, 282. — **Brown, H. L., Cowling, V. F.**: On con-
sistency of 1-1 methods of summation. Michigan math. J. **12**, 357—362.
R 32 # 1480; Z 136, 353. — **Butzer, P. L., Neuheuser, H. G.**: Auf Cesàro-
Limitierungsverfahren eingeschränkte Tauberbedingungen. Monatsh. Math.
69, 1—17. R 30 # 5097; Z 145, 78. — **Cooke, R. G.**: *Infinite Matrices and
Sequence Spaces. Dover Publications, Inc., New York. R 33 # 1692. —
Copping, J.: On subspaces of the space (m). Proc. Amer. Math. Soc. **16**,
37—38. R 30 # 5093; Z 134, 316. — **Davydov, N. A.**: a) Generalization of
Mercer's theorem. [Russian]. Uspehi Mat. Nauk **20**, no. 6 (126), 73—77.
R 32 # 7996; Z 151, 58. — b) On the ineffectiveness of regular matrices.
[Russian]. Uspehi Mat. Nauk **20**, no. 6 (126), 78—80. R 32 # 7997; Z 151,
58. — **Dikshit, G. D.**: On inclusion relation between Riesz and Nörlund means.
Indian J. Math. **7**, 73—81. R 34 # 8031; Z 141, 249. — **Fridy, J. A.**:
Divisor summability methods. J. math. Analysis Appl. **12**, 235—243.
R 32 # 1481; Z 128, 282. — **Gaier, D.**: Der allgemeine Lückenumkehrsatz
für das Borel-Verfahren. Math. Z. **88**, 410—417. R 31 # 2535; Z 129, 45.
— **Goldsmith, D. L.**: Remark on a nonlinear convergence-producing series
transformation. Amer. math. Monthly **72**, 523—525. R 31 # 3760;
Z 135, 265. — **Golubov, B. I.**: On summation of sequences. [Russian]. Studies
Contemporary Problems Constructive Theory of Functions (Proc. Second
All-Union Conf., Baku, 1962) [Russian], pp. 351—357. Izdat. Akad. Nauk
Azerbaĭdžan. SSR, Baku. R 33 # 7732; Z 178, 57. — **Heywood, P.**: Inte-

1965 grability theorems of Tauberian character. Proc. London Math. Soc. (3) **15**, 471—494. **R** 34 # 1756; **Z** 168, 381. — **Hill, J. D.**: Almost-convergent double sequences. Tôhoku math. J., II. Ser. **17**, 105—116. **R** 32 # 2770; **Z** 136, 358. — **Hirokawa, H.**: On the total regularity of Riemann summability. Proc. Japan Acad. **41**, 656—660. **R** 35 # 2007; **Z** 141, 63. — **Hsiang, F. C.**: a) A Tauberian theorem for subsequences of functions. Portugal. Math. **24**, 123—124. **R** 36 # 4205. — b) On Riesz summability of subsequences. Portugaliae Math. **24**, 155—161. **R** 36 # 3011; **Z** 144, 310. — **Ingham, A. E.**: On Tauberian theorems. Proc. London math. Soc., III. Ser. **14A**, in honour of J. E. Littlewood on his 80th birthday, 157—173. **R** 32 # 1483; **Z** 132, 40. **Ishiguro, K.**: a) The relation between (N, p_n) and $(\bar{N}, p_n)$ summability. Proc. Japan Acad. **41**, 120—122. **R** 31 # 3764; **Z** 137, 265. — b) The relation between (N, p_n) and $(\bar{N}, p_n)$ summability. II. Proc. Japan Acad. **41**, 773—775. **R** 32 # 7733; **Z** 142, 26. — c) Two Tauberian theorems for (J, p_n) summability. Proc. Japan Acad. **41**, 40—45. **R** 31 # 5012; **Z** 125, 310. — d) On the summability methods of divergent series. Acad. roy. Belgique, Cl. Sci., Mém., Coll. 8° 35, Nr. 1, 42 p. **R** 35 # 2008; **Z** 131, 54. — **Iyer, A. V. V.**: An inclusion theorem for two methods of absolute summability. J. Mathematics (Jabalpur) **1**, 61—67. **R** 35 # 2018; **Z** 163, 70. — **Jajte, R.**: General theory of summability. I. Acta Sci. Math. (Szeged) **26**, 107—116. **R** 31 # 2531. — **Jakimovski, A., Meir, A.**: Regularity theorems for (F, d_n) transformations. Illinois J. Math. **9**, 527—534. **R** 33 # 7744; **Z** 128, 281. — **Jürimäe, E.**: a) Topological properties of co-zero summability methods. [Russian. Estonian and German summaries]. Tartu Riikl. Ül. Toimetised Vih. **177**, 43—61. **R** 35 # 625; **Z** 161, 249. — b) Bemerkungen über coreguläre verallgemeinerte Matrixmethoden der Summation. Tartu. gosudarst. Univ., učenye Zapiski **177**, Trudy Mat. Meh. **5**, 62—66, engl. Zusammenfassung 66 [Russisch]. **R** 36 # 570; **Z** 161, 249. — **Jurkat, W., Peyerimhoff, A.**: a) Über Äquivalenzprobleme und andere limitierungstheoretische Fragen bei Halbgruppen positiver Matrizen. Math. Ann. **159**, 234—251. **R** 32 # 2778; **Z** 135, 262. — b) Über Sätze vom Bohr-Hardyschen Typ. Tôhoku math. J., II. Ser. **17**, 55—71. **R** 32 # 2779; **Z** 131, 55. — **Kac, M.**: A remark on Wiener's Tauberian theorem. Proc. Amer. Math. Soc. **16**, 1155—1157. **R** 32 # 2788; **Z** 136, 330. — **Kangro, G., Lamp, Ju.**: Über eine Klasse von Matrixmethoden. Tartu. gosudarst. Univ., učenye Zapiski **177**, Trudy Mat. Meh. **5**, 80—90, deutsche Zusammenfassung 91 [Russisch]. **R** 34 # 531; **Z** 156, 284. — **Karimova, M. M.**: A Tauberian theorem with a remainder for the double Laplace integrals. [Russian. Tajiki summary]. Dokl. Akad. Nauk Tadžik. SSR **8**, no. 12, 3—8. **R** 34 # 4756. — **Katz, P., Straus, E. G.**: Infinite sums in algebraic structures. Pacific J. Math. **15**, 181—190. **R** 33 # 460; **Z** 135, 393. — **King, J. P.**: An extension of the Taylor summability transform. Proc Amer. math. Soc. **16**, 25—29. **R** 30 # 384; **Z** 138, 284. — **Kishore, N.**: On the absolute Nörlund summability factors. Riv. Mat. Univ. Parma (2) **6**, 129—134. **R** 36 # 564; **Z** 178, 57. — **Kogan, D. A.**: a) Some properties of the convolution of infinite matrices. [Russian]. Ural. Gos. Univ. Mat. Zap. **5**, tetrad' 2, 52—58. **R** 33 # 6205. — b) Summation of Fourier series by means of convolutions of infinite matrices. [Russian]. Ural. Gos. Univ. Mat. Zap. **5**, tetrad' 2, 59—65. **R** 33 # 6206. — **Korevaar, J.**: Distribution proof of Wiener's Tauberian theorem. Proc. Amer. Math. Soc. **16**, 353—355. **R** 31 # 546; **Z** 134, 114. — **Kulshrestha, G. C. N.**: Absolute Riesz summability factors of infinite series. Math. Z. **86**, 365—371. **R** 34 # 529; **Z** 128, 284. — **Kurtz, L. C., Tucker, D. H.**: Vector-valued summability methods on a linear normed space. Proc. Amer. Math. Soc. **16**, 419—428. **R** 33 # 7735; **Z** 135, 345. — **Kuttner, B.**: a) On the Nörlund summability of a Cauchy product

series. J. London math. Soc. **40**, 671—676. R 31 # 6078; Z 133, 310. — 1965
b) On discontinuous Riesz means of order 2. J. London math. Soc. **40**,
332—337. R 30 # 4097; Z 138, 42. — **Kuttner, B., Maddox, I. J.**: On strong
convergence factors. Quart. J. Math., Oxford II. Ser. **16**, 165—182. R 35
4633; Z 132, 290. — **Kwee, B.**: Absolute regularity of the Nörlund mean.
J. Austral. math. Soc. **5**, 1—7. R 31 # 3765; Z 125, 309. — **Macphail, M. S.**:
a) Remark on co-null matrices. Canadian math. Bull. **8**, 105—107. R 30 #
5089; Z 138, 40. — b) Stirling summability of rapidly divergent series.
Michigan math. J. **12**, 113—118. R 30 # 4095; Z 127, 27. — **Maddox, I. J.**:
Matrix transformations of $(C, -1)$ summable series. Nederl. Akad. Wet.,
Proc., Ser. A **68**, 129—132. R 30 # 2262; Z 128, 282. — **Martić, B.**: a) A
general class of summation process. [Serbo-Croatian. French summary].
Bull. Soc. Math. Phys. Macédoine **15**, 5—17. R 35 # 5808; Z 148, 38. —
b) On some iterative methods of summability. Mat. Vesnik, n. Ser. **2** (17),
80—83. R 33 # 2995; Z 136, 43. — c) Some theorems concerning Z_k and σ^α
transformations. [Serbo-Croatian. English summary]. Bull. Soc. Math.
Phys. Macédoine **16**, 19—25. R 33 # 4521; Z 151, 63. — **Mayer, J.**:
a) Generalizations of consistency and absolute equivalence of matrix methods.
Portugaliae Math. **24**, 163—167. R 35 # 5811; Z 144, 311. — b) A theorem
on moment sequences and Hausdorff means. Portugaliae Math. **24**, 197—200
R 35 # 5591; Z 161, 101. — **Mazhar, S. M.**: A theorem on generalized absolute
Riesz summability. Ann. Scuola norm. sup. Pisa, Sci. fis. mat., III. Ser. **19**,
513—518. R 34 # 3153; Z 137, 265. — **Mehrotra, N. D.**: On the absolute
harmonic summability of factored infinite series. Bull. Calcutta math. Soc.
57, 45—53. R 37 # 645; Z 152, 51. — **Meir, A.**: a) Tauberian estimates concerning the regular Hausdorff and $[J, f(x)]$ transformations. Canadian J.
Math. **17**, 288—301. R 30 # 2264; Z 128, 285. — b) Limit-distance of
Hausdorff-transforms of Tauberian series. J. London math. Soc. **40**,
295—302. R 30 # 4096; Z 142, 308. — **Melikov, H. H.**: A class of summation
methods for divergent series. [Russian]. Proceedings of the Annual Scientific Conference (Nal'chik, 1965). Kabardino-Balkarsk. Gos. Univ. Učen.
Zap. No. 24, 183—188. R 36 # 1873. — **Mel'nik, V. I.**: a) Über die Summierung von Reihen mittels der Cesàro- und der Abel-Poisson-Methode. Mat.
Sbornik, n. Ser. **67** (109), 535—540 [Russisch]. R 32 # 4426; Z 141, 64. —
b) On the (C)-property of the Abel-Poisson method. [Russian]. First
Republ. Math. Conf. of Young Researchers, Part II [Russian], pp. 458—466.
Akad. Nauk Ukrain. SSR Inst. Mat., Kiev. R 33 # 7749. — c) A "high
index" Tauberian theorem for the method of Borel. [Russian]. First Republ.
Math. Conf. of Young Researchers. Part II [Russian]., pp. 466—476. Akad.
Nauk Ukrain. SSR Inst. Mat., Kiev. R 33 # 7752. — d) The Tauberian
theorem of "large exponents" for the method of Borel. [Russian]. Mat. Sb.
(N. S.) **68 (110)**, 17—25. R 32 # 2781; Z 142, 309. — e) The (B)-property
of Borel methods for the summation of series, and theorems of Tauberian
type. [Russian]. Ukrain. Mat. Ž. **17**, no. 1, 64—76. R 35 # 2027; Z 166, 67.
— f) Summation of diluted series by the Abel-Poisson method. [Russian].
Ukrain. Mat. Ž. **17**, no. 6, 129—131. — **Miesner, W.**: The convergence fields
of Nörlund means. Proc. London math. Soc., III. Ser. **15**, 495—507. R 31
537; Z 131, 56. — **Miesner, W., Wirsing, E.**: On the zeros of $\sum (n + 1)^k z^n$.
J. London Math. Soc. **40**, 421—424. R 31 # 3581; Z 146, 302. — **Mishra,
B. P.**: a) On the absolute Cesàro summability factors of infinite series. Rend.
Circ. Mat. Palermo (23) **14**, 189—194. R 33 # 7748; Z 152, 51. — b) Some
theorems on strong summability. Math. Z. **90**, 310—318. R 34 # 8035;
Z 128, 283. — **Nuuma, P.**: A summability method for integrals. [Russian.
Estonian and German summaries]. Tartu Riikl. Ül. Toimetised Vih. **177**,

1965 134—140. R 33 # 7751; Z 147, 108. — **Ogieveckiĭ, I. I.**: a) Tauberian theorems for certain methods of summation. [Russian]. Studies Contemporary Problems Constructive Theory of Functions (Proc. Second All-Union Conf., Baku, 1962) [Russian]. pp. 377—382. Izdat. Akad. Nauk Azerbaĭdžan. SSR, Baku. R 33 # 4527. — b) On inclusions among regular methods [Russian. English summary]. Bull. Acad. Polon. Sci., Sér. Sci. math. astronom. phys. **13**, 447—454, engl. Zusammenfassung 454 [Russisch]. R 32 # 2782; Z 154, 309. — **Okano, H.**: Une nouvelle méthode pour considérer la série comme une intégrale. II. Proc. Japan Acad. **41**, 132—137. R 31 # 3570; Z 143, 282. — **Persson, A.**: Summation methods on locally compact spaces. Meddel. Lunds Univ. mat. Sem. **18**, 57 p. R 34 # 4744; Z 125, 31. — **Petersen, G. M.**: On pairs of summability matrices. Quart. J. Math. Oxford Ser. (2) **16**, 72—76. R 30 # 2263; Z 134, 281. — **Peyerimhoff, A.**: On the modulus of power series of a certain type. J. London math. Soc. **40**, 260—261. Z 146, 301. — **Polujanova, M. F.**: Summation of the product of two series by the Voronoĭ method. [Russian]. Mat. Sb. (N. S.) **68 (110)**, 128—147. R 32 # 6103; Z 143, 77. — **Rajagopal, C. T.**: Correction: On the Riemann-Cesàro summability of series and integrals. Tôhoku Math. J. (2) **17**, 443. R 32 # 6104. — **Ramanujan, M. S.**: a) Generalized Kojima-Toeplitz matrices in certain linear topological spaces. Math. Ann. **159**, 365—373. R 35 # 7038; Z 139, 83. — b) Some recent trends in summability theory. J. Math., Univ. Jabalpur **1**, 1—10. R 35 # 3321; Z 166, 316. — **Rangachari, M. S.**: a) A generalization of Abel-type summability methods for functions. Indian J. Math. **7**, 17—23. R 32 # 6105; Z 128, 286. — b) On some generalizations of Riemann summability. Math. Z. **88**, 166—183. — **Rogosinski, W. W., Rogosinski, H. P., jr.**: An elementary companion to a theorem of J. Mercer. J. Analyse math. **14**, 311—322. R 31 # 3754; Z 129, 44. — **Russell, D. C.**: On generalized Cesàro means of integral order. Tôhoku math. J., II. Ser. **17**, 410—442. R 33 # 6209; Z 134, 281. — **Sakata, H.**: Tauberian theorems for Cesàro sums. I. Proc. Japan Acad. **41**, 532—534. R 33 # 3001; Z 151, 60. — **Schaefer, P.**: a) Generalized Fekete means. Trans. Amer. math. Soc. **120**, 24—36. R 31 # 6077; Z 137, 265. — b) Core theorems for coregular matrices. Illinois J. Math. **9**, 207—211. R 30 # 5095; Z 128, 281. — **Shapiro, H. S.**: A remark concerning Littlewood's Tauberian theorem. Proc. Amer. math. Soc. **16**, 258—259. R 30 # 3331; Z 144, 55. — **Sherif, S.**: Tauberian constants for general triangular matrices and certain special types of Hausdorff means. Math. Z. **89**, 312—323. R 31 # 5013; Z 128, 284. — **Sitaraman, Y.**: On the Tauberian constant for summability (L). J. Indian Math. Soc. (N. S.) **29**, 143—154. R 33 # 3002; Z 141, 250. — **Slepenčuk, K. M.**: a) Sätze vom Tauberschen Typ für die verallgemeinerten Hölderschen Methoden negativer Ordnung. Izvestija vysš. učebn. Zaved., Mat. **1965**, Nr. 1 (44), 146—152 [Russisch]. R 31 # 544; Z 136, 43. — b) Über die Summierung von Reihen vermittels (C_θ, λ)-Methoden. Izvestija vysš. učebn. Zaved., Mat. **1965**, Nr. 2 (45), 166—170 [Russisch]. R 32 # 1485; Z 133, 14. — c) Summation of double series by the generalized Hölder method. [Russian]. Izv. Vysš. Učebn. Zaved. Matematika **1965**, no. 4 (47), 126—131. R 32 # 2786; Z 154, 308. — d) The absolute summability of series by Cesàro methods of negative order. [Russian]. Izv. Vysš. Učebn. Zaved. Matematika **1965**, no. 5 (48), 128—131. R 32 # 7999; Z 154, 309. — e) Theorems of Tauberian type for absolute summability by Abel methods. [Russian]. Izv. Vysš. Učebn. Zaved. Matematika **1965**, no. 6 (49), 135—139. R 33 # 464; Z 173, 61. — f) Tauberian theorems for the summation of double series by Hölder methods. [Russian]. Ukrain. Mat. Ž. **17**, no. 1, 123—126. R 35 # 2028; Z 154, 308. — **Smith, G.**: On the (f, d_n)-method of summability. Canadian

J. Math. 17, 506—526. R 31 # 540; Z 132, 289. — **Snyder, A. K.**: Conull 1965 and coregular FK spaces. Math. Z. 90, 376—381. R 32 # 2783; Z 132, 87. — **Srinivasan, V. K.**: On certain summation processes in the p-adic field. Nederl. Akad. Wet., Proc., Ser. A 68, 319—325. R 33 # 4524; Z 128, 282. — **Srivastava, V. P.**: The absolute Cesàro summability factors of infinite series. Matematiche 20, 198—210. R 32 # 8000; Z 135, 263. — **Srivastava, V. P., Mohapatra, R. N., Das, G.**: On $|R, \log n, 1|$-summability factors of power series on its circle of convergence. Math. Z. 90, 319—324. R 33 # 6204; Z 128, 284. — **Syrmus, T.**: a) An asymptotic problem. [Russian. Estonian and German summaries]. Tartu Riikl. Ül. Vih. 177, 125—133. R 34 # 1754. — b) Theorems of Tauberian type connected with methods of Jakimovski. [Russian. Estonian and German summaries]. Tartu Riikl. Ül. Toimetised Vih. 177, 67—79. R 34 # 534; Z 146, 81. — **Tang, S.-C.**: A theorem on Riesz summability $(R, \omega, 2)$ on Banach space. Compositio Math. 17, 167—171. R 34 # 4751; Z 151, 61. — **Tatchell, J. B.**: a) Limitation theorems for triangular matrix transformations. J. London math. Soc. 40, 127—136. R 30 # 5096; Z 131, 54. — b) Limitation theorems for certain non-negative triangular matrix transformations. J. London math. Soc. 40, 635—654. R 33 # 7746; Z 137, 265. — **Tedeev, S. A.**: On the transformations of simple sequences. [Russian]. Studies Contemporary Problems Constructive Theory of Functions (Proc. Second All-Union Conf., Baku, 1962) [Russian]., pp. 628—636. Izdat. Akad. Nauk Azerbaĭdžan. SSR, Baku. R 34 # 3154. — **Umar, S.**: On Fourier-effective matrix. Indian J. Math. 7, 25—30. R 32 # 7998; Z 148, 45. — **Varshney, O. P.**: On a relation between harmonic summability and Lebesgue summability. Riv. Mat. Univ. Parma (2) 6, 273—281. R 36 # 6829; Z 178, 57. — **Vescan, A.**: *Sumabilitatea seriilor. (Romanian). [Summability of series]. Editura Tehnică, Bucharest, 111 pp. R 32 # 7995; Z 127, 285. — **Volkov, I. I.**: Linear transformations of directionally divergent sequences. Soviet Math., Doklady 6, 1490—1492, Übersetzung von Doklady Akad. Nauk SSSR 165, 742—744. R 32 # 6097; Z 144, 55. — **Warlimont, R.**: Fatou-Rieszsche Sätze in der Theorie der starken Rieszschen Summierbarkeit von Dirichletreihen. J. reine angew. Math. 218, 129—142. R 33 # 7740; Z 132, 44. — **Wilansky, A.**: On an article by R. W. Cross on the summability of bounded divergent sequences. Bull. Soc. Math. Belg. 17, 186—187. R 36 # 4197; Z 136, 353. — **Zimering, S.**: a) Une extension d'un théorème de R. Rado et ses applications aux théorèmes merceriens. C. r. Acad. Sci., Paris 260, 2965—2966. R 31 # 545; Z 127, 286. — b) Matrices limites d'une matrice triangulaire et leur application aux théorèmes merceriens. C. r. Acad. Sci., Paris 260, 3248—3250. R 31 # 6080; Z 127, 286. — c) Une remarque sur un théorème de Hardy-Littlewood et son application à l'équiconvergence des procédés de Cesàro et Riesz. C. r. Acad. Sci., Paris 260, 4395—4396. R 31 # 2533; Z 127, 287.

Aljančić, S.: Sur les moyennes logarithmiques et celles de Hölder. Bull. 1966 Acad. Serbe Sci. Arts Cl. Math. Natur. Sci. Math. 35, no. 5, 3—8. R 34 # 6384. — **Anjaneyulu, K.**: Tauberian constants for $F(c; \mu)$-transforms. Math. Z. 92, 194—200. R 33 # 1616; Z 135, 263. — **Baker, J. W., Petersen, G. M.**: Inclusion sets of regular summability matrices. III. Proc. Cambridge Philos. Soc. 62, 389—394. R 33 # 7743; Z 146, 289. — **Baron, S.**: *Introduction to the theory of summability. Tartu. Gosudarstv. Univ., Tartu [Russian]. R 35 # 4631. — **Berg, I. D.**: A note on convergence fields. Canadian J. Math. 18, 635—638. R 31 # 3762; Z 143, 284. — **Biegert, W.**: a) Über Tauber-Konstanten beim Borel-Verfahren. Math. Z. 92, 331—339. — R 35 # 3320a; Z 136, 356. — b) Tauber-Konstanten für verschiedene

1966 Tauber-Bedingungen bei den Kreisverfahren der Limitierungstheorie. Israel J. Math. **4**, 97—112. **R 35** # 3320 b; **Z** 146, 290. — **Birkholc, A.:** a) On generalized power methods of limitation. Studia Math. **27**, 213—245. **R 34** # 4748; **Z** 142, 24. — b) On the problem of perfectness of the power methods of limitation. [Russian summary]. Bull. Acad. Polon. Sci. Sér. Sci. Math. Astronom. Phys. **14**, 385—388. **R 34** # 6375; **Z** 141, 263. — **Borwein, D.:** On a generalised Cesàro summability method of integral order. Tôhoku Math. J. (2) **18**, 71—73. **R 34** # 4755; **Z** 141, 249. — **Borwein, D., Shawyer, B. L. R.:** On Borel-type methods. Tôhoku Math. J. (2) **18**, 283—298. **R 35** # 3312; **Z** 161, 250. — **Bosanquet, L. S.:** An ineqnality for sequence transformations. Mathematika, London **13**, 26—41. **R 34** # 2589; **Z** 144, 54. — **Choudhary, B., Vermes, P.:** Semi-translative summability methods. Studia Sci. Math. Hungar. **1**, 403—410. **R 34** # 4753; **Z** 151, 63. — **Copping, J.:** On the consistency and relative strength of regular summability methods. Proc. Cambridge Philos. Soc. **62**, 421—428. **R 33** # 2996; **Z** 151, 57. — **Das, G.:** a) On some methods of summability. Quart. J. Math. Oxford, Ser. (2) **17**, 244—256. **R 34** # 4749; **Z** 145, 290. — b) Functional Nörlund methods for infinite integrals. Rendiconti Circ. Mat. Palermo (2) **15**, 310—318. — **R 38** # 3650; **Z** 157, 198. — c) On the absolute Nörlund summability factors of infinite series. J. London Math. Soc. **41**, 685—692. **R 34** # 1750; **Z** 146, 290. — **Davydov, N. A.:** a) Generalization of the Mercer theorem of Knopp-Belinfante. [Russian]. Teor. Funkciĭ Funkcional. Anal. i Priložen. Vyp. **3**, 86—89. **R 34** # 6370. — b) Carrying over of a theorem of Mazur-Orlicz for regular matrix-transformations to regular integral transformations. [Russian]. Teor. Funkciĭ Funkcional. Anal. i Priložen. Vyp. **3**, 90—94. **R 34** # 6386. — c) Tauberian theorems for Cesàro methods of summability of Lebesgue integrals. [Russian]. Teor. Funkciĭ Funkcional. Anal. i Priložen. Vyp. **2**, 108—115. **R 33** # 7750. — **Dawson, D. F.:** a) Linear methods which sum sequences of bounded variation. Proc. Amer. Math. Soc. **17**, 345—348. **R 32** # 6102; **Z** 151, 58. — b) A theorem on linear summability. Amer. math. Monthly **73**, 172—174. **Z** 136, 352. — **Gaier, D.:** On the coefficients and the growth of gap power series. SIAM J. numer. Analysis **3**, 248—265 **R 34** # 4492; **Z** 146, 97. — **Hoischen, L.:** Über das Produkt zweier Verfahren der gewöhnlichen und der absoluten Limitierung. Arch. Math. (Basel) **17**, 443—451. **R 33** # 6210; **Z** 143, 76. — **Ikeno, K.:** Gibbs' phenomenon for a family of summability methods. Tôhoku Math. J. (2) **18**, 103—113. **R 34** # 6376; **Z** 148, 45. — **Irwin, R. L.:** Absolute summability factors. I. Tôhoku Math. J. (2) **18**, 247—254. **R 34** # 6382; **Z** 144, 314. — **Jakimovski, A.:** Summability of the Heine and Neumann series of Legendre polynomials. Canad. J. Math. **18**, 1261—1263. **R 34** # 1751. — **King, J. P.:** a) An application of a non-linear transform to infinite products. J. Math. and Phys. **44**, 408—409. **R 32** # 7989; **Z** 134, 281. — b) Almost summable sequences. Proc. Amer. Math. Soc. **17**, 1219—1225. **R 34** # 1752; **Z** 151, 57. — **Koch, C. F.:** On the non-regularity of certain generalized Lototsky transforms. Illinois J. Math. **10**, 644—647. **R 33** # 7734; **Z** 143, 282. — **Kulshrestha, G. C. N.:** Summability factors for generalized strong Riesz logarithmic boundedness. Riv. Mat. Univ. Parma (2) **7**, 95—104. **R 37** # 6644; **Z** 171, 304. — **Kurtz, J. C.:** Hardy-Bohr theorems. Tôhoku Math. J. (2) **18**, 237—246. — **R 34** # 6381; **Z** 144, 314. — **Kuttner, B.:** a) On "translated quasi-Cesàro" summability. Proc. Cambridge Philos. Soc. **62**, 705—712. **R 33** # 7736; **Z** 143, 281. — b) On totally regular summability methods. Math. Z. **91**, 348—354. **R 33** # 2994; **Z** 136, 353. — **LaRue, J. A.:** The relationship of a regular matrix summability method to its submethods. Proc. West Virginia Acad. Sci. **37**, 258—261. **R 37** # 639. — **Lorch,**

L.: a) The limits of indetermination for Riemann summation in terms of Bessel functions. Colloq. Math. **15**, 313—318. **R** 34 # 6377; **Z** 143, 78. — b) Translativity for strong Borel summability. Canad. Math. Bull. **9**, 639—645. **R** 34 # 4750; **Z** 145, 289. — **Maddox, I. J.:** a) Generalized Cesàro means of order —1. Proc. Glasgow math. Assoc. **7**, 119—124. **R** 33 # 462; **Z** 136, 355. — b) Matrix transformations in a Banach space. Nederl. Akad. Wetensch. Proc. Ser. A **69** = Indag. Math. **28**, 25—29. **R** 33 # 463; **Z** 143, 352. — c) Toeplitz transformations and convergence in measure. J. London Math. Soc. **41**, 733—736. **R** 33 # 7745. — d) Note on Riesz means. Quart. J. Math. Oxford Ser. (2) **17**, 263—268. **R** 34 # 530; **Z** 151, 62. — **Mandelbrojt, S.:** Les taubériens généraux de Norbert Wiener. Bull. Amer. Math. Soc. **72**, no. 1, pt. 2, 48—51. **R** 32 # 1484; **Z** 131, 5. — **Martić, B.:** On the $KS(\lambda)$ summability of a class of asymptotic series. [Serbo-Croatian. English summary]. Acad. Serbe Sci. Arts Glas **263**, 83—91. **R** 33 # 2998. — **Mazhar, S. M.:** a) $|\bar{N}, p_n|$ summability factors of infinite series. Kōdai Math. Sem. Rep. **18**, 96—100; errata, ibid. **18**, 258. **R** 35 # 2019; **Z** 138, 283. — b) On the summability factors of infinite series. Publ. Math. Debrecen **13**, 229—236; Corr., ibid. **14**, 417. **R** 35 # 3313; **Z** 166, 316. — c) On $|C, 1|_k$ summability factors of infinite series. Acta Sci. Math. (Szeged) **27**, 67—70. **R** 33 # 2997, **Z** 142, 26. — **Meir, A.:** A further note on Lototsky-type transformations. Canadian J. Math. **18**, 221—224. **R** 32 # 6101; **Z** 134, 281. — **Mishra, B. P.:** Multiplication theorems on strongly summable series. Proc. Amer. Math. Soc. **17**, 992—998. **R** 34 # 1749; **Z** 142, 279. — **Moore, C. N.:** *Summable series and convergence factors. Dover Publications, Inc., New York. **R** 34 # 1743; **Z** 142, 307. — **Myškis, A. D., Myškis, P. A.:** On the equivalence of methods of improper integration. [Russian]. Teor. Funkciĭ Funkcional. Anal. i Priložen. Vyp. **3**, 95—98. **R** 34 # 8036. — **Nasibov, M. H.:** Summation of double series by the $(R_{1,1})$ method. [Russian. Azerbaijani summary]. Azerbaĭdžan. Gos. Univ. Učen. Zap. Ser. Fiz.-Mat. Nauk **1966**, no. 6, 35—41. **R** 36 # 1875. — **Nickel, K.:** Ein Permanenzsatz für nichtlineare Limitierungsverfahren. Math. Z. **92**, 307—313. **R** 33 # 6202; **Z** 138, 40. — **Ogieveckiĭ, I. I.:** a) Summation of unbounded sequences by linear regular methods. Doklady Akad. Nauk SSSR **167**, 989—991 [Russisch], engl. Übersetzung in Soviet Math., Doklady **7**, 518—520. **R** 33 # 4523; **Z** 144, 52 (**Z** 162, 80). — b) Tauberian theorems for the functional method of G. F. Voronoĭ. [Russian]. Izv. Vysš. Užebn. Zaved. Matematika **1966**, no. 6 (55), 107—116. **R** 35 # 629. — **Pobivanec', I. P.:** Tauberian theorems of M. V. Keldyš type for the Cesàro means. [Ukrainian. Russian and English summaries]. Dopovīdī Akad. Nauk Ukrain. RSR **1966**, 1394—1399. **R** 34 # 1757; **Z** 166, 388. — **Petersen, G. M.:** a) *Regular matrix transformations. McGraw-Hill Publishing Co., Ltd., London-New York-Toronto, Ont. **R** 37 # 642; **Z** 159, 354. — b) Extreme points for regular summability matrices. Tôhoku Math. J. (2) **18**, 255—258. **R** 34 # 6383; **Z** 147, 318. — **Peyerimhoff, A.:** On the zeros of power series. Michigan math. J. **13**, 193—214. **R** 33 # 7717; **Z** 158, 64. — **Powell, R. E.:** The $L(r, t)$ summability transform. Canad. J. Math. **18**, 1251—1260. **R** 34 # 1753; **Z** 143, 283. — **Prasad, B. N.:** Recent researches in the absolute summability of infinite series and their applications. Presidential Address, Fifty-third Indian Science Congress (Chandigarh, 1966), pp. 1—39. Allahabad Math. Soc., Allahabad. **R** 35 # 614. — **Rangachari, M. S.:** On some generalizations of Riemann summability, addendum. Math. Z. **91**, 344—347. **R** 33 # 461. — **Ratti, J. S.:** On high indices theorems. Proc. Amer. Math. Soc. **17**, 1001—1006. **R** 33 # 7737; **Z** 143, 279. — **Rudin, W.:** A converse to the high indices theorem. Proc. Amer. Math. Soc. **17**, 434—435.

1966 R 32 # 6098; Z 151, 65. — **Russell, D. C.:** a) Corrigenda: "On generalized Cesàro means of integral order". Tôhoku Math. J. (2) **18**, 454—455. R 34 # 6385; Z 143, 280. — b) Note on convergence factors. Tôhoku Math. J. (2) **18**, 414—428. R 35 # 621; Z 145, 290. — **Sakata, H.:** a) Tauberian theorems for Riesz means. Mem. Defense Acad. **5**, no. 4, 335—340. R 34 # 533. — b) On a Tauberian theorem for strong Rieszian summability. Mem. Defense Acad. **6**, 435—442. R 35 # 5812; Z 178, 58. — **Ščerbakova, V. M.:** On certain properties of the $(A, a_k{}^{(n)})$, $(K, b_k{}^{(n)}, d_k{}^{(n)})$ and (K, φ, f)- methods of summation of numerical series. [Russian]. Mat. Sb. (N. S.) **69** (111), 208—221. — **Schaper, K.:** Über unstetige Rieszsche Mittel. Dissertation. Marburg/Lahn. R 36 # 6828. — **Segal, S. L.:** On Ingham's summation method. Canad. J. Math. **18**, 97—105. R 33 # 6203; Z 143, 78. — **Shawyer, B. L. R.:** Theorems on strong Riesz summability factors. Proc. Edinburgh Math. Soc. (2) **15**, 19—27. R 33 # 7738; Z 152, 251. — **Simon, A. B.:** Cesàro summability on groups: characterization and inversion of Fourier transforms. Function Algebras, Proc. internat. Sympos. Tulane Univ. 1965, 208—215. — **Sitaraman, Y.:** A note on logarithmic summability (L). Proc. Edinburgh Math. Soc. (2) **15**, 47—55. R 34 # 6378; Z 141, 249. — **Slepenčuk, K. M.:** a) Eine Verallgemeinerung der Hölderschen Mittel und Sätze von Tauberschem Typ für diese Methoden. Ukrain. mat. Žurn. **18**, Nr. 1, 129—134 [Russisch]. R 33 # 7753; Z 164, 68. — b) Summation of integrals by the Hölder and Cesàro methods of negative order. [Russian]. Izv. Vysš. Učebn. Zaved. Matematika **1966**, no. 5 (54), 112—117. R 34 # 1755. — c) On a Tauberian theorem for summation of series. [Ukrainian. Russian and English summaries]. Dopovïdï Akad. Nauk Ukraïn. RSR **1966**, 32—35. R 33 # 4528; Z 147, 318. — d) A Tauberian theorem for absolute summability by the Borel method. [Ukrainian. Russian and English summaries]. Dopovïdï Akad. Nauk Ukraïn. RSR **1966**, 722—725. R 35 # 2029; Z 173, 61. — **Štěpánek, F.:** A Tauber's theorem for (J, p_n) summability. Monatsh. Math. **70**, 256—260. R 34 # 6379; Z 143, 78. — **Stieglitz, M.:** Permanenzsätze für ein zeileninfinites Matrixverfahren zur Limitierung von Doppelfolgen. Dissertation, Stuttgart. R 36 # 4196. — **Thompson, J.:** On the total regularity of function-to-function transformations of triangular type. Math. Scand. **18**, 19—22. R 33 # 7739; Z 147, 109. — **Tietz, H.:** Über das Summierungsverfahren von Le Roy. Dissertation, Stuttgart. R 36 # 4200. — **Tripathi, L. M.:** Absolute Nörlund summability factors of infinite series. Bull. Calcutta Math. Soc. **58**, 51—62. R 38 # 1432. — **Tucker, R. R.:** Remark concerning a paper by Imanuel Marx. J. Math. and Phys. **45**, 233—234. R 33 # 6188; Z 143, 283. — **Venet, L. M.:** Note sur un lemme de Kronecker. Gaz. Mat. (Lisboa) **27**, 23—24. R 38 # 1433. — **Vernotte, P.:** Sommation des séries à termes positifs très fortement divergentes, par une application plus subtile du principe de régularité. C. R. Acad. Sci. Paris Sér. A-B **262**, A 1175—A 1177. R 34 # 4752; Z 146, 143. — **Wagner, E.:** Taubersche Sätze reeller Art für die Laplace-Transformation. Math. Nachr. **31**, 153—168. R 33 # 3003; Z 137, 89. — **White, A. J.:** Some inclusion relations between matrices compounded from Cesàro matrices. Trans. Amer. Math. Soc. **124**, 558—568. R 34 # 532; Z 151, 60. — **Whitley, R.:** Projecting m onto c_0. Amer. math. Monthly **73**, 285—286. Z 143, 153. — **Wills, J. M.:** Note zu einem Borelschen Summationsverfahren. Math. Z. **92**, 323—330. R 35 # 2022; Z 138, 40. — **Yurtsever, B.:** Über die Eulersche Reihentransformation. Commun. Fac. Sci. Univ. Ankara, Sér. A **15**, 1—10. R 33 # 7741; Z 166, 66. — **Zimering, S.:** a) Sur deux théorèmes merceriens de N. N. Davydov. C. R. Acad. Sci. Paris Sér. A-B **262**, A 1162—A 1163.

R 33 # 7747; Z 141, 63. — b) Un théorème Mercerien. Indian J. Math. 8, 1966 71—75. R 35 # 3317; Z 144, 312. —

Abel', M., Tjurnpu, H.: Faktoren der ψ-Konvergenz. Tartu gosudarst- 1967 Univ., učenye Zapiski 206. Trudy Mat. Meh. 7, 106—120, engl. Zusammenfassung 121 [Russisch]. Z 169, 392. — **Baker, J. W., Petersen, G. M.**: Summability fields which span the bounded sequences. Proc. Cambridge Philos. Soc. 63, 99—106. R 34 # 6380; Z 143, 283. — **Basu, S. K.**: A note on total equivalence of triangular matrices. Rend. Circ. mat. Palermo. II. Ser. 16, 81—86. Z 169, 390. — **Baumann, H.**: a) Quotientensätze für Matrizen in der Limitierungstheorie. Math. Z. 100, 147—162. R 35 # 7032; Z 148, 290. — b) Umkehrsätze für das asymptotische Verhalten linearer Folgentransformationen. Math. Z. 98, 140—178. R 35 # 2016; Z 153, 90. — **Beekmann, W.**: a) Mercer-Sätze für abschnittbeschränkte Matrixtransformationen. Math. Z. 97, 154—157. R 35 # 3314; Z 144, 54. — b) Wirkfelder von Integralverfahren. Math. Z. 102, 323—336. R 36 # 4207. — **Biegert, W.**: Tauber-Konstanten zu verschiedenen Tauber-Bedingungen beim Borel-Verfahren. Indian J. Math. 9, Prof. B. N. Prasad Memorial Volume, 25—36. R 37 # 6642; Z 162, 82. — **Binmore, K. G.**: Some limitation theorems for (A, λ_n) summability. Math. Z. 98, 227—234. R 35 # 2020; Z 146, 80. — **Borwein, D.**: a) On a method of summability equivalent to the Cesàro method. J. London Math. Soc. 42, 339—343. R 34 # 8030; Z 143, 280. — b) On generalised Cesàro summability. Indian J. Math. 9, Prof. B. N. Prasad Memorial Volume, 55—64. R 38 # 450; Z 171, 21. — **Borwein, D., Russell, D. C.**: On Riesz and generalized Cesàro summability of arbitary positive order. Math. Z. 99, 171—177. R 36 # 565; Z 146, 79. — **Borwein, D., Shawyer, B. L. R.**: On Borel-type methods. II. Tôhoku Math. J. (2) 19, 232—237. R 36 # 6826; Z 161, 250. — **Brown, H. I.**: a) The summability field of a perfect 1-1 method of summation. J. Analyse Math. 20, 281—287. R 36 # 1869. — b) Replaceability of 1-1 methods of summation. Michigan Math. J. 14, 467. R 36 # 3008; Z 167, 333, — **Čelidze, È. V.**: a) A Tauberian theorem. for double integrals. [Russian. Georgian summary]. Sakharth. SSR Mecn. Akad. Moambe 47, 513—518. R 36 # 1876. — b) Interrelation between the (A^*) and $(C_{\alpha,\beta}^*)$ methods of integrating a function of two variables. (Russian. English and Armenian summaries]. Izv. Akad. Nauk Armjan. SSR Ser. Mat. 2, no. 2, 96—104. R 36 # 3014. — **Chen, M.-P.**: On the $|\overline{N}, p_n|$ summability factors of infinite series. Hung-Ching Chow 65th Annivers. Vol., 114—120. R 37 # 1838; Z 162, 80. — **Cowling, V. F.**: Inclusion relations between matrices, Math. Z. 98, 192—195. R 35 # 2009.; Z 147, 49. — **Daniel, E. C.**: On the absolute Cesàro summability factors of infinite series. Arch. Math. 18, 627—632. R 37 # 644; Z 177, 83. — **Das, G.**: a) Some theorems on absolute Nörlund summability. J. Indian math. Soc., n. Ser. 31, 1—9. R 37 # 3239; Z 156, 285. — b) On a theorem of Hardy and Littlewood. Proc. Cambridge philos. Soc. 63, 707—713. Z 163, 71. — **Davydov, N. A.**: Über Inklusion und Äquivalenz der Methoden von Kozima für die Summierung von Reihen. Ukrain. mat. Žurn. 19, Nr. 4, 29—47 [Russisch]. — Z 168, 303. — **Erdös, P., Piranian, G.**: Essential Hausdorff cores of sequences. J. Indian math. Soc., n. Ser. 30, 93—115. R 36 # 5560; Z 148, 289. — **Fridy, J. A.**: Divisor moment means. Math. Z. 102, 158—162. R 36 # 4194; Z 173, 60. — **Gorst, Ju. G.**: On certain weak methods of summation. [Russian]. Studia Math. 28, 155—168. R 35 # 624; Z 145, 65. — **Halász, G.**: a) Remarks to a paper of D. Gaier on gap theorems. Acta Sci. Math. (Szeged) 28, 311—322. R 36 # 4119. — b) On the sequence of generalized partial sums of a series. Studia Sci. Math. Hungar. 2, 435—439. R 36 # 4203. — **Heywood, P.**: Some Tauberian theorems for trigonometric series and integrals. Proc. London Math. Soc. (3) 17, 319—341. R 35 #

1967 2025. — **Hirokawa, H.**: On the harmonic summability of higher order. Proc. Japan Acad. 43, 629—632. **R** 36 # 5562; **Z** 161, 251. — **Hoischen, L.**: a) Some inclusion theorems for generalized Abel and Borel summability. J. London Math. Soc. 42, 229—234. **R** 34 # 8034; **Z** 144, 310. — b) Über die asymptotische Approximation durch analytische Funktionen mit Anwendungen in der Theorie der Integraltransformationen und Limitierungsverfahren. Mitt. Math. Sem. Gießen, H. 74, iii + 63 pp. **R** 36 # 3013; **Z** 164, 376. — c) An inclusion theorem for Abel and Lambert summability. J. London Math. Soc. 42, 591—594. **R** 36 # 566; **Z** 152, 250. — **Husain, T.**: Two Tauberian theorems in Banach spaces. Compositio Math. 18, 87—93. **R** 36 # 4208. — **Ikeno, K,**: Correction: "Summability methods of Borel type and Tauberian series". Tôhoku Math. J. (2) 19, 101. **R** 35 # 2021; **Z** 156, 67. — **Irwin, R., Peyerimhoff, A.**: On the convexity theorem of M. Riesz. Indian J. Math. 9, 109—121. **R** 37 # 5571; **Z** 164, 429. — **Ishiguro, K.**: a) On the summability methods of Riemann's type. Bull. Soc. Math. Belg. 19, 289—314. **R** 37 # 3238; **Z** 173, 59. — b) Corrections to and remark on "On the summability methods of divergent series". Bull. Soc. math. Belgique 19, 315. **Z** 167, 333. — **Jakimovski, A.; Leviatan, D.**: A property of approximation operators and applications to Tauberian constants. Math. Z. 102, 177—204. **R** 36 # 3015. — **Jürimäe, E.**: Über eine Verallgemeinerung eines Satzes von Mazur-Orlicz. Tartu. gosudarst. Univ., učenye Zapiski 206, Trudy Mat. Meh. 7, 44—48, engl. Zusammenfassung 49 [Russisch]. **Z** 165, 71. — **Kangro, G.**: On some investigations on the theory of summability. Izvestija Akad. Nauk Eston. SSR, Fiz. Mat. 16, 255—266, engl. Zusammenfassung 266 [Russisch]. **R** 36 # 563; **Z** 152; 251. — **Kaufman, B. L.**: Theorems of Tauberian type for logarithmic methods of summation. [Russian] Izv. Vysš. Učebn. Zaved. Matematika 1967. no. 1 (56), 57—62. **R** 34 # 6387; **Z** 142, 26. — **Kuttner, B.**: Note on the generalised Nörlund transformation. J. London Math. Soc. 42, 235—238. **R** 34 # 8032; **Z** 144, 311. — **Kwee, B.**: a) On Perron's method of summation. Proc. Cambridge Philos. Soc. 63, 1033—1040. **R** 35 # 7035; **Z** 172, 75. — b) A Tauberian theorem for the logarithmic method of summation. Proc. Cambridge Philos. Soc. 63, 401—405. **R** 34 # 8037; **Z** 147, 50. — **Lee, S.-M., Shih, F.**: On a family of Lototsky transformations. Hung-Ching Chow 65th Annivers. Vol. 124—135. **R** 37 # 1839; **Z** 165, 72. — **Lee, S.-M., Lai, H.-C., Liu, W.-N.**: A note on $W^{(a, \alpha)}$ summability. Hung-ching Chow Sixty-fifth Anniversary Volume, pp. 136—143. Math. Res. Center Nat. Taiwan Univ., Taipei. **R** 37 # 640; **Z** 162, 81. — **Leviatan, D.**: A generalized moment problem. Israel J. Math. 5, 97—103. **R** 36 # 6885. — **Littlewood, J. E.**: A theorem about successive derivatives of a function and some Tauberian theorems. J. London Math. Soc. 42, 169—179. **R** 34 # 6388; **Z** 148, 38. — **Maddox, I. J.**: a) On theorems of Steinhaus type. J. London Math. Soc. 42, 239—244. **R** 35 # 3315; **Z** 145, 288. — b) Certain matrix transformations and an anlogue of a theorem of Hardy and Littlewood. J. London Math. Soc. 42, 599—609. **R** 36 # 1870; **Z** 163, 71. — c) Spaces of strongly summable sequences. Quart. J. Math., Oxford II. Ser. 18, 345—355. **R** 36 # 4195; **Z** 156, 66. — **Martić, B.**: a) Some theorems concerning incomparability relations. Glasnik mat., III. Ser. 2 (22), 53—59. **R** 36 # 4193; **Z** 146, 290. — b) On the σ^α summability of a class of asymptotic series. Publ. Inst. Math. (Beograd) (N. S.) 7 (21), 185—190. **R** 36 # 1866. — c) On an incomparability relation. Mat. Vesnik. n. Ser. 4 (19), 304—306; **R** 37 # 3241; **Z** 155, 389. — d) On a Mercerian theorem. [Serbo-Croatian Summary]. Glasnik Mat. Ser. III 2 (22), 61—63. **R** 36 # 6827. — **Meder, J.**: Three theorems on a class of Nörlund means. Colloquium math. 16, dédié à

Franciszek Leja, 205—222. R 35 # 3318; Z 146,80. — **Meir, A.**: An estimate for the difference of Hausdorff-transforms of Tauberian series. J. London Math. Soc. **42**, 193—200. R 35 # 628; Z 158, 54. — **Meyer-König, W., Tietz, H.**: On Tauberian conditions of type o. Bull. Amer. Math. Soc. **73**, 926—927. R 35 # 7036; Z 173, 62. — **Mishra, B. P.**: Strong summability of infinite series on a scale of Abel type summability methods. Proc. Cambridge Philos. Soc. **63**, 119—127. R 34 # 3156; Z 152, 50. — **Mohapatra, R. N., Das, G., Srivastava, V. P.**: On absolute summability factors of infinite series and their application to Fourier series. Proc. Cambridge Philos. Soc. **63**, 107—118. R 34 # 3155. — **Nasibov, M. H.**: The summation of double numerical series by the general Bernštein-Rogosinski method. [Russian. Azerbaijani summary]. Izv. Akad. Nauk Azerbaĭdžan. SSR Ser. Fiz.-Tehn. Mat. Nauk **1967**, no. 2, 19—23. R 36 # 567; Z 171, 22. — **Neubrunn, T., Šalát, T.**: On certain spaces of transformations of infinite series. [Slovak and Russian summaries]. Časopis Pěst. Mat. **92**, 267—282. R 36 # 5566; Z 161, 335. — **Petersen, G. M.**: a) Regular matrices and bounded sequences. Jber. Deutsch. Math.-Verein. **69**, 107—151. R 35 # 2010; Z 145, 288. — b) Topology of summability sets. Math. Z. **98**, 93—103. R 35 # 2011; Z 152, 251. — **Peyerimhoff, A.**: Über einen Vergleichssatz für Nörlundverfahren. Arch. der Math. **18**, 633—636. R 37 # 646; Z 156, 67. — **Pollard, H.**: Some nonlinear Tauberian theorems. Proc. Amer. Math. Soc. **18**, 399—401. R 36 # 3016. — **Polniakowski, Z.**: On some properties of Riesz means. Prace Mat. **11**, 129—140. R 36 # 3012; Z 172, 75. — **Polujanova, M. F.**: Summability conditions for the Cauchy product of numerical series. [Russian]. Sibirsk. Mat. Ž. **8**, 56—69. R 35 # 2012; Z 145, 291; 165, 382. — **Powell, R. E.**: The $\mathscr{T}(r_n)$ summability transform. J. Analyse Math. **20**, 289—304. R 36 # 5558. — **Prullage, D. L.**: Summability in topological groups. Math. Z. **96**, 259—278. Z 142, 24. — **Rangachari, M. S.**: A Tauberian theorem for Bessel summability. Math. Z. **102**, 245—252. R 36 # 4206; Z 161, 251. — **Ratti, J. S.**: a) Tauberian theorems for absolute summability. Proc. Amer. Math. Soc. **18**, 775—781. R 35 # 7037; Z 156, 286. — b) On strong Riesz summability factors of infinite series. I. Proc. Amer. Math. Soc. **18**,959—966. R 36 # 1867; Z 171, 21. — **Rhoades, B. E.**: a) On the total inclusion for Nörlund methods of summability. Math. Z. **96**, 183—188. R 34 # 8033; Z 148, 37. — b) Size of convergence domains for known Hausdorff prime matrices. J. Math. Anal. Appl. **19**, 457—468. R 35 # 3316; Z 163, 71. — c) Corrections: "A sufficient condition for total monotonicity." Trans. Amer. Math. Soc. **127**, 356—360. R 34 # 6371, Z 157, 113. — **Safronova, G. P.**: A method for summing divergent series. [Russian. English summary]. Vestnik Leningrad. Univ. **22**, no. 13, 170—173. R 36 # 3009; Z 152, 252. — **Segal, S. L.**: Summability by Dirichlet convolutions. Proc. Cambridge Philos. Soc. **63**, 393—400. R 35 # 622; Z 145, 290; Z 174, 95. — **Sherif, S.**: A Tauberian constant for the (S, μ_{n+1}) transformation. Tôhoku Math. J. (2) **19**, 110—125. R 36 # 1877; Z 162, 82. — **Sitaraman, Y.**: a) Tauberian theorems for "infinite" logarithmic summability (L). Monatsh. Math. **71**, 452—460. R 37 # 3244; Z 156, 286. — b) On Tauberian theorems for the S_α-method of summability. Math. Z. **95**, 34—39. R 35 # 5813; Z 162, 81. — **Slepenčuk, K. M.**: a) On the question of an analog of Abel's theorem for infinite products. [Russian]. Izv. Vysš. Učebn. Zaved. Matematika **1967**, no. 2 (57), 64—66. R 35 # 615; Z 145, 67. — b) A general Tauberian theorem for infinite products. [Russian]. Izv. Vysš. Učebn. Zaved. Matematika **1967**, no. 8 (63), 72—75. R 35 # 7030; Z 153, 388. — c) A general theorem of Tauberian type and its application to (I^*, p_n, λ)-methods. [Russian]. Izv. Vysš. Učebn. Zaved. Matematika **1967**, no. 12 (67), 58—64.

1967 R 36 # 5563; Z 173, 61. — **Smirnov, G. A.**: A property of Cesàro summability methods for integrals. [Russian]. Kalinin. Gos. Ped. Učen Zap. **52**, 107—117. R 37 # 1844. — **Snyder, A. K.**: Some remarks on heavy points in countable spaces. J. Analyse Math. **20**, 271—279. R 35 # 5814. — **Speakman, J. M. O.**: An algebraic characterisation of convergence ideals. Bull. Amer. math. Soc. **73**, 53—54. Z 158, 54. — **Štěpánek, F.**: Note on the product of Leibniz series. [Russian. Czech and English summaries]. Časopis Pěst. Mat. **92**, 351—355. R 36 # 4191; Z 161, 252. — **Strasser, F.**: Über die Verträglichkeit der Verfahren E_p, B_q und S_α der Limitierungstheorie. Dissertation, Stuttgart. R 36 # 3007. — **Taĭkov, L. V.**: New regularity tests for triangular summation methods. [Russian]. Mat. Zametki **1**, 541—547. R 35 # 2013. — **Tjurnpu, H.**: Summierbarkeitsfaktoren für die Rieszschen Verfahren. Tartu. gosudarst. Univ., učenye Zapiski **206**, Trudy Mat. Meh. 7, 90—105, deutsche Zusammenfassung 105 [Russisch]. Z 169, 391. — **Tonne, P. C.**: Power-series and Hausdorff matrices. Pacific J. Math. **21**, 189—198. Z 148, 291. — **Tripathi, L. M.**: On the absolute Riesz summability of the factored power series on its circle of convergence. Ann. Soc. Sci. Bruxelles Sér. I **81**, 97—107. R 36 # 1868. — **Tucker, R. R.**: The δ^2-process and related topics. Pacific J. Math. **22**, 349—359. Z 166, 67. — **Tusnády, G.**: On the sequence of generalized partial sums of a series. Studia Sci. Math. Hungar. **2**, 431—434. R 36 # 4202; Z 153, 387. — **Ustina, F.**: The Hausdorff means for double sequences. Canadian math. Bull. **10**, 347—352. Z 163,72. — **Vernotte, P.**: Sur la sommation des séries asymptotiques de deuxième espèce faiblement divergentes. C. R. Acad. Sci. Paris Sér. A-B **264**, A 1139—A 1141. R 35 # 5809. — **Vlasenko, V. F.**: a) Summierung verdünnter Reihen vermittels regulärer positiver Matrixverfahren. Ukraïn. mat. Žurn. **19**, Nr. 3, 11—20 [Russisch]. R 35 # 2014; Z 162, 80. — b) A theorem on the summation of diluted series. [Russian]. Mat. Zametki **2**, 257—266. R 36 # 1874; Z 176, 343. — **Volkov, I. I.**: a) Summation of unbounded sequences. [Russian]. Izv. vysš. Učebn. Zaved. Matematika **1967**, no. 2 (57), 20—25. R 35 # 627; Z 144, 311. — b) Linear transformations of unbounded complex sequences. [Russian]. Dokl. Akad. Nauk. SSSR **173**, 495—498. Engl. transl.: Soviet Math. Doklady **8**, 405—409. R 35 # 2004; Z 156, 284. — c) Über die Verträglichkeit zweier Summationsmethoden. Mat. Zametki **1**, 283—290 [Russisch]. R 35 # 623; Z 148, 291; 162, 81. — **Vuilleumier, M.**: Sur le comportement asymptotique des transformations linéaires des suites. Math. Z. **98**, 126—139. R 35 # 2015; Z 156, 65. — **Waszak A.**: Some remarks on Orlicz spaces of strongly (A, φ)-summable sequences. [Russian summary]. Bull. Acad. Polon. Sci. Sér. Sci. Math. Astronom. Phys. **15**, 265—269. R 36 # 568. — **White, D. J.**: Operations preserving the convergence of infinite series. II. Proc. London Math. Soc. (3) **17**, 163—177. R 35 # 619; Z 163, 72. — **Whitley, R.**: Conull and other matrices which sum a bounded divergent sequence. Amer. Math. Monthly **74**, 798—801. R 36 # 3010. — **Wilansky, A.**: *Topics in functional analysis. Notes by W. D. Laverell. Lecture Notes in Mathematic, No. 45. Springer-Verlag, Berlin-New York. R 36 # 6901; Z 156, 361.

1968 **Basu, S. K.**: a) On comparison of the total strength of some Hausdorff methods. II. Math. Z. **103**, 358—362. R 36 # 6833; Z 153, 89. — b) On comparison of the total strength of some Hausdorff methods. III. Math. Z. **106**, 181—182. R 38 # 449; Z 159, 82. — **Beekmann, W.**: Perfekte Integralverfahren. Math. Z. **104**, 99—105. R 37 # 3237. — **Bernkopf, M.**: A history of infinite matrices. (A study of denumerably infinite systems as the first step in the history of operators defined on function spaces). Archive **1968** for History of Exact Sciences **4**, 308—358. — **Biegert, W.**: a) Die Tauber-Bedingungen vom Schmidtschen Typ und Tauber-Konstanten bei den Kreisverfahren. Arch. Math. **19**, 87—94. **R 37 # 648; Z 155, 390.** — b) Tauber-Konstanten zur Tauberbedingung vom Schmidtschen Typ bei den Kreisverfahren der Limitierungstheorie. J. reine angew. Math. **231**, 1—9. **R 38 # 3651; Z 157, 381.** — c) Tauber-Konstanten bei den Hausdorff-Verfahren. Tôhoku math. J., II. Ser. **20**, 431—442. **Z 174, 352.** — **Borwein, D., Cass, F. P.**: Strong Nörlund summability. Math. Z. **103**, 94—111. **R 37 # 643; Z 157, 380.** — b) Multiplication theorems for strong Nörlund summability. Math. Z. **107**, 33—42. **Z 162, 357.** — **Brauer, G.**: Summability viewed as integration. Bull. Amer. math. Soc. **74**, 609—614. **R 36 # 6835; Z 157, 378.** — **Brown, H. I., Kerr, D. R.**: Some remarks on l-l summability. Bull. Amer. math. Soc. **74**, 529—532. **R 36 # 6830; Z 169, 390.** — **Cassens, P., Regan, F., Troy, D. J.**: On Lambert series. J. Analyse Math. **21**, 423—431. **Z 165, 84.** — **Chang, S.-C.**: Summability: Projections, closure properties and consistency problems. Carlton Univ., Ottawa, Ontario. — **Chang, S. C., Macphail, M. S., Snyder, A. K., Wilansky, A.**: Consistency and replaceability for conull matrices. Math. Z. **105**, 208—212. **R 37 # 5568; Z 155, 388.** — **Das, G.**: A new method of summability. J. Indian math. Soc., n. Ser. **31**, 149—160. **R 38 # 4847; Z 165, 72.** — b) On functional methods. J. Indian Math. Soc. (N.S.) **31**, 81—93. **R 37 # 6645; Z 164, 146.** — c) On some methods of summability (II). Quart. J. Math. Oxford (2) **19**, 417—431. **R 38 # 6270.** — d) A note on Riesz means. Proc. Cambridge philos. Soc. **64**, 389—392. **Z 159, 82.** — e) Discontinuous Riesz means. Math. Student **34**, 153—162. **R 37 # 4458; Z 167, 332.** — f) Product of Nörlund methods. Indian J. Math. **10**, 25—43. **R 38 # 6271; Z 172, 75.** — **Das, G., Srivastava, V. P., Mohapatra, R. N.**: On absolute summability factors of infinite series. J. Indian math. Soc., n. Ser. **31**, 189—200. **Z 169, 391.** — **Davydov, N. A.**: Über die Inklusion und Äquivalenz der Töplitzschen Reihensummierungsverfahren. Ukrain. mat. Žurn. **20**, 460—471 [Russisch]. **R 37 # 5569; Z 164, 363.** — **Dawson, D. F.**: a) Matrix summability of convex sequences. Proc. Amer. math. Soc. **19**, 1035—1038. **R 38 # 451; Z 164, 68.** — b) Matrix summability over certain classes of sequences ordered with respect to rate of convergence. Pacific J. Math. **24**, 51—56. **R 36 # 5559.** — **Deeds, J. B.**: Summability of vector sequences. Studia Math. **30**, 361—372. **Z 164, 431.** — **Dolganova, S. M.**: A Tauberian theorem. [Russian]. Differencial'nye Uravnenija **4**, 327—335. **R 38 # 3652.** — **Drasin, D.**: Tauberian theorems and slowly varying functions. Trans. Amer. Math. Soc. **133**, 333—356. — **Grepačevskaja, L. V.**: Limitierung beliebiger Folgen durch Riesz-Verfahren. Mat. Zametki **4**, 541—550 [Russisch]. **Z 172, 336.** — **Hill, J. D., Sledd, W. T.**: Approximation in bounded summability fields. Canadian J. Math. **20**, 410—415. **R 36 # 5561; Z 162, 80.** — **Ingham, A. E.**: On the high-indices theorem for Borel summability. Abhandlungen aus der Zahlentheorie und Analysis. Zur Erinnerung an Edmund Landau (1877—1938), herausgeg. von P. Turán (Plenum Press, New York). — **Irwin, R. L.**: Correction: "Absolute summability factors. I." Tôhoku Math. J. (2) **20**, 111. **R 37, # 638.** — **Izrailova, M. M.**: On a Tauberian theorem of Knopp for multiple power series. [Russian. Tajiki summary]. Dokl. Akad. Nauk Tadžik. SSR **11**, no. 10, 7—10. **R 38 # 3653.** — **Izumi, M., Izumi, S.-I.**: A three series theorem. Proc. Japan Acad. **44**, 762—765. **Z 169, 70.** — **Kakkar, U.**: A note on absolute summability (Y) of an infinite series. Indian J. Math. **10**, 73—82. **R 38 # 3648; Z 162, 358.** — **King, J. P.**: a) A class of positive linear operators. Canad. math. Bull. **11**, 51—59. — b) Some results for Borel transforms. Proc. Amer. Math. Soc. **19**, 991—997. **R 37 # 4459; Z 159, 363.** — **Kopeć, J.**:

1968 On some classes of Nörlund means. [Loose Russian summary]. Bull. Acad. Polon. Sci. Sér. Sci. Math. Astronom. Phys. **16**, 93—98. **R** 37 # 1843; **Z** 174, 351. — **Körle, H.-H.**: Über unstetige absolute Riesz-Summierung. I. Math. Ann. 176, 45—52. **R** 37 # 1837; **Z** 153, 89. — b) Über unstetige absolute Riesz-Summierung. II. Math. Ann. **177**, 230—234. **R** 37 # 3240; **Z** 157, 113. — **Kühn, J.**: Ein Analogon zum High Indices Theorem für Potenzreihen mit wenigen Vorzeichenwechseln. Bull. Amer. Math. Soc. **74**, 133—136. — **Kurtz, J. C.**: A note on convergence and summability factors. Tôhoku Math. J. (2) **20**, 113—119. **R** 38 # 452. — **Kuttner, B.**: A limitation theorem for differences of fractional order. J. London math. Soc. **43**, 758—762. **R** 38 # 454; **Z** 157, 112. — **Kuttner, B., Rhoades, B. E.**: Relations between (N, p_n) and $(\overline{N}, p_n)$ summability. Proc. Edinburgh math. Soc. II. Ser. **16**, 109—116. **Z** 164, 67. — **Kwee, B.**: a) The relation between the sequence-to-sequence and the series-to-series versions of quasi-Hausdorff summability methods. Proc. Amer. math. Soc. **19**, 45—49. **R** 36 # 1871; **Z** 153, 89. — b) Some Tauberian theorems for the logarithmic method of summability. Canadian J. Math. **20**, 1324—1331. **R** 38 # 456; **Z** 165, 382. — **Leviatan, D.**: a) Tauberian constants for generalized Hausdorff transformations. J. London math. Soc. **43**, 308—314. **R** 37 # 649; **Z** 153, 387. — b) Moment problems and quasi-Hausdorff transformations. Canad. Math. Bull. **11**, 225—236. **R** 37 # 5570; **Z** 164, 146. — c) Some moment problems in a finite interval. Canadian J. Math. **20**, 960—966. **Z** 164, 146. — **Maddox, I. J.**: a) On Kuttner's theorem. J. London math. Soc. **43**, 285—290. **R** 37 # 641; **Z** 155, 388. — b) Matrix transformations in an incomplete space. Canadian J. Math. **20**, 727—734. **R** 37 # 1840; **Z** 157, 378. — c) Paranormed sequence spaces generated by infinite matrices. Proc. Cambridge Philos. Soc. **64**, 335—340. **R** 36 # 5565; **Z** 157, 435. — **Martić, B.**: Note on some incomparability relations. Bull. Soc. Math. Phys. Macédoine **17**, 11—17, engl. Zusammenfassung 18 [Serbo-Kroatisch]. **Z** 157, 379. — **Meder, J., Zdrojewski, Z.**: On a relation between some special methods of summation. Colloq. Math. **19**, 131—142. **R** 36 # 6831; **Z** 171, 21. — **Meir, A.**: a) An inclusion theorem for generalized Cesàro and Riesz means. Canadian J. Math. **20**, 735—738. **R** 37 # 3243, **Z** 155, 389. — b) A new family of linear transformations. Enseignement math., II. Sér. **13**, 281—285. **R** 38 # 4850; **Z** 169, 390. — **Meyer-König, W., Tietz, H.**: Über die Limitierungsumkehrsätze vom Typ o. Studia math. **31**, 205—216. **R** 38 # 3654; **Z** 169, 71. — **Mishra, B. P.**: a) Absolute summability of infinite series on a scale of Abel type summability methods. Proc. Cambridge philos. Soc. **64**, 377—387. **R** 36 # 5564; **Z** 157, 379. — b) Some theorems on absolute summability. J. Indian Math. Soc. **31**, 69—79. **R** 38 # 1430; **Z** 173, 59. — **Mohapatra, R. N.**: On absolute convergence factors. Rend. Circ. Mat. Palermo (2) **16**, 259—272. — **Ogieveckii, I. I.**: Über Effektivitätsgebiete regulärer Matrizen. Bull. Acad. Polon. Sci., Sér. Sci. math. astron. phys. **16**, 103—106, engl. Zusammenfassung 106 [Russisch]. — **Z** 155, 109. — **Pati, T.**: A second theorem of consistency for absolute summability by discrete Riesz means. Kōdai math. Sem. Reports **20**, 454—457. — **R** 38 # 2485; **Z** 172, 336. — **Peyerimhoff, A.**: On the equivalence of continuous and discontinuous Riesz means. Proc. London math. Soc., III. Sér. **18**, 349—366. **R** 37 # 4460; **Z** 155, 388. — **Petersen, G. M.**: Singularities for matrices and sequences. Math. Z. **103**, 268—275. **Z** 156, 285. — **Prullage, D. L.**: Summability in topological groups. II. Math. Z. **103**, 129—138. **R** 37 # 6646; **Z** 153, 387. — **Rajagopal, C. T.**: Gap Tauberian theorems on oscillation for the Borel method (B). J. London math. Soc. **44**, 41—51. **Z** 159, 82. — **Rees, Ch., Shah, S. M.**: On the absolute Nörlund summability of a Fourier Series. Math. Z.

104, 388—393. — **Rhoades, B. E.**: Triangular summability methods and 1968 the boundary of the maximal group. Math. Z. **105**, 284—290. — R 37 # 4461; Z 179, 88. — **Richert, H.-E., Srivastava, P.**: A convexity theorem for strong Riesz summability. Proc. London Math. Soc. (3) **18**, 367—384. R 37 # 6643; Z 159, 363. — **Russell, D. C.**: On a summability factor theorem for Riesz means. J. London math. Soc. **43**, 315—320. R 37 # 647; Z 155, 109. — **Schaefer, P.**: Total regularity of matrix transformations. Bull. Soc. Math. Belg. **20**, 413—420. Z 174, 351. — **Segal, S. L.**: Tauberian theorems for $(D, h(n))$-summability. J. London math. Soc. **44**, 163—168. R 38 # 2488; Z 172, 75. — **Sember, J. J.**: A note on conull FK spaces and variation matrices. Math. Z. **108**, 1—6. Z 165, 381. — **Sherif, S.**: A Tauberian relation between the Borel and the Lotosky transforms of series. Pacific J. Math. **27**, 145—154. R 38 # 1435. — **Singh, N.**: On $|\overline{N}, p_n|$ summability factors of infinite series. Indian J. Math. **10**, 19—24 R 38 # 1431; Z 162, 357. — **Singh, S. R.**: On the absolute Riesz summability factors of infinite series. Mat. Vesnik, n. Ser. **5** (20), 311—312. R 38 # 4851; Z 169, 391. — **Sitaraman, Y.**: a) A note on logarithmic summability (L): corrigendum. Proc. Edinburgh math. Soc., II. Ser. **16**, 77—78. — R 38 # 453; Z 159, 354. — b) Addendum to: "On Tauberian theorems for the S_α-method of summability". Math. Z. **106**, 153—157. R 37 # 5572; Z 162, 81. — **Slepenčuk, K. M.**: a) Tauberian type theorems for matrix methods of summation of series and their application. [Russian]. Izv. Vysš. Učebn. Zaved. Matematika **1968**, no. 1 (68), 92—97. R 37 # 1845; Z 173,62. — b) The analogue of a certain Tauberian type theorem for infinite products. [Russian]. Izv. Vysš. Učebn. Zaved. Matematika **1968**, no. 4 (71), 70—71. R 37 # 4462. — **Snyder, A. K.**: On generating heavy points with positive matrices. Proc. Amer. Math. Soc. **19**, 973—975. R 37 # 3242. — **Speakman, J. M. O.**: An algebraic characterisation of convergence ideals. J. London math. Soc. **44**, 26—30. Z 162, 83. — **Stieglitz, M.**: Permanenzsätze für zeileninfinite Matrixverfahren zur Limitierung von Doppelfolgen. Math. Z. **106**, 55—66. R 38 # 455; Z 157, 11. — **Szüsz, P.**: On a theorem of Buck and Pollard. Z. Wahrscheinlichkeitstheorie verw. Gebiete **11**, 39—40. Z 165, 381. — **Takahashi, A., Takahashi, C.**: Eine Summationsmethode. Revista Colombiana Mat. **2**, 29—44 [Spanisch]. R 38 # 4848; Z 172, 337. — **Tietz, H.**: Umkehrsätze für das Summierungsverfahren von Le Roy. Math. Z. **103**, 201—218. R 36 # 4201; Z 155, 391. — **Tonne, P. C.**: Bounded series and Hausdorff matrices for absolutely convergent sequences. Pacific J. Math. **26**, 415—420. Z 164, 69. — **Vermes, P.**: Note on Tauberian constants. Publ. Math. (Debrecen) **15**, 203—209. R 38 # 4855. — **Vernotte, P.**: Remarques sur la sommation approchée des séries asymptotiques de deuxième espèce faiblement divergentes. C. R. Acad. Sci. Paris Sér. A-B **266**, A 357—A 359. R 37 # 5565. — **Vlasenko, V. F.**: Die Summierung verdünnter Reihen (negative Resultate). Ukrain. mat. Žurn. **20**, 830—833 [Russisch]. R 38 # 4855; Z 164, 68. — **Wagner, E.**: Ein reeller Tauberscher Satz für die Laplace-Transformation. Math. Nachr. **36**, 323—331. R 38 # 1436; Z 159, 413. — **Warlimont, R.**: Summierbarkeitsabszissen gewisser Dirichletreihen. J. reine angew. Math. **233**, 176—188. — **Wilansky, A.**: From triangular matrices to separated inductive limits. Studia Math. **31**, 469—479. — **Wood, B.**: A generalized Euler summability transform. Math. Z. **105**, 36—48. R 38 # 4849. — **Zame, A.**: a) On the equivalence of two modes of distribution of a sequence. Monatsh. Math. **72**, 157—167. — R 37 # 4456. — b) Almost convergence and well-distributed sequences. Canad. J. Math. **20**, 1211—1214. R 37 # 6639. — **Zimering, S.**: On the equiconvergence between two Noerlund transformations. Proc. Amer. Math. Soc. **19**, 263—267. R 37 # 6832; Z 173, 60.

Sachverzeichnis

Das Verzeichnis gibt meist nur die Zahl der Seite, auf der der betreffende Begriff eingeführt wird; dort findet man dann weitere Hinweise. Insbesondere konnte bei „Translativität", „Vergleichssatz" usw. nicht die ganze Reihe in Frage kommender spezieller Untersuchungen angeführt werden. Die Stichworte sind im Text kursiv gesetzt oder stehen in Überschriften und Namen von Sätzen.

Abbildung 22
abbrechende Stelle 32
Abelscher Grenzwertsatz 110
abgeschlossen (Menge) 21
— (Operation) 27
— (Graph) 26
abschnittsbeschränkt 169
Abschnittskonvergenz (Raum) 30
— (Verfahren) 42
—, funktionale 169
—, schwache 169
Abschnittslimitierbarkeit 45
absolute Limitierbarkeit 13
Abstand 21
abstrakte Verfahren 18
allgemeine Limitierungstheorie 4
allgemeines Verfahren 8
analytische Fortsetzung 145
Anfangssingularität 14, 17
anwendbar 6
Anwendungen 10, 18
Anwendungsbereich 39
Approximation 88
Approximationssatz (WIENER) 35
äquivalent 4, 21
Assoziativgesetz 33
Asymptotik 97
asymptotische Reihen 146
— Sätze 10, 19
— TAUBER-Sätze 90, 117, 119
A-Beschränktheit 6
A-Kern 59
A-Limitierbarkeit 6
A-Mittel 6

BANACH-Algebra 33
BANACH-HAUSDORFF-Limites 13
BANACH-Limites 12
BANACH-Raum 21
Bandmatrizen 76
Basis 28

Bedingung (o-, O-) 85
— (Beschränktheit) 74
— (Positivität) 74
benachbarte Lücken 80
Berichte 9
beschränkte Folgen 53
Beschränktheit (A-) 6
Beschränktheitsbedingung 74
Beschränktheitsprinzip 26
beste Größenordnungsbedingung 74
— (optimale) Umkehrbedingung 84
bilinear 27, 28
BOREL-Eigenschaft 47
BOREL-Polygon 136
BRUDNO-Norm 172
Bücher 9
Buckel 49, 65
—, gleitender 26
(B)-Menge 185
B-Raum 21
BK-Raum 29

CAUCHY-Folge 21
co-null 170
co-regulär 169
Consistency 121
(c)-Punkt 180

Definition eines Verfahrens 7, 8
Determinanten 19
Diagonalmatrix 6
dicht (Menge) 21
Differentiationsmethode 88
Differenzenformeln 87
Differenzmethode 80
direkte Sätze 55
diskrete Parameter 8
Distanztheorem 178
Distributionen 18
Doppelfolgen 14, 113, 114
Dreiecksmatrix 6

Sachverzeichnis

Dual 23
duale Operation 23
— Veränderliche 18
Durchschnittsverfahren 11, 52, 54

echt (z. B. echt stärker) 4
Einfolgenverfahren 48
Einheitsmatrix 6, 31
Einschachtelungsverfahren 11
Einschließungssatz 5, 9, 56
einseitige Bedingung 74, 82
Einzigkeitsprinzip 91
Element (eines Raumes) 20
endlichdimensional 32
Ersetzbarkeit 171

Faktorfolgen 46
faktorisierbare Transformation 14
Faltung 35, 72
Fastkonvergenz 12
Fastunverträglichkeit 172
fehlkonvergenzfrei (Operation) 27
Fehlkonvergenzprinzip 26, 27
feine Verfahren 50
fett (Menge) 23
Filter 4
Folge 4
Folgenwirkfeld 5
Form (eines Verfahrens) 4, 6, 7
formale FF-Form 7
Fortsetzungsprinzip 24
FOURIER-Reihe 153
FOURIER-Transformation 35
Funktionalanalysis 19
Funktionenfolgen 92
Funktionenreihen 18
funktionentheoretische Beweise 91
F-Raum 21
FK-Raum 29
FF-Form usw. 6, 7

gekippt (Matrix) 6
Geschichte (der Limitierung) 2
gleichstark (Verfahren) 4
gleitender Buckel 26
Grenzelement 21
Grenzwertsatz (Abelscher) 110
grobe Verfahren 50
Größenordnungsbedingung 74
— (beste) 75
Grundbegriffe (der Limitierung) 2
Grundmenge 28
Grundmengenprinzip 28

Halbnorm 20
HAMEL-Basis 29
Häufungspunkte (von Folgen) 97
Hauptdiagonale 78
Hauptprobleme (der Limitierung) 9
Hauptstern (einer analytischen
  Funktion) 145
Hilfsmatrizen 88

Ideal 36
Inäquivalenzsatz 51
Indexverschiebung 69
Integral (Mehrfach-) 15
Integralbegriff 16
Integraltransformation 16
Integralverfahren 16
Integration nichtganzer Ordnung 115
intuitionistische Beweise 19
Inverse (einer Matrix) 31

kanonische Abbildung 29
KARAMATA (Methode) 89
Kategorie (I. und II.) 23
Kategorieprinzip 26
Kern (einer Integraltransformation)
  16
— (einer Folge) 59
—, wesentlicher 173
Kernsätze 10, 56, 59
kerntreu 59
Kernvergleich 68
Kettenbrüche 146, 149
kippen (gekippte Matrix) 6
Komparative (Gebrauch der) 4
Kondensationssätze (Kondensation
  von Singularitäten) 26
konvergent (im Sinne einer Topologie) 21
Konvergenz, restringierte 15
—, koordinatenweise 29
Konvergenzbedingung (KB) 10, 73,
  81
—, optimale 84
Konvergenzbegriff 3
—, Pringsheimscher 14
Konvergenzbegriffe (bei Mehrfachfolgen) 15
konvergenzerzeugend (Verfahren) 58
Konvergenzfaktoren 61
konvergenzgleich (Verfahren) 5, 76
Konvergenzintervall 81
Konvergenzprinzip (in B-Räumen)
  27

konvergenztreu (Verfahren) 5, 57
Konvexitätssatz 107
konzentriert (im Sinne einer Topologie) 21
KRONECKER-Bedingung 81
Kugel 21
KB (Konvergenzbedingung) 10, 73, 81

langsam abfallend 82
langsames Schwanken 10, 73, 81
langsam wachsend 119
LAPLACE-Transformation 118
Lehrbücher 9
limitieren 5
limitierbar 5
Limitierbarkeitskriterien (allgemein) 45
Limitierung 4
Limitierungstheorie (allgemeine) 4
Limitierungsverfahren 4
Limitierungsvorschrift 4
linear (Operation) 22
— (Verfahren) 5
lineare Abhängigkeit 20
— Hülle 20
linearer Raum 20
— topologischer Raum 10, 21, 22
Linearform 23
Linearkombination 20
Linkstranslativität 70
LITTLEWOOD (Methode) 88
lokalkonvexe Räume 22
Lücken, benachbarte 80
Lückenbedingung 78
Lückenfunktion 176
lückenperfekt 176
Lückenumkehrsatz 78
Lückenverfahren 79

mager (Menge) 23
Matrix 6
Matrixtransformation 6
Matrixverfahren, gewöhnliches 6
—, stetiges 8
Matrizenalgebra 33
Matrizenrechnung 31
Mehrfachfolgen 14
Mehrfachintegrale 15
Mehrfolgenverfahren 49
MERCER-Satz 5, 17, 76
Minorante, monotone 83
Mittel (A-Mittel) 6
Mittelwertsatz 42
Momentfolge 37, 148

MOORE-SMITH-Folge 4
monotone Minorante 83
Monotonie (von Verfahren) 104
Multiplikationssätze 71

Nebenbedingungen (Lückensätze) 79
— (Umkehrsätze) 73
— (Vergleichssätze) 68
nichtlineare Verfahren 12
nichtmager (Menge) 23
Nichtmatrixverfahren 9
Norm 20, 22
normierbar (Raum) 21
normiert (Raum) 21
normierter Ring 34
Nullelement 20
Nullwirkfeld 5

offen (Menge) 21
Operation 22
optimale (beste) Größenordnungsbedingung 74, 75
— Konvergenz(Umkehr-)bedingung 84
Ordnung (eines Verfahrens) 8, 121
Oszillation (einer Folge) 59, 97
Oszillationssätze 10
Oszillationsvergleich 68
oszillationsvermindernd (Verfahren) 60
o-Bedingung, O-Bedingung 85
o-$A \to K$-Satz, O-$A \to B$-Satz usw. 74
O-perfekt 174

Parameter (diskret, stetig) 8
partielle Summation 63
perfekt (Verfahren) 40
perfekter Teil (des Wirkfeldes) 41
permanent (Verfahren) 5, 57
Polynommethode 89
positiv (Matrix) 6
Positivitätsbedingung (bei Folgen) 74
Pringsheimscher Konvergenzbegriff 14
Produkte (Limitierung) 19, 71
Produktraum 27
Punkt (eines Raumes) 20

Quasi-TAUBER-Sätze 98
Quotienten (von Folgen) 19

Randwerte 92
Raum, linearer 20

—, — topologischer 10, 21, 22
—, lokalkonvexer 22
— (BANACH-Raum, B-Raum) 21
— (F-Raum) 21
rechtstranslativ (Verfahren) 70
Reduktionsprinzip 87
reflexiv (B-Raum) 23
regulär (Verfahren) 5
reguläre Summierbarkeit 136, 141
Regularität (von Funktionen) 17
regulär wachsend (Funktion) 119
Reihe 2, 5
—, unendliche, konvergente, divergente 2, 3
Reihe-Folge-Form (RF-Form) 6
Reihenwirkfeld 5
Residualmenge 23
restringierte Konvergenz 15
reversibel (Matrix) 33
RF-Form, RR-Form usw. 6, 7

SCHMIDT (Methode) 88, 90, 91
schwache Topologie 23
Schwanken, langsames 10, 73, 81
separabel 21, 53
separiert 21
singuläre Summierbarkeit 136, 141
Skalar 20
spaltenfinit, spalteninfinit (Matrix) 6
spezielle Verfahren (Bezeichnung) 8
starke Limitierbarkeit 11
stärker (bei Verfahren) 4
stetig (Abbildung) 21
stetige Parameter (Bezeichnung) 8
stetiges Verfahren 8
Stetigkeitssätze 25
STIELTJES-Integral 16
Stolzraum 111
streng (bei Komparativen) 4
Struktur (von Wirkfeldern) 10, 37
Summation, partielle 63
Summationsmethode 3
Summierbarkeitsfaktoren 61
—, verallgemeinerte 174
Summierbarkeitsfunktion 46
summierbar 5
summieren 5

TAUBER-Konstante 97
TAUBER-Sätze 10, 73
— (Quasi-) 98
Teilfolgen 71
tieferliegende Umkehrsätze 85
TOEPLITZ-Basis 29

Topologie 21
—, schwache 23
topologischer (linearer) Raum 10, 21, 22
totaler Vergleich 68
totale Translativität 70
totalpermanent 59
Träger (eines Raums) 29
— (einer Funktion) 35
transfinite Induktion 24
Transformation, faktorisierbare 14
—, Integral- 16
—, Matrix- 6
Translation 69
translativ (Verfahren) 70
transponiert (Matrix) 6
Treppenfunktion 17
Typ (eines Verfahrens) 8, 121
typische Mittel 120

überschneiden (Wirkfelder) 4
Umgebung 21
Umkehrbedingung 73
—, optimale, beste 84
Umkehrsätze 5, 10, 55, 73
—, elementare 81
—, funktionentheoretische 91
—, tieferliegende 85
—, Varianten 96
Umkehrtransformation 33
Umordnung (von Folgen) 69
Ungleichungen 19
unstetige Mittel 123 (vgl. stetiges Verfahren 8)
unvergleichbar (Verfahren) 4

Vektor 20
Vereinigungsverfahren 11, 51
Verfahren, siehe Sonderregister für spezielle Verfahren
—, = Limitierungsverfahren 4
—, äquivalent 4
—, Definition 7, 8
—, diskrete Varianten 123, 138 (vgl. stetige Verfahren 8)
—, fein 50
—, gleichstark 4
—, grob 50
—, konvergenzgleich 5, 76
—, konvergenztreu 5, 57
—, Matrix- 6
—, permanent 5, 57
—, stetig 8
—, stärker 4

—, unvergleichbar 4
—, verträglich 4, 66
Vergleichssatz 4, 63, 68
Vermittlungstransformation 9, 63
verträglich (Verfahren) 4, 66
Verträglichkeit 66
—, simultane 172
Volläquivalenz 69
vollmonoton (Folge) 148
vollständig (Raum) 21
vorgeschriebenes Wirkfeld 49

Wachstumsbedingung 74
WIENER (Methode) 88, 90
Wirkfeld 4
—, als FK-Raum 38
— vorgeschriebenes 49

Zahlentheorie 160
zeilenfinit, zeileninfinit (Matrix) 6, 52
Zeilennormen (Matrix) 33
Zufallsfolgen 104

Verzeichnis der Verfahren

Es ist jeweils die Seite angegeben, auf der das Verfahren definiert wird. Im Register kürzen wir „ABEL-Verfahren" durch „ABEL" ab usw. Der Buchstabe eines Verfahrens steht nur dann in besonderer Zeile, wenn er nicht mit dem Anfangsbuchstaben des zugehörigen Namens übereinstimmt. Von mehreren Schreibweisen wie R_q^α, $R(q, \alpha)$, (R, q, α) nennen wir nur eine.

ABEL, A_1: 110
ABEL (verstärkt), A_1^*: 111
ABEL (allgemein), A_q: 152
ABEL (bei Mehrfachfolgen): 113
ABEL-CARTWRIGHT, A_α: 121
absolute Limitierbarkeit: 13
arithmetische Mittel, M_1: 100
A, $`A$, usw., allgemeines Verfahren, siehe Register „Bezeichnungen" und S. 4—8
$A^{[\alpha]}$, $\cap A^{(j)}$, $\cup A^{(j)}$, $A^{(\infty)}$: gewisse Nichtmatrixverfahren 11

BERNSTEIN (ROGOSINSKI-), Q_α, $Q_\mathfrak{p}$: 156, 157
BESSEL: 165
bewichtete Mittel: 103
BOREL B_0, B_0^*: 134
BOREL (Varianten), B_α, $B_\mathfrak{p}$, $C_\alpha \cdot B_0$: 138—140; $B_\mathfrak{p}(D)$: 186

CARTWRIGHT (ABEL-), A_α: 121
CESÀRO, C_1, C_α: 100, 104
CESÀRO (bei Funktionen): 115
CESÀRO (bei Mehrfachfolgen), $C_{\alpha\beta}$: 113, 114
CESÀRO (verallgem.), (C, q, α), (C, α, β): 178, 184
CESÀRO-ABEL-Typ: 99
C_1^*: 102
C_∞: 11, 12

DIRICHLET, D_q: 120
Durchschnittsverfahren, $\cap A^{(j)}$: 11

Einschachtelungsverfahren, $A^{(\infty)}$: 11
EULER (ABEL), A_1: 110
EULER-KNOPP, E_α: 130
EULER (allgemein), $E_\mathfrak{p}$: 132

Fastkonvergenz, F_*: 12
Funktionen (Verfahren bei Funktionen): 16 115, 118
F_α, $F_\mathfrak{p}$ (VALIRON): 143, 145
$[F, d_n]$, $[f, d_n]$ (JAKIMOVSKI): 188

GRONWALL, $G(\mathfrak{p}, q)$: 155

HAUSDORFF, $H_\mathfrak{p}$: 147
HAUSDORFF (stetig): 162
HAUSDORFF (verallgem.): 190
HÖLDER, H_1, H_α: 100, 107
HÖLDER (bei Mehrfachfolgen): 115
HÖLDER (bei Funktionen): 114
HURWITZ-SILVERMAN(-HAUSDORFF): 147
hypergeometrische Verfahren: 153
$H\infty$: 11, 12

INGHAM: 161
Integralverfahren 16

JAKIMOVSKI: 188

KARAMATA, $K(\alpha, \beta)$: 185
KARAMATA-STIRLING, $KS(\lambda)$: 188
Klassen von Verfahren: 164
Kreisverfahren: 140

LAMBERT, L_1: 160
LAPLACE-Transformation: 118
LEBESGUE: 158
LE ROY: 140, 145
LINDELÖF: 145
logarithmisches Verfahren: 186
LOTOTSKY: 188

Mehrfachfolgen (Verfahren bei Mehrfachfolgen): 14, 113

MEYER-KÖNIG, S_α: 142
MITTAG-LEFFLER: 140, 145
Momentverfahren: 140
M_1, $M_\mathfrak{p}$: 100, 103

nichtlineare Verfahren: 12
Nichtmatrixverfahren: 11
NÖRLUND, $N_\mathfrak{p}$: 127
NÖRLUND (verallgem.), $(N, \mathfrak{p}, \mathfrak{q})$: 184

POISSON (ABEL): 110
P_α, P_α^* (RIEMANN): 158
(P, α, β) (RIEMANN-CESÀRO): 192

Quasi-CESÀRO: 191
Quasi-HAUSDORFF: 191
Q_α, $Q_\mathfrak{p}$ (ROGOSINSKI-BERNSTEIN): 156, 157

RIEMANN, P_α: 158
RIEMANN-CESÀRO: 192
RIEMANN-RIESZ: 192
RIESZ, $(R, \mathfrak{q}, \alpha)$: 120
RIESZ (unstetig), $(R^*, \mathfrak{q}, \alpha)$: 123
RIESZ (absolut), $|R, \mathfrak{q}, \alpha|_k$: 182
RIESZ (stark), $[R, \mathfrak{q}, \alpha, k]$: 182
RIESZ (verallgemeinert): 157, 162

ROGOSINSKI-BERNSTEIN, Q_α, $Q_\mathfrak{p}$: 156, 157

SILVERMAN (HAUSDORFF): 147, 162
SONNENSCHEIN: 185
$S^{\alpha,\beta}$ (VUČKOVIĆ): 188
sonstige Verfahren: 165
starke Verfahren (starke Limitierbarkeit): 11
STIELTJES: 120
STIRLING: 144
S_α: 142

TAYLOR, T_α: 140
typische Mittel: 120

VALIRON, F_α, $F_\mathfrak{p}$: 143, 145
VALLÉE-POUSSIN, $V_{\frac{1}{2}}$, V_α: 154, 156
Varianten von Verfahren: 124, 146, 164, 165
Verfahren, sonstige: 164, 165
Vereinigungsverfahren: 11
VERMES: 142

WIENER, $W_\mathfrak{p}$: 161

zahlentheoretische Verfahren: 160
Zweierverfahren, Z_α, $Z_\mathfrak{p}$: 125, 126

Verzeichnis der Sätze

6	I	Matrixverfahren und Fastkonvergenz	12
13	I	Lineare stetige Operation	22
13	II	Lineare stetige Operationen in F-Räumen	23
13	III	Dual	23
13	IV	Kategorieprinzip	23
14	I	Fortsetzungsprinzip	24
14	II	Existenz von Linearformen	25
14	III	Linearformen mit vorgeschriebenen Nullstellen	25
14	IV	Abgeschlossener Unterraum	25
14	V	Zerlegung einer Linearform	25
15	I	Beschränktheitsprinzip	26
15	II	Kondensation von Singularitäten	26
15	III	Konvergenzprinzip	27
15	IV	Fehlkonvergenzprinzip	27
15	V	Magere Bildmenge	27
15	VI	Bilineare Abbildung	27
16	I	Grundmengenprinzip	28
16	II	Allgemeines Grundmengenprinzip	28
16	III	Basis und lineare Operation	28
17	I	Monotonie der Topologien	29
17	II	Vergleichbare FK-Räume	29
17	III	Stetigkeit von Matrixtransformationen	29
17	IV	Vereinigung von FK-Räumen	30
17	V	Durchschnitt von FK-Räumen	30
17	VI	BK- und FK-Raum	30
17	VII	Abschnittskonvergenz	30
18	I	Bildmenge zeilenfiniter Matrizen	32
18	II	Nichtumkehrbarkeit zeileninfiniter Transformationen	32
18	III	Volle Bildmenge	33
18	IV	Umkehrtransformation bei reversibler Matrix	33
18	V	Matrizenalgebra	33
19	I	Approximationssatz von WIENER	35
20	I	Momentfolgen	37
22	I	Wirkfelder als BK-Räume	38
22	II	Wirkfelder als FK-Räume	38
22	III	Linearformen im Wirkfeld	39
22	IV	Darstellung von Linearformen mit Matrizen	40
23	I	Perfektheit und Linearformen	40
23	II	Inverse mit beschränkten Spalten	41
23	III	Perfekter Teil	42
24	I	Abschnittskonvergenz in Wirkfeldern	43
24	II	Inversenkriterium	43
24	III	Zeilenverhältniskriterium	43
24	IV	Beschränkte Folgen und Abschnittskonvergenz	45
25	I	Spaltenmaximumkriterium	46
25	II	Faktorfolgen	46
25	III	Summierbarkeitsfunktionen	47
25	IV	BOREL-Eigenschaft	47

26	I	Spezielle Einfolgenverfahren	48
26	II	Allgemeine Einfolgenverfahren	48
26	III	Abgeschlossene Teilmenge	49
27	I	Gleichstarkes permanentes Verfahren	50
27	II	Gleichstarkes Verfahren	51
28	I	Vereinigung von Matrixverfahren	51
28	II	Durchschnitt von Matrixverfahren	52
28	III	ABEL-Verfahren	52
28	IV	Zeilenfinite und nichtzeilenfinite Verfahren	52
29	I	Unbeschränkte Folgen im Wirkfeld	53
29	II	Nichtseparabilität	53
29	III	Durchschnitt von Verfahren	54
32	I	Konvergenztreue und Permanenz	57
32	II	Konvergenzerzeugende Verfahren	58
33	I	Kerntreue	60
33	II	Oszillation	60
34	I	Konvergenzfaktoren und Inverse	61
34	II	Faktoren und Linearformen	62
34	III	Abschnittskonvergenz und Faktoren	62
34	IV	Konvergenzfaktoren für Reihenglieder	63
35	I	Vergleich von Dreiecksmatrizen	63
35	II	Vergleich mit einer Dreiecksmatrix	64
35	III	Vergleich beliebiger Matrixverfahren	64
35	IV	Verwandte Inverse	64
35	V	Vergleich bei Abschnittskonvergenz	65
35	VI	Transformation des Wirkfeldes	65
36	I	Unverträglichkeit	66
36	II	Vertauschbarkeit und Verträglichkeit	66
36	III	Verträglichkeit mit stärkeren Dreiecksmatrizen	67
36	IV	Verträglichkeit mit stärkeren Verfahren	67
36	V	Verträglichkeit für beschränkte Folgen	67
37	I	Kernvergleich	68
37	II	Transformationen positiver Folgen	68
37	III	Vergleich im Anwendungsbereich	68
37	IV	Volläquivalenz	69
37	V	Zusätzliche Beschränktheitsbedingung	69
38	I	Translativität und Vergleich	70
38	II	Translation und Reihenwirkfeld	70
39	I	Gliedweises Produkt	71
39	II	Faltung	72
43	I	MERCER	76
43	II	Bandmatrizen mit kleinem Wirkfeld	76
43	III	Überwiegende Hauptdiagonalelemente	78
44	I	Allgemeiner Lückensatz	79
44	II	Differenzmethode	80
45	I	Allgemeiner Umkehrsatz	81
45	II	Allgemeine Schwankungsbedingung	82
45	III	Einseitige Konvergenzbedingung	82
45	IV	Beschränktheitskriterium	83
46	I	Summierbarkeitsfunktion und Umkehrsatz	85
46	II	Optimum bei Umkehrsätzen	85
47	I	Abschnittskonvergenz und Umkehrsätze	86
47	II	Reduktionsprinzip	87
47	III	Allgemeiner O-Umkehrsatz	87

47	IV	Approximation	88
48	I	Differentiationsmethode, LITTLEWOOD	88
48	II	Polynommethode, KARAMATA	89
48	III	WIENERs Hauptsatz	90
48	IV	Einzigkeitsprinzip	91
49	I	Randwerte im Winkelraum	92
49	II	Funktionenfolgen; VITALI 1903	92
49	III	Regularität als Umkehrbedingung	93
49	IV	Stetigkeit als Umkehrbedingung	94
49	V	Umkehrsatz von LANDAU, IKEHARA und WIENER	95
52	I	C_1 und stärkere Verfahren	100
52	II	Konvergenzbedingung für C_1	101
52	III	TAUBER-Konstante für C_1	101
52	IV	C_1 äquivalent C_1^*	102
53	I	Monotonie der C_α	104
53	II	Perfektheit und Abschnittskonvergenz	104
53	III	$C_\alpha \to C_\beta$-Faktoren für Reihen	105
53	IV	CAUCHY-Produkt	106
53	V	Konvexität	107
54	I	KNOPP-SCHNEE	108
54	II	Totaler Vergleich von H_α mit C_α	109
54	III	$C_{\alpha+\beta}$ und $C_\alpha C_\beta$	109
54	IV	$C_{\alpha+1}$ und C_α	110
55	I	Topologie im ABEL-Wirkfeld	111
55	II	$C_\alpha \subset A_1$	111
55	III	$O_L - A_1 \to K$-Satz	112
55	IV	A_1 und C_1	113
55	V	A_1 und $A_1 \cdot C_\alpha$	113
57	I	Asymptotischer Umkehrsatz	117
57	II	Konvexitätssatz	117
58	I	Reguläre Asymptotik	119
59	I	First theorem of consistency	121
59	II	Second theorem of consistency	121
59	III	(D, q) und (R, q, α)	122
59	IV	Konvergenzgleiches (D, q)	122
59	V	$(R, \{m\}, \alpha)$ und C_α	123
62	I	Wirkfeld von Z_α	126
62	II	Produkt von Zweiverfahren	126
63	I	Permanenz (NÖRLUND-Verfahren)	127
63	II	Inverse	127
63	III	Abschnittskonvergenz	128
63	IV	Äquivalenz	128
63	V	NÖRLUND- und ABEL-Verfahren	128
63	VI	Faltung	129
63	VII	CAUCHY-Produkt	129
64	I	Permanenz (EULER-KNOPP-Verfahren)	130
64	II	Matrixprodukt	130
64	III	Translation	131
64	IV	Geometrische Reihe	131
64	V	EULER- und CESÀRO-Verfahren	131
64	VI	EULER- und BOREL-Verfahren	131
64	VII	Perfektheit	132
65	I	Permanenz (allgemeine EULER-Verfahren)	133
65	II	Matrixprodukt	133

65	III	Translation	133
65	IV	Kriterien	133
65	V	EULER- und ABEL-Verfahren	133
65	VI	Perfektheit	133
65	VII	CAUCHY-Produkt	134
66	I	Vergleich der beiden BOREL-Verfahren	135
66	II	Indexverschiebung	135
66	III	Eingeschränkte Äquivalenz von B_0 und B_0^*	135
66	IV	Faktoren ϱ^m	135
66	V	Regularität der zugehörigen Funktion	136
66	VI	Geometrische Reihe	136
66	VII	BOREL- und ABEL-Verfahren	137
66	VIII	Perfekter Teil	137
66	IX	CAUCHY-Produkt	137
66	X	Umkehrsatz	138
66	XI	Lückensatz	138
67	I	Vergleich der B_α	139
67	II	$C_\alpha \cdot B_0$ und B_α	139
67	III	Vergleich der Verfahren (6)	140
68	I	Permanenz (TAYLOR-Verfahren)	141
68	II	Singuläre Summierbarkeit	141
68	III	Perfekter Teil	141
68	IV	Geometrische Reihe	141
68	V	Indexverschiebung	142
68	VI	Vergleich der T_α	142
68	VII	B_0, S_α und T_α	143
68	VIII	$F_{\frac{1}{2}}$ und B_0	143
68	IX	E_α, S_β, T_γ, F_δ	144
68	X	F_α bei beschränkten Folgen	144
68	XI	Lückensatz für S_α	187
68	XII	$O-S_\alpha \to C_{2k}$-Satz	187
70	I	Permanenz von $[f, d_n]$	189
70	II	Vergleich zweier $[F, d_n]$	189
72	I	Vertauschbarkeit (HAUSDORFF-Verfahren)	148
72	II	Reihe-Reihe-Form	148
72	III	Zeilennormen	149
72	IV	Permanenz	150
72	V	Produkt zweier HAUSDORFF-Matrizen	151
72	VI	Allgemeiner Vergleichssatz	152
73	I	$V_{\frac{1}{2}}$ und C_α	154
73	II	V und A_2	155
74	I	$G(\mathfrak{p}, \mathfrak{q})$ und A_1^*	156
74	II	C_γ und $G(\mathfrak{p}, \mathfrak{q})$	156
74	III	Vergleich verschiedener $G(\mathfrak{p}, \mathfrak{q})$	156
75	I	$Q_\mathfrak{p}$ und C_1	157
75	II	Q_α und C_1	157
76	I	C_β und P_a	158
76	II	Kriterium für P_1	158
76	III	Umkehrsatz $A_1 \to P_1$	159
76	IV	P_2 und C_α	159
77	I	C_α und L_1	160
77	II	L_1 und A_1	160
77	III	Konvergenzbedingung für L_1	161
78	I	Produkt von WIENER-Verfahren	164

Bezeichnungen

Einige ständig benützte Bezeichnungen werden kurz erläutert; für ausführlichere Definitionen wird auf den Text (Seitenzahl) verwiesen.

a, j, m usw.: Ganzzahlige Parameter und Variable (8).

$\alpha, \varkappa$ usw.: Stetige Parameter und Variable (8).

i: Wenn nichts anderes gesagt ist, bedeutet i einen ganzzahligen Index und nicht die komplexe Zahl mit $i^2 = -1$.

Ω: Eine von den betrachteten Variablen unabhängige, geeignete Zahl ($\neq \infty$). Zum Beispiel bedeutet $|s_k| < \Omega$ ($k = 0, 1, \ldots$) die Beschränktheit der Folge $\{s_k\}$.

$\mathfrak{x} = \{x_k\} = \{x_k\}_{k=0,1,\ldots}$: Folge komplexer Zahlen (auch Stelle genannt) (5, 29).

x_{-1}: Ist meistens gleich Null zu setzen (5).

e, e_i: Spezielle Folgen, $e = \{1, 1, \ldots\}$, $e_0 = \{1, 0, \ldots\}$, $e_1 = \{0, 1, 0, \ldots\}$ usw. (30, 31).

$\mathfrak{o}, O$: Nullelement; bei Folgenräumen ist meist $\mathfrak{o} = \{0, 0, \ldots\}$ (20, 29).

$\mathfrak{s}, \mathfrak{t}, \mathfrak{u}, \mathfrak{v}$, Zusammenhänge zwischen diesen Größen: $\mathfrak{s} = \Sigma \mathfrak{u}$ und $\mathfrak{t} = \Sigma \mathfrak{v}$ (Folge/Reihe) sowie meistens $\mathfrak{t} = A\mathfrak{s}$ (5, 7).

$\mathfrak{s} = \{s_\varkappa\} = s(\varkappa)$: Funktion (meist meßbare Funktion) (16).

$\|\mathfrak{x}\|, p(\mathfrak{x})$: Norm oder Halbnorm (20, 21).

A: Limitierungsverfahren, Matrix oder Transformation (4—8).

A-lim s_k: Vom Verfahren A der Folge $\{s_k\}$ zugeordneter „Grenzwert" (5).

$A, 'A, \grave{}A, \hat{}A, \check{}A$: Verschiedene Formen eines Matrixverfahrens (6, 7).

I: Einheitsmatrix (6).

diag $\{p_i\}$: Diagonalmatrix (6).

$\Sigma^\alpha, \Delta^\alpha$: Summations- bzw. Differenzenmatrizen (7).

$\Delta^\alpha x_i$: Differenzen der Folge $\{x_k\}$ (7).

$\chi(A)$: Charakteristik einer konvergenztreuen Matrix (51).

$\mathfrak{t} = A\mathfrak{s}$: Matrixtransformation (6).

$\mathfrak{x} A = A^T \mathfrak{x}$: Abbildung mit der transponierten Matrix (6).

$t(\lambda) = \sum_{k=0}^{\infty} a_{\lambda k} s_k \ (\lambda(\mathfrak{s}) < \lambda \to +\infty)$: Definition eines Verfahrens (7, 8).

$AB, A \cdot B$: Transformation mit der Produktmatrix bzw. iterierte Transformation (33, 34).

Bezeichnungen

$A \subseteq B$ usw.: Einschließungsrelationen zwischen Verfahren (4).

$\bigcup A^{(j)}$, $\bigcap A^{(j)}$, $A^{(\infty)}$: Vereinigungs-, Durchschnitts-, Einschachtelungsverfahren (11).

A_1, C_α, $G(\mathfrak{p}, \mathfrak{q})$ $(R, \mathfrak{q}, \alpha)$ usw.: Spezielle Verfahren, gekennzeichnet durch untenstehende Indizes oder Parameter in Klammern (8).

$\mathfrak{E}$: Linearer Raum, meist Folgenraum (20, 29).

$\mathfrak{A}$: Wirkfeld eines Verfahrens, oft als FK-Raum aufgefaßt (4, 38).

$\mathfrak{A}_0$, $`\mathfrak{A}$: Nullwirkfeld bzw. Reihenwirkfeld (5).

$\mathfrak{A} \subseteq \mathfrak{B}$, $\mathfrak{A} \subset \mathfrak{B}$ usw.: Enthaltenseinsrelationen, $\mathfrak{A} \subset \mathfrak{B}$ schließt $\mathfrak{A} = \mathfrak{B}$ aus (4, 9).

$\mathfrak{S}$, $\mathfrak{S}_B$, $\mathfrak{S}_C$, $\mathfrak{S}_N$, $\mathfrak{U}_A$ usw.: Spezielle Folgenräume (alle Folgen, beschränkte Folgen, konvergente Folgen, Nullfolgen, absolut konvergente Reihen), oft als FK-Räume aufgefaßt (31).

$\mathfrak{L}$: Raum integrierbarer Funktionen (34, 161).

$\nearrow$: Monotonie (im weiteren Sinn).

$u_m = O_L(\varrho_m)$ bedeutet $u_m \geq -\Omega \varrho_m$ $(m > m_0)$.

$s(\varkappa) \sim \varphi(\varkappa)$ (asymptotisch proportional): $s(\varkappa)/\varphi(\varkappa)$ strebt gegen einen endlichen Grenzwert $\neq 0$.

o-$A \to K$-Satz, usw.: Umkehrsätze bestimmter Art, **(74)**.

Zn, Zs, Sp: Zeilennormen-, Zeilensummen-, Spaltenbedingung (57).

Spezielle Verfahren werden durch die Art der Indizierung von allgemeinen unterschieden (8).

Komparative werden im Sinne von $\geq$ gebraucht (4).

Ergebnisse der Mathematik und ihrer Grenzgebiete

1. Bachmann: Transfinite Zahlen. DM 38,–; US $ 10.50
2. Miranda: Partial Differential Equations of Elliptic Type. DM 58,–; US $ 16.00
4. Samuel: Méthodes d'Algèbre Abstraite en Géométrie Algébrique. DM 26,–; US $ 7.20
5. Dieudonné: La Géométrie des Groupes Classiques. DM 38,–; US $ 10.50
6. Roth: Algebraic Threefolds with Special Regard to Problems of Rationality. DM 19,80; US $ 5.50
7. Ostmann: Additive Zahlentheorie. 1. Teil: Allgemeine Untersuchungen. DM 38,–; US $ 10.50
8. Wittich: Neuere Untersuchungen über eindeutige analytische Funktionen. DM 28,–; US $ 7.70
11. Ostmann: Additive Zahlentheorie. 2. Teil: Spezielle Zahlenmengen. DM 28,–; US $ 7.70
14. Coxeter/Moser: Generators and Relations for Discrete Groups. DM 32,–; US $ 8.80
15. Zeller/Beekmann: Theorie der Limitierungsverfahren. DM 64.–; US $ 17.60
17. Severi: Il teorema di Riemann-Roch per curve-superficie e varietà questioni collegate. DM 23,60; US $ 6.50
18. Jenkins: Univalent Functions and Conformal Mapping. DM 34,–; US $ 9.40
19. Boas/Buck: Polynomial Expansions of Analytic Functions. DM 16,–; US $ 4.40
20. Bruck: A Survey of Binary Systems. DM 36,–; US $ 9.90
21. Day: Normed Linear Spaces. DM 17,80; US $ 4.90
23. Bergmann: Integral Operators in the Theory of Linear Partial Differential Equations. DM 36,–; US $ 9.00
25. Sikorski: Boolean Algebras. DM 38,–; US $ 9.50
26. Künzi: Quasikonforme Abbildungen. DM 39,–; US $ 10.80
27. Schatten: Norm Ideals of Completely Continuous Operators. DM 26,–; US $ 7.20
28. Noshiro: Cluster Sets. DM 36,–; US $ 9.90
29. Jacobs: Neuere Methoden und Ergebnisse der Ergodentheorie. DM 49,80; US $ 13.70
30. Beckenbach/Bellman: Inequalities. DM 38,–; US $ 11.00
31. Wolfowitz: Coding Theorems of Information Theory. DM 27,–; US $ 7.50
32. Constantinescu/Cornea: Ideale Ränder Riemannscher Flächen. DM 68,–; US $ 18.70
33. Conner/Floyd: Differentiable Periodic Maps. DM 26,–; US $ 7.20
34. Mumford: Geometric Invariant Theory. DM 22,–; US $ 6.10
35. Gabriel/Zisman: Calculus of Fractions and Homotopy Theory. DM 38,–; US $ 9.50
36. Putnam: Commutation Properties of Hilbert Space Operators and Related Topics. DM 28,–; US $ 7.70
37. Neumann: Varieties of Groups. DM 46,–; US $ 12.60
38. Boas: Integrability Theorems for Trigonometric Transforms. DM 18,–; US $ 5.00
39. Sz.-Nagy: Spektraldarstellung linearer Transformationen des Hilbertschen Raumes. DM 18,–; US $ 5.00
40. Seligman: Modular Lie Algebras. DM 39,–; US $ 9.75
41. Deuring: Algebren. DM 24,–; US $ 6.60
42. Schütte: Vollständige Systeme modaler und intuitionistischer Logik. DM 24,–; US $ 6.60
43. Smullyan: First-Order Logic. DM 36,–; US $ 9.90
44. Dembowski: Finite Geometries. DM 68,–; US $ 17.00
45. Linnik: Ergodic Properties of Algebraic Fields. DM 44,–; US $ 12.10
46. Krull: Idealtheorie. DM 28,–; US $ 7.70

47. Nachbin: Topology on Spaces of Holomorphic Mappings. DM 18,– ; US $ 5.00
48. A. Ionescu Tulcea/C. Ionescu Tulcea: Topics in the Theory of Lifting. DM 36,—; US $ 9.90
49. Hayes/Pauc: Derivation and Martingales. DM 48,—; US $ 13.20
50. Kahane: Séries de Fourier Absolument Convergentes. DM 44,—; US $ 12.10
51. Behnke/Thullen: Theorie der Funktionen mehrerer komplexer Veränderlichen. DM 48,—; US $ 13.20
52. Wilf: Finite Sections of Some Classical Inequalities. DM 28,—; US $ 7.70
53. Ramis: Sous-ensembles analytiques d'une variété banachique complexe. DM 36,—; US $ 9.90
54. Busemann: Recent Synthetic Differential Geometry. DM 32,—; US $ 8.80
55. Walter: Differential and Integral Inequalities. DM 74,– ; US $ 20.40
56. Monna: Analyse non-archimédienne. DM 38,– ; US $ 11.00

MIX
Papier aus verantwortungsvollen Quellen
Paper from responsible sources
FSC® C105338

If you have any concerns about our products,
you can contact us on
ProductSafety@springernature.com

In case Publisher is established outside the EU,
the EU authorized representative is:
**Springer Nature Customer Service Center GmbH
Europaplatz 3, 69115 Heidelberg, Germany**

Printed by Libri Plureos GmbH
in Hamburg, Germany